Zukunftsmaschinen in der Chemie

Thomas Steinhauser

Zukunftsmaschinen in der Chemie

Kernmagnetische Resonanz bis 1980

PETER LANG
EDITION

Bibliografische Information der Deutschen Nationalbibliothek
Die Deutsche Nationalbibliothek verzeichnet diese Publikation in der Deutschen Nationalbibliografie; detaillierte bibliografische Daten sind im Internet über http://dnb.d-nb.de abrufbar.

Zugl.: Regensburg, Univ., Diss., 2009

Umschlaggestaltung:
© Olaf Gloeckler, Atelier Platen, Friedberg

Umschlagabbildung:
Die NMR-Buchstabenfolge NMR-tomografisch gescannt
und dargestellt mit einem Bruker CXP 200-Spektrometer.
Titelbild des Bruker-Reports 1/1981 (Ausschnitt).
Abdruck mit freundlicher Genehmigung
der Bruker BioSpin GmbH, Rheinstetten.

D 355
ISBN 978-3-631-60745-9 (Print)
E-ISBN 978-3-653-04486-7 (E-Book)
DOI 10.3726/978-3-653-04486-7

Die Wirklichkeit des Symbols ist nicht nur etwas romantisch Schönes, sondern auch gefährlich. Daher sind wir Wissenschaftler redlicherweise verpflichtet, die Wirklichkeit des Symbols und das Phänomen der Faszination in seiner vollen Tragweite zu sehen. Daher gehören heute zu einer naturwissenschaftlichen Bildung nicht nur fachwissenschaftliche Kenntnisse, sondern auch Kenntnisse der Quellen naturwissenschaftlicher Ideen und der intrinsischen Gefährlichkeit von Fascinosa.

Hans Primas,
"Die Wirklichkeit des Symbols in den exakten Wissenschaften" (2001).

Danksagung

Nach dem Wechsel von der Chemie zur Wissenschaftsgeschichte hatte ich das Glück auf verständnisvolle und an der Chemie interessierte Lehrer zu treffen ohne deren Anregung und Hilfe diese Arbeit nicht entstanden, geschweige denn durchführbar gewesen wäre. Wesentliche Teile erstellte ich im von der DFG im Rahmen einer Forschergruppe geförderten Projekt „Innovationsnetzwerke im wissenschaftlichen Instrumentenbau in den USA und Deutschland, 1960-1980“ an der Universität Regensburg unter der Leitung von Prof. Carsten Reinhardt, auf dessen Vorarbeiten ich bauen und aufbauen konnte. Prof. Christoph Meinel, in Regensburg Lehrstuhlinhaber für Wissenschaftsgeschichte, nahm die erreichten Ergebnisse als Dissertationsprojekt an und begleitete die Fertigstellung der Arbeit geduldig mit Rat und Tat. Beiden gilt hier an erster Stelle mein Dank.

Weiter danke ich der DFG für ihre Unterstützung, ebenso dem Deutschen Museum in München, wo ich als Scholar in Residence meine Untersuchungen zu modernen spektroskopischen Methoden in der Chemie fortsetzen konnte, und dem Fritz-Haber-Institut in Berlin, das es mir ermöglichte nebenher die letzten Schreibarbeiten abzuschließen. Darüber hinaus gilt mein Dank allen, die mir konkret bei der Informationssuche geholfen haben, so den Mitarbeiterinnen des Bundesarchivs in Koblenz, den MitarbeiterInnen des Archivs und des Depots des Deutschen Museums, sowie den Herren Walter Pietrusziak und Peter Arends von der DFG-Geschäftsstelle in Bonn. Wertvolle Hilfestellung gaben auch die ehemaligen Bruker-Angestellten Bertold Knüttel und Manfred Holz, sowie der langjährige Bruker-Manager Toni Keller mit ihren Auskünften und Materialien zum „Innenleben“ der Firma Bruker-Spectrospin. Ihnen sei besonders gedankt.

Bedanken möchte ich mich auch für die freundliche Unterstützung vieler Kollegen und Freunde am Deutschen Museum, am Fritz-Haber-Institut und am Lehrstuhl für Wissenschaftsgeschichte der Universität Regensburg. Insbesondere danke ich in diesem Zusammenhang meinen Regensburger Bürokolleginnen Celia v. Lindern, Katharina Del Bianco und Christine Nawa für das angenehme und freundschaftliche Arbeitsklima, sowie Martin Merkl, der mich als studentische Hilfskraft bei der Sichtung von Patenten unterstützte. Ohne die Hilfe auch vieler anderer, hier ungenannter Freunde wäre diese Arbeit nicht möglich gewesen, wobei ich mich abschließend noch bei meinen Eltern bedanken möchte, die mich stets in meinen Plänen und Absichten unterstützt haben.

Thomas Steinhauser   Berlin, im Herbst 2012.

Inhaltsverzeichnis

1. Grundlagen einer Methode ... 11

1.1 Moderne Instrumente in der Naturwissenschaft und der Wissenschaftsgeschichte ... 11

1.2. Die Anfänge der NMR in der Teilchenphysik ... 19

1.3. Die Strukturtheorie als Mentales Modell der modernen Chemie ... 35

2. Die NMR wandert in die Chemie ... 51

2.1. Veränderung durch Research Technology ... 52

2.2. Varian und die Idee der chemischen NMR ... 63

2.3. Ein neues Verfahren der Strukturaufklärung ... 76

3. Innovation in der Chemie ... 99

3.1. Die USA als Zentrum einer entstehenden NMR-Community ... 100

3.2. Varian als Knotenpunkt der chemischen NMR ... 108

3.3. Zur Internationalisierung der Methode ... 137

3.5. Die deutsche Perspektive ... 150

4. Ein neuer NMR-Instrumentenhersteller ... 171

4.1. Schweizer Know-how ... 172

4.2. Professor oder Firmenchef? ... 191

4.3. Durchbruch mit Unterstützung der DFG ... 204

5. Innovationsschübe generieren einen neuen Instrumententyp ... 229

5.1. Die Instrumentenhersteller als Teil einer internationalen NMR-Gemeinschaft ... 229

5.2. Fourier-Transformationen ... 248

5.3. Das Ende der Eisenzeit ... 269

6. Expansion und Spezialisierung ... 285

6.1. Konkurrenz belebt die NMR ... 290

6.2. Neue Dimensionen ... 304

6.3. Die Verbreitung der Instrumentalsysteme ... 321

6.4. Spezialisierung in disziplinähnlicher Struktur ... 344

7. Die Formierung eines neuen Wissensgebietes 363
7.1. Grundzüge der historischen Entwicklung 365
7.2. Drei Phasen der NMR-Entwicklung 379
7.3. Variablen und Konstanten der NMR-Geschichte 383
7.4. Die NMR als disziplinähnliche Struktur 396
8. Quellen- und Literaturverzeichnis 401
8.1. Nicht gedruckte Quellen 401
8.2. Patente, Graue Literatur 405
8.3. NMR-Fachliteratur 414
8.4. Historiographische Literatur 432
8.5. Abbildungsverzeichnis 449
Index 455

1. Grundlagen einer Methode

1.1. Moderne Instrumente in der Naturwissenschaft und der Wissenschaftsgeschichte

Instrumentelle Methoden sind ein wesentlicher Teil der Theorie, Praxis und sozialen Organisation der modernen Naturwissenschaften. Auch wenn inzwischen elektronische Instrumente aus der zweiten Hälfte des 20. Jahrhunderts häufig seltener sind als wissenschaftliche Apparate aus der Zeit edel glänzenden Messings, sind sie immer noch kaum in Museen vertreten, den Speichern und Gedächtnissen unserer als bedeutsam angesehenen materiellen Kulturen. Es gibt inzwischen zwar vereinzelte Initiativen zur Rettung solcher Geräte, z.B. die Sammlung von 100 chemischen Laborinstrumenten "die die Welt veränderten" durch die Chemical Heritage Foundation,[1] doch der Befund zeigt, dass der kulturelle Wert der noch relativ neuen, in der Regel unanschaulichen und optisch wenig attraktiven Instrumente eher als gering eingestuft wird. Dennoch bestimmen instrumentelle Methoden Denkzwänge[2] des modernen Wissenschaftssystems, sie legen fest, welche Daten relevant sind, wie sie erhalten werden können und nach welchen Regeln sie ausgelegt werden sollen. Aber nicht nur die forschungsleitende Funktion instrumenteller Möglichkeiten beeinflusst die Wissenschaftler, sondern auch ein anderer Zwang: immer wieder neue Mittel zur Finanzierung teurer Instrumente akquirieren zu müssen. Der Eindruck, dass Naturwissenschaftler durch die modernen instrumentellen Methoden einen guten Teil an Handlungsfreiheit einbüßen, wirkt ernüchternd auf das klassische Bild der allseits autonomen und nur dem Wissenserwerb verpflichteten Naturwissenschaft. Nicht nur die Wissenschaftler selbst nehmen den stark zunehmenden Einfluss der Instrumente auf die exakten Naturwissenschaften wahr. Auch Wissenschafts- und Technikhistoriker beschäftigen sich zunehmend mit dem in

---

1 Die Chemical Heritage Foundation in Philadelphia hat ein Projekt gestartet mit dem Ziel, das Wissen über diese Instrumente zu bewahren, der Projekttitel unterstreicht die generelle Bedeutung der Artefakte. Um eine Sammlungsstrategie zu entwickeln, sollte das Instrumentation and Artifacts Committee – anfänglich – 50 Instrumententypen bestimmen, welche herausragende Bedeutung haben. Allein die Auswahl erforderte jahrelange Arbeit. Lukens, "50 Chemical Laboratory Instruments that Changed the World" (2004), 29.

2 Nach Ludwik Fleck, der die wissenschaftliche Tatsache als 'denkkollektives Widerstandsaviso' im Sinne eines Denkzwanges beschreibt. Fleck, Entstehung und Entwicklung einer wissenschaftlichen Tatsache (1980), S.131-133.

der Regel pauschal als Technoscience[3] bezeichneten System aus moderner Naturwissenschaft und Technik.

Ist die Verbindung mit technischen Kulturen das herausragende Charakteristikum der modernen Naturwissenschaften, so wird deren Methode durch Instrumente entscheidend geprägt.[4] Vor allem die High-Tech Instrumentierung führte zur Wahrnehmung einer grundlegenden Technisierung in den Naturwissenschaften deren Ablauf und Bedeutung immer noch genauerer Untersuchung bedarf. Moderne naturwissenschaftliche Instrumente sind deshalb von zentralem Interesse.

Versuche, die Funktion der Instrumente in eine historiographisch aufzuarbeitende jüngere Vergangenheit einzugliedern, berühren noch ungelöste Kernfragen der Wissenschaftsgeschichte des 20. und teilweise auch des 19. Jahrhunderts. Wissenschaftliche Instrumente, insbesondere wenn sie kommerziell aus industriell produzierten Teilen gebaut wurden, bewegen sich zwischen dem akademisch-naturwissenschaftlichen und ökonomisch-technischen Bereich. Der hohe Kostenaufwand für die Instrumente konnte häufig nur mit intensiver staatlicher Unterstützung aufgebracht werden. Somit gehören auch staatliche Aktivitäten unmittelbar zur Schnittstelle in der diese Instrumente entstanden. Die Metrologie der modernen instrumentellen Methoden entwickelte sich in lokalen und sozialen Kontexten, eingebettet in verschiedene gesellschaftliche Bereiche, die über die Instrumente ihre Spuren in den Naturwissenschaften hinterlassen haben.[5] Das Zusammenwirken von Industrie, Staat und Naturwissenschaft wurde zunächst anhand neuartiger, ab dem Ende des 19. Jahrhunderts entstandener wissenschaftlicher Institutionen deutlich. Dazu gehören staatliche Forschungsinstitute wie die Physikalisch-Technische Reichsanstalt, die Kaiser-Wilhelm-Institute, Forschungslaboratorien der Großindustrie, aber auch staatlich finanzierte Förderorganisationen wie die Notgemeinschaft Deutscher Wissenschaft (später Deutsche Forschungsgemeinschaft). In den Zeiten weltweiter kriegerischer oder kriegsähnlicher Konflikte spielte auch die Finanzierung durch das Militär eine bedeutende Rolle. Das Geflecht an institutionalisierten Beziehungen quer zu den üblichen analytischen Kategorien der Gesellschaftswissenschaften stellt

---

3 Latour, Science in Action: How to Follow Scientists and Engineers Through Society (1987).

4 Vgl. z.B. Forman, "Recent Science. Late-Modern and Post-Modern" (1997), S.179-213, hier S.183-187.

5 Vgl. Schaffer, "Late Victorian Metrology and its Instrumentation: a Manufactory of Ohms" (1992). Einer der wenigen, die schon im 19. Jahrhundert die Bedeutung der Metrologie für die naturwissenschaftliche Praxis artikulierte war der britische Mathematiker William Stanley Jevons. Maas, "An Instrument Can Make a Science: Jevons's Balancing Acts in Economics" (2001).

immer noch ein konzeptionell ungelöstes Problem der wissenschaftshistorischen Forschung über das 20. Jahrhundert dar, ganz zu schweigen von Verknüpfungen, die sich nicht in Institutionen und deren Akten manifestierten. Generelle Konzepte wie der Moduswechsel von einer traditionsorientierten, disziplinär organisierten, theoretisch geleiteten Naturwissenschaft zu verschiedenen, an praktischen Fragen spezifischer Projekte von allgemein angenommenen Nutzen orientierten Aktivitäten,[6] systemische Ansätze auf nationaler Basis,[7] oder das Triple Helix Innovationsmodell[8] einer intensiven gegenseitigen Durchdringung und Verflechtung von Staat, Industrie und Wissenschaft versuchen den Kern des modernen Zusammenspiels von Naturwissenschaft, Staat und Technik zu erfassen. Die analytischen Kategorien erweisen sich aber als entweder zu allgemein und damit wenig aussagekräftig, oder als im Einzelfall nicht zutreffend.[9] Fallstudien beschäftigten sich mit Big Science,[10] große naturwissenschaftlich-technische Projekte, welche schon aus organisatorischen Gründen den Rahmen traditioneller Naturwissenschaft sprengten. Dazu gehören Großprojekte wie die Atombombe, Teilchenbeschleuniger, oder Atomkraftwerke. Das naturwissenschaftliche Tagesgeschäft in den meisten Laboratorien geriet dabei etwas ins Abseits.

Aber auch für eher wissenschaftstheoretisch orientierte Kreise wurden die modernen Instrumente interessante Forschungsobjekte. Die Wissenschaftsphilosophie des frühen 20. Jahrhunderts betrachtete Beobachtungstatsachen als grundlegenden Kontrollmechanismus der Theorie.[11] Damit hatte das Experiment zwar eine wichtige Funktion, es wurde aber kaum untersucht, wie diese experimentellen Aussagen zustande kamen. Ludwik Fleck mit seiner Analyse

---

6 Gibbons, Limoges, Nowotny, Schwartzman, Scott, Trow, The New Production of Knowledge. The Dynamics of Science and Research in Contemporary Societies (1994); Gibbons, Nowotny, Scott, Rethinking Science: Knowledge in an Age of Uncertainty (2001).

7 Lundvall (Hg.), National Systems of Innovation: Towards a Theory of Innovation and Interactive Learning, (1992).

8 Etzkowitz, Leydesdorff, (Hg.), Universities in the Global Knowledge Economy: A Triple Helix of University-Industry-Government Relations (1997); Leydesdorff, "The Triple Helix: an Evolutionary Model of Innovations" (2000); Etzkowitz (Hg.), "Triple Helix" (2000).

9 Weingart, "Neue Formen der Wissensproduktion: Fakt, Fiktion und Mode" (1999); Shinn, "The Triple Helix and New Production of Knowledge: Prepackaged Thinking on Science and Technology" (2002).

10 Vgl. Galison, Hevly (Hg.), Big Science the Growth of Large-Scale Research (1992) und Capshew, Rader, "Big Science: Price to the Present" (1992).

11 So als Verifizierung im logischen Empirismus im Anschluss an den Wiener Kreis und als Falsifizierung beim kritischen Rationalismus K. Poppers.

der sozial bedingten Formierung einer naturwissenschaftlichen Tatsache blieb lange ein Außenseiter und fand erst ab den 1960er Jahren über die Vermittlung durch Thomas Kuhn breitere Beachtung. Ab den 1980er Jahren wurde mit dem New Experimentalism[12] der epistemologische Status des Experiments, verstanden als das kontextabhängige, aber dennoch weitgehend autonome Zusammenspiel von Theorien, materiellen Objekten und Messdaten, erheblich aufgewertet.

Ähnlich wie bei Fleck sind für Hans-Jörg Rheinberger Instrumente technisch stabilisierte Objekte, welche die Möglichkeiten des Denkens eingrenzen. Hoch technisierte Methoden als strukturierte Vermittler zwischen dem schon Bekannten und dem noch Unbekannten legen die Spuren, aus denen epistemische Dinge aufgebaut sind. Sie sind Zukunftsmaschinen[13] und bilden den Kern der zeitgenössischen, naturwissenschaftlichen Forschung.[14] Die Methode stellt über die Messung eine Beziehung zu noch nicht exakt einzuordnenden epistemischen Objekten, d.h. zum Forschungsgegenstand her. Im sich verändernden Experimentalsystem ist es aber auch möglich, dass Instrumente und Methoden selbst wieder zum Forschungsobjekt werden. Technik hat wesentlichen Anteil an der Ausrichtung moderner Experimentalwissenschaft und ist als notwendiges, aber theoretisch irrelevantes Werkzeug dieser Aktivität unzureichend beschrieben. In einer nicht cartesischen Form, ohne deutliche Trennung zwischen Ideen und materiellen Gegenständen, denkt zeitgenössische Wissenschaft in ihren Apparaten,[15] dabei bettet sie an Materialität gebundenes Geschick und

12 Hacking, Representing and Intervening. Introductory Topics in the Philosophy of Natural Science (1983); Ackermann, "The New Experimentalism" (1989).

13 Diese Funktion naturwissenschaftlicher Instrumente wird in einem eher als populäre Werbeschrift angelegten Themenheft der DPG besonders betont. Deutsche Physikalische Gesellschaft (Hg.), Zukunftsmaschinen. Grundlagenforschung mit Großgeräten [2003]. Auch für eine wissenschaftliche Institution, die in der NMR Geschichte eine wichtige Rolle spielt, wurde der Begriff verwendet. Gugerli, Kupper, Speich, Die Zukunftsmaschine. Konjunkturen der ETH Zürich 1855-2005 (2005). Die hier später in Verbindung mit der ETH Zürich genannten Wissenschaftler Günthard, Primas und Ernst werden dort aber kaum erwähnt.

14 Vgl. dazu Rheinberger, Experimentalsysteme und epistemische Dinge. Eine Geschichte der Proteinsynthese im Reagenzglas (2006), S.20-39, S.88-101, S.126-140 und S.166-179.

15 Rheinberger bezieht sich dabei auf Gaston Bachelards Phénoménotechnique. Bachelard, L'activité Rationaliste de la Physique Contemporaine (1951), S.84. Vgl. Rheinberger, Epistemologie des Konkreten. Studien zur Geschichte der modernen Biologie (2006), 37-54.

durch materielle Dinge verkörpertes stummes, ganz persönliches Wissen[16] in spezifische Kontexte ein. Die Technik der Instrumente ist damit auch beteiligt an der schöpferischen Komponente der Experimente. Ausgehend von Studien über die alltägliche wissenschaftliche Laborpraxis wurde ab den 1990er Jahren der Einfluss der im Laboralltag verwendeten Instrumente auf das gesamte System der Naturwissenschaften untersucht.[17] Ihre Funktion beschränkt sich nicht auf die Kontrolle der Theorie, sie erweitern unter anderem produktiv die menschlichen Erfahrungsmöglichkeiten, repräsentieren und strukturieren Phänomene, die sie teilweise erst konstituieren, in jedem Fall aber beherrschbar machen.[18] Sie können weiter den naturwissenschaftlichen Diskurs prägen, neue Subdiziplinen schaffen und die soziale Struktur der Naturwissenschaften modifizieren. Die soziale Bedeutung der modernen Instrumente stellte Terry Shinn in das Zentrum seines Konzeptes der Research Technology.[19] Es versucht die Werte und Aktivitäten der Personengruppe zu beschreiben, die im Schnittpunkt von Naturwissenschaft und Technik an der Innovation von Instrumenten arbeitet und damit einen entscheidenden Beitrag zum Wissenstransfer in den Naturwissenschaften leistet. Diese Gruppe überbrückt akademische Disziplinen, hat aber auch Verbindung zum ökonomisch-technischen System. Als Mittelsmänner passen sie die Instrumente an verschiedene Arbeitsbereiche der Naturwissenschaften an, verändern damit aber auch den Wissensbestand, die Fragen, die Sprache und die soziale Struktur der aufnehmenden Wissenschaftsbereiche.

Die Physik war Vorreiter im Gebrauch moderner Instrumente, doch gerade in der Chemiegeschichte wurde der Wandel durch Instrumente die physikalische Messdaten produzieren besonders deutlich wahrgenommen. Der Konstruktion und Verbreitung elektronischer Messgeräte[20] folgend wurden insbesondere

16 Die von Michael Polanyi als Tacit Knowledge und Skills bezeichneten Faktoren naturwissenschaftlicher Praxis. Polanyi, Personal Knowledge. Towards a Post-Critical Philosophy (1958).

17 Vgl. z.B. Gooding (Hg.), The Uses of Experiment. Studies in the Natural Sciences (1989); Hankins, van Helden (Hg.), Instruments (1994); Galison, Image and Logic. A material Culture of Microphysics (1997), S.797-803; Krige, Pestre (Hg.), Science in the twentieth century (1997), S.715-740; Heidelberger, Steinle (Hg.), Experimental Essays – Versuche zum Experiment (1998); Meinel (Hg.), Instrument-Experiment. Historische Studien (2000).

18 Zu möglichen Funktionen des Instruments vgl. Hentschel, "Historiographische Anmerkungen zum Verhältnis von Experiment, Instrumentation und Theorie" (2000).

19 Joerges, Shinn, "A Fresh Look at Instrumentation: An Introduction" (2001); Joerges, Shinn, "The Transverse Science and Technology Culture: Dynamics and Roles of Research-Technology" (2002).

20 Obwohl spätestens seit den bahnbrechenden Untersuchungen R.W. Bunsens und G. Kirchhoffs 1859 chemische Spektroskopie betrieben wurde, war die spektroskopische

Infrarot-, Ultraviolett-, Kernspinresonanz-, Elektronenspinresonanz- und Ramanspektroskopie zentrale Elemente der zeitgenössischen Chemie. Ihr intensiver Gebrauch veränderte kognitive und soziale Strukturen, auch in chemischen Kernbereichen wie der Organischen Chemie. Die Instrumente erweiterten das Arbeitsfeld der Chemiker und schufen die Voraussetzung für neue Spezialistengruppen. Derartig umfassende Änderungen sind nicht auf eine einzige Methode, sondern auf einen ganzen Verbund von Methoden zurückzuführen, die sich gegenseitig stützten und ergänzten.[21] Das Konzept einer Instrumentenrevolution[22] in der Chemie entstand, die ihren Höhepunkt im mittleren Drittel des 20. Jahrhunderts erreichte.

Die magnetische Kernspinresonanz (in Folge mit NMR abgekürzt)[23] gehörte dabei zu den Methoden, die besonders nachhaltig zum revolutionären Wandel der chemischen Praxis beigetragen haben. Da der Schwerpunkt der modernen Naturwissenschaftsgeschichte im anglo-amerikanischen Raum liegt, werden in den bisherigen Darstellungen vor allem die Entwicklungen in den USA beschrieben.[24] Es fehlt an vergleichenden oder auch kontrastierenden Perspektiven. Die Bedeutung gerade der Internationalität der Entwicklung veranschaulicht dagegen eine Initiative der wissenschaftlichen NMR-Gemeinschaft anlässlich des 50jährigen Bestehens der Methode. Das Resultat der Bemühungen war eine mehrbändige NMR-Enzyklopädie[25] die mit einem beeindruckenden Spektrum internationaler Autoren und auch durch die Autorenauswahl des Bandes zur Geschichte der NMR zeigt, dass der Schwerpunkt der Entwicklung zwar in

---

Methode bis in das erste Drittel des 20. Jahrhunderts hinein ein Randbereich der Chemie. Sutton, "Spectroscopy and the Chemists: A Neglected Opportunity?" (1976), 16-26.

21 Committee for the Survey on Chemistry (Hg.), Chemistry Opportunities and Needs (1965), S.86-88.

22 Tarbell, Tarbell, Essays on the History of Organic Chemistry in the United States, 1875-1955 (1986), S.336; Baird, "Analytical Chemistry and the 'Big' Scientific Instrumentation Revolution" (1993), 267-290; Morris (Hg.), From Classical to Modern Chemistry: The Instrumental Revolution (2002); Reinhardt, Shifting and Rearranging. Physical Methods and the Transformation of Modern Chemistry (2006), S.3-9.

23 NMR steht für Nuclear Magnetic Resonance. Deutsch auch Kernmagnetische Resonanz (KMR), französisch Résonance Magnétique Nucléaire (RMN).

24 Morris, Travis, "The Role of Physical Instrumentation in Structural Organic Chemistry" in Morris (Hg.), From Classical to Modern Chemistry (2002), S.57-84, hier S.73-77; Lécuyer, Lenoir, "Instrument Makers and Discipline Builders: The Case of Nuclear Magnetic Resonance" (1995), Reinhardt, Shifting and Rearranging. Physical Methods and the Transformation of Modern Chemistry (2006), dort allerdings mit Ausnahme des Schweizer NMR Wissenschaftlers Richard Ernst, S.303-355.

25 Grant, Harris (Hg.), Encyclopedia of Nuclear Magnetic Resonance, 8 Bde. (1996).

den USA lag, von einer ausschließlichen Dominanz US-amerikanischer Forscher aber nicht die Rede sein kann. Das Verhältnis zwischen den frühen US-amerikanischen Zentren der NMR und der internationalen Entwicklung ist ungeklärt. Diese Lücke soll hier durch eine nicht auf ein spezifisch nationales, institutionelles oder personelles Umfeld begrenzte Perspektive geschlossen werden. Die Abschnitte zur bisher noch nicht historiographisch aufgearbeiteten europäischen NMR-Geschichte dienen dabei als Beispiel der Entwicklung abseits der NMR-Zentren in den USA.

Die NMR bietet eine gute Möglichkeit, im Detail den Faktoren nachzugehen welche die allgemein als Technoscience bezeichneten modernen Naturwissenschaften in der zweiten Hälfte des 20. Jahrhunderts beeinflusst haben. NMR wurde als eine erst ab den 1930er Jahren experimentell bearbeitete Methode innerhalb des Zeitraumes von 1950 bis 1980 zu einem mächtigen Instrument der Strukturaufklärung chemischer Verbindungen ausgebaut.[26] Durch kontinuierliche Forschung und Entwicklung der Methode gewann sie ständig an Anwendungsbreite, sie wurde in Physik, Chemie und Biologie – inklusive aller Zwischenbereiche – zu einem wichtigen Arbeitsfeld.

Die vorliegende Untersuchung konzentriert sich weitgehend auf den Bereich der Organischen Chemie, da dort die Auswirkungen der neuen Methode besonders signifikant sind. Die Organik entwickelte sich seit dem letzten Drittel des 19. Jahrhunderts zum Kernbereich der Chemie, der durch die Methoden der "nassen" Chemie gekennzeichnet war, bei der chemische Strukturen und ihre Veränderungen mittels spezifisch chemischer Instrumente, den Reaktionen, untersucht und definiert wurden.[27] Das Verwenden elektronischer Instrumente, deren Ergebnisse auf Grundlage quantenphysikalischer Theorien autorisiert und interpretiert wurden, veränderte die analytische Praxis. Ab dem Zweiten Weltkrieg und in Verbindung mit der Kriegswirtschaft verbreiteten sich diese physikalischen Methoden schnell, beginnend mit der UV- und IR-Spektroskopie.[28] Die Entwicklung war nicht auf eine bestimmte oder bestimmende instrumentelle Methode beschränkt, vielmehr ergänzten sich die analytischen Möglichkeiten der unterschiedlichen Verfahren, so dass deren Kombination in den 1960er Jahren die chemische Reaktion in der organisch-chemischen Strukturaufklärung als

26 Feeney, "Development of High Resolution NMR Spectroscopy as a Structural Tool" (1992), S.199.

27 Die erste systematisch zur Analyse der chemischen Zusammensetzung verwendete Reaktion war die Verbrennung mit Sauerstoff. Die Stabilisierung und Standardisierung dieser sogenannten Elementaranalyse ist untrennbar mit der Entstehung der Organischen Chemie verbunden.

28 Rabkin, "Technological Innovation in Science. The Adoption of Infrared Spectroscopy by Chemists" (1987).

das vorherrschende Werkzeug verdrängte. Die chemische Reaktion wurde nun allerdings als Werkzeug des Organikers nicht obsolet, so blieb sie bei der organischen Synthese Kernstück der Operationen,[29] und die Strukturen der spektroskopisch zu analysierenden Verbindungen waren in der Regel nicht völlig unbekannt, sondern aufgrund ihrer Darstellungsverfahren bereits abschätzbar. Instrumentelle Analyse und klassische Methoden wurden aneinander angepasst und bildeten ein modifiziertes Experimentalsystem. Das erweiterte Methodenarsenal ermöglichte es, große Biomoleküle z.B. Proteine und Nukleinsäuren als lohnende Forschungsobjekte aufzunehmen und damit der Organik neue, transdisziplinäre Arbeitsbereiche an den Grenzen zur Biologie und Medizin zu erschließen. Es entstand daneben ein eigenständiger Forschungsbereich der instrumentellen Strukturanalytik. Zudem gehörten nun eine größere Anzahl neu gegründeter Unternehmen für den hoch technisierten Instrumentenbau zur unabdingbaren Infrastruktur moderner chemischer Forschung. Eine Finanzierung der technischen Möglichkeiten wurde als Randbedingung der organisch-chemischen Forschung zwingend notwendig. Elektronik und Computer trugen dazu bei, die Reichweite der Instrumente auszudehnen und neue Arbeitsbereiche zu erschließen. Die NMR entwickelte sich dabei zum mächtigsten Verfahren der Strukturaufklärung und übertraf alle anderen spektroskopischen Methoden an Bedeutung.[30]

Die vorliegende Studie folgt diesem kurzen, historischen Abriss. Zunächst werden die Anfänge und theoretischen Grundlagen der NMR in der Physik beschrieben. Damit soll deutlich werden, wie stark die Ziele und Strategien der frühen Methode von der organisch-chemischen Praxis abgegrenzt waren. Das Mentale Modell der chemischen Struktur bietet anschließend einen Erklärungsansatz für die Frage, warum die Organische Chemie als Subdisziplin stabil blieb, trotz der erheblichen experimentellen, theoretischen und sozialen Veränderungen durch die Einführung von Methoden wie der NMR. Dem Konzept der Research Technology folgend wird dann der Wandel der NMR von einer physikalischen zu einer chemischen Methode interpretiert. Der nächste inhaltliche Abschnitt stellt dar, wie die NMR zu einer auch in Europa verbreiteten chemisch-analytischen Standardmethode wurde. Daraufhin wird anhand der Gründungsgeschichte des Instrumentenherstellers Bruker die Frage behandelt, welche spezifischen Faktoren es ermöglichten, dass sich auch in Westdeutschland eine bedeutende NMR-Gemeinde etablieren konnte. Es folgt ein Abschnitt

29 Slater, "Instruments and Rules: R. B. Woodward and the Tools of Twentieth-Century Organic Chemistry" (2002), S.28.

30 Vgl. Morris, Travis, "The Role of Physical Instrumentation in Structural Organic Chemistry" (1997).

über die Funktion des Instrumentenherstellers bei diesem Vorgang, insbesondere die seiner Innovationsstrategie, welche mit den Komponenten Fourier-Transfer Verfahren, supraleitender Magnet und Computerisierung die instrumentellen Grundlagen legte, die bis heute die NMR bestimmen. Das nächste Kapitel zeigt, wie neue Instrumente die NMR in den 1970er Jahren weiter wachsen ließen, mehrdimensional aufgelöste Messverfahren ihre wissenschaftliche Eigenständigkeit verstärkten und es ihr gleichzeitig ermöglichten, sich auf die biologischen Disziplinen auszudehnen. Thematisiert wird aber auch, wie die Methode im medizinischen Bereich an Grenzen stieß, die nicht ohne grundlegende theoretische, soziale und instrumentelle Veränderungen überwunden werden konnten, sodass beim Übergang eine eigenständige neue Methode entstand, das Magnetic Resonance Imaging. Ein abschließender Überblick führt die wichtigsten Aussagen über die NMR-Entwicklung zusammen.

1.2. Die Anfänge der NMR in der Teilchenphysik

Die Theorie der NMR basiert auf gequantelten Energiezuständen, also der Quantenphysik. Spektrometrische Methoden erwiesen sich als geeigneter Weg, um Daten über die nun quantenmechanisch zu behandelnden Mikrosysteme der Atome, Moleküle und Ionen zu erhalten. Durch die Analyse von absorbierter, emittierter, oder gestreuter elektromagnetischer Strahlung konnten aus dieser Perspektive nicht nur durch bloßen Vergleich mit einer Referenz Qualität und Quantität einer Substanz bestimmt werden, sondern es wurden absolute numerische Daten über Valenzelektronen (Spektroskopie im UV und sichtbaren Licht), innere Elektronen (Röntgenspektroskopie), Ionen (Massenspektrometrie) und Molekülteile sowie einfache Moleküle (Infrarot, Raman) erhalten, die an das theoretische System der Quantenmechanik angepasst werden konnten. Solche spektrometrischen physikalischen Experimente halfen dabei, epistemische Dinge der Quantenmechanik wie Spin, Eigenzustand oder Elektron in wissenschaftliche Tatsachen umzuwandeln. In zwei Punkten trug die NMR zum experimentell-quantenphysikalischen Forschungsprogramm bei: Einerseits war sie als Forschungsobjekt die experimentelle Bestätigung einer theoretisch-quantenphysikalischen Vorhersage, andererseits ergänzte sie als Methode bekannte spektroskopische Verfahren, da sich die Physiker von ihr noch genauere Daten über Atomkerne erwarteten. Es ist also nicht sonderlich überraschend, dass die ersten Forschungsprogramme zur NMR in einer Zeit entstanden in der sich die neue Quantenmechanik als naturwissenschaftliches Paradigma durchsetzte.[31]

31 Für die Geschichte der frühen NMR vgl. vor allem Rigden, "Quantum States and Precession – The 2 Discoveries of NMR" (1986).

Aufgrund von Beobachtungen der Hyperfeinstruktur von Atomspektren stellte Wolfgang Pauli (1900-1958) 1924 die Hypothese auf, dass Atomkerne ein magnetisches Moment besäßen, das mit der Umgebung wechselwirken könnte.[32] Diese gerichteten Wechselwirkungen magnetischer Kernmomente mit anderen Magnetfeldern und mit Radiowellen sind die Basis der NMR-Theorie und Instrumentierung.

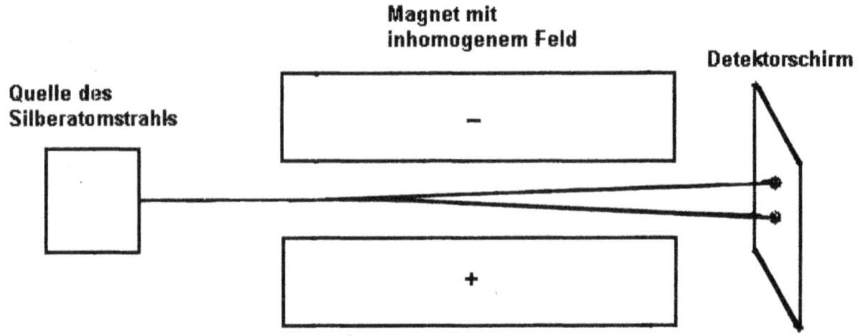

Abb. 1: Stern-Gerlach Experiment, schematischer Aufbau.

In den 1920er und 1930er Jahren bestätigten gezielte Experimente Otto Sterns (1888-1969), Walther Gerlachs (1889-1979), Isidor Rabis (1898-1988)[33] und anderer[34] die Vorhersage gequantelter magnetischer Momente von Atomen

32 Pauli, "Zur Frage der theoretischen Deutung der Satelliten einiger Spektrallinien und ihrer Beeinflussung durch magnetische Felder" (1924).

33 Der in Österreich-Ungarn geborene Rabi promovierte 1927 an der Columbia University und war dort 1929-1967 Professor, 1940-1945 Direktor des Radarlaboratoriums an dieser Universität und 1946-1956 im General Advisory Committee der US Atomenergiekommission. Rigden, "Isidor Isaac Rabi" (2000). Zu Rabi und der NMR vgl. auch Mattson, Simon, Pioneers of NMR and Magnetic Resonance in Medicine (1996), S.9-96.

34 Gerlach, Stern, "Über die Richtungsquantelung im Magnetfeld" (1924); Frisch, Stern, "Über die magnetische Ablenkung von Wasserstoffmolekülen und das magnetische Moment des Protons I." (1933); Estermann, Stern, "Über die magnetische Ablenkung von Wasserstoffmolekülen und das magnetische Moment des Protons II."(1933); Kusch, Millman, Rabi, Zacharias, "A New Method of Measuring Nuclear Magnetic Moment" (1938); Kusch, Millman, Rabi, Zacharias, "The Molecular Beam Magnetic

und Atomkernen, waren aber auf das Verhalten einzelner Atome und einfacher Moleküle beschränkt.[35] Stern und Gerlach verwendeten Silberatome in einem inhomogenen Magnetfeld und belegten die Richtungsquantelung des magnetischen Moments eines Atoms durch den Elektronenspin. Die Hamburger Gruppe um Stern baute die Atom- und Molekülstrahltechnik zur Messung magnetischer Momente weiter aus, denn mit optischen Methoden konnte die Hyperfeinstruktur nicht beobachtet werden.

Abb. 2: Isidor I. Rabi

Rabi, der die Hamburger Kernphysiker besucht hatte, verwendete an der Columbia University Moleküle, deren Elektronenhülle kein magnetisches Gesamtmoment besaßen, verfeinerte die Methode zu einem im Prinzip doppelten Stern-Gerlach Experiment und isolierte damit experimentell die Ablenkung durch den Kernmagnetismus, die um den Faktor tausend geringer war als der durch Elektronen verursachte Effekt. Er regte die Moleküle mit Radiowellen bestimmter Frequenz an und konnte über die Resonanzbedingungen 1938 das magnetische Kernmoment des Protons mit einer inzwischen sehr komplex gewordenen Apparatur präzise bestimmen. Die Physiker maßen den Versuchen große Wichtigkeit bei als einer experimentellen Bestätigung der Quantentheorie, was auch daran abzulesen ist, dass Rabi bereits 1944 den Nobelpreis für Physik erhielt für die Entwicklung einer Resonanzmethode mit der die magnetischen Eigenschaften der Atomkerne ermittelt werden konnten.[36] Auch in der weiteren Verwendung der NMR war Rabi eine Schlüsselfigur.

Er arbeitete in Gasphase mit Molekülstrahlen, an denen sich keine Molekularstrukturen ermitteln ließen.[37] Es dauerte noch einige Zeit, ehe sich überhaupt

---

Resonance Method for Measuring Nuclear Magnetic Moments: The Magnetic Moments of ${}_3Li^6$, ${}_3Li^7$, and ${}_9F^{19}$" (1939).

35 Vgl. Ramsey, "Early History of Magnetic Resonance" (1999) S.123-125. Zur Bedeutung des Theoretikers Ramsey für die NMR vgl. Mattson, Simon, Pioneers of NMR (1996), S.97-170.

36 Otto Stern hatte bereits 1943 den Nobelpreis für die Molekülstrahlmethode und die Messung des magnetischen Moments des Protons erhalten.

37 Rigden, "The Birth of the Magnetic Resonance Method" (1985) S.205-237; Forman, "Molecular Beam Measurements of Nuclear Moments Before Magnetic Resonance, Part I (1998), 111-160; Ramsey, "Early History of Magnetic Resonance" (1999).

eine Möglichkeit zeigte, die Methode auch zur qualitativen chemischen Analyse verwenden zu können, denn die Versuche des Niederländers Cornelis Jacobus Gorter (1907-1980)[38] scheiterten, den Effekt auch in kompakter Materie (Lithiumfluorid und Kaliumfluorid) nachzuweisen.[39]

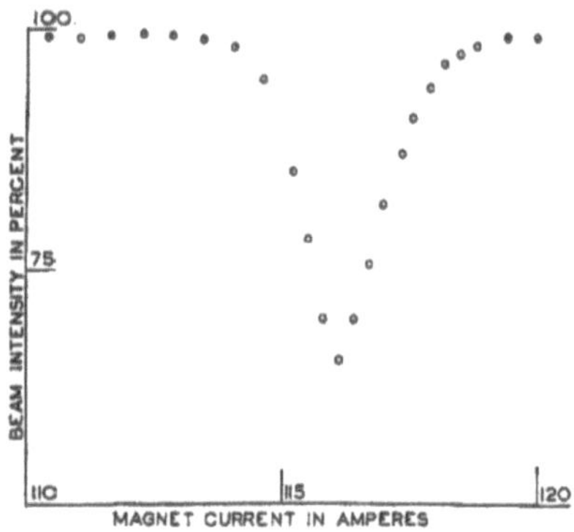

Abb. 3: *Erste, mit dem Molekülstrahlverfahren gemessene NMR (LiCl). Die einzelnen Punkte sind bei unterschiedlicher Magnetfeldstärke ermittelt und in das Diagramm eingetragen.*

Allerdings hatten diese Experimente Rabi zu seinem erfolgreichen Nachweis des Phänomens inspiriert, als er bei einem Besuch Gorters in den USA dessen Messkonzept kennenlernte. Zur Anregung der Moleküle[40] modulierte Rabi Radiowellen und veränderte die Magnetfeldstärke bis zur Resonanz.[41]

38 Gorter war 1946-1973 Professor für Physik und Direktor des Kammerlingh Onnes Laboratoriums an der Universität Leiden. Schon 1932 ging er von der Möglichkeit aus, die magnetische Kernspinresonanz messen zu können. Er publizierte 1942 auch erstmals den Begriff Nuclear Magnetic Resonanz und bezog sich dabei auf Rabi.

39 Gorter, "Negative Results of an Attempt to Detect Nuclear Magnetic Spins" (1936); Broer, Gorter, "Negative Result of an Attempt to Observe Nuclear Magnetic Resonance in Solids" (1942); Gorter, "Bad Luck in Attempts To Make Scientific Discoveries" (1967). Gorters Scheitern lag in seinem Instrument und der Versuchsdurchführung begründet, denn sein Schüler Nicolaas Bloembergen (*1920) konnte rund zehn Jahre später die erwarteten Signale eines von Gorter verwendeten Lithiumsalzkristalles messen.

40 Rabi verwendete zunächst wie Gorter Lithiumchlorid.

41 Kusch, Millman, Rabi, Zacharias, "A New Method of Measuring Nuclear Magnetic Moment" (1938). Vgl. Ramsey, "Early History of Magnetic Resonance" (1999), S.125-126.

Damit war das Messprinzip der NMR im Grunde bereits vorhanden. Zunächst gelang es aber 1944 in der Sowjetunion Elektronenspinresonanz (ESR) in Festkörpern aus paramagnetischen Molekülen zu messen,[42] eine der NMR gleichende Methode, die allerdings in anderen Energiebereichen arbeitet. Vermutlich wäre es der Gruppe in der Sowjetunion ohne die Kriegsumstände gelungen, als erste NMR-Messungen an kondensierter Materie durchzuführen, denn sie war im Jahr 1941 fast so weit. Dann musste sie umziehen und konzentrierte die wenigen erhalten gebliebenen Ressourcen auf die apparativ weniger aufwändige ESR.[43] Erst zur Jahreswende 1945/46 gelang es daher dann fast gleichzeitig, aber unabhängig voneinander, den Arbeitsgruppen der Physiker Felix Bloch (1905-1983)[44] in Stanford,[45] und Edward M. Purcell (1912-1997)[46] in Harvard und am MIT,[47] die Kernspinresonanz der Wasserstoffatome von Wasser, bzw.

42 Zavoisky, "Paramagnetic Relaxation of Liquid Solutions for Perpendicular Fields" (1945).

43 Pfeifer, "A Short History of Nuclear Magnetic Resonance Spectroscopy and of its early Years in Germany" (1999), S.154.

44 Der Schweizer Physiker Felix Bloch wurde seit 1924 an der ETH Zürich und anschließend seit 1927 an der Universität Leipzig ausgebildet, wo er 1928 als erster Doktorand Werner Heisenbergs promovierte. Dann hatte er verschiedene Stellen an europäischen Universitäten, ab 1932 wieder in Leipzig. Bloch war jüdischer Abstammung und verließ 1933 Deutschland. Nach einigen Zwischenstationen in Europa erhielt er 1934 eine Anstellung in Stanford, wo er 1936-1971 Professor für Physik war, unterbrochen durch zwei auswärtige Beschäftigungen, 1942-1945 für Kriegsforschung in Los Alamos und Harvard, 1954-1955 als erster Direktor des CERN (Conseil Européen de la Recherche Nucléaire) in Genf. Vgl. Gavroglu, "Bloch, Felix" (2008). Zur Bedeutung Blochs vgl. auch Gutfreund, Hofstadter, Chodorow, Rorschach, Schawlow (Hg.), Felix Bloch and Twentieth Century Physics (1980). Zu Bloch und der NMR vgl. Mattson, Simon, Pioneers of NMR (1996), S.263-374.

45 Bloch, Hansen, Packard, "Nuclear Induction" (1946); Bloch, "Nuclear Induction" (1946). Bloch beschreibt den Effekt als Induktionsexperiment. Bloch, Hansen, Packard, "The Nuclear Induction Experiment" (1946), behandelt die instrumentelle Methode.

46 Der Physiker Edward Mills Purcell ging nach dem Studienabschluss an der Purdue University mit einem Stipendium für ein Jahr nach Deutschland, promovierte 1938 in Harvard und war ab 1940 Leiter der Abteilung für "Fundamental Developments" im am MIT für die Kriegsforschung eingerichteten Radiation Laboratory. Ab 1949 war er Professor für Physik in Harvard. Vgl. Rigden, "Purcell, Edward Mills" (2008); Mattson, Simon, Pioneers of NMR (1996), S.171-262.

47 Pound, Purcell, Torrey, "Resonance Absorption by Nuclear Magnetic Moments in a Solid" (1946); Bloembergen, Purcell, Pound, "Relaxation Effects in Nuclear Magnetic Resonance Absorption" (1948). Hier wird das Experiment als Absorption von Frequenzen beschrieben.

Paraffin experimentell reproduzierbar in kompakter Materie nachzuweisen. Purcell reichte seine Mitteilung Weihnachten 1945 bei der Physical Review ein, Blochs Notiz erreichte im Januar 1946 den Herausgeber. Bloch arbeitete mit getrennter Sender- und Empfängerspule, beide im Resonanzfall durch das kernmagnetische Moment induktiv gekoppelt. Purcell dagegen verwendete einen Resonator und eine einzige Spule die senkrecht zum Magnetfeld orientiert war und deren Impedanz in einer Brückenschaltung abgeglichen wurde. Am Abgleichsanzeiger wurde das Absorptionssignal bei entsprechender Magnetfeldstärke erkennbar. Der prinzipielle Aufbau der Stanford Gruppe mit einer geometrischen Trennung von Sender- und Empfängerspule wurde trotz des aufwändigeren Probenkopfes in den hochwertigen kommerziellen NMR-Geräten bevorzugt.

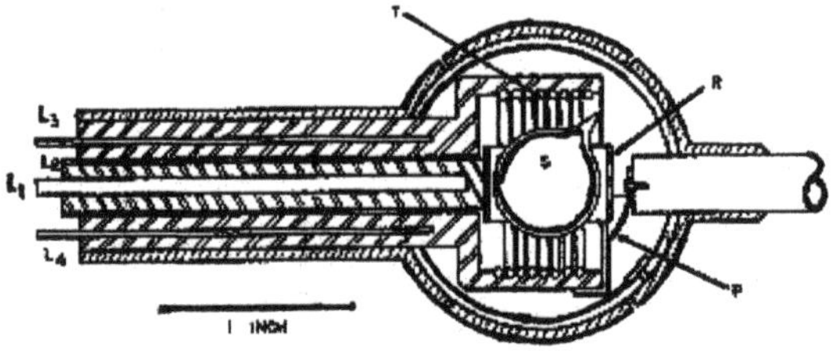

Abb. 4: Probenkopf 1946, ca. 10 cm lang. Sender- und Empfängerspule sowie Probengefäß im runden Gehäuseteil rechts.

Billigere Geräte und Eigenbauinstrumente wurden nach der Einspulenbauart konstruiert. Bloch konnte die anspruchsvollere Bauart nur durch das technische Geschick und die Erfahrung seines Kollegen William Webster Hansen (1909-1949) realisieren. Gekoppelt an die praktische Konstruktion der Instrumente und die Durchführung der Messung war auch die theoretische Auslegung der beiden Experimente durchaus unterschiedlich. Obwohl Bloch bei Heisenberg in Leipzig promoviert[48] und zur Gruppe um Born, Bohr, Pauli und Dirac gehört hatte, interpretierte er das für ihn zunächst theoretisch wenig bedeutende Experiment vorwiegend klassisch physikalisch, Purcell mit seinem theoretischen Interesse am Experiment dagegen quantenmechanisch. In Stanford wurde mit dem Zwei-Spulen-Aufbau die Induktion betont, denn man wollte durch den

48 Bloch erzählte auch später gern Geschichten über seine Erlebnisse in Leipzig mit Heisenberg und Boltzmann. Grant, Harris (Hg.), Encyclopedia of Nuclear Magnetic Resonance, Bd. 1 Historical Perspectives, Chichester u.a.: Wiley, 1996, S.180-187, hier S.182.

im äußeren Magnetfeld präzessierenden Kerndipol eine elektromotorische Kraft induzieren, der Effekt hieß hier Kerninduktion:[49]

> By a quick-and-dirty calculation on the back of an envelope I convinced myself that the protons in about a cubic centimetre of water at resonance in a magnetic field of a few thousand gauss would induce in a surrounding coil a radio frequency voltage well above the noise of a normal radio receiver.

Das Radiowellensignal musste relativ intensiv sein, gemessen wurde eigentlich die Dispersion. Dagegen ermittelte die Gruppe in Harvard gezielt neue Daten zu quantenphysikalischen Größen. Sie betrachtete daher verschiedene Energieübergänge der Eigenzustände, die durch in Resonanz dazu befindliche schwächere Radiofrequenzen angeregt wurden, als Absorptionsvorgang und nannte den Effekt kernmagnetische Resonanzabsorption.[50] Blochs anschaulichere und eher klassische Interpretation wurde bekannter, zudem kann sie auch den Effekt der Richtungsquantelung der Energie beschreiben. Dennoch konnten später entdeckte und für die chemische NMR wichtige Effekte wie die Spin-Spin-Kopplung mit Blochs Einordnung des Instruments nicht erklärt werden. Daher setzte sich nicht zuletzt in der generellen Bezeichnung der Methode der Begriff Purcells durch: Nuclear Magnetic Resonance.[51]

Um das kernmagnetische Moment eines Protons möglichst exakt zu messen,[52] lieh sich Purcell Magnet und Signalquelle bei Kollegen in Harvard, konstruierte spezielle Polschuhe und suchte zunächst vergeblich nach dem Signal. Die Gruppe ließ eine relativ große Probenmenge Paraffin Stunden im Magnetfeld, da sie lange Relaxationszeiten erwartete, und versuchte die Homogenität des Magnetfeldes zu verbessern. Dann hörten sie von den entmutigenden Resultaten Gorters, die wegen der Geheimhaltung kurz nach dem Krieg nicht einfach einzusehen waren. Sie begannen, das Magnetfeld bei konstanter Radiowellenenergie zu variieren und erst nach vielen Variationen zeigte die Nadel des Anzeigeinstrumentes ein Absorptionssignal an. Dabei ließen sie die Probe teilweise mehrere Stunden lang im Magnetfeld – doch die Messdaten ergaben letztlich eine unerwartet kurze Relaxationszeit der Protonen von einigen Millisekunden.[53]

---

49 Bloch, "Opening Lecture" (1972), S.2.

50 Packard, "Nuclear Induction at Stanford and the Transition to Varian" (1996), S.518.

51 Schon Ende der 1940er Jahre, vermutlich 1948, versammelte Bloch seine NMR-Arbeitsgruppe und teilte ihr mit, er habe sich mit Purcell auf Nuclear Magnetic Resonance im Sinne einer allgemein üblichen, konsistenten Sprachregelung geeinigt. Proctor, "When You and I were Young, Magnet" (1996), S.549.

52 Vgl. zur Entdeckung Purcells Gerstein, "Purcell's Role in the Discovery of Nuclear Magnetic Resonance: Contingency versus Inevitability" (1994); Pound, "Early Days in NMR" (1996), S.542-543.

53 Pound, "Early Days in NMR" (1996), S.543-544.

Bloch wollte ein bereits 1939 in der experimentellen Tradition Rabis begonnenes Projekt[54] fortführen, um das mit $\mu_n = 1.93 +/- 0.02$ Kermagnetons gemessene magnetische Moment des Neutrons weiter zu präzisieren. Er setzte die mit dem Teilchenbeschleuniger in Berkeley begonnenen Versuche in Stanford fort, wo ihm ein vergleichbares Experimentalsystem zur Verfügung stand. Da bereits Messungen zum magnetischen Moment des Protons und des Deuteriumkernes vorlagen interessierte Bloch sich dafür ob sich die magnetischen Momente der Kernteilchen exakt additiv verhalten. Um hoch präzise Messungen zu erhalten, benötigte er einen genau kalibrierten Magneten. Dazu sollte aus Mangel an einer komplexen Molekülstrahlapparatur das der Erwartung nach weniger aufwändig darstellbare Kernresonanzsignal des Wassers als Messinstrument dienen – die negativen Ergebnisse Gorters waren auch Bloch noch nicht bekannt und das in der Kriegsforschung erworbene Wissen über Radioelektronik eröffnete diese praktische und kostengünstige Möglichkeit. Die Arbeitsteilung der Gruppe folgte dem instrumentellen Aufbau und belegt, dass Bloch zumindest zu dieser Zeit kein 'rein' theoretischer Physiker mehr war:[55]

> After Hansen came back, the work was divided into three parts: Hansen and Packard took care of the radio frequency components, Manning was to work on the circuits necessary for the 60-cycle modulation of the magnetic field and I had to prepare the required d.c. field.

Die Arbeitsteilung im Team war nie offiziell vorgeschrieben worden, aber Blochs Kollege William Hansen konstruierte den in einem Messingkästchen zwischen den Magnetpolen untergebrachten Probenkopf mit Vorverstärker, Sender- und Empfängerspule, Bloch modifizierte einen alten Labormagneten mit geeigneten Polschuhen und Sweepspulen – das sind regelbare elektrische Spulen deren Felder sich zu dem des großen Elektromagneten addieren, wodurch die Gesamtfeldstärke variiert werden kann. Blochs Schüler Martin Packard baute die Radiotechnik, den Verstärker und integrierte für die Anzeige ein

---

54 Alvarez, Bloch, "A Quantitative Determination of the Neutron Moment in Absolute Nuclear Magnetons" (1940). Vgl. Packard, "Nuclear Induction at Stanford and the Transition to Varian" (1996), S.517. Die Messungen wurden an der Universität in Berkeley gemacht. Der Erfinder und Wissenschaftler Luis W. Alvarez (1911-1988) kann fast schon als Symbol der manchmal problematischen Verbindungen moderner Naturwissenschaft mit Militär und Politik im heißen und Kalten Krieg dienen. Er war auch am Radiation Laboratory des MIT, wo er ab 1940 Radarsysteme entwickelte. 1943 wechselte er zum Manhattan Projekt nach Los Alamos. Der passionierter Flieger Alvarez war an Bord der Enola Gay beim Bombenabwurf über Hiroshima. Danach war er Mitglied der Kommission, welche die Schäden der Atombombenexplosionen in Hiroshima und Nagasaki beurteilte. Er erhielt 1968 den Nobelpreis für Physik.

55 Bloch, "Opening Lecture" (1972), S.2.

Oszilloskop.[56] Ein weiterer zunächst beteiligter Schüler Blochs, Lawrence Manning, verließ bald die Gruppe, um als Elektroingenieur zu arbeiten. Die Apparatur stand im Teilchenbeschleunigerlabor, um die Stromversorgung des dortigen Magneten nutzen zu können. Im Januar 1946 konnten sie nach längerem Suchen das Signal als kleinen Hügel am Oszilloskopschirm erkennen. Hansen, der offenbar mehr Vertrauen in das experimentelle Ergebnis hatte als sein Kollege, war im Gegensatz zu Bloch sofort überzeugt die Protonenresonanz des Wassers gefunden zu haben.

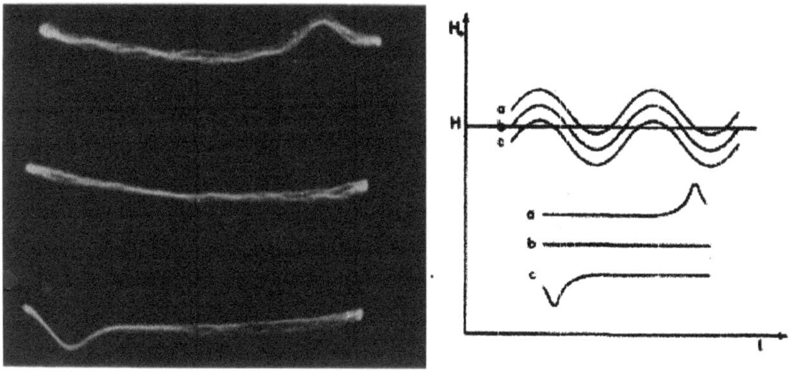

Abb. 5/6: Fotografische Aufnahme eines Protonensignals von Wasser an drei Messpunkten (links). Die Variation des Magnetfeldes wurde anfangs noch kontinuierlich sinusförmig durchgeführt. Das Signal wurde durch Modulieren der Signalspannung erzeugt (rechts).

Die experimentelle Funktion des Versuchs setzte instrumentelle Prioritäten. In Stanford benutzte man im Gegensatz zu der Harvard-Gruppe ein damals noch recht teures Oszilloskop als bildgebendes Anzeigegerät. Dagegen erreichte der in Harvard verwendete Elektromagnet schon eine Feldstärke um 0.7 Tesla,[57] während in Stanford ein mit 0.2 Tesla deutlich schwächerer Magnet geringerer Qualität verwendet wurde, der für das erwartete, sehr breite Signal ausreichen sollte. In Stanford fand die erste Beobachtung des unerwartet scharfen Signals

56 Packard, "Felix Bloch. Reminiscences of a Graduate Student" (1985), S.90; Packard, "Nuclear Induction at Stanford and the Transition to Varian" (1996), S.517.

57 Die Feldstärke ermöglichte es, mit fertig entwickelten Verstärkern der Frequenz von 30 MHz zu arbeiten, die billig aus militärischen Lagerbeständen zu bekommen waren. Pound, "Early Days in NMR" (1996), S.542.

eher zufällig beim Ausschalten des Magnets statt,[58] da es außerhalb des erwarteten Resonanzbereichs auftrat, in dem die Magnetfeldstärke zur Suche kontrolliert variiert werden konnte. Wie in Harvard erwartete man andere Energien und überschätzte die Relaxationszeiten.[59] Blochs Gruppe setzte die Probe zur Einstellung des Gleichgewichts für Stunden in starke Magnetfelder und darüber hinaus wurde paramagnetisches Eisennitrat als Relaxationsbeschleuniger zugesetzt, was die tatsächlich ermittelte Relaxationszeit von etwa drei Sekunden noch erheblich verringerte und die Messung erleichterte. Nachdem Hansen die Stabilität des Instruments durch technische Variationen des Probenkopfes verbessert hatte, konnte ein beständiges Signal detektiert werden. Die Messwerte waren identisch mit Rabis Molekülstrahlergebnissen und damit war das anfängliche Ziel eines billigen Molekülstrahlersatzes eigentlich erreicht.

Beide so unterschiedlich gewonnenen Ergebnisse legten ein identisches Phänomen nicht unbedingt nahe. Bloch hörte von Otto Stern, der damals in Berkeley war und mit dem er in Kontakt stand, vage Andeutungen über die Versuche in Harvard, auch I. Rabi scheint Nachrichten über Purcells Gruppe bei einem Besuch im Dezember 1945 nach Stanford gebracht zu haben,[60] und als Hansen bei einem Besuch in Cambridge Purcell traf, verdichteten sich die Informationen. Die Ergebnisse mussten dann direkt miteinander besprochen werden:[61]

> I did not meet Ed [Purcell] until the spring meeting of the American Physical Society where both groups presented their results. The two of us then had a private talk to compare our respective approaches and it seemed at first as if Harvard and Stanford belonged to distant countries of entirely different language.

Nach kurzer 'Verwirrung'[62] einigten sich die beiden Physiker darauf, dass es sich um den gleichen Effekt handelt und beide Messprinzipien äquivalent sind. Sie konnten trotz der unterschiedlichen Funktion ihrer Experimente auf gleiche

---

58 Packard, "Nuclear Induction at Stanford and the Transition to Varian" (1996), S.516-517.

59 Packard, "Nuclear Induction at Stanford and the Transition to Varian" (1996), S.517.

60 Pound, "Early Days in NMR" (1996), S.544.

61 Bloch, "Opening Lecture" (1972), S.4.

62 Torrey, "Precursive and Early Work on NMR" (1996), S.667-668. Anlässlich der Frühjahrstagung der American Physical Society in Cambridge am 25.-27. April 1946, auf der Bloch einen Vortrag hielt, besprachen sich Bloch und Purcell. Die Tagung wurde wegen der überwiegenden Thematik 'Radar- und Mikrowellentagung' genannt. Viele inzwischen deklassifizierte Militärprojekte wurden dort vorgestellt (Lise Meitner sprach über Kernspaltung) und verursachten das Übergewicht der Militärforschung. Bloch stellte seine Messung der Kernspinresonanz des Wassers vor. N.N., "Proceedings of the American Physical Society" (1946), S.674 und S.680.

theoretische Grundlagen und gleiche Experimentalkulturen zurückgreifen, und so eine gemeinsame Sprache finden. Purcells Resonanzfrequenz entsprach damit der Larmorfrequenz[63] der Blochschen Kerninduktion. Die parallelen Versuche zeigen, wie lokal unterschiedliche experimentelle Erwartungen den experimentellen Aufbau und die theoretische Interpretation der Ergebnisse beeinflussen, und weiter wie durch das "Herumtappen" beide Experimentalsysteme in der Lage waren, erheblich von der theoretischen Erwartung abweichende Ergebnisse zu registrieren. Diese Messungen und Interpretationen waren für die Fachgenossen bedeutend genug, um Bloch und Purcell dafür schon 1952 den Nobelpreis zu verleihen. Physiker begannen damit, die genauen Eigenschaften des NMR-Effekts zu untersuchen, denn die Methode musste hinreichend abgesichert werden um anerkannte Daten atomarer Eigenschaften wie dem kernmagnetischen Moment liefern zu können.[64] NMR kann zwar nur bei Kernen beobachtet werden, die ein solches Moment μ besitzen, aber über 100 Elemente, bzw. Isotope erfüllen diese Grundbedingung. Nur Kerne mit gerader Massen- und Ordnungszahl wie ^{12}C besitzen kein kernmagnetisches Moment. Eine solche Methode erschien lohnenswert, denn sie erreichte theoretisch einen großen Teil aller existierenden Atome.

Die frühe Entwicklung der NMR wurde von einer internationalen Gemeinschaft von Physikern geleistet, die mit Mikrowellen und Molekülstrahlexperimenten arbeiteten und diese quantenmechanisch interpretierten – mit bedeutenden Beiträgen aus den USA, der Schweiz, den Niederlanden, Großbritannien, der Sowjetunion und Deutschland. Schon die stark verkürzte Darstellung der gültigen NMR-Basistheorie zeigt die historischen Wurzeln der Methode in der Atom- und Quantenphysik: Ursache des magnetischen Kernmoments ist die durch den Kernspin bewegte elektrische Ladung. Der richtungsabhängige Kernspindrehimpuls, kurz Spin, tritt in gequantelten Größen auf, ausgedrückt durch die Spinquantenzahl I. Im einfachsten Fall des Wasserstoffs ist $I = 1/2$. Theoretisch ist bei diesem einen Zustand keine Anregung von Energieübergängen, also auch keine Spektroskopie möglich. Wird nun in der NMR ein starkes äußeres Magnetfeld H_0 angelegt, entstehen wegen des Zeeman Effekts $2I + 1$ mögliche, diskrete Energieniveaus oder Eigenzustände, die nach Schrödinger durch Eigenfunktionen beschreibbar sind; beim sehr einfachen Beispiel Wasserstoff sind es zwei. Jeder dieser Energieeigenzustände kann entsprechend der magnetischen

63 Die nach dem irischen Physiker Joseph Larmor (1857-1942) benannte Präzessionsfrequenz eines Atomkerns in einem gegebenen statischen Magnetfeld.

64 Überblick der Arbeiten in Emsley, Feeney, Sutcliffe, High Resolution NMR Spectroscopy, Bd. 1 (1966). Purcell, der sich schon früh auch für Relaxationszeiten und molekulare Strukturen interessierte, war damit eine Ausnahmeerscheinung.

Feldrichtung ganz bestimmte Werte annehmen, die durch die Magnetquantenzahl m = I, I - 1, I - 2,... -I gekennzeichnet werden.

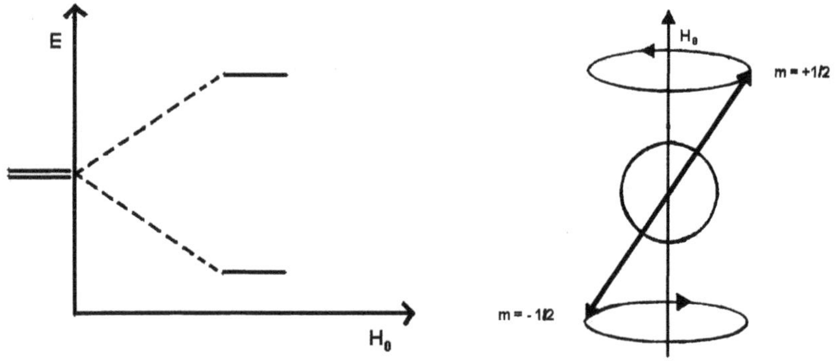

Abb. 7/8: Eigenwerte des Wasserstoffkerns im äußeren Magnetfeld H_0 (links). Schema der Ausrichtung eines Wasserstoffkernes im äußeren magnetischen Feld H_0 (rechts).

Im Fall des Wasserstoffkerns ist für m daher ½ und - ½ möglich. Das beschreibt die hinsichtlich eines in z-Achse liegenden äußeren Feldes parallele, bzw. antiparallele Ausrichtung des Kernspins. Das kernmagnetische Feld präzessiert um das äußere Feld, der Kern ist ein magnetischer Dipol. Der vom äusseren Feld abhängige Energieunterschied der beiden möglichen Niveaus beträgt genau $2\mu_z H_0$. Die theoretischen Beschreibungen von Bloch und Purcell sind nach diesem Formalismus also völlig äquivalent: wird das Kernspinsystem mit elektromagnetischer Strahlung geeigneter Wellenlänge angeregt, können Übergänge zwischen den Eigenzuständen verursacht werden, d.h. die Orientierung der Präzession "klappt um". Die dazu geeignete elektromagnetische Strahlung liegt im Radiowellenbereich. Durch Quantenzahlen und deren Auswahlbedingungen sind die anregbaren Energieübergänge, die das resultierende Energiespektrum bilden, theoretisch genau festgelegt. Als Auswahlkriterium gilt die Bohrsche Gleichung $\mu_z H_0/I = h\nu_0$.[65] Die so definierte Resonanzfrequenz ν_0 wird als Larmorfrequenz bezeichnet und gibt die Basisresonanz der isolierten Kerne bei einem bestimmten äußeren Magnetfeld an. Da diese Größe also auch ein Ausdruck für die Stärke des angelegten äußeren Magnetfeldes ist, werden die

65 Die Konstante h ist das Plancksche Wirkungsquantum, die Resonanzfrequenz wird auch ausgedrückt als $\omega_0 = 2\pi\nu_0 = cH_0$ wobei c die gyromagnetische Konstante des Kernes ist.

Magnetfeldstärken von NMR-Spektrometern üblicherweise durch die erreichbare Larmorfrequenz des Wasserstoffkerns ausgedrückt.

Tab. 1: Beziehung zwischen Magnetfeldstärke und Resonanzfrequenz

Magnetfeld B_0	^{1}H-Larmorfrequenz ν_0
1.41 Tesla	60 MHz
2.11 Tesla	90 MHz
2.35 Tesla	100 MHz
4.70 Tesla	200 MHz
7.05 Tesla	300 MHz
9.40 Tesla	400 MHz
11.75 Tesla	500 MHz
14.09 Tesla	600 MHz

Je höher die Frequenz, d.h. die Aufspaltung der Energieniveaus, desto stärker der verwendete Magnet. Eine NMR-Messung war erst durch das äußere Magnetfeld möglich geworden, die Messgröße wurde also durch Wissenschaftler und Instrumente gezielt erzeugt.

Im Prinzip werden die Kernspins im angelegten Magnetfeld ausgerichtet und durch eingestrahlte Radiowellen aus dieser Ausrichtung abgelenkt. Je stärker das äußere und innere magnetische Feld, desto mehr Energie ist notwendig, um die Auslenkung zu erreichen. Beim NMR-Experiment mit größeren Mengen an Substanz befinden sich nun nicht alle Kerne im Grundzustand und können die Larmorfrequenz absorbieren. Die statistische Besetzung der einzelnen Energieniveaus wird durch die Boltzmannverteilung ausgedrückt. Da der Übergang bereits von den energetisch sehr schwachen Radiowellen angeregt werden kann, liegen die Energieniveaus nahe beieinander. Der energetische Vorteil im Grundzustand ist somit klein, deshalb ist der statistische Besetzungsüberschuss des niedrigen Energieniveaus, das beim beobachteten Resonanzeffekt angeregt wird, relativ gering.[66]

66 Bei einem Magnetfeld von 1.4 Tesla und Raumtemperatur beträgt der Besetzungsüberschuss ca. 0.001 %. Günther, NMR-Spektroskopie. Eine Einführung (1973).

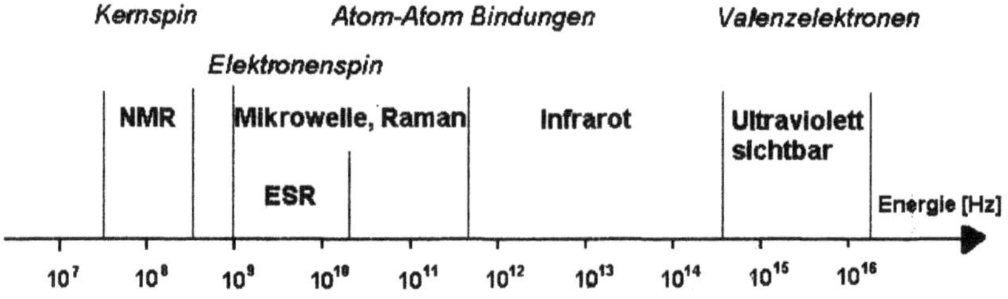

Abb. 9: Energiebereich spektroskopischer Methoden und angeregte Strukturelemente.

Gleichzeitig wird durch die Strahlung auch der Übergang vom höheren zum niedrigeren Energiezustand ausgelöst und nur durch den geringen Besetzungsunterschied lässt sich makroskopisch eine Absorption beobachten. Daher finden von außen messbare Energieübergänge nur selten statt und die NMR ist prinzipiell eine recht unempfindliche Methode (die Empfindlichkeit der in Abb. 9 dargestellten Methoden steigt von links nach rechts). Die sehr kleinen, messbaren Resonanzeffekte unterscheiden sich quantitativ kaum von thermischen Rauscheffekten. Allein das stabile Darstellen identifizierbarer NMR-Signale erfordert somit hohe messtechnische Präzision und Versuche, die Empfindlichkeit der Methode zu verbessern, waren ein Leitmotiv der NMR-Instrumentenentwicklung.

Wenn alle Spinzustände durch Radiowellen angeregt worden sind, ist keine weitere Absorption möglich, das NMR-Signal müsste verschwinden. Dies ist nicht der Fall. Verantwortlich dafür sind Ereignisse, bei denen die Kernspinsysteme Energie abgeben und wieder in den Grundzustand übergehen können. Diese sogenannte Relaxation wird in zwei Kategorien unterteilt. Einerseits findet sie statt durch Energieabgabe an umgebende Substanz in Form von Wärme, die Spin-Gitter Relaxation, andererseits an benachbarte Spinsysteme, genannt Spin-Spin Relaxation. Die durchschnittliche Geschwindigkeit dieser Vorgänge wird mit den Zeiten T_1, bzw. T_2 ausgedrückt, sie reicht aus dafür zu sorgen, dass bei dosierter Anregung genügend Spinsysteme im Grundzustand vorhanden sind, um ein registrierbares Absorptionssignal zu ergeben. Da die Relaxationsgeschwindigkeiten bestimmen wann sich das System nach begonnener Anregung wieder im Gleichgewicht befindet sind sie für die Messzeit entscheidend.

Soweit in groben Zügen die physikalischen Grundlagen der Methode, die in der ersten Phase bis 1946 durch physikalische Experimente nicht nur in das bestehende Theoriengebäude der modernen Physik eingegliedert werden konnte, sondern im Gegenzug auch die Quantentheorie experimentell stützte. Purcell und andere Atomphysiker waren daran interessiert, mit der Methode die Basisgrößen einzelner Atomkerne genau zu bestimmen, vor allem das magnetische Moment der vielen Kerne, die NMR-aktiv sind. Bloch wollte mit ihr zunächst ein anderes kernphysikalisches Experiment stabilisieren. Die frühe NMR bewegte sich in durch die physikalisch-quantenmechanische Theorie und ihren epistemischen Dingen vorgegebenen Experimentalsystemen. Sie wurde von einem kleinen Kreis akademischer Physiker betrieben, die mit selbst gebastelten oder konstruierten Instrumenten arbeiteten welche ihren ganz spezifischen Forschungserwartungen genügten.

Ein NMR-Instrument besteht wie alle Spektrometer generell aus einer Strahlungsquelle, einer Messzelle und einem Detektor. Die Messzelle ist ein Probenröhrchen das sich im möglichst homogenen Teil des Feldes eines starken Magneten befindet. Als Strahlungsquelle oder Sender dienen Spulen eines Schwingkreises, dessen Eigenschaften sich bei Resonanzerscheinungen durch Induktion verändern, der somit auch als Detektor dienen kann. Die Veränderungen wurden mittels einer Messbrücke isoliert, elektronisch verstärkt und auf einem Bildschirm, später in der Regel mit einem x,y-Schreiber registriert. Kriegsbedingt intensiv weiter entwickelte Radio- und Radartechnik förderte erheblich die Möglichkeiten der elektronischen Komponenten von Strahlungsquelle, Detektor und Verstärker, vor allem aber das Know-how vieler Experimental-, Molekül- und Atomphysiker.[67] Die Wissenschaftler wollten sich als nützlich erweisen und es gab konzeptionelle Überschneidungen zwischen Forschungs- und Rüstungsprojekten, so war es kein Zufall, dass die Mehrzahl der NMR-Pioniere während des Zweiten Weltkrieges in enger Verbindung mit der Radarentwicklung stand: Hansen, der wohl begabteste Instrumentenbauer in Stanford, arbeitete während des Krieges an einem Radarprojekt der Sperry Laboratories auf Long Island, Bloch und Purcell ebenfalls an Radarprojekten im Radio Research Laboratory in Harvard bzw. am Radiation Laboratory des MIT.[68] Obwohl die

---

67 Zur Bedeutung der Kriegsforschung in diesem Zusammenhang vgl. Forman, "'Swords into Plough-Shares': Breaking New Ground with Radar Hardware and Technique in Physical Research after World War II" (1995).

68 Gerstein, "Purcell's Role in the Discovery of Nuclear Magnetic Resonance: Contingency versus Inevitability" (1994); Slichter, "Early Days of Magnetic Resonance Studies of Solids" (1996), S.642. Die Radarlaboratorien entstanden nach dem Transfer englischen Know-hows um 1941, als Teil des National Defense Research Committees unter der Leitung der MIT Offiziellen Vannevar Bush und Karl T. Compton und arbeiteten bis 1945 sehr erfolgreich an einer ganzen Reihe von bis zur Produktionsreife entwickelten Radaranwendungen. Ähnliche Radarlaboratorien existierten an der Harvard University, dem Brooklyn Polytechnic Institute und der Columbia University

Laboratorien Purcells und Blochs nur wenige hundert Meter voneinander entfernt waren, trafen sie sich dort nur einmal persönlich, bei der Nobelpreisfeier für Rabi 1944, zu dem beide engeren Kontakt hatten.[69] Bloch arbeitete nach einem weniger glücklichen, kurzen Aufenthalt in Los Alamos ab 1942 unter dem ebenfalls aus Stanford stammenden Direktor Frederick E. Terman an Radar-Gegenmaßnahmen. Purcell, Robert V. Pound und Henry C. Torrey wurden Experten für die Entwicklung empfindlicher Radio- und Mikrowellentechnik,[70] wollten aber wie Bloch nach dem Krieg wieder als Physiker in der Forschung und nicht als Ingenieure arbeiten.

Doch bereits bei der Radararbeit konnte Purcell, der vom Forschungsdirektor I. Rabi zur Arbeit am Radiation Laboratory eingeladen worden war, Rotations-Absorptionen des Wassers bei etwa 1.25 cm Wellenlänge feststellen, denn die Reichweite der Apparate sank drastisch durch diese sogenannte K-Band Katastrophe. Theoretiker erarbeiteten eine Erklärung des Phänomens und Purcell studierte genau das molekulare Rotationssystem mit zwei Energieniveaus – das lenkte Purcells Interesse, denn ein ganz ähnliches System stellte die NMR-Absorption des Wasserstoffs dar. Am Radiation Laboratory kam er auch in näheren Kontakt mit den Mitarbeitern Rabis und den Molekularstrahlexperimenten. Die Erfahrungen in der Kriegsforschung gingen in die Planung des NMR-Experiments ein, welches er dann im universitärem Umfeld durchführen konnte. Das neue Wissen um die elektronischen Komponenten schlug sich im Instrumentenbau kurz nach dem Krieg nieder. Obwohl die Gruppen Purcells in Harvard und Blochs in Stanford unabhängig voneinander arbeiteten, verwendeten sie für ihre Sender und variablen Magnetfelder ähnliche Bauteile. Sie arbeiteten in einem Radiofrequenzbereich, in dem bereits fertig entwickelte elektronische Komponenten erhältlich waren und vermieden die technisch schwierige Modulation des Senderschwingkreises. Das konnten beide Gruppen aufgrund ihrer elektronischen Erfahrung in der Radarforschung genau einschätzen. Ebenso wie die theoretisch-quantenmechanischen Berechnungen in das Experiment

---

(geleitet von I.I. Rabi). Das Radiation Laboratory des MIT arbeitete von Ende 1940 bis Ende 1945. Nach 1945 wurde diese Art der Forschungs- und Entwicklungsarbeit im Elektroniklabor des MIT fortgeführt. Bloch arbeitete dort in der Gruppe des theoretischen Physikers John van Vleck, der später zur Theorie der NMR beitrug.

69 Bloch, Rabi, "Atoms in Variable Magnetic Fields" (1945).

70 Torrey, "Precursive and Early Work on NMR" (1996), S.667; Pound, "Early Days in NMR" (1996), S.541-542. Purcell war auf Einladung Rabis seit 1941 am Radiation Laboratory und war Leiter der Gruppe 41 für "Grundlegende Entwicklungen" in Rabis Abteilung.

eingingen schlugen sich hier also auch technische Gegebenheiten nieder. Packard berichtet über die Zusammenarbeit mit Bloch und Hansen:[71]

> The jargon we developed came from our individual experience in the radar business. The techniques which we used were well known. We were familiar with the detection of weak signals in the presence of a strong source and the use of orthogonal decoupling.

Auch in sozialer Hinsicht war die Kriegsforschung an der Bildung der frühen NMR-Gruppen in den USA beteiligt. Rabis Molekülstrahlexperimente wurden zum theoretischen Ausgangspunkt der frühen NMR weil über seine leitende Position im Radarprojekt Bloch und Purcell diese Experimentaltechnik beibehielten, bzw. erst kennenlernten. Weiterhin förderte die technische Nähe zu den Kriegsanstrengungen die Bereitschaft des Militärs derartige Projekte zu fördern, bzw. verstärkte die politische Ansicht, diese Grundlagenforschung führe auch zwangsläufig zu überlegenem Anwendungswissen.

1.3. Die Strukturtheorie als Mentales Modell der modernen Chemie

Ein Ausdehnen der NMR zeichnete sich bis etwa 1950 höchstens in Randbereichen wie der Untersuchung des Erdmagnetfeldes und damit verbundene technische Anwendungen ab. Die NMR blieb zunächst eine physikalische Methode, denn das experimentelle Vorgehen war eng an die Wertvorstellungen dieser Disziplin geknüpft. Als Paradigma diente die neue Quantentheorie und Ziel der Messungen war die präzise Bestimmung numerischer Daten für das möglichst streng mathematisch formulierbare Modell des mikroskopischen Aufbaues der Atome.

Die mathematische Physik mit ihrem Verständnis von naturwissenschaftlicher Theorie genoss hohes Prestige und wurde auch in der Wissenschaftstheorie und -geschichte als Prototyp naturwissenschaftlicher Forschung angesehen. In der Chemiegeschichte ist es eher schwierig derartige Theorien zu benennen, da sich chemische Forschungsobjekte bis heute einer im mathematischen Sinne exakten Darstellung entziehen. Die zeitgenössische Chemie verfolgte daher ein etwas anders geartetes Forschungsprogramm, was die theoretischen Vorstellungen, die Instrumente und die experimentelle Praxis betraf. Der zentrale Teil der Chemie war dominiert von qualitativen Modellen, um die empirischen Erfahrungen einzuordnen, Vorhersagen zu treffen und die chemische Reaktivität verstehen zu können. Grundlegendes Prinzip war die chemische Struktur, die ein im Kontrast zum physikalischen Theoriegebäude offeneres, weniger präzise

71 Packard, "Nuclear Induction at Stanford and the Transition to Varian" (1996), S.518.

festgelegtes Denkmuster darstellte, das geeigneter zu sein schien, die große Anzahl an Erfahrungen über Stoffumwandlungen zu beschreiben.

Auch die Vorgänger der modernen Chemie benutzten qualitative Konzepte wie verschiedene symbolische Verknüpfungen, Ähnlichkeitsbeziehungen, oder Basisprinzipien um das behandelte Wissen zu systematisieren. Obwohl mit der Lavoisierschen Revolution quantifizierbare Daten der modernen Chemie eine andere Ausrichtung gaben, konnte die gesamte Vielfalt stofflicher Veränderungen nicht in numerischen Kategorien oder Gesetzen ausgedrückt werden. In einer am Beginn des 19. Jahrhunderts einsetzenden Entwicklung entstanden neue Konzepte und Instrumente, die das chemische Wissen einordnen, aber auch neue Forschungswege aufzeigen sollten. Zur Kommunikation dieser Ideen entwickelten Chemiker Aufschreibesysteme die als Werkzeuge der chemischen Forschung gesehen werden können.[72] In einer Zweiten, stillen Chemischen Revolution[73] setzte sich um die Mitte des 19. Jahrhunderts eine räumlich verstandene chemische Struktur[74] als forschungsleitendes Ordnungsprinzip der Chemie durch. Verbunden mit dem Erfolg dieser Vorstellung von chemischer Zusammensetzung waren verschiedene, ineinander verschränkte Entwicklungen.

Es war der heuristische Erfolg, der das Modell wissenschaftlich attraktiv machte, denn es stellte ein hinreichend flexibles Ordnungssystem für die immer rascher steigende Zahl neuer chemischer Verbindungen und Reaktionen zur Verfügung, half aber auch dabei neue Forschungsprogramme aufzustellen, die das chemische Wissen enorm ausdehnten. Erfolgreiche Synthesen neuer oder als Naturstoff bekannter Verbindungen stabilisierten das Modell, das fortlaufend an zusätzliche Erfahrungen und weitere Modelle angeglichen und somit immer weiter ausdifferenziert wurde. Die unentwegt produzierten Informationen wurden in das räumlich-strukturelle Modell transferiert, sie erhielten damit ihre Form und Bedeutung bevor bzw. damit sie interpretiert werden konnten. Dabei wurde die grundlegende experimentelle Größe der Chemie, die qualitative Veränderung durch eine chemische Reaktion, plastisch als eine Veränderung

---

72 Klein, "The Creative Power of Paper Tools in Early Nineteenth Century Chemistry" (2001); dies., Experiments, Models, Paper Tools: Cultures of Organic Chemistry in the Nineteenth Century (2003).

73 Alan Rocke zeigte, dass die Revolution in der Chemie im 19. Jahrhundert auch durch die Ablösung der eher induktiv-naturgeschichtlich geprägten Methode durch die hypotheto-deduktive Strukturchemie gekennzeichnet wurde. Nach 1860 wurde das Strukturmodell nur mehr selten angezweifelt. Rocke, The Quiet Revolution: Hermann Kolbe and the Science of Organic Chemistry (1993), S.243-246. Speziell zum Entstehen dieser neuen Form des kreativen chemischen Denkens das ich mit dem Konzept des Mentalen Modells beschreibe vgl. ders., Image and Reality (2010).

74 Der Begriff wurde 1861 von Aleksander Butlerow (1828-1886) eingeführt.

der Verbindungsstruktur ausgedrückt und mit der Strukturchemie konnten sich die Chemiker auch auf eine lange gesuchte – halbwegs – einheitliche Sprache einigen.

Der Aufstieg der Organischen Chemie, genauer gesagt der organischen Synthesechemie zur bis in die zweite Hälfte des 20. Jahrhunderts hinein bestimmenden Subdisziplin war eng mit dieser Entwicklung verknüpft.[75] In keinem anderen Bereich wurden ähnlich viele Studenten in ähnlich großen Instituten ausgebildet. Verbunden mit der disziplinären Entwicklung war die ökonomische Bedeutung in der chemischen Industrie, deren Hauptinteresse nicht mehr nur die Reinigung oder Veredelung von Naturstoffen war, sondern über chemische Strukturvorstellungen geplante Synthese völlig neuartiger Werk- und Wirkstoffe. Keine andere chemische Disziplin akkumulierte derartig schnell so große Wissensbestände, was an Sammelwerken wie dem Beilsteinschen Handbuch[76] sichtbar gemacht wurde. Die stetig wachsende Anzahl der zum großen Teil mit Strukturen gefüllten Bände des "Beilstein", die nach Strukturmerkmalen systematisiert sind,[77] können als Symbol für den wissenschaftlichen Erfolg der Organischen Chemie verstanden werden. Strukturchemiker wie August Wilhelm Hofmann, August Kekulé, Jacobus van't Hoff, Adolf v. Baeyer und Emil Fischer[78] prägten die von Chemikern gepflegten Traditionslinien. Anlässlich der hundertjährigen Jubiläumsfeierlichkeiten der Strukturchemie – und zufällig auch zur Zeit des Höhepunkts der Instrumentenrevolution in der Chemie – stellten Chemiker ihre Einschätzung der langfristigen Bedeutung dieser Entwicklung klar heraus:[79]

> Today we discuss the chemistry of hundreds of thousands of organic molecules in terms of their structures. We interpret the behavior of high polymers in terms of their molecular constitution and configuration. We interpret the behavior of drugs in

---

75 Vgl. die Reihe von 14 Nobelpreisträgern im Bereich der organischen Strukturchemie. Morris, Travis, "The Role of Physical Instrumentation in Structural Organic Chemistry"(1997), S.718.

76 Das von Friedrich Konrad Beilstein (1838-1906) herausgegebene Handbuch der Organischen Chemie. 1880-1882 erschien die erste Auflage mit etwa 15.000. Bis fast zum Ende der dritten Auflage 1899 blieb Beilstein Herausgeber, dann konnte eine Einzelperson das Mammutprojekt nicht mehr stemmen und die Deutsche Chemische Gesellschaft übernahm. Als das Sammelwerk 1998 von einer Datenbank abgelöst wurde, waren 503 Bände erschienen. Beilstein-Inst. für Literatur d. Organ. Chemie (Hg.), Einhundert Jahre Beilsteins Handbuch der organischen Chemie (1981).

77 Die von Beilstein selbst noch nach der Summenformel geordneten Beiträge wurden ab 1909 nach dem an Strukturmerkmalen orientierten "Beilstein-System" organisiert.

78 Vgl. Ramberg, Chemical Structure, Spatial Arrangement. The Early History of Stereochemistry 1874-1914 (2003).

79 Brown, "Foundations of the Structural Theory" (1959), S.104.

> terms of their molecular dimensions and shapes and their ability to occupy molecular sites of related shape requirements in biological systems. Finally, we are making active progress in unravelling the structures of those amazing, versatile polymers of life – the proteins.

Auch der Chemiehistoriker William H. Brock spricht in seiner Chemiegeschichte vom Triumph der Strukturchemie und schreibt:[80]

> Chemical properties arose from the internal structures of molecules which could now be 'seen' and 'read' through the experienced optic of the analytical and synthetic chemist. The future of chemistry, as well as industry, after 1865 was, indeed, to lie in structural chemistry at the sign of this hexagon.

Chemiker sehen die chemische Struktur als wesentlichen Teil ihrer Lebenswelt:[81]

> Chemical structures are among the trademarks of our profession, as surely chemical as flasks, beakers, and distillation columns. When someone sees one of us busily scribbling formulas or structures, he has no trouble identifying a chemist.

Solche Erfahrungen und Traditionen trugen dazu bei, dass die chemische Struktur mehr wurde, als eine reine Repräsentationsform chemischen Wissens, sie wurde zum zentralen Mentalen Modell der modernen Chemie.

Das Konzept des Mentalen Modells stammt aus der Wahrnehmungspsychologie und wurde vom Kognitionswissenschaftler Kenneth Craik (1914-1945) 1943 zu einem systematischen Ansatz ausgebaut.[82] Es ist die gedankliche Repräsentation eines Sachverhaltes und aus der Manipulation dieser Vorstellung können Schlüsse gezogen werden. Die Repräsentation ist dabei nicht als rein logisches Muster, sondern als an den konkreten Sinneserfahrungen orientiertes, anschauliches Modell zu verstehen. Daher sind die in Mentalen Modellen verwendeten Beziehungen nicht symbolisch abstrakter oder mathematisch komplexer Natur. Da die räumliche Erfahrung eine der uns prägenden, intuitiven Wahrnehmungskategorien ist, arbeiten Mentale Modelle häufig mit räumlichen Anordnungen der Modellkomponenten, und der Trend verstärkt sich, je komplexer die dargestellten Zusammenhänge sind.[83]

Hier wird der Begriff Mentales Modell allerdings in einem über die individuelle Vorstellung hinausgehenden Sinn gebraucht, wie ihn Jürgen Renn in Zusammenhang mit wissenschaftshistorischen Fragen nach dem Wissenswandel

80 Brock, The Fontana History of Chemistry (1992), S.269.

81 Hoffmann, Laszlo, "Representation in Chemistry" (1991), S.1.

82 Craik, The Nature of Explanation (1943).

83 Zum kognitionswissenschaftlichen Ansatz vgl. Johnson-Laird, Mental Models: Towards a Cognitive Science of Language, Inference, and Consciousness (1983).

eingeführt hat.[84] Das derartig verstandene Mentale Modell ist Produkt einer kontextgebundenen, historischen Entwicklung, hat keinen Anspruch auf universelle Gültigkeit, kann aber daher auch immer wieder neues theoretisches und praktisches Wissen integrieren, und selbst zur Basis für wissenschaftliche Theorien mit allgemeingültigem Anspruch werden. Unvollständige Informationssätze können dabei durch theoretisch, empirisch oder mittels anderer Modelle gefundener Standardannahmen, den Default-Annahmen, ergänzt werden und so Schlussfolgerungen in unterbestimmten Systemen ermöglichen. Dabei ist eine nicht monotone Logik zu beobachten, d.h. zusätzliche Informationen können die Folgerungen grundlegend verändern, wobei auch unvorhergesehene, sich aus dem Modell ergebende Resultate auftreten. Mentale Modelle sind in dieser Interpretation bildliche Verknüpfungen wissenschaftlicher Theorien und allgemeiner Kenntnisse, welche das Gerüst für gegenseitiges Verständnis und Verstehen bilden. Derartige Modelle spielen nach Renn in der Wissenschaftsgeschichte eine große Rolle, als Beispiele nennt er das Bewegung-impliziert-Kraft-Modell (motion-implies-force) der aristotelischen Dynamik – d.h. wo eine Bewegung bemerkbar ist, muss es auch eine verursachende Kraft geben. Aber auch das Bohr-Atom, oder die Atomtheorie überhaupt ist Kandidat für ein solches Modell, was sich in diesem Fall mit den bei Fleck als Urideen bezeichneten Vorstellungen trifft.[85]

Die Grundannahme der Strukturchemie wird hier als ein Mentales Modell verstanden, also die Vorstellung, dass Moleküle organisch-chemischer Substanzen aus einzelnen Atomen zusammengesetzt sind, die untereinander durch gerichtete Bindungen verknüpft sind und damit räumliche Strukturen ergeben; zudem legt die Anordnung bestimmter Atome in einer spezifischen Struktur die Identität und die chemische Reaktivität einer Substanz fest. Das Modell impliziert weitere Fragestellungen, z.B. nach neuen Molekülen, aber auch nach Abständen und Winkeln, nach Primär-, Sekundär-, Tertiärstrukturen, oder nach den Regeln für die Verknüpfung der Atome im Molekül. Mit Hilfe der Default-Annahmen müssen nicht alle räumlichen Parameter der entsprechenden Struktur bekannt sein oder gemessen werden, um eine Vorstellung von einem bestimmten Molekül zu haben. In Kombination geometrischer Gesetze und genereller Regeln (z.B. über Bindungswinkel) mit dem vorhandenen chemischen Wissen sind viele neue Aussagen abduktiv zu erhalten. So konnte aus recht unvollständigen Informationen die auf makroskopischen Beobachtungen beruhen auf

84 Renn, Auf den Schultern von Riesen und Zwergen. Einsteins unvollendete Revolution (2006), S.42-44; Damerow, Hyman, Renn, Valleriani, Weight, Motion and Force: Conceptual Structural Changes in Ancient Knowledge as a Result of its Transmission (2006), S.3-27.

85 Fleck, Entstehung und Entwicklung einer wissenschaftlichen Tatsache (1980), S.35-36.

mikroskopische Gegebenheiten geschlossen und mit Hilfe von chemischen Reaktionen ein recht detailliertes System an organisch-chemischen Strukturen abgeleitet werden. Die Molekülstruktur wurde zu einem Kernelement der Industrieforschung bei der Syntheseplanung "auf dem Papier" und bei Überlegungen zu Reaktionsmechanismen, z.B. bei Otto Witts Farbtheorie von 1876, welche die Farbe von Substanzen auf bestimmte Struktureigenschaften der Moleküle zurückführte und enorme Bedeutung für die Farbenindustrie hatte.[86]

Das Strukturmodell der Organischen Chemie war anschaulich, enorm produktiv, entsprach der nicht-mathematischen chemischen Tradition und konnte an das umfangreiche Tacit Knowledge der Chemie angepasst werden, denn mit Mentalen Modellen

> [...] lassen sich nämlich auch implizite Schlussfolgerungen erfassen, die in der Handlungslogik von Praktikern verkörpert sind und keine explizite Darstellung in sprachlicher oder schriftlicher Form besitzen.[87]

Diese Interpretation der Entwicklung der modernen Chemie impliziert trotz des enormen Zuwachses an chemischem Wissen keine zielgerichtete und kumulative Aktivität, sie nähert sich vielmehr dem Konzept des oben erwähnten Fleckschen Denkstils. Dort werden die wissenschaftlichen Tatsachen in ein historisch geformtes, übergeordnetes System allgemeinerer kultureller Vorstellungen eingeordnet. Der Denkstil bestimmt, was gedacht wird und was nicht anders gedacht werden soll. Die Vorstellung der mikroskopischen Struktur der Moleküle wurde von Chemikern über die Generationen weitergegeben und ausgebaut. Abweichende Modelle, wie z.B. in der Kolloidchemie formuliert, wurden angepasst, bzw. aus dem disziplinären Zentrum verdrängt. Auch wenn der Begriff Denkstil in noch größerem zeitlichem und kulturellem Umfeld eingeordnet ist, so grenzt die mikroskopische chemische Strukturvorstellung an dieses Konzept. Das Mentale Modell bewegt sich in einer Größenordnung zwischen diesem und einer einzelnen Theorie oder Tatsache. Es bietet dabei eine Möglichkeit, Ursachen des kontinuierlichen und diskontinuierlichen Wandels in den Naturwissenschaften zu untersuchen. Die über Personen und Zeiten hinweg fortgesetzte Entwicklung wird durch externe Repräsentationen des nach innen gerichteten Mentalen Modells ermöglicht und gesichert, die als reale Modelle vorzeigbar sind und eine wichtige pädagogische Funktion haben, auch wenn sie die Offenheit der gedanklichen Modelle nicht wiedergeben können.

---

86 Travis, The Rainbow Makers. The Origins of the Synthetic Dyestuffs Industry in Western Europe (1993), S.82, S.174, und S.227.

87 Renn, Auf den Schultern von Riesen und Zwergen. Einsteins unvollendete Revolution (2006), S.43.

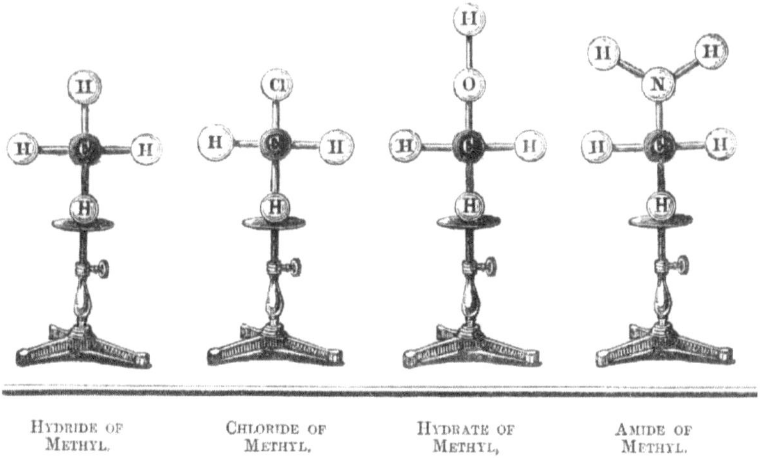

Abb. 10: Stick-and-Ball Modelle, A.W. Hofmann, um 1862.

Sehr früh wurden von den Vertretern der Strukturchemie dreidimensionale Gebilde aus Kugeln und Stäben verwendet. August Wilhelm Hofmann war zwar nicht der Erste, der derartige reale Modelle einführte, doch seine spezifische Art der Modelle, verbunden mit der durch Hofmann vorangetriebenen systematischen, groß angelegten und an derartigen Modellvorstellungen orientierten Organisation praktischer Laborarbeit, waren ein wichtiger Faktor bei der Annahme der Modelle in Forschung und Lehre der Organischen Chemie. Das immer plastischer werdende[88] Mentale Modell wurde aufgrund von Ergebnissen ausgebaut, die aus den im Labor erarbeiteten chemischen Reaktionen abgeleitet wurden. Ein weiterer bedeutender Faktor für die Verbreitung und Ausgestaltung des räumlich-strukturellen Modells war die zu einer Sprache ausgebaute Formelschreibweise, die "Paper-Tools".[89] Bereits 1886 war diese neue Sprache der Chemie so präsent, dass sie schon zu Späßen verwendet werden konnte.[90] Das Modell verfestigte sich und epistemische Dinge wie 'Molekül' und 'Atom' wurden zu organisch-chemischen Tatsachen mit bestimmter, immer weiter spezifizierter Bedeutung. Die Tradition lässt sich bis in die Gegenwart fortsetzen:[91]

88 Ramberg, Chemical Structure, Spatial Arrangement: the early History of Stereochemistry, 1874-1914 (2003).

89 Klein, Experiments, Models, Paper Tools: Cultures of Organic Chemistry in the Nineteenth Century (2003).

90 Vgl. Findig (Pseud.), "Zur Constitution des Benzols", Berichte der durstigen Chemischen Gesellschaft. Vgl. dazu Rocke, Image and Reality (2010), S.282-292.

91 Hoffmann, Laszlo, "Representation in Chemistry", (1991), S.3.

> Perhaps chemical drawings do not need to be realistic representations because they are symbols, signs that in a chemist's mind are reconstructed into the three-dimensional structure, or at least the ball-and-stick model. Chemical structures are then part of a chemical language.

Referenten der chemischen Zeichensprache sind also gedachte, dreidimensionale Strukturen, die auch durch konkrete materielle Modelle repräsentiert werden können. Zumeist wird intuitiv von einem Bezug dieser Vorstellung zu einer außersubjektiven Realität ausgegangen, da sich das Mentale Modell auf praktisch erfahrbare, alltägliche über die Sinne bestätigte Zuordnungen bezieht – rechts von, links von, davor, dahinter, etc. Allerdings ist die Frage eher zweitrangig, wie realistisch das Modell ist, solange das System den pragmatischen Kommunikationsbedürfnissen der Chemie entspricht, oder ihnen angepasst werden kann. Ein Chemieprofessor stellte als entscheidende Bedingung chemischer Repräsentationen heraus:[92]

> 1. Chemische Symbolik muß erlernt werden, und zwar so, daß sie 'aus dem Bauch heraus' benutzt werden kann, weil sie voraussetzt, daß viele nicht angegebene Details vom Betrachter frei assoziiert werden müssen. 2. Sie muß einfach und einprägsam sein oder in gut erfaßbare dreidimensionale Präsentationen kodierbar sein.

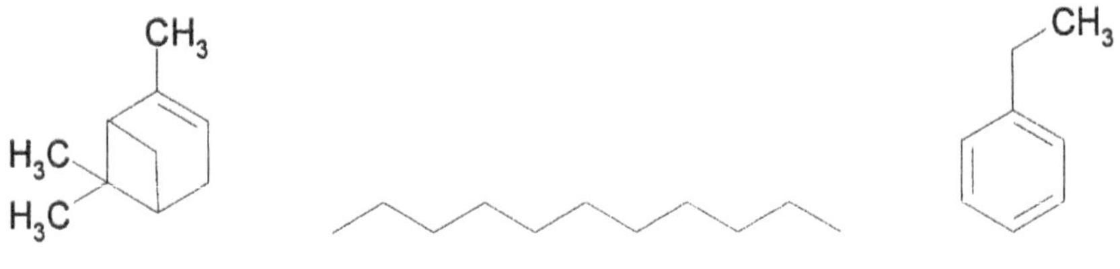

Abb. 11: Moderne Strukturformeln.

Sieht ein Chemiker diese Darstellungen, entsteht in seinem Kopf ein räumliches Bild, das nicht viel mit den sicht- und wahrnehmbaren Substanzen zu tun hat, sondern über einen räumlichen Code und umfangreiche Verknüpfungsregeln deren Reaktivität erschließen soll.[93] Dieser auf ein Mentales Modell zurückgehende chemische Code stellte einen erheblichen Unterschied zur Physik dar. Aber die starke Offenheit gegenüber Veränderungen, d.h. breite kreative Möglichkeiten, kennzeichnen nicht nur diese Sprache als chemisches Werkzeug, sondern auch den Referenten – die dreidimensionale chemische Struktur.

92 Nesper, "Die chemische Symbolik" (2001), S.173-185, hier S.177.

93 Zur Besonderheit vgl. Schummer, "Zur Semiotik der chemischen Zeichensprache: Die Repräsentation dynamischer Verhältnisse mit statischen Mitteln" (1996).

Darin dürfte ein wichtiger Grund für den Erfolg dieses Modells liegen[94] und das ermöglichte auch die, zumindest konzeptionelle, Anbindung an die moderne Physik.

Ähnlich dem Programm zur experimentellen Absicherung der Quantentheorie in der Physik gab es in der Chemie seit der Wende zum 20. Jahrhundert ein immer bedeutender werdendes, an die Kristallografie angelehntes Forschungsprogramm, die Modellvorstellungen der chemischen Molekularstruktur nicht nur durch Reaktionen, sondern auch durch physikalisch-spektroskopische Daten zu untermauern. Bis in die 1940er Jahre hinein war die mächtigste Methode in dieser Hinsicht die Röntgenstrukturanalyse,[95] die aber zunächst auf dielektrische, kristalline Feststoffe beschränkt war. Dennoch war sie gerade in der Biochemie von großer Bedeutung, das bekannteste Beispiel dürfte in dieser Hinsicht die Rolle der Methode beim Strukturvorschlag für die DNS durch James D. Watson und Francis Harry C. Crick 1953 sein.

Schon ab dem Ende des 19. Jahrhunderts hatten Spektroskopiker versucht, die Daten der breiter anwendbaren Ultraviolett- und Infrarotspektroskopie mit der molekularen Struktur von Substanzen zu verbinden. Doch erst vor dem theoretischen Hintergrund der frühen Quantenphysik konnten die physikalischen Daten größerer Moleküle mittels semi-empirischer Berechnungen auf der Basis quantenmechanischer Theorien in das chemische Strukturmodell integriert werden, wobei das Modell eine Voraussetzung der Berechnungen war und gleichzeitig selbst im Laufe der Entwicklung modifiziert wurde. Die Molekülspektroskopie,[96] vom Ultravioletten bis zum Raman-Bereich, war die wichtigste Methode der in der ersten Hälfte des 20. Jahrhunderts entstehenden disziplinären Übergangsgruppe der chemischen Physik,[97] die energetische Verhältnisse in Atomteilen, Atomen und Molekülen untersuchte und Quantenchemie wie auch Physikalisch Organische Chemie umfasste.[98] Daher war die frühe Entwicklung

94 Zur epistemologischen Bedeutung der chemischen Struktur vgl. Francoeur, "Beyond Dematerialization and Inscription. Does the Materiality of Molecular Models Really Matter?" (2000).

95 Morris, Travis, Reinhardt, "Research Fields and Boundaries in Twentieth-Century Organic Chemistry" (2001), S.22-23; Morris, Travis, "The Rôle of Instrumentation in Structural Organic Chemistry in the Twentieth Century" (2002), S.62-65.

96 Wilson, "Molecular Spectroscopy" (1979).

97 Vgl. Reinhardt. "Chemistry in a Physical Mode. Molecular Spectroscopy and the Emergence of NMR." (2004), S.6-7.

98 Nye, From Chemical Philosophy to Theoretical Chemistry: Dynamics of Matter and Dynamics of Disciplines, 1800-1950 (1993).

der NMR in den Experimentalstil[99] der Molekül- und Mikrowellenspektroskopie eingebettet, der sich durch das Bemühen auszeichnete, auf die Bedürfnisse der Physiker abgestimmte Methoden zu finden. Die Phänomene wurden mit selbst konstruierten und gebauten elektronischen Instrumenten kontrolliert und die Ergebnisse auf der Basis quantenphysikalischer Anschauungen interpretiert.[100] Als ab den 1930er Jahren zunehmend größere Moleküle untersucht wurden, verlagerte sich das Interesse. In näherem Kontakt zu den chemischen Bedürfnissen entwickelten dann physikalisch orientierte Chemiker aus quantenphysikalischen Grundlagen heraus eine Reihe von vereinfachten Zusatzmodellen (z.B. für die chemische Bindung[101]), welche die physikalische Theorie und das Mentale Modell der Strukturchemie verbanden und dieses ergänzten, verfeinerten und stabilisierten.[102] In einem Artikel über ein neues Molekülbaukastensystem wird erläutert:[103]

> The table records the dimensions of atoms used in the design of this set. Most of the values are taken from microwave spectroscopic measurements which yield exceptionally accurate data. Use has also been made of the best electron- and X-ray-diffraction data as well as Raman and infrared spectra. For covalent radii, the well-established single-bond radius of carbon was subtracted from all interatomic distances reported for other atoms singly bound to tetracovalent carbon.

Die Funktion der instrumentellen Methoden wird hier recht klar, und auch eine Default-Annahme wird erläutert, eine Art Kommutativgesetz der Bindungslängen. Präzise Messungen erheben die Repräsentation in den Status einer Tatsache, stellen sie fast einem Abbild realer Gegebenheiten gleich. Es gelang, das traditionelle chemische Strukturmodell semi-empirisch über die mit modernen Instrumenten ermittelten Daten an das prestigereiche Paradigma der Quantenphysik anzuschließen.

Ein besonders wirkmächtiger Vertreter dieses Arbeitsbereichs war Linus Pauling (1901-1994),[104] der auch an den Übergängen zur Biochemie und

99 In Anlehnung an Ian Hacking so beschrieben in Reinhardt. "Chemistry in a Physical Mode. Molecular Spectroscopy and the Emergence of NMR." (2004), S.3-4.

100 Reinhardt, "Chemistry in a Physical Mode. Molecular Spectroscopy and the Emergence of NMR" (2004), S.3.

101 Stranges, Electrons and Valence: Development of the Theory, 1900–1925 (1982).

102 Leo Slater bezeichnet die durch konkrete Regeln ausgedrückten Modelle als instrumentenbasierte Theorien. Slater, "Instruments and Rules: R.B. Woodward and the Tools of Twentieth-Century Organic Chemistry" (2002), S.16-25.

103 Godfrey, "Accurate Molecular Models" (1959).

104 Vgl. James, Naturalizing the Chemical Bond: Discipline and Creativity in the Pauling Program, 1927-1942 (2008). Pauling war sehr auf seine Außenwirkung bedacht und ist

Molekularbiologie arbeitete. Da die in der Chemie behandelten Moleküle für eine genaue quantenmechanische Berechnung viel zu komplex sind, fand kein wirklicher methodischer Übergang zur Physik statt. Obwohl Pauling eine gründliche Ausbildung durch Vertreter der Quantenphysik[105] erhielt, selbst intensiv spektroskopische Verfahren nutzte und sich auf Ergebnisse der Physiker Heitler und London stützte,[106] beruhte die von ihm entworfene Atomorbitaltheorie auf Symmetrieüberlegungen, den Vorstellungen von Gilbert Newton Lewis und weniger strengen quantenphysikalischen Abschätzungen.[107] Die Chemie wurde in neuen, prestigereichen physikalischen Begriffen interpretiert, damit sie im Kern bleiben konnte wie sie war. In seiner Nobelpreisrede machte Pauling das Konzept deutlich:[108]

> After the discovery of quantum mechanics in 1925 it became evident that the quantum mechanical equations constitute a reliable basis for the theory of molecular structure. It also soon became evident that these equations, such as the Schrödinger wave equation, cannot be solved rigorously for any but the simplest molecules. The development of the theory of molecular structure and the nature of the chemical bond during the past twenty-five years has been in considerable part empirical – based upon the facts of chemistry – but with the interpretation of these facts greatly influenced by quantum mechanical principles and concepts.

Die Basistheorien der Quantenphysik dienten zur Absicherung der chemischen Tradition. Pauling wählte eine passende Interpretation aus und lehnte die Molekülorbitaltheorie ab, durch die das örtlich festgelegte epistemische Ding 'chemische Bindung' gefährdet war. Selbst das Problem der aromatischen Verbindungen konnte über Resonanzhybride der einzelnen Bindungen einfach erklärt werden. Einfach bedeutete dabei für die Chemiker, dass die Erklärungen gewohnte Kategorien benutzten oder mit diesen ohne gravierende Veränderungen vereinbar waren. Qualitative Vorhersagen über die chemische Reaktivität waren dabei wichtiger als exakte numerische Berechnungen:[109]

> The convenience and usefulness of the concept of resonance in the discussion of chemical problems are so great as to make the disadvantage of the element of

---

wohl der berühmteste Chemiker des 20. Jahrhunderts. Er erhielt 1954 den Nobelpreis für Chemie und 1962 den Friedensnobelpreis.

105 Arnold Sommerfeld, Niels Bohr und Erwin Schrödinger.

106 Heitler, London, "Wechselwirkung neutraler Atome und homöopolare Bindung nach der Quantenmechanik " (1927).

107 Vgl. Kohler, "The Origins of G.N. Lewis's Theory of the Shared Bond" (1971).

108 Pauling, "Modern structural chemistry. Nobel Lecture, December 11, 1954" (1964), S.430.

109 Pauling, "Modern Structural Chemistry. Nobel Lecture, December 11, 1954" (1964), S.433-434.

> arbitrariness of little significance. Also, it must not be forgotten that the element of arbitrariness occurs in essentially the same way in the simple structure theory of organic chemistry as in the theory of resonance – there is the same use of idealized, hypothetical structural elements. [...] Chemists have found that the simple structure theory of organic chemistry and also the resonance theory are valuable, despite their use of idealizations and their arbitrary character.

Der sehr erfolgreiche Entwurf erforderte kaum Veränderungen im Mentalen Strukturchemischen Modell und war dennoch durch die Nähe zur physikalischen Basistheorie autorisiert, was das Modell besonders festigte.[110] Die von Pauling als Alpha-Helix vorgestellte Grundstruktur der Proteine[111] hatte eine der DNS-Struktur ähnliche Bedeutung für den Anspruch des chemischen Strukturmodells auch biologische Vorgänge erklären zu können.

Nachdem es mit der Röntgenstrukturanalyse möglich geworden war, die absolute Konfiguration von Enantiomeren zu bestimmen, schlugen die britischen Chemiker Robert S. Cahn (1899-1981), Herausgeber des Journal of the Chemical Society of London, und Christopher K. Ingold (1893-1970),[112] vom University College London, 1950 Regeln zur Benennung chiraler Moleküle vor. 1955 wurde das Schema in Zusammenarbeit mit Vladimir Prelog (1906-1998)[113] von der ETH Zürich verbessert und ergänzt. Diese Benennung nach Cahn, Ingold und Prelog ist die erste und bis heute gebräuchliche systematische und allgemein anerkannte Konvention für eine stereochemische Nomenklatur. Zusammen mit Leopold Ružicka (1887-1976) bildete Prelog in Zürich ein bedeutendes Zentrum der modernen Strukturchemie. Weitere wichtige Exponenten[114] der physikalisch-organischen Strukturchemie waren Robert Robinson in Oxford (1886-1975, er führte den Begriff Mesomerie ein), Derek H.R. Barton (1918-1998)[115] und auch Robert Burns Woodward (1917-1979).[116] Die Anzahl der

110 Pauling gilt als bedeutendster Chemiker des 20. Jahrhunderts, nicht zuletzt weil er es auch hervorragend verstand, sein Programm zu popularisieren. Ein erster Meilenstein war dabei sein Lehrbuch: Pauling, The Nature of the Chemical Bond and the Structure of Molecules and Crystals: An Introduction to Modern Structural Chemistry (1939).

111 Branson, Corey, Pauling, "The Structure of Proteins: Two Hydrogen-Bonded Helical Configurations of the Polypeptide Chain" (1951).

112 Er publizierte ein einfluss- und umfangreiches Lehrbuch der Physikalischen Organischen Chemie. Ingold, Structure an Mechanism in Organic Chemistry (1953).

113 1975 Nobelpreis für seine Beiträge zur Stereochemie.

114 Vgl. dazu Nye, From Chemical Philosophy to Theoretical Chemistry: Dynamics of Matter and Dynamics of Disciplines, 1800-1950 (1993).

115 1969 Nobelpreis für Konformationsanalyse.

116 Nobelpreis 1965. Woodward, der für seine exakten Strukturzeichnungen bekannt war, zählte zu den führenden Chemikern, die den Intensiven Gebrauch physikalischen Instrumente propagierten, er förderte auch die Anwendung der NMR in der Chemie.

Nobelpreise für strukturchemische Arbeiten zeigt, wie auch die Fachgenossen der 1930er bis 1960er Jahre bedeutende Verfeinerungen der chemischen Strukturvorstellungen wahrgenommen haben, welche das dreidimensionale Modell der chemischen Funktionselemente so weit verstärkten, dass es nun zunehmend als hinreichende Beschreibung der Substanz selbst gesehen wurde.[117] Die neue Physikalische Organische Chemie bildete den theoretischen Hintergrund für diese Interpretationen.[118] Damit dachten Chemiker weiterhin chemisch – es fand eine Evolution, keine Revolution der chemischen Vorstellungen statt.[119] Dennoch näherte man sich der Physik, so meinte der Mitbegründer der NMR Edward M. Purcell:[120]

> Chemistry became geometry around 1933 with Pauling's book about the nature of the chemical bond... The whole three-dimensionality of the thing and the absolutely dominant role of geometric shape in the molecules and their function was not known when I was in college. I think I would have become a chemist if it had been known.

Vertreter der Physikalischen Organischen Chemie wie Pauling und Ingold bildeten das Bindeglied zwischen dem traditionellen Modell der chemischen Struktur, der quantenphysikalischen Theorie und den Daten, die durch spektrografische Instrumente erhalten wurden. Sogar Robert Robinson, der zunächst dem Einsatz der Instrumente skeptisch gegenüberstand, erkannte in den 1960er Jahren deren essenzielle Bedeutung an.[121] Durch moderne Instrumente wurde die mikroskopische Strukturvorstellung als die entscheidende Basis für das

---

117 Vgl. Slater, "Instruments and Rules: R. B. Woodward and the Tools of Twentieth-Century Organic Chemistry" (2002), S.26. Joachim Schummer geht davon aus, dass solche Modelle im 20. Jahrhundert die chemische Substanz als ontologische Kategorie abgelöst haben. Schummer, "The Impact of Instrumentation on Chemical Species Identity from Chemical Substances to Molecular Species" (2002).

118 Vgl. Brock, Fontana History of Chemistry (1992), S.506-569; Nye, From Chemical Philosophy to Theoretical Chemistry: Dynamics of Matter and Dynamics of Disciplines, 1800-1950 (1993); Reinhardt. "Chemistry in a Physical Mode. Molecular Spectroscopy and the Emergence of NMR." (2004), S.8.

119 So meinte der NMR Pionier Hans Primas, die Quantenmechanik könnte keine theoretisch konsistente und gleichzeitig chemisch relevante Beschreibung der Molekularstruktur leisten und das Konzept der chemischen Struktur wäre zu wichtig, um es nur wegen Inkompatibilität mit Ideen irgendeiner Fundamentaltheorie über Bord zu werfen. Primas, Chemistry, Quantum Mechanics and Reductionism (1981), S.345. Zitiert in Reinhardt, Shifting and Rearranging: Physical Methods and the Transformation of Modern Chemistry (2006), S.357.

120 Interview mit M. Gerstein, 23. April 1987, zitiert nach Gerstein, "Purcell's Role in the Discovery of Nuclear Magnetic Resonance: Contingency versus Inevitability" (1994), S.599.

121 Reinhardt, Shifting and Rearranging (2006), S.2.

Verständnis chemischer Reaktionen gefestigt und endgültig zu einer Tatsache erhoben. Die über die Struktur erklärte Reaktivität rückte noch mehr in den Kern des Selbstverständnisses der Organischen Chemie.

Was passierte nun mit der Organischen Chemie während der Instrumentenrevolution? Nach dem Modell Peter Galisons sollte eine grundlegende Umwälzung zu erwarten sein, da durch die breite Verwendung der elektronischen Instrumente alle drei definierten Bereiche, Instrument, Experiment und Theorie betroffen waren.[122] Obwohl es sich in seinen Theorien, seiner Sozialstruktur und seiner experimentellen Praxis durch den Einsatz der Instrumente veränderte, blieb mit dem Mentalen Strukturmodell ein wesentlicher Teil des organisch-chemischen Wissenssystems erhalten. So waren viele um 1900 aufgestellte chemische Aussagen für die Chemiker prinzipiell weiterhin verständlich und die Tradition ungebrochen. Theoretische Veränderungen auf Grundlage quantenphysikalischer Überlegungen spielten in wechselseitiger Verbindung mit spektroskopischen Methoden eine wichtige Rolle, um über den neuen Zwischenbereich der Physikalischen Organischen Chemie die Interpretationsregeln der Organiker so zu verändern, dass sie die Aufnahme physikalischer Methoden akzeptieren konnten. Das US-amerikanische Zentrum dieses Programms lag in Harvard und am MIT.[123] Dennoch kann bei einer Interpretation mit Hilfe des Konzeptes des Mentalen Modells die Instrumentenrevolution nicht als ein revolutionärer Paradigmenwechsel im Sinne Thomas Kuhns bezeichnet werden.[124] Peter Morris und Anthony Travis gelangen zum entgegengesetzten Schluss, wobei ihre Definition des Kuhnschen Paradigmas erstaunlich der eines Mentalen Modells ähnelt: ein konzeptionelles Modell, das die Richtung wissenschaftlicher Aktivitäten beeinflusst, indem es implizit die legitimen Probleme und Methoden definiert.[125] Eine weit verbreitete und standardisierte spektrometrische

122 Galison unterteilt die moderne Physik in drei weitgehend autonome Schichten: Theorie, Experiment und Instrument. Er begründet die Kontinuität der Disziplin über grundlegende Veränderungen hinweg damit, dass Brüche einer Schicht durch die Kontinuität der anderen aufgefangen werden. Galison, Image and Logic. A Material Culture of Microphysics (1997), S.797-803.

123 Reinhardt. "Chemistry in a Physical Mode. Molecular Spectroscopy and the Emergence of NMR." (2004), S. 11-12.

124 Baird, "Analytical Chemistry and the 'Big' Scientific Instrumentation Revolution" (1993), S.283-284. Baird kritisiert die zu stark theoretische Ausrichtung Kuhns, erklärt aber das Kontinuitätselement im Bereich der theoretischen Vorstellungen nicht näher, das er selber konstatiert.

125 Morris, Travis, "The Rôle of Instrumentation in Structural Organic Chemistry in the Twentieth Century" (2002), S.80.

Analytik revolutionierte zwar die organisch-chemische Praxis,[126] doch die traditionelle Verknüpfung von chemischer Substanz, Reaktion und Strukturmodell war nicht abgeschafft, sondern wurde im Gegenteil weiter verstärkt: Durch in geeigneter Form interpretierbare physikalische Daten war zusätzliche experimentelle Unterstützung des Mentalen Modells verfügbar gemacht worden. Die instrumentellen analytischen Methoden dienen nicht nur dem Ermitteln von Substanzeigenschaften, sondern leiten und formen die Vorstellung von epistemischen Dingen wie Molekülen, molekularen Strukturen und deren Reaktionen. Sie stehen daher zwangsläufig im Zusammenhang mit dem aktuellen chemischen Theoriengebäude, strukturierten es aber nicht völlig um. Als erstes Ergebnis stellt sich die Frage, ob durch die Beschreibung Kuhns alle Revolutionen in der modernen Naturwissenschaft erfasst werden können, oder ob auch drastische Veränderungen von Experimentalsystemen oder Methoden als Revolutionen bezeichnet werden können. Es ist interessant, dass gerade mit der Anbindung an die Quantenphysik und dem Aufkommen physikalischer Instrumente eine Renaissance der realen Strukturmodelle verbunden war. Sie verbildlichten die chemische Interpretation physikalischer Theorien und prägten die Vorstellungen nachfolgender Chemikergenerationen, da sie gerne als pädagogische Hilfsmittel eingesetzt, ja sogar selbst gebastelt wurden.

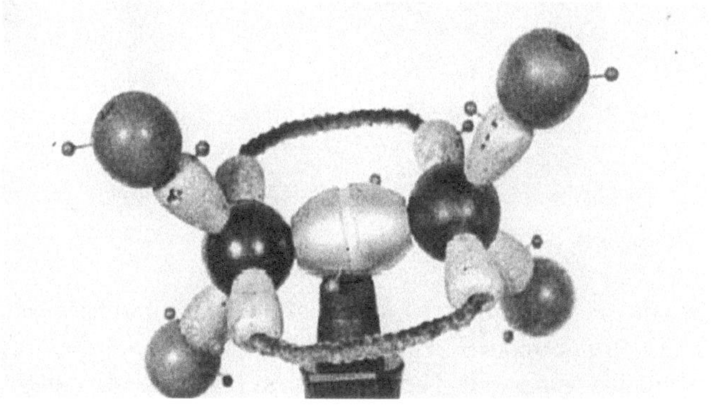

Abb. 12: Zu Lehrzwecken gebautes Molekülmodell des Ethylens (die sp und p-Orbitale sind zugeschliffene Korken).

---

126 Baird, "Analytical Chemistry and the 'Big' Scientific Instrumentation Revolution" (1993), S.267; Morris, Travis, "The Rôle of Physical Instrumentation in Structural Organic Chemistry" (1997), S.715-716 und S.737, Nachdruck als Morris, Travis, "The Rôle of Instrumentation in Structural Organic Chemistry in the Twentieth Century" (2002), S.57-58 und S.80.

Als Repräsentationen des Mentalen Modells konnten solche anschaulichen Objekte den Veränderungen angepasst werden und mit dem zunehmenden Interesse an biologisch aktiven Substanzen mussten auch immer größere Moleküle darstellbar sein. Eines der verbreitetsten, kommerziell produzierten Sets war das in den 1940er und 1950er Jahren entwickelte Corey-Pauling-Koltun (CPK) System, das mit der Hilfe und Autorität der National Institutes of Health und der National Science Foundation verbreitet wurde.

Abb. 13: Alpha-Helix (CPK), Linus Pauling, 1954.

Wie das Bild andeutet, wusste Linus Pauling die chemischen Stars, d.h. sich selbst und das Strukturmodell, ins rechte Bild zu setzen:[127] die durch Bücher und Tafel ebenfalls anwesende Theorie steht im Hintergrund. Völlig unsichtbar bleiben bei dieser Repräsentation die Methoden, mit denen die Daten des Modells erhalten und modifiziert wurden. Daher soll nun die organisch-chemische NMR ein wenig sichtbarer gemacht werden.

127 Pauling unterstrich auch den eigenständigen ästhetischen Aspekt der Modelle. Zusammen mit einem Künstler gab er ein "Die Architektur der Modelle" genanntes Buch mit Zeichnungen von Molekülmodellen heraus. Vgl. Hennig, "Design und Wirklichkeit. Falschfarben in Datenbildern der Naturwissenschaften" (2009/1), S.24.

2. Die NMR wandert in die Chemie

In den zwei Jahrzehnten nach dem Zweiten Weltkrieg veränderten eine Reihe überwiegend spektroskopischer Analysenmethoden die chemische Praxis grundlegend und rasant. Schon zeitgenössische Chemiker reagierten darauf und versuchten die chemische Ausbildung dementsprechend zu verändern. In der Auflage von 1964 bemerkten die Autoren eines seit 1935 erscheinenden Lehrbuches zur Analyse organisch-chemischer Substanzen:[128]

> Twenty-eight years after the publication of the first edition of this textbook, interest in laboratory experiments concerned with the identification of organic compounds as a teaching device continues at a high level. At the same time methods of carrying out organic research have undergone a dramatic revolution with the introduction of spectral methods of analysis, including mass spectrometry, and with the techniques of chromatography and particularly gas-phase chromatography as methods of separation and identification. X-ray crystallography is beginning to be used extensively as the ultimate means of determining structures of complex molecules. [...] The advent of the instrumental methods mentioned above leads to the possibility of development of the course in identification of organic compounds into a treatment primarily of instrumental analysis. It is now quite possible to identify many unknowns without recourse to chemical reactions at all because of the advances in instrumentation.

Obwohl in diesem eher konservativ ausgelegten, einführenden Lehrbuch aus pädagogischen Gründen die Bedeutung der klassischen chemischen Methoden auch weiterhin unterstrichen wurde, war den spektroskopischen Methoden ein eigenes Kapitel gewidmet, das 1964 um einen neuen Bereich erweitert wurde:[129]

> The use of spectral methods has been increased somewhat and a section added on proton magnetic resonance, which now occupies a position of general importance second only to infrared spectroscopy for the organic chemist.

^{1}H NMR-Instrumente waren also neben Infrarotspektrometern bevorzugte Hilfsmittel geworden bei der Antwort auf die Standardfrage der Organischen Chemiker: Was ist es? – verstanden in der Bedeutung des Mentalen Strukturchemischen Modells: Welche Struktur hat es? Diese Funktion war nicht selbstverständlich und relativ weit von der ursprünglichen physikalischen Verwendung der NMR entfernt, die im vorausgehenden Kapitel erläutert wurde. Am Übergang vom kernphysikalischen Messinstrument zur chemischen Analysenmethode waren spezifische technische, theoretische und soziale Milieus

---

128 Curtin, Fuson, Shriner, The Systematic Identification of Organic Compounds. A Laboratory Manual (1964), "Preface", S.V-VI, hier S.V.

129 Dies., ebd., "Preface", S.V-VI, hier S.VI.

beteiligt; Beziehungsnetzwerke wurden entwickelt, um eine Gemeinschaft und einen Markt für die – materiellen und epistemischen – Dinge der chemischen NMR zu schaffen. Dabei war der Typus des unternehmerisch tätigen Research Scientists von besonderer Bedeutung.[130]

2.1. Veränderung durch Research Technology

Molekülspektroskopische Experten der chemischen Physik sahen seit den 1930er Jahren in der IR-Spektroskopie die vielversprechendste Möglichkeit, um umfassende Daten (molekulare Kräfte, Abstände, Ladungsverteilungen, etc.) zum chemischen Strukturmodell zu ermitteln, zumal diese Methode auch bei geringen Mengen an festen, flüssigen und gasförmigen Substanzen und Substanzmischungen einsetzbar war. 1938 waren in den USA insgesamt etwa 15 selbst gebaute IR-Spektrometer im Einsatz.[131] Während des Zweiten Weltkrieges transferierten die in den USA aufgelegten Programme zur chemischen Synthese und Produktion von Treibstoffen, Gummi und Medikamenten die Infrarotspektrometrie in den militärisch-industriellen Kontext und machten sie zu einer Methode der normierten Produktkontrolle. Mit relativ einfachen, standardisierten Spektrometern und Messprozeduren ordnete die Methode Produkten und Produktgemischen chemische Strukturen zu, und zwar in einer Geschwindigkeit, die mit traditionellen, "nassen" Analyseverfahren nicht erreichbar war. Semi-empirische Regeln vermittelten den Kontakt zu physikalischen Basistheorien und legitimierten das neue Analysenwerkzeug. Diese Regeln waren so weit auf die chemischen Bedürfnisse zugeschnitten, dass viele Chemiker die Methode benutzen und akzeptieren konnten. Organische Chemiker, vor allem in der Industrie, wollten mit den neuen physikalischen Instrumenten einen einfachen, direkten und effizienten Zugang zur chemischen Struktur und ihren Veränderungen bekommen. Die durch staatliche Förderung im industriellen Kontext entwickelten Instrumente, Konventionen und Interpretationsverfahren wurden von der akademischen Chemie übernommen und bereits in den 1950er Jahren war dort die IR-Spektrometrie die wichtigste moderne analytische Methode geworden.[132]

Die Ergebnisse der Infrarotspektroskopie organischer Substanzen konnten aber keine mathematisch exakten Zuordnungen zu den quantenphysikalischen

130 Vgl. z.B. Baird, "Histories of Baird Associates" (2002), S.130-131.

131 Miller, "The Infrastructure of IR Spectrometry: Reminiscences of Pioneers and Early Commercial IR Instruments" (1992), S.824A.

132 Rabkin, "Technological Innovation in Science. The Adoption of Infrared Spectroscopy by Chemists" (1987); Miller, "The Infrastructure of IR Spectrometry: Reminiscences of Pioneers and Early Commercial IR Instruments" (1992).

Basistheorien liefern. Zudem entsprachen die neuen, kommerziell produzierten IR-Geräte nicht dem Experimentierstil[133] der Molekülspektroskopiker, der auf das Beherrschen der Phänomene mit nach individuellen Bedürfnissen selbst gebauten Instrumenten ausgerichtet war. Daher suchten chemische Physiker nach neuen, besser an ihre Ziele und ihre Experimentalkultur angepassten Techniken – und die NMR war ein für sie interessanter Kandidat. Die Erfinder der NMR waren an experimentell ermittelten, möglichst exakten numerischen Daten interessiert, mit denen mathematisch-theoretische Modelle über Atome und Moleküle formuliert oder bestätigt werden konnten. Die Ziele dieser Physiker deckten sich nicht mit den Bedürfnissen der organischen Synthesechemiker, die wenig an den physikalisch-theoretischen Hintergründen der spektroskopischen Methoden und damit an der physikalischen NMR interessiert waren.[134] Dennoch begann sich die NMR – ähnlich der IR-Spektroskopie, und manchmal nach deren Vorbild – von einer Spezialität weniger, physikalisch orientierter Forscher zur Standardmethode im großen Bereich der Organischen Chemie zu entwickeln. Dieser Transfer der NMR in die organisch-chemische Praxis fand in einer Synthese von naturwissenschaftlicher Methode und technischer Ausrüstung statt und produzierte nicht nur neue Instrumente, sondern modifizierte auch chemische Theorien.[135] In einem Bereich, in dem sich über den Instrumentenbau wissenschaftliche, industrielle und staatliche Interessen überlappten, wanderte die NMR von der Physik in die Chemie. Naturwissenschaften und Technik blieben zwar einerseits disziplinär, institutionell und durch ihre Zielsetzungen unterscheidbar, andererseits hatte es bei der Entwicklung der NMR Orte gegeben, an denen die verschiedenen Wissensbereiche verbunden und nicht gegeneinander abgegrenzt wurden. Im ökonomischen und administrativen System moderner Gesellschaften implizieren Begriffe wie 'angewandte Wissenschaft' oder 'Technoscience' diese enge Verknüpfung, erklären sie aber nicht. Insbesondere bleibt unklar, warum trotz der durch zunehmende Spezialisierung auf spezifische Projekte immer weiter fragmentierten Wissensgebiete der Zusammenhang zwischen den einzelnen Naturwissenschaften, wie auch der von Naturwissenschaft und Technik erhalten oder gar verstärkt wurde.

Etwas konkreter beschrieb Terry Shinn eine solche Verbindung die durch die Aktivitäten einer in den Zwischenbereichen traditioneller Zuordnungen von Naturwissenschaften und Technik arbeitenden Gruppe entsteht als Research

133 Carsten Reinhardt benutzt den Begriff in Anlehnung an Ian Hacking. Reinhardt, "Chemistry in a Physical Mode. Molecular Spectroscopy and the Emergence of NMR" (2004), S.6.

134 Morris, Travis, "The Rôle of Instrumentation in Structural Organic Chemistry in the Twentieth Century" (2002), S.77.

135 Woodward, "Synthesis" (1956), S.157.

Technology.[136] Research Technology versucht zu erklären, welche Mechanismen und Akteure für die enge Kopplung von Naturwissenschaften und Techniken verantwortlich sein können und wie neues Wissen über institutionelle und kulturelle Schranken hinweg verbreitet werden kann, ohne dabei sozial etablierte Grenzen von Institutionen und Wissensgebieten völlig aufzuheben. Das Konzept ist eng mit der Sprache, dem kognitiven Inhalt, dem Bau und der Verwendung moderner wissenschaftlicher Instrumente verknüpft. Es bietet sich daher an, mit seiner Hilfe die Wechselwirkungen zwischen Naturwissenschaften und Techniken bei der Konstruktion und Verbreitung moderner wissenschaftlicher Instrumente zu interpretieren.

Die Ursprünge der Research Technology werden im Deutschland des 19. Jahrhunderts festgemacht, insbesondere um die Deutsche Gesellschaft für Mechanik und Optik mit der von ihr herausgegebenen "Zeitschrift für Instrumentenkunde". Schnell trat das Phänomen aber auch in anderen Industrienationen auf, das industrielle Umfeld stellte zusammen mit den neuen Technologien und wissenschaftlichen Disziplinen die Randbedingungen dieser Entwicklung.[137] Research Technology mit ihren Funktionen entstand als übernationales Phänomen moderner Industriegesellschaften. Die Produkte dieser Tätigkeit sind durch ihre radikale Innovationsfähigkeit gekennzeichnet, d.h. sie stellen nicht nur neue Materialien, Apparate, oder Verfahren dar, sondern wirken sich verändernd auf weite Anwendungsbereiche und ganz unterschiedliche Benutzergruppen aus. Als derartige Produkte wurden unter anderem die Konstruktion und Verbreitung von Ultrazentrifugen, computerbasierten Steuerungs-, Auswertungs- und Darstellungssystemen, Lasern, Szintillationsmessern, sowie der Fourier-Transfer Spektrometrie und der magnetischen Kernspinresonanz identifiziert.[138] Arbeitsfeld der Research Technology sind demnach vielseitig verwendbare Instrumente zum Registrieren, Messen und Kontrollieren von Phänomenen, die von einer Gruppe entwickelt werden, welche mit den Naturwissenschaften und der Industrie gleichermaßen verbunden ist. Sie überbrückt sozial gegeneinander abgegrenzte, arbeitsteilige Bereiche wie naturwissenschaftliche Disziplinen, technische Fachgebiete, Marketing, oder Produktentwicklung. Dabei unterminiert sie aber diese Grenzen nicht, sondern schafft neue, zusätzliche Tätigkeitsfelder in den verschiedenen Bereichen. Ihre Forschungsaktivitäten sind primär

136 Joerges, Shinn (Hg.), Instrumentation between Science, State and Industry (2001).

137 Shinn, "New Sources of Radical Innovation: Research-technologies, Transversality, and Distributed Learning in a Post-Industrial Order" (2005), S.753.

138 Joerges, Shinn, Instrumentation Between Science, State, and Industry (2001); Shinn, "Research-technology Instrumentation: The Place of Chemistry" (2002); Shinn, "New Sources of Radical Innovation: Research-technologies, Transversality, and Distributed Learning in a Post-Industrial Order" (2005), S.732-733 und S.735.

auf Technologien gerichtet, welche die Produktion von Waren, aber auch von naturwissenschaftlichem Wissen ermöglichen, daher ist Research Technology kein neuer Modus der Naturwissenschaft oder Technik, sondern eine eigene Kultur zwischen den organisatorisch und in ihrer Praxis weiterhin zu unterscheidenden Bereichen Naturwissenschaft und Technik. Drei Grundzüge prägen eine Research Technology.[139]

Sie ist auf die Produktion generischer Instrumente oder Verfahren ausgerichtet (Genericity), die nicht auf einen konkreten Bedarf hin für spezielle Aufgaben und Benutzer konstruiert sind, sondern grundlegende Prinzipien verkörpern. Diese Instrumente oder Methoden ermöglichen die Herstellung, präzise Identifizierung, Messung und Kontrolle von Effekten. So stellt die generische Auslegung eine Art allgemeine Schablone dar, lässt einen weiten Anwendungsbereich offen und ist durch hohe Variabilität gekennzeichnet. Damit können unterschiedliche, ansonsten durch soziale, kognitive oder institutionelle Grenzen getrennte Wissensbereiche verknüpft werden. Die Funktionsweise und das naturwissenschaftliche und technische Verständnis des Arbeitsprinzips generischer Instrumente werden dabei durch Research Technology zu einem verbindenden Element, zu einem in vielen sozial getrennten Bereichen akzeptierten Standard. Die Ideen für ein derartiges generisches Instrument können aus spezifischen lokalen Umfeldern aufgenommen werden, innerhalb der Research Technology werden sie dann ihrer speziellen anwendungsbezogenen Eigenschaften entledigt und so in einen generischen Prototypen umgewandelt. Den Vorgang, eine Art Entdifferenzierung, bezeichnet Shinn als Disembedding. Die Prototypen sind Fakten oder Artefakte, die nicht ausschließlich für einen konkreten Anwendungskontext ausgearbeitet wurden, und können deshalb an die spezifischen Anforderungen ganz unterschiedlicher Bereiche angepasst werden, was mit dem Begriff Re-embedding ausgedrückt wird. Damit erzeugen sie in den aufnehmenden Bereichen Innovationen, d.h. neue Produktionsverfahren für Güter oder Wissen. Das Funktionsprinzip des Lasers konnte z.B. an die naturwissenschaftliche Spektroskopie, an das Schneiden von Stahlplatten oder an die Unterhaltungselektronik angepasst werden. Research Technology wird nicht von einem konkreten Bedarf angetrieben, sie will kein genau definierbares Problem lösen, sondern eine Basisinnovation finden und deren Einsatzgebiete systematisch erkunden, woraus sich die Option auf eine ganze Kette von Folgeinnovationen ergibt. So können diese Instrumente oder Verfahren unabhängig von ihrem Entstehungsort – staatliche, Universitäts- oder Industrielaboratorien – auf verschiedene Disziplinen in Naturwissenschaft und Technik übertragen werden

139 Zum in der Folge dargelegten Konzept vgl. Joerges, Shinn, "A Fresh Look at Instrumentation: An Introduction" (2001).

und dort neue Aktivitäten auslösen. Generische Instrumente sind somit ein Medium, über das Kommunikation zwischen lokal, sozial und ontologisch getrennten Wissenssystemen stattfinden kann. Wissens- und Arbeitsbereiche von Naturwissenschaft und Technik können auf diese Art in Kontakt stehen, ohne ihre spezifischen Systeme an Werten, Zielen und Normen aufgeben zu müssen.

Ein zweites charakteristisches Merkmal betrifft die Personengruppe der Research Technologists. Sie gehören keiner technischen oder wissenschaftlichen Disziplin an, arbeiten aber in Kontakt zu diesen (Interstitiality). Es gibt keine festen Ausbildungsgänge, Karrieren oder Institutionen für Research Technology, ihre Vertreter sind mit den Kategorien kaum greifbar, an denen normalerweise soziale Gruppen festgemacht werden. Daher ist die nach solchen Kriterien hybride Gruppe bisher kaum als solche erkannt worden. Die Tätigkeit der Research Technologists ist zudem nicht auf Dauer angelegt, ihr verbindendes Prinzip ist das Instrument oder Verfahren, um das sich ephemere Gruppen von Research Technologists scharen. Sie können an Universitäten, in privaten Unternehmen, zivilen staatlichen Einrichtungen oder beim Militär angestellt sein. Häufig wechseln sie zwischen den Arbeitgebern, sind teilweise auch gleichzeitig an verschiedenen Organisationen oder Firmen als Angestellte oder Berater tätig. Da sich diese Spezies in verschiedenen Gruppen und Institutionen bewegt, kann sie neue Ideen aus unterschiedlichen Bereichen aufnehmen und das Zusammenwirken heterogen verteilter, durch soziokulturelle Grenzen getrennter Wissensbereiche ermöglichen. Während für die eigentliche Entwicklung des generischen Instruments ein abgetrennter Spezialistenbereich notwendig ist, überschreiten und überbrücken Research Technologists viele Grenzen bei dem Versuch, Ideen für ein generisches Instrument zu finden (Dis-embedding) und es dann in verschiedenste Benutzungskontexte wieder einzubetten. Als soziale Gruppe sind Research Technologists nicht über Institutionen, sondern vor allem über das generische Instrument oder Verfahren verknüpft. Ihre entscheidende Motivation liegt nicht primär im ökonomischen Vorteil sondern eher im technischen Interesse am Machbaren, in der wissenschaftlichen Neugier und in dem Wunsch kreativ zu arbeiten.

Drittes wesentliches Merkmal von Research Technology ist die metrologische Ausrichtung (Metrologies). Das generische Instrument wird in verschiedene Arbeitsgebiete transportiert und dort den Bedürfnissen angepasst. Dabei verändert es aber auch die aufnehmenden Bereiche und führt neue Arbeitsroutinen, Maßeinheiten, Beschreibungsstandards oder Visualisierungsformen ein, die allein aus dem aufnehmenden Spezialgebiet heraus nicht vorhersehbar waren. So bildet sich auf der Grundlage des generischen Instrumentes ein metrologisches Vokabular, das in mehreren voneinander abgegrenzten Bereichen akzeptiert und daher als nachhaltig objektiviert verstanden wird. Durch derartige, pragmatisch entstandene Universalität erlangen die transportierten Ansichten, Praktiken und Ideen hohes Prestige und können die kognitive Struktur der aufnehmenden Disziplinen beeinflussen. Andererseits können durch verschiedene spezifische Anwender eingeführte Veränderungen und Neuheiten wieder auf die generischen Instrumente rückwirken. Insbesondere der metrologische Aspekt trägt so zur interdisziplinären Kommunikation bei, welche eine wechselseitige Anpassung von Forschung, Methode und Instrument ermöglicht. Die Tendenzen zur Spezialisierung und Fragmentierung erhalten somit ein Gegengewicht.[140]

Über den durch Research Technology gestalteten Zwischenbereich sind drei normalerweise getrennt betrachtete Gruppen von Akteuren verbunden und tauschen Informationen, Ansichten und Ergebnisse zwischen verschiedenen materiellen, intellektuellen und professionellen Kulturen aus: zwischen Vertretern der staatlichen Forschungsförderung, technisch orientierten Instrumentenherstellern und Naturwissenschaftlern. Zusammen schaffen sie die vielfältigen Einsatzmöglichkeiten einer attraktiven Forschungsmethode.[141] Der Marktplatz, auf dem sich vorübergehend Vertreter unterschiedlicher Wissensgebiete austauschen können, ist hier nicht durch konkrete Projekte oder Orte am Randbereich unterschiedlicher Wissensgebiete definiert,[142] sondern zentrale Funktion einer sozialen Gruppe, den Research Technologists, die wegen des unterschiedlich begründeten, aber gemeinsamen Interesses an instrumentellen Methoden mit verschiedenen Wissenschaftlern und Technikern zusammenarbeiten. Falls eine solche, quer zum kommerziellen Instrumentenbau, zur staatlichen Forschungsförderung und zur wissenschaftlichen Methodenentwicklung liegende Tätigkeit der entscheidende Faktor für den Erfolg der NMR war, sollten sich in ihrer Geschichte die hier allgemein beschriebenen Merkmale erkennen lassen.

Schon die Konstruktion der ersten NMR-Instrumente in den akademisch-physikalischen Arbeitsgruppen Purcells und Blochs zeigt das Einbetten verschiedener technischer Komponenten in einen naturwissenschaftlichen Kontext. Während des Zweiten Weltkrieges entwickelten Techniker und Wissenschaftler in den Radarlaboratorien verschiedene Bestandteile von Radarsystemen. Die so entwickelten Komponenten der Mikrowellenelektronik – Messbrücken, Resonatoren, Schwingkreise, Potentiometer, usw. – wurden bei der Konstruktion von

---

140 Joerges, Shinn, "Research-technology in Historical Perspective: an Attempt at Reconstruction" (2001), S.246-247; Shinn, "New Sources of Radical Innovation: Research-technologies, Transversality, and Distributed Learning in a Post-Industrial Order" (2005), S.734 und S.753-760.

141 Vgl. z.B. Mody, "Corporations, Universities, and Instrumental Communities. Commercializing Probe Microscopy, 1981-1996" (2006) und Giannella, Lenoir, "The Emergence and Diffusion of DNA Microarray Technology" (2006).

142 Gemeint ist das Konzept der Trading Zone. Galison, Image and Logic (1997).

NMR-Instrumenten in den neuen, wissenschaftlichen Rahmen der Teilchenphysik eingebettet.[143] In dieser Funktion zeigen Purcell wie auch Bloch Züge von Research Technology, denn beide arbeiteten zwischen Naturwissenschaft und Technik an instrumentellen, breit anwendbaren Messverfahren. Es wäre dennoch übertrieben, sie als Research Technologists zu bezeichnen. Ihre Tätigkeit im Zwischenbereich war nicht durch den eigenen Wunsch ausgelöst sondern durch die Kriegsumstände und sie integrierten sich nach dem Krieg schnell wieder vollständig im akademischen System. Noch entscheidender ist der Aspekt, dass beide nicht generell neue Einsatzbereiche ihres Wissens über technische Messprinzipien suchten, sondern es auf ganz spezifische Probleme ihrer akademischen Disziplin, der Teilchenphysik, anwendeten.

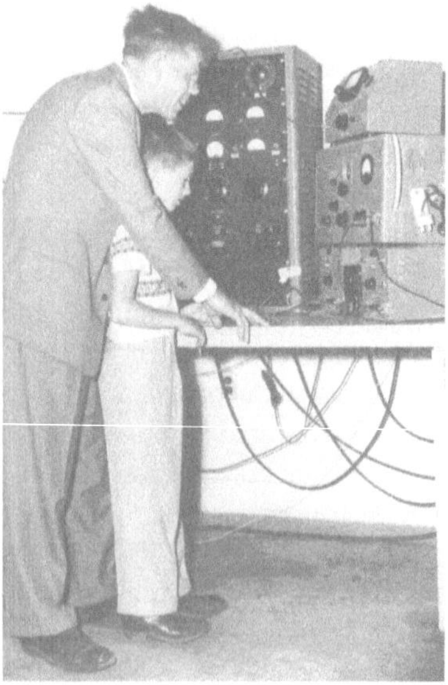

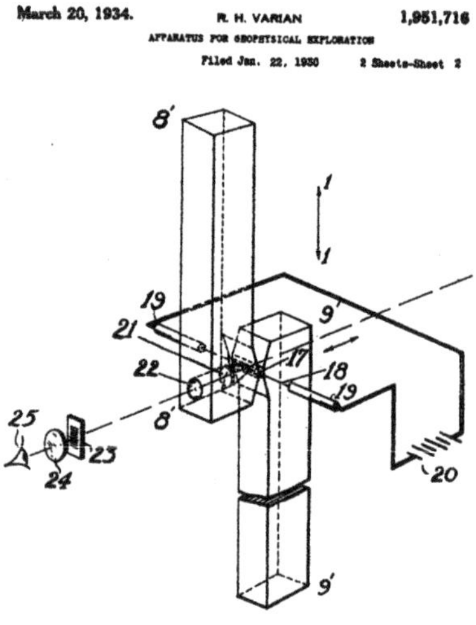

Abb. 14/15: Russell Varian erklärt seinem Sohn George NMR-Ausrüstung, 1953 (links). Russell Varians erstes Patent, ein Magnetometer. "Apparatus for Geophysical Exploration", US Pat.-Nr. 1951716, 1934 (rechts).

Es gab aber andere an der Entwicklung der frühen NMR-Instrumente beteiligte Personen, die ein kompletteres Profil des Research Technologists zeigen. Wie es bereits erläutert wurde, spielte der Erfinder, Mechaniker, Mathematiker

143 Reinhardt. "Chemistry in a Physical Mode" (2004), S.17-18.

und Physikprofessor William Webster Hansen (1910-1949)[144] eine wichtige Rolle bei der Konstruktion von Blochs erstem NMR-Instrument. Hansen entwickelte Mikrowellenröhren und ist bereits in dieser Funktion als Research Technologist identifiziert worden.[145] Für die NMR noch bedeutender war Russell Harrison Varian (1898-1959), ein Freund und Mitarbeiter Hansens. Varian hatte in Stanford Physik studiert und dort auch als wissenschaftliche Hilfskraft gearbeitet. 1929-1930 war er Techniker bei der Humble Oil in Houston, einem Unternehmen der Standard Oil, und wurde anschließend von der Firma des Fernsehpioniers Farnsworth angestellt.[146] Russell Varians Versuche in der Industrie Fuß zu fassen scheiterten,[147] obwohl er bei Humble Oil ein Magnetometer[148] für die Ölsuche erfand und patentieren durfte.[149]

Der nonkonformistische Russell Varian hatte Schwierigkeiten, sich in die industriellen Arbeitshierarchien einzufügen, denn er verfolgte konsequent seine eigenen, meist ungewöhnlichen bis exzentrischen Vorstellungen. Im physikalischen Laboratorium in Stanford, wo er sich mit William Hansen angefreundet hatte, hatte er sich am wohlsten gefühlt. Dennoch scheiterte 1934 sein Versuch, sich dort zu promovieren und eine Karriere als Physiker zu beginnen. Obwohl er durch Hansen gefördert wurde, zwölf Patente und drei akademische Publikationen vorweisen konnte und auch Felix Bloch, der zu dieser Zeit in Berkeley war, auf Anfrage Varians dessen Arbeiten positiv begutachtete,[150] wurde sein Antrag auf Promotion mit dem Hinweis auf seine fehlenden akademischen Fähigkeiten und sein Alter von 37 Jahren abgelehnt. Neben zu geringem theoretischen Wissen zählten auch sprachliche Mängel – Russell Varian hatte eine nie ganz abgestellte Schreibschwäche – zu den angeführten Ablehnungskriterien.[151] Im Grunde beruhte die Ablehnung wohl darauf, dass Russell Varian mit seinen

144 Hansen promovierte in Stanford, ging mit einem Forschungsstipendium ans MIT und kehrte dann nach Stanford zurück wo er Professor für Physik wurde.

145 Joerges, Shinn, Instrumentation Between Science, State, and Industry (2001), S.74, S.87, S.90 und S.93.

146 Varian, Russell and Sigurd Varian. The Inventor and the Pilot (1983), S.142-145; Lécuyer, Lenoir, "Instrument Makers and Discipline Builders: The Case of Nuclear Magnetic Resonance" (1995), S.289.

147 Die Anstellung dauerte wegen Differenzen mit dem Vorgesetzten nur 5 Monate.

148 Standard Oil Development Company, Apparatus for Geophysical Exploration. US Pat.-Nr. 1951716.

149 Dieses erste Patent Russell Varians wurde am 2. Januar 1930 eingereicht und am 20. März 1934 mit der Patentnummer 1950717 erteilt. Vgl. Varian, The Inventor and the Pilot (1983), S.89-95.

150 Varian, The Inventor and the Pilot (1983), S.152.

151 Varian, The Inventor and the Pilot (1983), S.153 und S.228-229; Lécuyer, Lenoir, "Instrument Makers and Discipline Builders" (1995), S.289.

technischen Interessen, seinen Erfahrungen und seinen Fähigkeiten nicht in das übliche Schema passte. Er konnte und wollte weder die Rolle des Naturwissenschaftlers noch die des Technikers ausfüllen und saß zwischen den Stühlen, denn seine Karriere, seine Ziele und Arbeitsweisen stimmten mit den von Terry Shinn aufgezeigten Kriterien der Research Technology überein.

Zusammen mit seinem Bruder Sigurd (1901-1961), einem begabten Techniker, der keinen akademischen Abschluss hatte und einige Zeit als Pilot für die PanAm geflogen war, sowie einem weiteren Bruder Eric versuchte Russell Varian 1935 im heimischen, nahe bei Stanford gelegenen Halcyon eine selbstständig arbeitende Erfinderwerkstatt aufzubauen. Die von den Varian Brüdern geführte Werkstatt machte Verlust und schien keine große Zukunft zu haben, bis eine geniale Erfindung das Blatt wendete. Russells Freund William Hansen arbeitete in Stanford an Verstärkern für die Röntgenspektrometrie.[152] In diesem Zusammenhang erfand er 1936 einen Mikrowellenresonator, das Rumbatron. Russell entwickelte und Sigurd Varian baute 1937 unter Rücksprache mit Hansen das Klystron, eine besonders hochfrequente Radioröhre, die ebenfalls nach dem Resonanzprinzip arbeitete und von der sie zu Recht annahmen, sie würde für die Flugnavigation wichtig werden.

Hansen und die Verwaltung der Universität Stanford erkannten das gerade am Vorabend des Zweiten Weltkrieges enorme militärische und damit auch kommerzielle Potenzial der Arbeit. So erhielten Russell und Sigurd Varian zunächst bescheidene finanzielle Hilfen von der Universität und durften in den Universitätslaboratorien zusammen mit Hansen weiter am Klystron experimentieren. Im Gegenzug traten sie einen Teil ihrer Patentrechte ab.[153] Die Varians verstärkten so die in Stanford bereits arbeitende Gruppe von Mikrowellenphysikern. Das Projekt entwickelte sich vielversprechend, woraufhin sich die Sperry Gyroscope Corporation eine Kooperation sicherte und die Patentrechte am Klystron kaufte, das als Empfänger in der Radartechnik eingesetzt, aber auch ein Basisinstrument des neuen Gebietes der Mikrowellentechnik wurde. Hansen berichtete:[154]

> It was plain, from the start, that the bunching principle was more general than its first embodiment in the two-resonator klystron, and we should see what other forms might be useful. As a result of these possibilities, ripe for the picking, as it were, and two fairly well trained and ingenious people in Russell Varian and myself, ideas began to appear at a prodigious rate.

152 Varian, The Inventor and the Pilot (1983), S.163.

153 Varian, The Inventor and the Pilot (1983), S.174-184.

154 Zitiert nach Varian, The Inventor and the Pilot (1983), S.191.

Der Vertrag mit Sperry gab den Varians die finanziellen Ressourcen, weiter an ihren Projekten zu arbeiten. Dennoch traten Spannungen mit dem Management des Industrieunternehmens auf, das an fertigen, vermarktbaren Produkten interessiert war, während Hansen und Varian im Modus der Research Technology neue Möglichkeiten des generellen Konstruktionsprinzips ausloten wollten.[155] Der Konflikt wurde durch den Schatten des Zweiten Weltkriegs überdeckt[156] und fast die gesamte ca. 20köpfige Klystron-Gruppe inklusive sieben Forschungsassistenten aus Stanford, darunter Edward Ginzton, der ab 1939 am Klystron Projekt arbeitete,[157] ein Elektrotechniker und ehemaliger Assistent Frederick Termans, sowie Russell und Sigurd Varian wechselten 1940 in das Sperry Forschungslabor in Garden City, Long Island, und auch Hansen kam an die Ostküste.[158]

Während Physiker wie Purcell oder Bloch in den Radarlabors die Anwendung theoretischer Kenntnisse in der Elektronik erst erlernten, war Hansen bereits Experte für diese Verbindung von Wissenschaft und Technik, als er dort ankam. 1941-43 fuhr er zweimal die Woche von New Jersey zum MIT nach Boston, um dort Vorlesungen über theoretische und praktische Aspekte der Mikrowellen zu halten.[159] Die Weiterentwicklung des Klystrons im Forschungsgroßbetrieb war den Erfindern weitgehend aus der Hand genommen. Russell Varians Funktion war nur mehr die eines Patentexperten. Auch wenn Edward Ginzton später die Geschichte des Klystrons als ein Paradebeispiel einer marktorientierten Erfindung darstellte,[160] kann die Arbeitsweise der Research Technologists Russell Varian und William Hansen nicht allein mit "coupled to the

155 Lécuyer, Lenoir, "Instrument Makers and Discipline Builders" (1995), S.292; Varian, The Inventor and the Pilot (1983), S.192-197.

156 Britische Firmen erhielten die Konstruktionsdetails des Klystrons und konnten schon 1940 Nachtjäger mit den dadurch viel leichteren Radarsystemen ausstatten. Ginzton, "Invention of the Klystron" (1958), S.4.

157 Ders., ebd.; Ginzton, Interview, geführt am 26. November 1984 von A. Michael McMahon, S.1-4 und S.7.

158 Varian, The Inventor and the Pilot (1983), S.215-216. Sperry hatte in Palo Alto eine Entwicklungsabteilung eingerichtet, um eine industrielle Produktion vorzubereiten. Auch diese zog nach Garden City, Long Island um.

159 Chodorow, Interview; geführt am 27. November 1984 von A. Michael McMahon, IEEE History Center, Rutgers University, New Brunswick, N.J., USA.

160 Ginzton, "Invention of the Klystron" (1958), S.4. Ginzton beschreibt Hansen als anwendungsorientiert, aber in einer seltsamen Form: Hansen habe nur auf die Anwendung in der Physik gesehen und nicht erhältliche Instrumente für den Einsatz im Labor selbst gebaut. Ginzton, Interview, geführt am 26. November 1984 von A. Michael McMahon, S.5-6. Das kann aber nicht Hansens Engagement bei Varian Associates erklären.

marketplace" beschrieben werden und passte nicht in das System der marktorientierten, industriellen Produktentwicklung. Daher entstand ab 1940 zusammen mit bei Sperry arbeitenden Gleichgesinnten der Plan, erneut eine eigene Firma nahe Stanford aufzubauen und 1943 gab es ein erstes Gründungstreffen. Neben vergleichbaren fachlichen Interessen war der Drang nach Unabhängigkeit, aber auch der Wunsch in der Heimat arbeiten zu können, wichtige Entscheidungskriterien – die meisten der Mitstreiter waren im Zuge der Kriegsanstrengungen aus Stanford nach Osten gekommen und sehnten sich nach dem weniger formellen Umgangsstil und dem gemäßigteren Klima im heimatlichen Kalifornien.[161]

Schon 1944 kehrte der gesundheitlich angeschlagene Hansen nach Stanford zurück und führte dort sein Mikrowellenprogramm fort. 1945 konnte er mit der Hilfe Frederick Termans,[162] der militärische Fördermittel des Office of Naval Research (ONR) organisierte, ein neues Mikrowellenlaboratorium eröffnen.[163] An dieses Labor holte Hansen 1946 Edward Ginzton, der Laborleiter bei Sperry war,[164] und 1947 Marvin Chodorov, einen Physiker, der bei Sperry zum Elektronikexperten wurde. Es wurde vor allem daran gearbeitet, die Mikrowellentechnik für eine neue Art Teilchenbeschleuniger einzusetzen.[165] Die in dieser Zeit stattfindende Kooperation zwischen William Hansen und Felix Bloch beim Bau des ersten NMR-Gerätes in Stanford war die zwischen einem theoretischen Physiker und einem Experimentalphysiker. Sie kann also nicht als Beispiel für die routinemäßige, transdisziplinäre Zusammenarbeit zwischen Ingenieuren und Physikern in Stanford dienen,[166] denn die unterschiedlichen wissenschaftlichen

---

161 Kane, Interview geführt im November 1989 von Sharon Mercer, S.15; Varian, "The Founding of Varian Associates" (1958), S.6; Varian, The Inventor and the Pilot (1983), S.230-232.

162 Terman war im Krieg Direktor des Radio Research Laboratories in Harvard gewesen, an dem auch Bloch arbeitete. Vgl. Kap.1. 1946-1955 war er Dekan der Ingenieurswissenschaften in Stanford.

163 Zur Wissenschaftsorganisation in Stanford vgl. Galison, Hevly, Lowen, "Controlling the Monster. Stanford and the Growth of Physics Research. 1935-1962" (1992).

164 Ginzton, Interview geführt am 26. November 1984 von A. Michael McMahon, S.5.

165 Ginzton, Interview geführt am 26. November 1984 von A. Michael McMahon, S.7. 1949 ging der erste Klystron-Teilchenbeschleuniger in Betrieb. Ginzton übernahm Management und organisatorische Leitung der Großanlage als Hansen im selben Jahr an einer Lungenkrankheit starb. Ab 1962 verkaufte Varian Teilchenbeschleuniger für medizinische Zwecke. Ginzton war die treibende Kraft hinter der Entwicklung. Packard, "The Varian Story", Vortragsmanuskript 1980, S.11.

166 So dargestellt in Lécuyer, Lenoir, "Instrument Makers and Discipline Builders" (1995), S.281. Termans Electronics Research Laboratory war Teil der Elektrotechnik und hatte nichts mit dem Mikrowellenlabor zu tun, das an die Physik angegliedert war, bis es 1950 selbstständig wurde. Allerdings wurden an beiden Labors militärisch geförderte

Arbeitsgebiete schlossen Konkurrenz aus und ermöglichten eine komplementäre Aufgabenverteilung:[167]

> The experimental techniques, concepts of signal-to-noise, and other practical matters were developed in conversations with Bill Hansen. In the tradition of most scientists, these matters were discussed only with collaborators and not potential competitors.

Als aber Russell Varian 1946 wieder in Kalifornien war, begannen sich andere Beziehungen aufzubauen und das magnetische Resonanzspektrometer[168] wurde nach dem Vorbild des Mikrowellenresonators[169] ein generisches Instrument.

2.2. Varian und die Idee der chemischen NMR

Zurück in der Heimat suchte Russell Varian nach einem geeigneten Ort sowie Aufgaben für die zukünftige Firma und war zwischenzeitlich wieder Research Associate an der Universität Stanford. So lernte er die Arbeiten Hansens und Blochs zur Kerninduktion kennen. Es bestand kein kommerzielles Interesse an der NMR, und damit keine Konkurrenz für ein neues, finanziell instabiles Unternehmen, das auf diesem Gebiet reüssieren wollte – im Gegensatz zur Situation im Röhrengeschäft.[170] Daher überlegte sich Varian im Stile eines Research Technologists als Erster verschiedene weitere Anwendungsmöglichkeiten für die NMR außerhalb der akademischen Physik und sah in der chemischen Analyse ein neues Arbeitsfeld. Die NMR wurde das erste Projekt des geplanten Unternehmens und Varian überredete Bloch und Hansen ein Patent zu nehmen.[171]

Obwohl Bloch in der historischen Darstellung meist als reiner Theoretiker präsentiert wird, der keinerlei Interesse an der praktischen Anwendung der NMR außerhalb der Atomphysik hatte, scheint dieses Urteil überzeichnet.[172]

Projekte durchgeführt. Terman war nicht direkt am Mikrowellenlabor in Stanford oder dessen Gründung beteiligt, vgl. Ginzton, Interview geführt am 26. November 1984 von A. Michael McMahon, S.4-5. Er war auch bei Varian Associates nicht besonders aktiv. Dennoch hatten beide Projekte seine wohlwollende Zustimmung.

167 Packard, "Felix Bloch. Reminiscences of a Graduate Student" (1985), S.92.

168 Das Messprinzip ist nicht nur in der NMR, sondern auch in der Elektronenspinresonanz (ESR oder EPR) und der Kern Quadrupolresonanz (NQR) verwirklicht.

169 Die Klystronröhre wurde an ganz unterschiedliche Bereiche angepasst und stand am Beginn einer neuen Technologie- und Industriesparte. Vgl. Ginzton, "Invention of the Klystron" (1958), S.4.

170 Varian, "The Founding of Varian Associates" (1958), S.6.

171 Varian Associates (Hg.), Varian Associates: An Early History (1958), S.9.

172 Vgl. dazu Krige, "Felix Bloch an the Creation of a 'Scientific Spirit' at CERN" (2001), S.68-69.

Schon am Ende seiner ersten ausführlichen Publikation zur Kerninduktion schreibt er:[173]

> (5) As in comparing the moments of neutron, proton, and deuteron, nuclear induction can well be developed as a simple and practical method to calibrate and measure high magnetic fields with great accuracy, and to apply it, for example, in the construction of cyclotrons and mass spectrographs.
> There are unquestionable more problems, which will become tangible in further development of the new electromagnetic effects. The fact that they are simple to obtain and require only very modest equipment should make it possible for many investigators to enter this field of research.

Auf der Suche nach Finanzmitteln für seine Forschungsprojekte hatte Bloch auch selbst einen, allerdings eher halbherzigen Versuch gestartet, die Universitätsleitung zur Patentierung des NMR-Verfahrens anzuregen.[174] Bloch unterstützte die Arbeit an Fragen der chemischen NMR nicht, behinderte sie aber auch nicht.[175] Er war durchaus offen für Versuche, die Anwendung der NMR weiter auszudehnen, auch wenn er selbst primär an der Teilchenphysik orientiert war. Bloch war also sicher kein Research Technologist, blieb aber bis Mitte der 1950er mit der NMR-Gruppe bei Varian Associates verbunden und an der Instrumentenentwicklung interessiert. Die Instrumentenentwicklung war dagegen Hansens Spezialität, der allerdings als im Status abgesicherter Universitätsprofessor nicht daran dachte das kommerziell weniger aussichtsreich erscheinende NMR-Verfahren zu patentieren. Daher übernahm Russell Varian die Patentarbeit, er finanzierte auch einen Radiotechniker für das Projekt, den sich das Stanford Physics Department nicht leisten wollte.[176] Die strukturchemische Analytik zeichnete sich als mögliches Einsatzgebiet noch nicht ab. Dennoch begann Varian am 23. Juli 1946 ein neues Notizbuch mit der Überschrift "Use of Nuclear Induction for Chemical Analysis". Er versuchte neue Aufgaben für das generische magnetische Resonanzspektrometer zu finden und diskutierte mit einem analytischen Chemiker in Berkeley die Anwendungsmöglichkeiten in der Chemie. Ergebnis war, dass die Methode für bestimmte Elemente, vor allem den Stickstoff, eine Option bei der industriellen quantitativen Analyse sein könnte, speziell als Schnelltest in der Mehl- und Kunstdüngerindustrie.[177] Im industriellen Umfeld waren die ökonomischen Vorteile einer wenig arbeitsaufwändigen

173 Bloch, "Nuclear Induction" (1946), S.474.

174 Lécuyer, Lenoir, "Instrument Makers and Discipline Builders" (1995), S.284-285.

175 Packard, "Felix Bloch. Reminiscences of a Graduate Student" (1985), S.93; Packard, "Nuclear Induction at Stanford and the Transition to Varian" (1996), S.521.

176 Varian, The Inventor and the Pilot (1983), S.234-236.

177 Varian, The Inventor and the Pilot (1983), S.234-235; Lécuyer, Lenoir, "Instrument Makers and Discipline Builders", S.293.

und schnellen Analyse besonders geschätzt, schon die Verbreitung der IR-Spektroskopie verlief aus diesem Grunde anfänglich über die chemische Industrie. Der Rat erwies sich als nicht praktikabel, war aber Ausgangspunkt für die weitere Suche nach Anwendungen. Patente, mit denen Russell Varian hinreichend Erfahrung hatte, konnten das Arbeitsgebiet des Unternehmens absichern und auch über Lizenzgebühren zu den Firmeneinkünften beitragen. Am 23. Dezember wurde das Patent als "Methods and Means of Chemical Analysis by Nuclear Inductions"[178] unter den Namen von Bloch und Hansen eingereicht und der Verfasser Russell Varian erhielt exklusive Lizenzrechte. Der Text, aus dem der Autor nicht hervorgeht, beschreibt die Messmethode und die angestrebten Verwendungen, gibt aber auch Auskunft über die Innovationsstrategie. Er beginnt:[179]

> This invention relates to the detection and identification of particular kinds of atoms, and more specifically to electrical methods for accomplishing this result.

Es wird klar, dass hier mit der im Titel herausgestellten "chemischen Analyse" die Identifizierung von Atomarten gemeint ist und nicht die Untersuchung ganzer Molekülstrukturen. Trotz dieser eingeschränkten Optionen werden neben den Details des Messverfahrens die Vorteile der möglichen chemischen Anwendungen aufgezählt: Das Verfahren ist schnell; quantitativ und qualitativ durchführbar; nicht destruktiv; auf viele Kerne anwendbar; auch zur Unterscheidung von Isotopen geeignet; kann paramagnetische Moleküle identifizieren und damit Reaktionen, bei denen solche entstehen; kann Magnetfelder genau messen. Es fällt auf, dass der Titel des Patents eher programmatisch ist, denn die aufgezählten Anwendungsmöglichkeiten der NMR sind überwiegend physikalischer Natur, die Übertragung auf die Chemie war unsicher und hatte noch nicht stattgefunden. Viel erschöpfender ist das Patent dagegen in einem anderen Punkt:[180]

> In order to explain this invention, it is first necessary to acquaint the reader with a few of the known facts about the structure of the atom, and for this purpose we present the following rather brief statement. More extended treatment can be found in any text on atomic theory;

Auf über sechs Spalten wird dann klassisch physikalisch die Basistheorie des NMR-Experiments eräutert: Zunächst lenkt das oszillierende Feld der eingestrahlten Radiofrequenz das präzessierende Magnetfeld der Kerne aus. Dadurch

---

178 Bloch, Hansen, Method and Means for Chemical Analysis by Nuclear Inductions. US Pat. Nr. 2561489. Das Patent wurde später auf die 1944 in Kazan in der Sowjetunion erstmals beobachtete Elektronenspinresonanz ausgedehnt, was die Laufzeit noch einmal verlängerte (wieder erteilt am 22. Februar 1955, Re. 23950).

179 Bloch, Hansen, Method and Means for Chemical Analysis by Nuclear Inductions. US Pat. Nr. 2561489. Sp. 1.

180 Dies., ebd.

wird in der Empfängerspule eine sich verändernde Spannung induziert. Die Modulierung erfolgte bei konstanter Radiofrequenz durch ein variables äußeres Magnetfeld, da damals eine elektronische Veränderung der eingestrahlten Radiofrequenz zu aufwändig war. Ein Signal entsteht in der Empfängerspule, sobald die eingestrahlte Frequenz der Larmorfrequenz des Kernes entspricht. Der Darstellungsstil im Patent gleicht einem Lehrbuch zur grundlegenden Einführung in das Thema; besonders die fast völlige Abwesenheit mathematischer Formulierungen fällt aber im Vergleich mit der wissenschaftlichen Publikation auf. Nach der Theorie werden die einzelnen Bauteile des Instruments und ihre Funktion erklärt, begleitet von einer schematischen Abbildung:

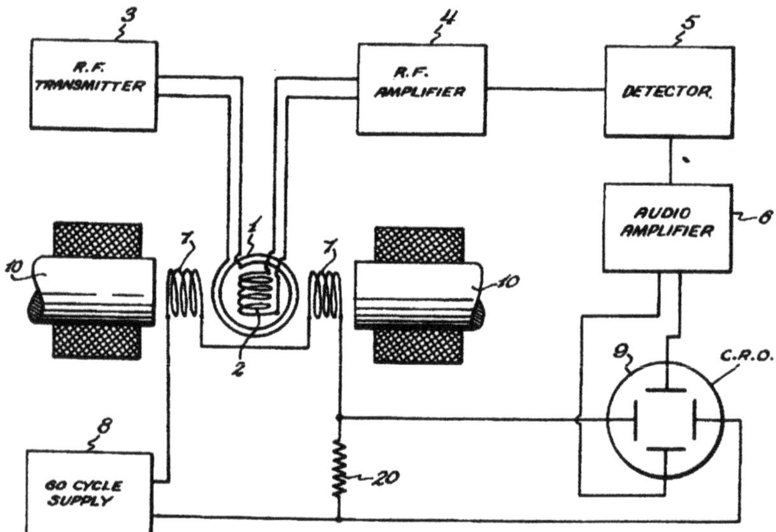

Abb. 16: Felix Bloch, William W. Hansen, Method and Means for Chemical Analysis by Nuclear Inductions. US Pat. Nr. 2561489, 1946.

1 ist die anregende Spule, 2 die orthogonal dazu und senkrecht zum Magnetfeld orientierte Empfängerspule deren Spannung verstärkt und auf dem rechts unten angedeuteten Oszilloskop registriert wird. 7 sind die Sweep-Spulen, welche das Feld des großen Magneten zyklisch variierten. Über das Spannungsmaximum an der Empfängerspule kann das magnetische Moment des gemessenen Kernes bestimmt werden. Ist das magnetische Moment bekannt, kann

aus der Messung ebenso die Feldstärke des äußeren Magnetfeldes ermittelt werden.[181] Damit ist entgegen dem Titel des Patents die Funktion des Instruments als physikalisches Magnetfeldmessgerät und nicht als chemisches Analyseninstrument dargelegt. Der beschreibende Teil endet nach Literaturhinweisen mit einem Passus, der deutlich macht, wie begrenzt das Wissen über die Anwendungsmöglichkeiten der Methode noch war:[182]

> Since many changes could be made in this above construction and many apparently widely different embodiments of this invention could be made without departing from the scope thereof, it is intended that all matter contained in the above description or shown in the accompanying drawings shall be interpreted as illustrative and not in a limiting sense.

Eine derart allgemeine Aussage bietet keinerlei erweiterten Patentschutz, unterstreicht daher eher nach Außen hin die Bedeutung der Methode und geht weit über die damals übliche Patentstrategie hinaus, möglichst breite Ansprüche abzudecken. Abschließend folgen, nun wieder patentüblich, die zusammengefassten, mit dem Patent verbundenen Ansprüche, insgesamt nicht weniger als 41 – eine ungewöhnlich große Zahl, die noch einmal die Darstellung des NMR-Apparats als generisch unterstreicht. Wie schon zuvor werden die Einzelheiten des Verfahrens und die Möglichkeiten zur Bestimmung der physikalischen Größen Resonanzfrequenz oder Magnetfeldstärke genauer aufgeführt, der Einsatz zur chemischen Analyse bleibt dagegen vage und auf die qualitative Identifizierung und quantitative Messung bestimmter Arten von Atomkernen beschränkt. Insgesamt sollte das Patent also nicht nur eine bestimmte Erfindung schützen, sondern eher im Stile einer wissenschaftlichen Publikation die zukünftige Bedeutung der Methode vorstellen und hervorheben. Das Patent wurde wegen fehlender finanzieller Rücklagen nur in den USA beantragt.[183] Es erschien wohl als ausreichend, denn die NMR-Interessierten konzentrierten sich weitgehend in den USA und die ertragreichen Anwendungen der NMR in der chemischen Analyse waren noch gar nicht absehbar. Der Ingenieur Ralph Kane bemerkte dazu, dass Varian Associates zwar NMR hatte, aber noch nicht genau wusste, was damit anzufangen wäre, Russell Varian aber überzeugt davon war, Anwendungen für das neue Verfahren zu finden.[184]

Das von Russell Varian weitergetriebene Instrumentenprojekt sammelte zunächst wertvolle Erfahrungen mit der damals naheliegendsten Anwendung, für die Bloch ja auch ursprünglich das NMR-Experiment in Angriff genommen

181 Dies., ebd., Sp. 12.

182 Dies., ebd.

183 Varian Associates (Hg.), Varian Associates: An Early History (1958), S.9.

184 Kane, Interview geführt im November 1989 von Sharon Mercer, S.6.

hatte: die Firma konstruierte NMR-Magnetometer, bei denen die mit den üblichen Induktionsspulen nur ungenau messbaren Magnetfeldstärken[185] exakt über die Resonanzfrequenz eines Kernes mit bekanntem magnetischen Moment bestimmt wurden. Dabei wurden zunächst die Kerne in einem starken Magnetfeld ausgerichtet, dann dieses Feld ausgeschaltet und die Larmorfrequenz im schwachen Feld gemessen. Das National Bureau of Standards unternahm zudem 1950 Präzisionsmessungen der Protonenlarmorfrequenzen.[186] Mit dem ergänzenden technischen System aus Normdaten und den über Sender ausgestrahlten Standardfrequenzen konnten Magnetfeldstärken überall sehr präzise gemessen werden. Das entsprechende Patent war schon im Oktober 1948 von Russell Varian für die neue Firma Varian Associates eingereicht worden. Da U-Boote auch über ihr Magnetfeld geortet werden können, waren Entwicklungsaufträge des Militärs zu erwarten:[187]

> The objects of the invention are: to correlate magnetic fields and nuclear precession rates; to measure weak magnetic fields and nuclear precession rates; to measure weak magnetic fields with high accurcy; to measure the magnetic effects of currents circulating in the earth; to measure the susceptibility of the earth to artificially generated magnetic fields; to measure magnetic fields spontaneously generated within the earth; to locate magnetic objects under water or under land; to give warning of the approach of craft constructed of ferro-magnetic materials; to detect the presence of chemical elements in a sample of matter.

Das generische Arbeitsprinzip blieb unverändert, daher wurden die ausführlichen theoretischen Erklärungen wörtlich vom ersten Patent übernommen.[188] Auf der Basis dieses Patents von 1948 wurde bei Varian mit finanzieller Unterstützung des ONR ein Fluxmeter als erstes NMR-Instrument der Firma gebaut, was die Möglichkeit nachwies, praktisch anwendbare Geräte auf Basis der NMR zu konstruieren.[189] Weitere Ideen für Einsatzmöglichkeiten führten dazu, dass in

185 Varian hatte selbst ein derartiges Gerät konstruiert, vgl. Abb. 15.

186 Auch der NMR Pionier Francis Bitter am MIT war an den Messungen beteiligt. Norman Ramsey schlug die Kernresonanz des Wasserstoffmoleküls als Referenz vor. Driscoll, Hipple, Thomas, "Measurement of the Proton Moment" (1950). Vgl. Reinhardt, Shifting and Rearranging (2006), S.57-58.

187 Varian Associates, Method and Means for Correlating Nuclear Properties of Atoms and Magnetic Fields. US Pat.-Nr.2561490. Sp.1.

188 Bloch, Hansen, Method and Means for Chemical Analysis by Nuclear Inductions. US Pat. Nr. 2561489. Sp. 1-6; Varian Associates, Method and Means for Correlating Nuclear Properties of Atoms and Magnetic Fields. US Pat.-Nr.2561490. Sp. 1-5.

189 Packard, Interview, geführt am 7. und 12. Dezember 1989 von Sharon Mercer, S.15 und S.18; Varian, The Inventor and the Pilot (1983), S.280.

den 1950ern und 1960ern eine Reihe von Magnetometern angeboten wurde,[190] vor allem zur geophysikalischen Messung des Erdmagnetfeldes, zur quantitativen Analyse und besonders für die Exploration von Bodenschätzen (NML), ein Bereich, in dem Russell Varian schon Erfahrungen gesammelt hatte. Nachdem ein derartiges Instrument für Raketentests und den Vanguard Satelliten verkleinert worden war, gab es 1958 auch eine tragbare Version.[191] Im Stile eines Research Technologist suchte Russell Varian für NMR möglichst viele Anwendungen in unterschiedlichen Bereichen und seine Firma Varian Associates versuchte, die Innovation zu vollenden, d.h. die entsprechenden Instrumente zu entwickeln und in die neuen Anwendungsbereiche einzubetten. Ökonomische Überlegungen standen dabei nicht im Vordergrund denn der Bedarf für solche völlig neuartigen Geräte war schwer absehbar, die Entwicklung war riskant und oft wenig lohnend. So wurden die Magnetometer zu teuer produziert und nur schleppend verkauft. Der Bedarf nach so exakt arbeitenden Magnetometern blieb auf wenige Anwender beschränkt.[192]

Die Entwicklung substanzanalytischer NMR-Instrumente fand dagegen ab 1946 zunächst vor allem bei den akademischen Physikern statt. In Stanford baute Hansen unmittelbar nach dem ersten erfolgreichen Experiment Kupferbleche in den Probenkopf ein, um die nur sehr schwer zu kontrollierende Wechselwirkung zwischen Sender- und Empfängerspule apparativ zu steuern und damit das Instrument zu stabilisieren.[193] Das Signal konnte so leichter auf dem Schirm des Oszilloskops gehalten werden, was Messungen erleichterte, welche die Daten I.I. Rabis für die gyromagnetische Konstante der Wasserprotonen bestätigten und die ersten zuverlässigen Werte für die Relaxationszeiten ergaben.[194] Weitere Instrumentenverbesserungen ermöglichten dann in ähnlicher Weise immer genauere physikalische Messungen.

---

190 Varian Associates, Apparatus and Method for Identifying Substances. Erfinder: Russell H. Varian. US Pat-Nr. 3395337; Varian Associates, Gradiometer. Erfinder: Russell H. Varian. US Pat-Nr. 2929018; Varian Associates, Magnetoabsorption Fluxmeter and Gradiometer. Erfinder: William E. Bell. US Pat-Nr. 2975360; Varian Associates, Ground Liquid Prospecting Method and Apparatus. Erfinder: Russell H. Varian. US Pat-Nr. 3019383; Varian Associates, Nuclear Induction Fluxmeter and Magnet Control Apparatus. Erfinder: B.V. Fowler. US Pat-Nr. 3081428.

191 Varian, The Inventor and the Pilot (1983), S.282-283; Packard, "The Varian Story", Vortragsmanuskript 1980, S.12-13.

192 Vgl. dazu Packard, Interview geführt am 7. und 12. Dezember 1989 von Sharon Mercer, S.23-25, S.28-29; Kane Interview geführt im November 1989 von Sharon Mercer, S.6-7 und S.18-21.

193 Packard, "Nuclear Induction at Stanford and the Transition to Varian" (1996), S.517. Diese Modifikation ist bereits im Patent von 1946 enthalten.

194 Bloch, "Opening Lecture" (1972), S.4.

Auch wenn Bloch andere Anwendungen wahrnahm, führte er sein eigenes Forschungsprogramm fort, in welchem er magnetische Momente von Kernen und Kernteilchen möglichst exakt messen wollte,[195] um sie vergleichen zu können. Weiter wollte er die Relaxationszeiten näher untersuchen, die es theoretisch erlauben sollten, bei hinreichend konstantem Magnetfeld die Signalschärfe auf die Größenordnung von einem Hertz zu verbessern. Mit der Schärfe stieg auch die Intensität des Signals und Bloch wollte ein auf das Protonensignal als Referenz normiertes System von exakten Messdaten kernmagnetischer Momente erstellen lassen. Aber nur mit extremer Genauigkeit konnte eine solche Norm erfolgreich etabliert werden. Um das Magnetfeld besser zu homogenisieren, konstruierte Hansen einen neuen Magneten, und Modifikationen wie Shimspulen wurden erstmals eingeführt,[196] das sind an den Polkappen des Magneten angebrachte elektrische Spulen, mit denen die Homogenität des Magnetfeldes bei Bedarf eingeregelt werden konnte. Vor allem Martin Packard war damit beauftragt, die notwendigen instrumentellen Voraussetzungen für die Präzisionsmessungen zu schaffen. Bereits 1948 entwarf er das Konzept, das Magnetfeld und die Messfrequenz nicht getrennt konstant zu halten, sondern über einen Regelkreis zu verbinden, der das Verhältnis der beiden konstant hielt.[197] Dieser sogenannte Feld-Frequenz Lock wurde erst 13 Jahre später bei kommerziellen Instrumenten eingeführt. Packard hatte ab 1942 als Ingenieur in der Forschungsabteilung von Westinghouse an Bauteilen für Radargeräte gearbeitet, 1945 wurde er an das Lawrence Radiation Laboratory in Berkeley versetzt, wo er Massenspektrometer für das Manhattan Projekt konstruierte.[198] Durch die Vermittlung seines Vorgesetzten bei Westinghouse, Daniel Alpert, kam er im Herbst 1945 als Doktorand zu Bloch nach Stanford. Hansen war Alperts Professor in Stanford gewesen und dieser kannte daher auch Bloch.[199] Das Thema von Packards 1949 abgeschlossener Doktorarbeit war die 1945 nur als Idee und in den theoretisch erarbeiteten Blochschen Gleichungen vorhandene NMR.

Neben technischem und theoretischem Wissen bedurfte es auch finanzieller Ressourcen. Das erste NMR-Experiment in Stanford war noch relativ billig,

195 Packard, Interview geführt am 7. und 12. Dezember 1989 von Sharon Mercer, S.6; Packard, "Nuclear Induction at Stanford and the Transition to Varian" (1996), S.518-519.

196 Packard, "The Varian Story", Vortragsmanuskript 1980, S.13. Der Name kommt von kleinen Metallplättchen (Shims), durch deren Anbringen am Polschuh man zuvor versucht hatte das Magnetfeld homogener zu machen.

197 Packard, "A Proton-Controlled Magnetic Field Regulator," (1948).

198 Packard, Interview geführt am 7. und 12. Dezember 1989 von Sharon Mercer, S.1-3.

199 Packard, "Nuclear Induction at Stanford and the Transition to Varian" (1996), S.516-525, hier S.517-518.

nutzte bereits vorhandene Apparaturen und konnte daher durch die Universität finanziert werden. Dies änderte sich schnell. Mit den höheren Ansprüchen an die Präzision und die Messungen von kernmagnetischen Momenten wurden erst durch Fördermittel und Aufträge der Atomic Energy Commission (AEC), vor allem aber des ONR[200] ermöglicht. Bloch konnte mit diesen Mitteln eine ganze Arbeitsgruppe aufbauen. Viele neue Prinzipien zur Verbesserung des Messverfahrens wurden dort entwickelt. David H. Garber entwarf bei Bloch eine fotografische Technik,[201] mit der das Rauschen der Oszilloskopsignale durch Mittelwertbildung der einzelnen Modulationsdurchgänge (Sweeps) des Magnetfeldes verringert wurde. Das Prinzip wurde aber erst mit den digitalen Computern in die kommerzielle NMR-Technik eingeführt. Elliot Levinthal hatte in seiner Doktorarbeit bei Bloch in Stanford analog zu den von Bloch und Packard ausgeführten Messungen des Tritiumkerns in Los Alamos 1947[202] das magnetische Moment des Deuteriumkernes relativ zu dem des Protons gemessen und dabei schon eine interne Referenz verwendet, die mit einer zweiten, parallel eingesetzten Radiowellenstrahlung angeregt und in einem gekoppelten Doppelschwingkreis detektiert wurde. Damit waren bereits Grundzüge der Doppelresonanzexperimente und des Lockverfahrens mit einer internen Referenz gegeben.[203] Blochs Mitarbeiter Warren Proctor, Fuchun Yu, Harry E. Weaver, Martin Packard und James T. Arnold ermittelten eine Vielzahl von kernmagnetischen Momenten, diese Arbeiten sollten dann aber in eine ganz andere Richtung führen.

---

200 Packard, "Felix Bloch. Reminiscences of a Graduate Student" (1985), S.92-93; Packard, "The Varian Story", Vortragsmanuskript 1980, S.8; Packard, "Nuclear Induction at Stanford and the Transition to Varian" (1996), S.522; Arnold, "Early Perceptions in Nuclear Magnetic Resonance (NMR)" (1996), S.193.

201 Bloch, Garber, "Nuclear Induction Proton Signals Below Noise Level from Gases at one Atmosphere" (1949). Das auf einer am 27.-29. Juni 1949 in Seattle stattfindenden Konferenz der American Physical Society vorgestellte Projekt wurde wieder vom ONR unterstützt. Zusammen mit Garber konstruierte Bloch auch einen zum Standard werdenden Probenkopf bei dem man das 15 mm Messröhrchen einschieben konnte ohne den Messvorgang zu unterbrechen.

202 Bloch und Packard waren dabei im Zuge des von der AEC geförderten Projekts für sechs Wochen in Los Alamos. Sie nahmen die schwere Messausrüstung mit, da nur in Los Alamos die Tritiumprobe zur Verfügung stand. Bloch, Graves, Packard, Spence, "Spin and Magnetic Moment of Tritium" (1947), S.373 und dies., "Relative Moments of H^1 and H^3" (1947), S.551. Vgl. Packard, "Felix Bloch. Reminiscences of a Graduate Student" (1985), S.92; ders., "Nuclear Induction at Stanford and the Transition to Varian" (1996), S.520.

203 Bloch, Levinthal, Packard, "Relative Nuclear Moments of H^1 and H^2" (1947); Packard, "Nuclear Induction at Stanford and the Transition to Varian" (1996), S.519-520.

Parallel zur NMR-Entwicklung in Stanford wurde 1948 der bereits an der Ostküste beschlossene Plan in die Tat umgesetzt und die Firma Varian Associates gegründet. Das erste Board of Directors bestand im Wesentlichen aus einem Freundeskreis um Russell Varian, der Firmenname wurde aber auch wegen der Bekanntheit des Namens im Zusammenhang mit dem Klystron gewählt. Mehr als die Hälfte der frühen Belegschaft kam aus dem Umfeld der Universität Stanford, die anderen standen über das Radarprojekt bei Sperry mit den Varians in Kontakt, wie Don Snow und Fred Salisbury, die ersten Vollzeitangestellten.[204] Die Firma wurde ein recht ungewöhnliches Unternehmen. Obwohl Russell Varian nicht durch eine bestimmte politische Partei oder Ideologie geprägt war, war er von der Idee der sozialen Gleichheit und Gerechtigkeit durchdrungen.[205] Bei Gründung des Unternehmens versuchte er vergeblich gegen finanzielle Probleme und die Widerstände einiger Kompagnons eine Art genossenschaftliche Struktur durchzusetzen, das "Associates" im Namen war nicht nur eine Formalie. Jeder Mitarbeiter, unabhängig von seiner Stellung, sollte mit einem gleichen Anteil an der Firma beteiligt sein und auch den gleichen Anteil am Profit erhalten. Kein Kapitalgeber sollte Varian Associates dominieren können. Weil mit diesem oder ähnlichen Beteiligungsmodellen das notwendige Finanzpolster nicht zusammenkam, gab Russell Varian schließlich widerstrebend die Form einer rechtlich egalitär angelegten Organisation auf.[206] Aber nur Mitarbeiter konnten zunächst Anteile an der Firma erwerben. In flachen Hierarchien sollte jeder gleich behandelt werden, seine Fähigkeiten voll einbringen können, über das gesamte Unternehmen informiert und an allen Entscheidungen beteiligt sein. Diese informelle Organisationsform, bei der die Zufriedenheit der Mitarbeiter zum ökonomischen Erfolg führen sollte, war als Gegenmodell zur Entfremdung des modernen Industriearbeiters vom Produkt seiner Arbeitsleistung gedacht. Viele der Ideen konnten aber nicht durchgesetzt werden oder wurden mit der Zeit fallen gelassen, dennoch prägten die Ansichten des Firmenpräsidenten die Firmenphilosophie.[207] Mit provisorischer Ausrüstung und nur sechs Angestellten[208] wurde der Betrieb in einem angemieteten, einfachen Gebäude in

---

204 Varian, "The Founding of Varian Associates" (1958), S.6. Insgesamt wechselten 20-30 Angestellte von Sperry zu Varian Associates, was nur einen kleinen Teil der bei Sperry mit der Röhrenentwicklung Beschäftigten ausmachte. Ginzton, Interview geführt am 26. November 1984 von A. Michael McMahon, S.7.

205 Lécuyer, Lenoir, "Instrument Makers and Discipline Builders" (1995), S.288-289.

206 Varian, The Inventor and the Pilot, (1983), S.249; Shoolery, "NMR Spectroscopy in the Beginning" (1983), S.233A.

207 Packard, Interview geführt am 7. und 12. Dezember 1989 von Sharon Mercer, S.20, S.46 und S.48-49.

208 Varian Associates (Hg.), Varian Associates: An Early History (1958), S.1.

San Carlos eröffnet.[209] Trotz unterschiedlichster Motive spielte der ökonomische Erfolg bei den Gründern eine untergeordnete Rolle. Dagegen war es allen wichtig, den assoziierten Mitgliedern die Ressourcen zur Verfügung zu stellen, um ungestört durch administrative Hierarchien und Vorschriften, die in Industrie und akademischen Laboratorien die Arbeitsfreiheit einschränken, die eigenen Forschungsinteressen bei der Erfindung und Entwicklung neuer, technisch anspruchsvoller Apparate verfolgen zu können. Die Arbeit bei Varian sollte nicht nur ökonomisch erfolgreich, sondern vor allem kreativ sein und in freundschaftlicher Kooperation Freude machen.

Russell Varian und William Hansen hatten als Vertreter der Research Technology Arbeitsvorgaben bei Sperry als einengend empfunden, die von stark technisch orientierten Forschern wie Ginzton gar nicht wahrgenommen wurden.[210] Daher wollten gerade sie als Research Technologists eine Firma, "owned and managed by scientists and engineers and the people with whom they worked."[211] Auch später formulierte Russell Varian als Firmenpräsident in der Firmenzeitschrift ähnliche Aussagen[212] und immer wieder versuchte er seine Ansichten über Firmenphilosophie, Firmenziele und Funktionen des Managements durch Leitartikel der Belegschaft zu vermitteln. Die Gründergeneration teilte weitgehend seine Vorstellungen über die ideale Organisation:[213]

> They wanted a company where everybody enjoyed doing what he was doing, and everybody was rewarded in proportion to his contribution. It was, in a sense, a socialistic attitude, where everybody should share equally, both in the work and in the benefits.

Varian Associates konnte sich aber nicht wie geplant durch reine Forschungsarbeit und Eigenkapital finanzieren. Als die Kapitaldecke für die notwendigen Investitionen nicht reichte, stellte der todkranke Hansen praktisch sein gesamtes Vermögen zur Verfügung.[214] Der Berater Hansen war als Research Technologist in der Gründungsphase eine firmenpolitische Stütze Russell Varians, aber auch

---

209 Varian, The Inventor and the Pilot (1983), S.251. Vgl. Packard, "The Varian Story", Vortragsmanuskript 1980, Fig. 4, nach S.4 und Kane, Interview geführt im November 1989 von Sharon Mercer, S.5.

210 Varian, "The Founding of Varian Associates" (1958), S.6; Lécuyer, Lenoir, "Instrument Makers and Discipline Builders" (1995), S.282-283. Ginzton kam in Garden City gut voran und leitete am Ende drei Labors. Er erwähnt nichts von den Schwierigkeiten Hansens und Varians. Ginzton, Interview geführt am 26. November 1984 von A. Michael McMahon, S.3-4.

211 William Hansen zitiert nach Varian, The Inventor and the Pilot, (1983), S.256.

212 Varian, The Inventor and the Pilot (1983), S.270.

213 Kane, Interview geführt im November 1989 von Sharon Mercer, S.17.

214 Varian, The Inventor and the Pilot (1983), S.255.

wegen seines Ansehens und seiner Erfahrungen im Mikrowellenröhrenbau wichtig. Unerwartet wurde dann die von Sigurd Varian geleitete Abteilung für die Entwicklung und Produktion von Klystron Röhren, für die eine Lizenz von Sperry erworben werden musste, durch militärische Entwicklungs- und Produktionsaufträge des ONR das finanzielle Standbein des jungen Unternehmens.[215] Trotz der Konkurrenz großer Industrieunternehmen ermöglichte es die in den USA zu Beginn des Kalten Krieges intensivierte staatliche Förderung von naturwissenschaftlichen und technischen Forschungsprojekten in Industrie und akademischen Einrichtungen dem Unternehmen, sich mit dem Klystron Geschäft eine solide ökonomische Basis zu erarbeiten. Das Umfeld von privatem Unternehmen, Universität und militärischer Förderung in der Klystronentwicklung glich dem der NMR bis hin zu weitgehenden personellen Überschneidungen,[216] so konnten Universitätsangehörige wie Edward Ginzton und Marvin Chodorov, die bereits als Mitglieder des Technical Advisory Committees das Board of Directors bei Varian beraten hatten, mit der Zeit problemlos in das Unternehmen wechseln.[217] Die Röhrenentwicklung war aber im Gegensatz zur NMR industriell etabliert und genau auf einen bestehenden Bedarf ausgerichtet. Dank der reichlich fließenden Militärgelder wurde bald eine enorme Bandbreite von Klystron-Röhren für die verschiedensten Zwecke wie Raketensteuerung oder Telekommunikation gebaut, das Gros der 1950 bereits ca. 100 Angestellten arbeitete in diesem Bereich, und noch 1980 machten Mikrowellenröhren 43% des Umsatzes von Varian Associates aus.[218] Wegen der intensiven Beziehungen zur Universität Stanford war es naheliegend, dass die Firma ihr neues Gebäude im späteren Stanford Industrial Park in Palo Alto errichtete und 1952 dort einzog. Zu dieser Zeit hatte sie schon mehr als 200 Angestellte, daher fanden nur die Entwicklungs- und Verwaltungsabteilungen dort Platz und die Röhrenproduktion musste bis 1957 in San Carlos bleiben.[219]

---

215 Varian, "The Founding of Varian Associates" (1958), S.6-7.

216 So konstruierte Hansens Mikrowellenlabor in Stanford neue Klystron Sender und wurde vom Militär, welches die Röhren für das Radar einsetzen wollte, dazu angeregt eine Lizenz an Varian Associates zu vergeben. Ginzton, Interview geführt am 26. November 1984 von A. Michael McMahon, S.8.

217 Chodorow, Interview geführt am 27. November 1984 von A. Michael McMahon. Ginzton (1906-1998) wurde 1959 Präsident des Board of Directors bei Varian, blieb aber auch bis 1968 Professor in Stanford, allerdings mit reduzierter Lehrverpflichtung, die er bereits seit 1953 wegen seiner Managementtätigkeit für die Teilchenbeschleuniger zugestanden bekam. Ginzton, Interview geführt am 26. November 1984 von A. Michael McMahon, S.7-8.

218 Packard, "The Varian Story", Vortragsmanuskript 1980, S.4-5 und 10-11.

219 Varian, The Inventor and the Pilot (1983), S.259-261.

Russell Varians Interesse galt aber vor allem dem mit der Instrumentenentwicklung beschäftigten Firmenbereich. Mit der Anstellung des Forschungsdirektors Elliott Levinthal, der bei Bloch über die Messung des magnetischen Momentes des Deuteriumkernes promoviert hatte, und Emery Rogers, mit analogen Messungen des Neutrons ebenfalls in Stanford promoviert, begann sich 1949 die NMR-Abteilung zu entwickeln. Dazu stießen bereits im selben Jahr Ralph Kane, zuvor Radaringenieur bei der Sperry Corporation, wo er von Ginzton in die Entwicklungsabteilung übernommen worden war,[220] und 1951 Martin Packard, der seine maximale Beschäftigungszeit in Stanford erreicht hatte und nun von Kane angeheuert wurde, um in einem vom ONR geförderten – erfolglosem – Projekt NMR als Radarfilter einzusetzen.[221] Im Gegensatz zur NMR-Abteilung Blochs in Stanford standen bei Varian Physiker und Ingenieure in enger Kooperation und pflegten auch privat freundschaftliche Kontakte.[222] Die Gruppen in Stanford und bei Varian hatten unterschiedliche Ziele, hier die Durchführung spezifisch physikalischer Präzisionsmessungen, da die Konstruktion vielfältig einsetzbarer Instrumente; beide verfolgten aber ein gemeinsames Programm zur Stabilisierung und Verbesserung der NMR-Messtechnik. So arbeitete Emery Rogers bei Bloch wie auch bei Varian an verbesserten Elektromagneten.[223] Die Firmenkultur bei Varian, die räumliche Nähe und persönliche Beziehungen erleichterten den Wechsel zu Varian, den noch weitere Mitarbeiter Blochs wie James T. Arnold und Weston Anderson vollzogen. Derart enge Kooperationen zwischen dem Instrumentenbauer Varian und den benachbarten Universitätslaboratorien in Stanford begannen das bestimmende NMR-Zentrum der 1950er Jahre zu bilden. Es gab eine recht kleine, aber aktive Gruppe bei Varian, deren Wissen zunächst aus den Labors Blochs und Hansens stammte, die aber dann auch in der Lage war, mit dem stark auf die Forschungstätigkeit orientierten Umfeld bei Varian Associates andere Wissenschaftler anzuziehen.[224] Man suchte neue instrumentelle Lösungen und setzte sie schnell in Instrumente um. Die AEC orderte das erste kommerzielle NMR-Laborinstrument mit noch recht verschwommenen Leistungsvorstellungen. 1950 war dieses weitgehend improvisierte erste kommerzielle NMR-Spektrometer fertig gestellt und wurde

220 Kane, Interview geführt im November 1989 von Sharon Mercer, S.2-4.

221 Packard, "The Varian Story", Vortragsmanuskript 1980, S.8; Packard, "Nuclear Induction at Stanford and the Transition to Varian" (1996), S.523.

222 Kane, Interview geführt im November 1989 von Sharon Mercer, S.16.

223 Z.B. Varian Associates, Electromagnet with Adjustable Air Gap. Erfinder: Ralph W. Kane, Forrest A. Nelson, Emery H. Rogers. US Pat-Nr. 3150295.

224 So überzeugte Russell Varian 1950 in einem Gespräch auf einer Instrumentenmesse den Ingenieur Forrest Nelson davon zu Varian Associates zu wechseln. Packard, "The Varian Story", Vortragsmanuskript 1980, S.8.

nach Oak Ridge geliefert. Dort hatte man keine konkrete Verwendungsmöglichkeit und das noch nicht hinreichend eingebettete Instrument wurde daher wohl nicht viel benutzt.[225] Verbesserte, empfindlichere Typen, mit denen Varian das Feld beherrschte, folgten 1952 und 1954.[226]

Die frühe Unternehmenskultur Varian Associates‘ war geprägt durch flache Hierarchien und einen eher an akademischen Idealen orientierten Forschungsstil. Kommerzieller Erfolg war nicht das entscheidende Kriterium, sondern die Konstruktion zuverlässiger, stabiler Instrumente für den möglichst breiten wissenschaftlichen und technischen Gebrauch. Varian Associates musste daher über zehn Jahre Geld in die NMR investieren, das entweder aus den Überschüssen des Klystron-Geschäftes oder aus militärischen Förderprogrammen stammte. Die nicht an einem konkret geäußerten Bedarf orientierte Strategie beinhaltete zwangsläufig auch die Aufgabe, einen Markt für die entstandenen Instrumente zu schaffen. Triebkraft war dabei nicht die industrielle Großproduktion von Instrumenten, sondern eine am persönlichen Interesse der Wissenschaftler-Unternehmer oder Research Technologists ausgerichtete Tätigkeit, die es allen Beteiligten ermöglichen sollte ihre Kreativität auszuleben.[227] Die Stellung zwischen Ökonomie, Wissenschaft und Technik, sowie das Interesse an neuen Messinstrumenten, die in verschiedene disziplinäre Bereiche eingeführt werden sollten, rechtfertigen die Interpretation, dass Varian Associates in seiner Gründungsphase eine Institution war, die für Research Technology geschaffen wurde. Daher suchte Russell Varian schon vor der Firmengründung nach Anwendungen für die NMR und glaubte bereits in einer Phase chemisch-analytische Möglichkeiten der Methode zu sehen, als so etwas noch keine großartigen Aussichten hatte, oder gerade, weil es diese noch nicht gab. Die Situation änderte sich grundlegend mit zwei experimentellen Beobachtungen, die 1949 bis 1951 bekannt wurden.

2.3. Ein neues Verfahren der Strukturaufklärung

Die zur Steigerung der Präzision eingeleiteten instrumententechnischen Verbesserungen führten zu neuen unerwarteten Phänomenen – zumindest in der gemessenen Größenordnung.[228] Sie zeigten, dass die zunächst registrierte breite

225 Kane, Interview geführt im November 1989 von Sharon Mercer, S.5-6.

226 Varian, The Inventor and the Pilot (1983), S.281.

227 Eine ähnliche Haltung scheint auch bei Baird im Osten vorgeherrscht zu haben. Baird, "Histories of Baird Associates"(2002), S.134-135.

228 Der schwedische Quantenphysiker Ivar Waller (1898–1991), den Bloch und auch Hansen persönlich kannten, hatte schon in den 1930er Jahren theoretisch eine gegenseitige Beeinflussung der Elektronenspins in Kristallen postuliert. Damit waren im Prinzip

Form der Signale häufig durch die schlechte Homogenität des Magnetfeldes verursacht wurde. Mit den neuen Möglichkeiten konnten bei flüssigen Proben viel schärfere Signale erhalten werden, weil dort die signalverbreiternden Dipol-Dipol Wechselwirkungen der Moleküle durch thermische Bewegung statistisch ausgemittelt werden, was Bloch zunächst theoretisch nicht in Betracht gezogen hatte. Weitere Versuche, die NMR zu einer quantitativ möglichst exakten atomphysikalischen Messmethode auszubauen, führten erneut zu unerwarteten, aber aus Sicht der Physiker nun eher enttäuschenden Ergebnissen, denn 1949-1950 wurde durch wiederum parallel durchgeführte Experimente verschiedener Arbeitsgruppen klar,[229] dass die Messwerte in mehrfacher Hinsicht von der chemischen Umgebung der Kerne abhängen. Das bedeutet z.B., die Wasserstoffkerne im Wasser haben bei gleichem Magnetfeld prinzipiell eine andere Resonanzfrequenz als die Wasserstoffkerne im Paraffin. Diese chemischen "Schmutzeffekte" machten genaue physikalische Messungen der magnetischen Daten von Atomkernen in organischen Molekülen kompliziert und praktisch undurchführbar, eröffneten aber der NMR den Weg in die Chemie.

Warren Proctor studierte Physik in Stanford und hörte dort im Institutskolloquium Vorträge Blochs und Packards über die ersten NMR-Messungen. 1947 fragte Hansen bei Proctor an, ob er als Doktorarbeit ein bereits begonnenes NMR-Instrument zur rationellen, automatisierten Messung kernmagnetischer Momente fertig konstruieren wollte. Der Magnet des Instruments war nach einer Vorlage aus dem MIT von Russell Varian gebaut worden.[230] Da diese Vorarbeiten aber wenig brauchbar erschienen, entwarf Proctor dieses mit einem uhrwerkgesteuertem Frequenzsweep und Spektrenschreiber ausgestattete Instrument neu,[231] dabei orientierte er sich bei der für die Messung mit schmaler

---

auch die chemische Verschiebung und die Spin-Spin-Wechselwirkungen vorgedacht. Allerdings spielte das bei der ersten Messung der NMR keine Rolle. Mattson, Simon, The pioneers of NMR (1996), S.205 und S.437.

229 Knight, "Nuclear Magnetic Resonance Shift in Metals" (1949); Proctor, Yu, "The Dependence of a Nuclear Magnetic Resonance Frequency upon Chemical Compound" (1950); Dickinson, "Dependence of the ^{19}F Nuclear Resonance Position on Chemical Compound" (1950).

230 Proctor, Reminiscences of the Early Days of Nuclear Magnetic Resonance at Stanford University, ca. 1967, hg. und transkribiert von Stanislav Sýkora, 2005; Proctor, "When You and I were Young, Magnet" (1996), S.549.

231 Der Sweep ist die langsame Modulation des Magnetfeldes während einer Messung, die dank der Aufzeichnung mit dem Schreiber und der Konstanz des mit Wasser thermostatisierten Magneten nun auch über Nacht laufen konnte. Die langsame Messung verbesserte das Signal/Rauschverhältnis. Erst 1951 wurde ein NMR Instrument am CalTech erstmals mit einem Schreiber ausgestattet. Waugh, "NMR Spectroscopy in Solids. A Historical Perspective" (1993), S.725A-727A.

Bandbreite ausgelegten Elektronik an einem von Robert Pound in Harvard konstruierten Instrument.[232]

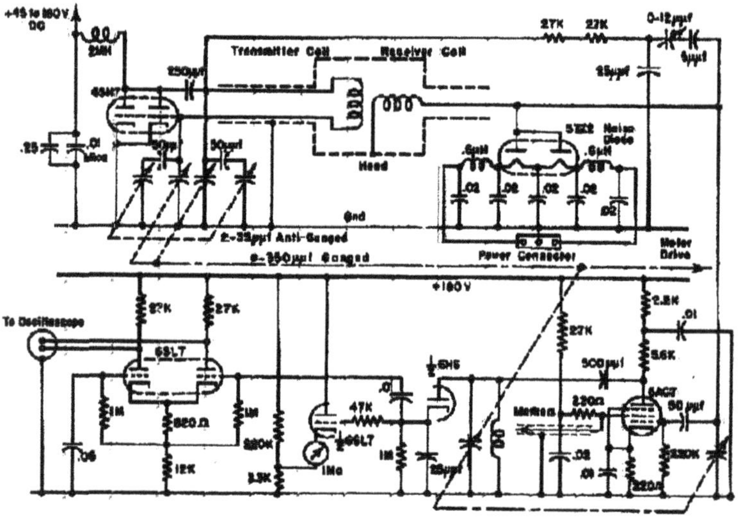

Abb. 17: *Sender- und Empfängerschaltkreis des von Warren Proctor konstruierten Spektrometers, 1950.*

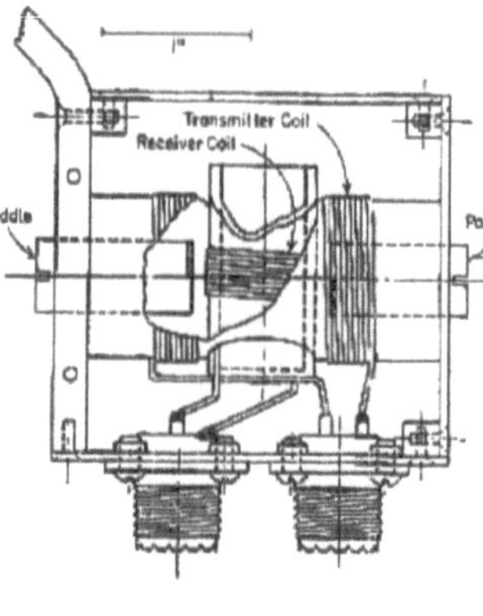

Abb. 18: *Der Probenkopf dieses Spektrometers.*

232 Proctor, "When You and I were Young, Magnet" (1996), S.549-550. Beschreibung des Instruments in Proctor, "On the Magnetic Moments of Tl^{203}, Tl^{205}, Sn^{115}, Sn^{117}, Sn^{119}, Cd^{111}, Cd^{113}, and Pb^{207}" (1950).

Über ein Locksignal konnte das bestmögliche Signal-Rauschverhältnis eingeregelt werden, und die Suche nach dem Messsignal war sowohl durch Verändern der Feldstärke des wassergekühlten Elektromagneten als auch der Sendefrequenz möglich. Das Instrument war flexibel, vereinte den damaligen apparativen Wissensstand und wurde in der Publikation bis in technische Details hinein den interessierten Wissenschaftlern zugänglich gemacht. Proctor wies darauf hin, wie der gegenseitige Kontakt die auf der Basis zweier ganz unterschiedlicher Konzepte erfundene NMR zunehmend apparativ vereinheitlichte und für den Gebrauch in der Molekülspektroskopie stabilisierte:[233]

> Through mutual exchange of experience and parallel improvements, the originally rather different techniques employed at Harvard and Stanford have now developed to a point at which they are similar in many respects.

Dann weist er aber auch dezidiert auf den größten technischen Unterschied hin, die Ein-Spulen Anordnung im Probenkopf in Harvard gegenüber der Zwei-Spulen Anordnung in Stanford, die Proctor weiter verwendete, aus Tradition und da sie direktere Messungen der kernmagnetischen Momente erlaubte. Auf Initiative Blochs blieb Proctor nach seiner Dissertation bei Hansen in Stanford, um in der Arbeitsgruppe Blochs zusammen mit Fuchun Yu[234] kernmagnetische Momente verschiedener Isotope mit einem verbesserten Instrument zu bestimmen.[235] Zur Präzisionsmessung der Daten von ^{14}N Kernen verwendeten Proctor und Yu Ammoniumnitrat (NH_4NO_3) weil es gut löslich ist und der hohe Stickstoffanteil intensive Signale versprach. Zu ihrer Verwunderung registrierten sie statt einem zwei Signale.[236] Eine der möglichen Ursachen war die unterschiedliche chemische Umgebung des Stickstoffes im Ammonium und im Nitrat. Auch wenn schon zuvor vereinzelt theoretische Überlegungen zum Ergebnis gekommen waren die Valenzelektronen würden das Magnetfeld der Atomkerne in

233 Ders., ebd., S.35.

234 Der Physiker Fuchun Yu (1914-2003) studierte in Beijing, verließ unter der japanischen Besatzung die Stadt und arbeitete als Kernphysiker an der freien chinesischen Universität in Kunming nahe der Burmesischen Grenze. Er verließ 1946 Nationalchina in Richtung USA, wo er sich 1949 an der Ohio State University promovierte. Dann wechselte er nach Stanford. 1951 kehrte er an die Universität Peking zurück, nun in der Volksrepublik China, und war dort bis 1990 wissenschaftlich einflussreicher Professor für Physik und führte viele neue experimentelle Methoden ein. Anonym, "The Life of Professor Fuchun Yu. Biography of a Great Physicist and Co-Discoverer of NMR Chemical Shifts".

235 Bloch, "Opening Lecture" (1972), S.6. Das visionäre Projekt des inzwischen verstorbenen Hansen einer vollautomatischen Messung verfolgte Bloch nicht weiter.

236 Proctor, Yu, "The Dependence of a Nuclear Magnetic Resonance Frequency upon Chemical Compounds" (1950).

chemischen Verbindungen abschirmen, war zumindest die Größenordnung des Effekts völlig unerwartet und eine herbe Enttäuschung für die Physiker. Zudem hatte wieder einmal fast gleichzeitig Walter Dickinson am MIT ein analoges Phänomen bei Fluorverbindungen gemessen[237] und es wurde von Gunnar Lindström auch bei Wasserstoffkernen nachgewiesen.[238] Der als chemische Verschiebung bekannte, generell auftretende Effekt drohte das Messverfahren für kernmagnetische Momente von Isotopen zu destabilisieren.[239]

Weites Aufsehen erlangte die chemische Verschiebung aber erst durch die NMR-Messungen von Blochs Laborassistenten Martin Packard, dem Postdoc Shrinvas S. Dharmatti[240] und dem Promotionsstudenten James T. Arnold[241] im Jahr 1950. Besonders interessant für die chemische Strukturaufklärung war die

---

237 Dickinson, "Dependence of the F^{19} Nuclear Resonance Position on Chemical Compound" (1950). Nach den Angaben in seinen Publikationen arbeitete Dickinson später in Los Alamos und am Lawrence Radiaton Laboratory in Berkeley.

238 Lindström, "An Experimental Investigation of the Nuclear Magnetic Moments of D^2 and H^1" (1950). Gunnar Lindström begann zusammen mit Kai Siegbahn vom Nobel Institut in Stockholm bereits 1949 mit NMR zu arbeiten. Ähnlich wie Bloch und Purcell entwickelte der Atomphysiker Siegbahn, Nobelpreisträger für Physik 1981, spektroskopische Methoden, um zu besseren Daten zu gelangen. Er arbeitete auch mit seinem Vater, dem Physiker und Spektroskopiker Karl Manne Georg Siegbahn, der den Nobelpreis 1924 für seine röntgenspektroskopischen Arbeiten erhielt, aber auch an der Konstruktion eines schwedischen Elektronenmikroskops (nach Siegbahn-Schönander) beteiligt war. Aus dieser schwedischen NMR-Gruppe ging zudem Eric Odeblad hervor, der bereits 1956 mit NMR an lebenden Zellen, dann auch an lebendem Gewebe experimentierte und als früher Vorläufer des Magnetic Resonance Imaging (vgl. Kap. 6) gesehen werden kann. Auch in Schweden lässt sich die charakteristische Einbettung und Ausrichtung der NMR Entwicklung in ihren Phasen finden. Karlsson, Siegbahn, "Introduction to Kai Siegbahn's Memorial Issue" (2009), hier S.3; Bhar, Lindström, Odeblad, "Proton Magnetic Resonance of Human Red Blood Cells in Heavy-Water Exchange Experiments," (1956); Atterling, "Karl Manne Georg Siegbahn. 3 December 1886 – 24 September 1978" (1991), hier S.14 und S.16.

239 Der sogenannte Knight Shift, die schon ein Jahr zuvor gemessene Verschiebung des magnetischen Moments von Kernen in metallischer Umgebung war im Gegensatz dazu bei Messungen leicht zu umgehen und wurde dem Elektronenspin der Leitungselektronen, nicht den Orbitaleigenschaften zugeschrieben. Knight, "Nuclear Magnetic Resonance Shift in Metals" (1949).

240 Der Chemiker Dharmatti kam vom durch einen Industriekonzern in Bombay eingerichteten Tata Institut und war mit einem Reisestipendium als Postdoc in Kalifornien, zunächst am Caltech dann in Stanford.

241 Arnold half Packard zunächst bei praktischer Laborarbeit "mit Schraubenzieher und Lötkolben". Dann wurde er in das NMR Team Blochs aufgenommen. Er promovierte 1954 bei Bloch. Arnold, "Early Perceptions in Nuclear Magnetic Resonance (NMR)" (1996), S.192.

Protonenresonanzspektroskopie (^{1}H NMR), da in fast allen organischen Verbindungen Wasserstoff vorhanden ist und als "Sonde" dienen kann. Zudem gab der Wasserstoff das intensivste Absorptionssignal und war gerade mit den leistungsschwachen frühen Instrumenten gut zu detektieren. Die Experimente begannen sich zunehmend auf wasserstoffhaltige Moleküle zu verlagern, so machte der Chemiker Dharmatti den Vorschlag, eine Eisessigprobe zur Kontrolle des Magnetfeldes zu verwenden, um quasi nebenbei die Protonenresonanzen einer organischen Verbindung zu sehen.[242] Da die erwartete Verschiebung im Millionstelbereich des äußeren Feldes liegt, die Messtechnik damals aber noch nicht sehr stabil war und nur kleine Probenmengen verwendet werden konnten, erforderte es intensives Suchen und hohes experimentelles Geschick, um das Signal zu finden. Die Messeinrichtung war so empfindlich, dass allein das Drükken auf die beiden Seiten des Elektromagneten ausreichte, um das Signal über den Schirm des Oszilloskops wandern zu lassen, daher waren schon geringe Erschütterungen ein Problem. Gemessen wurde mit einem Elektromagneten, der eine Feldstärke von 7.000 Gauß (^{1}H Resonanzfrequenz von ca. 30 MHz) erzeugte, von Harry E. Weaver konstruiert worden war und für zehn Jahre die Basis aller hochauflösenden NMR-Magneten bei Varian bilden sollte. Die Larmorfrequenz 30 MHz wurde gewählt, weil für sie Teile aus den wohlfeilen militärischen Ersatzteillagern zur Verfügung standen.[243] Und bereits damals lenkte die präzise Ermittlung der chemischen Verschiebung die Magnetentwicklung zu möglichst hohen Feldstärken, allerdings nur um genaue Korrekturfaktoren für die gemessenen magnetischen Momente zu erhalten.[244] Die maximale Homogenität des Magnetfeldes musste vor der Messung eintariert werden, indem durch Herumschieben der Probe ein Bereich optimaler Homogenität im Magnetspalt gesucht wurde. Das Messverfahren entsprach weiter dem von Hansen, Bloch und Packard entwickelten: Der gesamte Messbereich wurde immer wieder abgefahren und das resultierende Signal wurde am Schirm des Oszilloskops dargestellt. Wegen der inzwischen gesteigerten zeitlichen Konstanz des Magnetfeldes konnte die Magnetfeldstärke nun aber langsamer moduliert werden. Da sich die Auflösung proportional zur Messgeschwindigkeit verhält, war sie entsprechend besser als beim ersten NMR-Experiment. Daher konnten die zwei relativ

---

242 Packard Interview geführt am 7. und 12. Dezember 1989 von Sharon Mercer, S.8; Arnold, "Early Perceptions in Nuclear Magnetic Resonance (NMR)" (1996), S.193.

243 Packard, "Nuclear Induction at Stanford and the Transition to Varian" (1996), S.520-521; Arnold, "Early Perceptions in Nuclear Magnetic Resonance (NMR)" (1996), S.193.

244 Packard, "The Varian Story", Vortragsmanuskript 1980, S.5-6.

schmalen Signale der Essigsäure erkannt werden.[245] Man versuchte es daraufhin mit Ethanol und anderen Alkoholen, bei denen ebenfalls die chemische Verschiebung verschiedener Protonen identifiziert wurde.[246] Diese Spektren organischer Verbindungen waren präzise genug, um erstmals die chemische Verschiebung unterschiedlicher Protonen deutlich präsentieren zu können. Beim Ethanol sah man besonders gut drei verschobene Signale, die beinahe intuitiv – und ohne eine akzeptierte physikalische Theorie des Phänomens – der klassischen chemischen Strukturbeschreibung des Moleküls zugeordnet wurden, nach der im Ethanol drei Gruppen von Wasserstoffatomen mit äquivalenter chemischer Umgebung zu finden sind: Methyl- ($-CH_3$), Methylen- ($-CH_2$) und Hydroxylprotonen (-OH).

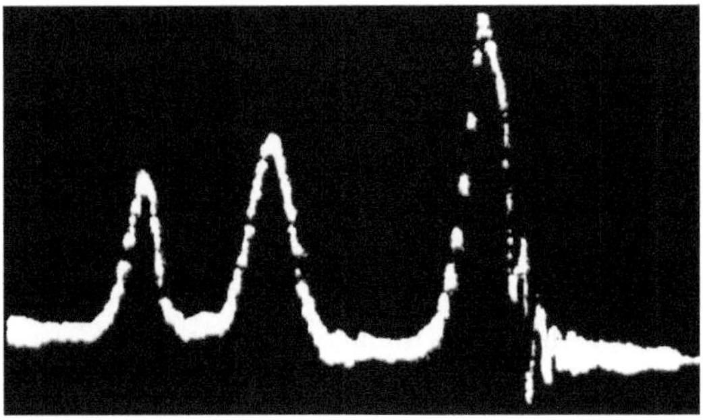

Abb. 19: Bild des ersten Ethanol NMR-Spektrums, abfotografiert vom Oszilloskop. Von links nach rechts die Resonanzen von -OH, $-CH_2$ und CH_3. Auf der rechten Seite des intensivsten Signals sind "Wiggles" zu sehen, Schwankungen die durch zu schnelles Messen verursacht werden.

Besonders interessant war, dass die Größe der Signale recht gut mit der Häufigkeit der Protonenarten im Molekül korrelierte was die Möglichkeit einer quantitativen Zuordnung eröffnete.[247] Das Ergebnis war daher aus verschiedenen Gründen der Beginn einer unvorhergesehenen, steilen Karriere der NMR in der Chemie, die nicht wie erwartet in der quantitativen anorganischen, sondern der qualitativen organischen Analytik stattfand. Die ^{1}H-NMR mit ihren sehr intensiven Signalen ermöglichte schon mit der damals vorhandenen, eher groben

245 Shoolery, "The Development of Experimental and Analytical High Resolution NMR" (1995), S.37.

246 Arnold, "Early Perceptions in Nuclear Magnetic Resonance (NMR)" (1996), S.193.

247 Arnold, Dharmatti, Packard, "Chemical Effects on Nuclear Induction Signals from Organic Compounds" (1951). Ein merkwürdiger Zufall ist in diesem Zusammenhang, dass ausgerechnet dem Ethanol im Jahr 1861 auch die erste jemals publizierte chemische Strukturformel zugeordnet worden war. Rocke, Image and Reality (2010), S.145.

Instrumentierung aussagekräftige Ergebnisse. Über den in organischen Verbindungen ubiquitären Wasserstoff eröffneten sich Optionen für eine breit einsetzbare Methode zur Analyse chemischer Strukturen bei der die bisweilen recht wertvolle Probe nicht zerstört wird. Das NMR-Spektrum und seine Auswertung erinnerte zudem an die den Chemikern bereits besser bekannten Wahrnehmungsmuster der IR-Spektroskopie, bei der Absorptionssignale bestimmten Strukturelementen von Molekülen (z.B. -C-H, =C-H, -O-H, oder -C=O Gruppen) zugewiesen werden. Ein weiterer Vorteil war die im Vergleich zur IR Spektroskopie größere Einfachheit der NMR-Spektren, welche noch dazu eine Aussage über die relative Häufigkeit der einzelnen Strukturelemente im Molekül machten. Da Messungen mit anderen NMR-aktiven Kernen ebenfalls chemische Verschiebungen zeigten, schien es sich um ein generelles Phänomen zu handeln – es sollte also auch bei Kernen wie dem Fluor, dem Phosphor, dem Kohlenstoffisotop ^{13}C und dem Stickstoffisotop ^{15}N eine ähnliche Analytik möglich sein. Martin Packards spätere Darstellung streicht aber den entscheidenden Punkt für den Erfolg der NMR in der Chemie nochmals heraus, die scheinbar schnell und einfach durchführbare Verbindung mit dem strukturchemischen Modell:[248]

> This paper demonstrated that the chemical shifts would serve to separate functional groups in single molecules. I have to confess, that as a physicist my admiration for chemists went up when I could see from the oscilloscope screen that the chemists were right about their structural formulas.

Das NMR-Instrument wurde Vermittler zwischen Quantenphysik und chemischer Struktur. Dem Eindruck, die Methode könne erheblich zum Prestige der Chemiker beitragen wurde dabei ein wenig nachgeholfen, denn gerade das für die Publikation ausgewählte Ethanolspektrum implizierte eine recht einfache Korrelation der NMR-Signale mit dem chemischen Strukturmodell. Schon hier begann das Bestreben, die NMR den Chemikern schmackhaft zu machen und ihre Verbindungen zu Varian Associates legten es gerade den Physikern in Stanford nahe, damit anzufangen. Das Ethanolspektrum wurde schnell zum Symbol der analytischen Möglichkeiten der NMR. Felix Bloch erläuterte seine Reaktion auf die Messungen Arnolds, Dharmattis und Packards:[249]

> What, rather naively, impressed me most when I saw their first trace was that the intensities of these lines were indeed in the ratio 3:2:1 of the number of equivalent protons in the three groups of hydrogen atoms as claimed by the chemists and it then only dawned upon me that nuclear resonance and chemistry had much more to do with each other than we ever thought in the beginning.

---

248 Packard, "The Varian Story", Vortragsmanuskript 1980, S.6.

249 Bloch, "Opening Lecture" (1972), S.7.

Der bereits im ersten Kapitel vorgestellte Linus Pauling wählte genau dieses Beispiel aus um im Kapitel "Quantentheorie und Molekularstruktur" seines allgemeinen Lehrbuchs der Chemie im Anschluss an eine knappe Darstellung des Messprinzips die Bedeutung der Methode plakativ darzustellen:[250]

> Zum Beispiel zeigt das Kernresonanzspektrum von Äthanol, CH_3CH_2OH, drei eng benachbarte Resonanzfrequenzen, die dem Umklappen der Protonen in den Gruppen CH_3, CH_2 und OH zugeordnet werden können. Die Messung bietet dabei die Möglichkeit, bestimmte protonenhaltige Baugruppen von Molekülen zu identifizieren. Darüber hinaus gibt sie wertvolle Aufschlüsse über die magnetischen Kräfte, denen das Proton seitens seiner Nachbarn ausgesetzt ist. Messungen der Kernresonanz zeigen sozusagen, wie das Proton seine Nachbarn "sieht", und stellen damit ein Mittel dar, Molekeln gewissermaßen "von innen her" zu betrachten, wozu andere Methoden nicht fähig sind. Ein weiterer Vorteil ist, daß gerade die leichten Kerne wie $H+$ und $Li+$ erfaßt werden können, die wegen ihrer geringen Masse nur sehr schwache Röntgen-Interferenzen liefern und deren Lage daher aus Röntgenaufnahmen schwer zu ermitteln ist.

Weder der UV- noch der IR-Analytik wird in diesem Lehrbuch ähnliche Aufmerksamkeit wie der NMR geschenkt. Für Pauling und seine Kollegen stellte gerade die NMR eine kongeniale Ergänzung der bereits von Molekülspektroskopikern (also auch von Pauling selbst) erfolgreich angewandten Röntgenstrukturanalyse dar, denn die Röntgenstruktur war auf schwere Kerne und auf feste, kristalline Substanzen beschränkt. Nun versprach die NMR, diese Strukturanalytik auf praktisch alle in der Organischen Chemie vorkommenden Verbindungen auszudehnen. Dabei wird das apparativ komplexe Vorgehen in der NMR als eine direkte mikroskopische Beobachtung dargestellt, deren Ergebnisse auf das Engste mit der realen Struktur der Materie verbunden sind. Es ist auffällig, wie hier Protonen als epistemische Dinge reale, auf die alltäglichen makroskopischen Erfahrungen bezogene Eigenschaften bekommen. Im Kontext der Lehre macht sich also hier wieder das mentale Modell der Chemie bemerkbar, das mit konkreten sinnlichen Erfahrungen verknüpft ist und solche auf Anschaulichkeit abzielenden Erklärungen ermöglicht, auch wenn diese Parallelen – meist – in Anführungszeichen gesetzt sind.

Als Ursache der unterschiedlichen Absorptionsfrequenzen äquivalenter Atomkerne wird die spezifische molekulare Struktur um jeden einzelnen Kern, bzw. die damit verknüpfte Elektronenverteilung beschrieben. Da Elektronen Magnetfelder haben, beeinflussen diese Felder das in der NMR angelegte äußere Magnetfeld. Es wird entweder verstärkt oder abgeschwächt. Die Lage der Absorptionssignale hängt von der Stärke des am Kern wirksamen Magnetfeldes

250 Pauling, Chemie – eine Einführung (1969), S.159.

ab, sie werden nach höheren oder niedrigeren Frequenzen verschoben. So ergab sich eine methodische Brücke zwischen der auf Elektronen basierenden Bindungstheorie der physikalischen organischen Chemie, der traditionellen chemischen Strukturvorstellung und der analytischen Praxis. Messtechnisch bewegte man sich allerdings am äußersten Rande der Möglichkeiten denn diese Effekte sind minimal. Die Energieunterschiede zwischen den verschiedenen schwachen Absorptionen betragen nur Millionstel des äußeren Magnetfeldes, doch die Ergebnisse waren erstrebenswert, denn sie eröffneten die Option, aus den Messdaten auf die chemische Umgebung der Kerne zu schließen, d.h. die molekulare Struktur von Molekülen "messen" zu können.

Dies erkannten nicht nur Wissenschaftler in San Carlos und Stanford, sondern auch andere Molekülspektroskopiker, die sich mit ihrer Experimentalkultur im Grenzgebiet von Physik und Chemie bewegten,[251] und sich für quantentheoretische Erklärungen chemischer Basisobjekte wie der chemischen Bindung, aber auch für physikalisch-organische Fragen nach Reaktionsgeschwindigkeiten und -mechanismen interessierten. Auch sie wollten die NMR als Forschungsmethode absichern und etablieren, waren an einer praktikablen Theorie für die neue, variabel einsetzbare Methode interessiert und begannen ebenfalls damit, die NMR in ein chemisch analytisches Verfahren umzugestalten.

So entdeckte der Physiker Walter D. Knight 1949 die Verschiebung von Resonanzsignalen im metallischen Zustand. Knight war während des Krieges Radartechniker in der US Navy gewesen und erwarb dort praktisches Wissen über elektronische Bauteile. Dann arbeitete er ab 1948 neben seiner Promotion in Hartford am neuen Labor für die Messung magnetischer Momente des Brookhaven National Laboratory.[252] Norman Foster Ramsey,[253] Direktor der dortigen Abteilung für Physik und ein Schüler I.I. Rabis, wies Knight auf die NMR und ihre Vorteile gegenüber der Molekülstrahlmethode hin. Bill Cohen, Ramseys Laborleiter, war ebenfalls ein Schüler Rabis und vermittelte Knight einen Aufenthalt bei Purcells Mitarbeiter Robert Pound in Harvard. Durch diese Einführung war man in Brookhaven in der Lage, ein funktionierendes NMR-System zu konstruieren und die Elektronik so zu stabilisieren, dass diese Konstruktion sogar in Harvard von Pound übernommen wurde. Bei den Messungen der magnetischen Momente verschiedener Antimonisotope entdeckte Knight zufällig, dass die Kupferresonanz der Probenspule gegenüber dem vorliegenden Messergebnis Pounds um 20 kHz abwich, weitere Messungen ergaben eine Verschiebung

---

251 Reinhardt. "Chemistry in a Physical Mode" (2004), S.5-13.

252 Knight brachte ab 1950 die NMR an die University of California in Berkeley, zunächst als Assistent, dann als Professor.

253 Ramsey war später Mitglied im Board of Directors bei Varian Associates. Packard, "Nuclear Induction at Stanford and the Transition to Varian" (1996), S.521.

von ungefähr 0.23% zwischen metallischem und nichtmetallischem Kupfer. Die angestellten Quantenmechanisch-theoretischen Berechnungen identifizierten als Ursache die metallischen Leitungselektronen. Der daher bei Metallen generell auftretende Effekt wurde von Nicolaas Bloembergen "Knight Shift" genannt, er wurde z.B. zu metallurgischen Untersuchungen von Phasenübergängen eingesetzt.[254] Das Beispiel zeigt, wie sich ausgehend von den Zentren Harvard und Stanford an den Universitäten und Forschungsinstituten in den USA eine Gruppe von NMR-Spezialisten bildete, welche in gegenseitigem Kontakt die Möglichkeiten der Methode auslotete. Fokus der Arbeiten waren die Exploration der Phänomene, das Lösen theoretischer Probleme und die Anwendung auf Strukturfragen in allen Aggregatszuständen. Daher wurden in der Regel neue Eigenschaften der Methode parallel an verschiedenen Orten gefunden.

Als eine herausragende Figur dieser kleinen, nicht mehr nur auf die Quantenphysik konzentrierten Gruppe, untersuchte Carsten Reinhardt die Karriere des durch Linus Pauling inspirierten[255] physikalischen Chemikers Herbert Sander Gutowsky, der 1948 in Harvard bei George Bogdan Kistiakowsky promovierte[256] und die NMR sehr früh als Mitarbeiter George Pakes im Labor Purcells kennenlernte, wo sie Signalaufspaltungen von Kohlenwasserstoffen in bestimmten geometrischen Umgebungen untersuchten. Auch in Harvard wurde an verbesserten Instrumenten gearbeitet und verschiedene Kerne gemessen. Die Gruppe um Purcell, Robert Pound und Nicolaas Bloembergen[257] konzentrierten sich aber auf die physikalisch-theoretischen Aspekte der NMR und die Messung von Relaxationszeiten. Mithilfe der Linienformen wurde vor allem die Mikrostruktur von Feststoffen untersucht.[258] Mitarbeiter der Gruppe verteilten das Wissen über die NMR, so nahm Henry Torrey 1946 eine Stelle an der Rutgers University in New Jersey an. 1948 ging Gutowsky an die University of Illinois in Urbana, wo er sein stärker chemisch ausgelegtes NMR-Forschungsprogramm selbstständig weiterführen wollte. Er hatte aber zunächst schwere apparative Probleme, da in Harvard der Physiker George Pake für die Instrumente und die

254 Knight, "The Knight Shift" (1996), S.431-432.

255 Reinhardt, "Chemistry in a Physical Mode" (2004), S.23, S.61 und S.81.

256 Reinhardt, Shifting and Rearranging (2006), S.32.

257 Im Frühjahr 1946 kam Nicolaas Bloembergen der in den Niederlanden im Labor Gorters gearbeitet hatte nach Harvard. Zu Bloembergen vgl. Mattson, Simon, Pioneers of NMR (1996), S.375-472.

258 Sie verfassten einen klassischen Artikel zu diesen Aspekten der NMR, der zugleich Basis von Bloembergens in den Niederlanden eingereichter Doktorarbeit war. Bloembergen, Pound, Purcell, "Relaxation Effects in Nuclear Magnetic Resonance Absorption" (1948). Vgl. Pound, "Early Days in NMR" (1996), S.544. Vgl. auch Waugh, "NMR Spectroscopy in Solids. A Historical Perspective" (1993), S.725A.

Messungen zuständig gewesen war[259] und Gutowsky allein die chemisch-synthetischen Arbeiten machen durfte.[260] Der Physiker Charles P. Slichter kam 1949 nach Urbana. Er hatte sich in einem Kriegsprojekt elektronische Kenntnisse angeeignet und bei Purcell über die mit der NMR verwandte Elektronenspinresonanz promoviert. Trotz guter Kontakte zu Slichter, was die theoretische Diskussion der NMR-Phänomene betrifft, war Gutowsky im neuen NMR-Zentrum Urbana experimentell weiter auf sich gestellt da Slichter sich für Fragen der Festkörperphysik interessierte und speziell darauf ausgerichtete Messmethoden verfolgte.[261] Die NMR überbrückte zwar die Disziplinengrenzen, hob sie aber nicht auf. Erst langsam gelang es Gutowsky, ein stabiles Experimentalsystem zu etablieren, mit dem sein Programm der chemischen NMR auch sofort Erfolg hatte und er in der Lage war, die chemische Verschiebung zu zeigen.[262] Das gelang ihm fast gleichzeitig mit Proctor und Yu in Stanford, allerdings anhand der weniger experimentellen Aufwand erfordernden Fluorkerne.[263] Während theoretische Physiker wie Norman Ramsey die chemische Verschiebung mit der Abschirmung durch paramagnetische Elektronen erklärten, sie damit von anderen Phänomenen wie dem Knight Shift abgrenzten und als epistemisches Ding stabilisierten,[264] suchte Gutowsky im Stile eines Chemikers experimentelle Analogien zwischen der chemischen Verschiebung fluorhaltiger Moleküle und der Elektronegativität der Bindungspartner.

Gutowsky kam über die IR-Spektroskopie zur NMR und hatte erheblichen Anteil daran dass die Messungen mit den strukturchemischen Konzepten verbunden werden konnten. Die IR-Spektrometrie wies ihm den Weg. Sie war kurz nach dem Zweiten Weltkrieg durch selbstregistrierende Spektrometer kommerzieller Instrumentenbauer[265] populär geworden, mit denen binnen Minuten ein Spektrum aufgezeichnet werden konnte. Dieser Instrumententyp wurde ab Ende

---

259 Reinhardt, Shifting and Rearranging (2001), S.38-43. Auch in Harvard entschied man sich aus den gleichen technischen Gründen wie in Stanford für eine Messfrequenz von 30 MHz.

260 Slichter, "Early Days of Magnetic Resonance Studies of Solids" (1996), S.643; Reinhardt. "Chemistry in a Physical Mode" (2004), S.22-32; Reinhardt, Shifting and Rearranging (2006), S.29-83.

261 Slichter, "Early Days of Magnetic Resonance Studies of Solids" (1996), S.642-645.

262 Gutowsky, McClure, "Magnetic Shielding of the Proton Resonance in H_2, H_2O, and Mineral Oil" (1951). Für eine Beschreibung der chmischen NMR Arbeiten Gutowskys vgl. Gutowsky, "Chemical Aspects of Nuclear Magnetic Resonance" (1975).

263 Gutowsky, Hoffmann, "Chemical Shifts in the Magnetic Resonance of F^{19}" (1950), 110-111. Vgl. Reinhardt, Shifting and Rearranging (2006), S.46-47.

264 Ramsey, Nuclear Moments (1953); Knight, "The Knight Shift" (1996), S.432.

265 Bekannte Hersteller waren Beckman, Perkin-Elmer und Baird in den USA, aber auch Unicam in Großbritannien und Zeiss in der DDR.

der 1940er Jahre Teil des Laboralltags des organischen Chemikers – ein großer Erfolg für die Instrumentenbauer und chemischen Physiker, da nun eine vormals physikalische Methode von Chemikern nicht nur als chemisches Analysenverfahren akzeptiert, sondern auch überall praktisch verwendet wurde. Da bei ca. einer Million bekannter Verbindungen im Jahr 1950 ein direkter Vergleich mit Referenzspektren wenig Effizienz versprach und die Spektren viel zu komplex waren, um sie über quantenmechanische Berechnungen zuordnen zu können, setzte sich in der Laborpraxis ein pragmatisches Verfahren durch, das eng mit dem mentalen chemischen Strukturmodell verbunden war, denn das Aussehen der Spektren wurde in direkten Bezug zur chemischen Struktur gesetzt: In tabellarischer Form wurden Struktureinheiten charakteristische Absorptionsbanden zugeordnet. Damit konnte zwar die konkrete Zusammensetzung einer unbekannten Substanz nicht völlig bestimmt, aber ihre wichtigsten Strukturelemente ohne großen Zeit- und Arbeitsaufwand identifiziert werden. Das Verfahren überzeugte die Chemiker schnell, denn es war nicht-mathematisch, eng an das chemische Strukturmodell angelehnt und damit gut mit der chemischen Tradition vereinbar.[266]

1950 hatte Gutowsky, dessen Forschungsprogramm ebenfalls vom ONR gefördert wurde, versucht eine qualitativ-semiempirische Theorie der chemischen Verschiebung aufzustellen, die er an bekannte Größen der chemisch-physikalischen Theorien von Lewis und Pauling wie Elektronegativität, Bindungshybridisierung, Resonanz- und Induktive Effekte anpasste. Analog zur Leitmethode IR machte er Reihenmessungen, um den Vergleich mit Referenzspektren zu ermöglichen, oder Teile der Spektren mit chemischen Strukturen zu korrelieren. Als dimensionslose und damit von Magnetfeld und Messfrequenz unabhängige Vergleichsgröße führte seine Gruppe die noch heute gebräuchlichen Deltawerte ein, welche das Verhältnis der chemischen Verschiebung zur Messfrequenz einer Referenzsubstanz angaben. Da die chemische Verschiebung sehr klein ist, wird diese Größe üblicherweise in Millionstel (ppm, für parts per million) angegeben.[267] Gutowsky übertrug dann die in der IR entwickelte tabellarische Verbindung von Messdaten und chemischer Struktur auf die NMR und publizierte 1953 eine Tabelle, die wasserstoffhaltige Strukturelemente mit den zu erwartenden chemischen Verschiebungen der Protonen verband.[268] Schnell wurde das Potenzial der Tabelle klar, der Mehrzahl der synthetischen Chemiker die NMR

266 Vgl. Slater, "Instruments and Rules: R.B. Woodward and the Tools of Twentieth-Century Organic Chemistry" (2002), S.11 und S.27.

267 Da die chemische Verschiebung mit der Einheit Hertz durch die Messfrequenz in Megahertz geteilt wird, ergibt sich Millionstel als Größenordnung.

268 Gutowsky, Meyer, Saika, "Electron Distributions in Molecules III. The Proton Magnetic Spectra of Simple Organic Groups" (1953), S.4568.

als analytische Methode nahezubringen, denn diese wollten möglichst schnell und einfach die gesammelten Daten vergleichen und chemischen Strukturen zuweisen. Die nur ungefähre und qualitativ durchgeführte wechselseitige Zuordnung war nicht nur ausreichend, sondern vorteilhaft, weil sie eine flexiblere Interpretation des Signals als Indiz für eine chemische Struktur ermöglichte. Varian Associates interessierte sich sofort für die Tabelle, denn das Unternehmen versuchte gerade, seine ersten hochauflösenden NMR-Spektrometer im chemischen Bereich zu vermarkten. Da Gutowsky und Varian Associates zwar experimentalwissenschaftliche Konkurrenten, aber gleich interessiert an der Verbreitung der chemischen NMR waren, erlaubte Gutowsky der Instrumentenfirma die Verwendung seiner Tabelle.

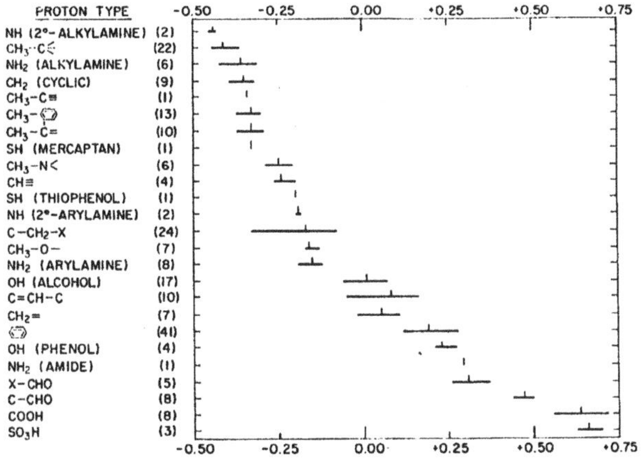

Abb. 20: Frühe Korrelationstabelle von chemischer Verschiebung und zugehörigem Strukturelement nach Gutowsky, Meyer und Saika von 1953.

Die Vertriebsorganisation von Varian sorgte für eine schnellere Verbreitung dieses wegen seiner Einfachheit und Vertrautheit bei Chemikern sehr werbewirksamen Interpretationsverfahrens und trug damit zur Akzeptanz der chemischen NMR bei, denn gerade die angesehenen IR-Experten standen der neuen Methode sehr aufgeschlossen gegenüber.[269] Langsam begann sich ein für Varian rentabler Markt abzuzeichnen,[270] und die Tafeln mit der Darstellung chemischer

269 So Urner Liddel von den NIH und George Pimentel in Berkeley. Vgl. Becker, "NMR at the NIH: Inception and Growth Over Four Decades"(1996), S.207-208.

270 Die von Martin Packard berichtete Geschichte, allein diese Tabellen hätten das Verkaufsinteresse angeheizt und so Varian davon abgehalten, das bereits abgeschriebene NMR-Projekt aufzugeben, oder gar das ganze NMR-Projekt erst angestoßen, erscheint

Verschiebungen blieben bis in die Gegenwart ein bei Chemikern sehr beliebtes Hilfsmittel, das immer wieder in den NMR-Handbüchern abgedruckt wird.

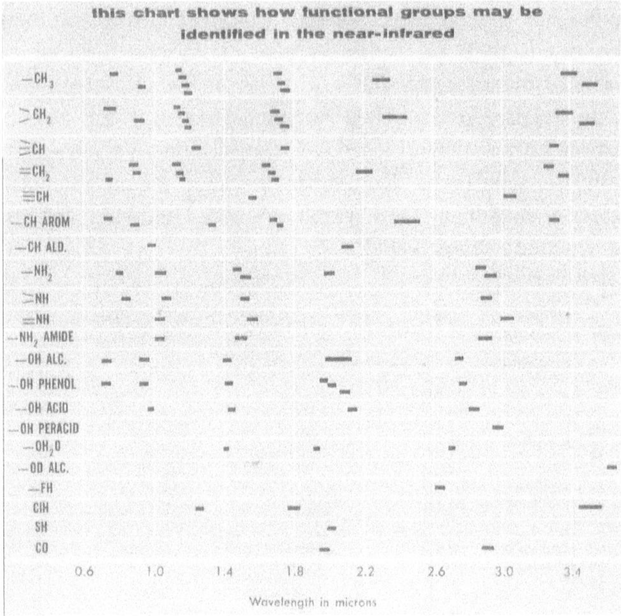

Abb. 21: Infrarot Struktur-Korrelationstabelle, 1956.

Doch die Interpretation der NMR-Spektren wurde noch wesentlich komplexer. Schon bald wiesen weitere NMR-Experimente auf ein theoretisch erneut nicht in dieser Form vorhergesehenes Phänomen hin, die Spin-Spin-Kopplung. Wieder wurde die Beobachtung parallel in verschiedenen Forschungsgruppen gemacht. Als Proctor und Yu in Stanford Antimonkerne messen wollten und aus Symmetriegründen eine Kaliumhexafluoroantimonat($KSbF_6$)-Lösung verwendeten, die nur zwei Resonanzen ergeben sollte, sahen sie mit ihrer verbesserten Messtechnik eine Feinstruktur von fünf Signalen.[271] Ihr auf Symmetrieüberlegungen basierender Erklärungsvorschlag des Aufspaltungsmusters wurde aber

vor dem Hintergrund der Strategie Russell Varians ein wenig übertrieben. Arunan, "Herbert Sander Gutowsky – An obituary" (2000); Reinhardt, Shifting and Rearranging (2006), S.58-69.

271 Eigentlich sind es sieben. Proctor, Yu, "On the Nuclear Magnetic Moments of Several Stable Isotopes" (1951). Solche Messungen waren zunächst mit Festkörperproben nicht möglich, wo nur breite Absorptionsbanden ohne Feinstruktur erkennbar waren.

nicht anerkannt.[272] Arnold und Packard präzisierten ebenfalls ihre Messungen an organischen Molekülen, sodass auch sie vergleichbare Feinstrukturen in den Protonensignalen des Ethanols erkennen, aber noch nicht deuten konnten.[273] Physikalisch orientierte NMR-Gruppen interessierten sich für diese Feinstrukturen, als Erwin L. Hahn[274] an der Universität von Illinois in Urbana mit seiner aus einem zunächst als Störung angesehenen Effekt entwickelten Spin-Echo Methode[275] zur Messung von Relaxationszeiten – eine Forschungsarbeit die wieder vom ONR gefördert wurde – ebenfalls einen Unterschied im lokalen Feld chemisch äquivalenter Kerne desselben Moleküls registrierte.[276] Hahn hatte an der University of Illinois promoviert, die Methode dort als Research Associate eigenständig entwickelt und erstmals im November 1949 auf einer Tagung der American Physical Society in Chicago vorgestellt.[277] In Urbana formte er zusammen mit den bereits erwähnten Charles P. Slichter und Herbert S. Gutowsky ein neues NMR-Zentrum.[278] Über persönlichen Kontakt mit den wenigen anderen akademischen NMR-Zentren brachte Hahn neues Wissen und neue Ideen in die NMR ein. Bei seinem Spin-Echo Verfahren werden die Kernspins durch elektromagnetische Impulse angeregt.

In der NMR waren zwei grundsätzlich unterschiedliche Messverfahren verfügbar. Beim Continuous Wave-Verfahren (CW), das schon bei den ersten NMR-Experimenten verwendet worden und auch bei UV- oder IR-Spektrofotometern üblich war, werden die Messbedingungen kontinuierlich verändert und so der gesamte zu messende Energiebereich sukzessive überstrichen. In der NMR kann man dazu entweder die Frequenz der anregenden Radiowellen modulieren (Frequenz-Sweep), oder aber die Stärke des Magnetfeldes variieren (Feld-Sweep). Letzteres wurde damals aus technischen Gründen bevorzugt. Das von Hahn verwendete Impulsverfahren war bereits in Felix Blochs erstem Artikel über Kerninduktion theoretisch angedeutet worden. Dabei wird das ganze

272 Proctor, "When You and I were Young, Magnet" (1996), S.550.

273 Kane, Interview geführt im November 1989 von Sharon Mercer, S.7.; Packard, "Nuclear Induction at Stanford and the Transition to Varian" (1996), S.521.

274 Zu Hahn vgl. Mattson, Simon, Pioneers of NMR (1996,) S.473-562.

275 Hahn, "An Accurate Nuclear Magnetic Resonance Method for Measuring Spin-Lattice Relaxation Times" (1949); ders., "Nuclear Induction Due to Free Larmor Precession" (1950); ders., "Spin Echoes", Phys. Rev. 80 (1950). Auch Hahn arbeitete während des Krieges an Mikrowellenprojekten in der Navy. Carr, "Early Years of Free Precession Revisited" (1996), S.254.

276 Hahn, Maxwell, "Chemical Shift and Field Independent Frequency Modulation of Spin Echo Envelope" (1951).

277 Torrey, "Precursive and Early Work on NMR" (1996), S.668.

278 Vgl. Reinhardt, Shifting and Rearranging (2006), S.29-83 und Bloom, "Personal Views of NMR History" (1996).

Spinsystem durch einen kurzen, intensiven Rechteckimpuls angeregt. Dieser Impuls ist einer Anregung mit breitem Frequenzband äquivalent. Während beim CW-Verfahren die Energie gemessen wird, welche das System während einer im Messprozess modulierten Anregung absorbiert, wird beim Impulsverfahren die Resonanz des Systems in der Zeitdomäne gemessen, d.h. während des Zeitraums, in dem es nach der kurzen, konstanten Anregung nachschwingt und Energie abgibt. Messtheoretisch ist das günstiger, da Anregung und Messvorgang klar getrennt sind. Das resultierende, zeitabhängige Impulssignal wird als Free Induction Decay (FID) bezeichnet. Diese Messgröße kann relativ direkt Relaxations- und Reaktionszeiten des Systems liefern.

Hahn benutzte nun bei seinen Spin-Echos nach dem Abklingen des FID einen zweiten Impuls, der komplementär zum ersten war, was grob gesagt die Präzessionsrichtung der Kerne umdreht. So geraten die Spins langsam wieder in Resonanz, das heißt es baut sich nach einer bestimmten Zeit ein dem ersten FID entsprechendes Signal auf, das sogenannte Spin-Echo. Der zweite Impuls hat also eine ähnliche Funktion wie die Bergwand bei einem Echo. Trotz der Unterschiede sind CW- und Impulsverfahren verwandt und wurden zunächst von NMR-Spezialisten auch parallel verwendet. Bei der Spin-Echo Methode wird ein Signal von recht komplexer Feinstruktur schnell und zeitabhängig registriert, was prinzipiell den unerwünschten "Wiggles"[279] der CW-Methode entspricht, die dann entstehen, wenn zu schnell gemessen wird und sich daher der Gleichgewichtszustand zwischen Absorption und Relaxation bei der jeweiligen Wellenlänge nicht einstellen kann.[280] Allerdings wird bei der Impulsanregung das äußere Magnetfeld konstant gehalten, sie entspricht also eher der damals im CW-Bereich unüblichen Technik, die Anregungsfrequenz und nicht das Magnetfeld zu modulieren. Hahn wechselte mit seiner Methode als Fellow des National Research Councils vom NMR-Zentrum in Urbana zur Gruppe Felix Blochs nach Stanford,[281] wo er sich damit beschäftigte, die Spin-Echo Signale zu interpretieren.[282]

---

279 Solche Wiggles sind im hoch aufgelösten Ethanolspektrum in Abb. 19 auf der rechten Seite der Signale erkennbar.

280 Hahn, "Nuclear Induction Due to Free Larmor Precession" (1950), S.298.

281 Dann war Hahn Physiker am IBM Watson Scientific Computing Laboratory und seit 1955 Professor in Berkeley.

282 Packard, "Nuclear Induction at Stanford and the Transition to Varian" (1996), S.519. 1949 begann sich in Harvard auch Herman Y. Carr auf Initiative seines Doktorvaters Purcell mit den Variationen der Spin Echos zu beschäftigen. Dabei wurde bereits das schnelle Drehen der Probe und Shimspulen zur Homogenisierung des Magnetfeldes verwendet; Verfahren, die in der hoch auflösenden CW-NMR von großer Bedeutung wurden. Carr, "Early Years of Free Precession Revisited" (1996), S.253-257.

Darüber hinaus patentierte er seine Methode[283] und der Research Technologist Russell Varian sicherte seiner Firma die Lizenzrechte. Varian Associates entwickelte zwar eine Instrumentenvariante für gepulste Messungen, verfolgte dann aber diese Richtung nicht mehr und überließ das wenig rentable Feld kleineren Herstellern.[284] Dennoch zeigt das Beispiel, wie NMR-Wissenschaftler die Möglichkeiten der NMR erkundeten und Varian in engen Kontakt dazu nach einem Weg suchte, die Ergebnisse auf verschiedene Anwendungsgebiete zu übertragen. Das war hier nicht erfolgreich, denn im Gegensatz zu dem ebenfalls von Varian lizensierten CW-Verfahren, für das die Option zur chemischen Analyse eröffnet wurde, konnten mit den physikalisch interessanten Relaxationszeiten und Diffusionskoeffizienten noch keine umfangreichen Rückschlüsse auf die chemische Struktur der untersuchten Verbindungen gezogen werden. Den Impulsspektrometern genügten einfachere Magneten und Stromversorgungen als den CW-Instrumenten, da sie keine so hohen Ansprüche an Zeitkonstanz und Stärke des Magnetfeldes stellten. Das hatte zur Folge, dass bis in die 1960er Jahre NMR-Impulsspektrometer in der Regel von Physikern und Physikochemikern entsprechend ihrem Experimentalstil selbst nach eigenen Vorstellungen gebaut werden konnten und auch gebaut wurden.

Hahn konnte also die bis weniger als ein Hertz kleinen Aufspaltungen der Spin-Spin Kopplungen leichter registrieren, denn sein Messvorgang, während dem ein extrem homogenes äußeres Magnetfeld beibehalten werden musste, benötigte nur wenig Zeit. Dennoch belegte 1951 fast gleichzeitig auch Herbert Gutowsky an der Universität Urbana mit der CW-Methode diese Feinstruktur. Obwohl Gutowskys Gruppe bereits Signale gemessen hatte, die auf derartige Kopplungen zurückzuführen waren, konnten sie diese erst bei einer Verbindung deutlich erkennen, in der Fluor- und Phosphorkerne in Wechselwirkung treten und eine bei niedrigen Frequenzen relativ einfach zu messende Feinstruktur ergeben. Neben der Instrumententechnik war also auch die auf die NMR ausgerichtete Auswahl der Proben wichtig.[285] Gutowsky lieferte eine erste einfache Aufspaltungsregel und in Zusammenarbeit mit seinem Kollegen Charles Slichter die bis heute anerkannte, prinzipielle Erklärung des Phänomens durch eine skalare (d.h. indirekte) Interaktion einzelner Kernspins über die Felder der Valenzelektronen benachbarter kovalenter Bindungen.[286] Die zunächst theoretisch

---

283 IBM, Spin Echo Technique and Apparatus. Erfinder: Erwin L. Hahn. US Pat.-Nr. 2705790. Eingereicht am 18. Januar 1954. Patent erteilt am 5. April 1955. Anmelder war IBM, die Firma bei der Hahn damals arbeitete.

284 Hippel, The Sources of Innovation (1988), S.145.

285 Reinhardt, Shifting and Rearranging (2006), S.72-74.

286 Gutowsky, McCall, Slichter, "Coupling among Nuclear Magnetic Dipoles in Molecules" (1951).

in Betracht gezogene direkte dipolare Kopplung über den Raum wurde bei den damaligen Messungen an Flüssigkeiten durch die Temperaturbewegung ausgemittelt.[287] Hahn und Gutowsky standen in Kontakt auch wenn sie unabhängig voneinander mit unterschiedlichen Verfahren und Zielen arbeiteten. Ihre Ergebnisse publizierten sie parallel[288] und glichen sie gegeneinander sowie auch mit denen der NMR-Gruppen im Nordosten ab. Durch die gegenseitige Kalibrierung der Instrumente wurde die Spin-Spin Kopplung experimentell abgesichert.[289] Die mathematisch-theoretische Bestätigung lieferten Norman Ramsey und Edward Purcell in Harvard mit ihrer exakten Beschreibung des starken Kopplungsmechanismus im deuterierten Wasserstoffmolekül (HD) durch die Wechselwirkung der Kernspins über die Orbitale der Valenzelektronen.[290] Derartige theoretische Berechnungen waren nur bei so einfachen Molekülen wie HD möglich, die an der chemischen NMR interessierten Forscher wollten aber komplexere Moleküle untersuchen. Hier führten nur Interpretationsverfahren weiter, die – wie die Zuordnungstabellen für die chemischen Verschiebungen – pragmatisch an der chemischen Anwendung orientiert waren und die Komplexität des Signals reduzieren konnten.

Die Signale wurden komplizierter, da in hoch aufgelösten Spektren nicht nur die Wechselwirkungen der Kernmagnetfelder mit dem mehr oder weniger abgeschwächten Magnetfeld des Instrumentenmagneten erkennbar werden, sondern auch diejenigen mit den mikroskopischen Magnetfeldern der umgebenden Elektronen und Atomkerne. Die Aufspaltungsmuster der Signalgruppen (Multipletts) können über die Anzahl der Aufspaltung – Aufspaltungsgrad oder Multiplizität genannt – und deren Energieunterschiede – durch Kopplungskonstanten ausgedrückt – Hinweise auf die Molekularstruktur geben, bis hin zur Konformation des Moleküls. In den Aufspaltungen erster Ordnung entsprechen die Intensitätsverhältnisse den jeweiligen Zahlenwerten des Pascalschen Dreiecks. Diese numerischen Multiplizitätsregeln repräsentieren generell die Quantelung der Spinsysteme, jede derartige Spektreninterpretation kann somit auch als eine – bewusste oder unbewusste – praktische Bekräftigung der quantenphysikalischen

287 Edward Purcell hatte zuvor auf einer Tagung der American Physical Society im April 1951 in Washington D.C. den erfolglosen Vorschlag gemacht die von Arnold, Packard und Dharmatti gemessenen Feinstrukturen im Ethanolspektrum durch dipolare Kopplungen über den Raum zu interpretieren. Gutowsky, McCall, Slichter, "Coupling among Nuclear Magnetic Dipoles in Molecules" (1951).

288 Hahn, Maxwell, "Chemical Shift and Field Independent Frequency Modulation of Spin Echo Envelope" (1951), S.1247 und Gutowsky, McCall, Slichter, "Coupling among Nuclear Magnetic Dipoles in Molecules" (1951), S.590.

289 Reinhardt, Shifting and Rearranging (2006), S.44-45, S.49 und S.76-77.

290 Purcell, Ramsey, "Interactions between Nuclear Spins in Molecules" (1952).

Theorien gesehen werden. Da diese Wechselwirkungen nur von der Struktur der einzelnen Molekülteile abhängen, sind sie im Gegensatz zur chemischen Verschiebung unabhängig von der Stärke des äußeren Magnetfelds.

Die Menge der in den Spektren enthaltenen Information wuchs mit der Auflösung und der Magnetfeldstärke, allerdings war nur die Menge an interpretierbarer Information entscheidend. Daher war neben der Instrumentenentwicklung die Formulierung einfacher, an die chemische Praxis angepasster Interpretationsregeln von zentraler Bedeutung für die Verbreitung der chemischen NMR. Obwohl Lehrbücher meist auch die theoretischen, quantenmechanischen Grundlagen der NMR behandelten, bildeten diese Interpretationsregeln und ihre Anwendung den Kern der Lehrinhalte. Die Regeln beruhten nicht auf quantenmechanischen Berechnungen, sondern auf den empirisch mit den entsprechenden Instrumentalsystemen erworbenen Erfahrungen. Bei der homonuklearen ^1H-^1H Kopplung wurde so vorausgesetzt, dass strukturell gleiche Kerne nicht miteinander in Wechselwirkung treten und die Multiplizität eines Signals nach der Regel n+1 berechnet werden kann, wobei n die Anzahl der benachbarten, koppelnden Kerne ist. Als benachbart galten nach einer Faustregel Kerne, die durch nicht mehr als drei kovalente Einfachbindungen getrennt sind:[291]

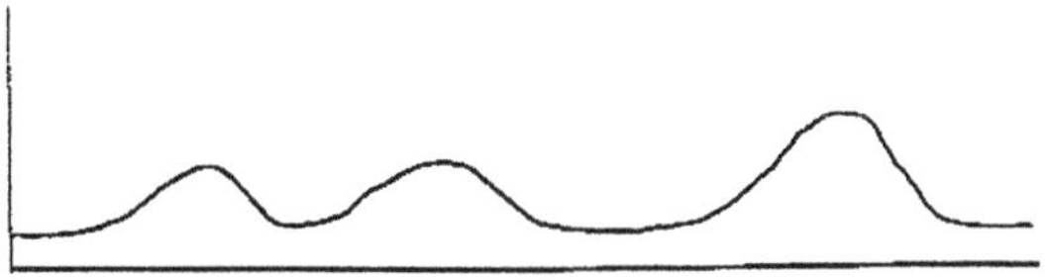

FIG. 7

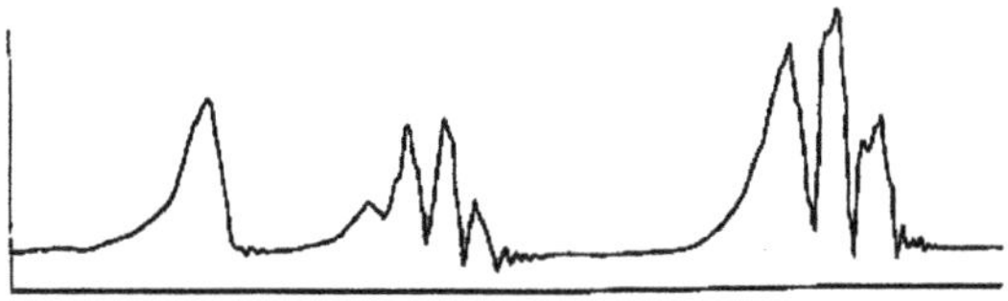

FIG. 8

Abb. 22: Ethanol NMR-Spektrum. Oben ohne Feinstruktur, unten zeigt eine höhere Auflösung die Feinstruktur. Von links nach rechts die Protonensignale von -OH, -CH_2 und -CH_3.

291 Man spricht von unmittelbaren (über eine Bindung), geminalen (über zwei Bindungen) und vicinalen Kopplungen (über drei Bindungen). Durchaus vorhandene Fernkopplungen über mehr Bindungen konnten damals nicht aufgelöst werden, waren damit faktisch nicht existent.

Die drei Resonanzen des ^{1}H NMR-Spektrums von Ethanol zeigten bei der damals möglichen maximalen Auflösung ein Triplett, ein Quartett und ein Singulett. Ersteres ist das Signal der Methylprotonen, aufgespalten durch die zwei benachbarten Wasserstoffkerne, Zweiteres das der Methylenprotonen, die mit den drei Methylprotonen koppeln. Das Singulett des Hydroxylprotons sollte theoretisch auch aufgespalten sein, die Feinstruktur ist aber wegen der Austauschreaktionen mit dem Lösungsmittel nicht aufgelöst, was einen Hinweis auf die Geschwindigkeit dieser Prozesse im Verhältnis zu den Relaxationszeiten der NMR-Messung gibt. Es war schnell klar, dass die Struktur der NMR-Spektren noch wesentlich komplizierter ist, insbesondere wenn sich die chemische Verschiebung und verschiedene Kopplungen überlagern. Experimente mit einem von James T. Arnold konstruierten, sehr stabilen, bei 30 MHz Larmorfrequenz arbeitenden Permanentmagneten ermöglichten in Stanford Mitte der 1950er Jahre noch feinere Aufspaltungen höherer Ordnung, um das Dissoziationsverhalten des Hydroxylprotons zu untersuchen.[292]

Obwohl Messdaten der Ultraviolett- und Infrarotspektroskopie mit bestimmten molekularen Strukturmerkmalen korreliert werden konnten und der direkte Spektrenvergleich die Identität mit einer Referenzsubstanz belegte, war mit diesen spektroskopischen Verfahren eine eindeutige Zuordnung zu einer ganz bestimmten, bis dahin unbekannten Molekülstruktur nicht möglich. Die mit einer physikalisch-quantenmechanischen Basistheorie abgesicherte und mit empirischen Interpretationsregeln anwendbar gemachte NMR versprach ein ideales Instrument für die detaillierte spektroskopische Strukturaufklärung zu werden.[293] Sie hielt dieses Versprechen, denn 1986 bemerkte der Organikprofessor und NMR-Experte Harald Günther:[294]

> Ohne zu Übertreiben darf man sagen, daß die Chemie, und hier vor allem die Organische Chemie, hinsichtlich ihrer Vorstellungen von den Molekülen in den letzten Jahren von kaum einer anderen physikalischen Methode so nachhaltig beeinflußt wurde wie von der magnetischen Kernresonanz-Spektroskopie. Das ist im Nachhinein nicht verwunderlich, sind doch die wichtigsten Parameter dieser spektroskopischen Sonde – chemische Verschiebung und Spin-Spin-Kopplungen – den Molekülen geradezu "auf den Leib geschrieben".

Die Frage ist, wie dieses "auf den Leib schreiben" vor sich ging. Einerseits wurde durch die Interpretation der Daten als Zeichen molekularer Strukturen

---

292 Arnold, "Early Perceptions in Nuclear Magnetic Resonance (NMR)" (1996), S.195-197.

293 Vgl. Siggia, "Evolution of Problem-solving Techniques Using the Analytical Tool Kit" (1964), S.329.

294 Günther, "40 Jahre Kernresonanz – zum Jubiläum einer folgenreichen Entdeckung" (1986), S.173.

die Tendenz der Chemiker verstärkt, ihre Vorstellungen mit Repräsentationen von Molekülen und deren systematischen Verknüpfungen zu verbinden statt mit Substanzen und deren wahrnehmbaren Eigenschaften.[295] Andererseits waren die systematischen Zuordnungen nicht arbiträr, sondern entstanden mit Hilfe der experimentellen Daten der Molekülspektroskopiker. Gemessen wurden nicht mehr physikalische Daten wie das kernmagnetische Moment, sondern chemische Strukturen oder Strukturveränderungen. Die Art und Form der Materialien chemischer Forschung begannen sich zu verändern, sie wurde aber nicht völlig auf den Umgang mit mentalen Repräsentationen reduziert, denn auch neues chemisches Wissen entstand aus dem Zusammenspiel von Substanzprobe, Instrumentalsystem[296] und theoretischem Modell. Den Ausbau und die Verbreitung der NMR betrieb eine Gruppe von Molekülspektroskopikern, die durch modifizierte und mit neuen Funktionen ausgestattete Instrumente den neuen Anwendungsbereich eröffneten. Sie stabilisierte Theorien und Modelle durch experimentelle Standards, im Gegenzug aber auch experimentelle Darstellungs- und Interpretationsnormen durch theoretische Vorstellungen, d.h. einerseits trugen die Molekülspektroskopiker zur theoretischen Fundierung der Methode durch die Quantenphysik bei,[297] andererseits stützte die experimentelle Methode das Prestige der physikalischen Basistheorie. Es begann sich eine transdisziplinäre wissenschaftliche Gemeinschaft zu bilden, die an der Konstruktion neuer Messinstrumente, und teilweise auch an der Korrelation physikalischer oder physikalisch-chemischer Theorien mit chemischen Strukturvorstellungen interessiert war. Im akademischen Umfeld wurde damit begonnen, die NMR nicht nur als analytisches Werkzeug, sondern auch als chemisches Forschungsobjekt zu entwickeln.

Die mit verbesserten Instrumenten durchgeführten explorativen Messungen eröffneten neue Möglichkeiten und Felix Blochs Gruppe in Stanford war wesentlich daran beteiligt. Daher war die räumliche und personelle Nähe der neu gegründeten Firma Varian Associates zur Arbeitsgruppe Blochs eine entscheidende Startbedingung für Varian Associates denn in dieser Phase verbreitete sich das NMR-Wissen vor allem durch informelles Lernen und persönliche Weitergabe der praktischen Erfahrung der Forscher untereinander.[298] Die intensive Zusammenarbeit mit Varian Associates war möglich, weil das Unternehmen und die NMR-Wissenschaftler vergleichbare Ziele hatte, die es in einem

295 Laszlo, "Chemical Analysis as Dematerialization" (1998).

296 Zum Begriff vgl. Krige, Pestre, "Introduction" in: Krige, Pestre (Hg.), Science in the Twentieth Century, (1997), S.XXXI.

297 Reinhardt, "Chemistry in a Physical Mode" (2004), S.2-3.

298 Robert Kohler beschrieb diesen Zustand als Mittelphase. Kohler, Partners in Science. Foundations and Natural Scientists 1900-1945 (1991), S.360.

Umfeld verfolgte, das stark an den Werten der akademischen Kultur und nicht primär am maximalen Profit orientiert war. Kooperierende akademische Experten verschafften Varian Associates das Wissen, um Instrumente für die hoch aufgelöste NMR zu entwickeln, mit denen neben der chemischen Verschiebung auch die Spin-Spin Wechselwirkungen gemessen werden konnten. Diese Phänomene wurden von den chemisch interessierten Molekülspektroskopikern an das traditionelle mentale Strukturmodell der Chemie angepasst. Wie wichtig dieses Einbetten in das chemische Strukturmodell war, zeigen die weniger gelungenen Versuche Russell Varians, die NMR in neue Kontexte zu übertragen. Im Falle der Impulsspektrometer, der quantitativen chemischen Analyse, der Exploration von Bodenschätzen und dem hochpräzisen Messen von Magnetfeldern konnte keine vergleichbar intensive Verknüpfung mit den entsprechenden aufnehmenden Bereichen geschaffen werden, die Anwendungen blieben dort ebenso begrenzt wie der ökonomische Erfolg des Instrumentenbauers.

Neben der Innovationsstrategie des Research Technologists Russell Varian und der Kooperation der NMR-Wissenschaftler war ein dritter wichtiger Faktor für die erfolgreiche NMR-Entwicklung die Finanzierung durch zivile, vor allem aber militärische Forschungsaufträge, nicht nur bei Varian Associates, sondern auch im akademischen Bereich. Mit den ersten NMR-Instrumenten entstanden keine rationellen und rentablen Serienprodukte, sondern man konstruierte, modifizierte und integrierte neue Instrumentenkomponenten, um ein gut funktionierendes Instrumentalsystem für die Exploration der Methode zu schaffen, denn erst das zuverlässige Beherrschen der experimentellen Bedingungen konnte die NMR attraktiv und erfolgreich machen.[299] Die Wissenschaftler lernten immer besser mit der NMR-Experimentalanordnung umzugehen und ihre Suche nach chemischen Anwendungen der neuen Instrumente definierte die Phänomene, Messparameter und möglichen Fragestellungen. Neben der Stabilisierung des Messsystems war die weitere Instrumentenentwicklung durch das Streben nach höherer Auflösung und größerer Empfindlichkeit vorgegeben. Nicht die physikalischen NMR-Instrumente begannen die Chemie zu bestimmen, sondern die Bedürfnisse der chemischen Forschung lenkten die Instrumentenentwicklung. NMR-Spektrometer wurden chemische Instrumente und der Instrumentenbauer Varian Associates stand im Zentrum dieser Entwicklung.

299 Rheinberger, Experimentalsysteme und epistemische Dinge (2006), S.20.

3. Innovation in der Chemie

Chemische Verschiebung und Spin-Spin Kopplung versprachen über die Verknüpfung mit dem Mentalen Modell der Strukturchemie vielfältige Möglichkeiten, das bestehende Wissen über die mikroskopische Gestalt und die Reaktivität von Substanzen zu überprüfen und auszubauen. Grundlegende NMR-Mess- und Interpretationsverfahren waren erfunden worden, doch es gab noch Hindernisse einer Innovation in der Chemie. NMR-Instrumente waren zunächst kommerziell nicht erhältlich, mussten also von den Wissenschaftlern selbst gebaut werden – wie gesehen hatten aber gerade chemische Fragestellungen gravierende instrumententechnische Folgen. Da die zu messenden Energieunterschiede nur etwa ein Millionstel der Energie der Larmorfrequenz ausmachen, mussten Stabilität und Präzision des Instrumentalsystems noch erheblich verbessert werden. So war eine größere spektrale Auflösung nur durch ein homogeneres Magnetfeld zu erreichen, bei dem die Schwankungen deutlich kleiner als ein Millionstel sind. Ein weiterer Schwachpunkt der NMR war die Empfindlichkeit, da die Anregungsenergie der Radiowellen so klein ist, dass bei Raumtemperatur nur minimale Besetzungsüberschüsse der angeregten Spinzustände erreicht werden. Es wurde daher viel Substanz benötigt, um ein starkes Signal zu erhalten. Die Substanzmenge ist aber begrenzt durch die Löslichkeit des Produktes[300] und die Größe des Probenspaltes im Magneten.

Die von Physikern und Molekülspektroskopikern bevorzugten Impulsspektrometer verlangten konstruktionsbedingt einen geringeren apparativen Aufwand, ihre Messdaten waren aber kaum im Sinne einer räumlichen Molekülstruktur zu interpretieren. NMR-Instrumente, die nach der CW-Methode[301] arbeiteten, boten da den deutlich besseren Zugang zum Mentalen Modell der Organischen Chemie. Aber gerade diese Variante stellte besonders hohe Ansprüche an die technische Konstruktion der Spektrometer, da das magnetische Feld und die elektronische Registriereinrichtung über viele Minuten bis auf millionstel Bruchteile konstant gehalten werden mussten. Es wurde daher beständig versucht, Stabilität, Auflösung und Empfindlichkeit der NMR-Spektrometer zu verbessern. Die Instrumente arbeiteten mit tonnenschweren Magneten und ihr komplexer Aufbau machte die Unterbringung, Wartung und Bedienung schwierig. Damit waren sie dem Eigenbau durch die Wissenschaftler selbst weitgehend entzogen.

---

300 Bei der chemischen, mit CW-Instrumenten durchgeführten NMR wurden in der Regel flüssige Proben verwendet.

301 Das kontinuierliche Scannen in der Energiedomäne, vgl. Kap. 2.

Die Bedienbarkeit war anfangs ebenfalls alles andere als optimal. James Shoolery, leitender Angestellter im Anwendungslabor von Varian Associates, beschreibt die Messprozeduren mit den CW-Instrumenten um 1956 so:[302]

> Obtaining spectra from the HR-40 was like looking through binoculars at a row of birds on a telephone wire from the back of a truck bouncing over a rutted road.

Nur technisch versierte Teams von NMR-Spezialisten waren in der Lage, derartige Instrumente zu bauen oder auch nur sinnvoll zu benutzen. Das Tacit Knowledge[303] dieser Arbeitsgruppen konnte nicht so einfach an andere Orte transportiert werden, wie die Schwierigkeiten Gutowskys beim Aufbau einer eigenen NMR-Gruppe in Urbana verdeutlichen. Dennoch wurde gerade die chemische NMR ein eigenständiges Forschungsgebiet, dessen Erfolg allerdings davon abhängig war, dass es von den Chemikern akzeptiert und angewendet werden konnte.

3.1. Die USA als Zentrum einer entstehenden NMR-Community

Akademische Forschungsinstitutionen wie das MIT und die Universität Stanford, die technisch orientierten Fragestellungen gegenüber offen waren und daher eine geeignete Infrastruktur hatten, förderten solche, auf den technischen Erfahrungen der Kriegsforschung aufbauende Projekte. Darüber hinaus waren kurz nach dem Zweiten Weltkrieg in Europa – einem ersten Kandidaten für NMR-Forschung, da dort ein großer Teil der vorbereitenden Arbeiten durchgeführt worden waren – die Ressourcen für aufwändigere Experimente knapp und die notwendige apparative und personelle Infrastruktur teilweise zerstört. Diese Gründe bestanden nicht unabhängig voneinander, denn viele der Physiker, die während des Krieges und danach zu einem Boom der theoretischen und Kernphysik in den USA beitrugen, waren durch den NS-Terror aus Europa vertrieben worden und blieben ihrer Heimat fern – Felix Bloch war einer von ihnen. Sie waren daran beteiligt, dass Erfolge der Kriegslaboratorien, z.B. in der Radar- oder Atombombenentwicklung, staatliche Stellen von dem Argument überzeugten, derartige Forschung wäre ein Weg zu machtpolitischer Überlegenheit, wie es in Vannevar Bushs Linearem Modell 1945 vehement propagiert wurde. Nach Bush führt die Förderung von Grundlagenforschung zwangsläufig zu besserer Technik und damit höherer ökonomischer und militärischer Wettbewerbsfähigkeit des Staates – überlegene Naturwissenschaft war somit Mittel

302 Shoolery, "NMR Spectroscopy in the Beginning" (1983), S.737A.

303 Polanyi, Personal Knowledge: Towards a Post-Critical Philosophy, (1958); Polanyi, The Tacit Dimension (1966).

und Ausdruck eines überlegenen politischen Systems.[304] In Verbindung mit der sich zuspitzenden Konfrontation im Kalten Krieg motivierte diese Ideologie hohe staatliche Investitionen in die naturwissenschaftliche Forschung und ihre Instrumente.

Diese großzügige staatliche Forschungsförderung sorgte dafür, dass sich Unternehmen wie Varian Associates entwickelten und NMR-Untersuchungen verschiedener akademischer Arbeitsgruppen finanziert werden konnten. Wie dargelegt kam zunächst ein großer Teil der Forschungsgelder vom Militär, vor allem vom Office of Naval Research (ONR), aber auch von zivilen staatlichen Institutionen wie den National Institutes of Health (NIH) und der Atomic Energy Commission (AEC). Da mit den Instrumenten kernmagnetische Momente gemessen wurden, die für die Kernphysik wichtig waren, profitierte die frühe NMR vom Atombomben- und Kernenergieboom, das "Nuclear" hatte noch positive Konnotation und wurde gern ausgeschrieben. Seit Anfang der 1950er Jahre wurde die direkte staatliche Wissenschaftsförderung durch die National Science Foundation (NSF) immer bedeutender, der Sputnik-Schock 1957, gefolgt vom National Defense Education Act 1958 gaben dann weitere Impulse für die staatlichen Forschungsinvestitionen.

In den USA stieg das Volumen der öffentlichen Fördermittel für die Naturwissenschaften bis 1968 stetig an, große Summen flossen dabei in Einrichtungen der "Big Science", wie z.B. Teilchenbeschleuniger. Auf derartige organisatorisch an die Kriegslaboratorien erinnernden Projekte war auch die NSF ausgerichtet. In ihrem Jahresbericht 1956 werden erstmals die Forschungsinstrumente als gesonderter Förderschwerpunkt behandelt. Als Hauptbereiche sind dabei astronomische Observatorien, Kernreaktoren, Rechenzentren und biologische Forschungsstationen genannt. Der Blick der damaligen Science Policy scheint auch die spätere wissenschaftshistorische Analyse gelenkt zu haben, die sich vorwiegend mit "Big Science" beschäftigte. Dabei tritt die äußerlich weniger spektakuläre Entwicklung in den meisten Laboratorien der Physik, Chemie und Biologie in den Hintergrund. Dennoch sind auch diese gemeint, wenn von der NSF festgestellt wurde:[305]

> However, the continuance of probing into the unknown, of seeking meaningful data and observation upon performance and characteristics of the building blocks of nature, requires complex and consequently expensive devices. As time goes on, it is anticipated that the future progress of research will depend in some fields of science upon an increasing ratio of research tools to scientific manpower.

---

304 Bush, Science – The Endless Frontier: A Report to the President on a Program for Postwar Scientific Research (1960).

305 National Science Foundation, 6th Annual Report for the Fiscal Year (1956), S.55.

Aufwändige chemische Instrumente wie die NMR-Spektrometer erreichten die Größenordnung der "Big Science" nicht und die in der Organisation größerer Instrumentalsysteme unerfahrenen Chemiker tendierten dazu, ihre Instrumente allein oder auf Departmentebene zu nutzen. Mit einem Stückpreis von etwa 30.000 $[306] waren die frühen Varian CW-Instrumente aber in einer Preisregion angesiedelt, bei der allein das Einwerben der erforderlichen Mittel ein wichtiges Arbeitsziel des Wissenschaftlers wurde. Das ausgeschüttete Geld eröffnete auch einigen Wissenschaftlern außerhalb von staatlichen Forschungsinstituten und den Entwicklungslaboratorien weniger, finanzstarker Privatunternehmen den Zugang zu teuren Instrumenten.[307] Dennoch blieb in den 1950ern der Kauf eines betriebsbereit gelieferten, kommerziell produzierten CW-Spektrometers die Ausnahme. Doch auch die billigeren Impulsspektrometer oder deren für den Selbstbau benötigte Komponenten konnten an den Universitäten nur mit Hilfe von Fördermitteln zur Verfügung gestellt werden. Die Instrumentenbauer als Lieferanten der Teile profitierten vom sicheren Geschäft und von direkt an sie vergebenen Forschungsaufträgen, an denen auch die Instrumentenabteilung bei Varian bis etwa 1956 überwiegend arbeitete. Aber nicht nur die direkte Förderung half der sich bildenden NMR-Wissenschaftlergemeinschaft, auch die Förderung der anderen, neuen spektroskopischen Methoden verstärkte generell die Bereitschaft, mit elektronischen Instrumenten zu arbeiten und deren Anwendungen weiter zu entwickeln. So wurde die IR-Spektroskopie bis Anfang der 1950er Jahre eine etablierte Standardmethode in der Chemie[308] und sie diente immer wieder als Vorbild der kleinen Gruppe der NMR-Wissenschaftler in den USA, die sich erst im Verlauf der 1950er Jahre langsam vergrößerte.

Vorträge und Publikationen aus dem Kreis der ersten NMR-Forschergruppen um Purcell, Bloch und Gutowsky machten immer mehr Wissenschaftler mit der Methode vertraut.[309] Vor allem Schüler aus dem Umkreis Purcells in Harvard und Gutowskys in Urbana wechselten mit ihrem Wissen und eigenen

306 Das war 1957 der Preis eines HR-40. Becker, "NMR at the NIH: Inception and Growth Over Four Decades" (1996), S.208.

307 Slater, "Instruments and Rules: R.B. Woodward and the Tools of Twentieth-Century Organic Chemistry" (2002), S.14-15; Reinhardt, Steinhauser, "Formierung einer wissenschaftlich-technischen Gemeinschaft. NMR Spektroskopie in der Bundesrepublik Deutschland" (2008), S.77-78.

308 Slater, "Instruments and Rules: R.B. Woodward and the Tools of Twentieth-Century Organic Chemistry" (2002), S.14.

309 Vgl. z.B. Becker, "NMR at the NIH: Inception and Growth Over Four Decades" (1996), S.207.

NMR-Forschungsprogrammen in andere Forschungslaboratorien.[310] Der 1952 an Purcell und Bloch vergebene Nobelpreis für Physik brachte Prestige und brachte die NMR auch in das Bewusstsein einer breiteren Öffentlichkeit. Messen und Tagungen wie die Pittsburgh Conference on Analytical Chemistry and Applied Spectroscopy,[311] verschiedene Gordon Research Conferences, oder Fachtagungen der American Chemical Society waren Orte, an denen weiter für sie geworben wurde.

Für die Methode noch wichtigere Verbindungen wurden über die Instrumente geknüpft. 1959 kaufte die Standard Oil Company of Ohio ein Varian DP-60 Spektrometer, das als Dual Purpose Instrument für Protonen und ^{19}F Messungen ausgelegte damalige Spitzenmodell. Um die immer noch komplizierte Bedienung und die instrumentellen Schwächen[312] in den Griff zu bekommen, suchte man auch in Ohio näheren Kontakt zu Varian und den damals etwa 50 in den USA vorhandenen anderen NMR-Anwendern. Aus den gemeinsamen Bemühungen um die Stabilität und Reproduzierbarkeit der instrumentellen Daten entstand die Experimental Nuclear Magnetic Conference (ENC). Am 24. Juni 1960 fand im Forschungslabor der Standard Oil in Cleveland mit 44 Teilnehmern die erste dieser Konferenzen statt. Der Varian-Mitarbeiter Wayne Lockhart war der einzige eingeladene Vortragende und sprach auf der eintägigen Veranstaltung vier Stunden über NMR-Ausrüstung. In den zwei parallelen Diskussionsforen sollte etwa die Hälfte der Zeit über die Instrumente, die andere Hälfte über die Interpretation der Spektren diskutiert werden. Alle Teilnehmer kamen aus den USA, 50 % aus Industrielaboratorien (DuPont sandte gleich drei Mitarbeiter, neben großen Öl- und Chemiefirmen nahmen auch Vertreter von General Motors (2), der Fairchild Corporation und General Electric teil), 34 % aus den Chemie-, Pharmazie- und Spektroskopiedepartments der Universitäten (u.a. Yale, Purdue, die Ohio State University, die Pennsylvania

310 So gingen Purcells Mitarbeiter und Schüler Henry C. Torrey und Herman Y. Carr an die Rutgers University in New Jersey. John S. Waugh, der bei Don Yost am CalTech ein NMR-Instrument baute und betrieb, wechselte 1953 an das MIT. Der Kanadier Myer Bloom schrieb seine Masterarbeit 1950 auf Basis der Publikationen der Purcell Gruppe und ging als Doktorand zu Charles Slichter nach Urbana. 1954 wechselte er zu Gorter nach Leiden und 1956 kehrte er in das heimatliche Kanada, an die University of British Columbia zurück. David M. Grant, ein Pionier der ^{13}C NMR ging 1957 als Postdoc zu Gutowsky und betrieb ab 1958 NMR auf seinem Lehrstuhl an der University of Utah. Andrew, "Spinning the Spins: A Lifetime in NMR" (1996).

311 Varian führte es 1955 dort ein, die Instrumente bei der Messung zu zeigen. Packard, "The Varian Story", Vortragsmanuskript 1980, S.17-18.

312 Der Signal-Rausch Abstand eines modernen 750 MHz Instruments ist 6000 Mal größer als der des Varian DP-60 (60 MHz).

State University, die University of Chicago, die Northwestern University, Johns Hopkins und das NMR-Zentrum Harvard, das 3 Mitarbeiter schickte) und 14 % aus staatlich oder privat finanzierten öffentlichen Forschungseinrichtungen (Army Chemical Center, NIH,[313] Mellon Institute, Batelle Memorial Institute[314] und die Wooster Foundation for Experimental Biology).[315] Auffällig ist der noch eher regionale Charakter, denn bis auf den Varianmitarbeiter Lockhart nahmen keine Vertreter von Organisationen aus dem Süden oder Westen der USA teil. Das Zentrum Varian hielt die regionalen NMR-Gruppen zusammen. Das östliche Zentrum Harvard war durch Christine und Oleg Jardetzky[316] prominent vertreten. Insgesamt zeigt die Konferenz, wie 1960 die amerikanischen Universitäten im Gebrauch der teuren, kommerziellen CW-Instrumente zu den industriellen Forschungseinrichtungen aufgeschlossen hatten. Die ENC-Treffen als Informationsplattformen der Kernresonanz-Anwender waren ursprünglich alle zwei Jahre an wechselnden Orten geplant, wurden aber dann wegen des regen Zuspruchs alljährlich organisiert.

Zu den Bemühungen, die Methode zu verbreiten zählten auch Publikationen, die einen ersten Überblick über die NMR, ihre Theorie und ihre Möglichkeiten gaben. Zunächst erschienen längere Übersichtsartikel in wissenschaftlichen Zeitschriften,[317] 1957 erhielten die Arbeiten zur NMR mit dem neuen

---

313 Dort ist vor allem Edwin Becker die wichtige Person zur Entwicklung und Förderung der NMR gewesen. Später dann bei Biochemie und der neuen Methode MRI (Magnetic Resonance Imaging) unterstützt durch Adriaan Bax. Becker hatte 1957 sein erstes NMR-Spektrometer, ein Varian CW mit 40 MHz zur Verfügung. Von da an hatte das NMR-Laboratorium der NIH immer die aktuell besten Instrumente. Ricks, "NDDK Installs New Spectrometer" (1996).

314 Bisher kaum beachtet, aber für die Instrumentenentwicklung bedeutend. Bekanntester Erfolg war die Gründung von Xerox.

315 Ritchey, "1st ENC – 1960 Cleveland" (1960). Der Einladung von William M. Ritchey waren dreiseitige "Service Notes on Varian Hi-Resolution Spectrometers" des Vortragenden Wayne Lockhart beigefügt.

316 Oleg Jardetzky war einer der herausragenden Wissenschaftler, die für die zunehmende Anwendung der NMR in der Biochemie und Biologie sorgten. 1956 promovierte er in Physiologie und Physikalischer Chemie an der University of Minnesota. Dann arbeitete er am CalTech, in Harvard und am Merck Institute for Therapeutic Research. 1969-1994 war er Professor der Pharmakologie in Stanford, 1975-1997 als Direktor des dortigen NMR Laboratorium sozusagen ein Nachfolger Hansens und Blochs.

317 Hans Kopfermann, Kernmomente (Physik und Chemie und ihre Anwendungen in Einzeldarstellungen 4), Leipzig: Akad. Verl.-Ges., 1940, kernphysikalische Grundlagen, noch nichts über NMR; Bloembergen, Pound, Purcell, "Relaxation Effects in Nuclear Magnetic Resonance Absorption" (1948); Pake, "Fundamentals of Nuclear Magnetic Resonance Absorption I" (1950); Pake, "Fundamentals of Nuclear Magnetic Resonance Absorption II" (1950); Hahn, Maxwell, "Spin Echo Measurements of Nu-

"Journal of Molecular Spectroscopy" eine etwas mehr auf die Methode zugeschnittene Umgebung, 1958 wurde von der Gruppe um Aksel Bothner-By und Bernard Shapiro am Mellon Institute im Pittsburgh die "Monthly Ecumenical Letters for Laboratories of NMR" (MELLONMR) gegründet, ein vorwiegend an organische Chemiker gerichteter privater Newsletter als Vorläufer einer NMR-Zeitschrift,[318] und ein Jahr später kam dann das erste grundlegende Lehrbuch der hochauflösenden NMR heraus,[319] das schnell zum Standardwerk avancierte. Noch im selben Jahr publizierte John D. Roberts ein Lehrbuch in dem er stärker auf die Verbindungen der Methode zu den spezifischen Vorstellungen der Organischen Chemie einging.[320] Einen nächsten Schritt zur konkreten Anwendung in der Organischen Chemie machte das 1963 folgende Lehrbuch desselben Autors in dem auch Übungsaufgaben zur Spektreninterpretation enthalten waren.[321] Die Entwicklung der Fachliteratur legt nahe, dass die Analyse organischer Verbindungen ab etwa 1960 zu einer in weiteren Kreisen wahrgenommenen und gefragten Methode wurde. Seit Mitte der 1960er Jahre war die NMR ein in Zeitschriften und Reihen etabliertes Forschungsthema, es gab ab 1965 die von John Waugh herausgegebenen "Advances in Magnetic Resonance", seit 1968 den "Annual Review of (später Reports on) NMR Spectroscopy", und seit 1969 das "Journal of Magnetic Resonance" und "Organic Magnetic Resonance". Mit "Nuclear Magnetic Resonance Abstracts and Index" erschien ab 1968 auch ein eigenes Abstractjournal, das auf die bereits seit 1964 kodiert

---

clear Spin Coupling in Molecules" (1952); Hahn, "Free Nuclear Induction" (1953); Bloch, "The Principle of Nuclear Induction" (1953); Purcell, "Research in Nuclear Magnetism" (1953); Gutowsky, "Nuclear Magnetic Resonance" (1954); Shoolery, "Nuclear Magnetic Resonance Spectroscopy" (1954); Wertz, "Nuclear And Electronic Spin Magnetic Resonance" (1955); Lowe, Norberg, "Free-Induction Decays in Solids" (1957); Bernstein, Pople, Schneider, "The Analysis of Nuclear Magnetic Resonance Spectra: I. Systems of Two and Three Nuclei" (1957), 67-83; Reilly, "Nuclear Magnetic Resonance Spectrometry" (1958); Waugh "Nuclear Dipole-Dipole Interactions" (1980); Chamberlain, "Determining Molecular Structure by Nuclear Magnetic Resonance of Hydrogen" (1959).

318 Der Newsletter war rein informell und durfte nicht zitiert werden. Reinhardt, Shifting and Rearranging (2006), S.209-210.

319 Bernstein, Pople, Schneider, High-resolution Nuclear Magnetic Resonance (1959). Zu weiteren frühen Lehrbüchern vgl. Reinhardt, Shifting and Rearranging (2006), S.219-220.

320 Roberts, Nuclear Magnetic Resonance: Applications to Organic Chemistry (1959). Ein weiteres zu dieser Zeit erscheinendes NMR Buch war: Jackman, Application of NMR Spectroscopy in Organic Chemistry, (1959).

321 Roberts, An Introduction to the Analysis of Spin-Spin Splitting in High-Resolution Nuclear Magnetic Resonance Spectra (1962).

auf Lochkarten erhältliche Sammlung der Preston Technical Abstracts Company aufbaute und sie somit in gedruckter Form zugänglich machte.[322] Da die Fachliteratur inzwischen selbst für Spezialisten unübersichtlich wurde, folgte 1972 "Magnetic Resonance Review" als Review Journal für Magnetische Resonanzmethoden, vor allem NMR und ESR.

Wie vielfältig die Bemühungen waren, die NMR bekannt zu machen zeigt auch, dass George Pake 1958 NMR in möglichst einfacher Form im "Scientific American" erklärte, und dass in dieser populärwissenschaftlichen Zeitschrift 1959 tatsächlich eine Bauanleitung für ein "einfaches" NMR-Spektrometer veröffentlicht wurde – die aber naturgemäß reichlich kompliziert war und sicher nicht von vielen Amateuren in die Tat umgesetzt wurde.[323] Wie sah es aber mit der praktischen Anwendung in der professionellen Wissenschaft aus? Die Messung und Interpretation der Daten lag zunächst immer noch vorwiegend in den Händen von Molekülspektroskopikern und Physikern, die mit selbst gebauten Impulsgeräten arbeiteten. Wie der Erfinder Purcell befassten sie sich mit theoretischen Konzepten der Relaxationsprozesse,[324] sie untersuchten vorwiegend Festkörper und entwickelten neue Varianten, wie 1956 das Doppelresonanzverfahren ENDOR (Electron-Nuclear Double Resonance), bei dem durch Einstrahlen einer bestimmten Mikrowellenfrequenz die angeregten Elektronenenergieniveaus vollständig besetzt werden, was einige Spinkopplungen unterdrückt und eine genauere Messung der Hyperfeinstruktur der Spektren ermöglicht.[325] Dabei wird zudem die empfindlichere ESR genutzt, um NMR-Resonanzen zu verstärken. Das Prinzip solcher bis zu 3fachen Verstärkungen durch den Kern-Overhauser-Effekt (NOE) wurde erstmals 1953 bei vergleichbaren Einstrahlungsversuchen beobachtet.[326] Auch wenn sich diese Arbeiten manchmal chemischen Fragestellungen näherten, ordnete selbst in Stanford das Gros der Chemiker die Methode der Physik zu und nahm sie nicht als chemisches Werkzeug,

---

322 [Shapiro], "Preface" (1968). Herausgeber war Barry Shapiro.

323 Pake, "Magnetic Resonance" (1958); Strong, "The Amateur Scientist. How Amateurs Can Build a Simple Magnetic-Resonance Spectrometer" (1959). Die Bauanleitung erschien auch in Strong, The Scientific American Book of Projects for the Amateur Scientist: Experiments and Constructions, Challenges and Divisions (1960). Das Buch ist mit einer Einleitung von Vannevar Bush versehen.

324 Z.B. Bloch, "Line- Narrowing by Macroscopic Motion" (1954).

325 Fehér, "Method of Polarizing Nuclei in Paramagnetic Substances" (1956). Die Methode wurde in den Bell Telephone Laboratories entwickelt. An der theoretischen Konzeption war u.a. der Physiker Charles P. Slichter von der Universität Urbana/Illinois beteiligt.

326 Die Vorhersage wurde experimentell bestätigt. Overhauser, "Polarization of Nuclei in Metals" (1953). Vgl. zur Theorie Abragam, "The Overhauser Effect" (1965).

oder gar Forschungsobjekt wahr.[327] Die Organischen Chemiker als Vertreter der chemischen Kerndisziplin begannen eher zögerlich NMR-Instrumente für die Strukturanalyse zu verwenden. 1952 arbeiteten nur etwa 5 Laboratorien mit diesem Verfahren, 1957 ca. 100.[328] In den 1960er Jahren war die NMR dann aber bereits so weit in der organisch-chemischen Praxis verbreitet, dass sie primär nicht mehr als physikalische, sondern als chemische Analysenmethode wahrgenommen wurde und wesentlich zur Instrumentenrevolution in der Chemie beitrug. Die Wende kam kurz nach 1960. In einer 1972 erstellten Übersicht wurden 43 Lehrbücher der Magnetischen Resonanz gezählt, davon erschienen 31 mit meist chemischer Ausrichtung nach 1964.[329]

Entscheidende Impulse für dieses Eindringen der NMR in die Praxis der chemischen Analytik gingen von der Instrumentenabteilung der Firma Varian aus. Die Instrumente mussten dabei nicht nur mit der Arbeitsstrategie der Chemiker, sondern auch mit ihren Laboratorien vereinbar gemacht werden, denn die schweren Magneten benötigten besonders stabile Böden. Auf solche Lasten waren die chemischen Laboratorien nicht ausgelegt, daher standen frühe chemische NMR-Geräte häufig im Keller der Laborgebäude.[330] Laborneubauten wurden den veränderten Bedürfnissen chemischer Forschung angepasst, so dass die Räume, bzw. Böden, den Ansprüchen genügten. Aufwändige elektronische Instrumente wie die NMR-Spektrometer veränderten somit Arbeitsumgebung, Arbeitsorganisation und Arbeitsteilung in der chemischen Forschung. Massenspektrometer, Röntgenspektrographen, Ultraschall- und Hochdruckeinrichtungen gehörten zu dieser Gerätekategorie, die eine Umorganisation erforderlich machte.[331] Solche weitgehenden Veränderungen verlangten einen hohen Aufwand und erhebliche Umstellungen, daher stieg in der Chemie die abgerufene Förderung großer Instrumente bis Anfang der 1960er Jahre nur langsam. Die Chemiker fühlten sich jedenfalls gegenüber den Physikern im Hintertreffen, was John D. Roberts schon 1963 als Mitglied des Advisory Commitees der NSF Sektion für Mathematik, physikalische und Ingenieurswissenschaften dem Präsidenten der NSF gegenüber klar machte[332] und 1965 durch den Westheimer Report auch an die Öffentlichkeit gebracht wurde. Dieser Bericht stellt die instrumentellen Defizite in der Chemie fest und fordert plakativ steigende Investitionen in moderne elektronische Instrumente, um die amerikanische Chemie

327 Packard, "Nuclear Induction at Stanford and the Transition to Varian" (1996), S.522.

328 Reinhardt, Shifting and Rearranging (2006), S.29.

329 Farach, Poole, "Guide to the Magnetic Resonance Literature" (1972), S.20-22.

330 Lécuyer, Lenoir, "Instrument Makers and Discipline Builders" (1995), S.314.

331 Stine, "Scientific Instrumentation as an Element of U.S. Science Policy: National Science Foundation Support of Chemistry Instrumentation" (1992), S.239-241.

332 Ders., ebd., S.243-244.

konkurrenzfähig zu halten.[333] So waren es einige NMR-Wissenschaftler und Chemiker selbst, die als Berater der staatlichen Wissenschaftsförderorganisationen dafür sorgten, dass für die neuen chemischen Instrumente genügend Fördermittel zur Verfügung standen.[334] Die instrumentelle Ausstattung war daher in den USA um 1970 gut.[335]

3.2. Varian als Knotenpunkt der chemischen NMR

Regierungsaufträge ermöglichten es Varian Associates einen Mitarbeiterstab aufzubauen, der noch nicht über kommerzielle Geschäfte finanzierbar war.[336] Die Entwicklung neuer Produkte wurde von den Mitgliedern der Entwicklungsabteilung in recht engem persönlichen Kontakt mit den NMR-Wissenschaftlern durchgeführt. Es gab noch keine formale Marktanalyse und bürokratische Abläufe wie die Dokumentation der Entwicklungsschritte wurden möglichst einfach gehalten. Höchste Priorität hatte nicht die kostengünstige Produktion, sondern die Leistung der Geräte.[337] Zunächst wurde Bedienbarkeit und Stabilität des Systems auf ein halbwegs akzeptables Niveau gebracht: Martin Packard machte anfangs wegen der schlechten Abschirmung seines Magneten hoch aufgelöste Messungen in Unterwäsche, um bewegliche Eisenteile wie Gürtelschnallen oder Reißverschlüsse in der Umgebung auszuschließen[338] – NMR in Unterhosen war den zukünftigen Nutzern wohl nicht zuzumuten. Die kleine chemische NMR-Gemeinschaft arbeitete hart daran, ein chemisches Instrument zu erschaffen, indem sie die NMR-Spektrometer an die praktischen, aber auch ideellen Bedürfnisse und Gewohnheiten der organischen Chemiker anpasste. Chemische Verschiebung und Spin-Spin Kopplung eröffneten Optionen für die

---

333 Committee for the Survey on Chemistry (Hg.), Chemistry Opportunities and Needs, (1965).

334 Herbert Gutowskys Doktorvater George Bogdan Kistiakowsky war Mitglied des Committee of Science and Public Policy des National Research Councils, das den Westheimer Report in Auftrag gegeben hatte. Er schrieb die an den Präsidenten der National Academy of Science gerichtete Übergabeadresse, in der dem ausführenden Committee for the Survey on Chemistry ein "outstanding job" bescheinigt wird. Zu den 16 Mitgliedern des Committee for the Survey on Chemistry gehörten auch die NMR Wissenschaftler Herbert S. Gutowsky, John D. Roberts und Henry Taube. Committee for the Survey on Chemistry (Hg.), Chemistry Opportunities and Needs (1965), S.III-V (nicht paginiert).

335 Stine, "Scientific Instrumentation as an Element of U.S. Science Policy: National Science Foundation Support of Chemistry Instrumentation"(1992), S.248-255.

336 Packard, "The Varian Story", Vortragsmanuskript 1980, S.9.

337 Ders. ebd., S.9-10.

338 Arnold, "Early Perceptions in Nuclear Magnetic Resonance (NMR)" (1996), S.195.

experimentelle Untermauerung chemischer Strukturvorstellungen und trieben die Bemühungen an. Sie versprachen den Chemikern wertvoll erscheinende Informationen und eröffneten den Research Technologists die Chance zur Einbettung der NMR in das neue Gebiet.

Zunächst benutzten, analog zur Entwicklung in der Infrarotspektroskopie, die an praktischen Problemen der Produktkontrolle interessierten Chemiker in großen Industrieunternehmen hochauflösende CW-NMR-Spektrometer. Humble Oil – für die Russell Varian ja selbst gearbeitet hatte – bestellte das erste im September 1952 gelieferte Exemplar[339] des nun kommerziell erhältlichen Kleinserientyps V-4300 (später HR-30);[340] Phillips Petroleum, die Shell Development Corporation und DuPont folgten.[341] Mit dem Instrument konnten bei einer Protonenlarmorfrequenz von 30 MHz hochaufgelöste Spektren registriert werden. Die Wissenschaftler in der Industrie hatten über den kleinen, akademischen Expertenkreis von der NMR gehört und Varian war der einzige Anbieter solcher Instrumente, deren Herstellung aber noch nicht mit den in der industriellen Serienproduktion üblichen Abläufen vergleichbar war. Varians Instrumentenabteilung konnte nicht einmal den Preis der ersten Instrumente genau kalkulieren[342] und jedes war ein gegenüber dem Vorgänger verbessertes Einzelstück.[343] Die Motivation der Industrie sich so früh für die Methode zu interessieren war mit den Erwartungen bei der Einführung von Standard IR Spektrometern in den 1940ern vergleichbar.[344] Auf die Frage, was die NMR der Chemie gebracht habe, antwortete Martin Packard:[345]

---

339 Das Unternehmen gehörte zur Magnolia/Mobil Oil die in Dallas ein Forschungslabor betrieb. Dort arbeitete man schon seit einiger Zeit an der von Russell Varian patentierten Idee, Impuls-NMR zur Ölsuche zu verwenden. Bei einem Besuch bei Varian Associates sahen sich zwei leitende Angestellte des Forschungslabors um und orderten drei Instrumente, ein Breitlinien NMR, ein Impuls NMR, und ein hochauflösendes NMR Spektrometer für insgesamt 50.000 bis 75.000 $, ohne das diese Instrumente schon getestet, oder gar als Serienmodelle angeboten worden wären. Woesner, "The early days of NMR in the Southwest" (2001), S.87 und S.89, Abb.

340 Shoolery, "NMR Spectroscopy in the Beginning" (1983), S.733A. Das Instrument kostete ca. 30.000 $ und wurde von Shoolery aufgestellt.

341 Kane, Interview geführt im November 1989 von Sharon Mercer, S.7; Packard, "The Varian Story", Vortragsmanuskript 1980, S.10.

342 Der Preis lag ungefähr bei 30.000-40.000 $.

343 Kane, Interview geführt im November 1989 von Sharon Mercer, S.7-8.

344 Bei der Einführung der IR-Spektroskopie als organisch-chemische Analysenmethode kooperierten Wissenschaftler aus der chemischen Industrie, öffentlichen Forschungseinrichtungen und Universitäten mit den Instrumentenbauern National Technical Laboratories (später Beckman Instruments) und Perkin-Elmer in Rüstungsprogrammen zur Sicherung der Versorgung mit Flugbenzin und Gummi. Das ab 1945 vermarktete

> Prior to the use of NMR and other less powerful analytical techniques, you could spend literally months and years trying to determine the structure of a molecule. With NMR, infrared, mass spectroscopy, and other such tools, the same problems can often be solved in hours, and the whole field of chemistry has been able to undergo a much more rapid advance and expansion.

Die Aussicht analytische Arbeiten in einem Bruchteil der Zeit durchführen zu können, versprach den Industriechemikern Zeit und damit Geld zu sparen, besonders wertvoll im ökonomischen System. Daneben konnten mit schnelleren Methoden neue Forschungsstrategien verfolgt werden, welche die Wissensproduktion beschleunigten. Finanzstarke Unternehmen wollten sich diese potentiellen Vorteile sichern, auch wenn die frühen Modelle noch keinen großen Nutzen brachten: "you could smell the cork on the bottle and almost make the same analysis" meinte Martin Packard dazu.[346] Die Chemiker in den Industrielabors waren zunächst weniger Kunden eines Produzenten als Partner bei dem Versuch, die NMR in die Chemie einzubetten. Den zahlenmäßig begrenzten, ersten industriellen Kunden kommerziell hergestellter NMR-Geräte folgten bald Chemiker an staatlichen Forschungsinstitutionen und schließlich auch an Universitätslaboratorien, welche durch staatliche Förderung die Mittel für ein teures Instrument aufbringen konnten.

James Shoolery war der erste von Varian Associates eingestellte Chemiker. Ein Chemiker war bei Varian nun unabdingbar, um mit dem angestrebten Kundenkreis auf gleicher Ebene kommunizieren zu können und es gelang Shoolery auf vielen Wegen, seinen Kollegen die NMR näherzubringen:[347]

> The NMR business was, and still is, characterized by close couplings and interchange between the people who make the machines and the people who use the machines. We expected, and had, scientist-to-scientist interaction. Jim Shoolery and other people could talk with the users in a language, they could understand.

Perkin-Elmer Modell 12 ging aus dieser Kooperation hervor und dessen Nachfolger, die Modelle 21 und 137 "Infracord" wurden Standardgeräte, mit denen die Methode in der chemischen Praxis verbreitet wurde. Vgl. Rabkin, "Technological Innovation in Science. The Adoption of Infrared Spectroscopy by Chemists" (1987); Morris, Reinhardt, Travis, "Research Fields and Boundaries in Twentieth-Century Organic Chemistry" (2001), S.23-24. Auch im Falle der NMR versuchte die API im Rahmen des gleichen Projekts "44" spektroskopische Einheiten und Darstellungsformen zu standardisieren. Reinhardt, Shifting and Rearranging (2006), S.210-211.

345 Varian Associates (Hg.), Varian Associates: An Early History (1958), S.9.

346 Zitiert nach: Varian Associates (Hg.), Varian Associates: An Early History (1958), S.9-10.

347 Packard, Interview geführt am 7. und 12. Dezember 1989 von Sharon Mercer, S.25.

Wie bei vielen frühen NMR-Wissenschaftlern begann sich durch die Arbeit im Krieg auch Shoolerys praktisches Wissen über die Elektronik der Molekülspektroskopie zu entwickeln.[348] Anschließend war der Anorganiker Don Yost sein Doktorvater am California Institute of Technology (CalTech), der ebenfalls an molekülspektroskopischen Instrumenten und der Interpretation ihrer Daten interessiert war. Bei Yost promovierte auch John Steward Waugh, ein anderer früher NMR-Pionier, der als Physiker ein erfolgreicher Spezialist für Festkörper NMR wurde.[349] Bei seinem Labornachbarn Waugh kam Shoolery erstmals mit NMR in Kontakt. Die Begeisterung für die Methode packte ihn aber bei einer anderen Gelegenheit. Als er eine Elektronikmesse besuchte, las er an der Varian Auslage den Artikel von Arnold, Dharmatti und Packard[350] über die neuen Möglichkeiten der NMR. Überzeugt von den drei Ethanolsignalen bewarb sich Shoolery bei Varian Associates. Als erstes Werkzeug für die Forschung, aber auch zur Popularisierung der Methode unter den Chemikern, richtete er im Januar 1953 das Varian Anwendungslabor mit anfangs nur einer Mitarbeiterin ein.[351] Auch dabei waren IR-Spektrometerproduzenten das Vorbild, die ähnliche Laboratorien installiert hatten.

Shoolerys Labor testete die neuen Instrumente und er bot als Serviceeinrichtung den möglichen Kunden auch an, Substanzen zu messen. Das Außergewöhnliche war, dass er vorwiegend als Kollege der NMR-Wissenschaftler auftrat. Er publizierte in wissenschaftlichen Journalen[352] und trug selbst durch empirische Daten und deren Interpretation zum Wissensbestand der Methode bei. Seine Arbeitsweise und die Rolle, die das chemische Strukturmodell dabei spielte, erschließt sich recht prägnant aus einer späteren Bemerkung:[353]

---

348 Der 1925 geborene James Nelson Shoolery wurde 1944 als Radartechniker in die Navy eingezogen. Nach dem Krieg beendete er seine Collegeausbildung in Berkeley mit einem Projekt zur Mikrowellenspektroskopie und 1948-1951 studierte er Chemie am California Institute of Technology, anschließend war er dort Postdoc. 1952 wurde er als 512. Betriebsangehöriger bei Varian Associates eingestellt. Shoolery, "NMR Spectroscopy in the Beginning" (1983), S.732A-733A und S.741A.

349 Waugh, "NMR Spectroscopy in Solids. A Historical Perspective" (1993). Waugh betrieb sein frühes Spektrometer mit U-Boot Batterien. Er wechselte nach seiner Promotion am CalTech 1953 an das MIT wo er bis 1989 Mitglied der Abteilung für Chemie und dann Professor war.

350 Arnold, Dharmatti, Packard, "Chemical Effects on Nuclear Induction Signals from Organic Compounds", (1951). Vgl. Kap. 2.

351 Shoolery, "NMR Spectroscopy in the Beginning" (1983), S.732-733; Packard, Interview geführt am 7. und 12. Dezember 1989 von Sharon Mercer, S.8.

352 Reinhardt, Shifting and Rearranging (2006), S.208.

353 Shoolery, "The development of experimental and analytical high resolution NMR" (1995), S.39.

Varian spectrometers turned the nucleus of the hydrogen atom into the equivalent of a centrally located spy, willing to disclose its interactions with the electrons in nearby chemical bonds. The potential for extracting information about the chemical structure was apparent. One had only to correlate the observed spectral parameters with known molecular properties and develop the theory.

Abb.23: James Shoolery und seine erste Mitarbeiterin Virginia Royden 1953 im Varian Anwendungslabor bei der Bedienung eines frühen NMR-CW-Spektrometers. Shoolery notiert die Beobachtungen, die er auf dem Oszilloskop der Steuer- und Anzeigeeinheit links macht. Das Instrument ist aber auch bereits mit einem Schreiber ausgestattet. Rechts steuert Virginia Royden an der Stromversorgungseinheit das Magnetfeld möglichst homogen aus (sie beobachtet dazu ebenfalls das Oszilloskop links). Eine Messung erforderte also die volle Konzentration von zwei Personen. Im Rücken Shoolerys ist der Elektromagnet erkennbar.

Auf diese Weise stellte er die als 'Shoolery-Regeln' bekannten Korrelationen zwischen der chemischen Verschiebung des gemessenen Protons und seinen Abständen zu bestimmten Atomgruppen auf. In der Theorie wurden die chemischen Verschiebungen von akademischen Wissenschaftlern mit der Induktion durch elektronegative Nachbaratome, der Elektronendichte, Mesomerieerscheinungen, magnetischer Anisotropie und Ringströmen erklärt. Shoolery dagegen entwickelte aus der Menge des empirisch gefundenen Datenmaterials Regeln, die beschreiben wie aus den in Tafeln geordneten Verschiebungsanteilen einzelner Strukturelemente additiv die Gesamtverschiebung abgeschätzt werden kann.[354] Damit hatte er das Standardverfahren für die chemische Praxis

354 Shoolery, "Correlation of Proton Magnetic Resonance Chemical Shifts with Electronegativities of Substituents" (1953); Dailey, Shoolery, "The Electron Withdrawal Power of Substituent Groups" (1955).

erarbeitet, wie im Voraus durch Inkremente die chemischen Verschiebungen ungefähr zu ermitteln sind. Die einzelnen Verschiebungsanteile wurden in Tabellen präsentiert, es errechnet sich die Gesamtverschiebung mit:

$\delta_{gesamt} = \delta_{Basis} + \Sigma$Verschiebungsanteile.

Group	σ_{eff}	Group	σ_{eff}	Group	σ_{eff}
$-CH_3$	0.47	-CO-Ph	1.84	-N=C=S	2.86
-C=C	1.32	-Ph	1.85	$-N_3$	1.97
-C≡CR	1.44	$-CF_2$	1.21	-NHCOR	2.27
-C≡CAr	1.65	$-CF_3$	1.14	-OH	2.56
-C≡C-C≡C-R	1.65	-Cl	2.53	-OR	2.36
-C≡N	1.70	-Br	2.33	-OCO-R	3.13
-COR	1.70	-I	1.82	-OPh	3.23
-CO-OR	1.55	$-NR_2$	1.57	-SR	1.64
$-CO-NR_2$	1.59	$-NO_2$	2.46	-SCN	2.30

Abb. 24: Tabelle mit den relativ zu H gesetzten Verschiebungswerten unterschiedlicher Substituenten als Daten für die Shoolery-Regeln.

Dabei wird der Basiswert für die chemische Verschiebung einer bestimmten Atomgruppe aus den von Gutowsky entwickelten Tafeln entnommen: Die Systeme des akademischen Wissenschaftlers und des Angestellten der Instrumentenfirma interagierten eng.

Varian animierte auch andere Mitarbeiter zu wissenschaftlicher Tätigkeit.[355] Mit diesen Arbeiten sollten sie nicht nur den eigenen Ambitionen folgen, sondern waren als Teil des Unternehmens aktiv daran beteiligt einen akademischen Markt zu schaffen. Dazu gehörte auch, dass sie eine besondere Form der akademischen Lehre betrieben: Bis 1960 hatte Shoolery mit seinen Vorträgen ungefähr 20.000 Zuhörer auf Konferenzen und in Kursen erreicht.[356] Somit waren die Instrumentenkonstruktion und die wissenschaftliche Entwicklung nicht zu trennen, d.h. das Unternehmen Varian folgte nicht nur der Nachfrage der Wissenschaftler, sondern war auch aktiv an der Formulierung dieser Bedürfnisse beteiligt. Während Research Technologists wie Russell Varian Anwendungen für die NMR suchten und die Instrumente an deren Erfordernisse anpassten, versuchte nun Shoolery in einem darauf folgenden Schritt, den Bedarf einer solchen Anwendung zu entwickeln und das Einbetten zu perfektionieren. Ab Juli 1953 gab das Anwendungslabor "Technical Information Bulletins" heraus, welche über neue Entwicklungen bei Varian und in der NMR unterrichteten und

355 Reinhardt, Shifting and Rearranging (2006), S.203.

356 Shoolery, "NMR Spectroscopy in the Beginning" (1983), S.737A. Vgl. dazu Becker, "NMR at the NIH: Inception and Growth Over Four Decades" (1996), S.207-208.

über eine zusammen mit Hewlett-Packard benutzte Postverteilerliste an Instrumentenkäufer und Interessierte versandt wurden.[357] Im ersten Bulletin wird grundlegend über das NMR-Prinzip, das Messinstrument und die chemischen Anwendungsmöglichkeiten informiert, wobei als Argumente eine Reihe von Fotografien der noch am Oszilloskop dargestellten Spektren in der Art des von Proctor und Mitarbeiter publizierten Ethanolspektrums abgebildet sind.[358]

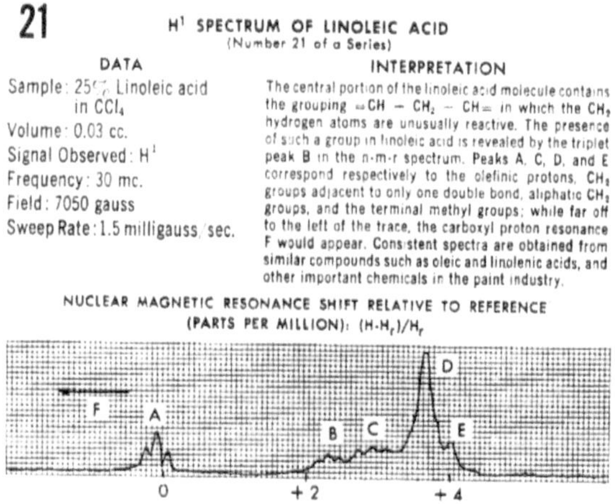

Abb. 25: Die "This is NMR at Work" Annonce aus dem Jahr 1955 zeigt das typische Schema der Serie, ein Thema, ein Spektrum und eine Interpretation. Bei der Linolsäure ist die eindeutige Zuordnung vieler Signale durch das mangelhaft aufgelöste Spektrum ohne vorherige Kenntnis der Struktur noch nicht möglich. Das Carbonylproton ist nicht zu sehen, da der aus Präsentationsgründen klein gewählte Sweepbereich dafür nicht ausreicht.

Im April 1954[359] startete Shoolery mit dem Ingenieur und Marketingleiter Emery Rogers eine Serie die ein viel breiteres Publikum ansprechen sollte[360]

357 Shoolery, "NMR Spectroscopy in the Beginning" (1983), S.734A; Lécuyer, Lenoir, "Instrument Makers and Discipline Builders" (1995), S.316.

358 Varian Associates (Hg.), "A New Kind of Spectroscopy: High Reolution n.m.r." (1953).

359 Die erste Nummer zeigt ein durch die Technik des Probenspinnings verbessertes Spektrum von Toluol.

360 Dennoch waren die Technical Information Bulletins und "NMR at Work" beide Teil des Konzepts, mit dem die chemische NMR stabilisiert wurde, da ja Instrumententechnik und automatisierte Spektrendarstellung in zwangsläufiger Verbindung stehen. Im vierten Bulletin wurde eine Reihe von Artikeln von "NMR at Work" abgedruckt. Zu-

und die sehr erfolgreich wurde. Es handelt sich um die Werbeanzeigenserie "This is NMR at Work", die viele Jahre hinweg in über 100 Ausgaben erschien, zunächst in der "Analytical Chemistry", dann monatlich auf der hinteren Umschlagseite des prestigereichen "Journal of the American Chemical Society" (JACS), der bedeutendsten chemischen Fachzeitschrift, und später auch in anderen Fachzeitschriften.[361] Das Anwendungslabor griff darin Fragen aus der chemischen Forschung auf, die mit Hilfe von NMR bearbeitet und gelöst wurden und stellte die NMR als ein unverzichtbares Hilfsmittel für Chemiker dar. Mit den Artikeln wurden überwiegend detaillierte qualitative Strukturanalysen organischer Moleküle vorgeführt, d.h. die Möglichkeit, mit der NMR räumlich gedachte molekulare Strukturen zu ermitteln und zu bestätigen.

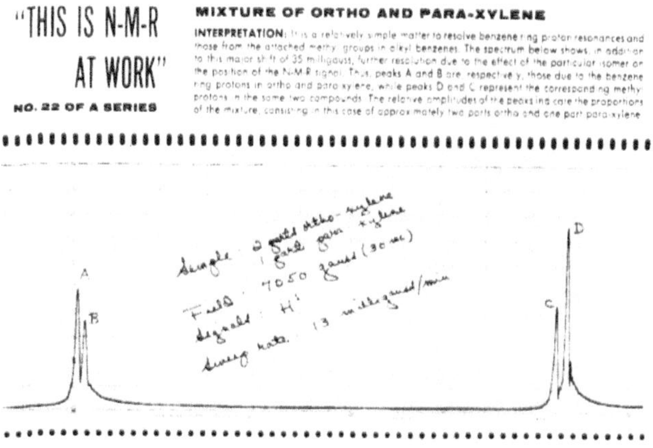

Abb. 26: *Hier die direkt folgende Annonce. Die Auflösung des ebenfalls bei 30 MHz gefahrenen Spektrums (ein Gemisch aus ortho- und para-Xylol) hat sich sichtlich verbessert, denn es war der Flux Stabilizer (siehe unten) eingeführt worden. Das Spektrum wird nun auf einem Schreiberpapier abgebildet, was zusammen mit der handschriftlichen Bemerkung einen bewusst authentischen Eindruck vermittelt. Der über zwei Zapfenräder exakt mit dem Sweep koordinierte Papiervorschub war kurz zuvor für die IR-Spektrometer entwickelt worden. Insgesamt sieht das Spektrum wie ein (sehr einfaches) IR-Spektrum aus. Das gibt einen deutlichen optischen Verweis auf die erfolgreiche IR-Spektroskopie. Derartige Rollenschreiber wurden bis etwa 1960 verwendet, dann wurde die NMR auch hier eigenständig.*

---

erst in Varian Associates (Hg.), "N.M.R. Chemical Shifts in Oxygen and Nitrogen Compounds", (1956), S.2-4. Die Werbeanzeigen waren aber viel kürzer, stärker auf den ersten Eindruck hin gestaltet und konnten so ein breiteres Publikum ansprechen.

361 Packard, "The Varian Story", Vortragsmanuskript 1980, S.15.

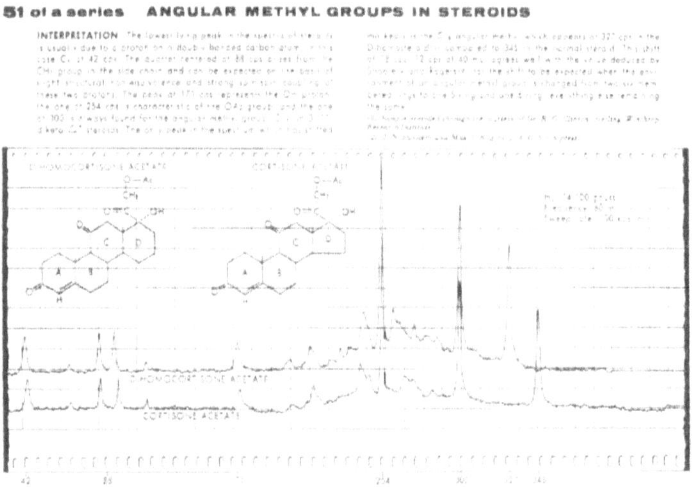

Abb. 27: *Hier wird 1958 versucht, die Möglichkeiten der Methode auch im Bereich komplizierterer biochemischer Verbindungen (Steroide) zu zeigen. Deutlich ist, dass die meisten Signale trotz der inzwischen auf 60 MHz gestiegenen Messfrequenz nicht klar genug für genauere Zuordnungen sind, dennoch ist anhand einiger deutlicher Resonanzen eine vergleichende Unterscheidung der beiden sehr ähnlichen Strukturen durch die NMR möglich. Das Beispiel zeigt Möglichkeiten, mehr aber noch Optionen im biochemischen Bereich.*

Die Kommunikation verlief nicht nur einseitig. Als John D. Roberts vom CalTech eine der Interpretationen mit Hilfe der Massenspektrometrie kritisierte, wurde diese Kritik in der folgenden Annonce Nr. 92 mit einem Hinweis auf die Anregung Roberts' erklärt und übernommen.[362] Die Werbeserie ist bemerkenswert, weil sie die Funktion des Instrumentenbauers Varian in der NMR der 1950er und frühen 1960er Jahre zeigt. Es werden nicht die Vorzüge der Varian Spektrometer herausgestellt, was Preis, Design, Zuverlässigkeit oder Service betrifft, sondern den Chemikern der neueste Stand der Möglichkeiten gezeigt und NMR-Standards festgelegt.[363] Damit hatten diese Werbeannoncen in der

362 "How NMR Spectroscopy Determines Structure", This is NMR at Work, Nr. 92. Der Titel könnte nicht nur aussagen, dass mit NMR die Struktur bestimmt wird, sondern durchaus auch dass die NMR die chemische Struktur bestimmt.

363 Dazu zählt auch die Namensgebung. Die Abkürzung NMR wurde aus Marketinggründen von Emery Roberts und James Shoolery 1953 erfunden und durch die Aktivitäten des Anwendungslabors wie "This is NMR at Work" im allgemeinen Gebrauch verankert. Shoolery, "NMR Spectroscopy in the Beginning" (1983), S.733A; Packard, "Felix Bloch . Reminiscences of a Graduate Student" (1985), S.92.

wissenschaftlichen Welt einen Status, der dem eines Fachartikels oder Lehrbuches gleich kam.[364] So wurden in einem 1962 erschienenen, frühen deutschen Lehrbuch zur chemischen NMR die "NMR at Work" Anzeigen Nr. 62, 64 und 66 als Beispiele zur Strukturaufklärung abgedruckt und darüber hinaus zwei Spektren mit Interpretation aus dem "Technical Information Bulletin".[365] Die wissenschaftliche Gemeinschaft konnte über Varians NMR-Werbeschriften an der Methode teilhaben und die Ergebnisse bezeugen. Frappierend ist die Parallele, dass der Firmenangestellte Shoolery als akademischer NMR-Peer und die Werbeannonce "NMR at Work" als wissenschaftliche Publikation mit hohem Impact-Faktor galten. Es gab allerdings die Einschränkung, dass beide ohne institutionalisierte wissenschaftliche Kontrolle agierten.[366]

Die Serie spiegelt natürlich auch die instrumententechnischen Bemühungen von Varian wieder, z.B. die mit der Magnetfeldstärke über 40 (9.400 Gauss in Anzeige Nr. 29, 1956) auf 60 (14.100 Gauss, in Anzeige Nr. 46, 1958) bis 100 MHz (23.500 Gauss in Anzeige Nr. 79, 1960) steigende Protonenlarmorfrequenz. Immer stärkerer Magnete werden häufig als der signifikanteste Aspekt der NMR-Instrumentengeschichte präsentiert. Je höher das angelegte Magnetfeld ist, desto energiereicher und intensiver sind die Absorptionsübergänge, sie können somit leichter detektiert werden. Da die NMR prinzipiell eine recht unempfindliche Methode ist (in etwa zehn Mal unempfindlicher als die IR-Spektroskopie), war die Steigerung der Empfindlichkeit ein Hauptziel der Instrumentenentwicklung. Das Signal-Rausch Verhältnis bei einem 60 MHz-Magneten lag bei ca. 25:1, bei einem 100 MHz-Magneten war es ca. 50:1.[367] Prinzipiell gibt es auch den Weg, die geringe Empfindlichkeit durch eine größere Probenmenge zu kompensieren. Das galt aber als Notlösung, denn eine größere Substanzmenge war nicht immer verfügbar, zudem konnte die Konzentration bei geringer Löslichkeit der Substanzprobe nicht beliebig gesteigert werden. Wenn man andererseits das Volumen der Probe erhöhte, ergaben sich magnettechnische Probleme. Die Messgeschwindigkeit war ein weiterer experimentell beeinflussbarer Empfindlichkeitsfaktor. Je langsamer die Messung (der Sweep genannte Scan des Frequenzbereichs) durchgeführt wurde, desto empfindlicher

---

364 Shoolery, "NMR Spectroscopy in the Beginning" (1983), S.734A-735A. Die Annoncen wurden auch gesammelt immer wieder in Heften herausgegeben, das erste Mal 1959 anlässlich des 5jährigen Jubiläums. Aus diesem Heft stammen die gezeigten Beispiele.

365 Strehlow, Magnetische Kernresonanz und chemische Struktur (1962), S.78-85. Das für die NMR recht anschaulich und leicht verdaulich geschriebene Buch war speziell zur Einführung für Organische Chemiker gedacht.

366 Lécuyer, Lenoir, "Instrument Makers and Discipline Builders" (1995), S.317; Reinhardt, Shifting and Rearranging (2006), S.207-208.

367 Günther, NMR-Spektroskopie. Eine Einführung (1973), S.64.

war der Nachweis, denn die Stärke des Messsignals ist einfach proportional zur Messdauer, die des Messrauschens aber nur einfach proportional zu deren Wurzel. Die Signale heben sich bei langsamerer Messung also deutlicher vom Hintergrundrauschen ab. Das Verfahren hatte allerdings ebenfalls enge theoretische und praktische Grenzen. Trotz des hohen technischen und finanziellen Aufwandes boten sich daher stärkere Magneten als Verbesserungsweg an. Zusätzlich verbesserte sich auf diesem Wege auch die Auflösung des Spektrums, denn mit den Abständen der Energieeigenzustände wird die Dispersion des Spektrums erhöht, d.h. die Achse der chemischen Verschiebung gespreizt. Davon sind zwar die magnetfeldunabhängigen Kopplungskonstanten nicht betroffen, durch die wachsende chemische Verschiebung können aber Multipletts getrennt werden, die sich bei niedrigen Larmorfrequenzen überlagern.

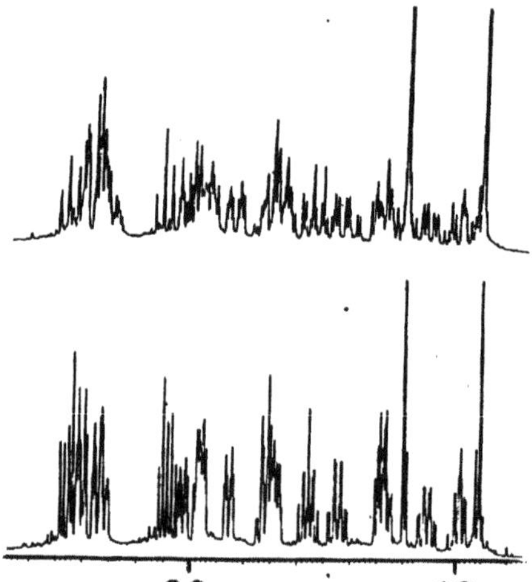

Abb. 28: Das ^{1}H-NMR-Spektrum von 4,5 Androsten-3,17-dion bei 300 (oben) sowie bei 600 MHz Larmorfrequenz. Im 600 MHz-Spektrum können deutlich mehr einzelne Signalgruppen erkannt werden. Die Einzelsignale sind schärfer und intensiver.

Durch weniger Signalüberlagerungen wird die Interpretation der Spektren vereinfacht, was gerade bei größeren Molekülen mit vielen, eng beieinander liegenden Signalen wichtig war. Nachdem Varian bereits 1959[368] mit dem HR-100

368 Shoolery, "The development of Experimental and Analytical High Resolution NMR" (1995), S.39; Lécuyer, Lenoir, "Instrument Makers and Discipline Builders" (1995), S.310.

(100 MHz) die magnetische Sättigungsgrenze der Eisenkerne erreicht hatte,[369] begannen mit einem ab etwa 1964 von der gleichen Firma angebotenen Instrument mit supraleitendem Magneten die Feldstärken in ungeahnte Höhen zu steigen.[370]

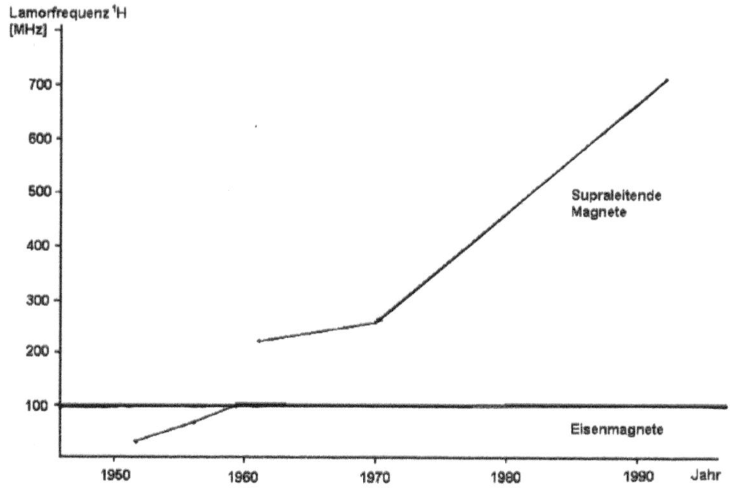

Abb. 29: *Maximale Magnetfeldstärke der käuflichen NMR-Spektrometer. Die magnetische Sättigungsgrenze bei 100 MHz Protonenlarmorfrequenz verhinderte stärkere konventionelle Magnete.*

Das Beispiel zeigt, wie das Forschungsziel der Chemiker, Strukturen größerer Moleküle aufzuklären, mit der technischen Instrumentenentwicklung und den Eigenschaften der Substanzen verknüpft war. Aber nicht nur bezüglich der Magnetfeldstärke bestimmte Varian bis in die 1960er Jahre die Entwicklung. Mindestens ebenso wichtig war die stabile Kontrolle der Messbedingungen, die höhere Empfindlichkeit durch ein verringertes Hintergrundrauschen ermöglichten. Durch technische Entwicklungen außerhalb der NMR, vor allem in der Halbleiter-, Regelungs- und Computertechnik ergaben sich wesentliche Anstöße, die den wissenschaftlichen Erfolg der NMR förderten.

369 1962 kostete ein HR-100 mit Flux Stabilizer, Intergrator und Messelektronik für Protonen und Fluorkerne knapp 50.000 $, eine vergleichbar ausgestattetes HR-60 ca. 40.000 $. Varian Associates, Instrument Division (Hg.), HR-100, HR-60, DP-60 High Resolution and Dual Purpose NMR Spectrometer Systems, Preisliste (1962), S.1.

370 Packard, "The Varian Story", Vortragsmanuskript 1980, S.13-14.

Zuerst wurde aber im Anwendungslabor das Oszilloskop als Anzeigeinstrument durch einen Schreiber ersetzt der die Methode dem spektroskopischen Standard der IR annäherte, das Messergebnis durch automatische Datenaufzeichnung zu objektivieren.[371] Dabei musste das Messverfahren vom für das Oszilloskop oszillierenden auf einen linearen Magnetfeldsweep umgestellt werden. Die Darstellung der Daten hatte also direkten Einfluss auf die Messung. Mit der druckluftbetriebenen Rotation des Probenröhrchens um die z-Achse wurde 1954 eine einfache, wirksame und bis heute verwendete Methode vorgestellt, das effektiv auf die Probe wirkende Magnetfeld zu homogenisieren, indem lokale Feldschwankungen ausgemittelt werden.[372] Generell wurde weiter ein immer homogeneres Magnetfeld durch spezielle Magnetmodifikationen und Regelungseinrichtungen erreicht. Ab Anfang 1955 vermarktete Varian den Flux Stabilizer (verkaufsfördernd auch Super Stabilizer genannt),[373] bei dem die Konstanz des Magnetfeldes durch eine empfindliche Spule zwangsgeregelt wird, die das Magnetfeld misst. Über die optoelektrisch verstärkten Spannungsänderungen der Spule wird dabei ein Feedback an die Spannungsversorgung des Elektromagneten gegeben.

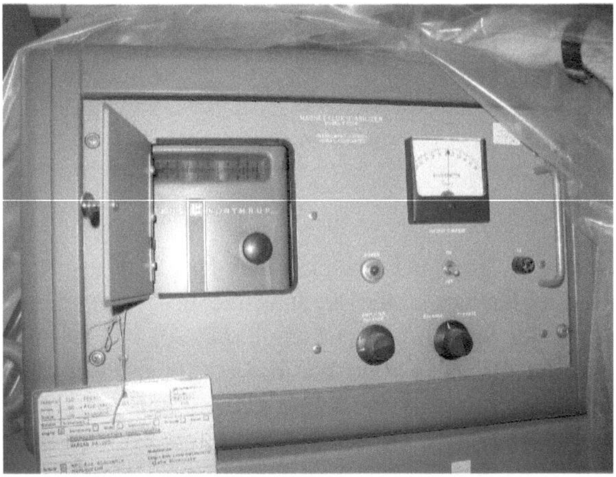

Abb. 30: Varian Flux Stabilizer Model V-3506 (1967). Das Öffnen der Klappe links enthüllt ein zweites Gehäuse mit der Aufschrift "Leeds and Northrup", einen der größten US-amerikanischen Messinstrumentenbauer. Viele Komponenten mussten nicht von Grund auf entwickelt oder gebaut werden, Varian konnte auf die vorhandene technische Infrastruktur zurückgreifen.

371 Shoolery, "NMR Spectroscopy in the Beginning" (1983), S.733A-734A.

372 Bloch, "Line-Narrowing by Macroscopic Motion" (1954).

373 Vgl. Reinhardt, Shifting and Rearranging (2006), S.202.

Die Konstruktion wurde nach einer aus Princeton stammenden Idee bei der Shell Development Corporation entworfen und Varian übernahm sie schnell in die Serie.[374] 1961 führte die Firma im Erfolgsmodell A-60 den Feld-Frequenz Lock ein,[375] bei dem das die Lage der gemessenen Signale bestimmende Verhältnis von Magnetfeld und Anregungsfrequenz parallel zur eigentlichen Messung anhand einer Referenzmessung ermittelt und konstant gehalten wird. Das heute standardmäßig verwendete Prinzip wurde, wie bereits beschrieben, schon 1948 von Martin E. Packard entwickelt.[376] Ein entsprechendes Patent war 1956 von Russell Varian beantragt worden.[377] Eine weitere Verbesserung war mehr oder weniger automatisch mit der 1958 auf 60 MHz gestiegenen Protonenmessfrequenz erfolgt. Die höhere Versorgungsspannung des stärkeren Elektromagneten heizte das Instrumentalsystem so sehr auf, dass eine Wasserkühlung notwendig wurde, die den Magneten thermostatisierte und damit zur Stabilität des Signals beitrug. Die von James Arnold 1956 vorgestellten, aber erst um 1960 in kommerziellen Instrumenten eingesetzten Shimspulen zur Magnetfeldeinstellung erleichterten dabei die genaue Justierung des Magnetfeldes vor der Messung.[378] Auch an den Entwicklungen der für die chemische Strukturaufklärung wichtigen Zusatztechniken elektronische Signalintegration, Mehrfachresonanz[379] und dynamische NMR (DNMR)[380] war Varian Associates beteiligt. Im Fall der für die Entwicklung der NMR kaum zu unterschätzenden Entkopplungsverfahren wird dabei der grundlegende Beitrag der Varian Wissenschaftlerin Virginia Royden in der Regel nicht erwähnt.[381]

---

374 Packard, Interview geführt am 7. und 12. Dezember 1989 von Sharon Mercer, S.20-21; Shoolery, "NMR Spectroscopy in the Beginning" (1983), S.737A; Shoolery; "The Development of Experimental and Analytical High Resolution NMR" (1995), S.41; Lécuyer, Lenoir, "Instrument Makers and Discipline Builders", S.313.

375 Varian verwendete zunächst einen sogenannten externen Lock.

376 Packard, "A Proton-Controlled Magnetic Field Regulator" (1948).

377 Varian, Gyromagnetic Resonance and Apparatus. US Pat-Nr. 3109138. Russell Varian wird als alleiniger Erfinder genannt.

378 Arnold, "Magnetic Resonances of Protons in Ethyl Alcohol" (1956) und Arnold, "Early Perceptions in Nuclear Magnetic Resonance (NMR)" (1996), S.195.

379 Bloom, Shoolery, "Effects of Perturbating Radiofrequency Fields on Nuclear Spin Coupling" (1955). Vgl. Hippel, The Sources of Innovation (1988), S.146; Lécuyer, Lenoir, "Instrument Makers and Discipline Builders" (1995), S.316; Anderson, "Nuclear Magnetic Resonance Spectra of Some Hydrocarbons" (1956).

380 Es geht um die Messung bei unterschiedlicher Temperatur. Hier leistete erneut Herbert Gutowsky Pionierarbeit. Gutowsky, Meyer, McClure, "Apparatus for Nuclear Magnetic Resonance" (1953).

381 Royden, "Measurement of the Spin and Gyromagnetic Ratio of C^{13} by the Collapse of Spin-Spin Splitting" (1954).

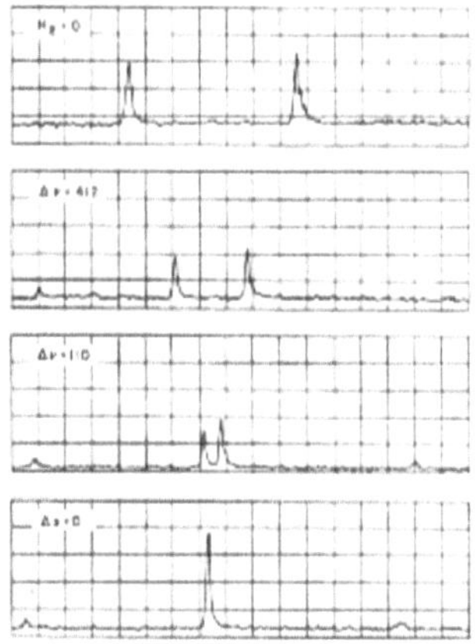

Abb. 31: Shoolery benutzte eine Fluor und Phosphor enthaltende Verbindung (Na_2PO_3F) für frühe Doppelresonanzexperimente. Hier das Fluorspektrum von 1955, bei dem mit zunehmender Modulierung des Störsenders auf die Resonanzfrequenz der Phosphorkerne die Phosphorkopplung verschwindet, d.h. das Dublett zum Singulett vereinfacht wird (Heteronukleare Doppelresonanz). Das hier verwendete Verfahren, bei dem nicht die Messfrequenz, sondern die Störfrequenz variiert wird, bezeichnete man später als Inter Nuclear Double Resonance (INDOR).

Besonders bedeutend für die chemische Strukturbestimmung war die Messung von sogenannten Heterokernen, d.h. von anderen Kernen als Wasserstoff. Gerade das mit einer natürlichen Häufigkeit von etwa einem halben Prozent sehr seltene, NMR-aktive Kohlenstoffisotop ^{13}C hatte dabei das größte Potential, weil Kohlenstoff wie der Wasserstoff in organischen Verbindungen allgegenwärtig ist und die Kerne daher viel Strukturinformation liefern können. Die niedrige Konzentration verbunden mit der geringen Empfindlichkeit der Methode erschwerte hier die Messung besonders. Wenn eine aufwändige künstliche Anreicherung vermieden werden sollte, waren sehr empfindliche Messeinrichtungen notwendig. Hohe Feldstärken, stabilisierende Regelungstechnik, homogene Magnetfelder und Mehrfachresonanzverstärkungen waren daher neben geeigneten Probenköpfen Voraussetzungen für die unerwartet erfolgreichen Messungen der ^{13}C-Kerne ab 1957.[382] Varian kooperierte bei der Entwicklung

382 Lauterbur, "C^{13} Nuclear Magnetic Resonance Spectra" (1957); Holm, "Observation of Chemical Shielding and Spin Coupling of C^{13} Nuclei in Various Compounds by NMR" (1957). Mit Doppelresonanzverfahren können auch Kerne wie ^{13}C, die weniger intensive Signale geben, indirekt durch Signale intensiver absorbierender Kerne wie dem Proton gemessen werden.

von geeigneten Probenköpfen und Messverfahren mit John D. Roberts[383] am CalTech und David Grant an der University of Utah.[384]

Die teuren Instrumente waren wegen der schnell aufeinanderfolgenden Innovationsschritte bald wieder überholt und mussten von den Wissenschaftlern mit einer ganzen Reihe von Zusatzgeräten aufgerüstet werden, um nicht nach kurzer Zeit ein für viel Geld gekauftes, und dennoch veraltetes Instrument zur Verfügung zu haben. Im Nachhinein wurde diese Notlösung von Varian euphemistisch als Konzept des "Lebenden Instruments" bezeichnet, das bei den Forschungsinstrumenten der Firma bis Ende der 1960er Jahre fortgeführt wurde.[385] Die Instrumentensysteme wurden damit natürlich komplizierter, unübersichtlicher und größer:[386]

> The eventual result was a spectrometer made up of racks of electronic units that looked better suited to a broadcasting station than a chemistry laboratory.

Aber nicht der Benutzerkomfort, sondern die technischen Möglichkeiten standen bei den belieferten NMR-Spezialisten im Vordergrund. Ebenso konnten die einzeln erhältlichen Komponenten des "Living Instruments" für die von NMR-Wissenschaftlern selbst zusammengestellten Instrumentalsysteme verwendet werden.

Gerade als langsam die gemeinsamen Bemühungen, den epistemologischen Status der NMR zu heben und ihre praktische Verbreitung zu vergrößern erfolgreicher wurden, zeigten sich aber auch Interessenkonflikte zwischen den Angestellten von Varian Associates und den anderen NMR-Wissenschaftlern. Das vielleicht erste Beispiel für die sich mit der Zeit verschiebende Rolle des Instrumentenbauers dürfte das Verhältnis der Firma zu Felix Bloch sein. Bloch teilte die Idee für einen Probenspinner[387] seinen Mitarbeitern Weston A. Anderson und James T. Arnold mit, die sie technisch umsetzten und die Prototypen bauten.[388] Als Blochs ursprüngliche Idee eines Rührers nicht gut funktionierte, kam Anderson auf die Idee, das ganze Messröhrchen in Drehung zu versetzen,

---

383 Roberts arbeitete auch an ^{15}N Spektren, die vergleichbare Schwierigkeiten aufwarfen. Reinhardt, Shifting and Rearranging (2006), S.224-238.

384 Packard, Interview geführt am 7. und 12. Dezember 1989 von Sharon Mercer, S.34.

385 Reinhardt, Shifting and Rearranging (2006), S.203-204; Packard, "The Varian Story", Vortragsmanuskript 1980, S.24.

386 Shoolery, "The Development of Experimental and Analytical High Resolution NMR" (1995), S.42.

387 Bloch, "Line-Narrowing by Macroscopic Motion" (1954).

388 Anderson, Arnold, "A Line-Narrowing Experiment" (1954). Das Verfahren wurde auch Teil von Arnolds Promotion. Arnold, The Magnetic Resonances of Protons in Ethyl Alcohol, (1954). Vgl. Dazu Arnold, "Early Perceptions in Nuclear Magnetic Resonance (NMR)" (1996), S.195.

was den erwünschten Erfolg brachte.[389] Bei der Vorrichtung wird die Probe während der Messung in schnelle Rotation gebracht, damit die Inhomogenitäten des magnetischen Feldes in den Ebenen senkrecht zum Probenröhrchen statistisch ausgemittelt werden was das Messrauschen verringert. Im Grunde ist der Probenspinner als mechanischer Mittelwertbilder schon eine Komponente der Datenverarbeitung. Die effektive Homogenität des Feldes verbessert sich erheblich, d.h. bei ansonsten gleicher Apparatur konnten mehr Feinstrukturen erkannt werden:[390]

> The object of the present invention is to provide a novel method and line narrowing apparatus whereby the desired high resolution may be obtained with a much less homogeneous magnet or where, if such precise magnet is already available, the high resolution may be increased by, for example, a factor of at least ten, so that further interesting details may be observed.

Die wirkungsvolle, einfache und relativ preisgünstige Methode ist bis heute Standard im NMR-Spektrometerbau.

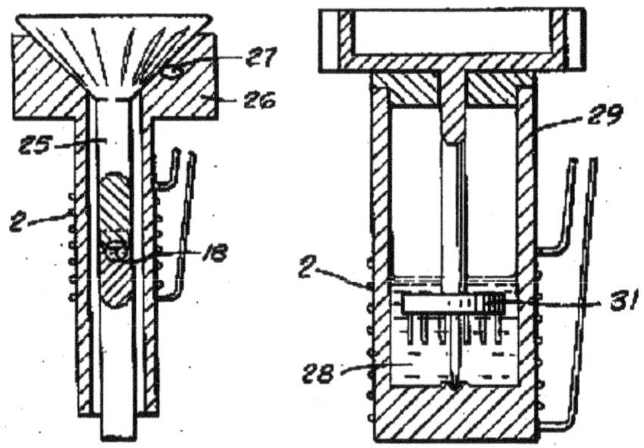

Abb. 32/33: Zwei 1954 patentierte Varianten: Mit Pressluft betriebene Rotationseinrichtung für das Probenröhrchen, die noch heute üblich ist (links) und Probenrührer (rechts).

1954 hatte Felix Bloch die Idee für das Verfahren angeblich beim Rühren in einer Tasse.[391] Einen anderen, zugegebenermaßen weniger originellen Hinweis

389 Farrar, "Historical Reminiscences of Some NMR Experiences" (1996), S.306.

390 Bloch, Line Narrowing Gyromagnetic Apparatus. US Pat-Nr. 2960649, Sp.1-2. Als Patentanwalt fungierte wie schon beim ersten NMR Patent der Varian Mitbegründer Paul B. Hunter.

391 Packard, "Felix Bloch. Reminiscences of a Graduate Student" (1985), S.90. Das klingt allerdings sehr nach einem Mythos.

hätten die Versuche geben können, die Herman Y. Carr 1952-1954 bei Purcell in Harvard anstellte und publizierte, bei denen durch Impulsexperimente festgestellt wurde, dass der Effekt einer Rotation der Probe dem eines homogeneren Magnetfeldes gleichkam.[392] Im Gegensatz zu Carr setzte man in Stanford die Idee in ein kommerziell verbreitetes Instrumentenbauteil um.

Obwohl Bloch anfangs skeptisch bezüglich des kommerziellen Potentials der NMR war, kooperierte er nun eng mit der Instrumentenfirma. Bloch als Berater von Varian Associates beantragte mithilfe der Firma das Patent, im Gegenzug erhielt das Unternehmen eine Exklusivlizenz.[393] Die Instrumentenabteilung wählte die besser funktionierende Variante mit dem rotierenden Probenröhrchen, passte sie an ihre Instrumententechnik an und schon Ende 1954 war der Probenspinner in neuen Geräten oder als Zusatz für frühere Modelle erhältlich.[394] Durch die stark am akademischen Umfeld ausgerichteten Ziele und Werte der Research Technology bei Varian konnten Kommunikation und Zusammenarbeit schnell und harmonisch ablaufen. Die Entwicklungszeit war deshalb so kurz, weil das Unternehmen sofort bereit war, die Idee in die Produktion umzusetzen, denn alle Beteiligten waren vor allem an der Verbesserung und Verbreitung der NMR interessiert. Neben Beratervertrag und Lizenzgebühren hatte Bloch 1955 auch eine Aktienbeteiligung, zudem wechselten eine Reihe von Mitgliedern der Blochschen NMR-Arbeitsgruppe in Stanford, insbesondere Martin Packard, James T. Arnold, Warren Proctor, Harry E. Weaver und Weston A. Anderson, im Laufe der Zeit zu Varian.[395] Die enge unternehmerisch-akademische Zusammenarbeit bekam erste Risse,[396] als sich langsam die Option abzeichnete, dass kommerziell angebotene NMR-Spektrometer zur chemischen Analyse tatsächlich einen lukrativen Markt eröffnen könnten, denn damit interessierten sich nun auch andere Firmen für die Herstellung dieser Instrumente. Es stellte sich heraus, dass der Patentschutz für den Probenspinner nicht ausreichend war, da ein älteres Patent entdeckt wurde, das ähnliche Ansprüche abdeckte. Die Lizenzgebühren für Bloch wurden daher verringert. 1958 wollte das Unternehmen die immer beträchtlicher werdenden Lizenzzahlungen nochmals

---

392 Carr, Purcell, "Effects of Diffusion on Free Precession in Nuclear Magnetic Resonance Experiments" (1954). Vgl. Carr, "Early Years of Free Precession Revisited" (1996), S.255-256.

393 Lécuyer, Lenoir, "Instrument Makers and Discipline Builders" (1995), S.293-294.

394 Varian Associates (Hg.), "Important New Spinning Technique Improves n.m.r. Resolution" (1955), S.1; Packard, Interview geführt am 7. und 12. Dezember 1989 von Sharon Mercer, S.21; Hippel, The Sources of Innovation (1988), S.15-16.

395 Shoolery; "The Development of Experimental and Analytical High Resolution NMR" (1995), S.37-38.

396 Packard, Interview geführt am 7. und 12. Dezember 1989 von Sharon Mercer, S.11-12.

anteilsmäßig reduzieren, zudem sollte auch die Höhe von Blochs Beraterhonorar gedrückt werden, da er zu wenig Zeit für die Firmenarbeit einsetzte.[397]

Neben diesen Verhandlungen über Gewinnbeteiligungen trübte aber ein noch tieferer Konflikt nachhaltig das Verhältnis. Wie beschrieben erfasste das NMR-Basispatent nur die Methode, das Signal mit einer von der Senderspule getrennten Empfängerspule zu detektieren. Die von Purcell entwickelte, konstruktiv einfachere und damit billigere Einspulenmethode war im Patent nicht enthalten. Das Management von Varian versuchte deshalb den Patentinhaber Bloch[398] zu überreden, seine Ansprüche durch ein patentrechtliches Verfahren auch auf die Einspulenvariante auszudehnen, denn die aufkommende Konkurrenz arbeitete mit ihr und ignorierte das Basispatent. Das wäre nun auf einen Prioritätenstreit mit ungewissem Ausgang zwischen Bloch und seinem Nobelpreiskollegen Purcell hinausgelaufen, der mit Sicherheit das wissenschaftliche Ansehen Blochs beschädigt hätte. Die Interessen des Spektrometerproduzenten Varian kollidierten hier mit den Interessen des akademischen Wissenschaftlers Bloch, mit dem bis dahin so eng und erfolgreich kooperiert wurde. Der Patentinhaber Bloch entschied sich, keine Erlaubnis für den von Varian gewünschten Antrag auf die Ausdehnung des Patents zu geben.[399] In Folge ging Bloch selbst immer mehr auf Distanz zu Varian,[400] auch wenn die Universität Stanford weiterhin ein bilaterales Programm mit der Firma hatte, in dem Varian-Mitarbeiter akademische Grade erlangen konnten und der 1955 ernannte Varian Forschungsleiter Martin Packard noch für Kontinuität in der Firmenphilosophie stand:[401]

> I think [...] that to a large extent in those early days, development was driven by the research people. We were a small enough organisation so that research people had a role in marketing and in engineering. They had a role in all other normal activities, even manufacturing. So to some extent, just because I became manager of research and development, not too much really changed.

---

397 Lécuyer, Lenoir, "Instrument Makers and Discipline Builders: The Case of Nuclear Magnetic Resonance" (1995), S.294, Anm.; Kane, Memo an H. Myrl Stearns (1958), S.1-2.

398 Da Hansen inzwischen verstorben war, war Bloch der primäre Ansprechpartner.

399 Kane, Memo an H. Myrl Stearns (1958), S.2.

400 Vgl. Packard, "Felix Bloch. Reminiscences of a Graduate Student" (1985), S.93. Bloch entfernte sich 1954-1955 als erster Direktor des CERN in Genf räumlich von Varian Associates, kehrte dann aber wieder nach Stanford zurück. Zu Blochs Zeit am CERN vgl. Krige, "Felix Bloch and the creation of a 'scientific spirit' at CERN" (2001). Die räumliche Trennung dürfte nicht zum Zerwürfnis beigetragen haben – zumindest wurden Blochs Schüler James Arnold und Weston Anderson, die ihren Lehrer nach Genf begleitet hatten, später leitende Angestellte bei Varian.

401 Packard, Interview geführt am 7. und 12. Dezember 1989 von Sharon Mercer, S.25.

Aber Varians Sparte der chemischen NMR wuchs und wurde zunehmend ein nach kommerziellen Maximen arbeitendes Industrieunternehmen, die Elemente der Research Technology traten zurück. Man entwarf zwar weiterhin Messinstrumente, aber die Entwicklungsrichtung wurde immer spezifischer, die Instrumente wurden für einen immer genauer definierten, chemischen Kontext konstruiert.

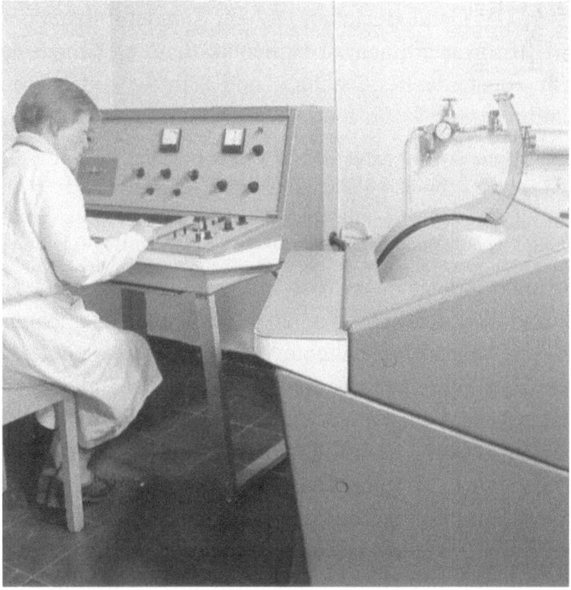

Abb. 34: Ein Varian A-60 im Messraum der Merck KG (1962), das erste NMR-Gerät des Darmstädter Unternehmens. Das Messen scheint hauptsächlich von weiblichen Laboranten durchgeführt worden zu sein, denn auch auf Bildern, die keine Instrumentenwerbung sind, werden häufig Frauen beim Fahren eines Spektrums gezeigt.

Symbol des Umbruchs war das A-60[402] Spektrometer. 1957 wurde auf Initiative von James Shoolery und Emery Rogers ein Team damit beauftragt, ein in großer Stückzahl zu produzierendes NMR-Spektrometer zu konstruieren. Hier wurden keine einzelnen technischen Verbesserungen oder Zusatzgeräte entwickelt, sondern ein von Grund auf neues Instrument nach Vorgaben gezielter Marktforschung[403] und in der Industrie etablierter Konstruktionskonzepte. Nicht

402 60 MHz, A steht für Analytical.

403 Packard, "The Varian Story", Vortragsmanuskript 1980, S.23. 1957 stellte eine von Dean Witter & Company durchgeführte Studie fest, beim Elektronikmarkt handle es

maximale Variabilität, Auflösung und Empfindlichkeit waren gefragt, sondern die Qualitäten eines industriellen Massenprodukts. Das A-60 reduzierte die zur praktischen Messung notwendigen Kenntnisse und eliminierte technische aber auch physikalisch-theoretische Komplikationen bei der Anwendung durch die Chemiker. Daher wurde es der Schlüssel zum endgültigen Durchbruch der chemischen NMR. 1961 erstmals auf der ENC Konferenz in Pittsburgh[404] vorgestellt, sollte das A-60 analog zu Perkin-Elmers IR Model 137 Infracord oder zum noch älteren UV Gerät Beckman DU ein Standardinstrument für die Chemiker werden.[405] Es war einfach zu bedienen, denn es hatte eine automatisch arbeitende, sehr konstante Regeltechnik und erforderte daher nur selten eine aufwändige Kalibrierung:[406]

> The simplicity of the A-60 Analytical NMR Spectrometer System is such that the operator need not have formal training in magnetic resonance or its instrumentation. Any laboratory technician presently engaged in the operation of spectroscopic instruments should be able to operate the A-60 with case.

Das A-60 war nicht zuletzt deshalb so zuverlässig, weil der Benutzer an den betont einfach und übersichtlich gehaltenen Bedienungselementen kaum Variationsmöglichkeiten hatte. Eine beliebte und gerne verwendete Demonstration war das mehrmalige Fahren eines Spektrums auf dem gleichen Papierbogen. Auch nach mehreren Messungen war nur eine einzige Linie zu erkennen und die Fachwelt tief beeindruckt.[407] Stabilität und Präzision gaben dem A-60 Autorität, sie ermöglichten es auch, vorgedrucktes Spektrenpapier zu verwenden, auf dem die Maßeinheiten bereits eingetragen waren. Gedruckte Felder, in denen die Messparameter notiert werden sollten, gaben vor, welche Messbedingungen wichtig und zu notieren sind. Dieses Spektrenpapier wurde in Einheiten zu 500 Stück verkauft, nicht bedrucktes Papier sollte nur als eine Art Schmierpapier zum Einrichten der Messbedingungen dienen.[408]

---

sich um einen Anbietermarkt und Varian Associates habe genügend Kompetenz aufgebaut, um Konkurrenten aus dem zukunftsträchtigen NMR-Instrumentenmarkt herauszuhalten. Lécuyer, Lenoir, "Instrument Makers and Discipline Builders" (1995), S.310-311.

404 Varian Associates gab ein Dinner, nach dem das Instrument enthüllt wurde. Becker, "2nd ENC-1961 Pittsburgh", (1961).

405 Packard, Interview geführt am 7. und 12. Dezember 1989 von Sharon Mercer, S.35. Auch das 1954 von Siemens vorgestellte Elmiskop I scheint eine ähnliche Rolle in der Elektronenmikroskopie gespielt zu haben.

406 Varian Associates (Hg.), A-60 Analytical NMR Spectrometer System, [1961], S.9.

407 Lécuyer, Lenoir, "Instrument Makers and Discipline Builders" (1995), S.315.

408 Varian Associates, "A-60 Analytical NMR Spectrometer System" (1962).

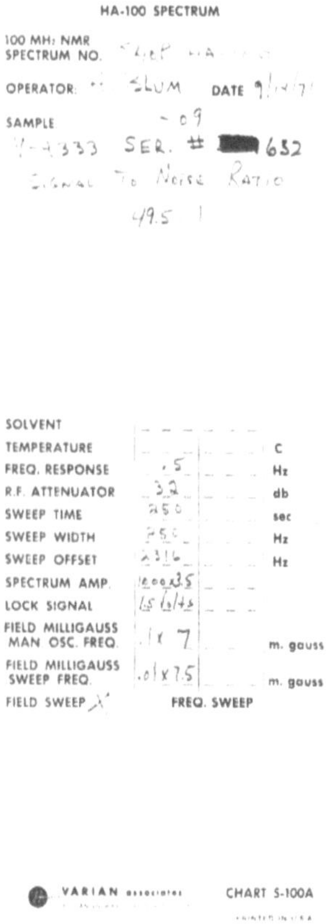

Es wurde eine neue Werbeserie "A-60 at Work" aufgelegt, und zusätzlich ein Spektrenkatalog[409] zusammengestellt, der auf dem Instrument gefahrene Referenzspektren enthielt und beispielhaft die gültigen Messstandards demonstrierte. Damit erreichte die praktisch normierende Macht der Firma eine Dimension, die weit über die bereits früh im "Technical Information Bulletin" publizierten Vorschlägen des Anwendungslabors hinausging. Die NMR wurde so zur Standardmethode. Selbst die äußeren Abmessungen des A-60 waren konzeptgemäß an das bei modernen Laborbänken übliche Rastermaß angepasst, denn das (für NMR-Verhältnisse) leichte Instrument war mobiler und konnte auch physisch näher an den Ort im Laboratorium rücken, an dem die zu untersuchenden Substanzen auftreten: der Arbeitsplatz des klassischen synthetischen Chemikers.

Die konstruktiven Merkmale waren also eng mit dem Anspruch verbunden, die Geräte als originär chemische Instrumente zu verwenden, dabei wurden die Repräsentationsform der Ergebnisse und spezifische Arbeitsverfahren "mitgeliefert".

Abb. 35: Spektrenaufdruck auf den nun einzelnen, vorgedruckten Spektrenblättern, wie sie seit dem Varian A-60 üblich waren, hier am Beispiel des HA-100.

409 Bhacca, Johnson, Shoolery et al., High Resolution NMR Spectra Catalogue, Bd. 1 (1962) und Bd. 2 (1963). Im zweiten Band wurden einige alte 60 MHz Spektren durch 100 MHz Spektren ergänzt. Varian Associates (Hg.), NMR/EPR Instrument Memo 4 (1963). Beide Bände wurden recht preiswert für je 5$, für Studenten 4$, angeboten. 1964 kamen beide Bände vereint in einem Hardcoverexemplar heraus. Varian Associates (Hg.), NMR/EPR Instrument Memo 5 (1964).

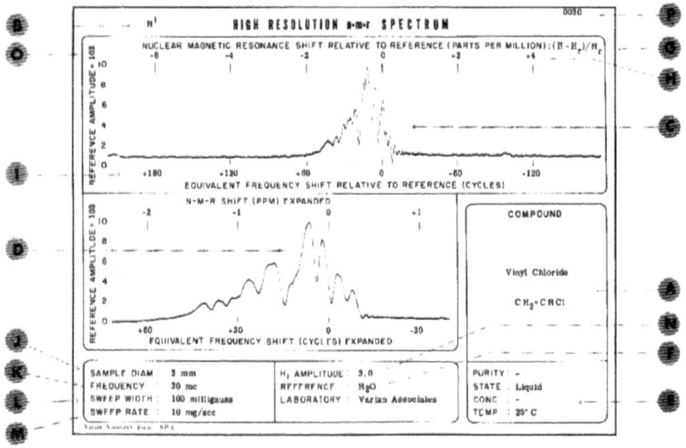

Abb. 36: *Erste Vorschläge aus dem Varian Applikationslabor zur standardisierten Spektrendarstellung und Beschriftung, 1954.*

Zur Stabilisierung und Normierung der Methode mussten deshalb auch universal gültige Messstandards eingeführt werden. Nullwert wurde nach Konvention die starke und scharfe Absorptionsbande des Tetramethylsilan ($Si(CH_3)_4$, TMS).[410] Da die chemische Verschiebung von der aktuell verwendeten Magnetfeldstärke abhängig ist, wurde auch eine relative, auf die Feldstärke normierte Maßeinheit als Standard eingeführt. Sie ergibt sich aus der Differenz der Absorptionsfrequenzen von Proben- und Referenzsignal, geteilt durch die Absorptionsfrequenz der Referenz. Die Einheit δ ist dimensionslos[411] und kann unabhängig von der bei der Messung verwendeten Magnetfeldstärke direkt und ohne großen Rechenaufwand verglichen werden:

$$\delta = (\nu_{Probe} - \nu_{Referenz})\, 10^6/\nu_{Referenz}$$

Die individuellen Messbedingungen werden so bei der Datenpräsentation ausgelöscht, um standardisierte Daten zu erhalten, auf die dann ebenso standardisierte Interpretationsregeln angewandt werden können. Es gab anfangs eine mit δ konkurrierende, etwas anders definierte Einheit τ. Varian favorisierte auf

---

410 Van Dyke Tiers, "Reliable Proton Nuclear Resonance Shielding Values by 'Internal Referencing' with Tetramethyl-silane" (1958).

411 Da der Effekt im Millionstelbereich liegt, wird mit dem Faktor 10^6 multipliziert, um Zahlen übersichtlicher Größenordnung zu erhalten, weshalb diese Werte die Bezeichnung ppm (parts per million) tragen.

seinen Spektrenvordrucken die δ Skala, die sich auch durchsetzte.[412] So fixierte Anfang der 1960er Jahre ein genau definiertes System aus Instrument, Messkonvention, Darstellungs- und Interpretationsregeln den ohne größere theoretische Vorkenntnisse durchführbaren Standardgebrauch der NMR. An der Einführung aller dieser Konventionen war die Firma Varian beteiligt. Damit war eine breite Verwendung der Methode vorgegeben, die den ökonomischen Interessen des führenden Instrumentenproduzenten entsprach. Das als erstes Varian CW-Spektrometer nach der einfacheren Einspulenkonstruktion Purcells gebaute und mit ca. 20.000 $ Verkaufspreis vergleichsweise günstige A-60[413] wurde ein Verkaufsschlager. Bis 1961 hatte es nicht mehr als 100 Varian CW-NMR-Spektrometer weltweit gegeben, 1961-1966 wurden nun über 1000 A-60 gekauft.[414] Der Preis war ein wichtiges Verkaufsargument im Standardsektor und schon 1961 warb der Varian Lead User[415] John D. Roberts kaum versteckt damit (und verwies dazu wie üblich auf das Beispiel anderer Methoden):[416]

> The problem of cost of necessary instrumentation will be raised, and answered by pointing to the amazing evolution of commercial instruments. The time saved, the smaller sample required, and the information made available far overbalance the cost. Infrared and ultraviolet spectrometers have been developed beyond the stage of reliable instruments in the hands of a trained technician. They are now cheap, rugged, and simple enough to be used as a bench tool by the organic chemist. A nuclear magnetic resonance spectrometer is still a fairly expensive, complicated instrument that requires the service of a trained technician. Even here, the recent reduction in

---

412 Günther, NMR-Spektroskopie. Eine Einführung, (1973), S.23. Als Argument wurde das Vorbild IR bemüht: Auch dort seien die Absorptionen höherer Energie links zu finden. Das ist nicht besonders stichhaltig, zumindest wirkte es in ähnlichen Fällen wohl nicht: so ist nach Konvention die Basislinie im IR-Spektrum unten, im NMR-Spektrum oben. Vgl. zur Ursache Shoolery, "NMR Spectroscopy in the Beginning" (1983), S.733A. Vgl. auch Reinhardt, Shifting and Rearranging (2006), S.212-213. Bei einer Fragebogenaktion zum A-60 auf der ENC Konferenz 1963 bevorzugten jeweils 17 der 73 Benutzer eine der beiden Skalen, der Rest war unentschlossen. Im Fragebogen werden die Delta-Werte als "Varian" Werte bezeichnet. Als Gründe für die Delta-Werte wurde angegeben, dass das Spektrenpapier entsprechend gestaltet sei, der Varian Spektrenkatalog damit arbeite, es weniger negative Werte gebe und die Skala "einfacher" sei. N.N., "Results of 4th OCEANS Questionnaire on the A-60" (1963), S.3.

413 In Deutschland kostete ein A-60 1962 etwas über 100.000 DM. Bestellung DFG an Varian AG, Zug/Schweiz. 9.11.1962. 402/Heft 9, BArch B 227, Film Nr. 50 FC7535N.

414 Lécuyer, Lenoir, "Instrument Makers and Discipline Builders" (1995), S.300-301 und 320-321; Martin Packard, "The Varian Story", Vortragsmanuskript 1980, S.23.

415 Reinhardt, Shifting and Rearranging (2006), S.175-241.

416 Roberts, "Nuclear Magnetic Resonance Spectroscopy" (1961).

> cost (by about one-half) and complexity indicates the trend toward use by relatively unskilled personnel, backed by a network of factory trained servicemen.

Die Zahl der chemischen Publikationen, in denen die NMR verwendet wurde, stieg mit der Einführung des A-60 rapide an und Ende der 1960er Jahre war die NMR aus der organisch chemischen Forschung zur Analyse der Struktur und Reaktivität von Molekülen nicht mehr wegzudenken.[417] Der Erfolg verstärkte die Tendenzen im Management der Firma Varian, NMR-Spektrometer als Massenprodukte zu betrachten, die ohne individuell auf die Kunden abgestimmte Eigenschaften verkauft werden können. Das Konzept hatte aber Nachteile, denn das A-60 war nicht sehr anpassungsfähig, nur für Protonenresonanz eingerichtet, und für viele neuartige Verfahren der Doppelresonanz nicht geeignet, obwohl nachträglich noch einige Neuerungen eingebaut wurden.[418] Daneben arbeiteten zwar in der Entwicklungsabteilung unter der Leitung Martin Packards weiterhin hervorragende NMR-Techniker und Wissenschaftler, die Ideen zu grundlegenden Neuerungen entwickelten, aber das Management übernahm diese Erfindungen nicht mehr bereitwillig in die Serienfertigung. Das Unternehmen sollte keine riskanten, radikalen Innovationen mehr umsetzen, die vielleicht das Potenzial hatten, neue Arbeitsbereiche zu erschließen, sondern technisch und ökonomisch kalkulierbare, stufenweise Verbesserungen einführen. Seine Instrumente verloren damit einen Teil der Variabilität und Flexibilität, die gerade für die NMR-Spezialisten wichtig waren, mit denen Varian anfänglich so intensiv kooperiert hatte.

Eric v. Hippel verwendete die ersten zwei Jahrzehnte der NMR-Instrumentenentwicklung als Paradebeispiel für sein Konzept einer durch die Benutzer dominierten Innovationstätigkeit und kommt zum Ergebnis, dass in diesem Zeitraum alle wichtigen Innovationen in der NMR von Benutzern ausgingen. Das Konzept setzt einen etablierten Markt mit Herstellern und Benutzern im klassischen Sinn voraus, bei dem die Funktionen von Wissenschaftler-Kunde und Instrumentenproduzent klar unterscheidbar sind. Damit widerspricht das Ergebnis v. Hippels der hier vorgebrachten Interpretation, nach der frühestens ab Ende der 1950er Jahre von einem klassisch in Hersteller und Kunde ausdifferenzierten Markt für NMR gesprochen werden kann, da die Instrumentenabteilung von Varian Associates zuvor eher im Modus der Research Technology gearbeitet hat. V. Hippel belegt seine Interpretation mit 14 von Experten als herausragend eingestuften bis etwa 1974 aufgetretenen Innovationen in der NMR, die

---

417 Lécuyer, Lenoir, "Instrument Makers and Discipline Builders" (1995), S.323-329.

418 Packard, "The Varian Story", Vortragsmanuskript 1980, S.23.

er alle dem Typ der benutzerdominierten Innovationen zuordnet.[419] Als benutzerdominiert definiert v. Hippel, dass die Benutzer selbst den Bedarf erkannten, das geeignete Instrument erfanden, den Prototyp bauten, ihn auch anwendeten um seinen Wert zu zeigen, und den Gebrauch mittels Bauanleitungen oder Prototypen verbreiteten.[420]

Eines der Beispiele ist der oben erläuterte Fall der rotierenden Probe.[421] Am "Benutzer" Bloch ist aber schon deutlich geworden wie schwierig hier eine Einteilung in die Kategorien Hersteller und Benutzer ist. In der frühen Phase sollte das Verhältnis zwischen der NMR-Forschungsgruppe Blochs in Stanford mit der Instrumentenabteilung bei Varian eher als kollegial bezeichnet werden, weniger als das zwischen Kunden und einem Hersteller. Ebenso sind die Belege durch die Mehrzahl der 13 anderen aufgeführten Innovationen[422] fragwürdig. Es geht wie beim Beispiel des Probenspinning um:

- Entwicklungen in Kooperationen, bei denen eine Trennung in Benutzer und Produzenten nicht sinnvoll erscheint (Shimspulen, homo- und heteronukleare Spinentkopplung).
- Innovationen aus einem nicht der NMR angehörenden Bereich, die durch externe Zulieferer den NMR-Wissenschaftlern inklusive Varian bereitgestellt und zeitgleich als Black Boxes in ihre Instrumentalsysteme integriert wurden (Frequenzsythesizer, elektronischer Integrator).
- Innovationen im Bereich der Impulsspektrometer, die unter v. Hippels Fragestellung bis in die 1960er Jahre von den CW-Spektrometern getrennt betrachtet werden sollten, da bis dahin der Selbstbau überwog, der bei der chemischen NMR quantitativ keine Rolle spielte.

Dann gibt es neben dem Beispiel der nach v. Hippels eigener Beschreibung deutlich produzentendominierten Einführung der supraleitenden Magneten[423] noch Fälle, bei denen v. Hippels historische Darstellung sehr ungenau oder nicht ganz korrekt ist. Multinukleare oder Universalprobenköpfe, die ohne größere Umbauten für verschiedene Kernarten verwendet werden können, wurden nach v. Hippel 1972 erfunden und ab 1974 verbreitet. Zumindest Bruker-Spectrospin bot aber ab 1968 in seinen Prospekten Universalprobenköpfe als

---

419 Eric v. Hippel, The Sources of Innovation, Oxford: Oxford University Press, 1988, S.12-13; vgl. dazu die Kritik bei Reinhardt, Shifting and Rearranging (2006), S.175-177.

420 Hippel, The Sources of Innovation (1988), S.19.

421 Ders., ebd., S.15-16.

422 Ders., ebd., S.144-153.

423 Ob man das so produzierte Spektrometer allerdings schon als Innovation bezeichnen kann ist eher fraglich. Vgl. dazu Kap. 5.

Standardausstattung an, bei denen es möglich war die Messfrequenzen durch den Austausch einer Steckeinheit zu wechseln.[424] Was v. Hippel also hier wohl meint, sind nicht multinukleare Probenköpfe, sondern solche, die mit Breitbandtechnologie eine stufenlose Auswahl der Frequenzen bieten. Bei einem anderen seiner Beispiele erklärt er, die schnelle Fourieranalyse von Cooley und Tukey wäre 1967 publiziert worden, was dann erst die breite computerisierte Anwendung des FT-Verfahrens ermöglicht hätte. Der Cooley-Tukey Algorithmus wurde 1965 veröffentlicht und konnte daher von Ernst und Anderson bereits bei den durch v. Hippel angegebenen Arbeiten 1965-1966 durchaus angewendet werden.[425]

Der wesentlichste Kritikpunkt bleibt aber, dass die Einordnung vieler innovativer Akteure als Benutzer ähnlich fragwürdig ist wie im Fall Blochs. Als Vertreter dieses Personenkreises zu nennen wären: Martin Packard, Harry Weaver, James Arnold, Emery Rogers und Weston Anderson. Von Hippel selbst bemerkte das Problem, zog aber keine hinreichenden Konsequenzen:[426]

> It is that often a single company with an established commercial position in, for example, Nuclear Magnetic Resonance equipment, will be the first company to commercialize several of the improvement innovations in our sample. This raises issues of sample independence, which we must deal with in the data analysis.

Die grundlegende Schwierigkeit liegt darin, dass die funktionalen Zuordnungen v. Hippels ein in der NMR der 1950er noch nicht vorhandenes industrielles System mit einem durch ökonomische Prinzipien geregelten Markt von etablierten Gütern voraussetzt.[427] V. Hippels Kategorien greifen in der Anfangszeit nicht, in welcher der Instrumentenbauer Varian als Research Technologist, als Kollege oder gar als Lehrer der Chemiker auftrat und als solcher auch akzeptiert wurde.[428] Der NMR-Pionier John Waugh bemerkte später:[429]

> For several years this [Varian] group was the source of most new theoretical and experimental developments in NMR, dominating the best scientific journals in this field and surpassing the contributions of the university laboratories.

---

424 Beiliegendes Angebot für HFX Spektrometer. K. Kehr, Bruker Physik AG an Sudbrack/DFG. 8.11.1965. 402/4/64, BArch B 227, Film Nr. 59 FC7544N. Vgl. auch Shaw, "Recent Advances in Experimental Techniques in High Resolution Nuclear Magnetic Resonance Spectroscopy" (1974), S.690, wo genau solche älteren Universalprobenköpfe beschrieben werden.

425 Vgl. dazu Kap. 5.

426 Hippel, The Dominant Role of Users in the Scientific Instrument Innovation Process (1975), S.5. Dieser Hinweis fehlt in v. Hippels 1988 erschienener Monografie.

427 Vgl. Hippel, The Sources of Innovation (1988), S.11-12.

428 Packard, Interview geführt am 7. und 12. Dezember 1989 von Sharon Mercer, S.22.

429 Waugh, "NMR Spectroscopy in Solids. A Historical Perspective" (1993), S.726A.

Marktökonomische Regeln konnten sich da noch nicht fest etablieren, denn der Markt für die chemische NMR wurde erst geschaffen. Das wichtigste Ziel aller Akteure war die Einbettung einer generellen Methode in das Gebiet der Chemie, im Zentrum standen dabei die Messinstrumente. Erst ab dem Ende der 1950er Jahre und ganz eindeutig ab dem A-60 kann das Modell v. Hippels angewendet werden, das sicher zu Recht die in der Regel vernachlässigte Rolle der Instrumentenbenutzer betont. Ab dieser Zeit entwickelte das Management von Varian Associates hauptsächlich ökonomisch orientierte Strategien, um den Kundenkreis einerseits zu beeinflussen und andererseits etwas über den Bedarf der Kunden zu erfahren.[430] Von da an ist auch v. Hippels Konzept des Lead Users fruchtbar für die historische Analyse einzusetzen, wie Carsten Reinhardt am Beispiel des Chemikers und Lead Users John D. Roberts gezeigt hat, der als NMR-Experte Varians viel zur NMR-Spektroskopie der Heterokerne beigetragen hatte und Anfang der 1970er Jahre auch mit Bruker-Spectrospin kooperierte.[431]

Wie gesehen gab es eine Reihe von Gründen für den wachsenden Erfolg der NMR und damit auch für den parallel stattfindenden strukturellen und ideellen Wandel in der Instrumentenabteilung von Varian. Die Veränderungen waren auch mit einem Generationswechsel verbunden, Russell Varian starb 1959, Sigurd Varian 1961. Viele Mitarbeiter der frühen Jahre verließen die Firma, ihre weitere Tätigkeit lässt Rückschlüsse auf die Gründe zu. Laut Martin Packard wechselten ungefähr 28% an Hochschulen, 46% gründeten eigene kleine Unternehmen und nur 18% gingen zu großen Instrumentenfirmen.[432] Ralph Kane betont:[433]

> Outside management was brought in, and most of the original concepts were forgotten. No matter what anybody says today, I don't think there's hardly a vestige of the original concepts that Russ and Sig wanted to be part of the company. Things developed to the point where both Russ and Sig were disillusioned with the company.

Neben den speziellen Anforderungen der Serienproduktion machte die schiere Betriebsgröße das zu Anfang bewusst gewählte, informelle und forschungsorientierte Firmenklima mit flachen Hierarchien und relativ engen persönlichen

---

430 So machte das Unternehmen anlässlich der ENC Konferenz 1963 eine Fragebogenaktion, bei der die Einsatzbedingungen der Instrumente, die Wünsche und die Zufriedenheit der Kunden ermittelt wurden. Immerhin 73 Teilnehmern der Konferenz stand schon ein A-60 zur Verfügung. N.N., "Results of 4th OCEANS Questionnaire on the A-60", (1963).

431 Reinhardt, Shifting and Rearranging (2006), S.232-238.

432 Packard, "The Varian Story", Vortragsmanuskript 1980, S.26.

433 Kane, Interview geführt im November 1989 von Sharon Mercer, S.23.

Beziehungen aller Mitarbeiter unmöglich.[434] Die Zahl der Beschäftigten war Ende der 1950er Jahre auf 1800 angestiegen und die Instrumentenabteilung hatte um die 150 Mitarbeiter,[435] sodass ein informelles Zusammenarbeiten nicht mehr koordinierbar war; es mussten ein professionelles ökonomisches Management, Entscheidungshierarchien und schriftliche Verwaltungsprozeduren eingeführt werden, welche die betrieblichen Abläufe steuerten und kontrollierten. Die zunehmende Diversifizierung der Instrumentenproduktion mit ESR, medizinischen Teilchenbeschleunigern, Vakuumpumpen, UV-Spektrometern, Atomabsorptionsspektrometern, Gaschromatografen und Massenspektrometern[436] verstärkte die Tendenz, denn während die NMR zunächst über zehn Jahre ein Zuschussgeschäft war, musste sie nun ihrerseits Gewinne für neue Investitionen auf anderen Gebieten erbringen.[437]

Varian blieb zwar der weitaus größte Anbieter kommerzieller NMR-Spektrometer, verlor dennoch ab Ende der 1950er Jahre zunehmend seine Funktion als ein zentraler Knotenpunkt der wissenschaftlichen NMR-Gemeinschaft. Ein wichtiger Grund dafür war, dass das Unternehmen nun konsequenter seine ökonomischen Interessen verfolgte und industriell konzipierte Instrumente entwickelte, was ein kollegiales Verhältnis zu den Wissenschaftlern, wie es in Zeiten der Research Technology bestand, unmöglich machte. Research Technologists hatten die Kontrolle über die Firma verloren.[438] Martin Packard meinte im Rückblick bedauernd und ein wenig vorwurfsvoll:[439]

> We, in effect, were constantly doing market research ourselves. We had a technology, and our job was to find what you do with that technology, and that's why we had to have this close relationship. The other classical approach to marketing has been to go out and find what the market needs, and then come back and develop it. That works fine for crackers or cereals, but it doesn't work too well in high-tech business.

---

434 Vgl. dazu z.B. Varian, The Inventor and the Pilot (1983), S.290.

435 Packard, "The Varian Story", Vortragsmanuskript 1980, S.19 und S.21.

436 Varian Associates (Hg.), Varian Associates: An Early History (1958), S.2. und Kane, Interview geführt im November 1989 von Sharon Mercer, S.26-28; Packard, "The Varian Story", Vortragsmanuskript 1980, S.27.

437 So erforderten die für die Krebstherapie gebauten Teilchenbeschleuniger eine längere Phase zur Einführung in den klinischen Markt die hohe Investitionen erforderte. Vgl. Varian Associates (Hg.), Varian Associates: An Early History (1958), S.12-13; Kane, Interview geführt im November 1989 von Sharon Mercer, S.21-22.

438 Kane, Interview geführt im November 1989 von Sharon Mercer, S.17.

439 Packard, Interview geführt am 7. und 12. Dezember 1989 von Sharon Mercer, S.22. Zur Wahrnehmung des Einschnittes vgl. auch Martin Packard, "The Varian Story", Vortragsmanuskript 1980, S.20.

Die Mitarbeiter der Anfangszeit scheinen den früheren Arbeitsstil besonders geschätzt zu haben, aber Varian Associates war auf dem Weg vom provisorischen Konstruktionsbüro des Jahres 1948 mit sechs Angestellten und 22.000 $ Kapital über eine Firma im Jahr 1958 mit 1.300 Angestellten und 20 Millionen $ Umsatz zum Industrieunternehmen des Jahres 1983 mit ca. 13.000 Angestellten und etwa 30 Produktionsstätten in 7 Ländern.[440] Diese Daten deuten einen weiteren Aspekt des Erfolges der chemischen NMR an. Der Arbeitsbereich der Methode vergrößerte sich auch geografisch gesehen ganz wesentlich.

3.3. Zur Internationalisierung der Methode

Wie in Nordamerika[441] begannen auch in Europa zunächst Physiker und Physikochemiker aus dem Bereich der Molekülspektroskopie mit NMR-Messungen. Auch hier wurde das Wissen auf akademischem Wege durch Publikationen, auf Konferenzen und über persönliche Kontakte verbreitet. Die Nobelpreisträger Purcell und Bloch hielten z.B. in Europa Vorträge über die Methode. Russell Varian reiste als nun international bekannter Physiker nach Europa, besuchte Konferenzen und trug vor. Inzwischen hatten ihm die Instrumente akademisches Prestige eingebracht, mit einem Ehrendoktor wurde der ehedem Verschmähte doch noch offiziell in die gelehrten Kreise aufgenommen.

Pioniere wie der Schweizer Felix Bloch, der 1954-1955 mit seinen Schülern James Arnold und Weston Anderson in Genf arbeitete, und der niederländische Mitarbeiter Purcells und Gorter-Schüler Nicolaas Bloembergen bildeten personale Brücken zwischen den europäischen und amerikanischen Entwicklungen.[442] Auf einer von der Niederländischen Physikalischen Gesellschaft, der IUPAC und der UNESCO organisierten internationalen Konferenz über die Spektroskopie der Radiofrequenzen am 18. bis 23. September 1950 in Amsterdam waren alle wichtigen Molekülspektroskopiker versammelt. Der niederländische NMR-Pionier C.J. Gorter hielt die Eröffnungsrede. Unter den folgenden Vorträgen waren auch Beiträge über NMR und ESR.[443]

---

440 Varian, "The Founding of Varian Associates" (1958), S.8; Varian, The Inventor and the Pilot, (1983), S.11 und S.259-261.

441 Da sich die Entwicklung in Kanada eng mit der US-amerikanischen verknüpft war, waren kanadische Wissenschaftler Teil der frühen NMR-Gemeinschaft in den USA und werden hier in die US-amerikanische Entwicklung einbezogen.

442 Varian, The Inventor and the Pilot, (1983), S.282. Gorter hatte bereits 1947 als Gast in Harvard gelesen. Slichter, "Early Days of Magnetic Resonance Studies of Solids" (1996), S.646 und Bloembergen, "My early Years in NMR 1946-1948" (1996), S.223-224.

443 Die Vorträge der Konferenz füllten mehr als 300 Seiten in der Physica 17, Hefte 3-4 (1951), S.169-484. Es trugen u.a. Bleaney, Kastler, Van Vleck, Abragam, Gorter, Itoh,

Das erste größere Zentrum von NMR-Wissenschaftlern außerhalb der USA bildete sich in Großbritannien. Bernard V. Rollin in Oxford untersuchte 1946 bereits kurz nach den ersten Publikationen Purcells und Blochs mit einem selbst gebauten Spektrometer NMR-Relaxationsphänomene.[444] Edward Raymond Andrew (1921-2001) wechselte mit einem Commonwealth-Stipendium 1948 von Cambridge zu Purcell nach Harvard, wo er mit einem aus kommerziell erhältlichen Komponenten zusammengebauten CW-Spektrometer[445] über Relaxationsstudien zur Molekülbewegung arbeitete. Charles Slichter war Andrews Labornachbar und wurde sein langjähriger Freund, weiterhin waren Herbert Gutowsky, Robert Pound und Nicolaas Bloembergen vor Ort. Andrew besuchte auf einer Tour durch US-amerikanische Laboratorien auch Stanford und blieb mit Bloch in Kontakt. Nach seiner Rückkehr 1949 wurde er an der St. Andrew Universität in Edinburgh zu einem Pionier in der Festkörper-NMR.[446] Er publizierte bereits 1955 eine Standardmonografie der NMR aus physikalischer Sicht,[447] in der außerdem einige chemische Anwendungen der neuen Methode beschrieben werden. Ähnlich wie in den USA waren die im Krieg erworbenen technischen Erfahrungen wichtig, denn die Laboratorien der Universitäten Oxford und Cambridge, wo während des Krieges an IR- und Radartechnik gearbeitet wurde,[448] spielten eine zentrale Rolle.

Bloch (Nuclear Induction), Purcell (Nuclear Resonance), Ramsey, Béné, Freymann, Kopfermann und Andrew vor. Die Teilnehmer kamen vor allem aus den USA, Großbritannien, Frankreich, Japan, den Niederlanden und der Schweiz.

444 Rollin, "Nuclear Magnetic Resonance and Spin Lattice Equilibrium" (1946).

445 Es bestand aus einem Permanentmagneten, General Radio Radiowellenelektronik, Signalgeber, einem Hallicrafter Empfänger, einem Voltmeter und einem Oszilloskop. Andrew, "Spinning the Spins: A Lifetime in NMR" (1996), S.182, Abb.

446 Er konstruierte ein eigenes Spektrometer mit 0.6 Tesla Permanentmagnet, der in Sheffield gebaut wurde und mit 2 Tonnen Gewicht der damals größte Magnet in Großbritannien war. Andrew, "Spinning the Spins: A Lifetime in NMR" (1996), S.182. 1954 wechselte Andrew als Professor für Physik an die University of Wales nach Bangor, 1959 nach Manchester, wo er bis zur Emeritierung blieb, um dann in Florida ein MRI-Zentrum aufzubauen. Andrew wurde einer der Pioniere der Methoden des Magic Angle Spinning und des Magnetic Resonance Imaging (MRI). 1974-1980 war er Präsident des Groupements A.M.P.E.R.E.

447 Andrew, Nuclear Magnetic Resonance (1955).

448 Bei Gordon Brims Black McIvor Sutherland (1907-1980) in Cambridge sowie Harold Warris Thompson (1908-1983) in Oxford wurde Flugbenzin aus abgeschossenen deutschen Flugzeugen analysiert. Beide Gruppen kooperierten und konkurrierten während des Krieges und in der Nachkriegszeit. Sheppard, "The U.K.'s Contributions to IR Spectroscopic Instrumentation" (1992), S.877A-878A.

Der wohl erste Chemiker, der in Großbritannien ab 1949 die NMR analog zu H. Gutowsky in seiner Disziplin einsetzte, war der 1922 geborene Sir Rex Edward Richards,[449] der während des Krieges in der Gruppe von Harold, genannt Tommy, Thompson mit strukturanalytischer IR-Spektroskopie über Flugbenzin, Gummi und Insektizide arbeitete, aber auch mit Dorothy Hodgkin über Penicilin. Dabei entwickelte und baute Richards mit elektronischen Teilen bestückte IR-Spektrometer.[450] Nach der Promotion bei Thompson wollte sich Richards thematisch von seinem Lehrer lösen und begann kalorimetrische Experimente. 1947 oder 1948 las er dann Blochs und Purcells Publikationen über NMR. Während die Physiker im Clarendon Laboratorium Richards von der NMR als zu schwierig für Chemiker abrieten, bekam er Ermutigung von Linus Pauling, der als Gastprofessor in Oxford war und ihm sagte, wenn er eines gelernt hätte, dann nicht darauf zu hören, was die Physiker sagen.[451] So startete Richards seine NMR-Karriere und wurde darin dann auch vom Physiker Rollin unterstützt. Er bastelte aus alten Militärteilen ein eigenes NMR-Instrument und lernte dabei viel Neues über Elektronik. Als sein CW-Instrument funktionierte, suchte er sich als Thema einfache anorganische Kristalle aus, die sich zur Messung eigneten.[452] 1955 ging Richards in die USA nach Harvard um zusätzliches NMR-Wissen zu erwerben. So kam er auch in Kontakt mit Robert Pound, der ihm praktisches Know-how in der NMR inklusive ihrer Elektronik vermittelte.

449 Reinhardt. "Chemistry in a Physical Mode" (2004), S.16 und S.28. Rex Richards studierte ab 1942 Chemie in Oxford, arbeitete bei H.W. Thompson an Infrarotthemen, promovierte damit 1948, anschließend war er Tutor am Lincoln College. 1964 wurde er Dr Lee's Professor of Chemistry in Oxford, 1969 Warden of Merton College, als solcher verlagerte er seine Arbeitsgruppe an das Department für Biochemie der Oxford University, an der er 1977-1981 Kanzler war. 1984 wurde Richards Direktor des Leverhulme Trusts und bekleidete weitere organisatorische Funktionen. Seit 1959 war er Mitglied der Royal Society 1976 Träger der Davy Medaille, 1986 Royal Medal. 1977 geadelt. Als ein führender britischer NMR-Wissenschaftler gab Richards den Trend vor und konzentrierte sich in den 1960ern auf biochemische Moleküle. Richards, Interview geführt am 4. Dezember 1987 und im März 1988 von Max Blythe; Packard, Interview geführt am 7. und 12. Dezember 1989 von Sharon Mercer, S.26-27.

450 Richards nutzte eine von ihm entwickelte Probenvorbereitung, bei der eine Paraffinemulsion der Substanz verwendet wurde, ähnlich dem Nujol-Verfahren. Richards, Interview geführt am 4. Dezember 1987 von Max Blythe, Interview 1, S.4-6; Christie, Tansey (Hg.), "Making the Human Body Transparent: The Impact of Nuclear Magnetic Resonance and Magnetic Resonance Imaging" (1998), S.36.

451 Richards, Interview geführt am 4. Dezember 1987 von Max Blythe, Interview 1, S.9.

452 Richards, Interview geführt am 4. Dezember 1987 von Max Blythe, Interview 1, S.8-10; Christie, Tansey (Hg.), "Making the Human Body Transparent: The Impact of Nuclear Magnetic Resonance and Magnetic Resonance Imaging" (1998), S.13.

Richards konnte auch einen Kurs bei Edward M. Purcell besuchen, um tieferes physikalisch-theoretisches Wissen über die NMR zu erhalten,[453] bevor er nach Oxford zurückkehrte.

1956 gründete sich dann auf einem Treffen an der Universität of Wales in Bangor die British Radiofrequency Spectroscopy Group (BRSG) und Raymond Andrew war die ersten drei Jahre ihr Vorsitzender. Von dieser Organisation wurden regelmäßige Treffen organisiert, die in ganz Großbritannien stattfanden, je einmal auch in Dublin und Paris. Die Gruppe vertrat nicht nur die NMR, sondern auch die ESR als nahe verwandte Methode.[454] Sie wurde von Physikern getragen, Rex Richards war einer der wenigen Chemiker unter den Mitgliedern. Die chemische NMR stand dann stärker im Interesse der 1964 gegründeten Nuclear Magnetic Resonance Discussion Group (NMRDG), an deren erstem Treffen 150 Interessierte teilnahmen. 1966 wurde sie unter ihrem damaligen Vorsitzenden Rex Richards, nach einigen Diskussionen wegen der gefährdeten Autonomie, als eine Unterorganisation in die Chemical Society eingegliedert.

Die britische Entwicklung lief fast parallel zu der in den USA und die Ansichten und Erwartungen in Großbritannien deckten sich recht genau mit denen, die das A-60 materialisierte. Norman Sheppard, der in Cambridge 1957 eines der ersten Varian-Instrumente erhalten hatte, schrieb 1960:[455]

> [...] for it can be said with confidence that every preparative organic chemist (and many of his inorganic colleagues) will wish in the future to have access to such equipment in much the same way that today he has access to an infra-red spectrometer.

Auch in Großbritannien wurde das A-60 als Beginn einer neuen Ära angesehen.[456] Es gab keinen signifikanten Rückstand bei der Verwendung der NMR durch molekülspektroskopische Spezialisten, dagegen scheinen die in der Nachkriegszeit fehlenden materiellen Möglichkeiten verbunden mit dem Umstand, dass sich britische Instrumentenhersteller erst in der zweiten Hälfte der 1950er Jahre intensiv mit der NMR befasst haben, die Popularisierung der NMR in Großbritannien gehemmt zu haben. Rex Richards musste also im Stile der Physiker Instrumente selbst zusammenbauen[457] und arbeitete mit Research

453 Richards, Interview geführt am 4. Dezember 1987 von Max Blythe, Interview 1, S.11-12.

454 Andrew, "Spinning the Spins: A Lifetime in NMR" (1996), S.184.

455 Sheppard, "Applications of High-Resolution Nuclear-Magnetic-Resonance Spectroscopy to Organic Chemistry" (1960), S.145-146.

456 Vgl. Jackman, "NMR in Organic Chemistry – the Fabulous Fifties" (1996), S.398.

457 Die Abbildung eines solchen Eigenbaus ist abgedruckt in Lawler, "Spectrometer, Nuclear Magnetic Resonance" (1998), S.557, Abb. Die Spulen des Magneten wurden von

Technologists wie Marcel Golay zusammen, der 1955 in Seide eingenähte Kupfergewebe entwickelte, die als Shimspulen funktionieren sollten.[458] Richards schickte ein Set zu Gutowsky nach Urbana, wo sich die Konstruktion aber nicht bewährte.[459] Ende der 1960er Jahre hatte sich die Verfügbarkeit der Instrumente durch die Aktivitäten von Varian Associates, für die Warren Proctor in Vorträgen und als Berater für die NMR warb, später auch durch JEOL und die in Großbritannien arbeitende NMR-Abteilung Perkin-Elmers normalisiert.[460] Wie in den USA erschienen die ersten NMR-Journale Großbritanniens in der Mitte der 1960er Jahre.[461]

In Frankreich war der Physiker Anatole Abragam[462] ein Pionier der Methode, der seine Einführung in die NMR in England und in Harvard bei Purcell und Pound[463] bekommen hatte. Mit seinem Buch "The Principles of Nuclear Magnetism",[464] das von Großbritannien aus angeregt wurde, trug er zur internationalen Verbreitung der NMR bei. Für diese war René Freymann (1909-1995)[465] eine wichtige Figur nicht nur in Frankreich, denn er initiierte 1952[466]

Hand gewickelt. Es war der erste in Großbritannien speziell für NMR-Zwecke gebaute Magnet, er befindet sich heute im Science Museum.

458 Golay, "Field Homogenizing Coils for Nuclear Spin Resonance Instrumentation" (1958). Der aus der Schweiz stammende Marcel E. Golay war einer der bedeutendsten Instrumentenkonstrukteure, so erfand er auch den nach ihm benannten optoelektrischen Infrarotdetektor. Die Shimspulen entwickelte er für das Permanentmagnetgerät Perkin-Elmer R-12, dessen stabile Permanentmagnete nur relativ schwache Shimspulen für die Feinabstimmung benötigten. Shoolery; "The Development of Experimental and Analytical High Resolution NMR" (1995), S.40. Zu Golay vgl. Kap. 5.

459 Farrar, "Historical Reminiscences of some NMR Experiences" (1996), S.306.

460 So zeigte Rex Richards schon Anfang der 1960er Jahre dem Varian Lead User John D. Roberts das Doppelresonanzverfahren ENDOR. Reinhardt, Shifting and Rearranging (2006), S.226, Anm.

461 So das von J. Feeney und L.H. Suthcliff herausgegebene "Progress in Nuclear Magnetic Resonance Spectroscopy" ab 1966.

462 Abragam wurde in Großbritannien und den USA mit der ESR und NMR vertraut. 1959-1985 Professor für Kernmagnetismus am Collège de France in Paris. 1973 Mitglied der Académie des Sciences. Abragam, Reflections of a Physicist (1986).

463 Pound, "Early Days in NMR" (1996), S.546.

464 Abragam, The Principles of Nuclear Magnetism (1961).

465 Freymann begann seine Karriere mit Arbeiten zur Molekülspektroskopie. Auch der Franzose Freymann wurde in den 1930ern zunächst zum Experten der IR Methode und entwickelte in diesem Bereich auch neue Spektrometer. 1941 wechselte er von der Sorbonne nach Grenoble, wo er weiter IR-, aber auch Raman- und Röntgeninstrumente konstruierte und Strukturen organischer Verbindungen untersuchte. Nach dem Krieg ging er an das nationale Zentrum für Naturwissenschaften in Rennes, wo er vor allem der spektroskopischen Nutzung der Hertz-Debye-Potenziale arbeitete. 1957 wurde er

zusammen mit Yves Rocard (1903-1992) A.M.P.E.R.E. (Atomes et Molecules par Etudes Radio-Electriques) als "Groupement d'informations mutuelles" für die Diskussion der neuen Magnetresonanzmethoden und ihrer Fortschritte. Durch den Besuch der internationalen Konferenz in Amsterdam 1950 war eine Gruppe französischer Wissenschaftler in ihrer Ansicht eines technischen Rückstandes der Europäer gegenüber den USA bestätigt worden; sie fassten daher den Plan, die Kräfte zu bündeln, um besser aufholen zu können. Obwohl die erste Initiative von französischen Wissenschaftlern ausging und die Gruppe zuerst als Plattform französischer Radiospektroskopiker gedacht war, trafen sich bereits auf dem fünften Jahrestreffen in Genf 1956 150 Physiker aus acht europäischen Ländern. Die Gruppe war keine Assoziation nationaler Verbände, sondern ein informeller Zusammenschluss von Physikern und Laboratorien, die sich in regelmäßig stattfindenden Veranstaltungen austauschten. Bis in die 1960er Jahre hinein blieben Physiker wie Alfred Kastler (1902-1984) bestimmend, dann wurden auf den Treffen zunehmend auch von Chemikern organisch chemische und biochemische Fragen sowie Analyseverfahren diskutiert.

Besonderen Wert legte man darauf, dass es die Trennung durch den Eisernen Vorhang nicht verhinderte, auch osteuropäische Teilnehmer und Mitglieder zu haben, denn die Vereinigung hatte einen politisch-paneuropäischen Aspekt. Genf in der neutralen Schweiz war daher der geeignete offizielle Sitz der Gruppe. Das trug ein wenig dazu bei, dass auch die Schweiz (in Genf arbeitete dort Georges Béné, in Zürich waren Werner Känzig und Heini Gränicher tätig) zu den frühen Zentren der NMR-Physik in Europa zählte. Verkehrs- und Publikationssprache der Gruppe A.M.P.E.R.E. war anfangs Französisch,[467] nach einigen Jahren wurde das von vielen Teilnehmern besser beherrschte und bevorzugte Englisch die hauptsächliche Umgangssprache. Auch die Jahresversammlungen der Gruppe fanden zunächst nur in Frankreich und der Schweiz statt, dann aber an wechselnden Orten in fast allen europäischen Ländern. So gab es Colloques A.M.P.E.R.E. in London (1959), Leipzig (1961), Louvain (1964), Bukarest (1970), Krakau (1973), Heidelberg (1976) und Tallinn (1978).[468] 1965

Professor in Paris und begann mit frühen CW-NMR-Untersuchungen von Flüssigkeiten.

466 Das erste Colloque A.M.P.E.R.E. fand in Paris vom 24. bis 27. Februar statt. Es trafen sich 30 noch ausschließlich französische Wissenschaftler. 1953 wurde das von Freymann herausgegebene Bulletin A.M.P.E.R.E. als Nachrichtenblatt der Gruppierung gegründet. 1956 übernahm Georges Béné, 1956-1989 Professor an der Universität Genf, bis 1989 die Herausgeberschaft.

467 Andrew, "Spinning the Spins: A Lifetime in NMR" (1996), S.184-185.

468 Ein Bericht des ersten Kolloquiums wurde noch nicht publiziert, Berichte der weiteren Kolloquien erschienen in Sonderausgaben von Zeitschriften, ab dem 11. Kolloquium in

hatte die Gesellschaft 550 Mitglieder aus 12 west- und 8 osteuropäischen Ländern. Das paneuropäische Bemühen spiegeln auch die Vorsitzenden der Gruppierung wieder, Freymann wurde 1965 erster offizieller Präsident, 1970 folgte ihm Georges Béné (Genf), 1972 Artur Lösche (Leipzig/DDR), weiter 1974 Raymond Andrew (Cambridge) und 1980 Karl Hermann Hausser (Heidelberg/BRD).[469] Über die Organisation standen auch kleinere NMR-Zentren in Ländern wie den Niederlanden, Italien, Belgien, Polen, Jugoslawien und Rumänien in Kontakt mit der europäischen NMR-Gemeinschaft. Begleitend boten dann auch andere, zunehmend international besetzte Konferenzen, wie die Experimental Nuclear Magnetic Resonance Conferences (ENC, seit 1960) den NMR-Wissenschaftlern die Möglichkeit, weltweite Beziehungen zu knüpfen.[470]

Varian Associates war ein wichtiger Faktor bei dieser Internationalisierung, einerseits durch die Lieferung von Instrumenten, andererseits aber auch durch ein Postdoc- und Besuchsprogramm,[471] mit dem Wissenschaftler aus England, der Schweiz, Deutschland und Frankreich nach Palo Alto kamen. Die Eingeladenen konnten auch noch in den 1960er Jahren im Schutz der Varian-Entwicklungsabteilung relativ frei ihren Interessen folgen und brachten eigene Ideen ein. In der Regel kehrten sie nach einiger Zeit in ihre Heimatländer zurück. Damit fand eine zusätzliche, effektive internationale Verbreitung von NMR Know-how statt. Zur Gruppe dieser Gastwissenschaftler gehören u.a. die bedeutenden NMR-Wissenschaftler Ray Freeman und Richard Ernst.[472]

Als sich ein rentabel erscheinender NMR-Markt entfaltet hatte, traten auch andere NMR-Anbieter als Konkurrenten zu Varian auf.[473] Obwohl das Unternehmen wichtige Patente hielt, gab es Möglichkeiten, diese zu umgehen. Der Patentschutz der Basisentwicklung erstreckte sich einerseits nur auf die USA und galt andererseits nur für die Kreuzspulennanordnung im Probenkopf die in

---

Eindhoven 1962 als Sammelbände. Farach, Poole, "Guide to the Magnetic Resonance Literature" (1972), S.6.

469 Béné, "René Freymann et la création du Groupement AMPERE" (1995); Servant, "The Scientific Career of René Freymann (1909-1995)" (1996); Béné, "Les Premieres Decennies du Groupement AMPERE – Souvenirs", (2005).

470 Vgl. Ernst, "ENC, a Motor of Progress in NMR" (1994). Hausser hatte z.B. gute Kontakte zu John Waugh, sein Schüler Ulrich Haeberlen arbeitete als Postdoc bei Waugh, der seinerseits als Berater von Bruker tätig war.

471 Packard, "The Varian Story", Vortragsmanuskript 1980, S.17.

472 Packard, Interview geführt am 7. und 12. Dezember 1989 von Sharon Mercer, S.26-27; Lécuyer, Lenoir, "Instrument Makers and Discipline Builders" (1995), S.321.

473 Packard, "The Varian Story", Vortragsmanuskript 1980, S.9.

Stanford verwendet worden war. Dieses Detail war durchaus störend, denn der leitende Varian Mitarbeiter Martin Packard äußerte zumindest etwas genervt:[474]

> Even 30 years after the initial experiments, I was challenged by a foreign visitor with the myth about the Bloch method and the Purcell method.

Naturwissenschaftlich gesehen hat Packard recht, es dreht sich hier nicht um zwei unterschiedliche Methoden, denn es sind die zwei Spulenanordnungen gemeint. Außerhalb der USA war also der patentrelevante Unterschied durchaus von Bedeutung und wurde wahrgenommen – und der internationale Absatz wuchs. Aufgrund der steigenden Nachfrage baute Varian eine internationale Verkaufs- und Serviceorganisation auf. 1957 wurde dafür der Bloch-Schüler Warren Proctor angestellt. Er war 1955 als Gastprofessor nach Basel gewechselt und arbeitete zum Zeitpunkt seiner Einstellung zusammen mit Anatole Abragam am französischen Kernforschungszentrum in Saclay über Spintemperatur.[475] Kurz nachdem er von Varian engagiert worden war, wechselte er in die Niederlande nach Wassenaar bei Leiden. Dort leitete er das zweite Varian Anwendungslabor.[476] Im Gegensatz zum Labor Shoolerys war das Labor Proctors allein als Vorführungs- und Schulungseinrichtung für Kunden gedacht.[477] 1959 wurde dann beschlossen, eine europaweit koordinierte Vertriebsgesellschaft aufzubauen und Proctor wurde erster Präsident dieser Varian AG. Aus unterschiedlichen Gründen wählte man die Schweiz als zentralen Standort. Die zunächst von Ralph Kane geleitete Verwaltung wurde im steuerlich besonders günstigen Kanton Zug eingerichtet, Proctor zog mit seinem Anwendungslabor an die ETH Zürich, denn dort gab es bereits ein europäisches Zentrum für die

---

474 Packard, "Nuclear Induction at Stanford and the Transition to Varian" (1996), S.518. Ähnlich in: Packard, "Felix Bloch. Reminiscences of a Graduate Student" (1985), S.92.

475 Abragam, Proctor, "Experiments on Spin Temperature" (1957); dies., "Spin Temperature" (1958). Warren George Proctor (1920-2005) graduierte 1942 am CalTech zum Elektroingenieur. 1942-45 war er am MIT Radiation Laboratory, dann bei Bloch in Stanford und 1950/51 in Basel. Seit 1952 Assistant Professor an der University of Washington. 1955 ging er als Gastprofessor nach Basel. Ab 1957 war er Angestellter von Varian Associates, Managing Director 1956-1975. 1975-1986 lehrte er an der Universität in Grenoble, der Universität in Helsinki und der Technischen Universität Dänemarks. 1986 wurde er pensioniert. Proctor wurde Pionier der vom Deutschen Hans Dehmelt entdeckten Nuclear Quadrupole Resonance, neben ESR und NMR eine weitere Art der magnetischen Resonanzmethode, die nicht auf Kernen mit magnetischen Dipolen, sondern Quadrupolen beruht. Proctor, "When You and I were Young, Magnet" (1996), S.550.

476 Packard, Interview geführt am 7. und 12. Dezember 1989 von Sharon Mercer, S.37-38.

477 So ist der Übersichtsartikel Proctor, "Chemical Analysis by Means of Nuclear Magnetic Resonance" (1958) eine Einführung in die Grundlagen der NMR inklusive der Instrumentierung und hat Lehrbuchcharakter.

hochauflösende NMR mit der entsprechenden Infrastruktur. 1957 hatte Varian als weiteres Marketinginstrument einen viertägigen NMR/ESR Workshop initiiert, der jährlich im Firmengebäude in Palo Alto abgehalten wurde.[478] Derartige Workshops oder Symposien waren in der Instrumentenbranche ebenso wie die technischen Firmenbulletins eine übliche Verkaufsstrategie und erfreuten sich reger internationaler Nachfrage.[479] Varian hatte von Beginn an mehr als 100 Teilnehmer zu verzeichnen. Ähnliche Veranstaltungen wurden ab 1961 auch in der europäischen Zentrale in der Schweiz durchgeführt.[480] Dennoch wurde Varian kein exportorientiertes Unternehmen, da maximal 35% des Geschäftes international getätigt wurde. Es gab daher eine Spannung zwischen den Ansprüchen der internationalen Kunden und der in Entwicklung und Vertrieb eher national orientierten Firmenstrategie.[481]

Während Varian in den USA fest etabliert war und eine praktisch nicht zu brechende Monopolstellung hatte, gab es daher international einige Nischen. Die ersten ernsthaften Konkurrenten bei der Produktion hochauflösender NMR-Spektrometer entstanden in England, der Schweiz und Japan. Schon 1956 stellte allerdings der mit IR-Spektrometern groß gewordene US-amerikanische Instrumentenbauer Perkin-Elmer ein NMR-Breitlinienspektrometer mit Permanentmagnet vor, das mit der Einspulenvariante Purcells arbeitete. Eine Klage von Varian Associates dürfte beim Rückzug des Perkin-Elmer Instruments eine gewisse Rolle gespielt haben, jedenfalls bot diese Firma 1958 Varian einen patentrechtlichen Vergleich an, der aber so schlechte Lizenzkonditionen beinhaltete, dass er nicht zustande kam.[482] Varians Basispatent bot keinen ausreichenden internationalen Schutz und das von Perkin-Elmer in England entwickelte und ab

478 Aus dem hauptsächlich aus Vorträgen von Varian Mitarbeitern und Übungen bestehenden dritten Workshop 1959 ging sogar eine Publikation hervor: [Varian Associates (Hg.)], NMR and EPR Spectroscopy: Papers Presented at Varian's Third Annual Workshop on Nuclear Magnetic Resonance and Electron Paramagnetic Resonance (1960). Ab 1964 fanden auch lokale Workshops im neuen Anwendungslabor in Pittsburgh statt. Varian Associates (Hg.), NMR/EPR Instrument Memo 4 (1963).

479 Z.B. auch im Arbeitsbereich der Szintillationsmessung. Rheinberger, "Putting Isotopes to Work: Liquid Scintillation Counters, 1950-1970" (2001), S.164-169.

480 Shoolery hielt auch dort Vorträge. Varian AG (Hg.), Arbeitstagung über Hochauflösende Kernresonanz und Elektronen-Spinresonanz, Zug: Varian AG, 1962. Deutsches Museum München, Depotverwaltung, Zubehör zu Inv.-Nr. 1984-255 (Varian HA-100); Packard, "The Varian Story", Vortragsmanuskript 1980, S.17-19; Lécuyer, Lenoir, "Instrument Makers and Discipline Builders" (1995), S.317; Shoolery, "NMR Spectroscopy in the Beginning" (1983), S.737A. Ähnliche Veranstaltungen wurden ab 1963 auch im zweiten Anwendungslabor in den USA in Pittsburgh abgehalten.

481 Kane, Interview geführt im November 1989 von Sharon Mercer, S.8-11.

482 Kane, Memo an H. Myrl Stearns (1958).

1961 verkaufte Nachfolgemodell R 10 wurde die erste nennenswerte Konkurrenz. Wieder einmal lag in der IR-Spekroskopie der Ursprung der Entwicklung. 1950 reiste Van Zandt Williams nach England, ein leitender Mitarbeiter der amerikanischen Firma, und stellte das epochale, neue Perkin-Elmer IR-Spektrometer Model 21 in der Gruppe des IR-Pioniers G.B.B.M. Sutherland vor. Das chemische Laboratorium in Cambridge erhielt daraufhin vermutlich das erste Serieninstrument des Model 21. Die britische Tochterfirma Perkin-Elmers begann dann 1958 IR-Spektrometer in Lizenz zu fertigen und stellte bald auch Eigenentwicklungen vor.[483] Anfang 1958 zeigten auch Mullard[484] in London und Metropolitan-Vickers in Manchester hochauflösende NMR-Spektrometer als Vorserienmodelle, dazu gab es Gerüchte von ähnlichen Projekten anderer Hersteller. Rex Richards hatte versucht, einen für hoch aufgelöste Spektren geeigneten Magneten zu bekommen. Mit dem wenigen zur Verfügung stehenden Geld ließ er um 1952 den Eisenkern gießen und die Polkappen anfertigen. Die Elektronik bastelte Richards selbst, wobei ihm die Erfahrungen beim Bau von IR-Spektrometern während des Krieges zugute gekommen sein dürften und materielle Überreste des Krieges ebenfalls eine Rolle spielten:[485]

> The electronics for generating and regulating the power to the magnet, and for producing and amplifying the radio frequencies, were constructed almost entirely from components obtained from surplus military equipment. I spent many hours patiently unsoldering components from racks of equipment no longer required by the services, and sorting them into cardboard boxes according to their values.

Auch die Spulen wickelte er mühsam selbst im Labor. Aber die elektronischen Komponenten waren natürlich nicht ideal und das für den Kern verwendete Material war ungeeignet, daher war das Magnetfeld nicht homogen genug für die angestrebten hochaufgelösten Protonenspektren.[486] Er überredete daher einen bei Mullard arbeitenden Magnetexperten dazu, einen homogeneren, starken Permanentmagneten zu konstruieren. Das Geld stammte von der der Royal Society, dem Department of Scientific and Industrial Research und der Shell Oil Company. Der um 1956 fertiggestellte neue Magnet funktionierte ausgezeichnet

483 Sheppard, "The U.K.'s Contributions to IR Spectroscopic Instrumentation" (1992), S.880A-882A. 1948 hatte die Gruppe von Thompson in Oxford von der eng mit Perkin-Elmer verknüpften American Cyanamid Company ein Perkin-Elmer Model 12B IR Spektrometer mit Schreiber geschenkt bekommen. Nature 164 (1949), S.127.

484 Die Firma wurde später von Philips übernommen.

485 Richards, "Magnetic Moments in NMR" (1996), S.33-34.

486 Es wurden damit eine Reihe von nicht hochaufgelösten Experimenten gemacht, vgl. zum Magneten Anm. 457.

und wurde noch in den 1980er Jahren im Clarendon Laboratory benutzt.[487] So kam NMR Know-how zu Mullard und es entstand der bei 32 MHz Protonenfrequenz arbeitende Permanentmagnet, den die Firma 1958 in einem einfachen NMR-Instrument vermarkten wollte. Die Auflösung der englischen Vorseriengeräte war der bei Varian erreichten unterlegen, aber das Vickers Instrument hatte bereits einen Probenspinner und einen Flux Stabilizer. Generell wurde in den Probenköpfen dieser Instrumente die nicht patentierte, einfachere Einspulenanordnung nach Purcell eingesetzt.[488]

Perkin-Elmer nutzte weiter das Know-how und entwickelte bei seiner Tochterfirma in Beaconsfield/Buckinghamshire auf der Basis des Instruments von Rex Richards,[489] das Permanentmagnetspektrometer R 10 (40 MHz, später 60 MHz, 1967 als R 14 auch mit 100 MHz), das nach und nach mit einem Schreiber, variabler Temperaturregelung, eingebautem Integrator und als erstes käufliches Instrument mit homonuklearer Spinentkopplung ausgestattet wurde. Dabei arbeitete es so stabil, dass es wie das A-60 vorgedrucktes Spektrenpapier verwenden konnte.[490] Noch größere Konkurrenz für Varian brachte das 1967 vorgestellte Nachfolgemodell R-12 (60 MHz), als flexibleres Spektrometer für mittlere Ansprüche, ebenfalls ausgestattet mit Doppelresonanzeinrichtungen zur Spinentkopplung und einem Feld-Frequenz Lock. Es war auch geeignet für

---

487 Leane, Richards, Schaefer, "High-Resolution Nuclear Resonance Apparatus" (1959). John Bryant Leane arbeitete später für Perkin-Elmer in Beaconsfield, Schaefer (1933-2007) lehrte als NMR Spezialist 40 Jahre an der University of Manitoba; Richards, Interview geführt am 4. Dezember 1987 von Max Blythe, Interview 1, S.12-14; Richards, Interview geführt im März 1988 von Max Blythe, Interview 2, S.1; Christie, Tansey, "Making the Human Body Transparent: The Impact of Nuclear Magnetic Resonance and Magnetic Resonance Imaging" (1998), S.15.

488 Warren Proctor an Emery Rogers, 27. März 1958 und 7. April 1958. Der "Fehlschlag" des von der britischen Regierung unterstützten Versuchs eine heimische NMR-Produktion aufzubauen ist sehr kurz und im Detail ungenau geschildert in Robertson, Rothwell, "The Contribution of Poor Communication to Innovative Failure" (1975), hier S.397-398. Mit der dort erwähnten, vom Department of Scientific and Industrial Research erfolglos geförderten Firma scheint Vickers gemeint zu sein. Als entscheidendes Innovationshemmnis wird die mangelnde Kommunikation dieser Gruppe mit der von Rex Richards angeführt. Die in der Innovationsforschung tätigen Autoren beschäftigten sich ähnlich wie Eric v. Hippel mit der wichtigen Rolle der Kunden beim Innovationsprozess. Besonders erwähnenswert ist, dass sie dabei wie v. Hippel mit Fallstudien aus dem Instrumentenbau arbeiteten.

489 Richards, "Magnetic Moments in NMR" (1996), S.34; Christie, Tansey, "Making the Human Body Transparent: The Impact of Nuclear Magnetic Resonance and Magnetic Resonance Imaging" (1998), S.15.

490 Bodenseewerk Perkin Elmer & Co GmbH (Hg.), Perkin-Elmer Analysengeräte (1967), S.34.

Festkörpermessungen, wurde ca. 350 Mal verkauft und erreichte damit fast die Größenordnung der Verkaufszahlen des A-60.[491] Rex Richards blieb in Kontakt mit den Instrumentenbauern.[492] Grundlegend für weitere wichtige Erfahrungen war aber, dass um 1960 die Naturwissenschaften in Großbritannien großzügiger gefördert wurden. Richards konnte nun nicht nur einen großen Varian Magneten kaufen, sondern ließ zusätzlich 1959-1960 von Mullard einen neuen, größeren Permanentmagneten bauen. Die sehr homogenen, hochauflösenden Permanentmagneten setzte er für die chemische Strukturforschung ein und versuchte dieses Verfahren in vielen Vorträgen populär zu machen.[493] Die von Richards und Perkin-Elmer verwendeten Permanentmagnetspektrometer waren weniger aufwändig zu betreiben als Elektromagnetgeräte und ergaben ein sehr homogenes Magnetfeld, also theoretisch eine sehr gute Auflösung des NMR-Spektrums. Nachteilig war, dass sie empfindlicher auf äußere Einflüsse reagierten, denn das Feld war stark von der Umgebungstemperatur abhängig und kaum abgeschirmt. Mit Elektromagneten konnten außerdem etwas höhere Magnetfeldstärken erreicht werden, was eine größere Empfindlichkeit und eine bessere Dispersion der Signalmultipletts brachte.[494]

Die NMR-Entwicklung in Japan ist zwar von weltweiter Bedeutung, besonders was die Einführung der Computertechnik betrifft, wurde aber bisher von der NMR-Geschichtsschreibung fast völlig ausgeklammert. Daher kann hier nur ein kurzer Hinweis auf die Instrumentenentwicklung gegeben werden. Seit 1956 versuchte JEOL (Japan Electron Optics Laboratory), das u.a. Elektronenmikroskope baute und weltweit erfolgreich verkaufte, auch NMR-Spektrometer anzubieten. 1962 erschien das C 60, ein noch nicht ganz konkurrenzfähiges Instrument mit Elektromagnet, das nur Protonenresonanzspektren bei 60 MHz zuließ. Ab 1965 verkaufte JEOL erfolgreicher das C 60 H.[495] Das Geschäft lief ungestört, obwohl für Varian das Instrument als eine Art Nachbau des A-60 war.[496]

491 Das 1972 vorgestellte Nachfolgegerät R 32 (90 MHz) wurde immerhin noch etwa 150 Mal verkauft. Becker, Fisk, Khetrapal, "The Development of NMR" (1996), S.52-53.

492 Rothwell, Robertson, "The Contribution of Poor Communication to Innovative Failure" (1975).

493 Richards, Interview geführt am 4. Dezember 1987 von Max Blythe, Interview 1, S.14; Richards, "Magnetic Moments in NMR" (1996), S.34.

494 Shoolery optierte daher bei Varian für die Elektromagnete. Shoolery; "The Development of Experimental and Analytical High Resolution NMR" (1995), S.39.

495 Becker, Fisk, Khetrapal, "The Development of NMR"(1996), S.52-53.

496 Hippel, The Sources of Innovation (1988), S.143. Das Instrument entsprach dem aktuellen technischen Stand und war sogar als erstes Seriengerät mit der Wahlmöglichkeit zum internen und externen Feld-Frequenz Lock ausgestattet.

1968 stellte JEOL dann ein bei 100 MHz operierendes Protonenresonanzspektrometer vor, das aber ebenfalls nicht als Spitzengerät konzipiert war.

In den 1960er Jahren war es also gelungen, das Wissen und die Fähigkeiten der NMR-Wissenschaftler in einem internationalen Spezialistensystem zu organisieren. Trotz der nachlassenden eigenen Innovationsfreudigkeit und der inzwischen vorhandenen Konkurrenz durch ausländische Hersteller blieben die Varian NMR-Spektrometer bestimmend,[497] doch die Situation hatte sich bereits verändert. Der eindeutige Schwerpunkt der NMR-Gemeinschaft lag bis Anfang der 1960er Jahre in einem aus engen gegenseitigen Beziehungen bestehenden Cluster in den USA, der nach der Definition von Burt[498] als weitgehend geschlossenes Netzwerk interpretiert werden kann. In einem derart geschlossenen Netzwerk wird das Wissen durch wiederholte gegenseitige Bestätigung gefestigt und Vertrauen aufgebaut, das im Fall der chemischen NMR die Methode etablierte. Das Wissen wird zudem innerhalb des Clusters gefestigt und gesichert, indem es gegen grundlegend neues Wissen von Außen abgeschottet wird, was die Disziplinierung, Normierung und Kontrolle in der Gruppe begünstigt. Wie gesehen waren die wichtigsten Instrumenteninnovationen schon während der Frühphase der NMR prinzipiell erfunden oder sogar als Prototyp gebaut worden. Ab 1952 fanden Innovationsschritte statt, die ein zuverlässiges und leistungsfähiges Instrumentensystem mit den entsprechenden Darstellungskonventionen und Auswertungsregeln formten. Varian Associates hielt eine zentrale Position im Netzwerk mit engen Verbindungen zu den meisten Mitgliedern und konnte so die Stabilisierung wesentlich fördern, vor allem über die Aktivitäten des Applikationslabors. Das Unternehmen brachte die anderen Mitglieder des Clusters durch Instrumente, Werbung und Forschung dazu, sich in vorgesehener Weise zu verhalten. Damit konnte es die Methode instrumentell, in ihren Theorien oder Regeln und in ihrer Praxis an die klassischen Vorstellungen der Chemie anpassen. Um 1960 veränderte sich dann die Struktur des NMR-Netzwerks entscheidend, dennoch versuchte der Instrumentenbauer

---

497 Besonders bestimmend ist dieser Einfluss bis heute in der Geschichtsschreibung. Über die Aktivitäten der anderen NMR-Hersteller ist im Vergleich zu Varian nur Marginales bekannt, was nicht zuletzt an den Aktivitäten von Varian Associates selbst liegt, die Dokumente der eigenen Geschichte zu sichern und zugänglich zu machen. Deutlich wird diese Situation z.B. an der in einer Arbeit gemachten Bemerkung, dass Varian der einzige NMR-Instrumentenhersteller bis 1969 gewesen wäre. Roberts, Instruments and Domains of Knowledge: The Case of Nuclear Magnetic Resonance Spectroscopy, 1956-1969 (2002), S.8. Nichts ist dort zu lesen von JEOL, Perkin-Elmer, Trüb-Täuber, oder auch Bruker.

498 Burt, Brokerage and Closure. An Introduction to Social Capital (2005), insbesondere Übersicht S.163.

Varian auch weiterhin die Kontrolle zu behalten, allerdings nicht mehr um die Methode zu stabilisieren, sondern um den NMR-Markt auch in Zukunft ökonomisch dominieren zu können.

3.4. Die deutsche Perspektive

In Deutschland hatten sowohl die personellen als auch die materiellen Schäden des Krieges die für aufwändige physikalische Forschungsarbeiten notwendige Infrastruktur besonders schwer beschädigt und alliierte Gesetze behinderten zusätzlich Versuche mit den neuen elektronischen Instrumenten. Dennoch gab es eine Tradition moderner, mit spektroskopischen Apparaten durchgeführter Experimentalforschung, so war ja auch Isidor Rabi nach Deutschland gekommen, um neuestes molekülspektroskopisches Wissen zu erwerben. Wie überall nahmen auch in Deutschland Chemiker die NMR wenn überhaupt zunächst nur als physikalische Methode wahr und Physiker begannen als Erste damit zu experimentieren. In der DDR bildete sich die wohl früheste deutsche NMR-Gruppe am physikalischen Institut der Universität Leipzig.[499] Mit improvisierter Apparatur konnte Harry Pfeifer (1929-2008) bereits im Juni 1951 im Zuge seiner Diplomarbeit als Erster in Mitteleuropa ein NMR-Signal messen. Die Kernphysik hatte in Leipzig besondere Tradition, zu der auch gehörte, dass Felix Bloch dort 1927 erster Doktorand Werner Heisenbergs geworden und bis zur Machtübergabe an die Nationalsozialisten 1933 geblieben war. Die materiellen Verhältnisse waren allerdings für den Studienanfänger Pfeifer 1947 bescheiden, denn das physikalische Institut war im Krieg fast völlig zerstört worden. Pfeifers Professor Waldemar Ilberg (1901-1967), der während des Krieges bei Telefunken an der Radarentwicklung gearbeitet hatte – auch in Deutschland gab es also diesen Zusammenhang – hatte Artur Lösche als Assistenten eingestellt.[500] Erst 1949/50 erhielt das Institut Journale, in denen

499 Lösche, "The Beginnings of NMR in Leipzig" (1996).

500 Artur Lösche (1921-1995) studierte 1940-41 Physik und Mathematik, bevor er bis 1945 Kriegsdienst leistete. Dann war er Werkstudent der Firma Fritz Gerhard in Leipzig und Neulehrer an der Herder-Schule. 1946-1948 setzte er sein Studium fort, machte das Diplom und das Staatsexamen für das Lehramt an höheren Schulen und promovierte 1949. Gleichzeitig war er 1948-1953 Assistent und Oberassistent an der Universität Leipzig. Nach der Habilitation war er 1953-1955 Dozent, dann Professor für Physik mit Lehrauftrag, seit 1957 mit vollem Lehrauftrag und 1960-1987 Lehrstuhlinhaber für Experimentalphysik. Lösche hatte seit etwa 1962 ein 25 MHz NMR Spektrometer KIS I der Schweizer Firma Trüb-Täuber zur Verfügung. Er war mehrmals Dekan und 1966-1969 Leiter des Fachbereichs für Physik der Universität Leipzig. Wie oben erläutert, war er auch Präsident der Gruppierung A.M.P.E.R.E. Köstler

von den Neuigkeiten der Gruppen um Purcell und Bloch berichtet wurde, was die Leipziger Physiker zu eigenen Versuchen animierte. Lösche schlug das Thema für Diplomarbeiten vor, bei denen ähnlich wie bei Bloch ein alter Labormagnet und als Probensubstanz eine wässrige Eisen(III)chlorid-Lösung verwendet wurden.[501] Pfeifer setzte danach seine akademische Karriere in Leipzig fort,[502] dabei leitete er ab 1963 die Abteilung Elektronik, später das NMR-Laboratorium der Experimentalphysik. Aber nicht er, sondern Artur Lösche wurde der führende Experte für NMR, der schon 1957 eine der weltweit ersten Monografien über die Methode veröffentlichte, die zum Standardwerk wurde.[503] Der Sommer 1961 markiert einen Höhepunkt der NMR-Entwicklung in der DDR, zugleich aber auch einen Tiefpunkt. Zunächst fand in Leipzig das durch Lösche organisierte zehnte A.M.P.E.R.E. Kolloquium statt, das erste dieser Kolloquien innerhalb des Sowjetblocks. Doch die beiderseitige Hoffnung auf bessere europäische Zusammenarbeit wurde im August schnell zerschlagen als sich die DDR durch militärisch gesicherte Grenzanlagen und strenge Reiseformalitäten gen Westen abschottete. Danach waren die meisten NMR-Wissenschaftler von den führenden Zentren der internationalen Gemeinschaft weitgehend abgeschnitten und besonders gerätetechnische und methodisch grundlegende Innovationen kamen erst mit großer Verzögerung bei ihnen an. Die Arbeiten blieben so vor allem auf Festkörperuntersuchungen und ESR beschränkt.[504] Das vorhandene apparative Wissen wurde auch nicht in den professionell organisierten Instrumentenbau umgesetzt, doch Lösche war – im Gegensatz zu Harry Pfeifer, dessen Karriere durch politische Ungnade gebremst wurde[505] – geschickt im Umgang mit den leitenden Parteistellen, er durfte und konnte daher die Spinresonanz wirksam und systemgerecht vertreten. Lösche war für den Forschungsrat tätig sowie Vorstandsmitglied der Physikalischen Gesellschaft der DDR und damit der einflussreichste NMR-Wissenschaftler.

(Hg.), J.C. Poggendorffs biographisch-literarisches Handwörterbuch der exakten Naturwissenschaften, Bd. 8 Teil 3 (2004), S.1817-1822.

501 Nach den Diplomarbeiten von Harry Pfeifer (1951) und Hans Lippmann (1952) wurden derartige Versuche von Lösche, Pfeifer, Hubert Krüger in Heidelberg (1953, ab 1956 in Tübingen) und Werner Müller-Warmuth in Frankfurt/M. (1954) publiziert.

502 Er promovierte sich dort 1953 und war Assistent, Dozent und 1969-1994 ord. Professor. Nach der deutschen Einigung wurde er auch Mitherausgeber der Zeitschriften "NMR – Basic Principles and Progress" (1989) und "Applied Magnetic Resonance" (1990).

503 Lösche, Kerninduktion (1957).

504 Pfeifer, "A Short History of Nuclear Magnetic Resonance Spectroscopy and of its Early Years in Germany" (1999), S.154-156.

505 Holz, Knüttel, Interview geführt am 13. Juli 2004.

Aufgrund seiner Klassifikation als 'NSW-Reisekader'[506] konnte er auch weiter aktiv am Aufbau der europäischen NMR-Gemeinschaft mitwirken. Im Groupement A.M.P.E.R.E., in dem er seit 1956 Mitglied war, saß er 1967-1995 im Vorstand, 1972-1974 als Präsident.[507] Die NMR-Forschung war also auch im östlichen deutschen Staat vorhanden, aber nur in Ausnahmefällen in das internationale Netzwerk eingebunden. Eine schnelle Anpassung der physikalischen NMR an die Vorstellungen und Bedürfnisse der Organischen Chemie fand nicht statt. Erst seit der Mitte der 1960er Jahre befasste sich eine Arbeitsgruppe der Akademie der Wissenschaften am Zentralinstitut für Physikalische Chemie in Berlin-Adlershof auch mit chemischen Fragestellungen.[508] Die großteils isolierte Gruppe der NMR-Wissenschaftler aus Leipzig, Berlin, Jena und Dresden traf sich regelmäßig in Reinhardsbrunn im Thüringer Wald.[509] Gerätetechnisch war man in der DDR ab den 1960er Jahren hauptsächlich auf tschechische Instrumente und japanische von JEOL angewiesen. Besonders einschneidend war ab den 1970er Jahren das Fehlen moderner elektronischer Rechner, umfangreiche Datensätze der neuen NMR konnten ohne sie weder generiert noch dargestellt und ausgewertet werden. Der Kontrast zu der Entwicklung in Westdeutschland macht so die Bedeutung der NMR-Technik besonders klar.

Im Westen war die Ausgangslage nach dem Krieg zunächst noch weitgehend vergleichbar. Dennoch bildete sich im Südwesten ein frühes Zentrum für

---

506 NSW für Nichtsozialistisches Wirtschaftsgebiet

507 Pfeifer, "Hommage für Artur Lösche" (1995); Michel, "Artur Lösche" (1995); Köstler (Hg.), J.C. Poggendorffs biographisch-literarisches Handwörterbuch der exakten Naturwissenschaften, Bd. 7, Teil 3 (2004), S.1817-1818.

508 Vor allem durch Günter Engelhardt (*1936) und Reiner Radeglia (1937-2003). Engelhardt promovierte an der TH Dresden mit einer Arbeit zur IR-Spektroskopie, habilitierte sich 1969 an der Humboldt Universität und war 1963 bis 1987 Leiter des NMR Laboratoriums der Deutschen Akademie der Wissenschaften am Zentralinstitut in Berlin-Adlershof. Dann emigrierte er in die BRD. Koller, "Scientific Biography of Dr. Günter Engelhardt" (1997). Radeglia promovierte ebenfalls an der TH Dresden, wo er selbst ein 25 MHz NMR-Instrument baute, und wechselte 1964 an das Zentralinstitut in Berlin-Adlershof. Aus politischen Gründen wurde ihm eine Professur erst 1988 gestattet. Nach der Wende wurde er von der Bundesanstalt für Materialforschung übernommen, bis er 2002 in Ruhestand ging. Er arbeitete wohl als erster NMR Wissenschaftler in der DDR an chemischen Fragen, auch an semi-empirischen ab initio Berechnungen von Spektren. Jahncke, Radeglia, "The History of the NMR Laboratory in the Former Central Institute for Physical Chemistry of the East German Academy of Sciences in Berlin" (1996); Jancke, "Zum Tode von Reiner Radeglia" (2003).

509 Günther, "25 Jahre GDCH-Fachgruppe Magnetische Resonanzspektroskopie" (2004), S.200.

moderne spektroskopische Methoden aus.[510] Wie in den USA und Großbritannien spielte die IR-Spektroskopie dabei eine wichtige Rolle. Der Molekülphysiker Reinhard Mecke (1895-1969) in Freiburg war bereits vor dem Krieg ein anerkannter Experte auf diesem Gebiet und setzte seine Arbeiten fort.[511] Mecke war neben Wolfgang Seith (1900-1955)[512] und Werner Brügel der aktivste westdeutsche Vertreter moderner spektroskopischer Methoden in der frühen Nachkriegszeit. Dazu gehörte auch, dass Mecke Vertrauensmann der führenden IR-Spektrometerfirma Perkin-Elmer war,[513] die 1954 in Überlingen – am Bodensee, nahe Freiburg - das Askania Werk als deutsches Perkin-Elmer Zweigwerk übernahm. Er hielt IR-Kurse und veranstaltete 1950 eine Tagung, auf der die deutschen Spektroskopiker in Kontakt zu amerikanischen Kollegen und aktuellen Entwicklungen kamen. 1951 konnte er melden:[514]

---

510 Weniger national betrachtet könnten auch Basel und Zürich als Teil dieses Zentrums gesehen werden.

511 Nach der Habilitation 1923 war der Physiker Mecke zunächst 1931-1937 außerord. Professor für chemische Physik in Heidelberg (dort arbeitete er in dem Gebäude, in dem Bunsen und Kirchhoff ihre Methode der Spektralanalyse entwickelt hatten), dann ord. Professor für Theoretische Physik in Freiburg. Obwohl sich Mecke gegenüber dem NS Regime kooperativ zeigte wurde Walter Noddack Nachfolger des emigrierten Georg v. Hevesy. Erst als Noddack Freiburg wieder verließ, war der Weg für Mecke frei. 1942-1963 war er ord. Professor für Physikalische Chemie. Mecke war zusätzlich Mitbegründer und 1957-1967 Direktor des Fraunhofer-Instituts für Elektrowerkstoffe (IEW). Er hielt 1957-1964 Kurse zur Verbreitung der chemischen IR-Spektroskopie an Universitäten und in der Industrie. Seine Karriere ist ein weiteres Beispiel dafür, dass die moderne chemische Spektroskopie ihre Wurzeln in der Physik hat und dann auf den Bereich der chemischen Analytik und Theorie übertragen wurde. Methodisch progressiv gehörte er in seinem Führungsstil der alten, noch von Traditionen des Kaiserreichs geprägten Wissenschaftlergeneration an. Lüttke, Nonnenmacher, "Reinhard Mecke (1895-1969): Scientific Work and Personality" (1995); Trischler, "Das Fraunhofer-Institut für Angewandte Festkörperphysik im Kontext der bundesdeutschen Forschungs- und Innovationsgeschichte: Ein zeithistorischer Essay" (2007), S.33-37.

512 Der in Karlsruhe geborene Physikochemiker Seith war zunächst an der Universität Freiburg von Georg v. Hevesy für Metalluntersuchungen angestellt worden, arbeitete dann am KWI für Metallforschung in Stuttgart und schließlich als ord. Professor für Physikalische Chemie an der Universität Münster. Er war als einer der führenden deutschen Spektroskopiker und Metallexperte im Vorstand der Bunsengesellschaft. Ein von ihm mitverfasstes Lehrbuch zur Emissionsspektroskopie erschien bis 1970 in sechs Auflagen. Ruthardt, Seith, Chemische Spektralanalyse: eine Anleitung zur Erlernung und Ausführung von Emissions-Spektralanalysen (1938).

513 Dr. Glaser, Bericht vom Besuch der ACHEMA in Frankfurt/Main vom 21. – 23. Mai 1952. 27.5.1952. 402/Heft 3, BArch B 227, Film Nr. 50 FC7535N.

514 Reinhard Mecke an Walther Gerlach, 18.5.1951, Archiv des Deutschen Museums München, Gerlach Nachlass, NL 080/131-01. Gemeint ist Ernst Friedrich Miescher

> Dieses Treffen, zunächst entstanden aus eigener Initiative von Miescher und mir, hat in Europa das allergrößte Interesse gefunden und es liegen sehr zahlreiche Zusagen vor.

Die schnelle Wiedereingliederung in die internationale Gemeinschaft scheint Mecke selbst überrascht zu haben, der seit 1950 auch über ein durch die Industrie finanziertes Perkin-Elmer Model 21 IR-Spektrophotometer verfügte. Schon 1957 trafen sich in Freiburg und auf Einladung Meckes 500 Wissenschaftler auf dem sechsten in der Reihe der von Mecke initiierten und nun über die IUPAC organisierten internationalen spektroskopischen Kolloquien (mit Namen Colloquium Spectroscopicum Internationale). Es wurden ca. 120 Vorträge gehalten, darunter auch einer von Artur Lösche zur NMR, über die auch Harold J. Bernstein und William G. Schneider aus Ottawa, sowie E.D. Becker von den NIH in Bethesda vortrugen.[515] Einige von Meckes Mitarbeitern und Wissenschaftler an benachbarten Freiburger Instituten beschäftigten sich ebenfalls mit der NMR.[516]

Ein weiteres NMR-Zentrum war Heidelberg, wo Karl Hermann Hausser (1919-2001) am Max-Planck-Institut (MPI) für medizinische Forschung arbeitete und ab 1966 als wissenschaftliches Mitglied des Instituts die neue Abteilung

---

(1905-1990), außerord. Professor für Spektralphysik, später Spektroskopie an der Universität Basel. Er war ein Großneffe des berühmte Biochemikers und eng mit Gerhard Herzberg befreundet.

515 N.N., "Internationale Tagung der Europäischen Molekülspektroskopiker am 9. bis 13. Juli in Freiburg" (1957). Ernst Lippert aus Stuttgart (vgl. Kap. 4), ein Schüler Meckes, trug über UV Spektroskopie vor.

516 Z.B. Gerhard Englert, der Anfang der 1960er Jahre nach Basel zu Hoffmann - La Roche ging. Horst Friebolin promovierte bei Mecke, war 1965-1968 Leiter der NMR-Abteilung des Fraunhofer Instituts für Elektrowerkstoffe in Freiburg und machte dort Konformations-Tieftemperaturmessungen mit einem Varian DP-60 Spektrometer. Er wechselte nach kurzen Aufenthalten am Polymerinstitut in Freiburg und bei der BASF 1972 an die Universität Heidelberg, wo er die frühere Arbeitsgruppe Albrecht Mannschrecks zur organischen NMR leitete und auch NMR-Treffen organisierte. Friebolin, Kabuß, Lüttringhaus, Mecke, "Konformative Beweglichkeit flexibler Ringsysteme. Untersuchungen mit Hilfe der Protonenresonanz-Spektroskopie: IV. Mitteilung: Ungesättigte Siebenringe" (1964); Günther, "From Organic Chemistry to NMR – a Personal Experience of Magnetisation Transfer" (1996), S.358. Aus dieser "Freiburger Schule" kam auch Alfred Saupe (1925-2008), der mit seinen Arbeiten zu Flüssigkristallen bekannt wurde, aber auch NMR Spektren von Hochpolymeren untersuchte, denn in den 1960er Jahren gab es am Institut für Makromolekulare Chemie der Universität Freiburg, auch eines der wenigen supraleitenden Varian HR-220 Spektrometer. Vgl. die von Horst Friebolin und Mitarbeitern gefahrenen Spektren in Organic Magnetic Resonance 2 (1970), Heft Nr. 5, Spektren Nr. 0248A-0255B.

für molekulare Physik leitete.[517] Das war eine ungewöhnliche Hausberufung, die lange auf sich warten ließ, weil Haussers Vater Wilhelm (1887-1933) einer der Gründungsdirektoren am KWI für medizinische Forschung und seine Mutter, die Physikerin Isolde geb. Ganswindt (1889-1951), ab 1938 Abteilungsleiterin war. Daher war Hausser praktisch am Institut aufgewachsen. Seine Mutter hatte bis 1929 bei Telefunken über Röhren gearbeitet und nahm eine wichtige Position in der deutschen Radarforschung während des Zweiten Weltkrieges ein. Karl-Hermann Haussers Interesse an Quantenphysik, physikalischer Chemie und spektroskopischen Methoden war sicherlich hier bereits geweckt worden (das technische Umfeld ähnelt erneut auffallend dem der frühen NMR-Wissenschaftler in den USA und Großbritannien). Nach dem Abitur in Berlin 1937 absolvierte Hausser den Militärdienst, wo er bis 1943 an Radarprojekten arbeitete. Anschließend studierte er Physik in Heidelberg, arbeitete 1946-47 im Aeromedical Center der U.S. Army in Heidelberg und begann dann ein Promotionsstudium in Tübingen das er 1950 abschloss. Er wurde Assistent seiner Mutter am MPI für Medizinische Forschung, die aber kurz darauf starb. Daher wurde er 1951 als Assistent von Richard Kuhn übernommen, um spektroskopische Arbeiten an Radikalen durchzuführen. Hausser war einer der ersten in Westdeutschland aktiv werdenden Spezialisten für die magnetischen Resonanzmethoden,[518] besonders für die ESR. Er war es dann auch, der 1956 den ersten

517 Seit 1966 wissenschaftliches Mitglied und Abteilungsleiter am MPI für medizinische Forschung. Nach dem Tod Richard Kuhns 1967 übernahm er vorübergehend auch dessen Direktorenstelle der Abteilung für Chemie. 1987 ging er in Ruhestand und seine Abteilung wurde geschlossen. Mit seinen Mitarbeitern Ulrich Häberlen und Dieter Schweitzer erarbeitete Hausser wesentliche Beiträge auf den Gebieten der Elektronen-Elektronen-Doppelresonanz, der optischen Kernpolarisation, den Multipulsmethoden für hochaufgelöste NMR in Molekülkristallen sowie zu Untersuchungen der Phane und der Charge-Transfer Phane. Hausser war aber auch ein bedeutender Wissenschaftsmanager. Er propagierte ESR- und NMR-Methoden in verschiedenen Gremien und bildete viele der kreativsten Anwender aus. Seine Versuche, die ESR und NMR zum Schwerpunkt des gesamten MPIs für medizinische Forschung zu machen, wurden von der Institutsleitung nicht unterstützt. Holmes, "Karl Hermann Hausser" (2002); Fuchs, "Isolde Hausser (7.12.1889-5.10.1951), Technische Physikerin und Wissenschaftlerin am Kaiser-Wilhelm-/Max-Planck-Institut für Medizinische Forschung, Heidelberg" (1994); States, "Karl H. Hausser Introduced Magnetic Resonance Techniques for Physico-chemical Analysis to Germany" (2007).

518 Der bekannteste deutsche Wissenschaftler der magnetischen Resonanzmethoden war damals sicher Hans Dehmelt, der die Kern Quadrupol Resonance (NQR) von Kernen mit höheren Spinquantenzahlen erstmals beschrieb. Eine Methode, bei der kein äußeres Magnetfeld notwendig ist. Er wird hier nicht weiter erwähnt, da er bald in die USA auswanderte, also in Deutschland organisatorisch keine größere Bedeutung hatte und

Übersichtsartikel zur ESR und NMR für eine bundesdeutsche chemische Fachzeitschrift verfasste[519] – ohne bis dahin selbst praktisch damit gearbeitet zu haben. Im selben Jahr noch ging er für ein Jahr als Postdoc zu Robert Mulliken nach Chicago, arbeitete dort an UV Verfahren, konnte aber auch neueste ESR- und NMR-Entwicklungen beobachten und sah sich auch an der nahen University of Illinois in Urbana um. Noch 1956 habilitierte er sich und brachte 1957 ein Varian ESR-Spektrometer mit zurück an das MPI für medizinische Forschung nach Heidelberg. Das war das erste kommerzielle in Deutschland installierte ESR-Instrument. Der MPI Direktor Richard Kuhn verhielt sich als klassischer Chemiker eher zurückhaltend gegenüber Haussers Enthusiasmus für ESR und NMR, daher besorgte Hausser selbst Gelder für die notwendigen Instrumente und baute eine eigene kleine Arbeitsgruppe auf. Da der Karriereweg am MPI trotz seiner Qualifikation blockiert war, wurde er 1962 Leiter und Gründer des neuen NMR/ESR Labors der EURATOM in Ispra/Italien, das er zum bestausgerüsteten Labor dieser Art in Europa machte. 1964 kehrte er mit einer halben Assistentenstelle, aber auch mit der Option auf eine eigene Physikabteilung, zurück nach Heidelberg. Als er endlich 1966 Direktor einer neuen Abteilung für Molekularphysik werden konnte, verdankte er das auch der Fürsprache John S. Waughs, Erwin Hahns und Rex Richards. Die internationale NMR-Gemeinschaft hatte also bereits in den 1960ern auch auf nationaler Ebene Einfluss und setzte diesen für ihre Methode ein.

Hausser war in der Wissenschaftspolitik für die Spinresonanz aktiv, so als Präsident von A.M.P.E.R.E. und einer der Vorsitzenden des 1976 in Heidelberg stattfindenden Kolloquiums dieser Vereinigung. Schon 1958 nahm er an der Besprechungsgruppe zu einem neuen DFG Förderschwerpunkt Hochfrequenzphysik teil.[520] Ab 1960 war er Mitglied eines Gerätekomitees der DFG, weiter Mitglied des Rats der International Society of Magnetic Resonance, Berater von Siemens und im Aufsichtsrat des Instrumentenbauers Bruker. Ab 1969 förderte Hausser innerhalb der DFG besonders die Computertechnik in der Spektroskopie und war über 20 Jahre Leiter des Unterkomitees für Computer. Der in seiner Bedeutung eher unterschätzte Hausser zählt damit zu den Schlüsselfiguren bei der Modernisierung der deutschen Physik, Chemie und Mathematik durch elektronische Instrumente nach dem Zweiten Weltkrieg.

---

sein der Physik nahestehender Arbeitsbereich als Randgebiet nicht zur die Entwicklung bestimmenden chemischen NMR zählte.

519 Hausser, "Elektronen- und Kernresonanz als Methode der Molekelforschung" (1956).

520 Präsident der DFG an die Präsidiumsmitglieder. 18.3.1958. DFG-Az. 75/2/57. 75/1/58 Sondermittel, BArch B 227, Film Nr. 50 FC7535N.

1959 begann in Heidelberg auch Ekkehard Fluck[521] in der NMR zu arbeiten. Er wechselte dann 1962 nach Stuttgart, denn dort war ein weiteres der frühen NMR-Forschungszentren entstanden.[522] Werner Müller-Warmuth[523] setzte die NMR Ende der 1950er Jahre am MPI für Chemie in Mainz noch als reine Hilfstechnik zur Kontrolle des Magnetfeldes der dortigen Massenspektrografen ein. Später wandte er sich ebenfalls physikochemischen NMR-Arbeiten zu.[524] Außerhalb der Region im Südwesten wurden recht frühe NMR-Versuche ab 1959 in Göttingen von Oskar Glemser[525] angestellt. Dort hatte Hans Strehlow

---

521 Fluck promovierte bei Margot Becke in Heidelberg, ging 1957 als Postdoc in die USA zu Monsanto in St. Louis, wo er gleichzeitig mit einem Varian Spektrometer eintraf. Er begann sich dort in die Phosphor-Kernresonanzspektroskopie einzuarbeiten. Zurück in Heidelberg arbeitete er mit einer Gruppe in Oxford zusammen, da es in Deutschland noch keine Messeinrichtungen für Phosphorspektren gab. Dann wechselte Fluck als Professor für Anorganische Chemie nach Stuttgart. Margot Becke an Carsten Reinhardt, vom 13. Juni 2001. Mit Dank an Carsten Reinhardt für die Information. Vgl. Reinhardt, Steinhauser, "Formierung einer wissenschaftlich-technischen Gemeinschaft. NMR Spektroskopie in der Bundesrepublik Deutschland", N.T.M. 16 (2008), S.80, Anm. 6.

522 Zur NMR in Stuttgart vgl. das folgende Kapitel. In Heidelberg waren noch eine Reihe anderer NMR-Wissenschaftler tätig, wie Horst Friebolin oder der spätere Präsident der Max-Planck-Gesellschaft Heinz Staab. Staab arbeitete als Organiker in Heidelberg und benutzte schon früh NMR, die er auch in seinem Lehrbuch behandelt. Staab, Einführung in die theoretische organische Chemie (mit einem Geleitwort von Richard Kuhn), (1959), Kap. 2.9.

523 Werner Müller-Warmuth (*1929) studierte Physik, Chemie und Mathematik in Frankfurt/M. Nach einer kurzen Zeit als Mitarbeiter einer Telefonbaufirma promovierte er an der Universität Frankfurt. Daraufhin wurde er 1955 wiss. Mitarbeiter am Max-Planck-Institut für Chemie in Mainz, wo er sich 1961 habilitierte. 1965 wechselte er als Abteilungsleiter das europäische Forschungsinstitut für Spektroskopie der EURATOM in Ispra/Italien, 1967 wurde er apl. Professor und 1973 ord. Professor für Physikalische Chemie an der Universität Münster. Sein Spezialgebiet waren die Festkörperspektroskopie und später die bildgebenden Verfahren mit NMR. Er war Mitglied und Vorsitzender des Apparateausschusses der DFG. 1983-1993 war er Mitglied des Wissenschaftlich-Technischen Ausschusses des Aufsichtsrats des Forschungszentrums Jülich und Mitglied im Internationalen Fachbeirat des Max-Planck-Instituts für Polymerforschung in Mainz. 1995 emeritiert.

524 Reinhardt, Steinhauser, "Formierung einer wissenschaftlich-technischen Gemeinschaft. NMR Spektroskopie in der Bundesrepublik Deutschland" (2008), S.79.

525 Glemser, "Binding of Water in some Hydroxides and Hydrous Oxides" (1959). Der 1911 geborene Glemser war ab 1952 Professor an der Universität Göttingen und kam ebenfalls über die IR Spektroskopie zur NMR. Glemser, der bis etwa 1960 noch kein NMR Instrument zur Verfügung hatte, musste zunächst die Spektren an anderen Instituten fahren lassen. Einerseits bei den Philips Forschungslaboratorien in Eindhoven

1956 erwogen die NMR zum Thema seines Habilitationsvortrages zu machen, weil die Methode in Deutschland noch weitgehend unbekannt war. Er begann dann Ende 1958 am MPI für biophysikalische Chemie in Göttingen mit einem Spektrometer von Varian Associates[526] seine praktischen physikochemischen NMR-Arbeiten.[527] Robert Kosfeld[528] an der RWTH Aachen war ein weiterer wichtiger NMR-Pionier, insbesondere weil er den ersten, ab 1964 regelmäßig in Deutschland stattfindenden Workshop zur NMR organisierte. Bei diesen Veranstaltungen, die den Varian-Kolloquien sehr geähnelt haben dürften, legte er Wert darauf, den Teilnehmern die praktische Anwendung nahezubringen, wofür

---

mit einem eher primitiven, nicht hochauflösenden Spektrometer, bedient von D.J. Kroon und C. v. d. Stolpe, andererseits ^{31}P Spektren mit einem hochauflösenden Varian HR-60 bei der Monsanto Chemical Co. in Dayton, Ohio, wo ein Schüler Glemsers, Einhard Schwarzmann, 1958-1959 als Postdoc arbeitete und die Messungen machte. Erst 1961 konnte von Glemser ein eigenes, noch nicht hochauflösendes KIS I (25 MHz) von Trüb-Täuber angeschafft werden.

526 Der deutsche Vertreter von Varian Associates war damals noch die Wissenschaftlich-Technischen Werkstätten in Weilheim, Oberbayern.

527 Reinhardt, Steinhauser, "Formierung einer wissenschaftlich-technischen Gemeinschaft. NMR Spektroskopie in der Bundesrepublik Deutschland" (2008), S.79. Der Physikochemiker Hans Strehlow (*1919) promovierte sich 1949 in Bonn und war ab 1950 wiss. Mitarbeiter am Max-Planck-Institut für physikalische Chemie in Göttingen (Bonhoeffer), wo er auch mit Klaus J. Vetter in Berlin zusammenarbeitete. Nach der Habilitation wurde Strehlow ab 1954 Abteilungsleiter und 1958 wissenschaftliches Mitglied. Er gehörte dem "Bonhoeffer-Kreis" des Instituts um Heinz Gerischer, Walther Jaenicke und Konrad Georg Weil (Herausgeber der Berichte der Bunsen-Gesellschaft) an. 1966 wurde er Direktor am MPI und ab 1971 leitete er die Abteilung Elektrochemie und Reaktionskinetik der nun Max-Planck-Institut für biophysikalische Chemie genannten Einrichtung. 1984 emeritiert. Im Wintersemester 1959/60 bot er eine Vorlesung über magnetische Kernresonanz an und wurde an seinem MPI Experte für NMR. Seit 1958 stand ihm ein durch die MPG finanziertes eigenes Varian 60 MHz Spektrometer zur Verfügung. Da er in Göttingen die NMR recht isoliert begann, wurde er zunächst von Wissenschaftlern aus dem Südwesten, u.a. von Brügel beraten. 1959 konnte er selbst Messungen durchführen. 1962 publizierte er eine der frühesten deutschen Monografien über NMR: Strehlow, Magnetische Kernresonanz und chemische Struktur (1962).

528 Robert Kosfeld (1925-2007) promovierte 1958 in Physik, dann wiss. Mitarbeiter am Institut für Physikalische Chemie der RWTH Aachen wo er sich 1967 zum Privatdozenten habilitierte. 1971 war er Wissenschaftlicher Rat und Professor für Physikalische Chemie der Kunststoffe, 1972 außerplanmäßiger. Professor und 1974 wurde er als ord. Professor an die Universität-Gesamthochschule Duisburg berufen. Er veranstaltete in Aachen NMR-Workshops, war Mitherausgeber von 'NMR – Basic Principles and Progress', im Advisory Board von 'MRC – Magnetic Resonance in Chemistry' und aktiv an der Gründung der Fachgruppe NMR der GDCh beteiligt.

auch NMR-Spektrometer zur Verfügung standen, die in Gruppen benutzt wurden.[529] Kosfeld bereitete als Mitglied der Arbeitsgruppe 'Laboreinrichtungen' in der DECHEMA (Deutsche Gesellschaft für Chemisches Apparatewesen) auch die zukünftige Infrastruktur der modernen Instrumente vor. Auf einer Sitzung 1963 hielt er das einleitende Referat und meinte:[530]

> Im gegenwärtigen Zeitpunkt wird der naturwissenschaftliche Apparat der deutschen Hochschulen wesentlich erweitert und modernisiert. Dabei liegt ein Hauptschwerpunkt auf der Neueinrichtung von Lehr- und Forschungsinstituten für Chemie, Physik und verwandte Gebiete. Um ein Optimum an Bau- und Einrichtungsleistungen bei den gegebenen finanziellen Mitteln zu erreichen, ist es notwendig Richtlinien auszuarbeiten, die den Bauherren einige wichtige Kennwerte für die mit der Baudurchführung beauftragten Stellen anhand geben.

An den Beratungen um die Richtlinien des modernen Laborbaus nahmen Vertreter der Industrie, der Wissenschaft, der Bauabteilungen, aber auch der Laborausstatter teil. Kosfelds Vorschläge für die bauliche Ausgestaltung neuer chemischer Laboratorien nahmen auch auf die Bedürfnisse der NMR-Spektrometer Rücksicht. So sorgte er als NMR-Wissenschaftler auf verschiedenen Ebenen für ein geeignetes Instrumentenbiotop. Auch als im Fachnormenausschuss Laborgeräte 1966 eine Arbeitsgruppe Laboreinrichtungen eingesetzt wurde, war Kosfeld beteiligt.[531] Ab 1969 gab er mit Ekkehard Fluck und Peter Diehl die Reihe "NMR – Grundlagen und Fortschritte" heraus.

An der Universität Hamburg unternahm Hermann Gerhard Hertz (1922-1999) bereits 1958 physikochemische Forschungen zu Elektrolyten mit einem selbst gebauten, hochauflösenden NMR-Spektrometer.[532] Die Anregung dazu kam aus den USA von Herbert Gutowsky, bei dem Hertz ab 1952 Postdoc war. Um 1961 baute Hertz auch ein Impulsspektrometer, mit dem er die Strukturen

---

529 "Den Hauptteil bildete die Interpretation von KMR-Spektren, Praktische Übungen am Spektrografen wurden gruppenweise durchgeführt. In einzelnen Fällen konnten Kernspektrogramme von mitgebrachten Proben aufgenommen werden." Die Kurse waren für Dozenten, Doktoranden, Diplomanden und Studenten gedacht. N.N., "Kurse über KMR" (1965) und N.N., "3. Kolloquium über Kernresonanzspektroskopie" (1966).

530 Bericht über die Sitzung der Arbeitsgruppe Laboreinrichtungen am 23. Juni 1966 im DECHEMA-Haus, Frankfurt am Main. S.2. BArch B 227, Film Nr. 50 FC7535N, 402, Heft 12.

531 Kosfeld wurde zur Mitarbeit eingeladen. Bericht über eine Sitzung der Arbeitsgruppe Laboreinrichtungen im FNA Laborgeräte am 22. September 1966 bei der BASF, Ludwigshafen. BArch B 227, Film Nr. 50 FC7535N, 402, Heft 12.

532 Hertz, Spalthoff, "Über die chemische Verschiebung der Protonenresonanzen des Wassers in Elektrolytlösungen" (1959). Vgl. Hertz, "This Week's Citation Classic" (1988).

in wässrigen Lösungen untersuchte.[533] Er wechselte dann 1965 über Münster in den Südwesten nach Karlsruhe.[534]

In der akademischen Wissenschaft der BRD bildeten sich also seit der Mitte der 1950er Jahre praktisch arbeitende NMR-Gruppen. Wie in den USA waren hier Forschungsinstitute der Großchemie die Ersten, die sich teure kommerzielle CW-NMR-Spektrometer für die strukturchemische Analyse leisteten und leisten konnten. Besonders herausragend war das Zentrallabor der BASF in Ludwigshafen, denn die Abteilung für Produktionskontrolle im direkt benachbarten Werk Ludwigshafen/Oppau war bis in den Krieg hinein das größte deutsche Zentrum für den Bau moderner elektronischer Instrumente zur chemischen und physikochemischen Analyse gewesen. Hier entstand Anfang der 1940er Jahre das erste moderne, vollständig automatisierte IR-Spektrometer, das bereits nach dem Zweistrahlverfahren arbeitete und alle Konstruktionselemente der nach dem Zweiten Weltkrieg so erfolgreichen Typen aufwies.[535] Aus dieser Schule für Research Technology stammte der Spektroskopiker Werner Brügel (1915-1998), der als IR-Experte die ersten deutschen Monografien zur angewandten IR-Spektroskopie schrieb.[536] Wieder bereitete also die etablierte IR-Spektroskopie die schnelle Annahme der NMR vor. Brügel war kein Konstrukteur, er

533 Der Magnet befindet sich heute im Deutschen Museum München.

534 Hertz war ein Großneffe von Heinrich Hertz. Er promovierte 1952 bei Paul Harteck in Hamburg über Gaskinetik. Nach seinem Aufenthalt als Postdoc bei Gutowsky in Urbana begann er als Habilitationsprojekt sein NMR-Forschungsprogramm. Wieder in Hamburg baute er ein NMR-Instrument, folgte dann seinem Professor Ewald Wicke nach Münster und habilitierte sich dort 1960. Wicke, ein Schüler von Arnold Eucken, dem Mitbegründer der deutschen Verfahrenstechnik, leitete in Hamburg das unter Stern errichtete Institut und wurde als Nachfolger des verstorbenen Spektroskopikers W. Seith (siehe oben) Direktor des physikalisch-chemischen Instituts in Münster. 1965 wurde er an den neuen Lehrstuhl für Physikalische Chemie II in Karlsruhe berufen, wo er weiter vor allem über Elektrolytlösungen arbeitete. Die Hertz-Valiev Theorie über Quadrupolkerne in Lösungen wurde die Basis neuer NMR-Varianten. Interessant ist, dass in seiner Arbeitsgruppe schon sehr früh mit ortsaufgelöster NMR nach einem Gradienten-Spin-Echo-Verfahren gearbeitet wurde, das in der Form von MRI um 1980 so bedeutend wurde. Zusammen mit seinem Schüler Manfred Holz entwickelte er eine Kombination aus Elektrophorese und NMR (elektrophoretische NMR). N.N., "Rückblick" (2000).

535 I.G. Farbenindustrie AG, Spektrophotometer. Erfinder: Erwin Lehrer. Dt. Reichspat. Nr. 747362.

536 Brügel, Einführung in die Ultrarotspektroskopie (1954). Schon früher hatte Brügel ein kleines Handbuch zur Infrarotstrahlung in der industriellen Technik geschrieben: Brügel, Physik und Technik der Ultrarotstrahlung (1951). Reinhard Mecke hatte Brügels Einführung rezensiert. Mecke, "Einführung in die Ultrarotspektroskopie, von W. Brügel. Verlag Dr. Dietrich Steinkopff, Darmstadt. 1954." (1955).

arbeitete mit kommerziell hergestellten NMR-Spektrometern. So konnte er ein frühes Varian-Instrument in der Fortsetzung von Untersuchungen einsetzten,[537] die im Ludwigshafener Hauptlaboratorium schon seit den 1950er Jahren durchgeführt wurden.[538] Brügel beteiligte sich darüber hinaus aktiv daran die chemische NMR auch in der akademischen organischen Chemie weiter zu verbreiten. So publizierte er ein Lehrbuch und auch Referenzspektren. Eine Reihe von Danksagungen belegt, dass er seine Spektrometer auch verschiedenen Universitätswissenschaftlern zur Verfügung stellte, bzw. Messungen für sie durchführte. Zwei dieser Danksagungen zeigen beispielhaft die Zusammenhänge im deutschen Südwesten:[539]

> Wir danken den Farbwerken HOECHST und der Badischen Anilin- und Soda-Fabrik herzlich für ihre Hilfe bei der Beschaffung von Ausgangsmaterialien. Weiterhin sind wir Herrn Dr. K.H. Hausser, Heidelberg, sowie Herrn Prof. Dr. W. Hieber, München, für magnetochemische Messungen sehr zu Dank verpflichtet. Unser besonderer Dank gilt Herrn Dr. W. Bruegel, BASF Ludwigshafen, für die für die Konstitutionsermittlung so wichtigen Aufnahmen der NMR-Spektren.

In einer Publikation aus dem von Mecke geleiteten Fraunhofer-Institut für Elektrowerkstoffe, welche als Überblicksartikel die aktuellen Möglichkeiten der NMR den Interessierten und Neueinsteigern unter den Chemikern nahebringen sollte, wird abschließend bemerkt:[540]

> Dem Direktor des Instituts, Herrn Prof. Dr. R. Mecke, danke ich für seine Unterstützung. Die experimentellen Beispiele entstammen den am Institut durchgeführten Untersuchungen. Den Herren Dr. H. Friebolin und Dr. G. Englert danke ich für wertvolle Zusammenarbeit und Überlassung von Spektren (aufgenommen mit einem

---

537 Ankel, Theo, Brügel, Werner, Krückeberg, Fritz, "Die Kernresonanzspektren der Vinylgruppe" (1960).

538 Z.B. Thurn, "Charakterisierung thermischer Übergangsbereiche in Hochpolymeren mit Hilfe von magnetischen Kernresonanzversuchen" (1957). Es handelt sich um einen, während eines "Erweiterten Makromolekularen Kolloquiums" in Freiburg, einem Zentrum für Molekülspektroskopie, am 7.-9. März 1957 gehaltenen Vortrag. Über das verwendete Instrument wird keine Angabe gemacht. Auffällig ist, dass Mitarbeiter Brügels wie Thurn und Theo Ankel später die Informatik- und Computerabteilung der BASF aufbauten.

539 Criegee, Schröder, "Ein Derivat des Cyclobutadiens" (1959), S.6. Die Autoren arbeiteten am Organischen Institut der TH Karlsruhe, der Hochschule, die mit Günther Laukien und ab 1965 mit Gerhard Hertz ein NMR Zentrum wurde. Weitere solche Danksagungen, z.B. in Seel, "Chemie der salpetrigen Säure und ihrer Derivate in flussigem Fluorwasserstoff" (1965), S.693; Gensler, Meissner, Staab, "Cyclooctadeca [cdefg] phenanthren ("[18]Annuleno[edejg]phenanthren")" (1973); dies., "Benzo[14]annulen" (1976).

540 Dischler, "Systematik und Analyse von NMR-Spektren" (1966), S.663.

Varian DP 60 Spektrometer, Typ V 4302), den Herren Dr. W. Brügel, Ludwigshafen, und Dr. H. Günther, Köln, für die Durchführung der Testrechnungen zum o-Dichlorbenzol-Spektrum.

Zudem publizierte Brügel selbst in Fachzeitschriften, gab ein NMR-Handbuch mit Spektrenkatalog heraus,[541] das auch in einer englischen Ausgabe erschien und war als Rezensent für spektroskopische Literatur tätig.[542] Im Gegensatz zu den USA spielten bei der Formierung der NMR-Gemeinschaft in Westdeutschland Kernphysiker keine herausragende Rolle, ansonsten ist die Zusammensetzung der frühen Gruppe aus als Molekülspektroskopiker arbeitenden Physikern, physikalischen und Industriechemikern mit der amerikanischen Entwicklung vergleichbar. Das US-amerikanische Vorbild und der Kontakt den die jüngere Chemikergeneration über Stipendien oder Postdoc-Aufenthalte in den USA herstellen konnten war von großer Bedeutung, wie die Biografien der deutschen NMR-Pioniere belegen.[543] Dadurch wurde auch in Westdeutschland der Trend zu modernen elektronischen Analyseinstrumenten in der Chemie verstärkt. Der Rückstand zu den USA wurde recht schnell verringert. Lise Meitner schrieb als Kennerin der Vorkriegsverhältnisse 1956 nach einem Besuch am MPI in Mainz:[544]

In der physikalischen Abteilung fast nur Massenspektrographen für Präzisionsmessungen. Ich habe etwas Herzweh gehabt, als mich Mattauch durch viele Räume geführt hat. Ob nicht in einem Forschungsinstitut eine so weitgehende Spezialisierung

---

541 Brügel, Kernresonanz-Spektrum und chemische Konstitution, die spektralen Kernresonanzparameter von Verbindungen mit analysiertem Spektrum (1967), Spektren als Loseblattsammlung.

542 Z.B. Werner Brügel, "The Theory of the Electronic Spectra of Organic Molecules. Von J. N. Murrell. Methuen & Co., Ltd., London; John Wiley & Sons, Inc., New York 1963." (Rezension, 1965).

543 Zu den NMR-Wissenschaftlern mit Postdoc-Aufenthalten in den USA in den 1950er und 1960er Jahren gehören: Ekkehard Fluck, Harald Günther, Richard Ernst, Gerhard Binsch, Hermann Gerhard Herz, Karl-Hermann Hausser, Eberhard Breitmeyer, Ulrich Häberlen, Einhard Schwarzmann, Christian Heinrich Marsmann und Michael Mehring. Besonders beliebte Orte waren Monsanto (dort war ab 1964 der Gutowsky-Schüler Edward O. Stejskal), das CalTech (John D. Roberts), Urbana (Herbert Gutowsky), das Mellon Institute in Pittsburgh und das MIT (John S. Waugh). Daneben gingen einige Wissenschaftler auch zu Rex Richards nach Oxford, wie der Schweizer Peter Diehl.

544 Lise Meitner an James Franck 15.10.1956 Churchill Archive Center, Cambridge, MTNR Nachlass Meitner, 5/5/12, Bl.172 nach Schüring, Minervas verstoßene Kinder. Vertriebene Wissenschaftler und die Vergangenheitspolitik der Max-Planck-Gesellschaft (2006), S.347. Kurz darauf begann Werner Müller-Warmuth die NMR ergänzend zur Massenspektrometrie einzusetzen.

> vermieden werden könnte? Poincaré hat irgendwo geschrieben: ein Haufen gesammelter Steine ist kein Haus.

Die Schwierigkeiten der deutschen Organischen Chemiker bei der Annahme einer neuen, mit aufwändigen elektronischen Instrumenten arbeitenden Methode wie der NMR sah Hans Strehlow eher in dem Beharren auf traditionelle Arbeitsweisen, weil das neue, praktische Anwenderwissen noch nicht genug verbreitet war – wieder versehen mit einem Hinweis auf die IR-Spektroskopie:[545]

> In ihrer potentiellen Bedeutung für die chemische Strukturforschung ist die noch recht junge magnetische Kernresonanzmethode (MKR) vielleicht vergleichbar mit der Ultrarotspektroskopie. Eine rasche Verbreitung dieser neuen, eleganten Untersuchungsmethode in den chemischen Laboratorien ist mit Sicherheit vorauszusehen, obgleich aus drei Gründen ihrer Einführung noch gewisse Hemmnisse entgegenstehen: einmal sind hier die erheblichen Kosten für die Beschaffung einer leistungsfähigen Apparatur zu nennen, zum anderen auch die für einen physikalisch ungeschulten Chemiker nicht gerade einfache Bedienung der Geräte.

Die Experten der National Academy of Science bemerkten schon 1965 keinen wesentlichen Rückstand in der Instrumentennutzung im Vergleich zu den USA.[546] Dabei konnte wie in den USA vor allem die staatliche Wissenschaftsförderung die notwendigen Ressourcen zur Verfügung stellen. In der deutschen Nachkriegssituation war allerdings militärische Unterstützung weitgehend ausgeschlossen. Daher mussten Spenden aus dem ab 1950 bereitgestellten Fond der chemischen Industrie,[547] vor allem aber zivile staatliche Fördereinrichtungen die Mittel zuschießen. Durch die 1951 erfolgte Wiedergründung der Deutschen Forschungsgemeinschaft (DFG) wurde das Prinzip der von den Wissenschaftlern selbst kontrollierten staatlichen Fördermittel neu legitimiert. 1952 stellte die Bundesregierung dann in einem zweiten Schwerpunktprogramm 5 Mio. DM für die Forschung zur Verfügung, von denen ca. 750.000 DM in einem neu eingerichteten Schwerpunkt Spektroskopie investiert werden sollten. Die DFG sollte das Geld verteilen und erfragte in einem Rundschreiben an 19 einschlägige Institute den Bedarf an Ausrüstung und Personal für spektroskopische Projekte. Zu den Angeschriebenen gehörten auch Wolfgang Seith in Münster,

545 Strehlow, Magnetische Kernresonanz und chemische Struktur (1962), S.1.

546 Reinhardt, Steinhauser, "Formierung einer wissenschaftlich-technischen Gemeinschaft. NMR Spektroskopie in der Bundesrepublik Deutschland" (2008), S.80.

547 So bekam Reinhard Mecke 1950 aus diesem Fond 50.000 DM für ein hochmodernes Perkin-Elmer Model 21 Infrarotphotospektrometer, das zweite in Deutschland. Otto Bayer an Walther Gerlach, 22. Dezember 1950. Archiv des Deutschen Museums München, Gerlach Nachlass, NL 080/131-01; Reinhard Mecke an Walther Gerlach, 18. Mai 1951, ebd. und Lüttke, Nonnenmacher, "Reinhard Mecke (1895-1969): Scientific Work and Personality" (1995), S.8.

Reinhard Mecke in Freiburg i. Br. und Franz Fehér in Köln.[548] Reinhard Mecke war Mitglied der achtköpfigen Besprechungsgruppe, die über die Verteilung der Mittel beriet und 60% dieser Mittel gingen in den Südwesten, nach Heidelberg, Mainz, Freiburg, Darmstadt und Stuttgart.[549] In einem neuen, dritten Schwerpunktprogramm wurden 1954/55 noch einmal 600.000 DM Bundesmittel in spektroskopische Instrumente investiert.[550] Die über die DFG finanzierten Instrumente waren zwar wie üblich nur Leihgaben an die Wissenschaftler, verblieben aber in der Regel nach dem Auslaufen der Fördermaßnahme an der Institution des Antragstellers und standen dort dann meist als Routinegeräte zur allgemeinen Verfügung. So wurde über die frühen Schwerpunktprogramme auf längere Sicht die Geräteversorgung im Südwesten verbessert.

Um die Geräte zu verwalten und den Bestand zu erfassen, der nach dem Krieg noch verfügbar war, wurde noch in der alten Forschungsgemeinschaft 1949 eine Apparatekartei angelegt.[551] Die kriegsbedingten Instrumentenverluste waren erheblich[552] und die Mittel knapp, doch bei der DFG wuchs die apparatespezifische Arbeit schnell an, sodass bald wieder ein Apparatereferent an der

548 Archiv des Deutschen Museums München, Gerlach Nachlass, NL 080/027,2.

549 Dipl. Ing. Gambke, Kurzer Vermerk über die Besprechung am 5. November 1952 zum Thema Spektroskopie. 6.11.1952. 731, 22 Heft 1, BArch B 227, Film Nr. 81 FC7566N.

550 Schwerpunktprogramm der DFG in den Jahren 1952-1955. 7.10.1954. 732,22 Heft 3, BArch B 227, Film Nr. 81 FC7566N.

551 Die Geräte waren nach Sachgruppen klassifiziert, es gab 10 Haupt- mit jeweils 100 Untergruppen. Die Hauptgruppe 400 enthielt Filter- und Absorptionsfotometer, die Untergruppe 445 UV Spektralfotometer. Daraus ergab sich eine Gerätenummer. 400/100/71 für das einhundertste Fotometer das 1971 beschafft wurde. Auch der Geräteempfänger war aus der Apparatekarte ersichtlich. Bis 1971 wurden weit über 200.000 DFG-Leihgaben derart inventarisiert. Rudolf Sudbrack (Zentrale Beschaffungsstelle) an Herrn Althaus (Planungsgruppe Universität Gießen), 6. Oktober 1971. DFG-Az. 402/15/71, BArch B 227, Film Nr. 51 FC7536N, 402, Heft 17. Leider war die alte Kartei nicht mehr auffindbar, sie wurde anscheinend nach Einführung einer elektronischen Datenbank in den 1970ern vernichtet. Da aus den Akten hervorgeht, dass viele Institutionen aus Industrie und staatlich finanzierter Forschung bei de DFG nach dem System der Apparateerfassung und –verwaltung angefragt und es kopiert haben, ging damit ein wichtiges Stück neuerer deutscher Wissenschaftsgeschichte verloren. Auf dieser Ebene waren staatliche und Industrieforschung völlig unabhängig von Einzelprojekten eng verknüpft. Vgl. Herwart von der Decken an Deutsche Versuchsanstalt für Luft- und Raumfahrt. 8. Dezember 1966. BArch B 227, Film Nr. 50 FC7535N, 402, Heft 12; A. Küllmer an das Rektoramt der Universität Stuttgart. 28.4.1975. DFG-Az. 402/7/75. 402/Heft 18, BArch B 227, Film Nr. 51 FC7536N.

552 Von den 9786 Geräten der Notgemeinschaft vor dem Krieg waren geschätzt 1780 in der DDR und 4031 in der BRD übrig geblieben. Vermerk Senger. 6.7.1953. 402/Heft 4, BArch B 227, Film Nr. 50 FC7535N.

Geschäftsstelle angestellt wurde, wie es schon zu Zeiten der Notgemeinschaft deutscher Wissenschaft vor dem Krieg der Fall gewesen war. Das Apparatereferat sollte in Kontakt mit den verschiedenen Fachreferaten eine einheitliche Abwicklung der Geräteangelegenheiten über die Fachgrenzen hinaus sicherstellen. Zudem konnte der Apparatereferent als ingenieurwissenschaftlich ausgebildeter Experte die Antragsteller beraten und ihnen die gesammelten Erfahrungen über Eignung, Qualität, Präzision, notwendige Ausstattung und Service unterschiedlicher Gerätetypen weitergeben. Er beriet mit Apparatefragen beschäftige Ausschüsse[553] und auch von staatlichen Behörden außerhalb der DFG kamen Anfragen zu Apparatedingen. Gleichzeitig stand der Apparatereferent im Kontakt mit den Herstellern und konnte Verbesserungswünsche und Bedürfnisse der Wissenschaftler gebündelt weitergeben, was zusammen mit den getätigten Serienbestellungen die Wirksamkeit dieser Anregungen erhöhte.

Gerade im Bereich der chemischen Instrumente galt es dabei Initiative zu entwickeln, denn die Anwendung moderner chemisch-analytischer Methoden lag 1950 noch deutlich hinter dem amerikanischen Vorbild zurück, während die instrumentell weniger aufwändige klassische Organische Chemie schnell wieder Spitzenniveau erreichte. Verantwortliche Stellen in Politik und den Fördergremien nahmen jedenfalls einen Nachholbedarf wahr. Die Bundesregierung förderte die Instrumente daher aus Mitteln des European Recovery Programs (ERP, "Marshallplan")[554] und als man über europäische Abkommen dazu verpflichtet war, den Außenhandelsüberschuss abzubauen, stellten auch Stellen wie das Finanz- und Landwirtschaftsministerium Mittel für den Instrumentenkauf im Ausland, insbesondere in Großbritannien, zur Verfügung.[555] Das erste im Sinne der modernen Instrumentierung besonders aktive klassische Gremium innerhalb der DFG war der Ausschuss für angewandte Forschung,[556] der sich 1955 bis 1956 ausführlich dem bis dahin in den eher akademisch orientierten Strukturen der DFG eher vernachlässigten Thema widmete. Auch wenn es nicht in seinen

553 Der Ausschuss für angewandte Forschung und später der Apparateausschuss.

554 Über begutachtete Geräteanträge aus den ERP-Mitteln entschied nicht der Hauptausschuss, sondern DFG externe Gremien. 402/Heft 6, BArch B 227, Film Nr. 50 FC7535N.

555 Vgl. z.B. DFG-Geschäftsstelle an Prof. J. Goubeau, Stuttgart (Entwurf), 26. Juli 1966. DFG Az. 402/11/66. BArch B 227, Film Nr. 50 FC7535N, 402, Heft 11 und H. Albers, Universität Mainz an DFG. 13.4.1967. BArch B 227, Film Nr. 50 FC7535N, 402, Heft 13; Herwart von der Decken an Cryophysics SA. 25.4.1968. DFG-Az. 402/10/68. 402/Heft 14, BArch B 227, Film Nr. 50 FC7535N.

556 In diesem Ausschuss saßen auch Vertreter der Instrumentenhersteller.

direkten Aufgabenbereich fiel, wollte er die Industrie zum Instrumentenbau anregen und gleichzeitig einen nationalen Markt für diese Produkte schaffen.[557]

Im Juli 1956 beschloss der Bundestag als einmalige Aktion aus dem Etat verschiedener Ministerien 50 Millionen DM Sondermittel der Forschungsförderung zur Verfügung zu stellen. Weitergeleitet durch den Forschungsrat gingen 37 Millionen davon an die DFG als kompetenteste Förderinstitution, die auch über die Möglichkeiten verfügte, den konkreten Bedarf zu ermitteln und zu beurteilen. Zu Beginn dieser ersten Großgeräteaktion wurde ein Rundschreiben an alle Dekane der naturwissenschaftlichen und medizinischen Fakultäten geschickt, um den Bedarf an großen Geräten zu erfragen, die nicht über die Normal- und Schwerpunktverfahren finanziert werden konnten.[558] Die Größe wurde über den Minimalpreis definiert, der anfänglich mit 50.000 DM festgelegt war aber schnell auf 100.000 DM heraufgesetzt wurde.[559] Im Rundschreiben der DFG wurde zur Orientierung eine Liste von Großgeräten aufgeführt, die im Rahmen des Programmes förderbar waren. In der Liste stehen z.B. elektronische Großrechenanlagen, Elektronenmikroskope,[560] IR-Spektrometer, Heliumverflüssiger, Ultrazentrifugen und Röntgenapparate. NMR-Spektrometer fanden sich noch nicht darunter, die Liste war aber nur beispielhaft aufzufassen. Daher wurden auch NMR-Geräte gefördert und die Stuttgarter Chemieprofessoren Goubeau, Bredereck und Förster beantragten ein Varian NMR-Spektrometer für 125.000 DM (dem Preis nach ein HR-40), Professor Jenckel[561] an der RWTH Aachen ein preiswerteres Instrument, daher vermutlich ein NMR-Impulsspektrometer.[562] Voraussetzung für die Förderung war ein Antrag, in welchem der

557 Denkschrift Heitz, [1969]. Abschnitt F, "Der technologische Rückstand im Instrumentenbereich", Punkt a). BArch B 227, Film Nr. 51 FC7536N, 402,4.

558 Deutsche Forschungsgemeinschaft (Hg.), Bericht der Deutschen Forschungsgemeinschaft (1957), S.9 und S.71.

559 Deutsche oder ausländische Geräte? Denkschrift des ehemaligen (bis 1. Oktober 1968) Betreuers des Referats Allg. Ingenieurswissenschaften inkl. Bauingenieurswesen, Bergbau- und Hüttenwesen, Architektur an der DFG Zentralverwaltung Heitz, [1969]. Abschnitt D, Punkt 3. BArch B 227, Film Nr. 51 FC7536N, 402,4.

560 Die in der Nachkriegszeit am intensivsten von der DFG geförderten Großgeräte waren Rechenanlagen und Elektronenmikroskope, für die 1966 ein Schwerpunktprogramm Elektronenoptik aufgelegt wurde.

561 Ernst Jenckel (1902-1959) arbeitete, bevor er 1940 ein eigenes Vierjahresplaninstitut in Aachen erhielt, im KWI für physikalische Chemie und Elektrochemie in Berlin-Dahlem, wo unter dem Direktor Peter Adolf Thiessen kriegsrelevante, materialwissenschaftliche Fragen mit modernsten instrumentellen Methoden bearbeitet wurden.

562 Zusammenstellung der in den einzelnen Fachdisziplinen beantragten Summen der Großgeräte-Aktion 1956. 1.12.1956. DFG-Az. 70/19/56. 75/1/57 Heft 2, BArch B 227, Film Nr. 50 FC7535N.

Gebrauch des Instrumentes mit wissenschaftlichen Projekten begründet wurde.[563] Im Gegensatz zu den Rechenanlagen – für die sich in Folge ein gesonderter Förderungszweig mit einem eigenen Apparateausschuss entwickelte – war die Förderung der wissenschaftlichen Großinstrumente daher immer auch von der Begutachtung eines wissenschaftlichen Forschungsprojektes abhängig. Diese Regelung blieb über die Veränderungen in der Finanzierung Anfang der 1970er Jahre hinaus bestehen.[564] Ein Großgeräteantrag wurde also von Instrumentenexperten und den jeweiligen disziplinären Fachvertretern begutachtet, die Entscheidung dann auf Basis der Fachvertreter-Gutachten vom Hauptausschuss der DFG gefällt.[565] Der Forschungsrat, ursprünglich einmal von der Bundesregierung mit der Großgeräteaktion beauftragt, stimmte nur noch formal zu.

Auf die Anfrage zum Gerätebedarf hin rollte im Spätsommer 1956 eine wahre Antragflut auf die DFG zu; vor allem aus den Fachbereichen Medizin, Physik und Chemie, aus denen jeweils ein Antragsvolumen von etwa 7 Mio. DM erwuchs. Alle drei zusammengenommen erreichten 60% der Gesamtsumme aller Anträge und die Hälfte der Förderung der ersten Stufe ging in diese drei Bereiche.[566] Im Haushaltsjahr 1957 wurden noch einmal 72 Mio. DM Sondermittel zur Verfügung gestellt, die bis 1959 je zur Hälfte in zwei durch Teilwirtschaftspläne erfassten, aufeinanderfolgenden Zeitabschnitten ausgegeben wurden. Insgesamt gingen 8 Mio. DM an die MPG, 44.5 Mio. DM zur Verteilung an die DFG und 15 Mio. DM wurden über die beteiligten Ministerien vergeben. Daher konnten z.B. große Spektrometer auch beim Verkehrs-, Wirtschafts-, Innen-, Landwirtschafts-, oder Post- und Fernmeldeministerium beantragt werden, wenn der Forschungsantrag in einen Zusammenhang mit den Interessen der Ressorts gebracht werden konnte.[567] Die Ministerien schlugen dann ausgewählte Anträge dem DFG-Hauptausschuss zur Förderung vor.

---

563 Schreiben des Präsidenten der DFG an die Dekane der Hochschulfakultäten. 24.7.1956. 75/1/57 Heft 2, BArch B 227, Film Nr. 50 FC7535N.

564 Herwart von der Decken an Dipl.-Wirtsch.-Ing. Lebershausen, TU Darmstadt. 21.8.1974. DFG-Az. 402/8/74. 402/Heft 18, BArch B 227, Film Nr. 51 FC7536N.

565 Deutsche oder ausländische Geräte? Denkschrift des ehemaligen (bis 1. Oktober 1968) Betreuers des Referats Allgemeine Ingenieurswissenschaften inkl. Bauingenieurswesen, Bergbau- und Hüttenwesen, Architektur an der DFG Zentralverwaltung Heitz, [1969]. Abschnitt D, Punkt 3. BArch B 227, Film Nr. 51 FC7536N, 402,4.

566 Zusammenstellung der beantragten und zur Bewilligung vorgeschlagenen Summen der Großgeräte. DFG-Az. 70/19/56. 75/1/57, Heft 2, BArch B 227, Film Nr. 50 FC7535N.

567 Kipp vom Ministerium des Inneren an die Bundesminister der Finanzen, für Verkehr, für Wirtschaft, für Ernährung, Landwirtschaft und Forsten, für das Post und Fernmeldewesen, für Verteidigung, der Bundesrechnungshof und die DFG. 16. 1.1958. DFG-Az. 75/1/58. 75/1/58 Sondermittel, BArch B 227, Film Nr. 50 FC7535N.

Da das Verfahren zeitlich befristet war, versuchte das Apparatereferat der DFG-Geschäftsstelle ein regelmäßiges Großgeräteprogramm anzuregen und plante schon einen Apparateausschuss als Begutachtungsgremium akademischer Instrumentenexperten. Der Versuch scheiterte aber an den Widerständen im Präsidium.[568] Zum Einen waren manche Wissenschaftler der Meinung, die Möglichkeiten der Großgeräteverfahren provozierten unnütze Anschaffungen, zum Anderen dürften auch die Länder von dieser Einmischung in ihren universitären Hoheitsbereich nicht begeistert gewesen sein. So versiegte die spezielle Förderung der Großgeräte und alle Anträge wurden wieder im Normal- oder Schwerpunktverfahren behandelt. Eine 1958 von Dieter Behrens im Auftrag der DFG vorgelegte "Denkschrift über die Lage auf dem Fachgebiet der Chemie unter Berücksichtigung der Universitäten und Hochschulen" konstatierte daher immer noch einen Nachholbedarf in der instrumentellen Analytik der Organischen Chemie und mahnte:[569]

> Die präparative Chemie wird immer mehr abhängig von den Kenntnissen über die chemische Bindung, die auch experimentell untermauert werden müssen. Auch hier ist wieder auf die theoretische organische Chemie hingewiesen, die die gleichzeitige Beherrschung präparativer organischer Chemie und physikalischer Methoden verlangt.

Hier ist die Mehrheitsmeinung der deutschen Chemiker erkennbar, die neuen Methoden als Ergänzung, nicht Ersatz der klassischen organisch-chemischen Methoden zu akzeptieren. Immer noch galten Strukturforschung und physikalisch-organische Chemie daher als besonders förderungsbedürftige Sorgenkinder.[570] Andererseits unterschieden sich nach einer US-amerikanischen Studie Mitte der 1960er Jahre die Nutzungsraten der wichtigsten physikalischen Methoden (mit Ausnahme des Computers) in den westlichen Industrienationen einschließlich Japans nicht mehr wesentlich voneinander.[571] Die deutschen Anstrengungen waren also durchaus erfolgreich und die Kombination von elektronischem Analyseinstrument und theoretisch modernem Forschungsansatz hielt in den 1960er Jahren Einzug auch in die westdeutschen Chemielaboratorien. Die NMR wurde eine Standardmethode der Organiker und mit dem A-60

---

568 Anlage 1 zum Vermerk vom 23.10.1959 und Entwurf. Betrifft: Großgeräteverfahren. 2.10.1959. DFG-Az. 75/2/57. 75/1/58 Sondermittel, BArch B 227, Film Nr. 50 FC7535N.

569 N.N., "Zur Lage der Chemie II" (1958), S.81.

570 Clausen, Stand und Rückstand der Forschung in Deutschland in den Naturwissenschaften und den Ingenieurwissenschaften [auf Basis einer Umfrage der DFG] (1964).

571 Committee for the Survey on Chemistry (Hg.), Chemistry Opportunities and Needs, (1965).

war auch in Westdeutschland bald an fast jedem chemischen Institut ein NMR-Gerät verfügbar.

Der Erfolg der Großgeräteaktion veranlasste 1964 den von Wirtschaftsunternehmen getragenen Stifterverband für die Deutsche Wissenschaft die begrenzte Fortsetzung dieser Aktion zu finanzieren[572] und Sonderzuwendungen des Bundes sowie Haushaltsmittel der DFG unterstützten die Initiative, für die ab 1964 im Haushaltsplan der DFG erstmals eine konkrete Summe ausgewiesen war.[573] Daher wurden die ersten Großgeräte neuer Bauart häufig von der DFG beschafft und die Erfahrungen mit ihnen von der Geschäftsstelle an andere Wissenschaftler weitergegeben,[574] sodass die Apparateexperten der DFG-Geschäftsstelle in Bonn eine den Lead Usern vergleichbare, vermittelnde Funktion einnahmen, obwohl sie die Instrumente selbst nicht verwendeten. Zudem konnten sie als Großkunden auftreten. Die Bedeutung des Lead Users bei v. Hippel wird damit noch verstärkt, allerdings rechnet v. Hippel nicht mit solchen "Konsumgemeinschaften", die eher in der Wirtschaftsgeschichte als in der modernen Innovationsforschung zu finden sind.

Dank der staatlichen Förderung übernahmen in den 1960er Jahren öffentlich-rechtliche Forschungsinstitute und Universitäten in Deutschland wie in den USA auch in ökonomischer Hinsicht die Rolle des NMR-Schlüsselmarktes.[575] Eine Aufstellung, die vom DFG-Apparatereferat 1967 zur eigenen Verwendung gemacht wurde, zählt 131 NMR-Spektrometer in der Bundesrepublik Deutschland, davon 103 an staatlich finanzierten Institutionen.[576] Von diesen Geräten kamen 122 von Varian Associates (USA), sechs von Bruker-Spectrospin (Bundesrepublik und Schweiz), und drei von Trüb-Täuber (Schweiz).[577] Auch der

572 Deutsche Forschungsgemeinschaft (Hg.), Mitteilungen (1965) Heft 1, 24-26.

573 Deutsche oder ausländische Geräte? Denkschrift des ehemaligen (bis 1. Oktober 1968) Betreuers des Referats Allgemeine Ingenieurswissenschaften inkl. Bauingenieurswesen, Bergbau- und Hüttenwesen, Architektur an der DFG Zentralverwaltung Heitz, [1969]. Abschnitt D, Punkt 4-5. BArch B 227, Film Nr. 51 FC7536N, 402,4.

574 Ebd., Abschnitt D, Punkt 10.

575 Der Anteil der an die Industrie gelieferten Geräte stieg nur langsam wieder an, erst in jüngster Zeit ist das Verhältnis fast ausgeglichen. Keller, Interview geführt am 18. und 19. August 2004.

576 Die anfangs wichtige Industrieforschung spielte also nur mehr eine Nebenrolle, woran sich bis 1980 nichts änderte. Keller, Interview geführt am 18. und 19. August 2004.

577 Festgestellter Bestand von Großgeräten. 29. September 1967. DFG-Az. 404/27/67. Aktenordner Hauptausschuss, Allgemein. DFG-Geschäftsstelle, Bonn. Die Zahlen für Varian und Bruker stammen von den Herstellern. Andere Hersteller mit kleinen Produktionszahlen machten keine Angaben oder wurden nicht befragt (JEOL und Hitachi, Japan). Die Produktion von Trüb-Täuber ist unter diesem Firmennamen bis 1965 aufgenommen (Angaben aus der DFG-Apparatekartei). Damit sind hier für Trüb-Täuber

Hersteller Perkin-Elmer wurde angeschrieben, gab aber keine Antwort, und man vermutete zwei Instrumente in Deutschland. Das Wissen über die chemische NMR war also erfolgreich verbreitet worden. Die internationale NMR-Gemeinschaft wuchs und etablierte sich weltweit. Mit der steigenden Anzahl zur Verfügung stehender Geräte stiegen die praktische Bedeutung der Methode und die Zahl unterschiedlicher NMR-Forschungsprojekte.

Varian behauptete als Instrumentenhersteller trotz erster Konkurrenten immer noch die mit Abstand führende Rolle und die Serviceeinrichtungen, vor allem aber die Instrumente der Firma trugen wesentlich zur Stabilisierung und Verbreitung der Methode bei. Mit der wachsenden Anzahl von NMR betreibenden Forschern und Fragestellungen wuchs aber auch die Bandbreite der an die Geräte gestellten Ansprüche. Diese mit den technischen Verbesserungen gekoppelte wissenschaftliche Entwicklung wurde von zwei Faktoren begleitet, welche die Akzeptanz und Ausdehnung der NMR-Spektroskopie wesentlich förderten. Erstens war die Finanzierung der teuren Forschungsinstrumente nur möglich durch die Bereitschaft der fördernden Institutionen in Staat, Universität und Industrie, gezielt in die Anschaffung derartiger Großgeräte zu investieren. Zweitens bildete sich eine zunehmend institutionalisierte und ausdifferenzierte wissenschaftlich-technische Gemeinschaft um die chemische Anwendung der NMR. Deren Vertreter bemühten sich im eigenen Interesse darum das wissenschaftliche Ansehen und die Reichweite der Methode zu vergrößern und ihr einen möglichst umfangreichen Anteil der staatlichen Fördermittel zu verschaffen.

---

nur Instrumente an Universitäten erfasst. Da aber 1967 nur wenige dieser aufgrund der Röhrentechnik anfälligen und veralteten Geräte in Betrieb waren, wird dadurch das Gesamtergebnis nur unwesentlich verzerrt.

4. Ein neuer NMR-Instrumentenhersteller

Auf einer von der Faraday Society ausgerichteten, internationalen NMR-Konferenz im Jahr 1962 hielten Hans Primas und Richard Ernst von der ETH Zürich einen Vortrag über die neuesten Instrumentenentwicklungen in der chemischen NMR und gaben einen Ausblick auf die Zukunft dieses Gebietes. Sie waren der Meinung, dass die zukünftigen Ziele aus den Beobachtungen extrapoliert werden könnten, und zählten die wichtigsten Schwerpunkte auf:[578]

- Die Empfindlichkeit steigern.
- Die Auflösung steigern.
- Die Stabilität der Instrumentensignale verbessern.
- Hilfsmethoden oder -systeme einführen, mit denen entweder mehr spektrale Informationen erhalten werden, oder die erhaltenen Informationen besser entschlüsselt werden können.
- Höhere Flexibilität der Spektrometer.
- Die Entwicklung idiotensicherer Instrumente.

Die Autoren bemerken dazu, dass sich einzelne Punkte gegenseitig ergänzten, andere aber auch ausschlössen. Im Artikel werden die Themen behandelt und ihre praktische Umsetzung durch Neuerungen bezüglich der Magnetfeldstärke und Lockverfahren, von Doppelresonanzexperimenten und der Sweepgeschwindigkeit erläutert. Nur der letzte Punkt der Liste wird praktisch nicht mehr erwähnt, der etwas überspitzt das Grundkonzept des A-60 umreißt. Der Aufsatz drückt damit die Haltung zweier NMR-Spezialisten aus, die nicht sonderlich an der Routine-NMR interessiert sind, sondern am neuen Wissen, das durch die Entwicklung anspruchsvoller Instrumente entsteht. Wo ihre Ansprüche lagen, zeigen die abschließend als zukunftsträchtig angeführten Anwendungen: Sie erläutern kurz die ^{13}C Spektroskopie, die Untersuchung biochemischer Makromoleküle und den Photomagnetismus. Trotz der großen Verkaufserfolge des A-60 zeigten sie sich nicht beeindruckt, im Gegenteil, sie betrachteten das Konzept als nicht zukunftsweisend, auch wenn sie die Notwendigkeit von Routineinstrumenten einsahen. Ihre Interessen und die vieler anderer NMR-Spezialisten deckten sich nicht mehr mit den durch das A-60 ausgedrückten Zielen von Varian Associates. Im selben Artikel wird ein möglicher Ausweg aus der Krise beschrieben:[579]

---

578 Ernst, Primas, "High Resolution N.M.R.-Instrumentation: Recent Advances and Prospects" (1962), S.43.

579 Dies., ebd., S.48.

> It is impossible to combine in one single instrument the wishes of a pure chemist who likes a simple and foolproof instrument, suitable for routine investigations and those of a physical chemist who prefers a universal spectrometer of maximum efficiency and versatility. So it is unavoidable that in the future we will have two rather different types of n.m.r.-spectrometers. We restrict ourselves here to a short description of a new universal n.m.r.-spectrometer, developed during the last few years in our laboratory.

Das A-60 führte nicht nur zu einer Popularisierung der Methode, sondern auch zu einer Differenzierung innerhalb der Gruppe der NMR-Wissenschaftler. Einerseits gab es die Routinebenutzer, die bereitwillig das vom Instrumentenhersteller zu einem zuverlässigen und einfach zu bedienenden technischen Werkzeug gemachte Instrument annahmen, denn sie waren als "reine" Chemiker nur so weit an der Methode interessiert, als sie Daten für die Absicherung und den Ausbau ihres mentalen Strukturmodells von Materie liefern konnte. Diese "reinen" Chemiker sind nach der Darstellung von Primas und Ernst nur Benutzer der Instrumente und werden damit von den an der Methode selbst interessierten NMR-Wissenschaftlern getrennt. Während die Benutzer an den immer zuverlässig gleichen, technischen Messroutinen interessiert waren, verlangten die methodisch interessierten NMR-Wissenschaftler nach Instrumenten mit maximaler Leistungsfähigkeit und Flexibilität. Da die NMR-Spektrometer inzwischen zu kompliziert und aufwändig waren, um von den meisten der NMR-Wissenschaftler selbst gebaut oder modifiziert werden zu können, gab es Bedarf für solche Instrumente, auch wenn kommerzielle Hersteller keine entsprechenden Modelle anboten. Es wurde also in Zürich nicht nur ein Spektrometer für die eigenen, spezifischen Forschungsbedürfnisse zurechtgebastelt, sondern von Grund auf ein "Universalspektrometer" konstruiert, das den Anforderungen der unterschiedlichen NMR-Wissenschaftler gerecht werden sollte. Dieser eher von der Peripherie der Methode ausgehende Versuch hatte gravierende Konsequenzen für Varian und die gesamte NMR. Die nächsten Kapitel sollen erklären, was sich veränderte und wie es dazu kommen konnte.

4.1. Schweizer Know-how

Der oben erläuterte Artikel wurde von zwei führenden Vertretern eines an der ETH Zürich entstandenen, europäischen NMR-Zentrums verfasst, und die darin ausgedrückten Ideen wurden die Keimzelle eines Instrumententyps, der die NMR bis in die Gegenwart prägte. Johann Jaroslav, genannt Hans, Primas wurde 1928 in Zürich geboren. Unzufrieden mit der reizlosen Gymnasialausbildung machte er 1945-1948 eine Lehre als Chemielaborant bei Oerlikon, Bührle und Co., dann eine Ausbildung zum Chemiker am Technikum in Winterthur, das in verschiedene Zweige gegliedert war, zu denen schon seit 1875 auch eine Schule für Chemie gehörte. Das Studium galt als weiterführende, technische Berufsausbildung und die Absolventen erhielten, obwohl die Professoren und Schüler des Technikums darauf drängten, keinen akademischen Grad, dessen Vergabe sich Universitäten und ETH Zürich vorbehielten.[580]

Abb. 37: Hans Primas 1958 bei der Arbeit am Oszilloskop.

Primas strebte keinen Berufsweg als Techniker an und veröffentlichte bereits 1950 seine erste wissenschaftliche Publikation über Tüpfelanalysen.[581] Sein Interesse war auch nicht allein auf die praktische Chemie gerichtet, daher begann er nach dem Abschluss als Chemiker 1951 an der ETH Zürich Mathematik und Physik zu hören, allerdings ohne ein formales Studium zu absolvieren. Dieses selbstständige Studium der Mathematik und Physik setzte er bis 1954 fort, erhielt aber bereits 1953 am Laboratorium für Organische Chemie der ETH Zürich über den jungen außerord. Professor Hans Heinrich Günthard[582]

580 1874 gegründet, heute Schweizerische Technische Fachschule Winterthur. Berühmtester Lehrer der Schule war sicher Albert Einstein, der 1901 dort einige Monate als Aushilfslehrer in der Schule für Elektrotechnik arbeitete. 1974 erst wurde der Abschluss an den kantonalen technischen Schulen als Aufnahmequalifikation für das Hauptstudium an der ETH akzeptiert. Blättler, Von der Lehranstalt zur Fachhochschule, 125 Jahre Technikum Winterthur 1874-1999 (1999).

581 Ernst, "Hans Primas and Nuclear Magnetic Resonance" (1999), S.11.

582 Hans Heinrich Günthard (1916-2006) machte zunächst eine Elektrikerlehre, dann die Chemieingenieurausbildung am Technikum Winterthur und war 1938-1943 in der Industrie. Ab 1943 studierte er Chemie und Physik an der ETH Zürich, wo er 1948 promovierte. 1951 wurde er Privatdozent, 1954 außerord. und 1958 ord. Professor für physikalische Chemie. Unterstützt von Leopold Ružicka und Vladimir Prelog führte

eine Anstellung als wissenschaftlicher Mitarbeiter. An der technisch orientierten Hochschule scheint Primas einen Arbeitsplatz gefunden zu haben, der seinen Interessen und seinem Arbeitsstil besonders entsprach. Der IR-Spezialist Günthard hatte mit Unterstützung des Ordinarius für Organik, Leopold Ružicka,[583] am organisch-chemischen Laboratorium ein Programm begonnen, mit dem die im Krieg stark weiterentwickelten, modernen elektronischen Methoden in die eher traditionell bis rückständige physikalische Chemie an der ETH eingeführt werden sollten.[584] Die Versuche zur Konstruktion eines NMR-Spektrometers durch Hans Primas waren Teil dieses Programms. Seit seinem Eintritt in das organische Laboratorium publizierte Primas zusammen mit Günthard zunächst Arbeiten über die theoretische Interpretation der IR-Spektren, dann auch zur experimentellen NMR. Ähnlich wie bei Russell Varian eröffnete sich für Primas über die Arbeit an den Instrumenten ein unkonventioneller Weg in die akademische Wissenschaft. Nachdem er an den Lehrstuhl für Physikalische Chemie gewechselt war, den Günthard 1958 übernommen hatte, habilitierte sich Primas 1960 ohne Abitur oder gar Promotion. Schon 1961 wurde er zum zeitlich befristeten Professor ad personam und 1966 zum ord. Professor der Physikalischen Chemie an der ETH Zürich ernannt.

1953 fragte Günthard, ob Primas nicht ein hochauflösendes NMR-Spektrometer konstruieren wollte.[585] Während eines mehrmonatigen Aufenthaltes an der Universität Zürich im selben Jahr lernte dieser dann Grundlagen der praktisch angewandten NMR an der Arbeitsgruppe des Kern- und Festkörperphysikers Professor Hans Staub (1908-1980), der 1938-1949 in Stanford und dort

---

Günthard nach amerikanischem Vorbild elektronische Experimentaltechnik in die Chemielabors der ETH Zürich ein, zunächst als IR-Spezialist. Er baute dann auch Forschungsgruppen in der Mikrowellen-, ESR und NMR Spektroskopie auf. Bauder, Primas, "Hans Heinrich Günthard", Historisches Lexikon der Schweiz (2006); Günthard, "Eidgenössische Technische Hochschule Zürich. Zur Entwicklung der Physikalischen Chemie in den letzten 25 Jahren" (1981); Ernst, "Zürcher Beiträge zur 50-jährigen Entwicklung von Bruker" (2010), S.8488-8493.

583 Ružicka (1887-1976) erhielt 1939 den Nobelpreis, 1957 wurde er emeritiert. Er arbeitete in enger Kooperation mit der Schweizer Industrie an Naturstoffen. Sein Nachfolger, der Stereochemiker Vladimir Prelog (1906-1998) war den modernen instrumentellen Methoden gegenüber genauso aufgeschlossen wie Ružicka.

584 Günthard, "Eidgenössische Technische Hochschule Zürich. Zur Entwicklung der Physikalischen Chemie in den letzten 25 Jahren" (1981), S.37-38; Ernst, "Hans Primas and Nuclear Magnetic Resonance" (1999), S.13.

585 Ernst, "The Success Story of Fourier Transformation in NMR" (1996), S.293. Auch die Mikrowellen- und ESR-Gruppe bauten ihre Spektrometer selbst.

Kollege Blochs gewesen war.[586] Staub unterstützte also Primas[587] und Günthard war im Jahr 1954 einige Monate in Cambridge/Mass., um sich dort mit Elektronik und Know-how zu versorgen.[588] Es liegt auch nahe, dass Primas oder Günthard über Bloch oder seine Assistenten am CERN 1954-1955 zusätzliches praktisches Wissen zur hochauflösenden NMR-Instrumentierung erhielten.[589] James Arnold und Weston Anderson hatten ihre NMR-Ausrüstung mit nach Genf genommen, um dort weiter an der Methode zu arbeiten.[590] Die Versuche von Günthard und Primas ergaben jedenfalls 1955 ein erstes vorzeigbares Spektrum[591] und in ihren frühen Artikeln wird an einführender Stelle auf Publikationen der NMR-Gruppe Blochs am CERN Bezug genommen.[592] 1957 stellten Günthard und Primas ihr neu konstruiertes, hochauflösendes NMR-Spektrometer (KR1) vor. Es arbeitete mit einem Permanentmagneten bei 25 MHz Protonenlarmorfrequenz und war konstruktiv auf optimale Auflösung auch bei dieser geringen Feldstärke ausgerichtet. Daher verfügte der aus einer speziellen Legierung (Ticonal) großteils bei der Maschinenfabrik Oerlikon und Oerlikon-Bührle (wo Primas seine Lehre gemacht hatte) in Zürich hergestellte Magnet über präzise gefertigte, kegelförmige Pole und war mit einem elektronischen Magnetfeldstabilisator, ähnlich dem Varian Flux Stabilizer ausgestattet.[593]

Durch theoretisch einfallsreiche Berechnungen der Shimspulen[594] konnte der übliche, bis zu 13 Spulen umfassende technische Aufwand auf nur zwei

---

586 Staub war nicht nur Mitglied des Manhattan Projects gewesen, sondern auch Zeuge der ersten NMR-Experimente in Stanford. In Zürich war er enger mit Wolfgang Pauli befreundet. Primas' theoretische Interessen brachten ihn dem Pauli-Kreis nahe.

587 Günthard, "Eidgenössische Technische Hochschule Zürich. Zur Entwicklung der Physikalischen Chemie in den letzten 25 Jahren" (1981), S.38.

588 Ernst, "Hans Primas and Nuclear Magnetic Resonance" (1999), S.16.

589 Zu Blochs Aufenthalt am CERN vgl. Krige, "Felix Bloch and the Creation of a 'Scientific Spirit' at CERN" (2001), hier insbesondere S.61 und S.66-68.

590 Arnold, "Early Perceptions in Nuclear Magnetic Resonance (NMR)" (1996), S.195.

591 Wieder einmal EtOH. Der Flux Stabilizer wurde um 1955 fertiggestellt, ungefähr gleichzeitig wurde Varians "Super Stabilizer" entwickelt. Günthard, "Eidgenössische Technische Hochschule Zürich. Zur Entwicklung der Physikalischen Chemie in den letzten 25 Jahren" (1981), S.45; Ernst, "Hans Primas and Nuclear Magnetic Resonance" (1999), S.16-17; Ernst, "Zürcher Beiträge zur 50-jährigen Entwicklung von Bruker" (2010), S.8488-8493.

592 Günthard, Primas, "Ein Kernresonanzspektrograph mit hoher Auflösung. Teil II: Beschreibung der Apparatur" (1957), S.315. Vgl. hier auch für die technische Spektrometerbeschreibung.

593 Günthard, Primas, "Field Stabilizer for High-Resolution Nuclear Magnetic Resonance" (1957).

594 Günthard, Primas, "Herstellung sehr hoher axialsymmetrischer Magnetfelder" (1957).

speziell geformte Spulen reduziert werden, mit denen das Magnetfeld zur Verbesserung der Signalqualität justierbar blieb, ähnlich dem 1956 vom Varian-Mitarbeiter James T. Arnold erstmals publizierten, aufwändigen Verfahren.[595] Hier zeigt sich bereits, dass Varian die technische Optimierung seiner Instrumente nicht mehr so vehement verfolgte, denn erst nachdem Trüb-Täuber und dann auch britische Hersteller[596] das Shimming in die Serienfertigung einführten, zog der Marktführer Varian 1960 nach, in dessen Umfeld das Verfahren zuerst entwickelt worden war.[597] Um die Homogenisierung des wirksamen Feldes zu erleichtern, verwendete Primas darüber hinaus als Probenbehälter nicht die üblichen Quarzglasröhrchen, sondern Glasstäbe mit einem nur ca. 2 mm Durchmesser kleinen, kugelförmigen Hohlraum in der Mitte, der über eine Kapillare im Glasstab befüllt wurde. Der Probenhalter wurde wie bei Varian mit einer Luftturbine in Rotation gebracht.

Abb. 38: *25 MHz Permanentmagnet des von Primas konstruierten KIS I. Vor dem Magneten der Messkopf, darunter der Vorverstärker. An den Polen sind die Spulen des Flux Stabilizers zu erkennen.*

595 Arnold, "Magnetic Resonances of Protons in Ethyl Alcohol" (1956) und Arnold, "Early Perceptions in Nuclear Magnetic Resonance (NMR)" (1996), S.195.

596 Insbesondere der aus der Schweiz stammende und in Großbritannien arbeitende Research Technologist Marcel E. Golay unterstützte englische Instrumentenbauer bei der Entwicklung von Shimspulen. Golay, "Field Homogenizing Coils for Nuclear Spin Resonance Instrumentation" (1958). Vgl. zu Golay auch Kap. 5.

597 Vgl. Packard, "Nuclear Induction at Stanford and the Transition to Varian" (1996), S.521; Ritchey, "1st ENC-1960, Cleveland" (1960).

Die kugelsymmetrische Anordnung war theoretisch ideal, doch das räumlich sehr kleine wirkende Feld reduzierte die Menge der reagierenden Kerne, daher wurden an die elektronische Signalverstärkung besonders hohe Ansprüche gestellt. Primas wählte für den Probenkopf die technisch anspruchsvollere, aber auch leistungsfähigere Doppelspulenanordnung nach Hansen und Bloch, die in den USA nach einer Patentverlängerung noch bis 1963 für den Lizenznehmer Varian patentgeschützt war. Dabei hatte Primas besondere Mühe darauf verwendet, die gegenseitige Beeinflussung von Sender und Empfängerspule zu minimieren, den größten Nachteil dieser Spulenkonfiguration. Die Feinabstimmung erreichte er auf elektronischem Weg, nicht durch die schon von Hansen eingeführten Kupferpaddel, welche die Homogenität des Feldes störten. Auch der phasenempfindliche Detektor und die notwendigen rauscharmen Verstärker wurden aufwändig konstruiert. Die quarzgesteuerte Sendeeinrichtung war besonders flexibel, denn Primas entwickelte verschiedene Messvarianten. Er konstruierte einen zuvor theoretisch durchgerechneten und zu diesem Zeitpunkt von Varian noch nicht in die Serie eingeführten Lock mit Seitenbandmodulationsverfahren, welcher die Konstanz der Nulllinie des Spektrums so verbesserte, dass ein nun zusätzlich eingebauter elektronischer Integrator verlässliche quantitative Daten gab.[598] 1961 stellte Primas dann als erster den internen Lock mit der als Standard der Probe zugegebenen Verbindung Tetramethylsilan vor,[599] der das Feld/Frequenz Verhältnis viel stabiler als der bis dahin verwendete externe Lock regelte.[600] Darüber hinaus wurde eine Messvariante implementiert, bei der das Magnetfeld nicht linear, sondern in elektronisch geregelter, schrittweiser Modulierung von jeweils 5 Milligauss verändert wurde.[601]

Finanziert wurde die Konstruktion des NMR-Spektrometers vom Schweizerischen Nationalfonds zur Förderung der Wissenschaften, von der Emil-Barell-Stiftung und dem Großunternehmen der pharmazeutisch-chemischen Industrie Hoffmann - La Roche und Cie. Das Spektrometer erlaubte eine erstaunliche Auflösung, die selbst Spin-Spin Kopplungen zweiter Ordnung erkennbar machte. Allerdings erforderten solche Präzisionsmessungen eine Messzeit um die 50 Minuten, was die Aufnahmen sehr schwierig gestaltete, da die Bedingungen

598 Primas, "Ein Modulationsverfahren für die Kernresonanzspektroskopie mit hoher Auflösung" (1958), 17-24.

599 Das intensive TMS Signal gab den Referenzwert für den Lockkanal.

600 Arndt, Ernst, Primas, "Die Konstruktion von Kernresonanzspektrographen hoher Auflösung, Teil Ib" (1959), S.18.

601 Günthard, Primas, "Field Stabilizer for High-Resolution Nuclear Magnetic Resonance" (1957), S.511-512.

exakt gleich bleiben mussten.[602] Das Geheimnis der hohen Auflösung lag somit zum großen Teil im extrem langsamen Scan der durch das stabile Magnetfeld und die konstante Elektronik möglich war. Die Konstruktion war theoretisch herausragend, es fehlte aber die mit ingenieurtechnischer Arbeit verbundene Anpassung an die praktischen Bedürfnisse der organischen Chemiker, obwohl schon 1958 mit dem Prototypen aufgenommene Spektren von zyklischen Ketonen den Kern des ersten Artikels über NMR in der Fachzeitschrift der Schweizerischen Chemischen Gesellschaft bildeten[603] und Primas sich bemühte, den Schweizer Chemikern die Grundlagen der NMR nahezubringen.[604] Aber Primas war kein reiner Techniker, er interessierte sich besonders für die mathematisch-physikalische Grundlage, Interpretation und Simulation der Spektren,[605] und seine Konstruktionen basierten auf grundlegenden theoretischen Berechnungen mit Hilfe von Statistik und Informationstheorie, sodass die Instrumente die materielle Fortsetzung der aus der mathematischen Theorie gewonnenen Erkenntnisse waren.[606] Primas' Sichtweise des Instrumentenbaus wird schon in einer einleitenden Bemerkung zum eingangs dieses Kapitels zitierten Aufsatz deutlich:[607]

> By definition, a physical chemist is a mathematician who can blow glass; why should he not be able to build his own magnet, we thought. It has taken us several years to learn that magnet building is a highly developed art.

Er betrieb die Konstruktion von Instrumenten nicht vorwiegend als Mittel zum Zweck sondern als eine eigenständige Kunst, sozusagen in Materie übersetzte Mathematik – als ein verkörperlichtes Theorem.[608] Ihn interessierte nicht so sehr das konkrete Messergebnis, sondern die optimale Messung. Beim Bau der

---

602 Günthard, Primas, "Ein Kernresonanzspektrograph mit hoher Auflösung. Teil II: Beschreibung der Apparatur" (1957), S.329.

603 Frei, Günthard, Primas, "Protonenresonanzspektren einfacher zyklischer Äther und Ketone I" (1958).

604 Primas, "Anwendungen der magnetischen Kernresonanz in der Chemie" (1959).

605 Primas, "A New Method for Analysing Spectra in High Resolution N.M.R. Spectroscopy" (1959); Banwell, Primas, "On the Analysis of High-Resolution Nuclear Magnetic Resonance Spectra. I. Methods of Calculation" (1963).

606 Primas, "Ein Kernresonanzspektrograph mit hoher Auflösung. Teil I: Theorie der Liniendeformation in der hochauflösenden Kernresonanzspektrometrie" (1957). Dieser messtheoretische Artikel ist in einer Serie von drei Teilen bewusst der Beschreibung der konkreten Konstruktion vorangestellt.

607 Primas, "A New, Universal, High-homogeneity Magnet for Zero to Twenty-five Kilogauss, and Its Precise Stabilization" (Vortragsmanuskript auf der 5th Experimental NMR Conference 26.-29. Februar 1964, Mellon Institute, Pittsburgh/Pa.), S.1.

608 Gaston Bachelard prägte den Begriff. Bachelard, Les Intuitions Atomistiques, Essai de Classification (1933). Vgl. dazu Gooday, "Instrument as Embodied Theory" (2000).

NMR-Spektrometer hörte sein intensives Interesse an dem Punkt auf, an dem bewiesen war, dass ein von ihm erdachtes Messprinzip funktioniert. Weitere Verfeinerungen, die das Instrument zuverlässig und für den Anwender praktikabel machten, überließ er in der Regel anderen. Er wollte wie Russell Varian das Messprinzip, oder generische Instrument eines Detektors für kernmagnetische Resonanz in ein prinzipiell für die chemischen Anforderungen geeignetes Spektrometer umsetzen, also in den chemischen Kontext einbetten. Auch bei der von der Schweiz ausgehenden NMR-Spektrometerentwicklung steht also am Beginn ein Research Technologist – vielleicht derjenige der einem Prototypen dieser Kategorie im Bereich der NMR am nächsten kam. Seine Arbeitsweise, aber auch seine Karriere und seine Interessen passen sehr gut zu diesem Typus. Primas' Karriere ist durch klassisch disziplinär definierte Arbeitsgebiete kaum zu beschreiben, denn er war an generischen, nicht so sehr an konkreten Instrumenten und an der Produktion und Bearbeitung von Messdaten interessiert.

Dazu passt eine weitere Eigenschaft, die bei Shinn im Zusammenhang mit Research Technologists genannt wird. Primas wechselte wiederholt die Arbeitsbereiche, auch wenn er Jahrzehnte an der ETH Zürich tätig war. Nach seiner Ausbildung zum Techniker engagierte er sich im wissenschaftlichen Instrumentenbau. Als die NMR eine weithin etablierte Methode geworden war, deren Hardware vor allem im Kontext der Entwicklungsabteilungen kommerzieller Instrumentenproduzenten hergestellt wurde, verließ er um 1964 das Arbeitsgebiet. Dabei wechselte er aber nicht nur den Arbeitsbereich, sondern legte auch die Rolle des Research Technologists ab, denn seine späteren Interessen verschoben sich hin zur Quantenchemie[609] und von da aus zu mathematisch-philosophischen Überlegungen. Primas kann in seiner späteren Zeit auch als von Carl Gustav Jung und Wolfgang Pauli beeinflusster Geisteswissenschaftler gesehen werden, der sich mit Wissenschaftsgeschichte, -politik und -ethik beschäftigte.[610] Er begann aber in diesem Bereich ebenfalls generische Instrumente – aus der Mathematik, der Informationstheorie, und der Psychologie – einzusetzen, so wie er zuvor Erkenntnisse der Informationstheorie und theoretischen Physik in ein prinzipiell funktionierendes, chemisches NMR-Spektrometer umgesetzt hatte.

Richard Ernst, dessen 1958 bei Günthard begonnene Promotion von Primas betreut wurde, beschrieb anschaulich in seinen Erinnerungen, wie er zunächst

609 Müller-Herold, Primas, Elementare Quantenchemie (1984).

610 Atmanspacher, Primas, Wertenschlag-Birkhäuser (Hg.), Der Pauli-Jung Dialog und seine Bedeutung für die moderne Wissenschaft (1995). Primas wurde 1990 Mitglied des Wolfgang-Pauli-Komitees am CERN, war aber auch 1992-2005 Patron des C.-G.-Jung-Instituts.

völlig unabhängig von seinem eher theoretisch ausgelegten Promotionsthema als Einführung und Initiation das Löten von Schaltkreisen übte und einen Messkopf konstruierte, da "Meister Primas" ständig an verschiedenen Instrumententeilen baute.[611] Ernst arbeitete weiter an Messköpfen und Vorverstärkern, die andere Hälfte der Zeit aber mathematisch an einer von Primas stammenden Idee zur stochastischen homonuklearen Breitbandentkopplung in der NMR.[612] Bei der prinzipiell eleganten Methode wird die Probe mit einem über das gesamte Frequenzband ausgedehnten Rauschen angeregt, das nur in dem gerade beobachteten Spektrenbereich ein Fenster haben sollte, bei dem keine zusätzliche Anregung erfolgte. Dieses Fenster würde mit dem Sweep gekoppelt weiterbewegt und so bis auf das gerade gemessene Signal alle Resonanzen abgesättigt. Die Grundidee liegt darin, mit einem statistischen Signalrauschen in die Probe einzustrahlen, das resultierende Signal aufzunehmen und es mit einem ebenso aufgenommenen Signal einer bekannten Referenzresonanz rechnerisch zu vergleichen. Die Differenz ergibt das Spektrum.

Diese Idee folgte einem Konzept des Kybernetikers Norbert Wiener (1894-1964) und anderer Informationstheoretiker über die stochastische Überprüfung nichtlinearer Systeme.[613] Man umging damit die Schwierigkeiten, die sich gerade bei der homonuklearen Protonenentkopplung ergeben, weil dort die zu entkoppelnden Resonanzen sehr nahe beieinander liegen, was eine gezielte Anregung der gekoppelten Absorptionen erschwerte. Eine derartige, umfassende Entkopplung aller Protonen kann die Spektren komplizierter Moleküle entscheidend vereinfachen, allerdings versprach diese gute, aber gewagte Idee damals selbst für Primas noch keine direkt verwertbaren Erfolge, denn die Intensität des Rauschens war zu schwach, um die starken Protonenkopplungen vollständig unterdrücken zu können – es ging wieder um die prinzipielle Anwendbarkeit.[614] Richard Ernsts 1962 abgeschlossene Dissertation gibt das bei Primas zwischen

611 Ernst, "Hans Primas and Nuclear Magnetic Resonance" (1999), S.24. Vgl. dazu auch die noch prägnanteren Aussagen Ernsts in Reinhardt, Shifting and Rearranging (2006), S.308-309 und Ernst, "Zürcher Beiträge zur 50-jährigen Entwicklung von Bruker" (2010), S.8488-8493.

612 Primas, "Über quantenmechanische Systeme mit einem stochastischen Hamiltonoperator" (1961); Ernst, Primas, "Nuclear Magnetic Resonance with Stochastic High-Frequency Fields" (1963). Eine Hälfte der Doktorarbeit Richard Ernsts und die Habilitation von Hans Primas widmeten sich diesem Thema.

613 Wiener, "Response of a nonlinear device to noise", MIT Radiation Laboratory Report V-186 (1942). Die Regelungstechnik wurde zunächst bei Flugabwehrkanonen eingesetzt. Wiener, Non Linear Problems in Random Theory (1958). Vgl. Günthard, "Eidgenössische Technische Hochschule Zürich. Zur Entwicklung der Physikalischen Chemie in den letzten 25 Jahren" (1981), S.37.

614 Ernst, Autobiographie (1992), S.66.

dem Bau neuer, stetig verbesserter elektronischer Spektrometerkomponenten, der theoretischen Berechnung von Konstruktionsprinzipien oder Experimenten wechselnde Arbeitsprogramm wieder.[615] Dabei versuchte Primas vor allem die geringe Empfindlichkeit als Hauptschwäche der NMR zu beseitigen, indem er durch konstruktive oder methodische Mittel den Signal-Rausch Abstand erhöhte. Es deutet auf verwandte Perspektiven hin, dass Russell Varian gleichzeitig mit Primas die Übertragungsmöglichkeit der Wienerschen Überlegung in die NMR gesehen und sie sogar patentiert hatte,[616] auch wenn Varians Verfahren damals genauso wenig praktisch verwendbar erschien wie das von Ernst und Primas.

Die hier beschriebene Arbeitsweise des Research Technologists Primas wird in einem Artikel von Daniel Rothbart und Ladislav Kohout angedeutet. Sie betonen die grundlegende Innovationsleistung von Primas, als er die Konzepte der Informationstheorie auf die Messprozesse der NMR übertrug und das normalerweise als unerwünscht angesehene Rauschen als Teil des Signals dazu nutzte, die geringe Empfindlichkeit der NMR zu steigern. Primas wird hier zu einem Beispiel dafür, wie Chemiker unter bestimmten Umständen als Wissensingenieure (Knowledge Engineers) arbeiten, und Informationen in Form von elektronischen Signalen gewinnen, sie beurteilen und in geeignete Repräsentationssysteme übertragen. Das Konzept der Research Technology kann aber den entscheidenden Teil der Arbeitsweise beschreiben, den die Autoren noch aus Sicht eines groben, traditionellen Disziplinenschemas wie folgt angeben:[617]

> When severe design problems threaten the advancement of instrumental techniques, research chemists often turn to an ostensible "remote" subject matter, drawing upon knowledge that appears to be irrelevant in relation to the familiar disciplines under consideration.

Für Hans Primas mit seiner chemischen, technischen und mathematisch-physikalischen Ausbildung, erworben vor allem durch Selbststudium und "Learning by Doing",[618] und seiner zwischen den disziplinären Konventionen angelegten Karriere lagen allerdings die Ideen der Informationstheorie nicht so abgelegen.

---

615 Ernst, I. Kernresonanz-Spektroskopie mit stochastischen Hochfrequenzfeldern. II. Zur Konstruktion eines optimalen Kernresonanz-Messkopfes (1962). Erster Gutachter war Hans Primas, Zweitgutachter Hans Heinrich Günthard.

616 Varian Associates, Gyromagnetic Resonance Methods and Apparatus. Erfinder: Russell H. Varian. US Pat. Nr. 3287629. Vgl. dazu Ernst, "Hans Primas and Nuclear Magnetic Resonance" (1999), S.32-35.

617 Kohout, Rothbart, "Justifying Instrumental Techniques of Analytical Chemistry" (2003), S.251.

618 Ernst, “Zürcher Beiträge zur 50-jährigen Entwicklung von Bruker” (2010), S.8488-8493.

Seine Arbeitsweise war dabei nicht so sehr von konkreten Konstruktionsproblemen angetrieben, sondern im Arbeitsstil eines Research Technologists von dem Wunsch, neue Wissensgebiete zu schaffen. Er hatte Kontakte in die Industrie, arbeitete mit technischen Systemen, fühlte sich aber in der physikalisch-chemischen Abteilung der ETH Zürich besonders wohl, ähnlich wie Russell Varian am physikalischen Laboratorium der Universität Stanford. Wie die frühe Instrumentenabteilung von Varian Associates gehörten diese beiden Institutionen zu der kleinen Gruppe von Hochschulen, die den Bedürfnissen von Research Technologists besonders entgegen kamen.

Im Fall des NMR-Spektrometers trug Primas vor allem zur regionalen Einbettung des Instruments in die Chemie bei, da die NMR bereits in den USA aus der Physik herausgelöst worden und deren Übertragung in die Chemie weit fortgeschritten war. Es lag wie gesehen nicht im Interesse von Primas ein möglichst einfaches aber zuverlässig funktionierendes Werkzeug für Chemiker zu schaffen. Seinem Arbeitsstil entsprachen eher die Versuche, stochastische Verfahren in die chemische NMR einzuführen, denn damit löste er statistische Prinzipien der Informationstheorie aus ihrem ursprünglichen Kontext, um sie dann in die NMR zu übertragen. Hier ist die Arbeitsweise eines Research Technologist besonders deutlich und eine solche Interpretation der Rolle Hans Primas' kann auch sein zunächst etwas seltsam anmutendes Verhältnis zur praktischen Verwendung seiner Instrumente erklären – er war nämlich nicht besonders daran interessiert. Sein Schüler Richard Ernst beschreibt die Situation so:[619]

> He never developed a particular attachment to a specific class of chemical compounds or reactions and felt no urgent desire to record extended series of spectra. His primary motivation was and remained the exploration of the physical concepts underlying chemistry and nature in general.

Er war also eine Art "Instrumentengrundlagenforscher".[620] Seine sehr erfolgreiche Ergänzung der Shoolery-Regeln zur Vorhersage der chemischen Verschiebung[621] bezeichnet Ernst wegen der starken konkret-praktischen Ausrichtung als Kuriosität unter Primas' Publikationen. Das wenig ausgeprägte Interesse an der praktischen chemischen Anwendung seines Instruments hatte aber durchaus positive Folgen. Einerseits eröffnete sich so der wissenschaftlichen Abteilung von Trüb-Täuber die Arbeitsmöglichkeit, das Spektrometer vom technischen Standpunkt aus weiter zu verbessern, andererseits Richard Ernst eine Position

619 Ernst, "Hans Primas and Nuclear Magnetic Resonance" (1999), S.23.

620 Zum "seltsamen" Arbeitsstil Primas vgl. auch Reinhardt, Shifting and Rearranging (2006), S.307-309.

621 Arndt, Ernst, Primas, "Group Contributions to the Chemical Shift in Proton Magnetic Resonance of Organic Compounds" (1962).

an der ETH Zürich, wo ein NMR-Experte gebraucht wurde, der auch gewillt war, die praktischen chemischen Routinemessungen zu betreuen. Und letztlich wurde das von Hans Primas konstruierte Instrument zur Basis eines kommerziellen, hochauflösenden NMR-Spektrometers, denn 1955/56 überzeugten Günthard und Primas die Züricher Firma Trüb, Täuber & Cie. in Kooperation mit der NMR-Gruppe an der ETH Zürich ein solches NMR-Spektrometer herzustellen und zu vermarkten.[622] 1958 wurde das KIS I (KernInduktionsSpektrograph) genannte Instrument auf der ACHEMA vorgestellt, es war mit dem Vorbild von der ETH weitgehend identisch.[623]

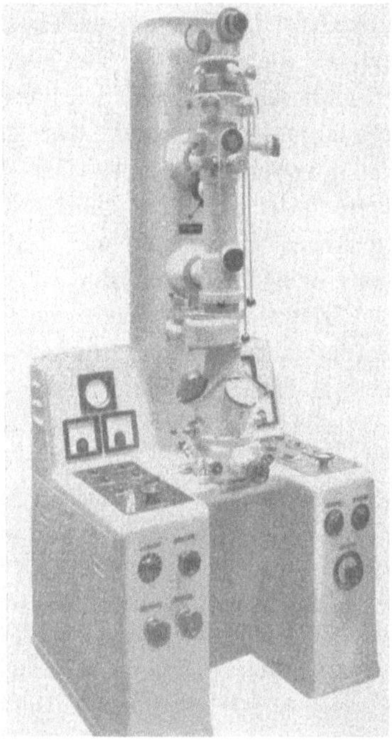

Abb. 39: Elektronenmikroskop mit elektrostatischen Linsen der Trüb, Täuber & Co., ca. 1948.

Trüb-Täuber war ein renommiertes Großunternehmen der Elektroindustrie, das bereits auf längere Erfahrungen in der Produktion von elektrischen Messgeräten zurückblicken konnte. Die wissenschaftliche Abteilung, in der auch die

622 Ernst, "The Success Story of Fourier Transformtion in NMR" (1996), S.293.
623 Arndt, Ernst, Primas, "Die Konstruktion von Kernresonanzspektrographen hoher Auflösung, Teil Ib" (1959), S.22.

NMR-Spektrometer gebaut wurden, wurde vom Physiker, aber auch Komponisten Lienhard, genannt Lieni, Wegmann (1918-1986) geleitetet und war in erster Linie wegen der Konstruktion und Produktion eines anderen modernen elektronischen Instrumentes bekannt – des Elektronenmikroskops.[624]

Auch in diesem Fall begünstigte also ein bereits früher etablierter elektronischer Instrumententyp die intensivere Beschäftigung mit der NMR, denn Wegmann ließ sich auf das NMR-Abenteuer ein.[625] Allerdings war die NMR-Unterabteilung winzig, und ihre Entwicklungs- und Produktionsleistung daher begrenzt. Die nur etwa sechs Angestellte umfassende Gruppe baute weitere technische, vor allem elektronische Verbesserungen ein. Mit einem, wenn auch nur in begrenztem Rahmen durchführbaren, Frequenzsweep wurde erneut Primas' Ideen folgend eine wichtige Eigenschaft implementiert. Das KIS I und seine Nachfolger blieben über zehn Jahre die einzigen kommerziellen Instrumente, die so flexibel und breitbandig ausgelegt waren, dass sie beide Sweepvarianten erlaubten, über Feld- und Frequenzmodulation. Der Wissenstransfer von der ETH zu Trüb-Täuber während der KIS Entwicklung war sehr intensiv und die Angestellten des Unternehmens verbrachten viel Zeit an der Hochschule.[626] Primas' Rolle als visionärer Kopf im Hintergrund ist wohl am ehesten mit der von William Hansen bei Varian vergleichbar. So war das KIS I[627] teilweise zu ambitioniert und ein nicht unbedingt mustergültiges Werkzeug für den Chemiker. Seine Qualitäten lagen in den Ideen, nicht in der technischen Ausführung, die noch sehr improvisiert anmutete. Als Receiver wurde z.B. ein Schweizer Armeeradiowellenempfänger verbaut. Der Schwerpunkt lag weiterhin auf einer konzeptionell idealen Bauweise, nicht auf den Leistungen im alltäglichen praktischen Gebrauch bei den Benutzern. Die komplexe Röhrenelektronik war in der

---

624 Wegmann, "Ein neues Trüb, Täuber-Elektronenmikroskop" (1953). Wegmann hatte 1947 an der Universität Zürich in Physik promoviert, Wegmann, "Über eine Methode zur Messung sehr kleiner Änderungen elektrischer Kapazitäten und Phasenwinkel im Gebiete der Ton- und Niederfrequenz" (1947), und war ein Experte für Elektronenmikroskope.

625 Seit 1940 entwickelte man bei Trüb-Täuber eigenständige Elektronenmikroskope mit kalter Kathode und elektrostatischen Linsen. Der Konstrukteur Giovanni Iduni war ETH Absolvent, es gab enge Kontakte zu dieser Hochschule, die 1946 ihr erstes Elektronenmikroskop bei Trüb-Täuber bestellte, das aber erst 1948 eintraf. Später wurden weitere, vor allem über die Industrie finanzierte Mikroskope angeschafft. Vgl. Mühlethaler, "The Beginning of Electron Microscopy in Zürich" (1990). Die Zusammenarbeit von Günthard und Primas mit Trüb-Täuber im Bereich der NMR lag daher nahe.

626 Keller, Interview geführt am 18. und 19. August 2004.

627 Wegmann, "Der apparative Aufbau eines Kerninduktionsspektrometers" (1959); ders., "Ein Kerninduktionsspektrograph hoher Auflösung für die chemische Forschung" (1959).

Praxis überfordert und die konstruktive Achillesferse des Instruments, da die hoch beanspruchten Röhren regelmäßig ausfielen und ausgetauscht werden mussten. Anders gesehen führten die wartungsintensiven Instrumente aber auch zu häufigen Kundenkontakten, bei denen die Trüb-Täuber Angestellten immer mehr über die Wissenschaftler-Kunden, ihre Arbeit und ihre Bedürfnisse erfahren konnten. Rein finanziell zahlte sich das natürlich noch nicht aus.

Abb. 40: *KIS I der Trüb, Täuber und Co, 1959. Links der 25 MHz Permanentmagnet mit Probenkopf und Sendeeinheit, rechts die Steuerkonsolen mit Kontroll- und Anzeigeinstrumenten wie Oszilloskop und Speedomax-Schreiber.*

Das KIS I arbeitete mit einem Permanentmagneten bei einer Protonenresonanzfrequenz von 25 MHz und war mit insgesamt 12-15 an europäische Forschungslaboratorien gelieferten Exemplaren[628] keine große Bedrohung für Varian, denn auch die Leistung lag in der Praxis weit hinter den Varian Instrumenten zurück. Die Messdauer konnte nicht wesentlich verkürzt werden: die KIS I Spektrometer nutzten die langen Messzeiten, um unhandliche, meterlange Spektrenausdrucke zu produzieren. Primas begann aber ein neues Projekt. Er arbeitete an dem eingangs erwähnten, in der Leistung deutlich verbesserten Universalspektrometer KR2, das den Bedürfnissen der anspruchsvollen NMR-Wissenschaftler genügen sollte, und ging dabei erneut an die Grenze des Machbaren. Da für die Messung verschiedener Kerne unterschiedliche Magnetfeldstärken gebraucht wurden, war nun ein Elektromagnet erforderlich, den Primas selbst

628 Ernst, "Zürcher Beiträge zur 50-jährigen Entwicklung von Bruker" (2010), S.8488-8493.

entwarf.[629] 1962 beschrieben Primas und Ernst daher als Teil des Projektes die Konstruktion eines neuen Elektromagneten, der bei unterschiedlichen Frequenzen ein extrem homogenes Magnetfeld liefern konnte, also in der NMR für die Messung verschiedener Kerne gleich gut geeignet war. Diese Voraussetzung für gut funktionierende Multikernspektrometer erreichte Primas vor allem durch speziell geformte Polschuhe.[630] Obwohl zu dieser Zeit das Instrument bereits angekündigt wurde,[631] war es mit dem Magneten aber noch nicht getan, denn auch die Elektronik musste eine Wahlmöglichkeit zwischen verschiedenen Messkanälen bieten. Das bis zu einer Protonenresonanzfrequenz von 90 MHz geplante aber dann nur bis 75 MHz arbeitende Spektrometer KR2 wurde letztlich von der Trüb-Täuber NMR-Gruppe auf 90 MHz gebracht, vor allem in den elektronischen Komponenten verbessert und ab 1963 als KIS II angeboten, allerdings nur vereinzelt verkauft.[632] Der Anteil der nun in Bau und Betreuung von NMR-Spektrometern erfahrenen Trüb-Täuber Abteilung an der Konstruktion war gegenüber dem KIS I deutlich gestiegen, insbesondere die Spannungsversorgung des Magneten und andere elektronische Elemente waren von den Trüb-Täuber Ingenieuren und Technikern entwickelt worden. Dabei betrug die Anzahl der bei Trüb-Täuber für die NMR-Beschäftigten immer noch nur um die fünf Angestellte.

Dennoch hatte das KIS II von seiner Papierleistung her das Potential, ernsthaft mit dem anspruchsvollen Forschungsinstrument Varian HR-100 zu konkurrieren. Die Trüb-Täuber hatte gewaltig aufgeholt, das KIS II war bei sechs verschiedenen Frequenzen bis 90 MHz Protonenresonanz einsetzbar (d.h. das Magnetfeld konnte zwischen 0.6 und 2.2 Tesla verändert werden), hatte einen multikernfähigen Probenkopf, verfügte über einen Fluxstabilisator, Seitenbandmodulation und bot die Möglichkeit zur Messung mit variabler Temperatur, war also ein weitgehend universell einsetzbares Hochleistungsspektrometer. Das erste Instrument wurde an Friedhelm Korte nach Birlinghoven geliefert, wo Toni Keller für etwa ein halbes Jahr mit den letzten Entwicklungsarbeiten beschäftigt war.[633] In den späteren KIS II Instrumenten wurde bereits damit begonnen, Netzteil und Vorverstärker zu transistorisieren, vor allem die Stromversorgung

629 1959 publizierte er erste Ergebnisse über Stromversorgung und Magnetfeldregulierung eines Elektromagneten. Arndt, Ernst, Primas, "Die Konstruktion von Kernresonanzspektrographen hoher Auflösung, Teil Ib" (1959).

630 Ernst, Primas, "High Resolution N.M.R.-Instrumentation: Recent Advances and Prospects" (1962).

631 Strehlow, Magnetische Kernresonanz und chemische Struktur (1962), S.67.

632 Ernst, "Zürcher Beiträge zur 50-jährigen Entwicklung von Bruker" (2010), S.8488-8493.

633 Keller, Interview geführt am 18. und 19. August 2004.

des wassergekühlten Magneten, der dadurch mit Niederspannung betrieben werden konnte.[634] Die besonders empfindlichen Röhrenvorverstärker ersetzte Toni Keller durch brandneue FET(Field Effect Transistor)-Technik.[635] Diese Instrumente enthielten eine Reihe guter, neuer Ideen zur Magnetfeldregelung und Messelektronik, die sich auch in den von Trüb-Täuber gehaltenen Patenten Hans Primas' über ideale Polschuhformen,[636] Shimeinrichtungen,[637] Fluxstabilisatoren,[638] sowie modifizierte Aufnahme- und Scanverfahren mit internem Lock[639] niederschlugen, denn kurz bevor Primas die Details seiner Konstruktionen in wissenschaftlichen Journalen preisgab, wurde Patentschutz beantragt. Trüb-Täuber hatte auch, im Gegensatz zu Varian Associates, das Induktionsverfahren mit Doppelspulenkopf patentiert.[640]

Die Jahresproduktion der Trüb-Täuber Abteilung war entsprechend der Anzahl an Mitarbeitern sehr gering und die Instrumente wurden prinzipiell nur in Europa verkauft, was einerseits in den USA drohende Patentstreitigkeiten vermied, wie sie Perkin-Elmer hatte, und andererseits die Organisation der Servicearbeiten erleichterte. Obwohl die Trüb-Täuber NMR-Abteilung nicht mit dem Marktführer Varian konkurrieren konnte und wollte, zeigt eine aus dem Jahr 1961 datierte Liste der Kunden,[641] dass wichtige Beziehungen aufgebaut

634 H.A. Liste 65/66 Nr. 976 zum DFG-Antrag Hans-Joachim Eichhoff vom 1.8.1965. Apparateakte Ei 66 DFG-Geschäftsstelle Bonn; Keller, Interview geführt am 18. und 19. August 2004.

635 In Europa gehörte der Verstärker zu den ersten derartigen Bauteilen. Anfangs war die erhältliche Menge noch limitiert und Keller musste mit nur drei verfügbaren Transistoren beginnen. Keller, Interview geführt am 18. und 19. August 2004.

636 Trüb, Täuber & Co. AG, Magnetanordnung zur Erzeugung von Magnetfeldern veränderbarer Feldstärke mit konstanter geometrischer Konfiguration. Erfinder: Hans Primas. Schweizer Pat.-Nr. 393535.

637 Trüb, Täuber & Co. AG, Vorrichtung zur Erzeugung eines statischen, homogenen magnetischen Feldes. Erfinder: Johann Jaroslav Primas. Schweizer Pat.-Nr. 384715.

638 Trüb, Täuber & Co. AG, Magnetfeldstabilisator. Erfinder: Hans Heinrich Günthard und Hans Primas. Schweizer Pat.-Nr. 348561.

639 Trüb, Täuber & Co. AG, Verfahren und Vorrichtung zur Aufnahme von hochaufgelösten Kerninduktionsspektren. Erfinder: Johann Jaroslav Primas. Schweizer Pat.-Nr. 376291.

640 Trüb, Täuber & Co. AG, Vorrichtung zur Aufnahme von Kerninduktionsspektren nach der Resonanzmethode. Erfinder: Hans Heinrich Günthard und Hans Primas. Schweizer Pat.-Nr. 347655.

641 Trüb, Täuber & Co. AG, Referenzliste der Kerninduktionspektrographen und Elektronenresonanzspektrographen (1961), Typoskript, Bruker BioSpin. Einige Kunden werden nicht namentlich genannt. Eines der sonstigen, ins Ausland gegangenen Instrumente stand vermutlich in Leipzig. Adolf Zschunke, der am Anfang der 1960er Jahre

worden waren. Selbstverständlich sind Hans Heinrich Günthard und Hans Primas aufgeführt, in der Schweiz auch Georges Béné in Genf. Ein besonders wichtiger Kunde in Deutschland war Friedhelm Korte[642] in Birlinghoven mit zwei Instrumenten. Das neue Shell-Forschungszentrum in Birlinghoven bei Bonn gehörte zu den Anfang der 1960er Jahren von der Großindustrie eingerichteten Zentren für Grundlagenforschung.[643] Als weitere deutsche Kunden werden Rudolf Tschesche[644] an der Universität Bonn, Oskar Glemser an der Universität Göttingen, Günther Scheibe[645] an der TH München, die Chemischen

---

Assistent bei Lösche war, informierte Carsten Reinhardt darüber, mit einem KIS I gearbeitet zu haben. Persönliche Mitteilung Carsten Reinhardt.

642 Korte (*1923) studierte Chemie und Medizin in Freiburg und Marburg, promovierte 1948 in Göttingen, habilitierte sich 1954 in Hamburg, wo er mit Rudolf Tschesche über die Biochemie der Folsäurederivate arbeitete und ging 1955 nach Bonn, wo er als Privatdozent für seine Untersuchungen über Pflanzennährstoffe mit einem Stipendium des Verbandes der chemischen Industrie bedacht wurde. In Bonn begann Korte mit Arbeiten zur Strukturaufklärung komplexer Moleküle mittels spektroskopischer Methoden. 1959 wurde er zum außerplanmäßigen Professor ernannt und im selben Jahr wissenschaftlicher Direktor der neuen Shell Grundlagenforschung GmbH auf Schloss Birlinghoven bei Bonn, wo er vor allem über Pflanzenschutzmittel arbeitete. Als das Zentrum nach fünf Jahren wieder geschlossen wurde, kehrte Korte als Extraordinarius an die Universität Bonn zurück und wurde 1967 zum ord. Professor für Organische Chemie und Biochemie berufen. Mit seinen Aktivitäten in dieser Zeit gilt Korte als ein Begründer der Ökologischen Chemie. 1971 nahm er einen Ruf als Leiter des Instituts für Ökologische Chemie der TU München in Freising an. 1990 emeritiert. Als Umweltexperte war er für EU, FAO, WHO, IAEA, IUPAC, OECD, SCOPE, UNESCO und UNIDO tätig. GSF - Forschungszentrum für Umwelt und Gesundheit, "Vater der Ökologischen Chemie wurde 80 Jahre alt", (2003).

643 Der auf den Vorstellungen des linearen Modells der Beziehungen zwischen Wissenschaft und Technik beruhende Boom derartiger Einrichtungen flaute in der Zeit wirtschaftlicher Krisen im Verlauf der 1960er Jahre wieder ab.

644 Der Biochemiker Rudolf Tschesche (1905-1981) war 1936 erster Preisträger des Carl-Duisberg-Gedächtnispreises der Deutschen Chemischen Gesellschaft. 1935-1936 und 1943-1944 war er Privatdozent an der Universität Göttingen und 1931-1936 dort Assistent von Adolf Windaus am chemischen Institut. Er habilitierte sich 1934, wurde aber erst nach zweimaliger Ablehnung durch das Reichsministerium 1935 als Dozent zugelassen. 1947 war er Dozent in Hamburg, wo er mit Friedhelm Korte zusammenarbeitete. 1960-1975 ord. Professor und Direktor am Institut für Organische Chemie und Biochemie der Universität Bonn. Ein wichtiges Forschungsgebiet war die Ermittlung der räumlichen Struktur der Digitalisglykoside, bei der Tschesche auch spektroskopische Methoden einsetzte, später arbeitete er zu Steroiden und Cyclopeptiden.

645 Der Spektroskopiker Scheibe (1893-1980) war seit 1930 ord. Professor für physikalische Chemie an der TH München. Er wurde mit absorptionsspektroskopischen Untersuchungen von Naturstoffen bekannt.

Werke Hüls AG, ein Industrieunternehmen in der Verfahrenstechnik und das BASF Hauptlaboratorium (an dem Werner Brügel tätig war) aufgelistet. Nach Frankreich gingen drei KIS I, darunter eines der ersten an René Freymann in Paris,[646] eines ging an das Forschungszentrum der EURATOM in Ispra, wo Karl Hermann Hausser 1962 das NMR-Labor gründete, und drei an physikalische Institute in anderen europäischen Ländern. Es stehen eine ganze Reihe für die Entwicklung der deutschen und europäischen NMR-Gemeinschaft wichtiger Personen auf der Liste, wie die Erläuterungen im vorhergehenden Kapitel zeigen. In der Aufzählung scheinen auch die bereits vorliegenden Bestellungen aufgenommen zu sein, denn Rudolf Tschesche erhielt erst 1962 sein KIS I Spektrometer, dessen weiteres Geschick etwas über diesen Instrumententyp im Allgemeinen aussagt. Es wurde von der DFG für etwa 200.000 DM gekauft, konnte aber die Messungen nicht schnell genug durchführen um praktikabel zu sein, war zudem nicht für sehr hoch aufgelöste Spektren zu verwenden und bereits Mitte der 1960er völlig veraltet. Daher wollte es Tschesche 1966 wieder an die DFG zurückgeben.[647]

Der kommerzielle Erfolg der Trüb-Täuber Instrumente blieb weiter bescheiden, da sie zwar konstruktiv ambitioniert waren, aber in der technischen Ausführung Mängel hatten, die bei der praktischen Benutzung durch die Kunden immer wieder behoben werden mussten. Toni Keller,[648] der ab 1960 als

646 Freymann untersuchte damit ergänzend zu früheren IR- und Ramanmessungen CH, OH, NH, PH und SH Absorptionen. Erst 1963 kaufte er zwei viel leistungsfähigere und stabiler funktionierende Varian A-60. Servant, "The Scientific Career of René Freymann (1909-1995)" (1996). Weitere Instrumente in Frankreich gingen nach Rennes, Bordeaux und Clermont-Ferrand. Keller, Interview geführt am 18. und 19. August 2004.

647 Vermerk Herwig von der Decken, 12.7.1966. Ts 2/64. Apparateförderakten. DFG-Geschäftsstelle Bonn.

648 Anton (Toni) Werner Keller (*1937) beendete 1957 seine Ausbildung als Radiotechniker und war anschließend drei Jahre beim Schweizer Militär, wo er ein neues Radarfrühwarnsystem betreute. Keller spezialisierte sich auf Industrieelektronik, gab beim Militär Einführungskurse und leitete schließlich eine Radarstation. Als er von der neuen Methode NMR hörte, sah er eine interessante zivile Herausforderung und wechselte zu Trüb-Täuber, wo er mit der Betreuung der KIS I und der Konstruktion des KIS II beschäftigt war und so auch eine praktische Ausbildung als Servicetechniker und Applikationschemiker erhielt. Er wurde 1965 einer der Direktoren der Spectrospin AG, baute dann 1968-1969 die Bruker Vertretung in den USA auf. Darauf kehrte er als Direktor zur Spectrospin AG nach Zürich zurück und war gleichzeitig Leiter der NMR-Abteilung der Bruker-Physik AG in Rheinstetten bei Karlsruhe. 1973 zog er nach Rheinstetten und wurde 1978 leitender Direktor der nun als Bruker Analytische Messtechnik GmbH firmierenden NMR Abteilung, später auch der verschiedenen Folgeunternehmen, die durch Umgruppierung oder Umbenennung aus der Bruker NMR

Radiotechniker in der Trüb-Täuber NMR-Abteilung arbeitete, berichtet von häufigen Servicefahrten zu Kunden, wenn von den hunderten Röhren wieder ein so großer Teil ausgefallen war, dass ein KIS seinen Dienst einstellte. Die Instrumente wurden vor Ort den speziellen Kundenbedürfnissen angepasst, so hatte die BASF ein Festkörperinstrument und Glemser in Göttingen ein kombiniertes Hochauflösungs- und Festkörpergerät. Auch andere Erfahrungen wurden beim Service gemacht, so über den manchmal erheblichen Einfluss von Umweltbedingungen auf die empfindlichen Instrumente. Das in Karlsruhe bei W. Zeil aufgestellte Instrument machte besonders viele Probleme, bis sich herausstellte, dass die Säuredämpfe eines benachbarten Galvanikbetriebes die elektrischen Kontakte zerfraßen.[649]

Als 1963/64 Trüb-Täuber erhebliche Gewinneinbrüche in einem Hauptsegment seines Verkaufsprogramms hinnehmen musste, war die Existenz der kleinen NMR-Abteilung akut gefährdet. Schnelle Oszillloskope und Zungenfrequenzmesser, welche das Unternehmen als Kontroll- und Steuerinstrumente für Telefonleitungen herstellte, wurden zunehmend von billigeren, neuartigen japanischen Instrumenten verdrängt. Moderne, mit Hilfe von Computertechnik bei Trüb-Täuber konstruierte Entwicklungen waren erfolglos. Die Produktpalette der Firma musste aufgrund der Ertragslage verschlankt werden. So wurde die Elektronenmikroskopgruppe an Balzers in Liechtenstein verkauft und der mit jährlich vier bis sechs produzierten Instrumenten ökonomisch unbedeutende NMR-Bereich sollte aufgelöst werden, da zudem der Magnetzulieferer Oerlikon aus dem NMR-Geschäft aussteigen wollte. Günther Rudolf Laukien (1924-1997), Leiter der Bruker-Physik AG in Forchheim-Rheinstetten hörte über persönliche Kontakte von dem Plan und wurde zur treibenden Kraft hinter einem Arrangement, welchem der Trüb-Täuber NMR-Abteilung die weitere Arbeit unter verbesserten Bedingungen gestatten sollte. Nachdem regionale Geldgeber gefunden waren, wurde sie als Auffanggesellschaft Spectrospin AG ausgegründet, die zwar formal ein eigenständiges Schweizer Unternehmen war, aber schon bei ihrer Gründung am 24. Juni 1965 auf eine Arbeitsgemeinschaft mit der Bruker-Physik AG ausgerichtet wurde.[650] Laukien war Delegierter des

Abteilung entstanden. Ende 2007 ging er in Ruhestand. Wie bei Varian und Primas wurde Kellers Leistung im Bereich der wissenschaftlichen Instrumente auch akademisch honoriert; in Kellers Fall mit der Ehrendoktorwürde der TU Berlin und der University of Queensland. Keller, Curriculum Vitae of Tony Werner Keller, undatiert, 4S. Privatbesitz Toni Keller.

649 Keller, Interview geführt am 18. und 19. August 2004.

650 Ernst, "Zürcher Beiträge zur 50-jährigen Entwicklung von Bruker" (2010), S.8488-8493.

Verwaltungsrates.[651] Damit war die Spectrospin AG faktisch die Abteilung für hoch aufgelöste NMR des Laukienschen Unternehmens. So brachte die Trüb-Täuber NMR-Abteilung ihr Know-how in Technik und Marketing in die Bruker-Physik AG ein[652] und darüber hinaus das 1965 gerade fertig entwickelte KIS II, einen hochauflösenden Spektrometertyp modernster Bauart.[653] Hauptgrund, warum die Spectrospin in der Schweiz blieb, waren die gut ausgebildeten, fähigen Angestellten mit ihrem Wissen und Kontakten zum NMR-Zentrum an der ETH, zudem war auch der Hauptkonkurrent Varian mit seiner Europaniederlassung vor Ort – wer Varian besuchte konnte auch bei Spectrospin vorbeischauen. Später ergaben sich auch noch andere, ökonomische Vorteile, da sich einige Länder besser aus der neutralen und blockfreien Schweiz beliefern ließen.[654]

4.2. Professor oder Firmenchef?

Die Bruker-Physik AG war eines der kleineren Unternehmen, die in der BRD von der Instrumentenförderpolitik von Bund und DFG profitierten. Der Unternehmensgründer Günther Laukien machte 1942 Abitur und wurde dann bei der Kriegsmarine in Kiel zum U-Boot Ingenieur ausgebildet.[655] Nach dem Krieg studierte er ab 1946 Physik in Tübingen und absolvierte 1951 die Diplomprüfung. Laukien wurde Assistent seines Lehrers Werner Braunbek[656] am Lehrstuhl für Theoretische Physik. In dieser Zeit begann er sich für die neue NMR-Methode zu interessieren, die er vor allem durch die Publikationen von Hahn kennengelernt hatte.[657] Noch bei Braunbek wählte Laukien als Dissertationsthema

---

651 Keller, Interview geführt am 18. und 19. August 2004.

652 Bruker AG, Firmengeschichte (2000).

653 Ernst, "The Success Story of Fourier Transformation in NMR" (1996), S.293-294.

654 Holz, Knüttel, Interview geführt am 13. Juli 2004.

655 Keller, Interview geführt am 18. und 19. August 2004. Angeblich soll er an Tests zu U-Boot gestützten Raketen teilgenommen haben. Ein schriftlicher Nachweis konnte aber nicht gefunden werden. Es gab neben dem großen Fernraketenprojekt A 4 und dem Flugabwehrraketenprojekt 'Wasserfall' auch eine Reihe anderer, kleiner Raketenprojekte, vgl. dazu Neufeld, The Rocket and the Reich: Peenemunde and the Coming of the Ballistic Missile Era (1996).

656 Laukien, "Einzelheiten zur Halbebenenbeugung", Optik 9 (1952), 174-179. Werner Braunbek (1901-1977) arbeitete vorwiegend im Bereich der Atomphysik und war seit 1936 außerord. Professor in Tübingen – unterbrochen durch 6 Jahre Kriegsdienst. 1959 wurde er in Tübingen zum ord. Professor für Theoretische Physik berufen.

657 Laukien, Preisrede zur Verleihung des ISMAR (International Society of Magnetic Resonance) Award in Industrial Development am 25. August 1980. Typoskript. Bruker

die NMR. Er bewarb sich für ein Stipendium in den USA, um mit besserer Ausrüstung zu arbeiten, hatte aber bereits eine Stelle in Stuttgart angenommen, als die Zusage eintraf. So wechselte Laukien 1952 als Assistent für Experimentalphysik an die Technische Hochschule Stuttgart zu Professor Hans Kneser,[658] der im selben Jahr ebenfalls aus Tübingen nach Stuttgart kam. Dort begann sofort die praktische Arbeit mit der NMR-Spektroskopie in der neuen, kleinen NMR-Gruppe.[659] Laukien promovierte 1955[660] und begann in Stuttgart eine akademische Karriere. Als Oberassistent habilitierte er sich 1957 zum Privatdozenten für Physik.[661] Die Habilitation war eine der frühen deutschsprachigen Monographien zur NMR und erschien als Teil eines physikalischen Handbuches.[662]

Laukien beschäftigte sich mit instrumentellen Verfahren wie der Elektronenmikroskopie, der Ionen-Cyclotron-Resonanzspektroskopie und der ESR-Spektroskopie, gehörte aber vor allem zur Gruppe deutscher Physiker, die schon früh ein NMR-Zentrum im deutschen Südwesten bildeten. Er war mit Karl Hermann Hausser befreundet, kannte über Tagungen Robert Kosfeld, Artur Lösche und die meisten anderen europäischen NMR-Wissenschaftler. In der NMR arbeitete er mit dem Impulsverfahren und untersuchte die Struktur von

---

BioSpin, Rheinstetten, S.5-7 und Laukien, "ISMAR Award Acceptance Speech" (1982), S.13.

658 Der Physiker Hans Otto Kneser (1901-1985) war in Marburg apl. Professor für Physik und wechselte 1940 als außerord. Professor an die Universität Berlin. Nach dem Krieg ging er nach Göttingen. Wegen seiner Nähe zum NS-Regime, vor allem bei der übergenauen Befolgung der Rassegesetze, konnte er nur durch die Fürsprache Max v. Laues die "Entnazifizierung" in einem Gerichtsprozess überstehen und 1948 wieder Fuß fassen. Er erhielt zunächst eine Stelle an der Physikalisch-Technischen Bundesanstalt in Braunschweig. Dort durfte er bereits wieder an der TH Hannover und der Universität Göttingen Vorlesungsvertretungen wahrnehmen. Ab 1950 war er außerord. Professor in Tübingen und wurde 1952 zum ord. Professor für Physik an der TH Stuttgart berufen. Laukien gratulierte den akademischen Gepflogenheiten gemäß bei einer Jubelfeier öffentlich seinem Lehrer: Laukien, "Hans Otto Kneser 80 Jahre" (1981). Zu Knesers Verstrickungen in das NS-Regime und den Handlungsmustern der Physiker nach dem Krieg vgl. Hoffmann, Walker, Physiker zwischen Autonomie und Anpassung: Die Deutsche Physikalische Gesellschaft im Dritten Reich (2007).

659 Martini (Hg.), Die Technische Hochschule Stuttgart, 1954: Bericht zum 125jährigen Bestehen (1954), S.23; Laukien, Preisrede zur Verleihung des ISMAR (International Society of Magnetic Resonance) Award in Industrial Development am 25. August 1980. Typoskipt. Bruker BioSpin, Rheinstetten, S.6; ders., "ISMAR Award Acceptance Speech" (1982), S.13-14.

660 Laukien, Freie Präzessionen kernmagnetischer Momente (1955). Betreuer Prof. Dipl.-Ing. Hans Kneser. Zweitgutachter Prof. Dr. phil. Heinz Pick.

661 Naturwissenschaftliche Rundschau 11 (1958), 38.

662 Laukien, "Kernmagnetische Hochfrequenz-Spektroskopie" (1958).

Flüssigkeiten, z.B. das Relaxationsverhalten von solvatisierten Metallionen über die Messung der Relaxationszeiten, ein Programm, das damals die meisten NMR-Physiker und Physikochemiker verfolgten.[663] Er patentierte aber auch bereits 1956 ein mit magnetischer Kernspinresonanz arbeitendes Verfahren. Bei diesem ersten Patent handelt es sich um eine Apparatur zur Messung von Magnetfeldern. Die Parallele zu Russell Varian in den USA ist verblüffend, aber nicht ganz zufällig. In der Patentschrift deutet Laukien den Bezug an:[664]

> Die in den letzten Jahren in den USA entwickelten Verfahren zur Magnetfeldmessung und -stabilisierung benutzen ebenso wie diese Erfindung kernmagnetische Resonanzen, jedoch werden dort die kernmagnetischen Resonanzen mit kontinuierlich arbeitenden Sendern angeregt. Demgegenüber besteht die Erfindung darin, daß eine in das zu untersuchende Magnetfeld gebrachte Spule, die eine Substanz umschließt, die Atomkerne mit von Null verschiedenen gyromagnetischem Verhältnis enthält, mit Hochfrequenzimpulsen gespeist wird, daß die Abweichungen der in der Spule unter Mitwirkung der Kerne angeregten Schwingungen von dem gesendeten Impulsverlauf verstärkt werden und daß diese verstärkten Abweichungen zur Steuerung bzw. Messung des Magnetfeldes benutzt werden. Vorzug dieses neuen Verfahrens ist es, daß durch die Anregung mit kurzen Impulsen ein breites Frequenzspektrum auf die Kerne eingestrahlt wird, so daß alle Kerne auch außerhalb der Resonanzstelle angeregt werden.

Ähnlich wie Russell Varian, dessen Patent er offenbar kannte, ist Laukien bemüht, ein generisches Instrument darzustellen und gibt eine Reihe von Beispielen für die Anwendung des Instruments. Wie Varian erklärt er in einem theoretischen Teil das physikalische Wirkungsprinzip des Apparats, also die NMR.[665] Besonders genau beschreibt Laukien dann die Bedeutung der einzelnen elektronischen Bauteile wie Verstärker, Sender, Filter und Spulen. Er erläutert neben der Einspulen- auch die Zweispulenanordnung im Messkopf da bei ihr mit stärkerer Intensität angeregt werden kann. Neben dem stärker durch elektronische Bauteile beherrschten Beschreibungsstil Laukiens ist der gravierendste Unterschied zum NMR-Basispatent Russell Varians die beschriebene Methode selbst. Der im Gegensatz zu Varian gut in den akademisch-physikalischen Kontext integrierte Laukien verwendet die "physikalische" Impulsmethode.

663 Laukien, "Instationäre Präzessionsbewegung paramagnetischer Kerne" (1956); Hausser, Laukien, "Messung und Deutung der Temperaturabhängigkeit der kernmagnetischen Protonenrelaxation in wässrigen Lösungen von Ionen der I. Gruppe der Übergangselemente" (1959), die Autoren danken darin für Diskussionen ihres Artikels G.J. Gorter und B.M. Kozyrev; Laukien, Noack, "Ein Vergleich der magnetischen Wechselwirkung von Protonen und Deuteronen" (1960).

664 Laukien, Verfahren und Gerät zum Messen und Steuern magnetischer Felder und zur Werkstoffprüfung. Deut. Pat-Nr. 949357. S.1.

665 Ders., ebd., S.2.

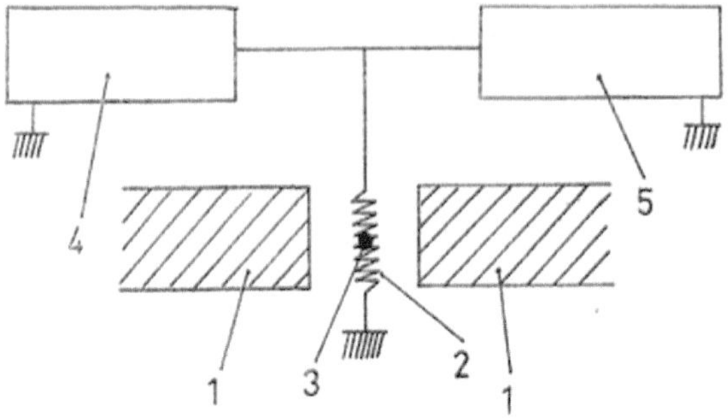

Abb. 41: *Günther Laukiens generisches Impulsspektrometer von 1956. 1) Magnetpolschuhe. 2) Sender- und Empfängerspule. 3) Protonenhaltige Probensubstanz. 4) Hochfrequenz- und Impulsgruppensender. 5) Verstärker.*

Das Patent zeigt, dass Laukien bereits in seiner Stuttgarter Zeit mit den Möglichkeiten einer ökonomischen Verwertung seines NMR-Wissens spielte. Auf dem Colloque A.M.P.E.R.E. 1958 in Paris hielt er einen Vortrag und erzählte Prem P. Mahendroo,[666] der aus Indien kommend seit 1956 als Ph.D. Student an der Texas University an Impuls-NMR arbeitete, dass er plane, ein NMR-Unternehmen zu gründen. Mahendroo riet zur akademischen Karriere.[667] 1959 trat Günther Laukien dann auch eine Dozentenstelle an der Universität Karlsruhe an,[668] die bis 1961 mit einer Lehrstuhlvertretung und der dazu gehörigen Direktorenstelle am I. Physikalischen Institut für den im Dezember 1956 verstorbenen Christian Gerthsen verbunden war.[669] 1960 wurde Laukien zum außerplanmäßigen Professor ernannt.[670] Kurz nachdem er die Karlsruher

666 Der indische Physiker Mahendroo (*1930) machte 1950 den Bachelor of Science an der Universität von Agra, war 1951-1956 am National Physics Laboratory in Dehli und kam dann mit einen Fullbright Stipendium an die University of Texas, wo er 1960 promovierte. Später war er Professor für Physik und Direktor des biophysikalischen Laboratoriums der Texas Christian University in Ft. Worth.

667 Woesner, "The early days of NMR in the Southwest" (2001), S.86.

668 Naturwissenschaftliche Rundschau 13 (1960), 413.

669 Der Vertreter Gerthsens (1894-1956) war zunächst Erich Huster, der aber 1959 Direktor des Instituts für Kernphysik der Universität Münster wurde. Laukiens Doktorvater Kneser wurde Herausgeber des von Gerthsen begründeten, bekannten Physiklehrbuches. Gerthsen, Kneser, Physik: ein Lehrbuch zum Gebrauch neben Vorlesungen (1960).

670 Bruker AG, Curriculum Vita Günther Laukien. Typoskript, Bruker AG, Rheinstetten. Bruker BioSpin, Rheinstetten.

Vertretung angenommen hatte, gründete er darüber hinaus mit Partnern und verschiedenen Investoren am 7. September 1960 die Bruker-Physik AG um elektrische Laborausrüstung und Komponenten für die physikalische NMR zu bauen.[671] Das aus der Taufe gehobene Unternehmen wurde nach Emil Bruker benannt, einem der Gesellschafter. Der vermögende ältere Herr leitete in Stuttgart ein Ingenieurbüro und hatte mit Laukien bereits in dessen Stuttgarter Zeit über den gemeinsamen Magnetbau Kontakt.[672] Die Bruker-Physik AG wurde von einer Treuhandvereinigung der Investoren getragen, wobei das Kapital Großteils von verschiedenen Banken stammte. Laukien war ab 1964 Generalbevollmächtigter und der ideelle und intellektuelle Kopf der Firma, was sich auch darin ausdrückt, dass bereits 1965 außer ihm keiner der Firmengründer, inklusive Emil Bruker, in der Firma mehr tätig war.

Auch die Produktpalette des Unternehmens spiegelte das Interesse und die experimentellen Erfahrungen Laukiens wider. Es wurden anfänglich vor allem Elektromagnete und Netzgeräte entwickelt und produziert, wie sie von Physikern als Bauteile für ihre selbst konstruierten NMR-Impulsspektrometer benötigt wurden. Laukien begann aber auch damit, ein komplettes Impulsspektrometer zu konstruieren, so wie es von Physikern und einigen Physikochemikern verwendet wurde. Es gab 1960 keinen Konkurrenten auf diesem Gebiet. Varian Associates hatte, wie bereits erwähnt, zwar vom Patentinhaber Erwin Hahn eine Lizenz erworben, stellte aber nach nur einem gebauten Instrument die Produktion ein, da der Markt dieser Instrumente, deren Messdaten nicht direkt mit dem strukturchemischen Modell in Zusammenhang gebracht werden konnten, relativ klein war und Physiker die benötigten Spektrometer häufig selbst bauten. Die mit John Waugh und Hahn kooperierende Harvey Wells Company hatte einfache Spektrometer nach einem von Robert Pound entwickelten Prinzip gebaut, war dann mit dem Magnethersteller Magnion fusioniert und entwickelte anspruchsvollere Geräte mit variabler Impulswahl, die aber erst ab 1964 verkauft wurden. Die Firma stieg wegen interner Schwierigkeiten und Patentproblemen 1966 schon wieder aus dem Geschäft aus und John Waugh, der 1953 vom CalTech an das MIT gewechselt war, wurde später Berater von Bruker.[673] Es gab also bei den Impulsspektrometern eine kleine, aber für das junge Unternehmen Bruker ausreichend erscheinende Marktlücke. 1962 kam das neue Bruker Impulsspektrometer auf den Markt, es war das erste NMR-Spektrometer des Unternehmens und zu diesem Zeitpunkt das einzige derartige kommerziell

---

671 Hausser, "The Scientific and Technical Accomplishments of Gunther Laukien (Address to the joint ISMAR-AMPERE Conference, Delft, 1980 at the occasion of the awarding of the ISMAR Prize in Industrial Development)" (1982), S.10.

672 Holz, Knüttel, Interview geführt am 13. Juli 2004.

673 Waugh, "NMR Spectroscopy in solids. A Historical Perspective" (1993), S.727A.

angebotene Instrument.[674] Bereits in seinem 1962 erschienenen Buch über NMR beschreibt Hans Strehlow[675] ein von Bruker angebotenes, modular aufgebautes Spektrometer, das bei 48 MHz Protonenfrequenz arbeitete, alle Kerne messen konnte, mit einem Integrator ausgestattet, doppelresonanzfähig und thermostatisierbar war.[676] Damit konnte nur das neue Bruker-Impulsspektrometer gemeint sein. Es wurde weltweit verkauft und 1963 wurde das erste in die USA geliefert. Dieses ging an eine Universität in Connecticut, allerdings ohne jeglichen Service, der Kunde sollte das Instrument selbst aufbauen und zum Laufen bringen. Das funktionierte nicht, weil der Empfänger kein engagierter NMR-Instrumentenspezialist war. Laukien bat Mahendroo, der inzwischen an der Texas Christian University in Fort Worth war, um Hilfe und dieser wurde daraufhin Berater von Bruker-Physik in den USA. Mahendroo wurde auch Kunde, er orderte für seinen Magneten eine Bruker-Impulskonsole und erhielt 1965 ein komplettes Impulsspektrometer, das nun aber von der Bruker-Physik aufgebaut wurde. Der Abteilungsleiter Bertold Knüttel kam dazu angereist,[677] denn es gab zu dieser Zeit in den USA noch keine Bruker-eigene Verkaufs- oder Serviceorganisation. Die Versorgung musste von Karlsruhe aus gemacht werden, was große Schwierigkeiten mit sich brachte, da die Firma schon damals stark auf den direkten Kundenkontakt hin orientiert war. Dennoch wollten ambitionierte Wissenschaftler diese damals noch exotischen Geräte haben, um sich besser profilieren zu können.[678]

Es gibt eine Reihe von Ähnlichkeiten zwischen Bruker-Physik und Varian Associates, was die frühe Unternehmensstruktur anbelangt. Das Management wurde von stark technisch interessierten Personen oder Naturwissenschaftlern bestimmt und die optimale technische Qualität stand als Entwicklungsziel noch vor der Rentabilität der Produkte. Die Kapitaldecke war recht dünn und auch Bruker-Physik begann mit nur sechs Angestellten, wuchs schnell, aber nicht

---

674 Ernst, "Zürcher Beiträge zur 50-jährigen Entwicklung von Bruker" (2010), S.8488-8493. Eric v. Hippel erklärt, dass NMR Specialties, ein Varian-Offspring, zu dieser Zeit ein Impulsspektrometer angeboten hätte. Hippel, The Sources of Innovation (1988), S.145. Das Impulsspektrometer NMR Specialties PS-60A konnte aber nicht vor 1966 nachgewiesen werden. Ein dritter, vorübergehender Anbieter von Impulsspektrometern war wie erwähnt Magnion (Ventron).

675 Strehlow begann 1959 mit NMR Hydratisierungen, Protolyse und andere schnelle Reaktionen in Lösungen zu untersuchen. Wagner, "Max-Planck-Institut für physikalische Chemie in Göttingen" (1961), S.228-229. Vgl. Kap. 3.

676 Strehlow, Magnetische Kernresonanz und chemische Struktur (1962), S.66.

677 Woesner, "The early days of NMR in the Southwest" (2001), S.86-87.

678 Holz, Knüttel, Interview geführt am 13. Juli 2004.

rasant, sodass die Größe immer noch eine eher informelle Organisation des Betriebes erlaubte.

Tab. 2: *Zahl der Beschäftigten bei der Bruker AG nach einem Prüfungsbericht der Treuhänder 1964. Durch die intensiv betriebene Entwicklung ist der Anteil an Angestellten relativ hoch. Auffällig ist auch der hohe Anteil an Lehrlingen. Bruker Medical GmbH (Hg.), Schlaglichter Schnappschüsse aus der BRUKER-Historie, gesammelt und zusammengestellt für Herrn Dipl.-Phys. Bertold Knüttel, Ettlingen: Selbstverlag, 1999, S.1.*

	1960	**1961**	**1962**	**1963**	**1964**
Angestellte	4	14	12	15	21
Arbeiter	-	10	9	5	13
Lehrlinge	2	6	12	19	27
Gesamt	6	30	33	39	61

Zunächst waren die Lager, Werkstätten und anderen Räume der Firma in verschiedenen alten Kasernen und Villen in Karlsruhe untergebracht. Drei Labors verteilten sich im Westen von Karlsruhe.[679] 1962 kaufte der offensichtlich auf Expansion setzende Laukien ein zu groß erscheinendes Gelände in Rheinstetten bei Forchheim und ließ neue Gebäude errichten, wohin das wachsende kleine Unternehmen 1964 umzog.[680] Im selben Jahr wurde auch die erste ausländische Tochterfirma in Wissembourg im nahen Elsaß gegründet.[681] Hier zeigen sich grundlegende Unterschiede zu Varian Associates, die bis Ende der 1950er Jahre sehr stark auf die USA konzentriert waren und dort ihre Verbindungen pflegten. Aufgrund der geographischen Lage, des relativ kleinen lokalen NMR-Marktes und der immer internationaler und vielfältiger werdenden NMR-Gemeinschaft war das Unternehmen Bruker-Physik schon früh gezwungen, sich an weiter gestreuten Partnern und Kunden zu orientieren, wie es ja auch die Firmenaktivitäten in der Schweiz zeigen.

---

679 Die Magnete standen auf Parkettböden in Herrschaftszimmern, da dem damaligen Zeitgeschmack folgend derartige Wohnobjekte als altmodisch galten, schwer zu vermieten und deshalb günstig waren. Holz, Knüttel, Interview geführt am 13. Juli 2004.

680 Die für NMR zuständige Bruker BioSpin GmbH hat dort noch heute ihren Firmensitz. Sie hatte 2003 400 Angestellte, die gesamte Bruker Gruppe mehr als 2.600 an über 25 Standorten. 2002 machte Bruker BioSpin mit der NMR 70 Mio. Euro Umsatz. Die ökonomische Entwicklung ist also generell mit der des Unternehmens Varian vergleichbar.

681 Bruker Medical GmbH (Hg.), Schlaglichter Schnappschüsse aus der BRUKER-Historie (1999), S.2.

Darüber hinaus war Bruker-Physik von Beginn an als Instrumentenproduzent mit einer recht genau definierten Produktpalette für einen bereits existierenden, wenn auch kleinen Markt konzipiert. Es gab zwar Anteile von Research Technology, wie sie z.B. über die KIS-Instrumente in das Unternehmen kamen, doch lag der Schwerpunkt auf kundenorientierten ingenieurtechnischen Verbesserungen als Serviceleistung für Wissenschaftler, die NMR-Instrumente nicht selbst bauen konnten oder wollten.

Abb. 42: Die Gebäude der Bruker-Physik AG auf dem Gelände in Rheinstetten 1976.

Ein weiterer kontextbedingter Unterschied waren die Probleme, die Laukien mit seiner Rolle zwischen Industrie und Akademie an der Technischen Hochschule in Karlsruhe bekam. Solche Schwierigkeiten wurden anscheinend von Laukien vorausgesehen, denn der eigentlich für das neue Unternehmen naheliegende Name Laukien-Physik AG wurde bewußt vermieden, um nicht so deutlich auf das ökonomische Engagement des jungen Universitätsdozenten hinzuweisen. Im Gegensatz zu Stanford wurde in Karlsruhe eine engere Verbindung von akademischer Forschung und Lehre mit der Industrie nicht geschätzt – geschweige denn besonders gefördert. Einige akademische Kollegen, die sich als "reine" Physiker verstanden, sahen das privatwirtschaftliche Engagement Laukiens mit Missgunst.[682] Das ist aus dem Blickwinkel der akademischen Tradition heraus durchaus nachzuvollziehen, denn eine Trennung zwischen akademischer und privatwirtschaftlicher Tätigkeit war für Laukien kaum möglich.

682 Holz, Knüttel, Interview geführt am 13. Juli 2004.

Die neuen leitenden Mitarbeiter seiner Firma rekrutierte er aus seinem Studentenkreis, und als Diplomarbeiten wurden Themen gestellt, die auch für den Instrumentenbau der Bruker-Physik von großem Interesse waren. Als Beispiel kann die Diplomarbeit von Manfred Holz gelten, der als Student bei Bruker-Physik zu arbeiten begann und 1963-1970 fest angestellter Mitarbeiter Bertold Knüttels war, des damaligen Leiters der Abteilung 'NMR-Impulsspektrometrie und Magnetbau'. Knüttel war Student und ebenfalls Diplomand bei Laukien gewesen. Holz kam aus der NMR-Arbeitsgruppe von Gerhard Hertz zu Laukien, um im Rahmen der Diplomarbeit einen modernen Frequenzsythesizer zu konstruieren, eine zentrale Komponente für die Impulsspektrometer der Bruker-Physik AG.

Abb. 43/44: Von Manfred Holz bei Laukien in einer Diplomarbeit gebauter Frequenzsynthesizer, der mittels eines einzigen Schwingquarzes verschiedene stabile Frequenzen erzeugen kann. Ihr Einsatz im NMR-Impulsspektrometer wird über denselben Quarz getaktet, der auch die Leitfrequenz vorgibt, was exakt gesteuerte Impulssequenzen erlaubt.

Das Bauteil ging sofort an die Firma Bruker-Physik AG, wo ein Ingenieur technische Verbesserungen und Anpassungen einarbeitete, sodass es 1966 in einer neuen, quarzgesteuerten und zeitgetakteten Version des Bruker-Impulsspektrometers in Serie ging, die das alte Röhrenmodell von 1962 ablöste. Diese quarzgesteuerten Bauteile und zeitlich synchronisierten Impulse wurden die Spezialität von Bruker, dessen neuer NMR-CW-Typ HFX als erstes kommerzielles Spektrometer dieser Art ebenfalls einen integrierten Synthesizer anbot. Obwohl es keine besonders enge Zusammenarbeit zwischen den jeweiligen

Konstruktionsabteilungen in Zürich und Karlsruhe gab,[683] schien hier doch zu mindest über die strategische Leitung Laukiens eine konzeptionelle Verbindung bestanden zu haben. Der Marktführer Varian zog erst etwa drei Jahre später mit dem Frequenzsythesizer im neuen, das HA-100 endlich ablösende Modell XL-100 nach.[684]

Die für Deutschland damals ungewöhnliche praktische Nähe zwischen akademischer Ausbildung und industrieller Tätigkeit brachte neben einigen Vorteilen für die Schüler[685] Laukiens auch gewisse Schwierigkeiten mit sich. Wenn sie wie Manfred Holz oder Bertold Knüttel schon während des Studiums bezahlte Aufgaben in der Firma des Professors übernahmen und sich dort bewährten, standen sie sehr früh vor der Entscheidung, die akademische oder die Industriekarriere zu verfolgen. Ihre Situation war also ähnlich der Laukiens, allerdings hatten sie noch nicht dessen hohe, gesicherte Stufe in der akademischen Hierarchie erreicht, d.h. mit einer Entscheidung für die Industrie verzichteten sie auf symbolisches Kapital und die spätere Rückkehr zu einer akademischen Karriere war schwierig.[686] Es überrascht also nicht, dass eine solche enge Verknüpfung von Instrumentenentwicklung und Lehre Laukien die Kritik einiger akademischer Kollegen einbrachte. Wegen der Schwierigkeiten, seine akademische Karriere und seine unternehmerische Tätigkeit miteinander zu verbinden, verlagerte Laukien den Schwerpunkt seiner Tätigkeiten zunehmend auf das Management der Firma, zumal 1961 seine Zeit als Lehrstuhlvertreter endete, da der Erlanger Physiker Werner Buckel[687] als Nachfolger Gerthsens berufen worden war.

---

683 Keller, Interview geführt am 18. und 19. August 2004.

684 Hippel, The Sources of Innovation (1988), S.147.

685 Laukien betreute 1958-1987 über 100 Promotionen. Bruker AG, Curriculum Vita Günther Laukien. Typoskript, Bruker BioSpin, Rheinstetten.

686 Holz, Knüttel, Interview geführt am 13. Juli 2004. Manfred Holz entschloss sich 1970, doch eine akademische Karriere einzuschlagen, promovierte bei Hermann Gerhard Hertz in Karlsruhe und wurde akademischer Direktor am Institut für physikalische Chemie. Holz, Magnetische Relaxation von Ionenkernen und hydrophobe Hydratation (1973). Bertold Knüttel, der bereits ab 1961 als Diplomand nebenbei in der Bruker-Physik AG arbeitete und 1963-1970 Leiter der Abteilung NMR-Impulsspektrometrie und Magnetbau war, entschied sich anders. Die in Aussicht gestellte Promotion konnte neben der Arbeit nicht durchgeführt werden, dennoch blieb er als erfolgreicher Manager in der Bruker-Gruppe. Er zählt mit Günther Laukien und Toni Keller zu den prägenden Personen des jungen Unternehmens. 1999 ging er in Ruhestand.

687 Der Physiker Buckel (1920-2003), ein Experte für Supraleitung, hatte 1948 in Erlangen promoviert und wurde 1954 Privatdozent, seit 1958 an der Universität Göttingen. 1959 wurde er außerord. Professor an der RWTH Aachen und 1961-1985 ord. Professor und Direktor des Physikalischen Instituts der TU Karlsruhe.

Frederick Terman wurde 1962 gefragt, wie denn der Wissenschaftler des Jahres 2012 aussehen würde, worauf er ihn als Wissenschaftler für Elektronik beschrieb, teils Geschäftsmann, teils Naturwissenschaftler und teils Ingenieur. Die Beschreibung trifft ziemlich genau auf Günther Laukien zu,[688] war aber in den USA und erst recht an einer deutschen Hochschule der frühen 1960er Jahre noch Utopie. Anlässlich einer Preisrede im Jahr 1980 erinnerte sich Laukien an die Zeit:[689]

> In my younger years I detested the German bureaucracy, philistinism, and traditionalism which practically divided science into two worlds - the academic complex and the industrial complex.

Laukien verband nicht nur wissenschaftliches mit technischem Wissen, sondern hatte auch ein ökonomisch orientiertes Interesse für das Machbare,[690] nicht ohne Grund bezeichnet er sich in der zitierten Rede als "industrial scientist". Die kommerzielle Ausrichtung dominierte zwar nicht so sehr wie zwischenzeitlich im Management von Varian Associates, bewirkte aber, dass er bei neuen Projekten immer auch deren Finanzierung und Marktchancen im Blick hatte. Darüber hinaus pflegte er weiterhin seine Verbindung zur akademischen NMR-Gemeinde. Sein Rückzug aus der TH Karlsruhe war nur bedingt, denn er hielt noch genügend Lehrveranstaltungen, um seinen Professorenstatus zu halten und damit die Möglichkeit, Diplom- und Doktorarbeiten zu betreuen. Als dann 1964 beschlossen wurde, das nächste Colloque A.M.P.E.R.E. in der Bundesrepublik Deutschland abzuhalten, fiel die Wahl auf Karlsruhe in der südwestdeutschen NMR-Hochburg. Der Firmenchef und Hochschuldozent Günther Laukien als eine zentrale Figur der deutschen NMR-Gemeinschaft sollte die Tagung organisieren und leiten. Nach schriftlicher Anfrage sagte er im November 1964 zu die Organisation des für den 7. bis 11. September 1965 geplanten Treffens zu übernehmen. Dann erkrankte Laukien und musste sich schnellstens einem chirurgischen Eingriff unterziehen, woraufhin das Kolloquium abgesagt wurde.[691] Der Zwischenfall hatte weitreichende Folgen, denn von da an wurden die großen Kolloquien der Gruppierung nur noch alle zwei Jahre abgehalten.

---

688 Hewlett-Packard und Varian. Ginzton, Interview geführt am 26. November 1984 von A. Michael McMahon, S.8.

689 Laukien, Preisrede zur Verleihung des ISMAR (International Society of Magnetic Resonance) Award in Industrial Development am 25. August 1980. Typoskipt. Bruker BioSpin, Rheinstetten, S.2; abgedruckt unter ders., "ISMAR Award Acceptance Speech", Bulletin of Magnetic Resonance 4/1 (1982), S.12.

690 Holz, Knüttel, Interview geführt am 13. Juli 2004.

691 Béné, "Les Premieres Decennies du Groupement AMPERE – Souvenirs" (2005), S.23-24.

Im Bereich der Instrumentenproduktion interessierte sich Laukien nach der erfolgreichen Konstruktion des Impulsspektrometers nun auch für das Gebiet der hochauflösenden CW-NMR und es wurden ohne Erfolg entsprechende Prototypen ausprobiert – einer davon bereits außerhalb des Unternehmens in Freiburg.[692] Die Versuche, sich in den lukrativeren Bereich der chemischen NMR-Instrumente auszudehnen, gestalteten sich erst 1965 erfolgreich. Der Zusammenschluss mit der Schweizer Spectrospin AG zu einer Arbeitsgemeinschaft war die entscheidende Weichenstellung, die Laukien einerseits tätigte, weil er bereits versucht hatte, CW-Instrumente zu bauen und andererseits, weil er nicht nur bereit, sondern aufgrund seines Wissens auch in der Lage war, die Chancen zu erkennen, die das Know-how der neuen Schweizer Mitarbeiter bot. Laukien gab auch die Anweisung, in Zürich ein anspruchsvolles, modern transistorisiertes, hochauflösendes Spektrometer zu konstruieren. Daneben lief die Wartung und Produktion der Trüb-Täuber Instrumente weiter. Die Spectrospin AG nahm ihre Arbeit mit 10 Mitarbeitern in einem Keller in Zürich-Wipkingen auf, zog dann in eine Garage um und erst 1966 mit immer noch nur etwa 12 Mitarbeitern in standesgemäßere Räume in die Züricher Badenerstraße. In Folge stieg die Beschäftigtenzahl weiter an, das Unternehmen wuchs aber nicht über eine mittlere Größe hinaus.

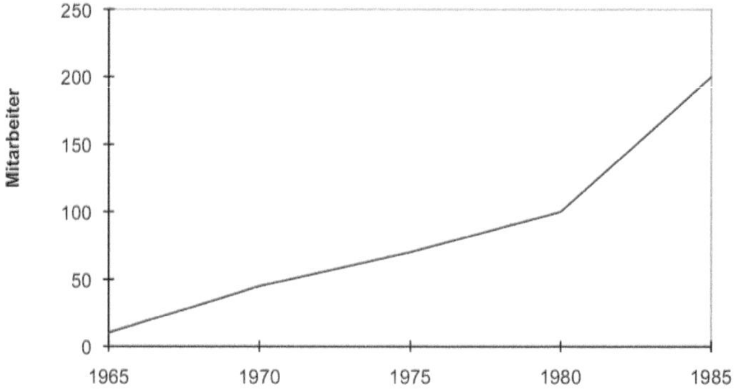

Abb. 45: Zahl der Spectrospin Mitarbeiter. Bruker AG (Hg.), Bruker AG, Fällanden: Selbstverlag (Prospekt), 2000, S.6.

692 Keller, Interview geführt am 18. und 19. August 2004. So hatte Bertold Knüttel als Diplomarbeit einen Fluxstabilisator für ein CW-Spektrometer konstruiert. Holz, Knüttel, Interview geführt am 13. Juli 2004.

Unter den ersten Angestellten waren der bereits erwähnte Toni Keller und Werner H. Tschopp,[693] die Erfahrung im NMR-Instrumentenbau bei Trüb-Täuber gesammelt hatten und hauptsächlich für die Instrumentenentwicklung bei Spectrospin zuständig waren. Keller entwickelte Empfänger, machte Applikation und Service, Tschopp konstruierte Sender und Fluxstabilisatoren. Sie stellten das Leitungsduo der Spectrospin-Entwicklung. Die anderen Angestellten waren im Gegensatz zu Laukiens Strategie in Rheinstetten hauptsächlich Fachschulingenieure, also Techniker, keine Physiker oder ETH Absolventen.[694] Da das Team klein war, waren die Aufgabenfelder breit gestreut und die Hierarchien flach.[695] Hans Primas spielte bei der technischen Entwicklung der neuen Instrumente keine Rolle mehr, da er um 1964 sein Interesse an der in die Chemie eingebetteten NMR verloren hatte, aber viel von dem NMR-Wissen der Spectrospin-Mitarbeiter stammte von ihm und das zu großen Teilen auf seinen Ideen beruhende KIS II war die Basis, auf der aufgebaut werden konnte. Die Aufgabenverteilung in der Bruker-Spectrospin Arbeitsgemeinschaft war so geregelt, dass Spectrospin die hochauflösenden Spektrometer konstruierte und baute, Bruker-Physik in Rheinstetten übernahm den Magnetbau – wo die Polschuhe von Hans Primas ebenfalls Verbesserungen ermöglichten –, die Impulsspektrometer und die Konstruktion von ESR Spektrometern.

---

693 Der Ingenieur Werner H. Tschopp hatte 1962 an der ETH Zürich promoviert. Tschopp, Messung kleiner Laufzeitänderungen modulierter elektromagnetischer Wellen und ihre Anwendungen, Zürich: Juris Verlag (Diss. ETH Zürich), 1962. Er war bei Trüb-Täuber für die Entwicklung eines ESR-Spektrometers zuständig, wechselte aber bei Spectrospin in die NMR und entwickelte Sender und einen Fluxstabilisator, da nach der festgelegten Aufgabenverteilung Bruker-Physik die ESR-Spektrometer entwickelte. Keller, Interview geführt am 18. und 19. August 2004. Tschopp ist als Erfinder, ähnlich wie Keller, an einer Reihe von Patenten der Bruker-Spectrospin beteiligt, war ein wesentlicher Mitarbeiter beim Einstieg in den Bau supraleitender Magnete und arbeitete für Bruker BioSpin bis in die Gegenwart im Bereich der Instrumentenentwicklung. Vgl. z.B. Spectrospin AG, Vorrichtung zur Erzeugung eines Magnetfeldes mittels einer oder mehrerer Spulen und zur Konstanthaltung des erzeugten Magnetfeldes. Erfinder: Werner Tschopp. Schweizer Pat. Nr. 540528; Spectrospin AG, Spinresonanz-Spektrometer mit einem an Leitungen angeordneten Probengefäß. Erfinder: Toni Keller, Günther Laukien, Werner Tschopp. Schweizer Pat. Nr. 635198; Bruker BioSpin AG, Digital Filter for NMR and MRI Applications. Erfinder: Pietro Lendi, Werner Tschopp. US Pat. Nr. 2005/0225324 A1.

694 Beide Gruppen, in Zürich und Karlsruhe, arbeiteten sehr erfolgreich. Die formale Ausbildung scheint nicht der entscheidende Faktor gewesen zu sein.

695 Keller, Interview geführt am 18. und 19. August 2004.

4.3. Durchbruch mit Unterstützung der DFG

Wie Varian Associates konnte auch Bruker-Spectrospin die Gründungsphase nur mithilfe staatlicher Forschungsförderung überstehen. Obwohl die wichtige Rolle, welche die Deutsche Forschungsgemeinschaft (DFG) im bundesdeutschen Förderungssystem spielt, in letzter Zeit Thema eingehender historischer Untersuchungen wurde, wurde die Förderung der wissenschaftlichen Instrumente (abgesehen von den Computern) durch diese Organisation bis jetzt eher am Rande behandelt. Entsprechend der wissenschaftlichen und wissenschaftshistorischen Tradition orientieren sich diese Darstellungen eher an den formalen, nach wissenschaftlichen Disziplinen geordneten Verwaltungsstrukturen der Förderorganisation der deutschen Universitäten. Aber die Instrumentenförderung richtete sich nicht primär nach den traditionellen Institutionen, sondern nach den praktischen Bedürfnissen der Naturwissenschaftler. Die neueren historischen Untersuchungen zeigen allerdings, dass gerade die naturwissenschaftlichen Fächer Chemie und Biologie wie auch die Medizin die hauptsächlichen Nutznießer der steigenden Fördermittel waren,[696] also aus Instrumentenperspektive gerade der Bereich, in dem die NMR-Wissenschaftler ihre Methode platzierten. Eine Rekonstruktion der Zusammenhänge ist schwierig, denn viele wichtige Instrumentenakten konnten nicht mehr aufgefunden werden, da sie inzwischen vernichtet sind. Dennoch zeigt die Geschichte der NMR in der Bundesrepublik die bedeutende Rolle der DFG auf dem Gebiet der Instrumente, welche die modernen Naturwissenschaften prägten.

Die DFG griff wie gesehen erstmals über die Großgeräteaktion von 1956 massiv in die wirtschaftlichen Strukturen des Instrumentenbaus ein, nicht nur weil das Apparatereferat als Großbesteller günstigere Lieferkonditionen und Preise aushandelte, sondern auch weil es die gebündelten Wünsche der Wissenschaftler mit entsprechendem Nachdruck an die Instrumentenhersteller weiter geben konnte. Zudem konnte die fachliche Begutachtung rationalisiert werden, indem die gesammelten Anträge einem Gremium von Apparatesachverständigen vorgelegt wurden, das mit sich ergänzenden Kompetenzen schnell entscheiden konnte. In einem neuen Sonderprogramm für Großgeräte wurden 1963 knapp 3 Mio., 1964 7.8 Mio., 1965 13.3 Mio. und 1966 9.25 Mio. DM zur Verfügung gestellt.[697] Da also Bundesmittel für Forschungszwecke bereit standen, genehmigte der DFG Hauptausschuss am 18. Juli 1964 dem Apparaterferat der

---

696 Orth, "Das Förderprofil der Deutschen Forschungsgemeinschaft 1949 bis 1969" (2004).

697 N.N., "Aus dem Jahresbericht 1964", Mitteilungen der Deutschen Forschungsgemeinschaft (1965), S.29 und N.N., "Aus dem Jahresbericht 1966" Mitteilungen der Deutschen Forschungsgemeinschaft (1967), S.47.

Geschäftsstelle Vorausbestellungen in Höhe von 9.3 Mio. DM. Die Anträge, an welche die Instrumente zugewiesen wurden, waren also noch gar nicht bekannt und wurden erst später dem Hauptausschuss zur Genehmigung vorgelegt. Die Beschaffungsstelle orderte die Geräte aufgrund der bis dahin gemachten Erfahrungen der DFG Apparateexperten,[698] man verkürzte so die teilweise beträchtliche Lieferzeit nach Antragsgenehmigung und konnte spätere Preissteigerungen umgehen. Bis zum 30. Juni 1965 wurden 50 Großgeräte im Gesamtwert von knapp 11 Mio. DM bewillligt, darunter 7 Massenspektrometer, 7 ESR-Spektrometer und 7 Raman Spektrografen. Mit knapp 2 Mio. DM stellten nun 9 NMR-Spektrometer den zweitgrößten Posten hinter den Mikrosonden (Röntgen).[699] Im Juli 1965 gab es nach gewohntem Muster ein Rundschreiben der DFG, um den Bedarf für das Jahr 1966/67 abzufragen. Das Finanzvolumen der eingehenden Wünsche war 36 Mio. DM, dazu gehörten 19 NMR-Spektrometer für insgesamt 3.350.000 DM, wieder der zweitgrößte Posten, diesmal hinter den Massenspektrometern. Doch die Summe der zur Verfügung gestellten Mittel wuchs nicht; der Hauptausschuss ermächtigte die Geschäftsstelle nur zur Lagerbestellung bis zu 8 Mio. DM und für 1967 war ebenfalls diese Summe avisiert.[700] Die NMR-Spektrometer gehörten erneut zu den besonders geförderten Instrumenten:[701]

> Die 1964 geplante Großgeräteaktion wurde fortgesetzt. Die Aktion erstreckt sich auf einige moderne, noch wenig verbreitete Gerätegruppen, wie etwa Massenspektrometer, Kernresonanz- und Elektronenresonanzspektrometer sowie Elektronenstrahlröntgenspektrometer (Mikrosonden).

Die Instrumentenaktivitäten der DFG hatten aber nicht nur pragmatische oder technische Aspekte, sie waren auch wissenschafts- und wirtschaftspolitisch motiviert. Aus wissenschaftspolitischer Sicht wurde eine möglichst ausgeglichene lokale und regionale Verteilung wichtiger Instrumente angestrebt.[702] Der wirtschaftliche Aspekt war aber bei der Entwicklung der ersten Bruker-Spectrospin CW-NMR-Spektrometer entscheidend. Die deutschen Wissenschaftler sollten nicht mehr durch das Angebot eines ausländischen Monopolisten eingeschränkt

---

698 Schätzung des Bedarfs an Großgeräten in den Jahren 1964 und 1965. 402/Heft 10a, BArch B 227, Film Nr. 50 FC7535N.

699 Herwart von der Decken. Vermerk zur Hauptausschusssitzung am 17. Juni 1965. DFG-Az. 43/6/65. HA Sitzung 17. Juli 1965, BArch B 227, Film Nr. 39 FC7524N.

700 Protokoll Hauptausschusssitzung vom 25.8.1965. DFG-Az. 43/6/65. HA Sitzung 25. August 1965, BArch B 227, Film Nr. 39 FC7524N.

701 N.N., "Aus dem Jahresbericht 1965", Mitteilungen der Deutschen Forschungsgemeinschaft (1966), S.27.

702 Deutsche Forschungsgemeinschaft (Hg.), Bericht der Deutschen Forschungsgemeinschaft über ihre Tätigkeit (1968), S.34-35.

werden und eine – zumindest teilweise – deutsche Firma, die versuchte sich im Hochtechnologiebereich zu etablieren, sollte unterstützt werden, um die sich bei Erfolg nach herrschender Vorstellung daraus ergebenden wirtschaftlichen Vorteile zu sichern. Solche Ziele waren nicht neu, schon 1953 spielten ähnliche Überlegungen eine Rolle:[703]

> Rücksicht auf die Devisenlage und der Wunsch, Entwicklungsarbeiten der deutschen Geräteindustrie zu ermutigen, veranlaßten den Hauptausschuss in mehreren Fällen, einem gleichwertigen deutschen Gerät gegenüber einer ausländischen Konstruktion selbst dann den Vorzug zu geben, wenn es teurer war.

Die Rolle der DFG beschränkte sich im Falle von Bruker-Spectrospin aber nicht nur auf die Finanzierung der Instrumente. Neben Werbeveranstaltungen, NMR-Treffen, Tagungen und Seminaren, Zeitschriften, Prospekten, Messen – in der Bundesrepublik vor allem die ACHEMA[704] –, neben den persönlichen Kontakten Laukiens zu den Wissenschaftlern und dem Informationsaustausch beim Service der Spektrometer, stellte die DFG eine weitere wichtige Kommunikationsplattform zwischen Bruker-Spectrospin und seinen gegenwärtigen und zukünftigen Kunden dar. Die Instrumentenexperten an der DFG-Geschäftsstelle glichen bereits bei der Antragstellung beratend die technischen Möglichkeiten des lieferbaren Instruments mit den Wünschen der Wissenschaftler ab. Sie konnten dabei aufgrund ihrer Kenntnisse, gestützt durch ihre Apparatekartei oder ihre Prospektsammlung eine vermittelnde und beratende Funktion einnehmen und hatten damit auch Einfluss auf die Geräteentwicklung. Diese Mitarbeiter waren in der Regel Ingenieure, wie der langjährige Apparatereferent Herwart von der Decken, und damit technische Experten, standen aber über die Bearbeitung der Geräteanträge in ständigem Kontakt mit den neuesten wissenschaftlichen Entwicklungen auf dem Gebiet der NMR und den NMR-Wissenschaftlern selbst.

In den Begutachtungsverfahren entschieden dann wissenschaftliche Experten über die Bewilligung der Anträge. Nicht Politiker oder administrative Beamte, sondern die in der akademischen Forschung aktiven Fachwissenschaftler selbst hatten durch das Gutachterverfahren entscheidenden Einfluss auf die konkrete Verteilung der vorhandenen Mittel. Als gewählte Vertreter der akademischen Fachgemeinschaft sicherten sie die gewünschten Qualitätsstandards und Werte, und nahmen so auch Einfluss auf die Entwicklung der einzelnen Disziplinen. Wie schon zuvor angedeutet fielen allerdings die Instrumente aus dem

703 Deutsche Forschungsgemeinschaft (Hg.), Bericht der Deutschen Forschungsgemeinschaft über ihre Tätigkeit (1953), S.46.

704 Auf der ACHEMA 1958 wurde bereits ein Diskussionsvortrag "Spektrographie und Kernresonanz" gehalten. N.N., "Achema 1958" (1958).

innerhalb der DFG üblichen Disziplinenschema. Das Apparatereferat, später Gruppe wissenschaftliches Apparatewesen, arbeitete außerhalb der disziplinären Fachreferate und ähnlich verhielt es sich auch mit der wissenschaftlichen Begutachtung. Dort wurden Gremien gebildet, deren aus verschiedenen disziplinären Kontexten stammende Mitglieder die nötige wissenschaftliche Kompetenz mitbrachten, um über die Großgeräteanträge zu urteilen. Es waren Naturwissenschaftler, die selbst instrumentell orientiert arbeiteten und daher aus Sicht der akademischen Gemeinschaft die fachliche Relevanz und Qualität des Antrages, seine Durchführbarkeit und die vor Ort vorhandenen personellen Voraussetzungen für ein aufwändiges Instrument beurteilen konnten. Diese Sachverständigen wurden im Rahmen der Großgeräteaktionen zu Prüfungsgruppen für bestimmte Gerätetypen zusammengefasst und entschieden in gemeinsamen Arbeitstreffen. Hier bot sich auch für die NMR-Wissenschaftler die Gelegenheit, als Lobbyisten aktiv die eigene Methode zu fördern: sie hatten die Möglichkeit Einfluss darauf zu nehmen wie viel der zur Verfügung stehenden Mittel in ihren Arbeitsbereich und damit indirekt auch auf sie selbst fielen. So war Oskar Glemser Mitglied der Prüfungsgruppe zum Großgeräteprogramm 1964/65, die sich in Bad Godesberg traf. Auf der Sitzung wurde auch der Antrag Glemsers auf ein Varian A 56/60 NMR-Spektrometer beurteilt.[705]

Wie arbeitete das System nun konkret im Fall Bruker-Spectrospin? Finanziert über die zweite Großgeräteaktion wurde 1965 je ein KIS II an die Professoren Werner Zeil,[706] dessen Schwierigkeiten mit dem Instrument schon erläutert wurden, und Franz Fehér[707] ausgeliefert.[708] Fehér bekam den fünften KIS II, der einige Startschwierigkeiten hatte, u.a. weil die Endmontage in die Zeit fiel, als die Spectrospin AG ausgegründet und mit Bruker zusammengefasst wurde. Der Kunde Fehér zeigte sich aber zufrieden damit, dass Spectrospin und

---

705 Protokoll der Sitzung der Prüfungsgruppe Großgeräteprogramm 1964/65. 19. Februar 1965. DFG-Az. 404/27/67. Aktenordner Hauptausschuss Allgemein. DFG-Geschäftsstelle, Bonn. In solchen Fällen verließ der Betroffene in der Regel bei der Beratung über seinen Antrag den Raum.

706 Werner Zeil (1922-1980), Professor für Physikalische Chemie, Karlsruhe. Der Mikrowellenspektroskopiker Zeil war 1962/63 Privatdozent und wissenschaftl. Rat für Physikalische Chemie an der Uni Karlsruhe, 1964 wechselte er an das Institut für Physikalische Chemie in Kiel, dann war er einer der Gründungsprofessoren der Universität Ulm.

707 Franz Fehér (1903-1991), Professor für Anorganische Chemie, Köln.

708 H.A. Liste 65/66 Nr. 976 zum DFG-Antrag Hans-Joachim Eichhoff vom 1.8.1965. Apparateförderakte Ei 66 DFG-Geschäftsstelle Bonn und Vermerk Herwart von der Decken. Vorausbestellung von Kernresonanzspektrometern im Rahmen der Großgeräteaktion. 18.5.1965. DFG-Az. 402/4/64 bzw. 402/8/65. 402/Heft 13, BArch B 227, Film Nr. 50 FC7535N.

Bruker sehr entgegenkommend waren und die elektronischen Fehler schnell behoben.[709] Die DFG hatte für die Vorseriengeräte einen Preisnachlass von 100.000 DM ausgehandelt – wenn man bei einer Jahresproduktion von etwa fünf Geräten[710] der Trüb-Täuber NMR-Abteilung von einer Serienproduktion sprechen kann.

Anfang der 1960er Jahre begann man auch an der Universität Mainz unter Führung von Fritz Straßmann ein NMR-Laboratorium einzurichten. In ihren ersten Förderanträgen legten die Professoren ihr Konzept dar, neben einem A-60 für Routineaufgaben auch ein anspruchsvolles Forschungsinstrument anzuschaffen, das durch ihre verschiedenen Projekte hinreichend ausgelastet würde. Dazu hatten sie in Zürich das gerade neu entwickelte KIS II besichtigt. Zur NMR-Geräteentwicklung meinten sie:[711]

> Während das A 60 - Spektrometer von Varian in gewisser Weise bereits eine Endlösung darstellt und daher auf weite Sicht den normalen Aufgaben der Protonenresonanz voll gerecht werden wird, kann man erwarten, daß die Entwicklung der Vielzweck-Hochleistungs-Spektrometer erst in einigen Jahren den bis zu einem gewissen Grade endgültigen Stand erreicht haben wird.

Als dann nach einer Vorankündigung Fritz Straßmanns der Mainzer Privatdozent Hans-Joachim Eichhoff 1965 zur Untersuchung von Hochpolymeren im Rahmen eines Großgeräteprogramms einen Förderantrag für ein KIS II über 534.000 DM stellte, befürwortete nur einer der drei Fachgutachter, Oskar Glemser (Göttingen),[712] den Antrag "auf das wärmste". Die Auslastung wäre gegeben, da verschiedene Institute das Gerät nutzen würden und ein bereits vorhandenes Varian A-60 hätte als Routinegerät nicht die für die Forschung notwendige Empfindlichkeit.[713] Die beiden anderen Gutachter, keine Spezialisten wie Glemser, äußerten sich ob des enormen Preises zurückhaltend, machten die fehlende Auslastung des Gerätes geltend und fragten, ob nicht günstigere Spektrometer ausreichen würden, denn das von der Spectrospin AG angebotene

709 Franz Fehér an Apparatereferent Herwart v. der Decken, 25.6.1966. Apparateförderakte Fe 3/32 DFG-Geschäftsstelle Bonn.

710 Keller, Interview geführt am 18. und 19. August 2004.

711 Leopold Horner, Werner Kern, Günther Schulz, Fritz Straßmann und Hermann Arthur Stuart an Arwed Meyl/DFG, 20.2.1963. Apparateförderakte Ei 66 DFG-Geschäftsstelle Bonn. Schulz erhielt 1965 ein Varian DP 60. Varian AG an DFG. 14.7.1965. 402/Heft 10a, BArch B 227, Film Nr. 50 FC7535N.

712 Glemser selbst hatte 1965 ein Varian A 56/60 Instrument (H und F, 60 MHz) erhalten, ein Nachfolger des DP 60. DFG an Varian AG, Zug/Schweiz, 9.9.1965. 402/Heft 10a, BArch B 227, Film Nr. 50 FC7535N.

713 Stellungnahme des 2. Fachvertreters Oskar Glemser, 17.12.1965. Apparateförderakte Ei 66 DFG-Geschäftsstelle Bonn.

Instrument sei drei- bis viermal teurer als konkurrierende Instrumente.[714] Daraufhin ergriffen die Mainzer Professoren Straßmann, Bock, Kern und Horner die Initiative und bestätigten die Notwendigkeit des Gerätes. Ein negativ votierender Gutachter lenkte ein. In einem Zusatz zu seinem Schreiben wird dann auch der wahre Konkurrent des KIS II genannt:[715]

> Ich möchte jedoch empfehlen, daß bei der Bestellung eine Garantieklausel aufgenommen wird, in der festgelegt wird, daß das Instrument mindestens die Leistungen des Varian-Gerätes HA-100 erreichen muß.

1966 wurde Eichhoffs Antrag vom Hauptausschuss nach Empfehlung der Fachgutachter und des Apparatereferats der DFG-Geschäftsstelle im Rahmen des Großgeräteprogramms bewilligt. Schon früh bevorzugten also deutsche NMR-Wissenschaftler aufwändige aber flexible, für verschiedene Aufgaben verwendbare NMR-Spektrometer, die dann von einem Spezialisten betrieben wurden, der auch Messungen für verschiedene andere Institute derselben Fakultät machte. Der hohe Preis machte die Finanzierung schwierig, stellte aber kein unüberwindliches Hindernis dar.

In einer Liste von Lagerbestellungen, also Geräten, die ohne konkrete Bewilligung geordert worden waren, sind 1966 für die Bruker AG zwei Spektrometer zum Preis von je 283.575 DM aufgeführt. Zusätzlich erscheint ein dritter Bruker "Kerninduktionsspektrograph" für 381.600 DM.[716] Für die KIS II Vorserieninstrumente von Zeil und Fehér hatte die Beschaffungsstelle der DFG einen Preisnachlass für Sammel- und Lagerbestellung ausgehandelt,[717] auch das dritte, hier aufgeführte KIS II wurde letztlich nicht für 381.600 DM, sondern durch Sonderkonditionen um 100.000 DM günstiger von der DFG beschafft, wie aus den Förderunterlagen des späteren Besitzers Hans-Joachim Eichhoff hervorgeht.[718] Solche Großaufträge stützten massiv den als Bruker-Spectrospin in Arbeitsgemeinschaft operierenden Instrumentenbauer. Was genau waren aber die beiden anderen Instrumente?

---

714 Stellungnahme des 1. Fachvertreters Otto Haxel, 13.12.1965. Apparateförderakte Ei 66 DFG-Geschäftsstelle Bonn.

715 Otto Haxel an die DFG, 1.6.1966. Apparateförderakte Ei 66 DFG-Geschäftsstelle Bonn.

716 Verzeichnis der Geräte, 1. August 1964 [muss heißen 1966, da Bruker 1964 keine solchen Spektrometer verkaufte und noch von der Trüb-Täuber Abteilung getrennt war]. DFG-Az. 402/4/64. BArch B 227, Film Nr. 59 FC7544N.

717 Vermerk Herwart von der Decken. DFG-Az. 402/4/64 bzw. 402/8/65. BArch B 227, Film Nr. 50 FC7535N.

718 Aktenvermerk gez. Senger, 8.8.1966, Apparateförderakte Ei 66 DFG-Geschäftsstelle Bonn. Das Gerät wurde später der Universität Mainz überschrieben.

Am 25. August 1965 genehmigte der DFG Hauptausschuss das Verfahren der Vorbestellung aufgrund des geschätzten Bedarfs bis zu einem Betrag von acht Millionen DM auch für die Jahre 1966/67.[719] Auf der Liste der auf diese Art strategisch zu erwerbender Gerätearten waren erneut NMR-Spektrometer. Damit konnte das Apparatereferat der DFG die Entwicklung von Bruker-Spectrospin entscheidend unterstützen. Offiziell wurde diese Aktion nur verklausuliert kundgetan:[720]

> Die im Jahre 1964 begonnene beschränkte Großgeräteaktion wurde fortgesetzt. Neben einer weiteren Ausstattung mit kostspieligen, noch nicht ausreichend verbreiteten Gerätegruppen wurden neu entwickelte, hochauflösende Kernresonanzspektrometer, doppelt fokussierende Massenspektrometer und ein Raster-Elektronenmikroskop bewilligt. In verstärktem Umfang wurden auch registrierende Spektralphotometer für das ferne Infrarot angeschafft. Die bei allen derartigen Geräten festzustellende Leistungssteigerung gegenüber den früheren Modellen und die erweiterte Ausstattung mit Zubehör- und Registriergeräten haben zu einer Verteuerung der Einzelobjekte geführt.

Es waren schon im November 1965 die drei Exemplare eines neuen Spektrometertyps bestellt worden, dessen Konstruktion gerade erst bei Bruker-Spectrospin angelaufen war, und der Großauftrag wurde bei Vergabe bereits zu 50% bezahlt, wogegen sonst nur ein Drittel Vorauszahlung üblich war. Nur durch dieses Geld konnte der relativ kleine und finanzschwache Firmenverband Bruker-Spectrospin die Entwicklungskosten des neuen hochauflösenden Spektrometertyps der Spitzenklasse tragen. Als Motivation für die Bestellung der DFG wurde unter anderem der Wunsch angegeben, den Wissenschaftlern solle ein gleichwertiges Konkurrenzgerät zum HA-100 zur Verfügung stehen. Es spielten aber vor allem die bis dahin positiven Erfahrungen mit Bruker-Physik und die bereits erwähnten politischen Motive eine Rolle. Günther Laukien hatte 1965 telefonischen Kontakt zum Apparatereferat der DFG-Geschäftsstelle aufgenommen. Er informierte schon im Vorfeld über die zukünftige Arbeitsgemeinschaft mit der ehemaligen NMR-Abteilung von Trüb-Täuber und regte an, ein drittes KIS II Gerät – also das spätere Mainzer Instrument Eichhoffs, der zu diesem Zeitpunkt noch gar keinen Antrag eingereicht hatte – zu bestellen, um die Produktion rentabler zu gestalten. Weiterhin bat er darum, dass die DFG eine unüblich hohe Anzahlung von zwei Dritteln des Gerätepreises schon bei Bestellung leistete, um die neu gruppierte und ausgerichtete deutsch-schweizer Firma darin

719 Tischvorlage und Niederschrift DFG Hauptausschusssitzung am 25. August 1965 in Bad Godesberg. "B) Großgeräteprogramm 1966/67", S.11-12. DFG-Az. 43/6/65 und Az 402/8/65. BArch B 227, Film Nr. 39 FC7524N.

720 N.N., "Aus dem Jahresbericht 1966", Mitteilungen der Deutschen Forschungsgemeinschaft (1967), S.40.

zu unterstützen, "die gemeinschaftliche Entwicklung und Fertigung von hochauflösenden Kernresonanzspektrometern in Europa zu verwirklichen".[721] Die Finanzdecke bei Bruker war damals knapp. Laukien berichtete an den DFG-Apparatereferenten Herwart von der Decken, dass die Übernahme der Trüb-Täuber Abteilung in die Bruker Gruppe mit einer Erhöhung der Kapitaleinlage der Aktionäre um 450.000 DM gedeckt wurde.[722] Dagegen hatte der Auftrag der DFG über die drei neu bei Spectrospin zu konstruierende Spektrometer allein ein Volumen von 850.000 DM. Von der Decken, der von den 1950ern bis zu Beginn der 1970er Jahre die zentrale Person bei der Organisation der Apparateförderung durch die DFG war, organisierte die Finanzierung aus den Mitteln der laufenden Großgeräteaktion 1964/65. Die drei Instrumente waren mit zwei Protonenmesskanälen bei 60 und 90 MHz projektiert, hatten Primas-Polschuhe, 3 Hochfeld Oszillatoren, 2 Sweep Oszillatoren für den Frequenzsweep, einen Universalprobenkopf, einen Signalintegrator, internen und externen Lock mit den entsprechenden Kanälen, einen Fluxstabilisator und eine Temperaturregeleinheit von –150 bis 300°C. Es wurde eine bemerkenswert flexible Lieferfrist von 6 bis 12 Monaten vereinbart (die Instrumente waren ja noch nicht fertig konstruiert) und die Zahlung des halben Preises bei Bestellung. Schon zusammen mit dem Angebot ging der Dank an die Apparateexperten der DFG:[723] "Für Ihr wirklich bereitwilliges Entgegenkommen und die freundliche Aufnahme von Herrn Prof. Laukien darf ich Ihnen im Namen unserer Gesellschaft bestens danken." Der Dank war natürlich nicht umsonst, am 12. November 1965 ging die Bestellung von drei noch zu konstruierenden Spektrometern ein.[724] Als Argument für eine Unterstützung Brukers durch die DFG hatte Laukien politisch geschickt auf die Nachteile der "Monopolstellung in wissenschaftlicher und finanzieller Hinsicht" hingewiesen.[725]

721 Vermerk Herwart von der Decken. 18. Mai 1965. DFG-Az. 402/4/64 bzw. 402/8/65. 402, Heft 13, BArch B 227, Film Nr. 50 FC7535N.

722 Vermerk Herwart von der Decken. Vorausbestellung von Kernresonanzspektrometern im Rahmen der Großgeräteaktion. 18.5.1965. DFG-Az. 402/4/64 bzw. 402/8/65. 402/Heft 13, BArch B 227, Film Nr. 50 FC7535N.

723 K. Kehr, Bruker Physik AG an Sudbrack/DFG. 8.11.1965. und beiliegendes Angebot für HFX Spektrometer. 402/4/64, BArch B 227, Film Nr. 59 FC7544N.

724 Sudbrack an Bruker Physik AG. 12.11.1965. DFG-Az. 402/4/64. Best. Nr. 3177/65. 402/4/64, BArch B 227, Film Nr. 59 FC7544N.

725 Vermerk Herwart von der Decken. 18. Mai 1965. DFG-Az. 402/4/64. 402/Heft 10b, BArch B 227, Film Nr. 50 FC7535N.

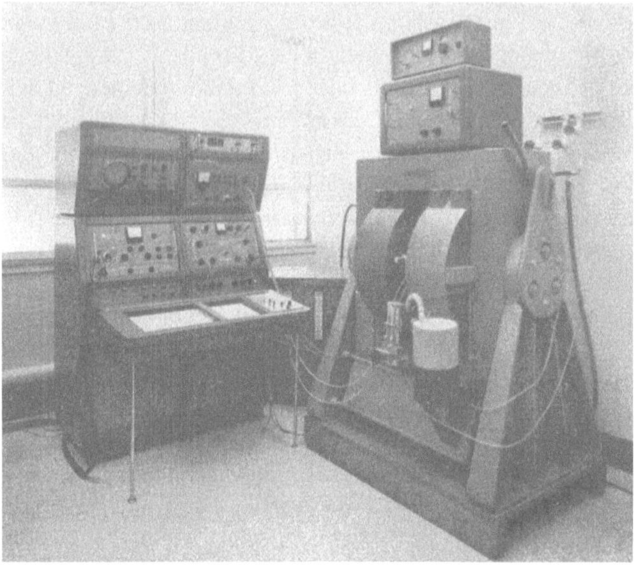

Abb. 46: Ein Varian HA-100 (1965) mit der Steuerkonsole links und dem Magneten mit Probenkopf rechts. Auf dem Magneten stehen der Flux Stabilizer und ein Zusatzgerät für die Messung bei variabler Temperatur. Auch wenn es sich hier nur um die Grundausstattung handelt, wird allein vom Aussehen her deutlich, dass die Bedienung dieses Instrumentalsystems die Sache eines Spezialisten war.

Die Geräte waren also bestellt, es fehlten aber noch die "Kunden", denn auch das Erobern des lokalen Marktes der anspruchsvollen wissenschaftlichen NMR-Instrumente war trotz der Unterstützung nicht so einfach. Drei Wissenschaftler, die einen Antrag auf ein NMR-Spektrometer stellten, Prof. Ernst Lippert von der TU Berlin,[726] Prof. Martin Schmeißer an der RWTH Aachen – später Gründungsrektor der Universität Dortmund – und Prof. Rudolf Tschesche

726 Lippert (*1923), ord. Professor für Physikalische Chemie an der TU Berlin, war ab 1966 Direktor des neu gegründeten II. Physikalisch Chemischen Instituts. Er promovierte 1951 in Freiburg, wurde dann Assistent in Stuttgart, wo er sich 1957 habilitierte und zunächst Dozent, 1963 apl. Professor war. Laukien und Lippert kannten sich demnach wohl bereits aus der Stuttgarter Zeit. In den 1980er Jahren war der Infrarotexperte Lippert auch an Versuchen mit der Infrarotkomponente der Berliner Synchrotronstrahlungsquelle BESSY beteiligt. Friedrich, Hoffmann, James, Steinhauser, Hundert Jahre an der Schnittstelle von Chemie und Physik (2011), S.219.

von der Universität Bonn, wurden die ersten Besitzer eines Bruker-Spectrospin HFX.[727]

Abb. 47: Iwan N. Stranski und sein Nachfolger Ernst Lippert, rechts, 1972.

Die Vermittlung zeigt, welche Beziehungen in der deutschen NMR-Gemeinschaft wirksam wurden. Ernst Lippert, der das erste ausgelieferte Gerät erhielt, war als Ordinarius am Zweiten Institut für Physikalische Chemie der TU Berlin (das spätere Iwan-Stranski-Institut) in seinen Arbeiten selbst spektroskopisch ausgerichtet und an der Kernspinresonanz interessiert. Er hatte 1951 bei Reinhard Mecke in Freiburg mit einem spektroskopischen Thema in Physikalischer Chemie promoviert,[728] war also bereits während seiner Ausbildung an moderne analytische Methoden herangeführt worden. Es schien bei ihm kein längeres Zögern gegeben zu haben ein solches Vorseriengerät ohne Ansehen des Instruments zu akzeptieren, denn bereits bei der Bestellung durch die DFG Ende 1965 wurde er als Empfänger eines der Instrumente angegeben, während die Lieferadressen der beiden anderen noch offen blieben.[729]

727 Leihgabenverwaltung DFG-Az. 404/4/64. 6. März 1968. 404/4/64, BArch B 227, Film Nr. 59 FC7544N.

728 Lippert, Ultraspektroskopische Absorptionsmessungen über den Einfluß der Molekülstruktur auf die CH-Bindung (1951).

729 Sudbrack an Bruker Physik AG. 12.11.1965. DFG-Az. 402/4/64. Best. Nr. 3177/65. 402/4/64, BArch B 227, Film Nr. 59 FC7544N.

Daher handelt es sich bei den beiden gleichartigen Spektrometern auf der Lagerbestellliste um diese neuen HFX, die dann nach Bonn und Aachen gingen, wo die NMR-Spezialisten, welche die Geräte bedienten, nicht die Antragsteller selbst waren. Arrivierte Professoren beantragten die erheblichen Fördermittel für die Privatdozenten Günther Snatzke bzw. Robert Kosfeld. Gerade solche jüngeren, in den 1920er Jahren geborenen Wissenschaftler aus der Generation Günther Laukiens, die am Beginn ihrer Karriere standen, waren in der NMR besonders aktiv. Die inzwischen in der Chemie international etablierte Methode bot als neues Gebiet gute Aufstiegsmöglichkeiten.

Der Physikochemiker Robert Kosfeld in Aachen gehörte bereits zu den frühen Kunden der Bruker-Physik AG, denn im Dezember 1963 waren ihm auf seinen Antrag hin ein Bruker-Impulsspektrometer zur Benutzung überschrieben und für knapp 50.000 DM neue Zusatzgeräte wie ein Magnet, Polschuhe, ein Netzgerät, sowie Sender- und Empfängerelektronik – alles von Bruker – genehmigt worden. Außerdem hatte er Mittel erhalten, um eine technische Assistentin und einen diplomierten Physiker in seinem Projekt zur Messung von Relaxationszeiten und Selbstdiffusionskoeffizienten in Nichtelektrolytlösungen einzustellen.[730] Das Impulsspektrometer war ursprünglich dem Aachener Professor für Physikalische Chemie Rolf Haase[731] genehmigt worden, es gehörte zu den ersten von Bruker verkauften NMR-Spektrometern und wird noch als teilweiser Eigenbau beschrieben.[732] Kosfeld war wohl von Anfang an ein Hauptnutzer, da er schon länger der Aachener NMR-Spezialist war[733] und Haase mit eigenen NMR-Arbeiten nicht hervortrat. Ein anderer etablierter Aachener Professor,

730 Bewilligungsschreiben der DFG an Robert Kosfeld, 13.12.1963, Ko 264/1. Apparateakte Ko 264 DFG-Geschäftsstelle Bonn. Das Projekt wurde 1966 für zwei Jahre weiter von der DFG gefördert und Kosfeld erhielt auch weiterhin immer wieder Sachmittel für NMR Untersuchungen.

731 Der aus Berlin stammende Haase (1918-1997) studierte Chemie und war nach dem Kriegsdienst 1941-1944 Privatassistent bei K.F. Bonhoeffer in Leipzig. 1945 wurde er im Rahmen der US-amerikanischen Aktion "Paperclip" in Weilburg/Lahn interniert. Ab 1946 war er Assistent und 1951 habilitierte er sich in Marburg. Nach einem einjährigen Englandstipendium an der TH Aachen, wurde er dort 1957 außerplanmäßiger, 1964 außerord. und 1968 ord. Professor für Physikalische Chemie. Haase erhielt 1958 den Nernst-Preis der Deutschen Bunsengesellschaft. Meinel, Die Chemie an der Universität Marburg (1978).

732 H.A. Liste 117/63 Nr. 1769 zum DFG-Antrag Robert Kosfeld vom 8.8.1963. Apparateakte Ko 264 DFG-Geschäftsstelle Bonn. Kosfeld hatte schon zuvor Teile eines NMR Spektrometers selbst gebaut, vgl. Kosfeld, "Ein einfacher Transistoroszillator zur Beobachtung magnetischer Kernresonanzen" (1960).

733 Illers, Kosfeld, "Untersuchungen der magnetischen Kernresonanzabsorption und des dynamisch-mechanischen Verhaltens von 6,12-polyamid" (1960).

Martin Schmeißer (1912-1981), Direktor des Instituts für Anorganische Chemie und Elektrochemie,[734] stellte dann 1966 einen Antrag auf ein hochauflösendes Varian HA-100 NMR-Spektrometer für 288.000 DM zur Untersuchung von Stickstoff- und Halogenfluoriden (er benötigte also nur die Standardausrüstung mit den Messeinrichtungen für ^{1}H und ^{19}F Kerne). Die Gutachter standen seinen Arbeiten mit der neuen Methode generell positiv gegenüber, allerdings fragten sie wieder, ob das Instrument genügend ausgelastet sein würde. Oskar Glemser, erneut einer der Gutachter, führte als Experte kenntnisreich aus, dass für die angestrebten Messungen auch ein deutlich preiswerteres Varian A-60 Standardspektrometer ausreichte. Antragsteller und Aachener Kollegen antworteten daraufhin, dass sie das Instrument gemeinsam benutzen werden, da am Institut für Physikalische Chemie bis dahin nur das oben genannte, nicht für hoch aufgelöste Messung geeignete Impulsspektrometer Kosfelds und ein bereits überlastetes Varian DP 60 vorhanden wären. Die Auslastung des neuen Gerätes wäre damit gesichert und die Breite der zu bearbeitenden Themen könnte nur von einem flexibleren Spitzenmodell bedient werden.[735] Daraufhin wurden eingehende Diskussionen geführt, denn erst Ende Dezember 1967 erging der Bewilligungsbescheid an Schmeißer, nun für das auf einmal von ihm selbst erbetene "Kerninduktionsspektrometer HF 90/60". Das mit 298.000 DM gegenüber dem ursprünglich beantragten HA-100 sogar etwas teurere Instrument arbeitete zum Zeitpunkt der Bewilligung bereits in Aachen.[736] Es war eines der drei HFX, von dem Schmeißer wohl mihilfe des Apparatereferats der DFG überzeugt wurde und es anscheinend bereits vor der offiziellen Bewilligung zur Probe aufgestellt bekam. Da Schmeißer bereits wusste, dass er ab 1968 in Dortmund sein würde, dürfte Robert Kosfeld auch hier von Beginn an das Instrument betreut haben, das 1971 auf sein DFG-Instrumentenkonto überschrieben wurde.[737]

Auch beim dritten HFX gab es eine vergleichbare Konstellation. Antragsteller war im Dezember 1965 der Bonner Professor am Institut für Organische und Biochemie Rudolf Tschesche, der für 280.000 DM ebenfalls ein Varian HA-100 für seinen Assistenten Günther Snatzke zu NMR-Untersuchungen der

734 Schmeißer war 1957-1968 ord. Professor für Anorganische Chemie in Aachen und 1961-1963 Rektor dieser Hochschule. Ab 1968 ord. Professor für Anorganische Chemie an der TU Dortmund und gleichzeitig 1968-1975 Gründungsrektor (schon 1965 damit beauftragt). N.N., "Martin Schmeißer" (1972).

735 H.A. Liste 91/66 Nr. 1375 zum DFG-Antrag Martin Schmeisser vom 1.8.1966. Apparateakte Ko 264 DFG-Geschäftsstelle Bonn.

736 Präsident der DFG an Martin Schmeißer, 12.12.1967 (Entwurf). Schm 31/16 DFG-Geschäftsstelle Bonn.

737 H.A. Liste 62/71 Nr. 926 zum DFG-Antrag Robert Kosfeld vom 9.4.1971. Apparateakte Ko 264 DFG-Geschäftsstelle Bonn.

Naturstoffe beschaffen wollte.[738] In Bonn stand damals neben Tschesches inzwischen recht nutzlosem Trüb-Täuber KIS I auch ein Varian A-60 zur Verfügung.[739] Tschesche hatte schon in seiner Hamburger Assistentenzeit mit dem Trüb-Täuber Lead User Friedhelm Korte zusammengearbeitet, dem Direktor des Shell Forschungszentrums in Birlinghoven. Der erste Fachgutachter des Antrages von Tschesche gab die Vorteile eines NMR-Spitzengerätes für die Naturstoffforschung zu, lehnte aber den Antrag ab, da die reichhaltige Geräteausstattung in Bonn eine auch auswärts mögliche Messung mit Gegendiensten kompensieren könne.[740] Rudolf Criegee in Karlsruhe äußerte sich als zweiter Gutachter nach Rücksprache mit seinem eigenen NMR-Spezialisten[741] positiv, weil bei Tschesche das Know-how für die Bedienung vorhanden wäre und auch für Bonner Kollegen Servicemessungen durchgeführt werden könnten. Daher wäre der Antrag begründet, obwohl Tschesches eigenes Forschungsprogramm

---

738 Beschreibung des Förderantrags vom 23.11.66. Sn 2/16 DFG-Geschäftsstelle Bonn. Der Österreicher Snatzke (1928-1992) studierte ab 1946 Chemie an der Universität Graz, wo er 1953 promovierte. Dann arbeitete er als Assistent Tschesches an der Universität Hamburg über die Strukturaufklärung von Herzglykosiden mithilfe von Gaschromatografie, UV- und IR-Spektroskopie. Er wechselte mit nach Bonn und habilitierte sich dort 1965, ab 1967 Dozent für Naturstoffchemie. Ab 1972 Professor für Strukturchemie an der Ruhr-Universität Bochum. Als Naturstoffchemiker war er generell an der spektroskopischen Aufklärung biochemischer Strukturen interessiert. Sein Spezialgebiet war der Zirkulardichroismus, d.h. die Messung der optischen Rotationsdispersion, ein seit dem 19. Jahrhundert bekanntes und fast vergessenes spektroskopisches Verfahren, das von Carl Djerassi im Kontext der Revolution durch moderne instrumentelle Methoden nach dem Zweiten Weltkrieg "wiederentdeckt" und durch Snatzke wesentlich ausgebaut wurde. Seine Arbeitsgruppe stellte 1964 bis 1992 in weltweiter Kooperation mit anderen Wissenschaftlern einen Spektrenatlas dieser Methode mit ca. 18.000 Spektren zusammen. Über Snatzke vgl. Duddeck, "Günther Snatzke (1928-1992)" (1995).

739 H.A. Liste 34/66 Nr. 524 zum DFG-Antrag Rudolf Tschesche vom 8.12.1965. Apparateakte Ts 2 DFG-Geschäftsstelle Bonn. Im Organisch Chemischen Institut in Bonn war ein Gerätezentrum mit stattlicher Ausrüstung entstanden zu der weitere moderne Instrumente wie UV (Beckman DK 1, Cary Model 14), IR (Perkin-Elmer Model 21 und Model 221) und Massenspektrometer (Atlas CH 4, AEI MS 9) gehörten. Proben aus aller Welt würden zur Analyse eingeschickt wie Tschesche in seinem Antrag bemerkte.

740 H.A. Liste 34/66 Nr. 524 zum DFG-Antrag Rudolf Tschesche vom 8.12.1965. Apparateförderakte Ts 2 DFG-Geschäftsstelle Bonn.

741 Bei führenden Organikern wie Tschesche oder Criegee hatte sich also die NMR als eigener Arbeitsbereich innerhalb des Lehrstuhls bereits ausdifferenziert.

zur NMR von Naturstoffen quantitativ nicht ausreichend erschiene.[742] Dabei sei allerdings zu beachten, dass bei den zu erwartenden komplexen Spektren Geräte mit hoher Auflösung und Möglichkeiten zur Spinentkopplung benötigt werden, was das A-60 ungeeignet mache. Darüber hinaus seien oft stundenlange Präzisionsmessungen notwendig, mit denen Fremdgeräte nicht belastet werden könnten.[743] Auch der Vorsitzende des Fachausschusses schloss sich dieser Meinung an und daher wurde der Großgeräteantrag dem Hauptausschuss vorgelegt, der darauf hin die problematische Entscheidung vertagte, um die Meinung eines zusätzlichen Gutachters einzuholen.[744] Herwart von der Decken schlug Tschesche dann eines der drei neuen Bruker-Spectrospin Geräte vor, das nun für 242.000 DM zu haben war und meinte, Spectrospin wäre auch bereit, das alte KIS I für 25.000 DM in Zahlung zu nehmen, was eine erhebliche Kostenersparnis gegenüber einem Varian HA-100 darstellen würde. Dann erhöhte er weiter den Druck:[745]

> Prof. Tschesche, der an das alte Gerät von Trüb, Täuber nur ungern zurück denkt, möchte verständlicherweise lieber das amerikanische Gerät gemäss Antrag haben. Er hat sich jedoch über das angebotene Gerät der Firma Spectrospin bisher noch nicht informiert. Wie mir von Prof. Laukien von der Firma Bruker mitgeteilt wurde, würde es möglich sein, ab August 1966 ein Kernresonanzspektrometer zur Erprobung aufzustellen, wenn dies von Prof. Tschesche gewünscht wird.

Er empfahl, im Hauptausschuss nur prinzipiell zu entscheiden, ohne den Gerätetyp festzulegen, wobei es generell für die Entscheidung zum Antrag keine Rolle spielen dürfte, dass bereits ein Spectrospin-Instrument bestellt worden wäre.

Am 16. Juli genehmigte der Hauptausschuss 280.000 DM für das Instrument, die Geschäftsstelle sollte aber, wie durch von der Decken vorgeschlagen, noch klären, welcher Typ beschafft würde. Das Apparatereferat überzeugte nun Tschesche, Spectrospin in Zürich zu besuchen, um persönlich nähere Informationen einzuholen. Dies war eine der ersten erfolgreichen Gerätedemonstrationen mit dem HFX. Nach Zürich kam aber nicht Tschesche, sondern sein NMR-Mann Snatzke, der mit der vorgeführten Leistung sehr zufrieden war. Da ja auch Varian seine technische Europazentrale in Zürich hatte, schlug Snatzke vor, Vertreter der beiden Instrumentenfirmen sollten ihn bei einem Abendessen

742 Damit argumentiert er offen gegen einen immer als ehern hingestellten Grundsatz der DFG-Förderung.

743 Stellungnahme des 2. Fachvertreters Rudolf Criegee, 31.3.1966. Apparateförderakte Ts 2 DFG-Geschäftsstelle Bonn.

744 H.A. Liste 123/67 Nachtrag zum DFG-Antrag Rudolf Tschesche vom 8.12.1965. Apparateförderakte Ts 2 DFG-Geschäftsstelle Bonn.

745 Vermerk. 12.7.1966. Apparateförderakte Ts 2/64 DFG-Geschäftsstelle Bonn.

von ihren Instrumenten überzeugen. Aus Snatzkes Sicht sprach für Varian der gute Ruf der Varian Instrumente und seine eigene, durch schlechte Erfahrung mit dem KIS I geprägte Meinung; für Spectrospin der Druck der DFG Apparateexperten und die flexiblere konstruktive Auslegung. Die Sache stand auf der Kippe und Snatzke fragte einen Varian-Vertreter beim Essen, was er denn gegen den Frequenzsweep und die Entkopplungsmöglichkeit des HFX aufbieten könnte. Die Antwort war, dass Bruker-Spectrospin keine Zukunft hätte, denn wenn der Konkurrent wirklich Erfolg mit seinen Geräten haben würde, würde Varian ihn schlucken.[746] Diese Grundhaltung dürfte bei den Vorgängen im Hintergrund besonders schädlich gewesen sein, denn schließlich akzeptierten Snatzke und Tschesche ein HFX. 1967 wurde der Antrag entsprechend modifiziert erneut vorgelegt. Kern des Antragsvolumens war nun ein als "KIS-HF $^{13}C^{31}P^{2}D$" bezeichnetes Bruker HFX-Spektrometer für 363.000 DM – die im Juni gegenüber Tschesche gemachten Preisvorschläge scheinen aus taktischen Gründen ein wenig zu Gunsten Bruker-Spectrospins geschönt worden zu sein. Mit weiterem Zubehör wie Schreiber, CAT-Mittelwertrechner, Oszilloskop etc. kam das Antragsvolumen auf 460.000 DM. Dazu wurden nochmals zwei Fachgutachten abgegeben. Der Fachausschussvorsitzende genehmigte das Spektrometer, zweifelte aber die Ausrüstung mit den Zusatzgeräten an. Ein Gutachter für Organische Chemie akzeptierte das Gerät mit der Zusatzausstattung wegen seiner großen Flexibilität, meinte aber man könnte vielleicht einen Teil der Zusatzgeräte zurückstellen. Interessant ist, dass beide Gutachter äußerten, persönlich hätten sie dem Varian HA-100 den Vorzug gegeben.[747] Im Dezember 1967 wurde die Sachbeihilfe für das Instrument mit Mittelwertrechner und Schreiber endlich genehmigt.[748] Es wurde also gegen den zunächst geäußerten Wunsch des Antragstellers und gegen die Meinung der Mehrheit der Gutachter mit Hilfe des DFG-Apparatereferats und der Gerätevorführung ein Bruker-Spectrospin Instrument in die wissenschaftliche Praxis gebracht. So schnell gab Rudolf Tschesche aber nicht auf, später beantragte und bekam er dann auch noch ein Varian HA-100, das Snatzke ebenfalls betreute.[749] Das Beispiel zeigt, wie wichtig Prestige und ein guter Ruf auf dem Markt für wissenschaftliche Instrumente waren und dass die Förderorganisation das Geld nicht nur an

746 Die dort recht arrogant ausgedrückte Haltung des Marktführers nahm Toni Keller als zusätzliche Motivation. Keller, Interview geführt am 18. und 19. August 2004.

747 H.A. Liste 123/67 Nachtrag zum DFG-Antrag Rudolf Tschesche vom 8.12.1965. Apparateförderakte Ts 2 DFG-Geschäftsstelle Bonn.

748 Präsident der DFG an Rudolf Tschesche, 13.12.1967. Apparateförderakte Ts 2/64 DFG-Geschäftsstelle Bonn.

749 Beschreibung des Förderantrags vom 23.11.66. Apparateförderakte Sn 2/16 DFG-Geschäftsstelle Bonn.

wissenschaftlich hochwertig eingeschätzte Forschungsprojekte verteilte, sondern vielmehr auch die Wahl der Instrumententypen und damit die praktische wissenschaftliche Arbeit durch technische, politische und ökonomische Überlegungen beeinflusst wurde. Das Geschäft, bei dem vor allem wissenschaftliche Belange verhandelt wurden, war kompliziert und eben nicht mit dem Verkauf von Transistorradios oder Fernsehern zu vergleichen. Die Investitions- und Innovationsentscheidung erfolgte zwischen Instrumentenbauer, technischen Beamten der Fördereinrichtung, wissenschaftlichen Gutachtern und Antragstellern, die als Mitglieder der NMR-Gemeinschaft in gegenseitigem Kontakt standen, und zwar nicht nur im Labor, auf Konferenzen, Messen oder über Publikationen, sondern auch bei der Instrumentenplanung und -beschaffung.

Abb. 48: Bruker-Spectrospin HFX-90. Links ein x,y-Schreiber, dann die Steuerkonsole (das selbst hergestellte Oszilloskop verwendete eine Fernsehbildröhre), rechts der 90 MHz-Magnet mit Probenkopf und im Hintergrund die Stromversorgung.

Die Hilfe für Bruker-Spectrospin hörte damit nicht auf. Am 1. Dezember 1967 stimmte der Sonderausschuss für Großgeräte zu, ein weiteres Gerät vorzubestellen, zumal bereits ein noch nicht genehmigter Antrag von Oskar Glemser auf ein derartiges Instrument vorlag.[750] Von der Decken schlug vor, erneut bereits 50% des Kaufpreises als Anzahlung bei der Bestellung zu leisten.[751] Rudolf Sudbrack von der zentralen Beschaffungsstelle meinte, es wäre besser, den ganzen Preis bei Bestellung zu bezahlen, da die 1968 eingeführte Mehrwertsteuer von 5% so eingespart werden würde, und riet, das Gerät unter Vorbehalt späterer Modifikationen in der Firma Bruker lagern zu lassen.[752] In dieser Form wurde der Auftrag erteilt und von Bruker bestätigt. Das HFX konnte mit externem und internem Feld-Frequenz Lock betrieben werden und wurde inzwischen mit bis zu sieben integrierten Messkanälen angeboten, zwei für Protonen (60 und 90 MHz) und fünf für andere Kerne (z.B. ^{13}C, ^{19}F, ^{31}P und ^{2}H), als erstes konsequent dreikanaliges Gerät wurde dabei jeder Messkanal ergänzt durch einen Standardkanal (für das Lock-Signal) und einen Doppelresonanzkanal, was einen Eindruck von der flexiblen, hochmodernen Auslegung der Elektronik gibt. Ab 1969 wurde von Bruker-Spectrospin auch eine günstigere Ausführung mit etwas kleinerem 60 MHz Magneten angeboten, das Gerät Glemsers war aber mit 90 MHz und vier Messkanälen relativ gut ausgestattet und deshalb mit rund 345.000 DM eher im oberen Bereich der Preisskala angesiedelt. Es stand wegen der vorangegangenen Reservierung schon knapp zwei Wochen nach Auftragsausgabe bereit.[753]

Auch ins Ausland konnten einige Instrumente verkauft werden, besonders nach Belgien, wo der Chemiker Grégoire Chiordoglu[754] eines der ersten HFX erhielt.[755] Im Sommer 1968 wandte sich Laukien erneut in einem Schreiben an Sudbrack. Er berichtete, dass die neuen hochauflösenden Spektrometer für die chemische Analytik, aber auch die verbesserten NMR-Impuls- und Elektronenresonanzspektrometer trotz des sehr harten Konkurrenzkampfes mit Varian guten Absatz gefunden hätten und dass auch in den USA Marktanteile errungen werden konnten. Im Fall der USA wurde die dünne Kapitaldecke des Unternehmens besonders problematisch. Da fast alle Kunden dort an den öffentlich

750 Förderantrag Oskar Glemser an Apparatereferent Herwart von der Decken. 20.11.1967. 402/Heft 13, BArch B 227, Film Nr. 50 FC7535N.

751 Vermerk. 4. 12.1967. DFG-Az. 402/42/67. 402/Heft 13, BArch B 227, Film Nr. 50 FC7535N.

752 Ergänzung zum Vermerk vom 4.12.1967. 402/Heft 13, BArch B 227, Film Nr. 50 FC7535N.

753 DFG an Bruker Physik AG (Abschrift). 7. Dezember 1967. DFG-Az. 402/42/67; Angebot Bruker Physik AG an DFG. 11.12.1967; Rechnung Bruker Physik AG an DFG. 14.12.1967 und Vermerk Herwart von der Decken. 23.1.1969 [eigentlich 1968]. DFG-Az. Gl 2/39 und 402/42/67. 402/Heft 13, BArch B 227, Film Nr. 50 FC7535N.

754 Grégoire Chiordoglu (1904-1987), Professor an der Universität Brüssel.

755 Keller, Interview geführt am 18. und 19. August 2004.

geförderten Forschungsinstituten angesiedelt waren, galten Regierungsvorgaben für die Geschäftsabwicklung. Zahlungen wurden frühestens einen Monat nach Lieferung geleistet und trafen wegen der administrativen Formalitäten praktisch erst nach drei Monaten bei Bruker-Spectrospin ein. In einem Schreiben an die DFG-Beschaffungsstelle zählte Laukien noch weitere finanzielle Hürden auf:[756]

> Als Erschwerung kommt hinzu, daß in den USA für solche Lieferungen bereits bei der Angebotsabgabe eine Sicherheitsleistung in Höhe von 5% des eventuellen Bestellwertes in bar zu überweisen ist. Ebenso muß die Firma natürlich auch die Transport-, Zoll- und Installationskosten zunächst einmal vorstrecken. Das Gesamtergebnis ist mit anderen Worten erst einmal ein erheblich erhöhter Bedarf an Betriebskapital.

In einem darauf folgenden Abschnitt wird das strategische Bündnis zwischen Förderorganisation und Instrumentenhersteller besonders deutlich:

> Andererseits besteht kein Zweifel, daß für eine wirklich erfolgreiche Weiterentwicklung eine Erschließung des amerikanischen Marktes eine notwendige Voraussetzung ist. Man kann davon ausgehen, daß auf dem Gebiete der Kernresonanz 60% aller Geräte in den USA verkauft werden, etwa 25% in Europa und etwa 15% in allen übrigen Ländern, einschließlich der Oststaaten. Daraus folgt, daß der Effekt der Kostenersparnis durch größere Lieferserien nur dann wirksam wird, wenn ein entsprechender Marktanteil in USA gewonnen wird.

Laukien war also klar auf einen globalen Markt hin orientiert und seine Argumentation stach nur, wenn die Instrumentenexperten der DFG-Geschäftsstelle auch an einer nachhaltig positiven Entwicklung des einheimischen Instrumentenherstellers interessiert waren. Um die Lage der Firma zu verbessern, bat Laukien erneut um einen vorfinanzierten Auftrag der DFG, der ihm in einem Telefongespräch durch Sudbrack bereits spontan in Aussicht gestellt worden war. Als Anlage sandte er ein Angebot für ein HFX-Spektrometer mit, das bei einem Preis von 400.000 DM die Top-Ausstattung hatte.[757] Um den beginnenden Erfolg seines Unternehmens zu belegen, lüftete Laukien auch Betriebsgeheimnisse und sandte auf Anforderung Sudbracks als Anlage eine Liste der Verkäufe und Bestellungen hochauflösender Spektrometer, die sich in den vergangenen Monaten angesammelt hatten. In der Liste stehen neben vielen bereits erwähnten Wissenschaftlern eine Reihe weiterer, für die internationale NMR-Entwicklung bedeutende Personen und Institutionen:

---

756 G. Laukien an R. Sudbrack. 31. August 1968. 402/Heft 14, BArch B 227, Film Nr. 50 FC7535N.

757 Angebot. G. Laukien an R. Sudbrack. 31. August 1968. 402/Heft 14, BArch B 227, Film Nr. 50 FC7535N.

Tab. 3: Liste der frühen HFX-Kunden. Quelle: G. Laukien an R. Sudbrack. 31. August 1968. Anlagen 1 und 4. 402/Heft 14, BArch B 227, Film Nr. 50 FC7535N.

Land	**Institut**	**Name**
Deutschland	Unilever Forschungslaboratorium Hamburg	Dr. Eckert
	Knapsack AG, bei Köln	Dr. Wernet
	KFA Karlsruhe	Dr. von Ammon
	Universität Heidelberg	Dr. Hausser
	Universität Heidelberg	Dr. Wolff
	Universität Heidelberg	Dr. Fluck
	Universität Düsseldorf	Dr. Kuchen
Großbritannien	University of Leeds	Dr. Shaw, Dr. Brook
	University of Newcastle	Dr. Atkitt, Dr. Greenwood
Frankreich	CERCHAR	Dr. Ferrand
	Université de Orleans	Dr. Ptak
Belgien	Université de Bruxelles	Dr. Chiordoglu
	Université de Gent	Dr. van der Kelen
	Université de Mons	Dr. Macquestiau
Schweiz	Universität Zürich	Dr. Simon
USA	Yale University	Dr. Lipsky, Dr. Saunders
	Georgetown University, Washington D.C.	Dr. Hammer
	Pittsburgh University	Dr. Ho
	University of Illinois	Dr. Brown
	North Western University, Evanston	Dr. Lambert
	Emory University, Atlanta	Dr. Goldstein
	University of Chicago	Dr. Gloneck
	Hoffmann LaRoche Inc:, Nutley/N.J.	Dr. Bommer

Der Schlüsselmarkt für die NMR war demnach auch noch 1968 die USA, erst als sich das HFX dort gut verkaufte, stieg das Prestige und damit die auch ohne gezielten Hilfen erreichten Verkaufszahlen in der Bundesrepublik. Private Kontakte Günther Laukiens, die Qualitäten des angebotenen Instruments und eine Unzufriedenheit mit dem bisherigen Quasi-Monopolisten Varian, dessen Innovationsfreude und Risikobereitschaft deutlich abgenommen hatte, ermöglichten dem deutsch-schweizer Unternehmen den Einstieg in den amerikanischen NMR-Markt. Die amerikanischen Berater und Kunden der Bruker Impulsabteilung spielten bei der Einführung des für Chemiker gedachten HFX keine Rolle. Ein erstes Demonstrationsgerät stand bei Seymour Lipsky[758] in Yale, der als Instrumentenexperte und Leitfigur bei der Verbreitung der Hochleistungs-Gaschromatografie in der Chemie[759] ein wertvoller NMR-Lead User

758 Seymour Richard Lipsky (1924-1986), Pionier der Gaschromatographie wo er mit der NASA (u.a. im Mondprojekt) zusammenarbeitete. Professor am Department of Physical Sciences der Yale University.

759 Marcel Golay hatte für Perkin-Elmer die Kapillarsäule patentiert, das Patent lief aber 1975 aus, was neue Mitbewerber in den Markt lockte. 1976 gründete Lipsky, der in seinen Interessen Günther Laukien ähnelte, die Quadrex Corporation, setzte aber auch seine akademische Karriere fort.

wurde. Lipsky hielt eine Reihe von Patenten und war aktiv am Bau verschiedener moderner Instrumentalsysteme beteiligt. Auch hier bereitete also ein Interesse an anderen elektronischen Instrumenten das Engagement für die NMR vor. Das zweite HFX in den USA ging an Chien Ho[760] in Pittsburgh, der wie Lipsky im Bereich der Biochemie arbeitete. Damit war Bruker-Spectrospin auch in der unmittelbaren Nähe des Mellon Institutes vertreten, einem der Zentren der US-amerikanischen NMR-Wissenschaftler.

Toni Keller war in die USA gekommen, um diese Geräte zu installieren und Instrumentenvorführungen für interessierte Wissenschaftler zu organisieren. Damit setzte der Verkauf ein, denn technisch war das HFX ein sehr attraktives Angebot. Vor allem die von Trüb-Täuber geerbte Möglichkeit zum Frequenzsweep machte das Instrument interessant, denn damit waren eine Reihe von Mehrfachresonanzexperimenten, insbesondere Entkopplungen, viel einfacher durchführbar als mit dem von Varian und den anderen Instrumentenanbietern verwendeten Magnetfeldsweep mit Seitenbandmodulierung. Zudem hatte es eine flexible, in Modulen aufgebaute Elektronik mit verschiedenen Lockmöglichkeiten und war das erste voll transistorisierte Instrument auf dem Markt. Lipsky hatte einen Beratervertrag mit Bruker und aus dem Mitarbeiterkreis von Chien Ho kam die Anfrage, die Messungen auf das Time-Sharing Verfahren umzustellen, bei dem die einzelnen Kanäle abwechselnd in genau durch eine Uhr getakteten Zeiträumen eingeschaltet werden.[761] Da sich Keller 1968-1969 vorwiegend in den USA aufhielt, um für das dort so erfolgreich anlaufende Geschäft eine Niederlassung in Elmsford/N.Y. aufzubauen, setzte er die Time-Sharing Modifikation, die wieder einmal schon 1955 von James T. Arnold erstmals vorgeschlagen worden war,[762] vor Ort um. Es machte keine großen Probleme, da das HFX bereits über getaktete Frequenzgeneratoren verfügte.[763]

Hinweise auf verlorene "Konkurrenzauseinandersetzungen" in den Fällen von Dr. Brey, University of Florida, und Dr. van Wazer, Vanderbilt University

---

760 Der Biochemiker Chien Ho (*1934) arbeitete insbesondere über Hämoglobin. 1961 Ph.D. Yale University, dann arbeitete er als Chemiker bei Linde, war 1961-1964 Postdoc am MIT, 1964-1967 Assistant Professor für Biophysik an der University of Pittsburgh und 1967-1970 Associate Professor für Molekularbiologie, 1967-1969 als Leiter des Departments für Biophysik und Mikrobiologie. 1971-1979 war er ord. Professor für Molekularbiologie. 1979-1986 Professor der Biological Sciences an der Carnegie Mellon University, seit 1985 auch Direktor des Pittsburgh NMR Center for Biomedical Research.

761 Keller, Interview geführt am 18. und 19. August 2004.

762 Vgl. Anderson, "Applications of Modulation Techniques to High Resolution Nuclear Magnetic Resonance Spectrometers", (1962).

763 Keller, Interview geführt am 18. und 19. August 2004.

zeigen, dass nun stärkerer Druck ausgeübt wurde, nicht nur vom Konkurrenten Varian. Im Fall der Vanderbilt University berichtete Laukien von einem Schreiben van Wazers, in dem dieser mitteilte, er wäre bereit als Referenz für Bruker zu dienen, denn:[764]

> Die Entscheidung für Varian wurde nach der uns zugegangenen Mitteilung aufgrund wirtschaftlicher Verflechtungen getroffen. Angeblich soll Varian zur Wiederherstellung eines Konkurrenzvorsprunges in diesem Zusammenhang mehrere Millionen Dollar als verlorenen Zuschuß erhalten und zwar im Rahmen eines sog. Forschungsprogrammes.

Die etwas polemisch das eigene Vorgehen rechtfertigende Bemerkung Laukiens deutet zumindest an, dass auch in den USA nicht nur fachliche oder technische Aspekte im wissenschaftlichen NMR-Instrumentenmarkt eine Rolle spielten. Weiter zeigte sich Laukien auch über die potentiellen Besteller gut unterrichtet. Er wies darauf hin, dass bei der DFG ein bald zur Entscheidung anstehender Antrag auf ein solches Gerät vorliegen würde und dass die Antragsteller Oskar Glemser und Dr. Einhard Schwarzmann in Göttingen versichert hätten, ein Spektrometer von Bruker zu bevorzugen. Er teilte auch mit, dass der Naturstoffchemiker Prof. Hermann Schildknecht am Institut für Organische Chemie in Heidelberg das Bruker-Spectrospin Gerät bevorzugte und bald einen Antrag auf Finanzierung einreichen würde. Zu 40 weiteren Interessenten in Deutschland bestünde Kontakt. Genauso, wie Laukien sich als gut informiert über die Antragslage bei der DFG zeigte, war sich die DFG ihrer Rolle beim Erfolg der Firma Bruker bewusst:[765]

> Die Firma Bruker Physik hat in den vergangenen Jahren, insbesondere nach Übernahme eines Teils der Firma Trüb, Täuber & Co, Schweiz, eine beachtliche Entwicklung auf dem Gebiet von Hochauflösungsspektrometern, Impuls- und Elektronenresonanzspektrometern geleistet und sich damit auf dem Weltmarkt, vor allem in den USA gegen die äußerst starke Konkurrenz der Firma Varian, durchgesetzt. Zu dieser Entwicklung hat die DFG einen wesentlichen Beitrag geleistet, indem sie durch Vorausbestellung mehrerer Geräte der Firma die Möglichkeit gab, größere Serien aufzulegen und damit rationeller zu bauen.

Weiter wird die fachliche Motivation für diese Unterstützung erläutert, gleichzeitig scheint aber auch die politische Dimension durch:[766]

---

764 G. Laukien an R. Sudbrack. 31. August 1968. Anlage 1. 402/Heft 14, BArch B 227, Film Nr. 50 FC7535N.

765 R. Sudbrack, Vermerk. 4. September 1968. DFG-Az. 402/18/68. 402/Heft 14, BArch B 227, Film Nr. 50 FC7535N.

766 R. Sudbrack, Vermerk. 4. September 1968. DFG-Az. 402/18/68. 402/Heft 14, BArch B 227, Film Nr. 50 FC7535N.

> Die Firma Bruker Physik ist eines der wenigen deutschen Unternehmen, das sich gegen die sehr starke amerikanische Konkurrenz die Entwicklung hochwertiger Geräte zur Aufgabe gestellt hat. Der Erfolg auf dem Weltmarkt und der damit verbundene äußerst harte Konkurrenzkampf zur Firma Varian bringen für die einzelnen Wissenschaftler den nicht hoch genug einzuschätzenden Vorteil, daß – neben den erheblichen Anstrengungen beider Firmen in qualitativer Hinsicht – deren Bereitschaft zur Erfüllung von technischen Sonderwünschen beachtlich zugenommen hat.

Über diese Aktivitäten war die Leitung der DFG in Person des Generalsekretärs Carl-Heinz Schiel und des Präsidenten Julius Speer orientiert, auch wenn die Initiative von den Instrumentenexperten ausging. Wie aus den Unterschriften der Vermerke hervorgeht, gehörte zu den unterrichteten Personen auch Richard Clausen, bekannt wegen seines Berichts zur Lage der deutschen Forschung.[767] Sudbrack und von der Decken unterstützten Bruker also auch beim Sprung in die USA. Bereits vier Tage nach der Anfrage Laukiens ging die Bestellung bei Bruker ein.[768] Von der Anfrage Laukiens bis zur Bezahlung des Gerätes verging weniger als ein Monat. Das Instrument wurde dann nahe dem Firmensitz ausgeliefert. Gerhard Fritz, Professor in Karlsruhe, wurde der Antrag auf ein hochauflösendes NMR-Spektrometer bewilligt und er war gerne bereit das Bruker HFX zu übernehmen, freilich in einer neuen Version und mit einem FabriTek Mittelwertrechner FT-1062 zum Preis von 50.600 DM. Die Vorausbestellung wurde problemlos entsprechend abgeändert.[769] Mit der Kooperation zwischen Bruker und FabriTek als Zulieferer von elektronischen Speichern und Rechnern, vor allen für die ^{13}C NMR, kündigt sich der nächste einer Reihe von instrumentellen Entwicklungsschritten an, mit denen Bruker-Spectrospin zusammen mit seinen Partnern um 1970 die NMR revolutionierte.

Welche Funktion hatte nun Günther Laukien und damit auch das Unternehmen Bruker-Spectrospin in der NMR-Gemeinschaft eingenommen? Karl Hermann Hausser beschreibt es so:[770]

> However, the goals of Günther Laukien went beyond a successful scientific career. He was among the first scientist to realize the importance of practical applications of scientific achievements and the necessity of developing versatile instruments for scientific research. [...] The success enjoyed today by the "Bruker" company is

767 Clausen, Stand und Rückstand der Forschung in Deutschland in den Naturwissenschaften und den Ingenieurwissenschaften [auf Basis einer Umfrage der DFG] (1964).

768 Vermerk. 4. September 1968. DFG-Az. 402/18/68; Bestellung (Entwurf) Best. Nr. 2466/68; Auftragsbestätigung der Bestellung Nr. 2466/68 vom 4. September 1967. 7. September 1968. 402/Heft 14. BArch B 227, Film Nr. 50 FC7535N.

769 Kerninduktions-Spektrometer HFX-4/2. Sudbrack an Bruker Physik AG. 102.1969 und Sudbrack an Gerhard Fritz. 27.2.1969. DFG-Az. Fr 94/21 402/Heft 14, BArch B 227, Film Nr. 50 FC7535N.

770 Hausser, "To the Memory of Günther Laukien" (1997).

largely associated with G. Laukien's extraordinary talent to foresee and correctly evaluate both scientific and commercial trends. The instruments developed and produced by the "Bruker" company are widely used all over the world.

Obwohl es einige Anteile an Research Technology beim neuen Instrumentenhersteller Bruker-Spectrospin gab ist der Interpretation zu folgen, dass der wesentliche Erfolgsfaktor die am aktuellen und vor allem auch am zukünftigen Bedarf der NMR-Wissenschaftler ausgerichteten Instrumente waren. Sie mussten flexibel sein und sich an eine Reihe von Anwendungkontexten anpassen können, was den Eigenschaften eines generischen Instrumentes ähnelt, aber nicht mit diesem zu verwechseln ist. Der entscheidende Unterschied liegt in der kommerziellen Orientierung, welche die Spektrometer Buker-Spectrospins auf einen erkennbaren, in der Chemie, Biologie oder Physik liegenden Bedarf hin ausrichtete. Generisch bedeutet im Gegensatz dazu, dass ein Instrument für keine spezifische Aufgabe konstruiert ist, sondern ein Funktionsprinzip repräsentiert, für das in grundlegend neuen Bereichen erst Bedarf geschaffen werden muss. Terry Shinn beschreibt den Wandel am Beispiel der FTIR(Fourier-Transform Infrarot)-Spektrometer und des Instrumentenbauers Midac.[771] Die in der generellen Funktion begründete weite Dynamik des generischen NMR-Spektrometers wird im Kontext des Instrumentenherstellers eingeengt, der die Instrumente an ganz spezifische Bedürfnisse der Benutzer anpasst und standardisiert. Laukien war mit seiner Strategie für die NMR-Spektrometer nicht primär Research Technologist, sondern eher Techniker und Bruker-Spectrospin arbeitete zwar teilweise im Bereich der Research Technology, war aber besonders stark auf den Service im ab den 1960er Jahren etablierten Markt anspruchsvoller NMR-Forscher hin orientiert.[772] Das Unternehmen arbeitete vorwiegend im Modus einer verlängerten Werkbank der NMR-Wissenschaftler, die Anregungen aufnahm und natürlich auch eigene Lösungen entwickelte. In ihrer Funktion folgte die Instrumentenentwicklung bei Bruker-Spectrospin also zeitlich der Übertragung von allgemeinen Prinzipien durch Research Technology, sie perfektionierte das von dieser begonnene Einbetten des NMR-Spektrometers in ein möglichst umfangreiches Gebiet, welches generell mit der experimentellen Bestätigung des strukturchemischen Modells beschrieben werden kann. Terry Shinn stellte eine Tendenz der Anwendergruppen in Wissenschaft und Industrie fest, ihre Instrumente selbst weiter zu entwickeln. Er prägte für diesen Arbeitsmodus den Begriff der 'verdünnten' Research Technology, die sich dadurch auszeichnet, dass sich die Instrumentenentwickler institutionell, professionell, oder

771 Shinn, Research-Technology and Cultural Change. Instrumentation, Genericity, Transversality (2008), S.142-150.

772 Keller, Interview geführt am 18. und 19. August 2004.

durch ihr Selbstverständnis eng den Benutzergruppen zugehörig fühlen und damit einen großen Teil der universellen Ausrichtung verlieren, im Extremfall den Modus der Research Technology vollständig verlassen.[773]

Der international schnell wachsende Markt der chemischen, hochauflösenden NMR-Spektrometer war um 1965 ein herausforderndes aber auch lohnendes Betätigungsfeld geworden, daher war Günther Laukien daran interessiert, das Geschäft seines Unternehmens von den Impuls- auf die verbreiteteren CW-Spektrometer auszubauen. Neben den technischen Schwierigkeiten musste dabei auch die Konkurrenz des Marktführers Varian und anderer Bewerber berücksichtigt werden. Gegen das A-60 und das 1966 vorgestellte noch einfachere, mit Permanentmagnet ausgestattete Nachfolgegerät T-60 konnte die neue, kleine Firma nichts ausrichten. Außerdem gab es in diesem Segment noch den starken Mitbewerber Perkin-Elmer in Großbritannien, mit seinen gut verkauften Permanentmagnetinstrumenten R 10 und vor allem R 12, und die 60 MHz Instrumente der etablierten, großen japanischen Instrumentenfirma JEOL.

Es fehlten bei Bruker-Spectrospin nicht nur die finanziellen Ressourcen und das technische Wissen, um erfolgreiche, in hohen Stückzahlen produzierte Standardinstrumente herstellen zu können. Laukien war als Wissenschaftler an den mit neuester Technik ausgestatteten, anspruchsvollen Forschungsinstrumenten interessiert, die flexibel genug waren, um den vielfältiger gewordenen Bedürfnissen der NMR-Wissenschaftler zu entsprechen und trotzdem zuverlässig funktionierten. Durch seine guten Kontakte zu den Kollegen in der akademischen Forschung kannte er deren Bedürfnisse genau. Die Aussichten gerade auf diesem Gebiet waren außerdem besser, denn das Management des einzigen Anbieters Varian Associates hatte, wie beschrieben, seit etwa 1959 weniger Interesse an diesen, in kleineren Mengen nachgefragten Spitzengeräten. Daher zeigte Varian Schwächen gerade in diesem Bereich, denn grundlegende Neuerungen wurden nur mehr sehr zögerlich in die Serie umgesetzt und das unpraktische Konzept des "lebenden Instruments" hatte sich überlebt. Das erst 1965 vorgestellte HA-100 war im Prinzip eine mit internem homonuklearen Feld-Frequenz Lock verbesserte Version des HR-100 von 1959 – der Hauptkonkurrent für das HFX stammte also von seiner Grundkonstruktion her aus den 1950er Jahren. Diese Instrumente blieben dennoch während der 1960er Jahre die Zugpferde Varians für die anspruchsvollen Forschungsaufgaben, da das ab etwa 1965[774] angebotene, supraleitende HR-220 zu teuer und unflexibel war.[775]

---

773 Shinn spricht von "diluted" im Gegensatz zu "pure" Research Technology. Shinn, Research-Technology and Cultural Change. Instrumentation, Genericity, Transversality (2008), S.110 und S.113.

774 Lécuyer, Lenoir, "Instrument Makers and Discipline Builders" (1995), S.310.

Obwohl sich die Bedürfnisse der Wissenschaftler vervielfachten, bot Varian also über ein Jahrzehnt den anspruchsvollen Forschern keine großen Wahlmöglichkeiten an und vernachlässigte dieses Segment. Die Aktivitäten Laukiens zielten exakt auf diese Lücke, er wollte den NMR-Wissenschaftlern flexible, anspruchsvolle und modernste Instrumente zur Verfügung stellen, was durch einen aufmerksamen und an den spezifischen Bedürfnissen des Einzelnen orientierten Service ergänzt wurden. Für derart hohe Ansprüche brauchte Laukien entsprechendes Know-how, das von Trüb-Täuber übernommen werden konnte. Laukien beschrieb später die Bedeutung dieser Verbindung:[776]

> Under very favourable circumstances it became possible to unite two former competitors – Trüb-Täuber in Switzerland (from there on Spectrospin AG) and Bruker-Physik AG. Described biologically, this was a fine example of how the bringing-together of blossoms and bees can be fruitful, or described mathematically, it was a convincing example of some non Euklidian algebra, whereby 1 +1 equals more than 2.

Mithilfe staatlicher Unterstützung, die über die Instrumentenexperten der DFG in das Unternehmen floss, gelang dann ein recht viel versprechender Start. Der eigentliche Durchbruch erfolgte aber erst kurz darauf und zeigt deutlich die Vorteile der bei Bruker-Spectrospin angewandten Unternehmensstrategie.

---

775 Zum HR-220 vgl. Kap. 5. Zum Instrumentenangebot vgl. Becker, Fisk, Khetrapal, "The Development of NMR" (1996), S.52-53.

776 Laukien, Preisrede zur Verleihung des ISMAR (International Society of Magnetic Resonance) Award in Industrial Development am 25. August 1980. Typoskipt. Bruker BioSpin, Rheinstetten, S.7 und ders., "ISMAR Award Acceptance Speech" (1982), S.14.

5. Innovationsschübe generieren einen neuen Instrumententyp

Es gelang Bruker-Spectrospin 1967 mit dem HFX ein konkurrenzfähiges NMR-Spektrometer auf dem internationalen Markt vorzustellen. Dieser Erfolg hatte Anteil an der weiteren geografischen Verbreitung der NMR und des Wissens um moderne elektronische Instrumente insgesamt. Eine 1968 veröffentlichte OECD Studie "Gaps in Technology, Scientific Instruments"[777] stellte fest, dass es neun Länder mit bedeutender Instrumentenproduktion gäbe: die USA, Großbritannien, Japan, Frankreich, die Bundesrepublik Deutschland, Italien, die Niederlande, Schweden und die Schweiz. In diesen Staaten bestand auch der größte Bedarf an derartigen wissenschaftlichen Instrumenten. Alle Länder, die bei der Konstruktion und Produktion der NMR-Spektrometer besonders wichtig waren,[778] sind in der Liste enthalten – der Bau kommerzieller NMR-Spektrometer basierte offenbar auf dem Know-how einer bereits vorhandenen wissenschaftlichen und industriellen Infrastruktur von Zulieferern, Herstellern und Benutzern: Moderne elektronische Instrumente sind das Produkt von Industriegesellschaften. Nicht nur die hinter Rationalisierung und Automatisierung stehenden Werte, sondern auch die Produktionsmechanismen verbanden die industrielle Ökonomie und die Naturwissenschaft. Die in Vannevar Bushs linearem Modell und neueren theoretischen Konzepten ausgedrückten Verbindungen zwischen Wissenschaft, Industrie und Staat waren vorhanden, die vielschichtigen Wechselwirkungen sind aber zumindest im Beispiel der NMR mit einem derart einfachen Modell nicht hinreichend zu erfassen.

5.1. Die Instrumentenhersteller als Teil einer internationalen NMR-Gemeinschaft

Laut der erwähnten OECD-Studie waren die USA Mitte der 1960er Jahre der Hauptlieferant wissenschaftlicher Instrumente und nur sie konnten ihren Instrumentenbedarf auch selbst decken. Die Studie konstatierte also immer noch einen Rückstand Europas und anderer Regionen. Aber die Lücke schloss sich, denn eine weitere OECD-Statistik, die nicht nur Eigenbedarf und Import, sondern auch den Instrumentenexport einschloss, zeigte gerade die Bundesrepublik

777 Organisation for Economic Co-operation and Development, Directorate for Scientific Affairs (Hg.), Gaps in Technology: Scientific Instruments (1968).

778 D.h. die USA, Großbritannien, Japan, die Schweiz und die Bundesrepublik Deutschland.

in einer recht günstigen Situation. Auch wenn dort die Größenordnung im Sektor der Instrumentenproduktion nur etwa 20 % der USA erreichte und der Importanteil bei mehr als 20 % des Bedarfs lag, war der Exportanteil der Produktion relativ gesehen viel höher als in den USA. In Europa hatte sich Deutschland damit zum führenden Instrumentenexporteur entwickelt und Japan als die andere, durch den Zweiten Weltkrieg massiv beeinträchtigte Industrienation hatte zu den größeren europäischen Ländern aufgeschlossen:

Tab. 4: *Angebot und Nachfrage nach modernen wissenschaftlichen Instrumenten laut OECD im Jahr 1965. Deutsche oder ausländische Geräte? Denkschrift Dipl.-Ing. Waldemar Heitz, des ehemaligen (bis 1. Oktober 1968) Betreuers des Referats Allgemeine Ingenieurswissenschaften inkl. Bauingenieurswesen, Bergbau- und Hüttenwesen, Architektur an der DFG-Geschäftsstelle [1969]. Abschnitt F, Punkt 11. BArch B 227, Film Nr. 51 FC7536N, 402,4.*

	Einheimischer Bedarf [Mio. $]	**Einheimische Produktion [Mio $]**	**Import [Mio $]**	**Export [Mio $]**
USA	947	1092	30	175
Frankreich	154	130	38	14
Bundesrepublik Deutschland	131	171	35	75
Großbritannien	114	129	13	28
Japan	112	123	25	36
Schweden	32	31	22	21

Die gleiche Studie bemerkte eine international recht einheitliche Struktur der Instrumentenproduktion. Es gab viele kleine Unternehmen, mit weniger als 50 Angestellten, welche die Mehrzahl der verschiedenen Instrumententypen anboten und wenige große Produzenten, die mit ihren Serienprodukten 70 % der Instrumentenmenge verkauften. Zu diesen Großen gehörten um 1970 Hewlett-Packard (Gaschromatografie, Spektrometer), Perkin-Elmer (Gaschromatografie, Spektrometer), JEOL (Elektronenmikroskope, Spektrometer), Beckman (Gaschromatografie, Spektrometer), AEI (Elektronenmikroskope), Hitachi (Elektronenmikroskope), Philips (Elektronenmikroskope), RCA (Elektronenmikroskope), Siemens (Elektronenmikroskope) und auch Varian (Gaschromatografie,

Spektrometer).[779] Aber die namenlosen, kleinen Hersteller betrieben das Gros der Instrumentenentwicklung und die Industriekultur in den USA mit vielen jungen Unternehmen förderte besonders den Instrumentenbau, da in dieser Sparte kleine, risikobereite Betriebe ausgesprochen innovativ agierten. Der Small Business Investment Act von 1958[780] unterstützte daher viele Instrumentenbauer, indem er Investitionen in kleine Unternehmen erleichterte. In den 1960er Jahren bemängelten deutsche Experten aus Forschungsförderung, Wissenschaft und Industrie weniger einen technischen als einen ökonomischen Rückstand, da es in der Bundesrepublik Deutschland zu wenig Risikokapital für solche Unternehmen gäbe, um Ressourcen für Entwicklung, Werbung und Service im Instrumentenbau zu sichern. Und gerade im von der DFG besonders geförderten Segment der Spitzeninstrumente war der Importanteil überdurchschnittlich hoch.[781]

Tab. 5: *Von der DFG für den Apparateerwerb zugewiesene Mittel. Im Bereich der durch die DFG geförderten Spitzengeräte lag der Importanteil mit knapp 50 % besonders hoch. Die Ausgabenhöhe schwankt stark und unspezifisch. Waldemar Heitz, Deutsche oder ausländische Geräte? Denkschrift, [1969]. Abschnitt C, Punkt 47. BArch B 227, Film Nr. 51 FC7536N, 402,4.*

	im Inland hergestellt [DM]	**importiert [DM]**	**Gesamt [DM]**
1965	19.818.775	21.008.475	40.827.250
1966	38.260.504	32.159.379	70.419.888
1967	47.581.888	15.266.867	62.848.756
1968	26.155.366	24.719.113	50.874.479

779 Waldemar Heitz, Die Bedeutung der wissenschaftlich orientierten Entwicklungsarbeit in kleinen und mittleren Unternehmen, Voraussetzungen und Möglichkeiten in der Bundesrepublik, Bad Godesberg, 1. Juli 1971, S.5-6. BArch B 227, Film Nr. 51 FC7536N, 402,4.

780 Public Law 110-246, enacted 6/18/08.

781 Waldemar Heitz, Deutsche oder ausländische Geräte? Denkschrift, [1969]. Abschnitt F, "Betrachtungen über den technologischen Rückstand", Punkt 11. BArch B 227, Film Nr. 51 FC7536N, 402,4. Heitz hatte sich an der DFG besonders um die deutsche Geophysik verdient gemacht und war vor seiner Pensionierung am 1. Oktober 1968 Betreuer des Referats Allgemeine Ingenieurswissenschaften, inkl. Bauingenieurswesen, Bergbau- und Hüttenwesen, sowie Architektur, an der DFG-Geschäftsstelle in Bonn /Bad Godesberg. Die Studie war ein Projekt, mit dem Heitz über seine Pensionierung hinaus an der Geschäftsstelle als Instrumentenexperte weiter arbeiten konnte.

Die Höhe der staatlichen Fördermittel war aber nur schwer abzuschätzen, anspruchsvolle Instrumente forderten daher von den Instrumentenherstellern nicht nur hohe technische, sondern auch erhebliche finanzielle Flexibilität, was gerade bei kleineren Firmen wie Bruker-Spectrospin ein besonderes Problem darstellte. Die DFG trug dem Rechnung und versuchte über das Apparatereferat Bemühungen deutscher Unternehmen im Instrumentenbau zu unterstützen. Günther Laukien passte mit seinem Plan, in das Geschäft der hochwertigen NMR-Forschungsinstrumente einzusteigen, genau in diese Bemühungen und die DFG-Experten leisteten daher großzügige Starthilfe. Die Bedeutung dieser Hilfe war der DFG-Geschäftsstelle durchaus bewusst, denn der ehemalige Referent für Ingenieurswissenschaften Waldemar Heitz nennt in seinem Antrag zum Projekt einer Analyse der Situation im deutschen Instrumenten- und Apparatebau die NMR-Aktivitäten unter den herausragenden, bis dahin von der DFG durchgeführten Hilfsmaßnahmen:[782]

> Vorangestellte Beispiele dafür, in welcher Weise die Forschungsgemeinschaft schon versucht hat, die deutsche Apparateentwicklung zu fördern (Etwa: Erste Rechenmaschinenbestellungen bei Siemens und Lorenz, Rechenmaschinenbestellung bei Zuse, Kernresonanzspektrometer-Bestellung bei Brucker [sic], Rechenmaschinenbestellung bei Telefunken u.a.).

Die Unterstützung für Bruker-Spectrospin war, auch wenn die Apparate formal allein nach der Qualität ausgesucht werden sollten, eine gezielte Entwicklungshilfe für den einheimischen Apparatebau gewesen. Die Bediensteten der nationalen Förderorganisation waren daher auch besonders stolz auf Bruker-Spectrospin, denn hier zeigte sich plötzlich eine verkehrte Welt. Entgegen dem gängigen Klischee wurde ein großes, in Hierarchien erstarrtes US-amerikanisches Unternehmen, das riskante Innovationen scheute, durch die kleine, aggressive deutsch-schweizer Konkurrenz erfolgreich attackiert, die trotz dünner Finanzdecke bei hohem Risiko auf schnelle, grundlegende Innovationsschritte in der Produktentwicklung setzte.

Die Verknüpfungen zwischen Industrie, Staat und Wissenschaft sind auch am weiteren Schicksal des hier kurz vorgestellten DFG-Memorandums von Waldemar Heitz ersichtlich. Es wurde nicht publiziert, sondern diente einem am 14. Oktober 1971 organisierten Rundgespräch über die Förderung der industriellen Entwicklung von Instrumenten und Verfahren als Diskussionsgrundlage. Eingeladen wurden Natur-, Ingenieurs- und Wirtschaftswissenschaftler,

782 Waldemar Heitz, Deutsche oder ausländische Geräte? Plan für die Bearbeitung einer Denkschrift. Beilage zu einem Schreiben von Heitz an den Präsidenten und den Generalsekretär der DFG, Entwurf vom 29. November 1968, S.3, Punkt 14. BArch B 227, Film Nr. 51 FC7536N, 402,4.

Banker sowie Vertreter von Industrie, Verbänden und Regierung. Unter den 22 Teilnehmern waren auch Günter Laukien und Ernst Lippert,[783] die beide – wie gesehen – auf dem instrumententechnischen Sektor eng kooperierten.[784]

Die notwendige politische Unterstützung war aber nur ein Teil der Geschichte Bruker-Spectrospins. Konkrete Innovationsschritte des Unternehmens wurden durch eine Reihe weiterer Faktoren beeinflusst, die durch die Gemeinschaft der NMR-Wissenschaftler geformt wurden. Und Bruker-Spectrospin bemühte sich besonders um einen intensiven Kontakt zur internationalen NMR-Gemeinschaft. Nach der französischen Niederlassung wurden bereits 1968 eine britische – in Oxford[785] – und eine italienische gegründet,[786] im selben Jahr folgte eine in den USA. Als kleines Unternehmen mit flachen Hierarchien konnte Bruker-Spectrospin schnell auf neue Bedürfnisse und Optionen reagieren, zudem achtete der Firmenleiter Laukien auf guten Service und war allen technischen Neuerungen gegenüber aufgeschlossen, die teilweise von Wissenschaftlern mit Beraterverträgen wie Ernst Lippert und dessen Schüler und Nachfolger Dieter Ziessow oder auch Seymour Lipsky vorgeschlagen wurden. Diese Lead User waren keine Instrumentenbauer, sondern vornehmlich Kunden, aber erahnten als anerkannte Forschungsautoritäten neue Trends und Entwicklungsrichtungen, oder gaben sie sogar mit vor. Der Großteil des Wissensaustauschs verlief auf informellem, nicht vertraglich festgelegtem Weg.[787]

Dabei profitierte der Hersteller, weil er seine Entwicklung und Produktion bedarfsgerecht gestalten konnte, und die NMR-Wissenschaftler, weil sie die benötigten Instrumente bekamen. So erhielt Günther Snatzke 1966, 1968 und 1969 DFG-Sachbeihilfen für ^{13}C NMR-Messungen,[788] d.h. Bruker-Spectrospin wurde bereits durch die ersten, mit Mühe gewonnenen Kunden vor die Aufgabe

---

783 Einladungsliste und Teilnehmerliste für eine Besprechung "Förderung der Instrumenten-Entwicklung in der mittelständischen Industrie." BArch B 227, Film Nr. 51 FC7536N, 402,4 und C.H. Schiel (Generalsekretär der DFG) an die Teilnehmer, Bad Godesberg, den 28. September 1971. DFG-Az. 402,4-71. BArch B 227, Film Nr. 51 FC7536N, 402,4

784 Holz, Knüttel, Interview geführt am 13. Juli 2004. Lippert erhielt wie beschrieben das erste HFX und hatte einen Beratervertrag mit Bruker-Spectrospin.

785 Die ersten dort verkauften Instrumente waren ein Bruker KR 322 Impulsspektrometer an die University of Salford, ein ESR-Spektrometer ER-420 an die University of Liverpool und zwei HFX an die Universitäten von Newcastle und Leeds. Roger Ladbury, "A Mini-History of Bruker UK Limited" in: Bruker Medical GmbH (Hg.), Schlaglichter Schnappschüsse aus der BRUKER-Historie (1999), [nicht paginiert].

786 Bruker Medical GmbH (Hg.), Schlaglichter Schnappschüsse aus der BRUKER-Historie (1999), S.3.

787 Keller, Interview geführt am 18. und 19. August 2004.

788 Beihilfenkarte Günter Snatzke, Blatt 3 und Blatt 5. Sn 2, DFG-Geschäftsstelle Bonn.

gestellt neue und anspruchsvolle Messverfahren wie die ^{13}C Spektroskopie zu unterstützen. Bei der Bruker-Physik AG in Rheinstetten, die Impulsspektrometer verkaufte, zählte die Mehrheit der europäischen NMR-Physiker zu den Kunden. Auch hier verliefen die Kontakte vorwiegend informell, Hilfe von Kundenseite wurde in der Regel mit Instrumentenzubehör vergolten. Zu den Bruker-Kunden gehörten z.B. Karl-Hermann Hausser, Werner Müller-Warmuth und Robert Kosfeld, der eine gewisse Ausnahmeposition hatte, weil er neben einem Impulsinstrument auch ein CW-HFX betreute. Auch wenn dorthin nur wenige Instrumente verkauft wurden, bestanden bis in die 1970er Jahre recht gute Kontakte zu NMR-Wissenschaftlern in der DDR,[789] insbesondere zu Artur Lösche, Harry Pfeifer, Dieter Michel, Siegbert Grande, Jörg Kärger (alle Leipzig) und Gerhard Scheler[790] (Jena). Lösche war in der Lage, persönlich in den Westen zu reisen und konnte dabei dienstliche Besuche in Rheinstetten mit Privatem kombinieren. Einerseits bestand eine engere Beziehung mit regelmäßigen gegenseitigen Besuchen zu Hermann Gerhard Hertz in Karlsruhe, dessen Onkel war der Nobelpreisträger Gustav Hertz (1887-1975) in Leipzig, andererseits stammte Lösches Frau aus dem nahe gelegenen Germersheim.[791]

Offizielle Beraterverträge wurden bei Bruker-Spectrospin eher als bürokratisches Hemmnis empfunden und nur selten geschlossen. Viele der Kunden definierten sich zudem als 'reine' Akademiker und hätten diese enge Beziehung zur Industrie auch gar nicht akzeptiert wie z.B. Ulrich Häberlen oder Hermann Gerhard Hertz.[792] Die Produktentwicklung fand in der Regel beim Hersteller statt, d.h. die Ingenieure bei Spectrospin versuchten für die Vorschläge und Wünsche der Kunden praktikable technische Lösungen zu finden. Somit war die Arbeitsteilung zwischen Wissenschaft und Technik eindeutig schärfer definiert als es in der frühen Zeit bei Varian üblich war, wo Wissenschaftler außerhalb des Unternehmens, z.B. in Stanford oder bei der chemischen Industrie, die Instrumentenentwicklung bis hin zum Prototypen betrieben. Bei Bruker-Spectrospin war dieser Anteil der Wissenschaftler auf kleinere Bauteile beschränkt, maximal besonders zweckmäßige Probenköpfe für spezielle Anwendungen, die vom Unternehmen ab und zu übernommen wurden.

---

789 Die DDR war einer der Fälle, bei denen es von Vorteil war, dass Spectrospin als Schweizer Unternehmen auftreten konnte.

790 Vgl. Scheler, Aufbau und Erprobung eines hochauflösenden Kernresonanzspektrometers (1961); Scheler, "50 Jahre magnetische Kernresonanz (NMR) am Physikalischen Institut der Universität Jena" (2004). Scheler war besonders stark am Instrumentenbau interessiert.

791 Holz, Knüttel, Interview geführt am 13. Juli 2004; Keller, Interview geführt am 18. und 19. August 2004.

792 Holz, Knüttel, Interview geführt am 13. Juli 2004.

Als Oskar Glemser in Göttingen für sein durch einen Aufenthalt bei Monsanto in den USA angeregtes Forschungsprogramm zur Messung von Phosphorspektren größere Probenröhrchen verwenden wollte, störten die zu voluminösen Shimspulen des HFX. Toni Keller leistete Service vor Ort, indem er aus Draht seine ersten Linearshims zur Regulierung des Magnetfeldes zurechtbog, welche aufgrund ihrer geometrischen Anordnung mehr Platz für die Probe im Messkern ließen.[793] Das Beispiel zeigt, wie in der Regel auf dem Weg informeller Hersteller-Kunden-Beziehungen die Instrumente verändert und an den Bedarf angepasst wurden. Gerade die Konzentration auf die technische Servicefunktion war eine besonders gepflegte Stärke Bruker-Spectrospins. Im Gegensatz zu Varian legte man dabei großen Wert darauf, nicht als wissenschaftlicher Konkurrent aufzutreten: Die Mitarbeiter publizierten keine eigenen Artikel, es war nur gestattet, dass sie auf Wunsch des Kunden als Co-Autoren aufgenommen wurden. Dagegen patentierten Laukien, Keller und andere Bruker-Spectrospin Mitarbeiter häufig Erfindungen und Spektrometerverbesserungen wie Probenköpfe, verschiedene Hochfrequenzsender- und Magnetfeldregelungen,[794] die wesentlich zur weiteren Entwicklung der NMR beitrugen. Es kam also nicht zu einer stärkeren Vermischung, sondern eher zu einer funktionalen Ausdifferenzierung der Vertreter von Wissenschaft und Technik, die allerdings in enger, gegenseitiger Abstimmung stattfand. So zitiert Laukien in einem Patent über ein elektronisch verbessertes Impulsspektrometer[795] eine Publikation Hans Strehlows und der 1960 von Artur Lösche mit herausgegebene Band einer in Ost-Berlin stattfindenden Tagung über Hochfrequenzspektroskopie[796] wurde zur Begutachtung

793 Keller, Interview geführt am 18. und 19. August 2004.

794 Z.B. Spectrospin AG, Verfahren zur Erzeugung eines linearen Frequenzvorschubs bei Kernrsonanzspektrographen und Vorrichtung zur Durchführung dieses Verfahrens. Erfinder: Toni Keller, Werner Tschopp. Schweizer Patent Nr. 482190; Laukien, Hochfrequenzimpulsspektrometer. Erfinder: Günther Laukien. Deutsche Auslegeschrift Nr. 1648849; Laukien, Verfahren und Vorrichtung zur Aufnahme von Spektren. Erfinder: Günther Laukien. Deutsche Offenlegungsschrift Nr. 1806615; Spectrospin AG, Vorrichtung zur Erzeugung eines Magnetfeldes mittels einer oder mehreren Spulen und zur Konstanthaltung des erzeugten Magnetfeldes. Erfinder: Werner Tschopp. Inhaber: Spectrospin AG. Schweizer Patent Nr. 540528; Spectrospin AG, Vorrichtung zur Erzeugung einer frequenzstabilen HF-Schwingung. Erfinder: Werner Tschopp. Schweizer Patent Nr. 523628; Bruker-Physik AG, Spinresonanzgenerator. Erfinder: Bertold Knüttel, Günther Laukien. Deutsche Offenlegungsschrift Nr. 2323773.

795 Laukien, Hochfrequenzimpulsspektrometer. Erfinder: Günther Laukien. Deutsche Auslegeschrift Nr. 1648849, Sp. 3.

796 Lösche, Schütz (Hg.), Hochfrequenzspektroskopie: Tagung der Physikalischen Gesellschaft in der Deutschen Demokratischen Republik vom 31. März – 2. April 1960 in Leipzig (1961).

dieses Patents herangezogen. Mit der Rolle von James Shoolery als leitender Wissenschaftler und gleichzeitig Angestellter eines Instrumentenherstellers waren die NMR-Spezialisten zunehmend unzufrieden, denn sie passte nicht mehr in die veränderte Struktur der NMR-Gemeinschaft. Es kam der Vorwurf gegen Shoolery und das Varian-Applikationslabor auf, dass sie als Kollegen und somit als Konkurrenten agierten, aber unfaire Vorteile bezüglich der Ausstattung und der finanziellen Möglichkeiten hätten und sich zudem nicht dem Urteil der wissenschaftlichen Peers unterziehen mussten.[797] Externe Lead User wie John D. Roberts lösten daher auch bei Varian zunehmend die firmeneigenen Wissenschaftler wie Shoolery in ihrer Funktion als Verbindungselement zur akademisch-wissenschaftlichen NMR ab. Wie bereits erläutert, konnte erst im Zusammenhang mit der Veränderung der gesamten NMR-Gemeinschaft ab den späten 1950er Jahren die Rolle des Lead Users ausgebildet werden und den Einfluss der Benutzer auf die Instrumentenentwicklung sichern.

Die betonte Kundenorientierung Bruker-Spectrospins spiegelte sich auch in der Konstruktionsweise der Instrumente wieder. Das HFX arbeitete bei 90 MHz Protonenresonanzfrequenz und damit bei etwas niedrigerem Magnetfeld als das HA-100. Allerdings näherte sich Varian mit 100 MHz (2.4 Tesla) schon stark der magnetischen Sättigungsgrenze des Eisens. Die etwas geringere Feldstärke bei Bruker-Spectrospin versprach einen problemloseren, durch Sättigungserscheinungen ungestörten Betrieb, der durch den Verzicht auf ein prestigeträchtiges, höheres Magnetfeld ermöglicht wurde. Kleine, feldstärkebedingte Nachteile in Auflösung und Empfindlichkeit wurden durch ein stabileres Feld und die moderne Elektronik wieder ausgeglichen. Bruker-Spectrospin band sich somit als Dienstleister eng in die naturwissenschaftliche Gemeinschaft ein und konnte wegen der flachen Firmenhierarchien schnell und flexibel entscheiden, wenn sich eine der vielversprechenden Möglichkeiten bot, die sich in den 1960er Jahren immer wieder in Wissenschaft oder Technik abzeichneten.

Wie gesehen stabilisierten die in den 1950er Jahren entwickelten Instrumente die NMR und verankerten sie in der organischen Chemie. Im folgenden Jahrzehnt begannen die NMR-Spezialisten ein ganzes Arsenal an Verfahren zu erfinden, mit denen der Anwendungsbereich ihrer Methode an verschiedene spezifische Bedürfnisse angepasst und damit auf angrenzende Wissensgebiete erweitert werden konnte. Als besonders prestige- und damit zukunftsträchtig galt es, die schwer zu erkennende chemische Struktur großer Biomoleküle über experimentelle Daten zu sichern und damit die röntgenspektrografischen Ergebnisse zu ergänzen. Dazu wurde die Empfindlichkeit und Auflösung der Instrumente weiter gesteigert und Messverfahren zur gezielten Datenproduktion und

797 Shoolery, "NMR Spectroscopy in the Beginning" (1983), S.736A.

besseren Dateninterpretation gefunden. Es gab nun z.B. paramagnetische Shiftreagenzien, mit denen störende Lösungsmittelabsorptionen verschoben werden konnten, die Henry Taube (1915-2005), zwischenzeitlich Berater der AEC in Los Alamos, als Erster nutzte.[798] Zur besseren Auswertung wurde vor allem in der Industrie bereits mit Spektrendatenbanken experimentiert. Daneben entstand im akademischen Bereich der Ansatz, über emirisch-quantenmechanische Abschätzungen die NMR-Spektren vorgegebener chemischer Strukturen mit Computern zu errechnen. Richtungsweisend war die Gruppe von Aksel Bothner-By am Mellon Institute in Pittsburgh mit ihrem Programm LAOCOON und seinen Derivaten; ein anderes größeres Projekt wurde NMRIT.[799] Das Messverfahren wurde dabei umgedreht, Ausgangspunkt des Spektrums war nicht mehr die Substanz, sondern die chemische Struktur. Obwohl damit die steigende Bedeutung des strukturchemischen Modells veranschaulicht werden kann, kann hier allerdings noch nicht von einer Verdrängung der Substanz gesprochen werden, da derartige Programme, im Gegensatz zu verschiedenen Substanzzusätzen und Lösungsmitteln, keine umfassende praktische Bedeutung in der NMR hatten. Zudem wurden bei diesen Programmen die Ergebnisse anhand von Substanzspektren korrigiert und so anhand empirischer Daten iterativ das am besten passende Resultat ermittelt.[800] Die Chemie blieb eine Substanzwissenschaft, auch wenn sich der analytische Umgang mit der materiellen Verbindung auf die Probenvorbereitung reduzierte.

Die wohl bedeutendste Entwicklung, welche den methodischen Ausbau der NMR in den 1960er Jahren prägte, war die Erfindung immer neuer Mehrfachresonanzverfahren verbunden mit Messungen von Heterokernen,[801] vor allem dem des ^{13}C-Isotops. Das Prinzip dieser Methoden war, wie in Kapitel 3 erläutert, bereits in den 1950er Jahren im Umfeld von Varian Associates entwickelt und auch patentiert worden.[802] Nun kamen immer neue Spielarten hinzu, bis hin zur

798 Jackson, Lemons, Taube, "Nuclear Magnetic Resonance Studies on Hydration of Cations" (1960). Taube erhielt 1983 den Nobelpreis für Chemie für seine mechanistischen Arbeiten zu Elektronen-Transfer-Reaktionen.

799 Vgl. Diehl, Kellerhals, Lustig, Computer Assistance in the Analysis of High Resolution NMR Spectra (1972).

800 Bothner-By, Castellano, "Analysis of NMR Spectra by Least Squares" (1964).

801 Waugh, "NMR Spectroscopy in Solids. A Historical Perspective" (1993), S.728A-729A.

802 Varian Associates, Gyromagnetic Resonance Method and Apparatus. Erfinder: Felix Bloch, Martin E. Packard und James N. Shoolery (letztere für Varian Associates). US Pat-Nr. 3068399; Bloom, Shoolery, "Effects of Perturbating Radiofrequency Fields on Nuclear Spin Coupling" (1955). Vgl. Hippel, The Sources of Innovation (1988), S.146; Lécuyer, Lenoir, "Instrument Makers and Discipline Builders " (1995), S.316.

Tripelresonanz, bei der zwei zusätzliche Anregungsfrequenzen verwendet wurden. Es gab insbesondere in der Impuls- bzw. Festkörperspektroskopie und in der ESR[803] Varianten, mit deren Hilfe über gezielt gestaltete Impulssequenzen zusätzliche Strukturinformationen erhalten werden konnten (ENDOR, INDOR). Ein weiteres Verfahren war das Spin Tickling,[804] bei dem eine Einzellinie eines durch Kopplung entstandenen Multipletts gezielt gesättigt und die Reaktion des Spinsystems beobachtet wird.

Diese Verfahren waren äußerlich unspektakulär, sie wurden aber für den Ausbau der Strukturanalyse mittels NMR mindestens genauso wichtig wie die mächtigen Magnete mit immer höheren Magnetfeldstärken, und gerade sie standen für die Flexibilität der Methode, denn mit ihnen konnten sich die NMR-Wissenschaftler immer wieder neue Forschungsgebiete erschließen. Die chemische CW-NMR konzentrierte sich zunächst auf die Entkopplung, bei der keine zusätzliche Information gewonnen, sondern die im Spektrum enthaltene Datenmenge reduziert wird um komplizierte Spektren zu vereinfachen und besser interpretierbar zu machen. Das größte praktische Potenzial hatten natürlich die homonuklearen Entkopplungsexperimente in der Protonenresonanz, weil die Messung der intensiv absorbierenden Protonen besonders verbreitetet war – die große Anzahl an Wasserstoffatomen in der Struktur organischer Moleküle ergab aber durch Überlagerung vieler Signale besonders komplexe Spektren. Eine homonukleare Protonenentkopplung war technisch schwierig, da es sich um relativ starke Wechselwirkungen handelt. Noch dazu liegen die Resonanzen der Kerne wegen der geringen Dispersion der Protonenspektren sehr eng beieinander; die Kerne sollten aber auch selektiv angeregt werden können, was eine hohe Präzision der elektronischen Frequenzgeneratoren verlangte. Da die Sättigungsanregung im selben Frequenzband wie die Messung stattfand, musste sie mit dieser sehr exakt stabilisiert und synchronisiert werden. Der Feldsweep, bei dem das Magnetfeld moduliert wird, um den gewünschten Spektralbereich abzufahren, erwies sich in diesem Zusammenhang als besonders problematisch, denn die eigentlich konstante Sättigungsfrequenz musste dort genau der Magnetfeldänderung entsprechend variiert werden.[805] Zudem konnte mit den in der

803 Dort publizierte u.a. K.-H. Hausser einige wichtige Arbeiten zur Mehrfachresonanz.

804 Anderson, Freeman, "Use of Weak Perturbing Radio-Frequency Fields in Nuclear Magnetic Resonance" (1962).

805 Weston Anderson schlug die Methode erstmals vor. Anderson, "Nuclear Magnetic Resonance Spectra of Some Hydrocarbons" (1956). Durch Seitenbandmodulation konnte das Verfahren etwas vereinfacht werden. Es wurde von einigen Wissenschaftlern in Eigenbau realisiert und dann von verschiedenen Instrumentenherstellern angeboten. Die Probleme konnten aber erst durch die stochastische Entkopplung Richard Ernsts gelöst werden, siehe unten.

CW-Spektroskopie verwendeten schwachen Sendern nur mit einem Frequenzband recht begrenzter Ausdehnung angeregt werden, was bei Spektren, die einen weiten Frequenzbereich umfassten, nur einen Teil der Kopplungen unterdrückte.

Die heteronukleare Entkopplung war insbesondere wegen der ^{13}C Spektren interessant, denn Kohlenstoffkerne sind ähnlich wie die des Wasserstoffs die Hauptkomponenten in allen organischen und Biomolekülen und können daher viele Informationen über deren Struktur liefern. Das NMR-aktive Kohlenstoffisotop ^{13}C liegt aber in natürlicher Verteilung nur zu etwa 1.1 % vor[806] und hat ein schwaches kernmagnetisches Moment. Die geringe Intensität der Kohlenstoffabsorptionen sorgte daher für eine geringe Messempfindlichkeit und miserable Spektren, was der Grund dafür war, dass sich nur wenige NMR-Wissenschaftler mit der ^{13}C-Variante befassten.

Tab. 6: Vergleich der NMR-Basisdaten vom ^{1}H und ^{13}C – das Empfindlichkeitsproblem beim Kohlenstoff vs. geringe Feldstärke und große Dispersion.

	^{1}H	^{13}C
Larmorfrequenz bei ca. 2.4 Tesla	100 MHz	25 MHz
Bereich der chemischen Verschiebung	12 ppm	220 ppm
Spin-Gitter Relaxationszeit T_1	1-20 s	1-40 s
relative Häufigkeit	99.9 %	1.1 %
Empfindlichkeit der Messung	1.00	0.016

Da die Kohlenstoffabsorptionen organischer Moleküle eine relativ große Dispersion haben, weniger Signale als die Protonenabsorptionen zeigen und geringere Magnetfelder benötigen, war nicht die Feldstärke des Magneten das primäre Problem, sondern die Empfindlichkeit der Messung. Trotz aller Verbesserungen reichte sie bei den in den 1960er Jahren verwendeten Instrumenten für akzeptable ^{13}C-Messungen immer noch nicht aus. Es gab aber einige günstig erscheinende Aspekte der ^{13}C-Methode. Die heteronukleare Entkopplung der

806 Die künstliche Anreicherung der Proben war in den meisten Fällen zu aufwändig und wurde nur in wenigen Fällen zur Empfindlichkeitssteigerung verwendet.

Kohlenstoffkerne von den Protonen war technisch vergleichsweise einfach zu verwirklichen, da sich die Kohlenstoff-Messfrequenz deutlich von der Protonen-Einstrahlungsfrequenz unterscheidet. Weil diese Kopplungen zudem schwach sind, konnte auch bei schwacher Sendeleistung mit einer ausreichend intensiven Entkoppelungseinstrahlung gearbeitet werden, welche die Messung selbst nicht maßgeblich beeinflusste. Zusätzlich wurde unter bestimmten Bedingungen ein Kern- oder Nuclear-Overhauser-Effekt (NOE) beobachtet, der die Empfindlichkeit der Messung bis auf das Dreifache steigern konnte.[807] 1953 hatte Albert Overhauser vorausgesagt, dass eine kleine Veränderung der Besetzungszahl der Elektronenspinniveaus eine große Veränderung in der Kernspinpolarisierung verursachen würde. In einem System, bei dem sich zwei gekoppelte Spins in einem Magnetfeld aufhalten, hängt die Polarisierung, also die Besetzungszahlen der Energieniveaus beider Spins, voneinander ab. Eine Veränderung im Gleichgewichtszustand dieser Zeeman-Niveaus eines Spins z.B. durch Einstrahlung mit Radio- oder Mikrowellen kann zu einer deutlichen Polarisation des anderen Spins führen. Dieser Zusammenhang wurde ein wichtiges Werkzeug für die Bestimmung komplexer Molekülstrukturen, da Frank Anet und seine Mitarbeiter den NOE auch in organischen Molekülen nachwiesen.[808] In der ^{13}C-Messung konnten damit über die Anregung der empfindlicheren Wasserstoffkerne die eigentlich zu messenden Kohlenstoffkerne polarisiert werden, was deren Besetzungsgleichgewicht der Energiezustände so verschob, dass mehr Kerne auf die Messung reagierten und das Absorptionssignal intensiver wurde. Die durch den NOE protonenverstärkte ^{13}C-Kernresonanz wurde bereits 1965 von der Varian-Forschungsabteilung publiziert,[809] aber nicht in die Serieninstrumente integriert.

Sogar die allein die Spektren vereinfachende Entkopplung fand ihren Weg in die Serie nur auf Umwegen. Varian bot ab 1961 einen Zusatz für solche Entkopplungsexperimente an,[810] nahm das nur für wenige Spezialisten interessante Zubehör aber wieder aus dem Programm. 1962 gab man es in Lizenz an einen eigenen Ingenieur, der sich mit NMR Specialties, einem Unternehmen zur Produktion von NMR-Zubehör für Varian Instrumente, in New Kensington bei Pittsburgh selbstständig machte. Offenbar war Varian Associates an der Produktion solcher wissenschaftlichen Spezialausrüstung nicht interessiert. Paul

807 Vgl. Kap. 3.
808 Anet, Bourn, "Nuclear magnetic resonance spectral assignments from nuclear Overhauser effects" (1965).
809 Anderson, Freeman, "Nuclear Magnetic Double Resonance. Transmission of Modulation Information through the Nuclear Spin-Spin Coupling" (1965).
810 Shoolery, "NMR Spectroscopy in the Beginning" (1983), S.738A.

Lauterbur (1929-2007),[811] einer der frühesten und führenden ^{13}C-Experten, der in Pittsburgh promoviert hatte, kooperierte folgerichtig vor allem mit NMR Specialties, nicht mit Varian, und wurde später einer der Direktoren.[812] Doch dann verkaufte auch der Konkurrent Perkin-Elmer Entkopplungsausrüstung, worauf hin Varian sich gedrängt sah, die heteronukleare Entkopplungsmöglichkeit in die Forschungsspektrometer der HA Serie zu integrieren. JEOL und Bruker boten kurze Zeit später ebenfalls für Entkopplungsexperimente vorbereitete Instrumente an.[813]

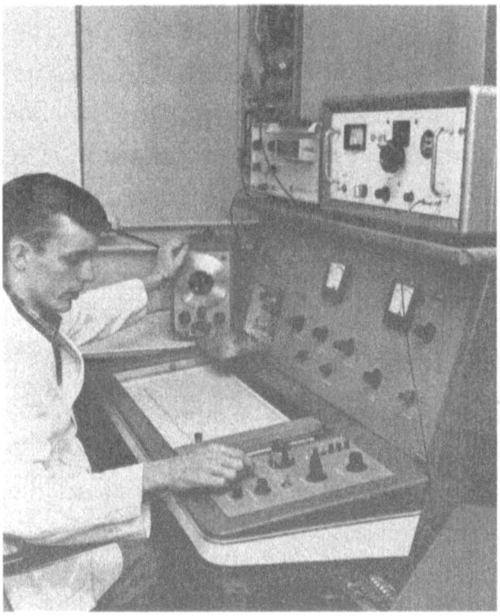

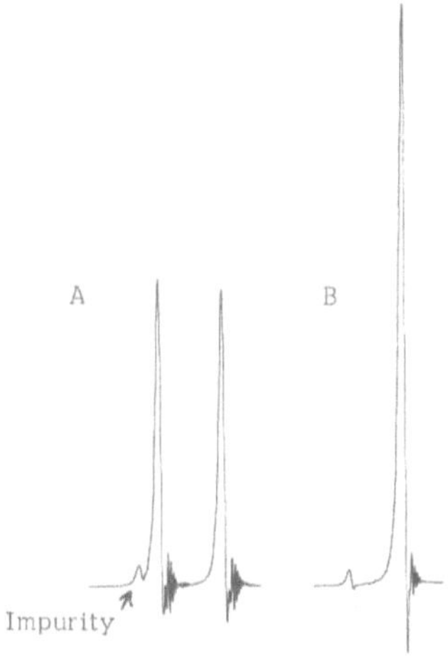

Abb. 49/50: George Foster von NMR Specialties 1966 an einer A-60 Konsole mit dem heteronuklearem Entkoppler SD-60B, rechts über der Konsole. Links neben dem Entkoppler ein Frequenzzähler, darauf steht ein Oszilloskop, beide zur Überwachung des Entkopplers. Die linke Hand Fosters ruht an einem Audiofrequenzgenerator zum Einlocken des Entkopplers. Ein recht hoher Aufwand, um das A-60 aufzurüsten. Das Bild rechts zeigt ein von Paul Lauterbur für die Werbung zur Verfügung gestelltes ^{1}H Spektrum von Trimethylphosphin (A), die Phosphorkopplung spaltet das Protonensignal zum Dublett auf. Daneben das entkoppelte und damit zum Singulett vereinfachte Signal (B), bei dem zusätzlich mit der Resonanzfrequenz des Phosphorkernes angeregt wurde.

NMR-Wissenschaftler entwickelten noch mehr Verfahren, um die Empfindlichkeit der Kernspinresonanz weiter zu steigern, allerdings konnten diese ohne

---

811 Vgl. Mattson, Simon, Pioneers of NMR (1996), S.699-734.

812 Holtzmann, Kevles, Naked to the Bone: Medical Imaging in the Twentieth Century (1997), S.180; Mattson, Simon, Pioneers of NMR (1996), S.710-711.

813 Hippel, The Sources of Innovation (1988), S.146.

Unterstützung eines führenden Instrumentenherstellers nicht zu Standardmethoden ausgebaut werden. Wieder war es Paul Lauterbur, der angetrieben von seinem Spezialgebiet an der State University of New York in Stony Brook an der Fast Sweep Messung arbeitete.[814] Dabei wurde das ^{13}C-Spektrum einer Probe sehr schnell aufgenommen, ebenso das bekannte Spektrum einer Referenz, und durch einen gegenseitigen Datenabgleich wurden die durch den schnelleren Sweep verursachten Verzerrungen herausgerechnet. Der aus vielen schnellen Messungen errechnete Mittelwert konnte die Empfindlichkeit verbessern. Eine weitere Technik, die Empfindlichkeit der NMR zu steigern wurde von den Biochemikern bzw -physikern Mildred Cohn (1913-2009, University of Pennsylvania, Philadelphia) und Robert G. Shulman (*1924, Bell Telephone Laboratories, Murray Hill, ab 1979 Yale University) entwickelt.[815] Sie gaben dem Lösungsmittel bestimmte Übergangsmetallionen zu, welche die Relaxationszeiten der Kerne verlängerten, ähnlich wie das zu Beginn der NMR-Messungen bei Bloch mit dem Eisenchlorid versucht wurde. Dieses Nuclear Relaxation Enhancement genannte Verfahren wurde in den 1960ern von einigen Wissenschaftlern verwendet, später aber von anderen Techniken verdrängt.[816] Die Motivation für diese Versuche wurde von den Beteiligten selbst so beschrieben:[817]

> Although its [NMR] application in biochemistry is still in his infancy, some very striking effects have been uncovered with molecules and systems of biological origin. [...] The present reviewers [Mildred Cohn und Arthur Kowalsky] will attempt to point up the unique features of this type of spectroscopy which make it an excellent tool for the study not only of molecular structures but also of inter- and intramolecular interactions in biochemistry, and to indicate future avenues for exploitation of the technique.

Weiter gehen die Autoren dann auf die aus biochemischer Sicht dringend anzugehenden Schwächen und Probleme der Methode ein, im Wesentlichen auf die schlechte Empfindlichkeit und die schwierige Interpretation der Spektren komplexer Moleküle. Die Methoden- und Instrumentenentwicklung der 1960er und 1970er Jahre befassten sich genau mit diesen Problemen und begannen damit,

---

814 Reinhardt, Shifting and Rearranging (2006), S.225. Auch bei Aksel Bothner-By am Mellon Institute in Pittsburgh, bei den NIH in Washington D.C. und bei Richard Ernst an der ETH Zürich wurde in den 1970er Jahren an dieser Variante gearbeitet.

815 Blumberg, Eisinger, Shulman, "Relaxation Enhancement by Paramagnetic Ion Binding in Deoxyribonucleic Acid Solutions" (1961); Cohn, Leigh, "Magnetic Resonance Investigations of Ternary Complexes of Enzyme–Metal–Substrate" (1962).

816 Richards, Interview geführt im März 1988 von Max Blythe, Interview 2, S.3.

817 Cohn, Kowalsky, "Application of Nuclear Magnetic Resonance in Biochemistry" (1964), S.481.

das Arbeitsgebiet der NMR-Wissenschaftler bis an die Grenzgebiete zur Medizin auszudehnen.

So kam die Ausstattung des Bruker-Spectrospin HFX mit Multikernmessung, homo- und heteronuklearem Lock (Fluorlock und Protonenmessung), der Möglichkeit zum Frequenzsweep, zur Entkopplung und zum Spin-Tickling den Kundenwünschen und damit der allgemeinen Entwicklungstendenz der NMR-Wissenschaft entgegen. Die Auslegung des HFX wurde daher Basis aller späteren NMR-Spektrometer. Technisch gesehen war das HFX damit weitaus richtungsweisender als das A-60, allerdings hätte es ohne die Stabilisierung und Popularisierung der Methode durch das A-60 wohl auch kein HFX gegeben. Die beiden Spektrometer symbolisieren Basistypen der Instrumentenentwicklung, Flexibilität vs. Standard oder "Komplexität vs. Einfachheit." Die Wahl zwischen beiden Wegen beschäftigte auch in anderen Bereichen tätige Instrumentenbauer, wie eine Karikatur in der Firmenzeitschrift Better Analysis von Baird Associates belegt.[818] Varian entschied sich für die durch Standardisierung erreichte "Einfachheit" und reagierte zögerlich auf den von den vielfältiger werdenden Ansprüchen der NMR-Benutzer immer stärker ausgeübten Entwicklungsdruck, wenn er wie in den Fällen vielkanaliger Instrumente zur Messung von Heteroatomen oder der Möglichkeit zu Doppelresonanzexperimenten nicht zur Firmenstrategie der Standard-NMR passte. Verstärkt wurde diese Orientierung durch ökonomische Probleme, die um 1964 auftraten, weil die Verkaufserlöse sanken und militärische Aufträge zurückgingen.[819] Das Management reagierte mit intensivierten Bemühungen um einen großen, kommerziellen Markt und wurde noch produktionsorientierter,[820] denn die staatliche Förderung wissenschaftlicher Instrumente schien stabil zu bleiben und im bereits erwähnten Westheimer Report[821] wurde sogar gerade in der Chemie ein Nachholbedarf an modernen Instrumenten mit großen Steigerungsraten angemahnt. Der Instrumentenbau begann in den Planungen der Firmenleitung die Rolle des Hauptgeschäftes von der Mikrowellenröhrenherstellung zu übernehmen und sollte weiter ausgebaut werden[822] – das Zugpferd in diesem Sektor war die NMR. So startete das Unternehmen 1964 eine Marketingoffensive, die auf NMR-Einsteiger und Routinebenutzer zielte, und das A-60 als Alltagsgerät herausstellte, für

818 Baird, "Histories of Baird Associates" (2002), S.144.

819 Lécuyer, Lenoir, "Instrument Makers and Discipline Builders " (1995), S.304-307.

820 Packard, Interview geführt am 7. und 12. Dezember 1989 von Sharon Mercer, S.30-31, S.35-37, S.47-48.

821 Westheimer Report, 1965. Committee for the Survey on Chemistry (Hg.), Chemistry Opportunities and Needs (1965).

822 Lécuyer, Lenoir, "Instrument Makers and Discipline Builders " (1995), S.332-336.

das es ab 1965 mit dem A-60A bereits einen Nachfolger mit besserem Schreiber und kürzerer Vorwärmzeit gab. Werbeargumente waren vor allem der günstige Preis sowie die Stabilität und einfache Reproduzierbarkeit der Signale, sodass für die Bedienung ein nicht speziell ausgebildeter Laborant genügte (was letztlich ebenfalls ein finanzielles Argument war). Konzepte wie "NMR at Work" verloren im Zeitraum 1964-1967 ihre Leitfunktion in der Varian-Werbung, nun überwogen konventionelle Werbestrategien in denen fachliche Fragen der Spezialisten nicht mehr angesprochen wurden. In der Werbung reagierte Varian so auch auf die Kritik, zog sich als potentieller Konkurrent aus dem Bereich der NMR-Wissenschaft zurück und stellte die eigenen Mitarbeiter, ob Wartungstechniker oder Applikationschemiker, nun als reines Servicepersonal für die Kunden dar, nicht als Kollegen; das Vorgehen war eingebettet in die Varian-Interpretation der NMR als Routinetechnik.[823]

Berater und Lead User wie John D. Roberts,[824] also NMR-Spezialisten, versuchten dagegen, Varian Associates dazu zu bewegen, den Trend zur methodischen Vielfalt in der NMR stärker zu berücksichtigen und die Instrumente konstruktiv auf die Durchführung unterschiedlicher Verfahren vorzubereiten. Roberts hatte ab Ende der 1950er Jahre erheblichen Anteil an den kontinuierlichen Verbesserungen der Varian-Instrumente, kombinierte aber auch in Forschung und Lehre das klassisch-chemische Strukturmodell mit modernsten instrumentellen NMR-Verfahren.[825] Er konnte zudem durch sein wissenschaftliches Prestige in den Leitungsgremien verschiedener Institutionen Lobbyarbeit betreiben, so war er Mitglied des im für die Chemie zuständigen Advisory Commitee der NSF oder auch im wissenschaftlichen Beirat der Zeitschrift "Organic Magnetic

823 Vgl. zur Veränderung der Werbestrategie: Roberts, Instruments and Domains of Knowledge: The Case of Nuclear Magnetic Resonance Spectroscopy, 1956-1969 (2002), S.49-53.

824 John D. Roberts wurde 1918 geboren und wuchs in Los Angeles auf. Er studierte Chemie an der UCLA, wo er auch Assistent war. Bei den Untersuchungen zu seinem ersten wissenschaftlichen Artikel arbeitete Roberts mit Don Yost vom CalTech zusammen, dem Doktorvater Shoolerys. 1945 promovierte er, war dann in Harvard und am MIT und wurde 1953 Professor für Chemie am CalTech. 1954 besuchte er das mit einem Varian HR-30 (bzw. V -4300) ausgestattete Forschungslabor von DuPont. Nicht seine akademische Ausbildung, sondern die Messungen dort machten Roberts zum NMR-Wissenschaftler. Mit der Unterstützung von Linus Pauling erhielt er von der Verwaltung des CalTech die erforderlichen Mittel für sein erstes Varian Spektrometer, das schon 1955 gelieferte, neue Modell mit 40 MHz Protonenresonanz. Auch das ONR und die NSF förderten Roberts Projekt. Zu Roberts vgl. Reinhardt, "A Lead User of Instruments in Science" (2006); Reinhardt, Shifting and Rearranging (2006), S.175-241; Roberts, The Right Place at the Right Time (1990).

825 Vgl. Roberts, "Nuclear Magnetic resonance Spectroscopy" (1961).

Resonance", die 1969 speziell für die organisch-chemischen Anwendungen der NMR gegründet wurde.[826] Aufgrund seiner Bedeutung hatte Roberts in Einzelfällen sogar die Option, dass Varian Associates ein Instrument nach seinen Vorstellungen konstruierte, wie es mit dem DFS-60 geschah, dem Prototypen eines mit digitalisiertem Frequenzsweep ausgestattetem HA-60, der sich insbesondere für Mehrfachresonanzverfahren eignete. Wie eine Reihe anderer guter Ideen, die noch einige Investitionen in die Entwicklung zur Serienreife verlangten und an deren Verwirklichung vorerst nur die NMR-Spezialisten interessiert waren, wurde das DFS von Varian nicht in die Serie gebracht.[827]

Dagegen förderte Varian Associates diejenigen Erfindungen und Neuerungen, welche ohne größere Veränderungen mit den vorhandenen, stabilisierten Instrumenten kombiniert, in das etablierte Messverfahren integriert, und damit in möglichst hohen Stückzahlen verkauft werden konnten. Das Unternehmen war also nicht ausschließlich zum Innovationshemmschuh geworden sondern z.B. die treibende Kraft bei der Einführung von elektronischen Rechnern in der NMR. Wieder einmal war schon sehr früh erkannt worden, dass der Signal-Rausch Abstand durch Mittelwertbildung über die Messdaten vergrößert werden kann:[828]

> It should be observed here that, being a phenomenon of fluctuations, the noise can always be reduced by averaging over sufficiently long times. This procedure was used later to very greatly increase the sensitivity of the method; it is characteristic of the present possibilities that my collaborators have succeeded in the last few years in detecting in natural water signals arising from deuterium and from the isotope of oxygen with atomic mass 17, despite their low abundances of 0.02.

Schon David Garber hatte bei Felix Bloch eine fotografische Technik entwickelt, mit der das Rauschen der Oszilloskopsignale durch Mittelwertbildung verringert wurde.[829] Das Grundprinzip wurde aber erst von Varian mithilfe der digitalen Computer in den NMR-Instrumentenbau eingeführt und das Zubehör entgegen der Prognose des damaligen Managers der Instrument Division, Martin Packard, von den Chemikern gern angenommen und zu Hunderten verkauft.[830] Die Rechner folgten dem Wunsch der Chemiker als Routineanwender, welche die zur Strukturbeschreibung wichtigen ^{13}C-Messungen ohne aufwändige künstliche Anreicherung des Isotops oder andere technisch und methodisch

826 Günther, "Editorial: Happy birthday to you, Professor Roberts!" (1998).

827 Vgl. Reinhardt, Shifting and Rearranging (2006), S.227-233.

828 Bloch, "The Principle of Nuclear Induction" (Nobelpreisvortrag 11. Dezember 1952) (1998), S.211.

829 Bloch, Garber, "Nuclear Induction Proton Signals Below Noise Level from Gases at One Atmosphere" (1949).

830 Packard, "Nuclear Induction at Stanford and the Transition to Varian" (1996), S.520.

komplizierte Verfahren nutzen wollten. So wurde ein 1961 erfundenes Instrument von der Technical Measurement Corporation (TMC) angeboten, die elektronische Geräte und Computer produzierte.[831]

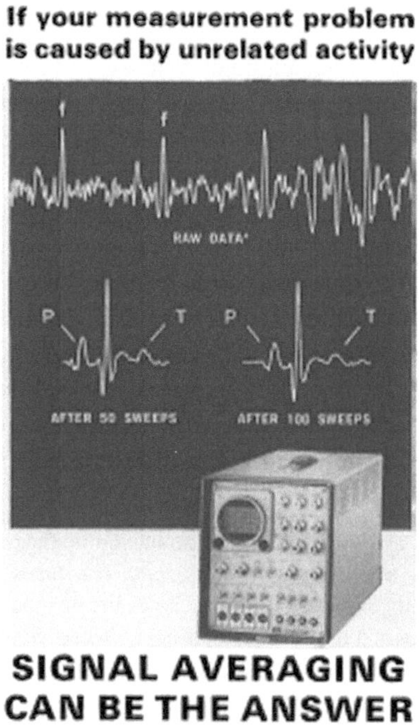

Abb. 51: *Ausschnitt einer Werbeannonce für einen frühen Mnemotron CAT 400B der Technical Measurement Corporation von 1965.*

Der Rechner bildete aus den Mittelwerten der Daten von 50 oder mehr Einzelmessungen ein rauscharmes Spektrum. In der NMR setzte erstmals Varian diese Computer of Average Transients (CAT) genannten Mittelwertrechner zur Datenverarbeitung und Datenreduktion ein. Ein CAT konnte einfach an den Signalausgang der bestehenden Spektrometer angeschlossen werden und teilte mit einem Analog-Digital-Wandler die Spektren in eine größere Anzahl von Datenpunkten, die ausreichten, um das Spektrum gut abzubilden. Die Messung wurde

831 Mnemotron Corporation, Computer of Average Response Transients. Erfinder: Manfred E. Clynes. US Pat. Nr. 3087487. Die Methode wurde zunächst insbesondere für die Medizintechnik zur Verbesserung von Elektro-Encephalogrammen entwickelt. Die Mnemotron Corporation des Erfinders Clynes wurde von der Technical Measurement Corporation aufgekauft.

mehrmals wiederholt, die Werte in einem Speicher akkumuliert und schließlich die Mittelwerte berechnet. So wurde dieses neue Zusatzelement zu einem der "Kästen", mit denen das Instrumentalsystem weiter wuchs.[832]

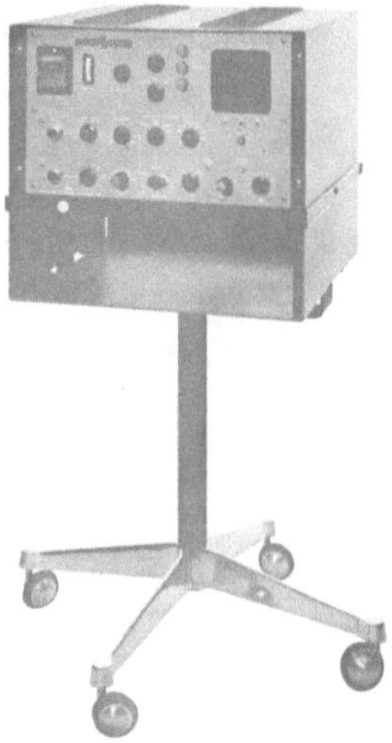

Abb. 52: Der von FabriTek gebaute Time Averager (CAT) Varian C-1024, ab 1964 angeboten.

Ein früher CAT (TMC Mnemotron CAT 400) verfügte über 400, verbesserte Modelle bereits über 1024 Kanäle. Das geplottete Spektrum wurde damit also in 1024 Punkten gerastert. Der Typ C-1024 wurde ab 1964 von Varian als Standardinstrument vermarktet.[833] Da die TMC 1967 in Konkurs ging, wurde der führende Zulieferer FabriTek Instruments Inc. Das in Madison/Wisconsin ansässige Unternehmen wurde 1965 als Abteilung der Ferritkernspeicher produzierenden FabriTek Inc. gegründet und 1967 selbstständig.[834] Seit dem Börsengang 1971 nannte sich das Unternehmen nach dem französischen Entdecker

832 Als Alternative zum CAT wurde von Primas und Ernst in Zürich ein Verfahren zur Verbesserung des Signal-Rausch-Abstandes durch extrem langsamen Scan entwickelt, dass sie DOG nannten und es gab ein mit dem gleichen Ziel entwickeltes, timergesteuertes Aufnahmeverfahren mit dem A-60, das MOUSE hieß. Beide erreichten jedoch bei weitem nicht die Bedeutung der CATs. Reinhardt, Shifting and Rearranging (2006), S.312-313.

833 Varian Associates (Hg.), NMR/EPR Instrument Memo 5 (1964); Packard, "The Varian Story", Vortragsmanuskript 1980, S.24.

834 Richgels, The Capital Times, Web Edition. 23. September 2004.

Jean Nicolet (1598-1642) Nicolet Instrument Corp. Die von FabriTek verwendeten Speicher arbeiteten wie der TMC Mnemotron mit ringförmigen, magnetisierbaren Ferritkernen, jeder Speicherkanal hatte ca. 131.000 bit (2^{17}) Speicherkapazität. Das Ergebnis der Messserie konnte dann entweder am eingebauten Oszilloskop grafisch abgelesen oder zur Datensicherung an den Spektrometerschreiber geschickt werden.[835] NMR-Spektren wurden hier erstmals in digitale Datenkolonnen umgewandelt, welche man nach der Datenverarbeitung wieder in gewohnter Weise grafisch-analog präsentierte. Da sich das Hintergrundrauschen im Gegensatz zum Signal beim Aufsummieren nicht aufaddiert steigt der Signal-Rauschabstand und damit die Messempfindlichkeit bei N Messungen um das $\sqrt{N}$-fache. Eine Einzelmessung dauerte ca. 9 bis 15 Minuten, die Verbesserung eines Spektrums um den Faktor 20 erforderte damit in etwa einen Tag Messzeit.[836] Es war also nicht nur neue Computertechnik zur Steigerung der Empfindlichkeit vonnöten: nur weil elektronisch regulierte Instrumente wie das A-60 oder das HFX bereits über derart lange Messzeiten hinweg hinreichend stabile Signale gaben, konnten CATs eingesetzt werden. Die in den 1950ern erreichte Signalstabilität war also eine wesentliche Voraussetzung dieser Innovation.

5.2. Fourier-Transformationen

Obwohl die zunächst anlässlich des Nobelpreises 1991 von Richard Ernst gekonnt erzählte Entdeckungsgeschichte der Fourier-Transfer-NMR inzwischen bereits häufig wiedergegeben wurde[837] und so bereits zu den beinahe schon mythischen Heldentaten der NMR zählt, soll sie hier noch einmal kurz skizziert werden, um sie in den weiteren Kontext einordnen zu können. Als Richard R. Ernst[838] seine Dissertation an der ETH beendet hatte, war er ein wenig frustriert

835 Varian Associates Instrument Division (Hg.), Model C-1024 Averaging Computer (Manual), [1967], S.1 - 1.

836 Feeney, "Development of High Resolution NMR Spectroscopy as a Structural Tool" (1992), S.208.

837 Richard Ernst hatte bereits in seiner Nobelpreisrede 1992 einen ersten Abriss der Ereignisse gegeben, worauf sich weitere Darstellungen anschlossen, die sich aber von der Version Ernsts nicht wesentlich unterscheiden. Vgl. Ernst, "Nuclear Magnetic Resonance Fourier Transform Spectroscopy" (1992), 70-115, dt.: Ders., "Kernresonanz-Fourier-Transformations-Spektroskopie (Nobel-Vortrag)" (1992); Freeman, "The Fourier Transform Revolution in NMR Spectroscopy" (1993); Ernst, "The Success Story of Fourier Transformation in NMR" (1996); Mattson, Simon, Pioneers of NMR (1996); Reinhardt, Shifting and Rearranging (2006), S.303-355.

838 Richard Ernst (*1933 in Winterthur) war 1956 Dipl. Ingenieur-Chemiker an der ETH Zürich, promovierte sich 1962 dort zum Doktor der Technischen Wissenschaften und

von Hans Primas' Arbeitsstil, denn für die meisten der Entwicklungen zeichneten sich keine konkreten Anwendungen ab. Ernst sah sich als Hochseilartist ohne Publikum, wie er es später prägnant beschrieb. Unter den Angeboten aus der Industrie nahm er das von Warren Proctor, dem Leiter des Varian Anwendungslabors in Zürich, eingefädelte[839] an. Einerseits erhoffte sich Ernst eine mehr an konkreten Problemen orientierte Arbeit, die sich auch in sichtbaren Anwendungen niederschlug, andererseits war er von der Entwicklungsabteilung in Palo Alto beeindruckt, die mit hochkarätigen Wissenschaftlern wie Weston A. Anderson, Ray Freeman, Jim Hyde, Martin Packard, und Harry Weaver aufwarten konnte und immer noch zur Crème der NMR-Wissenschaft gehörte. In Palo Alto arbeitete Richard Ernst im Forschungsprogramm von Weston Anderson, der sich ähnlich wie Primas mit Methoden zur Empfindlichkeitssteigerung der NMR beschäftigte, allerdings war das Ziel eines anwendbaren Instruments viel klarer vorgegeben. Wie erläutert wurden bis dahin bereits einige Verfahren verwendet, um größere Messempfindlichkeit zu erreichen, die aber alle an enge technische Grenzen stießen. So waren neben den bereits skizzierten methodischen Versuchen in der Instrumentenhardware die Feldstärke der Elektromagneten bis zur Sättigungsgrenze des Eisens ausgereizt, das Rauschen elektronisch verringert oder durch Thermostatisierung reduziert und voluminösere Messkerne für größere Probenmengen verwendet worden.

Die Idee eine Fourier-Transformation zur Verbesserung der spektroskopischen Datenerhebung zu verwenden war ebenfalls nicht neu. Wieder einmal gab die IR-Spektroskopie eine Anregung. Neben dem Zentrum für Research Technology am Aimé Cotton Laboratoire in Bellevue, später Saclay bei Paris, wo wesentliche Entwicklungsschritte zum Fourier-Transformations IR-Spektrometer unternommen wurden, hatten auch englische Wissenschaftler zum Wissen über die Fourier-Transfer-Methode in der Spektroskopie beigetragen.[840] Bereits 1949 war dort der Empfindlichkeitsvorteil einer parallel auf vielen Frequenzen arbeitenden interferometrischen Messung mit anschließender Fourier-Transformation in der IR-Spektroskopie gegenüber der Messung mit einem dispersiven

arbeitete noch einige Zeit an der ETH. Danach war er ab 1963 ein wissenschaftlicher Mitarbeiter bei Varian Associates in Palo Alto. 1968 kehrte er an die ETH zurück, habilitierte sich zum Privatdozenten, wurde Assistenzprofessor und außerord. Professor. 1976-1998 war er ordentlicher Professor. 1991 erhielt er den Nobelpreis für Chemie aufgrund seiner Verdienste um die Methodenentwicklung in der NMR. Vgl. die Ernst, Autobiographie (1992).

839 Lécuyer, Lenoir, "Instrument Makers and Discipline Builders " (1995), S.321.

840 Zur Entwicklung der Fourier-Transfer-IR vgl. Shinn, Research-Technology and Cultural Change. Instrumentation, Genericity, Transversality (2008).

Element berechnet worden.[841] Dabei wurden die Signale in der Raumdomäne gemessen und in die Energiedomäne, also zu einem herkömmlichen Spektrum, Fourier-transformiert. Der sogenannte Fellgett-Vorteil des Signal-Rauschabstandes gegenüber einer normalen Messung in der Energiedomäne[842] konnte aber noch nicht in der Praxis genutzt werden, da die entsprechenden Algorithmen und Recheninstrumente fehlten.[843] Vergleichbar war die Situation bei einigen Versuchen zur Fourier-Transformation in der Impuls-NMR. Die von Anderson aufgegriffene Grundidee einer parallelen Anregung der Spinzustände mit breitem Frequenzband und anschließender Fourieranalyse hatte Russell Varian schon 1956 in einem Patent aufgeführt, in dem er eine ganze Reihe damals eher utopischer Vorschläge zur Verbesserung des Signal-Rausch-Abstandes in der NMR gebündelt hatte, wie die mehrkanalige Komparationsmessung, die Impuls- oder die Breitbandanregung.[844] In einem für derartige Patente Varians typischen Abschnitt wird auf die universelle Anwendbarkeit der Verfahren nochmals speziell hingewiesen:[845]

> Since many changes could be made in the above construction and many apparently widely different embodiments of this invention could be made without departing from the cope thereof, it is intended that all matter contained in the above description or shown in the accompanying drawings shall be interpreted as illustrative and not in a limiting sense.

---

841 Peter Berners Fellgett, Theory of Infra-Red Sensitivities and its Application to Investigations of Stellar Radiation in the Near Infra-Red (1951). Fellgett (1922-2008), seit 1965 erster britischer Professor für Kybernetik, war 1942-1947 in Cambridge Mitglied des bereits in Kap. 3 erwähnten Kriegsprojektes von Sutherland und Thompson, bei dem vor allen Treibstoffe mit IR-Instrumenten analysiert wurden. Peter Berners Fellgett u.a., Infra-Red Spectra of Some Pure Hydrocarbons: carried out at the Universities of Oxford and Cambridge, Institute of Petroleum Research Committee, Hydrocarbon Research Group, Report 11 (Februar 1946). Das in seiner Dissertation behandelte Auswerteverfahren der Daten eines Michelson-Interferometers hatte einen, vom bereits erwähnten Marcel Golay entwickelten, weniger theoretisch orientierten Konkurrenten. Golay, "Multislit Spectrometry and its Application to the Panoramic Display of Infrared Spectra" (1951). Vgl. dazu Johnston, "In Search of Space: Fourier Spectroscopy, 1950-1970" (2000), S.123-125 und S.128.

842 Daneben gibt es den Jacquinot- und den Connes-Vorteil. Shinn, Research-Technology and Cultural Change. Instrumentation, Genericity, Transversality (2008), S.14-16. Diese spielen aber im Zusammenhang mit der NMR keine größere Rolle.

843 Sheppard, "The U.K.'s Contributions to IR Spectroscopic Instrumentation" (1992), S.878A.

844 Varian Associates, Gyromagnetic Resonance Methods and Apparatus. Erfinder: Russell H. Varian. US Pat. Nr. 3287629. Sp. 2-3.

845 Varian Associates, Gyromagnetic Resonance Methods and Apparatus. Erfinder: Russell H. Varian. US Pat. Nr. 3287629. Sp. 11.

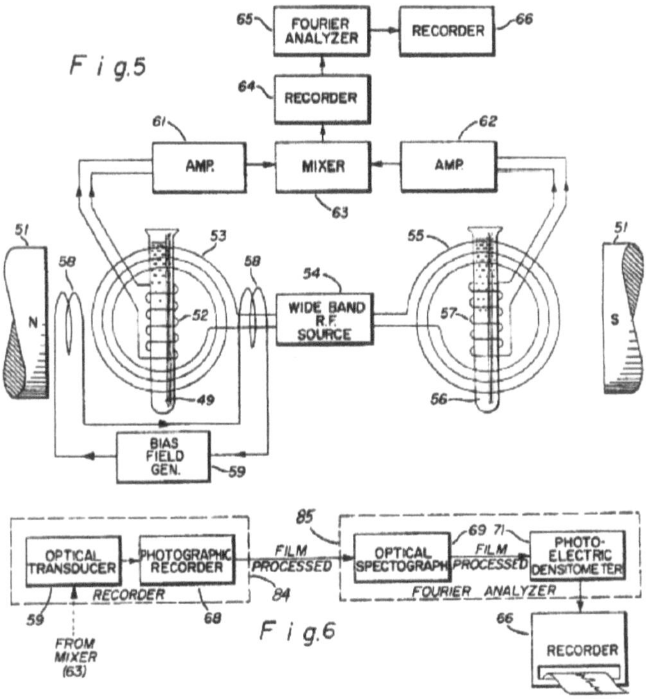

Abb. 53: Russell Varians generisches FT-NMR-Spektrometer im Patent von 1956. Für die Ausführung des Blocks "Fourier Analyzer" sind verschiedene Möglichkeiten angegeben, von denen aber keine in die Praxis umgesetzt wurde. Darunter als eine der Varianten die Idee eines optischen Systems.

Dabei beschrieb Varian die allgemeine Idee eines NMR-FT-Spektrometers, also ein generisches Instrument, und deutete in einer Reihe unterschiedlicher technischer Varianten nur an, wie dies praktisch umgesetzt werden könnte.[846] Dennoch zeigt das Patent, dass Russell Varian im Prinzip den Free Induction Decay (FID)[847] der Impulsanregung als die Fourier-Transformierte des energieaufgelösten Spektrums betrachtete. 1957 bewiesen dann Richard E. Norberg von der Washington University in St. Louis und sein Student Irving J. Lowe[848]

846 Varian Associates, Gyromagnetic Resonance Methods and Apparatus. Erfinder: Russell H. Varian. US Pat. Nr. 3287629. Sp. 9-10.

847 Vgl. Kap. 2.

848 Lowe, Norberg, "Free-Induction Decays in Solids" (1957). Norberg war 1949 an der University of Illinois in Urbana Doktorand des theoretischen Physikers James Bartlett gewesen, während Hahn dort als Postdoc arbeitete. Diese Doktorarbeit Norbergs war

die generelle quantenmechanische Gültigkeit, ausgenommen sehr tiefe Temperaturen, dieses Zusammenhanges und gaben zusätzlich einen experimentellen Beleg, indem sie die Übereinstimmung der Fourier-Transformation eines CW-Spektrums von Kalziumfluorid mit dem Signal eines Impulsspektrometers zeigten. Die Untersuchung sollte die Möglichkeiten zur Bestimmung von einzelnen Kernfrequenzen verbessern, sie war also auf eine physikalische Fragestellung hin ausgerichtet. Eine Option, damit die Empfindlichkeit chemisch-analytischer Spektrometer zu optimieren, stand damals nicht zur Debatte, denn die mathematischen und technischen Instrumente für eine effektive Fourier-Transformation der Spektrendaten fehlten immer noch und so fand auch die Nachricht Lowes und Norbergs keine größere Beachtung.[849]

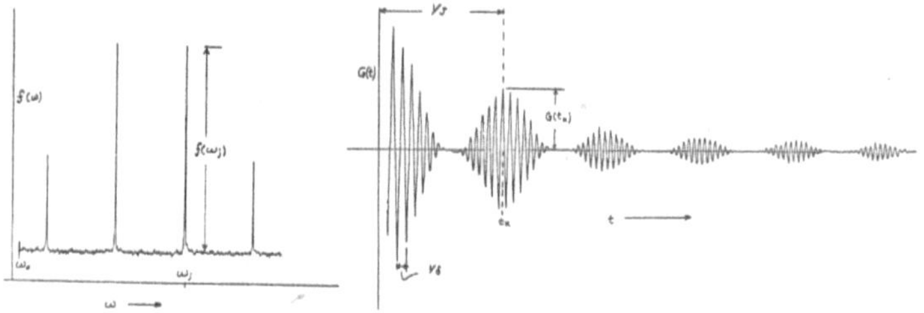

Abb. 54/55: Links ein frequenz-, d.h. energieabhängiges ^{13}C CW-Spektrum von Methyliodid (CH_3I). Das Kohlenstoffatom gibt ein Signal, dass durch die Kopplung mit den drei Wasserstoffkernen vierfach aufgespalten ist. Eine Korrelation mit der chemischen Struktur ist über etablierte Regeln möglich und erlaubt in diesem einfachen Fall die komplette Strukturaufklärung mittels der chemischen Verschiebung, der Kopplungskonstanten und der Form und Intensität des Quartetts. Rechts der zeitabhängige FID des Impulsspektrums der gleichen Flüssigkeit, also die Antwort des Spinsystems auf einen kurzen Radiowellenimpuls. Aus diesem FID kann die Darstellung links durch Fourier-Transformation errechnet werden. Die Zuordnung zu einer chemischen Struktur ist im FID ohne formale mathematische Operationen nicht möglich.

In Varians Patent von 1956 wurde auch ein mit Licht arbeitendes optisches System als Transformationsvariante beschrieben. Diese Idee scheint Weston Anderson zunächst aufgegriffen zu haben, denn er konstruierte ein optoelektrisches Gerät, das aber ansonsten nicht mehr viel mit der recht diffusen Beschreibung Russell Varians zu tun hatte.[850] Anderson lehnte sich eher an die schon ab

wohl die erste Untersuchung eines Feststoffes mit dem Impulsverfahren. Er arbeitete in Urbana auch mit Charles Slichter zusammen, bis er nach St. Louis wechselte.

849 Waugh, "NMR Spectroscopy in Solids. A Historical Perspective" (1993), S.726A; Mattson, Simon, Pioneers of NMR (1996), S.589-590.

850 Anderson, "Fourier Transform Spectroscopy" (1996), S.2128.

den 1950er Jahren verbreiteten, zweikanaligen Infrarotspektrometer an, bei denen Proben- und Referenzkanal durch ein mit einem Drehspiegel, dem Chopper, getaktetes Lichtsignal gespeist und elektronisch verglichen wurden. Er wollte über eine große Anzahl mittels einer optischen Einrichtung modulierter Frequenzen die Substanzprobe simultan über den ganzen Spektrenbereich anregen und die einzelnen Energiebereiche durch einen frequenzabhängigen, mehrkanaligen optischen Detektor wieder trennen und grafisch als energieaufgelöstes Spektrum darstellbar machen. Das wäre im Prinzip ein optoelektrisches Mehrkanalspektrometer gewesen, bei dem mit N überlagerten Kanälen angeregt und detektiert wurde; langwierige Sweeps wären so entfallen. Anfang der 1960er Jahre baute Anderson ein solches optisches Gerät, das "Wheel of Fortune" oder "Prayer Wheel", um das technische Problem der mehrkanaligen schnellen, gleichzeitigen und energieselektiven Detektion zu lösen. Eine von innen beleuchtete, sich schnell drehende Kunststofftrommel, die in N Reihen mit einem Film alternierender Dunkelfelder beklebt war, steuerte den Mechanismus. Die Streifen waren in unterschiedlichen Radien aufgeklebt, so dass bei der Drehung die Lichtfrequenz, welche durch die durchsichtigen Abschnitte fiel, N-fach moduliert wurde. Damit sollte einerseits über Fotozellen die Erzeugung der benötigten Zahl an Anregungsfrequenzen gesteuert und dann in Umkehrung des Verfahrens das entstehende Signal mit der genau gleich schnell rotierenden Trommel über Lämpchen wieder in die einzelnen Komponenten optisch aufgetrennt werden. Die elektronisch in grafische Signale umgewandelten Einzeldaten ergäben das herkömmliche Spektrum. Diese durch eine ungewöhnliche Vielzahl von Medienwechseln ausgezeichnete Idee konnte nie in einen funktionierenden Prototyp umgesetzt werden. Das von Richard Ernst als "cute" eingestufte "Prayer Wheel" machte dennoch Karriere und gelangte als Artefakt der Spektrometerentwicklung an der Grenze zwischen mechanisch-optischer und digital computerisierter Datenverarbeitung in das Smithsonian Museum in Washington.[851]

Als Richard Ernst im Herbst 1963 in Palo Alto angekommen war, arbeitete er anfangs rein theoretisch an der Methode, die Empfindlichkeit beim Fast Sweep Verfahren durch die Mittelwertbildung zu steigern.[852] Bereits hier betonte er, es wäre gerade für biochemische Anwendungen notwendig, die Empfindlichkeit zu erhöhen. Damit wird klar, dass die antreibende Zielvorstellung

851 Vgl. dazu Anderson, "Early NMR Experiences and Experiments" (1996); Freeman, "The Fourier Transform Revolution in NMR Spectroscopy" (1993); Mattson, Simon, Pioneers of NMR (1996), S.586-588.

852 Ernst, "Sensitivity Enhancement in Magnetic Resonance I. Analysis of the Method of Time Averaging" (1965); Anderson, Ernst, "Sensivity Enhancement in Magnetic Resonance II. Investigations of Intermediate Passage Conditions" (1965).

der Entwicklung bei Varian der Gedanke war, mittels NMR die Struktur größerer Biomoleküle ermitteln zu können, denn deren Spektren zeigen viele Signale geringerer Intensität, die aber wichtig für eine strukturelle Identifizierung sind. Im Juni 1964 schlug Anderson nach dem schon länger gescheiterten Versuch mit dem "Prayer Wheel" ein Verfahren vor, das näher am alten Patent Russell Varians lag. Ernst sollte ein neues Instrumentensystem entwickeln, bei dem die Anregung des Frequenzbandes durch kurze, intensive Impulse in Form einer Dirac-Delta-Funktion realisiert wurde, die als Fourier-Transformierte eines um die Impulsfrequenz gelegenen Frequenzbandes betrachtet werden kann.[853] Im Gegensatz zu den bis dahin in der chemischen Strukturanalytik üblichen CW-Instrumenten werden dabei die Kerne im Impulsverfahren bei konstantem Magnetfeld angeregt.[854] Die Signale des FID, mit dem die Energieemission des Spinsystems in Abhängigkeit von der Zeit dargestellt wird, werden dann durch Fourier-Transformation in ein herkömmliches, energieabhängiges Spektrum umgewandelt, das für die chemische Strukturbestimmung wie gewohnt verwendet werden konnte. Die Messung findet also im Prinzip bei konstantem Magnetfeld und variabler Frequenz statt, wobei mit allen Frequenzen gleichzeitig angeregt wird, was in der Grundidee dem von Anderson beim "Prayer Wheel" angewandten Konzept der parallelen Datenaufnahme durch mehrkanalige Messungen entsprach. Die Beschleunigung der Messung liegt nach Fellgett darin, dass pro Zeiteinheit alle verfügbaren Informationen genutzt werden, nicht nur ein kleiner Teil davon. Zentraler Punkt der Idee war nicht die höhere Empfindlichkeit des Instruments, sondern die wesentlich verkürzte Messzeit. Das Verfahren kann mit dem Überprüfen eines Pianos veranschaulicht werden, bei dem eine Saite gerissen ist. Im "CW-Verfahren" wird Taste für Taste nacheinander angeschlagen und damit die defekte Stelle ermittelt. Im "Impulsverfahren" werden alle Tasten auf einmal angeschlagen, damit erhält man auf einmal die gesamte Menge an Information, das akustische, Interferogramm genannte Chaos muss nur lesbar gemacht werden. Das geschieht durch Fourierrechnung, mit der die sich überlagernden Schwingungen nach Grundtönen separiert werden können. Im Ergebnis ist damit die getrennte Darstellung der Einzeltöne nach ihrer Frequenz, also in der Energiedomäne, durchführbar. In der NMR ermöglichte das schnellere Messen eine größere Zahl an Messvorgängen in gleicher Zeit bei annähernd gleicher Empfindlichkeit durchzuführen. Die statistische Berechnung des Mittelwertes vieler Messungen ergab nach dem Prinzip des CATs die höhere Empfindlichkeit erst als sekundäres Resultat. Der systemtheoretische und

853 Je höher die Intensität des Impulses, desto breiter das Frequenzband, das sich als Fourier-Transformierte ergibt.

854 Vgl. Kap. 2.

auch arbeitsökonomische Faktor der Messzeit spielte hier also die Schlüsselrolle – alles eine Frage der Zeit.

Richard Ernst entwickelte nach dem Konzept Andersons ein gut durchdachtes, elektronisch gesteuertes Verfahren, bei dem Fourierberechnungen mittels digital computerisierter Datenverarbeitung durchgeführt wurden. Das erste erfolgreiche Experiment gelang schnell, denn Ernst konnte auf sein bei Primas erworbenes Wissen über Instrumentenkonstruktion und Systemtheorie aufbauen.

Abb. 56: Richard Ernst im Instrumentalsystem zwischen Varian DP-60 (rechts), FabriTek 1064 CAT (Mitte) und IBM Kartenlocher (links).

Er stellte in zwei Monaten mithilfe eines Varian-Ingenieurs das Design des Varian DP-60 (60 MHz) auf die Impulsanregung um,[855] denn zu dieser Zeit gab es kein Varian Impulsspektrometer. Das war der zeitaufwändigste Schritt. Ein normaler C-1024 CAT verringerte das Signalrauschen der FIDs und erst im letzten Schritt wurde eine rechnergestützte Fourier-Transformation durchgeführt. Noch im Sommer 1964 entstand so das erste Spektrum. Aber im abschließenden Berechnungsschritt gab es ausgerechnet ein Zeitproblem, welches sich unmittelbar aus der einfachen Beschreibung der Prozedur erschließt: Das aus 500 Einzelmessungen ausgemittelte FID Signal musste durch einen TMC Model 220 C Datenausleser in binär kodierte Dezimalzahlen (BCD Code) umgewandelt werden, um diese durch einen Tally Corporation Model 420 Drucker auf einem Lochstreifen zu speichern. Der Streifen wurde zu einem IBM 7090

855 Ernst, "The Success Story of Fourier Transformation in NMR" (1996), S.295.

Großrechner nach San José gebracht, in Lochkarten übersetzt, die zurück in Palo Alto in den Großcomputer des dortigen Rechenzentrums eingespeist werden konnten und dann Fourier-transformiert und ausgeplottet wurden.[856] Der hohe Zeitaufwand von ca. 48 Stunden für die Berechnung ist nachvollziehbar, zumal Rechenzeit am Großrechner knapp und daher die Wartezeit oft lang war – und gerade die Geschwindigkeit war ja der springende Punkt des Verfahrens. Auch wenn, wie auf dem Bild oben zu sehen ist, später ein Lochkartendrucker verfügbar war und damit die Etappe nach San José wegfiel, hatte das System in dieser Form noch keine große Zukunft.[857]

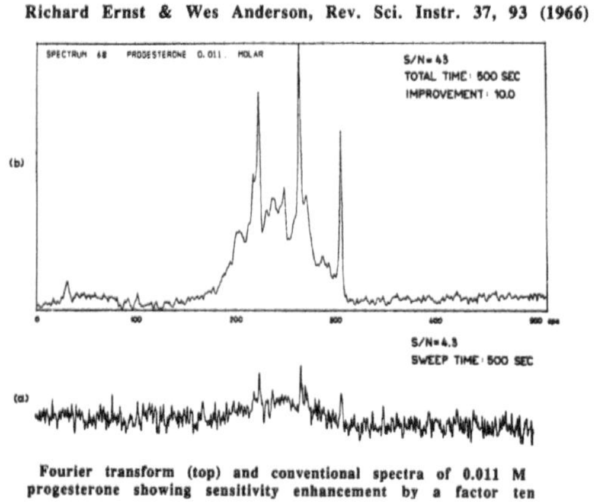

Abb. 57: *Zwei ^{1}H NMR-Spektren von Progesteron, die 1966 bei gleicher Messzeit mit dem Varian DP-60 aufgenommen wurden, machen in der ersten Publikation von Anderson und Ernst den Effekt des FT-Verfahrens deutlich. Unten ein normales, in 500 s gemessenes CW-Spektrum, oben das mit dem für die FT-Messung umgebauten Instrument, mit – theoretisch – gleichem Zeitaufwand gemachte Spektrum.*

Auf der sechsten ENC-Konferenz, die vom 25. bis 27. Februar 1965 in Pittsburgh stattfand – die Teilnehmer wurden während der Tagung schon traditionell von NMR Specialties mit Kaffee und Donuts versorgt – hielt Ernst in der

856 Freeman, "The Fourier Transform Revolution in NMR Spectroscopy" (1993), S.746A-747A.

857 Rex Richards berichtete darüber, dass er in Oxford zu Beginn der 1960er Jahre ähnliche FT-Versuche gemacht habe, die wegen solcher computertechnischen Probleme nicht praktikabel waren. Christie, Tansey, "Making the Human Body Transparent: The Impact of Nuclear Magnetic Resonance and Magnetic Resonance Imaging" (1998), S.16.

Abteilung "Signal to Noise Improvement" einen Vortrag über die Verbesserung der Messempfindlichkeit durch das FT-Verfahren, und stellte einige Spektren als Ergebnisse vor.[858] Es ist nicht sonderlich erstaunlich, dass die Reaktion auf die prinzipiell gelungenen Experimente auf ganzer Linie recht verhalten ausfiel. Die beim "Journal of Chemical Physics" eingereichte Veröffentlichung wurde zwei Mal mit der Begründung abgelehnt, der Artikel wäre zu technisch und das Verfahren biete nichts prinzipiell Neues,[859] daher wurde er später in der weniger prestigeträchtigen "Review of Scientific Instruments" publiziert.[860] Auch bei Varian Associates war man nicht übermäßig begeistert. Die Firma sicherte sich die Erfindung zwar durch ein Patent,[861] das Management lehnte es aber im Prinzip ab, das Verfahren wirklich zur Serienreife entwickeln zu lassen. Zwar wurde ein derartiges Zubehör für das HR-100 angeboten, dieses funktionierte aber nie richtig und im Design des gerade in der Entwicklung befindlichen XL-100 Spektrometers wurde die FT-Messung nicht berücksichtigt.[862] Die Entscheidung kann mit den technischen Hindernissen nicht begründet werden, denn bereits 1965 ließen Entwicklungen in der Computer Hard- und Software das Verfahren viel aussichtsreicher erscheinen, da nun eine schnelle On-Line Berechnung mit einem in das System integrierten Minicomputer möglich wurde. Neben der recht preisgünstig erreichbaren höheren Empfindlichkeit gab es weitere erhebliche Vorteile der FT-Spektroskopie. Wegen der kürzeren effektiven Messzeit zeigten sich geringere magnetische Felddrifts und es eröffneten sich auch neue Anwendungsmöglichkeiten, da z.B. die Strukturveränderungen bei schnelleren Reaktionen verfolgt werden konnten.[863] Gleichzeitig gab es zumindest eine Option, die Märkte und Gruppen der chemischen CW-Spektrometer und der physikalischen Impulsspektrometer zusammenzuführen. Obwohl Anderson und Ernst das Messprinzip bei Varian entwickelt hatten, erkannten Toni Keller und Günther Laukien bei Bruker-Spectrospin das ganze Potenzial der Methode, sahen auch die Möglichkeit, das Verfahren mit der vorhandenen Technik zur Marktreife zu

858 Ernst, "Sensivity Improvement by Fourier Transform Techniques", Abstract (1965).

859 Ernst, "The Success Story of Fourier Transformation in NMR" (1996), S.296.

860 Anderson, Ernst, "Application of Fourier Transform Spectroscopy to Magnetic Resonance" (1966). Vgl. die kurze Beschreibung in Ernst, Autobiographie (1992), S.67.

861 Varian Associates, Impulse Resonance Spectrometer Including a Time Averaging Computer and Fourier Analyzer. Erfinder: Weston A. Anderson, Richard Ernst. US Pat. Nr. 3475680.

862 Ernst, "The Success Story of Fourier Transformation in NMR" (1996), S.296.

863 Komoroski, Levy, "Fourier Transform Nuclear Magnetic Resonance Spectroscopy" (1974), S.293-294.

entwickeln und scheuten trotz enger Finanzen nicht das Risiko, einen Versuch zu starten.[864]

Toni Keller fragte im Frühjahr 1968 noch in Zürich beim gerade heimgekehrten Richard Ernst wegen des FT-Verfahrens an – er kannte Ernst seit den Trüb-Täuber Zeiten. Er beschrieb dabei ausführlich die Qualitäten des HFX und Spectrospin plante bereits, ein Instrument versuchsweise auf FT-Betrieb umzurüsten. Da Ernst inzwischen Berater von Varian war,[865] erfuhr dieses Unternehmen von den Absichten der Konkurrenz. Ernst berichtete dabei auch von den Qualitäten des HFX und der Unzufriedenheit der anspruchsvolleren Kunden mit dem Angebot Varians. Während man in Palo Alto inzwischen selbst zusammengestellte und vermarktete NMR-Computer als 'Black Boxes' verkaufte, die fest auf die eigenen Standardinstrumente, vor allem die A-60 Familie ausgelegt waren, wollten die NMR-Wissenschaftler das Instrumentalsystem flexibler einsetzen und selbst neue Rechenprogramme entwickeln. Aber schon Varians Gerätebeschreibung ging nicht mehr auf die Programmierung und die Anpassung an vom Standard abweichende Verwendungen ein. Ray Freeman, damals führender wissenschaftlicher Mitarbeiter in Varians Forschungs- und Entwicklungsabteilung, sah das Problem und befürchtete, Varian würde noch alle Hilfe der Berater wie Ernst benötigen, um wirklich geeignete computerisierte Spektrometer zu entwickeln. Ernst blieb trotz der schwierigen Lage Varian treu – er wurde auch materiell gebunden, denn das Unternehmen finanzierte die aufwändigen elektronischen Komponenten für sein Forschungsprogramm zur stochastisch angeregten NMR-Messung, die er aufbauend auf seine Arbeiten bei Primas als bessere Alternative zur herkömmlichen Impuls FT-NMR verstand.[866]

Toni Keller ging 1968-1969 ein Jahr in die USA, um Instrumente vorzuführen, und die Verkaufs- und Serviceniederlassung in Elmsford/N.Y. aufzubauen, die man 1968 eröffnete. Darin zeigt sich erneut die Sorgfalt, mit der bei Bruker-Spectrospin der Kundenservice gehandhabt wurde, denn mit Keller wurde der

864 Waugh, "NMR Spectroscopy in Solids. A Historical Perspective" (1993), S.726A.

865 Was ihn nicht davon abhielt, nach Palo Alto zu schreiben, dass das HFX das mit Abstand beste auf dem Markt erhältliche Spektrometer sei. Reinhardt, Shifting and Rearranging (2006), S.335.

866 Ders., ebd., S.333-335; Ernst, "Magnetic Resonance with Stochastic Excitation" (1970). Erste Ergebnisse trug Ernst auf der Internationalen Tagung über Hochfrequenzspektroskopie im September 1969 in Leipzig vor, dann auch auf der 11. ENC Konferenz. Ernst, "Magnetic Resonance with Stochastic Excitation", Abstract zur 11. ENC Konferenz (1970). In der gleichen Sektion trug Reinhold Kaiser von der University of New Brunswick/Kanada vor, der gleichzeitig mit Ernst ein fast identisches Forschungsprogramm gestartet hatte. Kaiser, "Noise Stimulated NMR Spectrum", Abstract zur 11. ENC Konferenz (1970).

neben Werner Tschopp wichtigste Spectrospin-Entwickler für die Aufgabe abgestellt. Aus der Umgebung des Lead Users Chien Ho kam in dieser Zeit die Anregung, das HFX auf ein Timesharing Messverfahren umzustellen, wie man es in der Impulsspektroskopie verwendete und wie es von James T. Arnold bereits 1955 auch für die chemische NMR vorgeschlagen worden war.[867] Dabei werden Sender und Empfänger in wechselseitigen Zeitfenstern eingeschaltet und können sich somit gegenseitig nicht beeinflussen. Die Detektion findet getaktet durch die von einer sehr genauen elektronischen Uhr bestimmten Schaltfrequenz statt. Das brachte zwar vorerst keine erkennbaren Vorteile, aber Keller entsprach dem Wunsch und probierte die Änderung aus, nicht zuletzt, weil die modular aufgebaute Elektronik des HFX diese Veränderung ohne großen Aufwand erlaubte.

Da FabriTek als erfolgreichster CAT-Produzent auch für die HFX-Instrumente zulieferte, kam Keller während seines USA Aufenthaltes in engeren Kontakt mit den Angestellten dieser Firma. Bei Unterhaltungen über das von Ernst und Anderson entwickelte FT-Verfahren schlugen die Techniker von FabriTek vor, probeweise ein kompaktes, praktisch nutzbares System zu bauen. Sie sagten zu, die Computer Hard- und Software zu entwickeln, wenn Keller die Konsole des HFX kompatibel machen würde. Keller, der die Möglichkeiten des Verfahrens schon länger erkannt hatte, konnte schnell auf den Vorschlag eingehen und ein solches System bestellen, da er weitgehend frei entscheiden konnte und darüber keine größeren Diskussionen mit der Firmenadministration zu führen hatte. Weil zeitgleich mit Elmsford auch in Deutschland eine Serviceorganisation für die chemischen NMR-Spektrometer aufgebaut wurde, wurden die Verbindungen innnerhalb der Arbeitsgemeinschaft Bruker-Spectrospin etwas enger und Keller konnte in Zusammenarbeit mit Rheinstettener Mitarbeitern der Bruker-Physik AG unter der Leitung von Dieter Hiss, wo man entsprechendes Know-how zu Impulsspektrometern besaß, recht schnell eine FT-Modifikation der HFX-Konsole entwickeln. Auch Seymour Lipsky war in die Entwicklungsbemühungen eingebunden.[868] Erneut bewährte sich die flexible Konstruktion des HFX, insbesondere die mehrkanalige Auslegung in modularer Bauweise, die Möglichkeit zum Frequenzsweep und der bereits integrierte, quarzgetaktete Frequenzsythesizer. Zudem hatte Keller bereits ein Instrument für das Timesharing-Verfahren umgeändert, eine Messvariante die sich ideal für eine digitalisierte Steuerung eignete, was die Umstellung auf das Fourier-Transform-Verfahren einfacher machte. Im Einzelfall kam also zum Innovationswillen

867 Vgl. Anderson, "Applications of Modulation Techniques to High Resolution Nuclear Magnetic Resonance Spectrometers" (1962).

868 Reinhardt, Shifting and Rearranging (2006), S.319.

auch eine Portion Glück hinzu, denn alle diese Komponenten waren nicht direkt für die FT-Spektroskopie konstruiert worden.[869]

Als Computer für die FT-Berechnung verwendete FabriTek den im April 1965 von der DIGITAL Equipment Corporation aus Maynard/Mass. vorgestellten PDP-8.[870] Dieser Computer war mit dem Ziel entwickelt worden, den möglichst einfachen und preiswerten (die erste Variante kostete ca. 18.000$, 1969 lag der Preis bei 8.000$, 1972 bei 5.000$) Rechner für viele Benutzer zu schaffen. Er war und blieb das kleinste Modell von DEC – eine Art A-60 der Computerbranche und erster weit verbreiteter, programmierbarer Minicomputer, dessen Varianten als Industrierechner während 15 Produktionsjahren in ca. 50.000 Exemplaren verkauft wurden, wobei er zehn Mal auf modernere Hardware umgerüstet wurde. So stand er am Beginn der Massenverwendung von Kleincomputern, die als Komponenten in verschiedenen technischen Systemen verbaut wurden, aber auch auf der Laborbank ihren Platz fanden.[871] Der minimalistische und effektive PDP-8 hatte einen Speicher von 4.096 Worten und arbeitete mit 12 bit Wortlänge. FT-Rechenoperationen konnten bei der verfügbaren Leistung recht lange dauern, daher war es entscheidend für die Fourier-Anwendung, dass ebenfalls im April 1965 James W. Cooley und John W. Tukey ihren Fast Fourier-Transform (FFT) Algorithmus publizierten,[872] der eine deutlich beschleunigte digitale FT-Rechnung ermöglichte, da er die für diese Rechner schwer durchzuführenden Multiplikationen im Rechenverfahren reduzierte und durch schneller bearbeitbare Additionsoperationen ersetzte.[873] Die entscheidende Anregung für Cooley und Tukey zur FFT kam von einem Wissenschaftler, der bei IBM NMR-Signale nach dem Impulsverfahren gemessen hatte. Probensubstanz war Heliumgas, nicht um kernphysikalische Feinstrukturen zu ergründen, sondern um unterirdische Kernwaffentests zu überwachen.[874]

---

869 Keller, Interview geführt am 18. und 19. August 2004.

870 PDP steht für Programmed Data Processor.

871 DIGITAL Equipment Corporation (Hg.), pdp 10, (Prospekt) (1967), S.2; Bell, Mudge, McNamara, Computer Engineering: A DEC View of Hardware Systems Design (1978), S.179-201.

872 Zur Entwicklungsgeschichte des Algorithmus vgl. Cooley, "The Origin and Publication of the FFT Paper" (1993).

873 Freeman, "The Fourier Transform Revolution in NMR Spectroscopy" (1993), S.747A. Während zur normalen FT mit N Messungen N^2 Multiplikationen benötigt werden, braucht die FFT nur $2N\log_2 N$. Bei N = 4000 ist die FFT ca. 200 Mal schneller als die klassische, diskrete Fourier-Transformation (DFT).

874 Carr, "Early Years of Free Precession Revisited" (1996), S.257. Cooley, Tukey, "An Algorithm for the Machine Calculation of Complex Fourier Series" (1965).

Es gelang bei FabriTek, ihren aktuellen Time Averager mit dem PDP-8 über eine neu entworfene Software zu koppeln. Das Design war nicht sonderlich elegant, aber es funktionierte so gut, dass trotz bescheidener Rechenleistung innerhalb von Minuten ein NMR-Spektrum dargestellt werden konnte. Alle diese Komponenten standen ab 1965 natürlich auch Varian Associates zur Verfügung, inklusive des Know-hows, daraus ein funktionierendes Intrumentalsystem zu entwickeln, denn auch Varian hatte gute Kontakte zu IBM sowie zum Zulieferer FabriTek und gehörte 1966 zu den frühen Käufern eines PDP-8.[875] Richard Ernst und die vorhandene Expertise im Umgang mit Computern wurden aber zur Automatisierung insbesondere des A-60 eingesetzt.[876] So war Varian Associates damals in der Lage, ein computerisiertes Steuersystem für NMR, ESR, Massenspektrometer, Gaschromatografen und ähnliche Instrumente zu entwickeln, das 1968 auf den Markt gebracht wurde. Das System arbeitete mit einem IBM-basierten Varian-Computer.[877] Die Firmenleitung gründete eine eigene Digitalabteilung und kooperierte mit IBM, war aber nicht an der FT, sondern an Features interessiert, welche die Bedienung der Standardinstrumente vereinfachten und komfortabler machte, wie z.B. ein digitales Display für das T-60.[878] Es lag daher nicht an technischen Unzulänglichkeiten, dass Varian Associates nicht als erster Anbieter ein FT-System auf den Markt brachte. Die in der Regel von früheren Varian-Mitarbeitern geschriebene Geschichte der Erfindung des FT-Verfahrens in der NMR verschleiert diesen Punkt weitgehend. Ray Freeman, der parallel zu Ernst bei Varian zu arbeiten begann und ansonsten detailliert und kenntnisreich berichtet, wird an diesem Punkt sehr diffus und deutet nur an, dass die eigentliche Innovation bei einer anderen Firma stattfand. Die Struktur seiner Erzählung impliziert dabei, dass Varian die technischen Voraussetzungen für die Umsetzung in die Serie gefehlt hätten, bzw. die Chemiker nicht an dem FT-Verfahren interessiert gewesen wären.[879]

---

875 Packard, "The Varian Story", Vortragsmanuskript 1980, S.25.

876 Ernst, "The Success Story of Fourier Transformation in NMR" (1996), S.296. Auf der 7. ENC Konferenz hielt Ernst einen Vortrag zur Rechnerkopplung. Ernst "On-Line NMR Data Processing by Means of Small-Scale Computers", Abstract zur 8. ENC Konferenz (1967).

877 Varian Associates Instrument Group (Hg.), SpectroSystem 100/200 ... for Laboratory Automation [1968].

878 Dabei vernachlässigte das Unternehmen insbesondere die Bedeutung der flexiblen Programmierung durch die Software. Packard, "The Varian Story", Vortragsmanuskript 1980, S.25-26.

879 Freeman, "The Fourier Transform Revolution in NMR Spectroscopy" (1993), S.745A-747A. Vgl. zu dieser Auslegung auch Carsten Reinhardt, Shifting and Rearranging. Physical Methods and the Transformation of Modern Chemistry, Sagamore Beach:

Der vom Varian-Management eingebremste Richard Ernst hatte aber auch selbst die Tragweite seiner Arbeit unterschätzt. Gerade in der ^{13}C Spektroskopie, die das Paradegebiet der FT-NMR werden sollte, dachte er irrtümlich, das neue Verfahren würde wegen der langen Relaxationszeit des Kohlenstoffs keine wesentliche Verbesserung bringen können.[880] Das Desinteresse der Firmenleitung stieß daher wohl nicht auf vehementen Widerspruch, Richard Ernst sah sich vielmehr nach einem neuen Thema um. Mit der 1966 entwickelten stochastischen Entkopplung konnte er an seine Promotion anknüpfen und kam endlich zu dem befriedigenden Ergebnis, dass die vor allem für die ^{13}C Spektroskopie wichtige Methode der heteronuklearen Breitbandentkopplung durch stochastisch verteilte Anregungsenergie auch in die Serie eingeführt wurde.[881] Da die Entkopplung keine großen Veränderungen in der Bauweise der bestehenden Instrumente erforderte, war das Management in diesem Fall bereit, die relativ risikolose Einführung dieses Zusatzes zu befürworten. Der Ingenieur und auch qua praktischer Erfahrung Applikationschemiker Toni Keller entwickelte ebenfalls ein Breitbandentkopplungsverfahren, wieder angeregt durch die Arbeiten Richard Ernsts. Er ging das Problem der Entkopplung aufgrund elektrotechnischer Überlegungen pragmatischer an und fand eine Methode, bei der mit einer regelmäßig modulierten Frequenz eingestrahlt wurde, sodass es keine ungleiche Intensitätsverteilung im Frequenzband gab wie bei der stochastischen Anregung. Die Variante von Keller arbeitete hervorragend in den Bruker-Spectrospin Instrumenten und trug etwa zehn Jahre lang zur Überlegenheit dieser Systeme bei, da sie geheim gehalten werden konnte und Varian weiterhin die nicht

---

2006, S.317. Es ergibt sich der Eindruck, dass Freeman aus Loyalität zu seinem früheren Arbeitgeber an diesen Punkt nicht eindeutig Stellung nimmt.

880 Anderson, Ernst, "Application of Fourier Transform Spectroscopy to Magnetic Resonance" (1966).

881 Ernst, "Nuclear Magnetic Double Resonance with an Incoherent Radio-Frequency Field" (1966). Varian Associates, Noise Excited Resonance Apparatus. Erfinder: Richard Ernst. US Pat. Nr. 3711764; Varian Associates, Magnetic Resonance Spectrometer Employing Stochastic Resonance by a Pseudorandom Binary Sequence and Time-Share Modulation. Erfinder: Weston A. Anderson, Richard R. Ernst. US Pat. Nr. 3786341. Parallel zu Ernst bei Varian hatte auch Reinhold Kaiser an der Rutgers University ein ähnliches Verfahren entwickelt. Reinhardt, Shifting and Rearranging (2006), S.334. Erst 1982 wurde die stochastische Entkopplung bei Varian durch ein – nun in England entwickeltes – Impulsverfahren ersetzt. Freeman, Levitt, "Composite Pulse Decoupling" (1981); Freeman, Frenkiel, Levitt, "Broadband Heteronuclear Decoupling" (1982); National Research Development Corporation, NMR Spectroscopy. Erfinder: Thomas Adrian Frenkiel, Malcolm Harris Levitt. Britisches Patent Nr. 2101334A.

so einfach anwendbare stochastische Anregung verwendete.[882] Das nun kompliziertere Instrumentalsystem benötigte ein Impulsprogramm zur Steuerung der Anregung und Breitbandentkopplung sowie einen Leistungsverstärker, um die Impulse senden zu können. Es wurden kurze und sehr intensive Impulse benötigt, da die Intensität eines Rechteckimpulses zwar mit der Impulsdauer steigt, die Anregungsbreite seiner Fourier-Transformierten aber sinkt. Weiter gab es im FT-System den üblichen NMR-Detektor, einen A/D-Wandler um den elektronischen Speicher laden zu können, einen hinreichend schnellen FT-Rechner und den D/A-Wandler zur Steuerung des Geräteschreibers zur Spektrenausgabe.

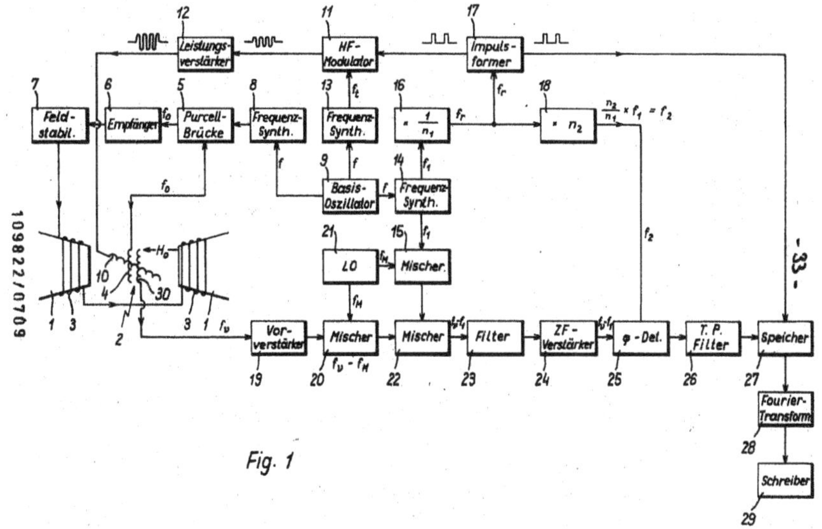

Abb. 58: Blockschaltbild der elektronischen Bauteile aus dem FT-Patent der Spectrospin AG von 1969.

Als Keller den FT-Zusatz von FabriTek erhielt und mit dem umgebauten HFX kombinierte, begann er die FT-Messung zu testen. Zunächst versuchte er es mit Protonenmessungen, die ja das Hauptgeschäft der damaligen NMR ausmachten. Doch es gab größere Schwierigkeiten, so wechselte er zu ^{13}C-Messungen, um auch die heteronukleare Breitbandentkopplung testen zu können, was so vorzüglich funktionierte, dass er anfänglich an einen Instrumentenfehler glaubte. Dann begann er fieberhaft zu messen, um die ersten Spektren auf der in

882 Keller, Interview geführt am 18. und 19. August 2004. Einige Zeit später löste Keller auch das schwierigere Problem der Protonenbreitbandentkopplung, was der FT-NMR endgültig die Dominanz brachte.

einer Woche anstehenden Pacific Conference on Chemistry and Spectroscopy vorstellen zu können, die vom 6. bis 10. Oktober 1969 im Disneyland Hotel in Anaheim/Kalifornien stattfand. Diese große Konferenz wurde von der American Chemical Society und der südkalifornischen Sektion der Society for Applied Spectroscopy veranstaltet. Es gab ein gemeinsames Symposium zur Massenspektrometrie und auch Flammen-, Emissions-, Absorptions-, Mößbauer- und Röntgenspektroskopie wurden behandelt. Besonders wichtig aus Sicht von Bruker-Spectrospin war, dass die Society for Applied Spectroscopy ein Symposium hauptsächlich zur zeit- (Impulsspektrometrie, vorwiegend physikalisch) und energieaufgelösten (CW-Spektrometrie, vorwiegend chemisch) NMR abhielt.[883]

Mit einem Packen sensationeller Spektren kam Keller dort an. Nach einem Blick darauf trat ihm der Gutowsky-Schüler Thomas Farrar,[884] damals noch Leiter einer NMR-Gruppe am National Bureau of Standards in Washington D.C., einen Teil seiner eigenen Vortragszeit ab. Farrar war so souverän zu erkennen, dass die Bedeutung seiner eigenen Ergebnisse den Messungen Kellers untergeordnet waren, und die Konsequenz daraus zu ziehen. David Grant, Professor an der University of Utah und neben Paul Lauterbur führender Spezialist in der ^{13}C-NMR, kam ebenfalls zum Bruker-Spectrospin Stand um sich die Spektren anzusehen. Als er sie sah, meinte er, das wäre ja ganz schön, aber wo wären jetzt die ^{13}C-Daten? Er dachte aufgrund der Qualität, es handle sich um Protonenresonanzspektren. Noch 1971 wird in der Bruker-Firmenzeitschrift auf das Ereignis hingewiesen:[885]

> Natürlich kam der Kohlenstoff-Resonanzmessung von Anfang an besondere Bedeutung bei. Auf Grund der von Bruker vorgelegten Resultate auf der Anaheim-Konferenz in Kalifornien Ende 1969 breitete sich dann die Anerkennung der Fachwelt über die bis dahin vorliegenden Spektren weltweit aus.

Die Reaktionen lassen erahnen, dass mit der technischen Lösung des FT-Verfahrens ein ganz wesentlicher Schritt zur Verbesserung und Verbreitung der NMR getan worden war, denn die in der normalen Messzeit erreichbare Empfindlichkeit wurde erheblich gesteigert, besonders bei ^{13}C Spektren, wo in

883 N.N., "Pacific Conference on Chemistry and Spectroscopy" (1968).

884 Thomas C. Farrar (*1933), Chemiker, 1959 PhD an der University of Illinois in Urbana, Betreuer waren Herbert Gutowsky und Martin Karplus. 1959-1961 Postdoc in Cambridge/England, 1961-1963 Assistant Professor in Eugene/Oregon. 1963-1971 National Bureau of Standards, 1971-1975 Forschungsdirektor bei JEOL. 1975-1979 Direktor des Chemistry Instrumentation Programs der NSF. Ab 1979 Professor für Chemie an der University of Wisconsin.

885 N.N., "Hochauflösung, große Moleküle – schwächere Konzentrationen werden meßtechnisch zugänglich" (1971).

etwa der Faktor 100 erreicht wurde,[886] was der ^{13}C Spektroskopie ganz neue Möglichkeiten im Bereich größerer Moleküle eröffnete, "to the great amazement of Varian that held the patent rights on the invention."[887] Bei Varian war man verwundert, denn man hatte die Entwicklung falsch eingeschätzt, und nun herrschte Aufregung wegen des plötzlichen technischen Rückstandes.[888]

Das neue FT-Verfahren wurde 1969 patentiert[889] und durch konstant verbesserte Elektronik konnte es stufenweise leistungsfähiger gemacht werden, wobei man von der schneller werdenden Computerentwicklung profitierte. Die ab 1969 von Bruker-Spectrospin und FabriTek erstmals angebotenen FT-Zusätze wurden schnell zum instrumentellen Muss, obwohl sie nicht ganz billig waren. Mit den Einzelkomponenten konnten einige NMR-Wissenschaftler auch eigene FT-Systeme zusammenbauen. 1969 kostete der FabriTek Rechner FT-1064 mit 4.096 Speicherdressen bei 18 Bit Wortlänge und dazu gehörigem Präzisions-Analog-Digital-Wandler SD-1 rund 70.000 DM.[890] Diese zunächst gemeinsam entwickelten und zu hunderten verkauften Zubehörrechner wurden ein lohnendes Geschäft für FabriTek/Nicolet und Bruker-Spectrospin. 1972 stellte Nicolet das Modell 1080 zur NMR-FT-Berechnung vor, bei dem PDP-8-Computer und Time Averager fest und besser zu einem Instrument kombiniert waren. Das System arbeitete nun mit 20 bit Wortlänge bei 40.000 Worten[891] und wurde unter der Bezeichnung BNC-12 von Bruker-Spectrospin als Zubehör zu den eigenen Instrumenten verkauft. Später folgte als Weiterentwicklung der Nicolet 1280.[892]

Auch JEOL verwendete Nicolet-Rechner.[893] Beeindruckt von der Vorstellung Kellers in Anaheim hatte Thomas Farrar in Zusammenarbeit mit den NIH begonnen, das FT-Verfahren einzuführen und verwendete dazu einen FabriTek Model 1064 Signal Averager. Die selbst gestaltete Apparatur arbeitete aber sehr umständlich und nach einem Jahr überredete Farrar FabriTek, einen Computer mit seinen Averager zu koppeln, was das Verfahren zwar vereinfachte, aber

---

886 Der Effekt hing von Faktoren wie der Spin-Gitter Relaxationszeit, der Spektrenbreite und der Auflösung ab.

887 Richard Ernst in Ernst, Autobiographie (1992), S.67.

888 Reinhardt, Shifting and Rearranging (2006), S.319.

889 Spectrospin AG, Verfahren zur Fourieranalyse von Interferenzsignalen. Erfinder: Günther Laukien, Toni Keller, Werner Tschopp. Deutsche Offenlegungschrift Nr. 1956331.

890 Bestellung eines Bruker HFX. Entwurf. DFG an Bruker Physik AG. 402/Heft 15, BArch B 227, Film Nr. 50 FC7535N.

891 Nicolet Instrument Corporation (Hg.), Nicolet 1080 Series, Data Acquisition and Processing System, Description and Specifications (Manual) (1972), S.1.

892 Waugh, "NMR Spectroscopy in solids. A Historical Perspective" (1993), S.726A.

893 T.R. Krugh, "^{13}C FT on a JEOL-Nicolet System" (1974).

nicht mit den inzwischen serienreifen Instrumenten von Bruker-Spectrospin und bald auch anderer Hersteller konkurrieren konnte. Diese Versuche trugen wohl dennoch zur kommerziellen Entwicklung der FT-NMR bei, denn Farrar wurde 1971 JEOL Forschungsdirektor.[894] Die für erstklassige elektronische Rechner bekannte japanische Firma brachte daraufhin 1973 mit dem PFT 100, ihr erstes FT-NMR-Spektrometer heraus. Hauptkonkurrent von Bruker-Spectrospins HFX war nun aber das 1969 von Varian vorgestellte XL-100, der lange erwartete Nachfolger des HR/HA-100.[895]

Abb. 59: Links im Rack der Varian/IBM 620i Minicomputer, in der Mitte ein FabriTek CAT, rechts die Varian XL-100 Konsole (1974). Auf der Konsole ein Molekülmodell, das eigentliche Ziel der NMR.

Dieses grundlegend neu konstruierte Instrument war in einigen Punkten dem HFX ähnlich, manchmal sogar überlegen – so hatte es einen besseren Frequenzgenerator und war ebenfalls modular aufgebaut – litt aber an Zuverlässigkeitsproblemen.[896] Mit der Einführung des FT-Verfahrens kam Varian nun erstmals in größere Schwierigkeiten, denn das schmalbandig ausgelegte XL 100 konnte nur mit Mühe umgerüstet werden. Es gab zwar FT-Zubehör, das aber

894 Farrar, "Historical Reminiscences of some NMR Experiences" (1996), S.308.

895 Becker, Fisk, Khetrapal, "The Development of NMR" (1996), S.52-53, Packard, "The Varian Story", Vortragsmanuskript 1980, S.23-24. Vereinzelt wurden auch HA-100 von den Wissenschaftlern auf FT umgerüstet. Ginsburg, Lipman, Navon, "An Improved, Low Cost Spin-Echo Attachment to Varian HA-I00 High Resolution NMR Spectrometer" (1970).

896 Vgl. z.B. Grutzner, "^{13}C NMR on the XL-100-15", Abstract zur 12. ENC Konferenz (1971).

noch lange nicht richtig funktionierte. Im Dezember 1970 bekam Ian Smith am Biochemielabor des National Research Council of Canada ein Vorserienmodell des Zubehörs geliefert, das beständig mit Verbesserungen modifiziert werden musste. Verschiedene Doppelresonanzexperimente waren noch zu implementieren, Smith war dennoch mit der Variabilität der Software und mit der Leistung des Spektrometers selbst sehr zufrieden. Das FT-Zubehör hatte aber noch 1974 seine Tücken: Tripelresonanz war nicht möglich und einige Doppelresonanzexperimente liefen immer noch nicht zufriedenstellend, sodass Varian rund um die Uhr Service leisten musste. Ein nicht zu behebendes konstruktives Problem war die Schmalbandigkeit des Instruments. Die Impulse waren zu schwach um im breiten ^{13}C-Bereich das ganze Spektrum anzuregen, sodass hier umständlich in Frequenzabschnitten zu 1.000 Hz gemessen werden musste.[897] Varian hatte also im Grunde bis 1974 den Bruker-Spectrospin FT-Standard von 1969 nicht erreicht. Das HFX war einfach die flexiblere Konstruktion, was ein entscheidender Vorteil war, da das FT-Verfahren schnell zum Standard bei anspruchsvollen NMR-Instrumenten wurde. So erhielten schon 1969 die ersten beiden Arbeitsgruppen in Großbritannien kommerzielle FT-Spektrometer, eine am Queen Mary College in London[898] und eine bei British Petroleum – beides waren HFX-90.

Erst mit dem Erfolg in den USA kamen auch Verkaufserfolge in der BRD. Harald Günther, der an der Universität Heidelberg promovierte und 1961-1963 als PostDoc bei Aksel Bothner-By an der Weiterentwicklung des Spektrensimulationsprogrammes LAOCOON gearbeitet hatte, betreute am Institut für Organische Chemie der Universität Köln die NMR-Spektrometer. Ende der 60er Jahre bekam man in Köln ein Varian HA-100, auch ein noch nicht getesteter Probenkopf für ^{13}C-Spektroskopie wurde bestellt. Nach der Erfindung der FT-Technik wollte dann auch Günther auf diesem Feld arbeiten. Er fuhr seine ersten FT-Spektren 1970 während eines von Robert Kosfeld und Ekkehard Fluck organisierten NMR-Workshops in Aachen.[899] Nach Ende der Seminarvorträge ging er in das untere Stockwerk, wo Toni Keller das erste ^{13}C FT-NMR (15 MHz) in Deutschland bediente und konnte so auch selbst messen, obwohl er zunächst keine Kenntnisse von der notwendigen Computertechnik hatte.[900] Im

897 Smith, "^{13}C FT NMR on a Varian System" (1974), S.148 und S.153

898 Die Gruppe Edward W. Randalls.

899 Das sechste Aachener Kolloquium über die NMR-Spektroskopie fand im März 1969 am Institut für Physikalische Chemie der RWTH statt. Da Keller noch in den USA war, dürften diese Messungen auf dem siebten Treffen gemacht worden sein, das im April 1970 am gleichen Ort abgehalten wurde. Kosfeld, "The 6th Coloquium on NMR Spectroscopy in Aachen" (1969).

900 Günther, Keller, "Anwendungen der ^{13}C-Resonanz-Spektroskopie, I. Die Fourier-Transform-Spektren von Cycloheptatrienen und Norcaradienen" (1970).

Dezember 1971 teilte dann die DFG-Geschäftsstelle der Bruker Physik-AG mit, dass ein bereits über eine Vorratsbestellung beschafftes HFX-90-5 für "Hochauflösung, Breitlinien- und Fourier-Spektroskopie" nach Köln zu Harald Günther geliefert werden soll, das mit umfangreicher Ausstattung 362.000 DM kostete.[901]

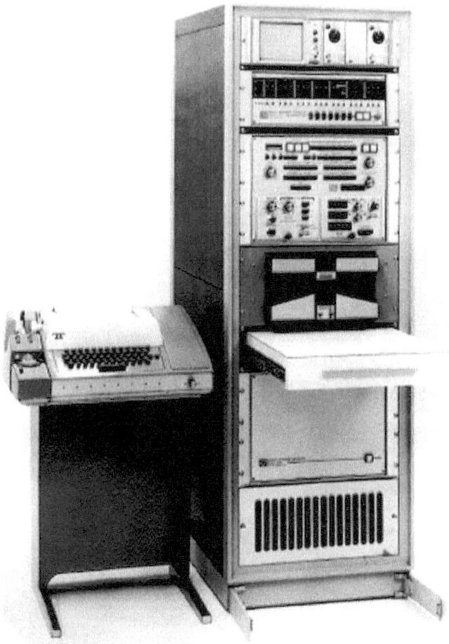

Abb. 60: Ein Nicolet 1085 von 1972. In der 1080-Serie war ein Model 108N Computer, der CAT und die Kontroll- wie auch Steuereinrichtungen zu einer Einheit zusammengefasst, die fast schon die Größe des Spektrometers erreichte.

Zusätzlich wurde für Günther ebenfalls aus der Vorratsbestellung eine Fourier-Transformationseinheit für 200.000 DM abgerufen, ausgestattet mit einem Impulsgenerator mit Zusatz für eine zweite entkoppelbare Kernart, einem Nicolet FT-1083 mit FFT-Software, einem Analog-Digitalwandler, Display und Sweep-Kontrolleinheiten, einem Fernschreiber zur Eingabe und einem Lochstreifenleser.[902] Dieser Aufwand zeigte Wirkung:[903]

901 Erich Kreter (1969-1979 Leiter der DFG-Zentralverwaltung) an Bruker-Physik AG, 14.12.1971. Gu 76/10-2567/71. 402/Heft 17, BArch B 227, Film Nr. 51 FC7535N.

902 Erich Kreter (1969-1979 Leiter der DFG-Zentralverwaltung) an Bruker-Physik AG, 4.1.1972. Gu 76/10-2835/71. 402/Heft 17, BArch B 227, Film Nr. 51 FC7535N.

> However, I shortly became acquainted with ^{13}C FT-NMR as we purchased at Cologne a Bruker HX-90 spectrometer equipped with Nicolet 1080 computer. On starting to measure proton decoupled ^{13}C spectra, the quantum mechanical know-how about spin analysis soon faded away in my group and after a few months my students completely ignored the HA-100.

Die Bemerkung Günthers deutet nicht nur den Erfolg des neuen Instrumentalsystems an, sondern auch den Einfluss des Instruments auf die wissenschaftliche Praxis. Durch die Entkopplung wurden die Spektren leichter interpretierbar, die weiter automatisierte Datenverarbeitung veränderte den Blick, das Wissen und die Fragestellungen in der NMR und damit auch in der organischen Chemie. Günther trug bald auch selbst zur Verbreitung der NMR bei indem er ein Lehrbuch mit Übungsaufgaben publizierte, worin er schon zu Beginn klarstellt:[904]

> So ist die NMR-Spektroskopie heute für alle Zweige der Naturwissenschaften – sei es in der Biologie, der Chemie oder der Physik – ein unentbehrliches Hilfsmittel.

Diese Bedeutung drückte sich später u.a. darin aus, dass Richard Ernst 1991 den Nobelpreis für Chemie verliehen bekam. Der einführende Vortrag der Preisverleihung betonte gerade diese wissenschaftliche Relevanz des Verfahrens und damit indirekt auch den wissenschaftlichen Einfluss des Instrumentenherstellers Bruker-Spectrospin:[905]

> When Fourier transform NMR was introduced around 1970 it had tremendous impact on the applicability of the NMR technique to chemistry. It now became feasible to study very weak signals from small amounts of material or from important elements with magnetic nuclei that are rare in nature, for example ^{13}C and ^{15}N. The Achilles heel of the MR technique had hitherto been its poor sensitivity, but now this obstacle was largely removed.

5.3. Das Ende der Eisenzeit

Entgegen der üblichen Darstellung begann mit dem Varian HR-220 in den 1960er Jahren noch nicht die große Zeit der supraleitenden Magneten in der NMR. Die Konstruktion des Instruments zeigt aber, dass Varians NMR-Entwicklungsabteilung auch in dieser Zeit über herausragende Fähigkeiten verfügte. Doch das mit einem supraleitenden Magneten ausgestattete HR-220 hatte mit erheblichen technischen Schwierigkeiten zu kämpfen. Es war nicht besonders

---

903 Günther, "From Organic Chemistry to NMR – a Personal Experience of Magnetisation Transfer" (1996).

904 Günther, NMR-Spektroskopie. Eine Einführung (1973), S.5.

905 Forsén, "The Nobel Price in Chemistry" (1992), S.22.

zuverlässig, extrem teuer, wurde deshalb nur in kleiner Stückzahl produziert und stellte folglich keine komplette Innovation dar. Das Instrument war für das Unternehmen unrentabel, was das zunehmend ökonomisch orientierte Management nicht besonders investitionsfreudig stimmte.

1959 hatte Varian mit dem Spitzengerät HR-100 bei 100 MHz Protonenlarmorfrequenz die magnetische Sättigungsgrenze der Eisenkerne von Elektromagneten erreicht, eine Steigerung war bei der notwendigen Feldhomogenität nicht mehr machbar.[906] Die Konkurrenz saß Varian nun aber im Nacken und es war abzusehen dass der technische Vorsprung beim Bau starker, stabiler NMR-Magnete verloren gehen würde. Da bot in den USA ab Anfang 1962 Westinghouse Drähte aus einem neuen Typ II Supraleiter, einer Niob-Zirkon Legierung an.[907] Diese ermöglichten die technische Verwirklichung von heliumgekühlten Luftspulen als supraleitende NMR-Magnete, da sie – im Gegensatz zu den früheren Typ I Supraleitern – auch in starken Magnetfeldern ihre supraleitende Eigenschaft behielten. Harry Weaver, der den Standardmagneten für die Varian CW-NMR-Spektrometer entwickelt hatte, war 1960 von einem einjährigen Aufenthalt an der ETH Zürich nach Palo Alto zurückgekehrt. Dort las er die ersten Artikel über die neuen supraleitenden Niob-Legierungen, erkannte sofort das Potenzial der Technik und konstruierte 1962 mit Unterstützung von Forschungsdirektor Martin Packard einen NMR-Magneten mit der notwendigen Ausstattung wie z.B. Shimspulen, der 200 MHz Protonenresonanzfrequenz erreichte,[908] wobei der Magnethersteller Magnion in Burlington die Spulen baute.

Da der Strom bei Supraleitung ohne Widerstand fließt und bei geeignetem Material auch im hohen Magnetfeld fast unbegrenzt gesteigert werden kann, wurde über das elektrische Feld dieser Spulen ein Magnetfeld bis dahin nicht erreichbarer Stärke induziert. Darüber hinaus war das Magnetfeld im persistenten Modus prinzipiell recht homogen, da keine Stromquelle mehr benötigt wurde und die Probe konnte in das vom Magnetfeld her ideale Zentrum der Luftspule gebracht werden – Probleme mit Polschuhen gehörten dadurch der

906 Mit Luftspulen aus Kupferdraht konnten mit viel Energieaufwand höhere Magnetfelder erreicht werden, die von Experimentalphysikern verwendet wurden, aber nicht die für die NMR notwendige Homogenität aufwiesen.

907 Wood, Magnetic Venture: the Story of Oxford Instruments (2001), S.14-22.

908 Marshall, Weaver Jr., "Application of the Garrett Method to Calculation of Coil Geometries for Generating Homogeneous Magnetic Fields in Superconducting Solenoids" (1963); Nelson, Weaver, "Nuclear Magnetic Resonance Spectroscopy in Superconducting Magnetic Fields" (1964); Packard, "Nuclear Induction at Stanford and the Transition to Varian" (1996), S.520; Weaver, "Historical Comments on the Early Years of Superconducting NMR" (1996).

Vergangenheit an.[909] Die Empfindlichkeit und die Auflösung durch den Magneten waren damals einzigartig. Das System hatte aber nicht nur Vorteile. Die supraleitenden Spulen ließen sich nur schlecht mit den Metallen der Anschlüsse verbinden, waren relativ spröde, mussten aber dennoch die auftretenden hohen mechanischen Lorentzkräfte aushalten. Ein Hauptproblem war die Kühlung. Stieg die Temperatur im heliumgekühlten Dewargefäß der Magnetspule nur um wenige Grad, trat ein elektrischer Widerstand auf, durch den die Spule schnell erwärmt wurde, was wiederum den Widerstand weiter erhöhte. Bei einem solchen Temperaturanstieg kam es daher zum Überhitzen des Systems durch den Quenchen genannten, blitzartigen Widerstandsaufbau. Wird das Problem nicht rechtzeitig erkannt, zerstört sich der Magnet selbst. Das war ein erheblicher finanzieller Verlust, da die ersten supraleitenden NMR-Instrumente von Varian nicht nur mit der Magnetfeldstärke, sondern auch mit ihrem Preis in ungeahnte Regionen vorstießen. Die für die Empfindlichkeit und die Interpretierbarkeit komplexer Spektren so wichtige Magnetfeldstärke lag bei mehr als dem Doppelten des bisherigen Varian Spitzengeräts, der Preis war allerdings ca. vier Mal höher.

Ähnlich wie in den ersten Jahren der CW-NMR konnten sich nur wenige Wissenschaftler diese Instrumente leisten und ein großer Teil ging an die chemische Industrie. Das erste verkaufte Instrument wurde an DuPont ausgeliefert, von wo durch William D. Phillips auch die Anregung zum Bau eines supraleitenden Magneten gekommen war.[910] Einer der wenigen, die ein solches Instrument in Deutschland anschaffen konnten und wollten, war Werner Brügel vom Hauptlaboratorium der BASF in Ludwigshafen, wo es von Wolfgang Bremser betreut wurde. Ein weiteres Instrument war am Institut für Makromolekulare Chemie in Freiburg eingesetzt, wo Horst Friebolin messen konnte.[911] Der Verbreitung dieser Instrumente standen aber nicht primär finanzielle Probleme im Wege, denn mit Hilfe der wissenschaftlichen Fördergelder konnten auch andere vergleichbar kostspielige Instrumente beschafft werden wie Elektronenmikroskope und Großrechner. Als ernstes Hindernis erwiesen sich einige konstruktive

909 Supraleitende Magneten benötigen wegen der immensen Ströme keinen verstärkenden Eisenkern. Bei ihnen liegt die Magnetfeldrichtung im NMR-Spektrometer konstruktionsbedingt in z-Achse, also parallel zur Drehachse des Probenröhrchens, nicht senkrecht dazu, wie bei den Eisenmagneten.

910 Packard, "The Varian Story", Vortragsmanuskript 1980, S.24.

911 Vgl. z.B. Tavs, "Perhydro-1,4-oxaphosphorine" (1969). Holz, Knüttel, Interview geführt am 13. Juli 2004; Keller, Interview geführt am 18. und 19. August 2004. Einige mit den Instrumenten angefertigte Spektren finden sich unter Organic Magnetic Resonance 2 (1970), Spektrensupplement, Ludwigshafener Spektren Nr. 0222 - Nr. 0243. Freiburger Spektren Nr. 0248b - 0255b.

Merkmale dieser frühen supraleitenden Instrumente. Der Dewar war noch nicht besonders effektiv, daher verlor das Kühlsystem täglich große Mengen vom nicht gerade billigen Kühlmittel.[912] Ein Techniker musste in kurzen Abständen Helium nachfüllen und die Gefahr der Überhitzung vergrößerte sich durch das labile Kühlsystem. Neben den Problemen mit der noch nicht ganz ausgereiften neuen Technik war auch die Auslegung der Messelektronik ein Hindernis für eine größere Verbreitung des Gerätes. Es war zu stark an den Standardinstrumenten orientiert, als Spitzeninstrument war es daher nicht flexibel genug ausgelegt – es konnten zunächst nur Protonenresonanzen gemessen werden und es waren auch keine Doppelresonanzexperimente möglich. Während Weaver im Stile eines Research Technologists ein neues generisches Verfahren so schnell wie möglich an die chemische NMR anpasste, ging man bei der Messelektronik nicht über die Eigenschaften des A-60 hinaus und verließ sich allein auf die Möglichkeiten des stark gestiegenen Magnetfeldes.

Wie gesehen verlangten die NMR-Spezialisten, die sich für die besten Instrumente interessierten, in der Mitte der 1960er Jahre deutlich mehr. Sie bearbeiteten eine wachsende Zahl spezifischer NMR-Forschungsfragen und waren mit den eingeschränkten methodischen Möglichkeiten des Instruments nicht zufrieden. Nachdem 1964 das erste 220 MHz-Instrument an DuPont in Wilmington/Del. geliefert war, wurde das Modell dann über Jahre als weltweit absolutes Spitzengerät in Bezug auf Auflösung und Preis verkauft.[913] Das HR-220 war aber einerseits etwas oberhalb der damaligen technischen Möglichkeiten konstruiert und entsprach andererseits nicht mehr den vielfältigen methodischen Ansprüchen der zu einer internationalen Gemeinschaft angewachsenen NMR-Wissenschaftler. Für sie war nun die Flexibilität des Forschungsinstrumentes eine essenzielle Eigenschaft, vor allem bei einer damals ca. 200.000 DM teuren Anschaffung, die mit verschiedenen Forschungsprojekten ausgelastet werden sollte. Daher beherrschten die supraleitenden Instrumente die NMR zunächst nicht.[914] Die notwendige Weiterentwicklung wurde nicht besonders intensiv durch ein Projekt in der Syva vorangetrieben, einem Gemeinschaftsunternehmen von Varian Associates und Syntex. Varian investierte nicht allzu viel in das riskante Unternehmen.[915] In diesem Projekt war auch Carl Djerassi engagiert,

---

912 Packard, "The Varian Story", Vortragsmanuskript 1980, S.25.

913 Shoolery, "The Development of Experimental and Analytical High Resolution NMR" (1995), S.43; Hippel, The Sources of Innovation (1988), S.148; Weaver, "Historical Comments on the Early Years of Superconducting NMR" (1996); Packard, "The Varian Story", Vortragsmanuskript 1980, S.11.

914 Richards, "Development of NMR in Oxford" (1996), S.582; Richards, Interview geführt im März 1988 von Max Blythe, Interview 2, S.5.

915 Packard, Interview geführt am 7. und 12. Dezember 1989 von Sharon Mercer, S.41-45.

Professor in Stanford mit engsten Kontakten zur Syntex.[916] Es konnten nicht alle für das HR-220 angekündigten Zusatzkomponenten für multinukleare Messungen, digitalen Frequenzsweep, FT-Verfahren, homo- und heteronukleare Entkopplung in der Praxis verwirklicht werden.[917] Mit Standard-Eisenkernmagneten bestückte Instrumente blieben daher bis in die 1970er Jahre die für anspruchsvolle Forschungsaufgaben hauptsächlich verwendeten Varian NMR-Geräte.[918] Der ökonomisch gesehen erfolglose supraleitende Instrumententyp drohte noch dazu mit diversen Pannen den guten Ruf des Unternehmens zu gefährden.

Anfang der 1960er Jahre hatte Rex Richards in Oxford angefangen darüber nachzudenken, die NMR auch im Bereich der Biochemie einzusetzen.[919] Eine praktische Umsetzung war zunächst unrealistisch, denn die zur Verfügung stehenden Instrumente erlaubten weder was die Empfindlichkeit noch was die Auflösung anbelangte eine eingehende Strukturuntersuchung so komplexer Moleküle. Feldstärke und Signal-Rausch Abstand mussten dafür noch erheblich gesteigert werden. Rex Richards versuchte daher ebenso wie einige andere Wissenschaftler bei Doppelresonanzverfahren den NOE zur Verstärkung der biochemischen Substanzsignale einzusetzen.[920] Sir Martin Wood, der damals noch in der Werkstatt des Clarendon Laboratoriums in Oxford arbeitete, war bereits 1962 aus den USA mit einem Stück vom ersten Niob-Zirkon Draht zurückgekommen und hatte einen kleinen Magneten gewickelt, der gespeist von einer simplen Autobatterie ein bis dahin unerreichbares Feld von 40 Kilogauss erzeugte.[921] Die Option war also gegeben, in Kooperation mit einem in der Kryotechnik erfahrenen Instrumentenbauer ein supraleitendes NMR-Spektrometer zu konstruieren. Richards hatte natürlich auch die Möglichkeit, sich um das von Varian angebotene HR-220 zu bemühen, doch sein Urteil bestätigt die oben dargestellte Einschätzung:[922]

---

916 Reinhardt, Shifting and Rearranging (2006), S.151-154.

917 Vgl. Ettinger, "New Developments in High Resolution Superconducting NMR", Abstract zur 10. ENC Konferenz (1969).

918 Packard, "The Varian Story", Vortragsmanuskript 1980, S.23-24.

919 Richards, Interview geführt im März 1988 von Max Blythe, Interview 2, S.2.

920 Hill, Richards, "Limits of Measurement in Magnetic Resonance" (1968); Richards, Interview geführt im März 1988 von Max Blythe, Interview 2, S.3-4.

921 Richards, Interview geführt am 4. Dezember 1987 von Max Blythe, Interview 1, S.14-16; Richards, Interview geführt im März 1988 von Max Blythe, Interview 2, S.5; Christie, Tansey, "Making the Human Body Transparent: The Impact of Nuclear Magnetic Resonance and Magnetic Resonance Imaging" (1998), S.17-18.

922 Christie, Tansey, "Making the Human Body Transparent: The Impact of Nuclear Magnetic Resonance and Magnetic Resonance Imaging" (1998), S.15.

> I discovered after going to Varian Associates a little while later that it was an extraordinarily primitive device, but nevertheless they manufactured and sold quite a number of them. They were frightfully expensive. Their stability of resolution was poor and they weren't very flexible, and it has always amazed me that they never bothered to do any further work on the design of that superconducting magnet.

Er war nicht der Einzige, der sich für bessere Instrumente engagierte. Neben ihm ließen sich auch Frank Anet am CalTech und Aksel Bothner-By am Mellon Institute in Pittsburgh eigene supraleitende Systeme bauen.[923]

Nachdem Rex Richards die Finanzierung über eine Förderung vom Science Research Council gesichert hatte, konstruierte er zusammen mit der kleinen, inzwischen von Martin Wood ausgegründeten Firma Oxford Instruments Co. seinen ersten supraleitenden NMR-Magneten, der 1966 fertig gestellt war.[924] Die enge Kooperation mit einem kommerziellen Unternehmen machte in England damals keine prinzipiellen Probleme.[925] Es wurde zunächst ein kleinerer Magnet gebaut, um sich mit der Technik vertraut zu machen, dann ein zweiter, durch die erworbenen Erfahrungen verbesserter, der bei den biochemischen Strukturmessungen eingesetzt werden sollte. Bereits der Testmagnet war an die speziellen Vorstellungen Richards angepasst und hatte vor allem einen ausgedehnten Probenraum, um durch größere Probenvolumina noch empfindlichere Messungen durchführen zu können. Dort lag eine wesentliche Schwierigkeit der Konstruktion, denn in der mit Helium gekühlten Luftspule mussten ein Probenkopf mit Raumtemperatur samt Sender und Empfänger resonanzfrei untergebracht werden. Neben der mechanischen Stabilität der Spule[926] waren also die Kühlung und Isolierung die entscheidenden Punkte. Der Magnet funktionierte bis 5.5 Tesla und belegte somit die Fähigkeiten seiner Erbauer. Ein wesentlicher Nachteil bestand wie beim Varian-Instrument darin, dass die verwendete Legierung eine sehr instabile Supraleitung hatte, die schon bei der geringsten Feldstörung

923 N.N., "12th Experimental NMR Conference , University of Florida, Gainesville, Florida. February 17-20, 1971. General Information and Schedule", (1971); Shaw, "Recent Advances in Experimental Techniques in High Resolution Nuclear Magnetic Resonance Spectroscopy" (1974), S.690. Bothner-By und der für die Technik zuständige Josef Dadok bauten nach dem ab Ende der 1960er für biomedizinische Zwecke benutzten 250 MHz Spektrometer bei entsprechenden finanziellen Ressourcen 1976 auch ein 600 MHz-Instrument, das einige Jahre den "Weltrekord" in der Feldstärke hielt.

924 Wood, Magnetic Venture: the Story of Oxford Instruments (2001), S.85; Christie, Tansey, "Making the Human Body Transparent: The Impact of Nuclear Magnetic Resonance and Magnetic Resonance Imaging"(1998), S.18.

925 Dies., ebd., S.20.

926 Sie musste die starken mechanischen Lorentzkräfte aushalten.

von Außen quenchte.[927] Andererseits konnte mit der Hilfe von Richards Freund und Kollegen Marcel Golay[928] die Homogenität des Magnetfeldes über spezielle Shims weiter verbessert werden. Der zweite, durch einen größeren 3 cm Messkern verbesserte Magnet wurde bereits mit neu erhältlichen, viel stabiler supraleitenden Legierungen aus Niob-Titan gefertigt. Er funktionierte nun zuverlässig persistent bei einem Feld von etwa 7 Tesla (320 MHz). Allerdings war sein Feld, als er 1969 erstmals eingesetzt wurde, immer noch nicht homogen genug für das Messen wirklich hochaufgelöster Protonenspektren, daher wurde er für Kerne verwendet, die bei Hochauflösung weniger Ansprüche an die Homogenität des Magnetfeldes stellen, wie z.B. ^{31}P.[929]

Inzwischen war Rex Richards, der seit 1964 das größte physikalisch-chemische Laboratorium in England geleitet hatte, Warden des Merton Colleges geworden. Da er in seinem Laboratorium zu wenig biochemisches Wissen über die nun zu messenden Substanzen greifbar hatte, wechselte er den disziplinären Ort – aber nicht sein Arbeitsgebiet – und zog mit seiner Gruppe 1969 in das Department für Biochemie um.[930] Im gleichen Jahr gründete er mit Kollegen aus acht weiteren Departments unterschiedlicher disziplinärer Ausrichtung[931] die durch ein staatliches Programm großzügig geförderte Oxford Enzyme Group. Er war bis 1984 Chairman dieser Gruppe.[932] Als Teil des Programms zur Förderung der britischen Biochemie sollte auch ein neues, auf die praktische Anwendung in der biochemischen Strukturaufklärung hin optimiertes, supraleitendes NMR-Spektrometer entwickelt werden. Dafür stand mit 371.000 Pfund die

927 Man fühlt sich an die Messungen Packards in Unterwäsche zur Vermeidung solcher äußeren Störungen erinnert.

928 Der bereits mehrmals erwähnte Schweizer Elektroingenieur Golay (1902-1989), der als Kandidat für die Rolle eines Research Technologists in vielen Bereichen zwischen Technik und Wissenschaft tätig war (ETH Zürich; Bell Laboratories; University of Chicago; US Army Signal Corps/Ft. Monmouth, Philco Corporation; Observatorium Genf), arbeitete ab 1963 für Perkin-Elmer an NMR-Ausrüstung. Vgl. Cramers, "Professor Dr. Marcel J. Golay (1902-1989)" (1989).

929 Richards, Interview geführt im März 1988 von Max Blythe, Interview 2, S.6-7; Halliday, Hill, Richards, "A nuclear magnetic resonance spectrometer using a superconducting magnet" (1969); Richards, "Development of NMR in Oxford" (1996), S.583; Richards, "Magnetic Moments in NMR" (1996), S.34-35.

930 Richards, Interview geführt im März 1988 von Max Blythe, Interview 2, S.3 und S.8-9; Richards, "Development of NMR in Oxford" (1996), S.583.

931 Beteiligt waren vor allem Departments für Klinische Biochemie, Biochemie, Organische Chemie, Anorganische Chemie, Physikalische Chemie, Pathologie, Molekulare Biophysik.

932 Richards, Interview geführt im März 1988 von Max Blythe, Interview 2, S.3 und S.10-13.

größte Summe zur Verfügung die jemals vom Science Research Council für ein Spektrometer bewilligt worden war.[933]

Auch wenn Oxford Instruments hervorragende Magnete bauen konnte, fehlte dieser Firma das Know-how und Richards im Universitätslabor die technische Kapazität um die elektronische Steuerkonsole des Spektrometers zu konstruieren. Daher lud Richards in Absprache mit seinen Partnern Bruker-Spectrospin, wo er bereits Kunde war, zur Mitarbeit ein. Das Unternehmen hatte sich inzwischen einen guten Ruf in der NMR erarbeitet. Wieder war Laukien sehr an der neuen Entwicklung interessiert. So beschlossen der Universitätsprofessor Richards sowie Vertreter der Firmen Oxford Instruments und Bruker-Spectrospin im Dining Room des Merton Colleges in Oxford ihre Zusammenarbeit, um ein Instrumentalsystem zu bauen das von Varian nicht zur Verfügung gestellt wurde.[934] Keiner der beteiligten Akteure wäre in der Lage gewesen, ein derartiges Instrument alleine zu konstruieren und für alle war dieses Spektrometer ein lohnenswertes Ziel. Bruker-Spectrospin konnte in die Klasse der leistungsfähigsten Spitzeninstrumente eintreten, die vom übermächtigen Konkurrenten Varian vernachlässigt worden war, weil er die Risiken scheute. Bruker-Spectrospin setzte die finanziellen Forderungen an die Projektleitung extrem niedrig an, weil man nicht zu unrecht hoffte, bei dieser Kooperation wertvolles neues Wissen zu erwerben. Oxford Instruments konnte über das Spektrometer seinen Hochleistungsmagneten neue Anwendungen erschließen, dabei die Vertriebs- und Serviceorganisation eines international aktiven Instrumentenherstellers nutzen und die Kontakte zu den Universitäten weiter ausbauen. Rex Richards hatte als Wissenschaftler die Aussicht auf ein Instrument, das versprach die Möglichkeiten der NMR weit auf das Gebiet biochemischer und biologisch aktiver Substanzen ausdehnen zu können. Der Erfolg war bereits zu erahnen, denn Oxford Instruments hatte ja schon den ersten, gut funktionierenden Magnetprototypen gebaut, dessen Möglichkeiten Richards bereits erprobte.

Der neue, dritte Magnet war noch besser an die Bedürfnisse der chemischen NMR angepasst, denn die Spezialisten von Bruker-Spectrospin hatten vorgeschlagen, die Leistung der Konsole des 90 MHz-HFX zu tripeln, was ohne weitgehende Neukonstruktionen der Basiskomponenten eine Konsole für die Protonenlarmorfrequenz von 270 MHz ergab.[935] Die solide und stabile Konstruktion der Komponenten erlaubte diese Variation, die allerdings noch höhere Anforderungen an die Bauteile stellte. So konnte Bruker seine bewährte, flexible und

933 Wood, Magnetic Venture: the Story of Oxford Instruments, (2001), S.86-87.

934 Richards, Interview geführt im März 1988 von Max Blythe, Interview 2, S.3 und S.13-14.

935 Richards, "Development of NMR in Oxford" (1996), S.583.

zuverlässige Elektronik an die neuen Bedürfnisse anpassen. Das 270 MHz-Instrument erbte damit die Eigenschaften des HFX:[936]

> Bruker Physik AG will build a phase locked multinuclear spectrometer with frequencies for 5 nuclei to work at proton frequencies of either 90 MHz in a large iron magnet or 270 MHz in the superconducting magnet. Facilities for field-frequency locking, double resonance, Fourier Transform spectroscopy and relaxation time measurements will be provided, with frequencies for H, F, D, ^{13}C and ^{31}P at both field strengths. It is proposed to use an on-line computer to ensure fully automatic operation of the spectrometer.

Abb. 61: *Barry McKinnon, Entwicklungsleiter bei Oxford Instruments, 1971 beim Testen des für die Oxford Enzymgruppe bestimmten 270 MHz NMR-Spektrometers. Rechts die Bruker-Spectrospin Konsole, in der Mitte der Helium-Dewar des Magneten (vgl. auch das Einzelbild in der linken unteren Ecke) und links die Spannungsversorgung und Kühleinrichtung. Der Konsole ist die Herkunft vom HFX deutlich anzusehen.*

Es bestand also auch die Option, die FT-Ausrüstung einzusetzen, was fast schon Standard war, denn Rex Richards hatte sogar in sein Eigenbau-Spektrometer mit dem 320 MHz-Magneten FT-Zubehör integriert. Da der bereits konstruierte

---

936 N.N., "Oxford Instrument Company's New High Resolution Spectrometer for Study of Enzymes at Oxford University" (1970).

Magnet für die angestrebten 270 MHz etwas zu stark war, konnte der Probenraum auf Kosten der Magnetstärke größer gemacht werden, was noch mehr Platz für die Probe und damit größere Empfindlichkeit brachte.

Abb. 62: Aufbau eines 80 cm hohen Dewars mit supraleitendem Magneten von Oxford Instruments (1974).

Schon vorab wurde das Instrument in Vorträgen und Zeitschriften angekündigt,[937] war aber im Prinzip dann erst Sommer 1971 für die Enzymgruppe einsatzbereit, doch Rex Richards gab den Konstrukteuren genügend Zeit und Geld für die Feinabstimmung, so dass letztlich im Herbst 1971 ein außergewöhnlich stabiles Instrument mit sehr homogenem Magnetfeld zur Verfügung stand, das chemische Verschiebungen bis unter 0.1 Hz auflösen konnte und zudem einen gut isolierten Dewar hatte, der für einen erträglichen Verbrauch an flüssigem Helium sorgte.[938]

937 Auf der 12. ENC Konferenz stellte Richards Messungen mit seinem 320 MHz-Spektrometer vor und kündigte den Bau des neuen 270 MHz-Instruments mit Bruker-Spectrospin Konsole an. Richards, "High-Field NMR at Oxford", Abstract zur 12. ENC Konferenz (1971).

938 Richards, Interview geführt im März 1988 von Max Blythe, Interview 2, S.3 und S.14; Wood, Magnetic Venture: the Story of Oxford Instruments (2001), S.88. Rex Richards

Das ab 1971 kommerziell angebotene neue HFX-270 revolutionierte die NMR, es markierte sozusagen das Ende der Eisenzeit in der NMR. Ein wichtiger Grund für den Erfolg war, dass das Instrument im Gegensatz zum ersten von Varian angebotenen supraleitenden Instrument die Basis einer ganzen, über Jahre hinweg produzierten und vermarkteten Instrumentenfamilie war, Bruker-Spectrospin also die Entwicklung weiter vorantrieb. Obwohl die Interessen der kooperierenden Firmen Oxford Instruments und Bruker-Spectrospin mit der Zeit in Konflikt und Konkurrenz gerieten, blieb das Basiskonzept dieses Instruments die Grundlage aller bis heute von verschiedenen Firmen gebauten supraleitenden NMR-Spektrometer,[939] von denen die neuesten eine Protonenlarmorfrequenz bis zu 1000 MHz erreichen.[940] Auch wenn das Varian 220 MHz-Spektrometer mit weitem Abstand das erste derartige Instrument war, begann die wirkliche Innovation, die zu einer neuen Ära der NMR in der Chemie führte, erst mit der Oxford/Rheinstetten/Zürich Konstruktion. Varian versuchte zwar noch Anfang der 1970er Jahre mit dem erst 1968 auf 300 MHz gebrachten und etwas halbherzig flexibler gemachten HR-300 gegenzuhalten und baute 1971 und 1973 die Nachfolgetypen SC-300 und SC-360 (300 und 360 MHz). Die Typen gingen aber gar nicht mehr in Produktion,[941] und Varian gab das Geschäft mit diesen nun unterlegenen Instrumenten auf.[942]

Letztlich führte das Prestige der supraleitenden Spitzeninstrumente auch zu Verkaufserfolgen Bruker-Spectrospins im Bereich kleinerer Standardgeräte und das Varian-Management, das zunächst versucht hatte den Wert der supraleitenden Instrumente herunterzuspielen, sah sich veranlasst, seine seit dem A-60 auf die Massenproduktion möglichst einfach zu bedienender und preiswerter Instrumente ausgerichtete Strategie zu überdenken. Varian Associates stieg daher 1978 mit dem XL-200 wieder in den supraleitenden NMR-Spektrometermarkt

---

präsentierte die Konstruktion mit Spektrenbeispielen bereits auf der 12. ENC Konferenz. Richards, "NMR at High Fields", Abstract zur 14. ENC Konferenz (1973).

939 Richards, "Development of NMR in Oxford" (1996), S.583.

940 Bruker Avance 1000, erstes Serieninstrument installiert Ende 2009 am Zentrum für Kerspinresonanz bei extrem hohen Feldern der CNRS, Ecole Normale Supérieur de Lyon und der Universität Lyon.

941 Shoolery, "The Development of Experimental and Analytical High Resolution NMR" (1995) S.46.

942 Selbst für das unter der Führung von Oleg Jardetzky mit Mitteln der NIH und NSF neu gegründete Stanford Magnetic Resonance Laboratory, das sozusagen vor der Haustür von Varian Associates als national führendes NMR Messzentrum eingerichtet wurde, erhielt Bruker-Spectrospin 1974 den Zuschlag für ein supraleitendes Spitzenspektrometer, das den Kern dieser Institution bildete. Vgl. Reinhardt, "Wissenstransfer durch Zentrenbildung. Physikalische Methoden in der Chemie und in den Biowissenschaften" (2006), S.236-237.

ein und baute nun sogar diesen Typ zu einer eigenen Instrumentenlinie aus. Es gelang aber nicht, den um 1970 aufgelassenen Innovationsvorsprung völlig aufzuholen, die Verkaufszahlen bei Bruker-Spectrospin stiegen sogar deutlich an, weil auch Varian nun die supraleitenden Spektrometer bewarb und ihren Wert nicht mehr in Frage stellte.[943] So gesehen war das A-60 ein revolutionärer Erfolg für die NMR und für Varian, die Konzentration auf diesen Erfolg kostete dem Unternehmen aber auf mittlere Sicht auch die führende Position in der NMR. Für die Firmen Oxford Instruments und Bruker bewirkte der Durchbruch mit dem HFX-270, dass sie von werkstattähnlichen Instrumentenbauern zu weltweit operierenden, mittelgroßen Industriebetrieben wuchsen.

Im akademischen Bereich waren die neuen Spektrometer der Schlüssel, um Strukturuntersuchungen mit NMR auf die biologisch-medizinischen Wissenschaften auszuweiten. Audrey Wood berichtet:[944]

> Some months after its installation Martin [Wood] walked into the laboratory when this system [HFX-270] was in use. Excited by the results he was achieving, Rex [Richards] exclaimed, 'The structure of Penicillin took many years to sort out before it could be synthesized – with this system we could have to got there in a week!' I am sure this was an exaggeration, but it is certain that this advanced Instrument opened up a new world of rapid and detailed analysis for highly complex and important molecules.

Auffällig ist, dass hier nicht nur die hohe Auflösung des Instrumentes betont wird, sondern auch die Geschwindigkeit der Messung, die mit dem bei Bruker entwickelten FT-Verfahren zusammenhing. Weiter war von Bedeutung, dass es bereits Wege gab, die nun produzierbaren, außerordentlich komplexen Spektren biologisch aktiver Substanzen auch interpretieren zu können. Einerseits durch die Variation der Impulssequenzen in verschiedenen Mehrfachresonanzverfahren, andererseits durch die Interpretation und Darstellung der Spektrometerdaten, an der hauptsächlich akademische NMR-Wissenschaftler gearbeitet hatten. Erst die Kombination dieser instrumentell-methodisch-theoretischen Faktoren führte zur Revolution der NMR in den 1970er Jahren und eröffnete ihr einen weiten Bereich neuer Arbeitsgebiete:[945]

> The signal-to-noise goes up as something like the three halves power of the field, so that's a great gain, and the combination of Fourier transform and higher magnetic fields was a complete revolution in NMR and changed the whole outlook of the ways in which it could be applied.

---

943 Keller, Interview geführt am 18. und 19. August 2004.

944 Wood, Magnetic Venture: the Story of Oxford Instruments (2001), S.88.

945 Christie, Tansey, "Making the Human Body Transparent: The Impact of Nuclear Magnetic Resonance and Magnetic Resonance Imaging" (1998), S.16.

Wie erwartet profitierte auch die Oxford Enzyme Group vom neuen Spektrometer. Mit speziellen Auswerteverfahren, die nun an die viel detaillierteren Spektren angepasst wurden, konnten die Biochemiker Enzyme bis zu einer Größe von etwa 10.000 Dalton untersuchen, was sich in einer beträchtlichen Anzahl an Publikationen und einem dem entsprechenden internationalen Ansehen niederschlug.[946] Aus biologischer Perspektive sind das zwar noch recht kleine Moleküle, im Vergleich zu den Möglichkeiten der 1960er Jahre war das aber eine erhebliche Steigerung, die zudem noch mehr versprach.

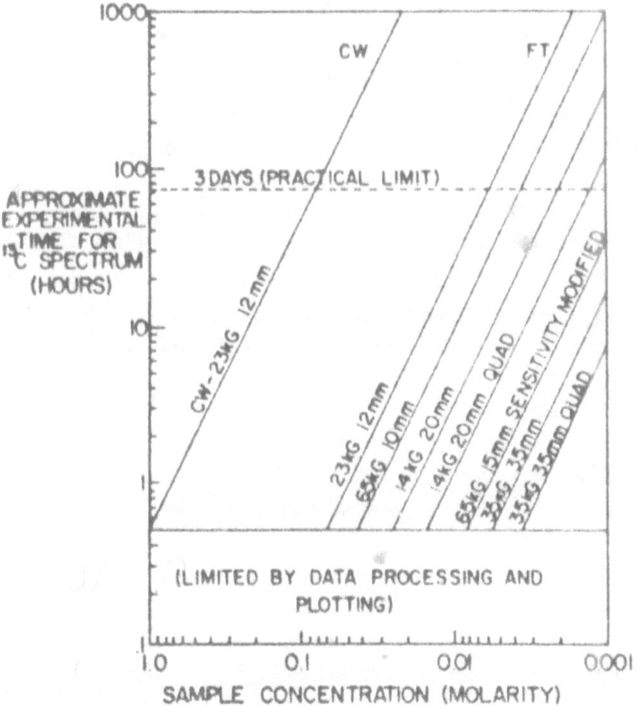

Abb. 63: Empfindlichkeit von ^{13}C Messungen in Abhängigkeit von Messverfahren, Probendurchmesser, Messdauer und Magnetfeldstärke. Die Tendenz wird klar: FT, größere Probenmenge, längere Messzeit und höheres Magnetfeld machen die NMR empfindlicher. Das experimentelle Zeitlimit ist hier bei 3 Tagen gesetzt!

946 Richards, Interview geführt im März 1988 von Max Blythe, Interview 2, S.3 und S.15.

Die Zukunft der NMR-Spektrometer lag nun in der Kombination von supraleitendem Magnet und FT-Verfahren, die beide die Messempfindlichkeit erhöhten und damit die größte Schwäche der NMR kompensieren konnten. Nur Varian Associates konnte bei der Konstruktion supraleitender NMR-Magneten auf eine längere Erfahrung zurückgreifen, doch reichte dieser Vorteil nicht aus. War das Problem eines geeigneten Magneten gelöst, musste darüber hinaus die FT-Elektronik an die deutlich höheren Frequenzen der Instrumente angepasst werden, die insgesamt höhere Anforderungen an die Leistung der Bauteile stellten. Es war schwierig Impulse zu generieren, die intensiv genug waren, um bei so hohen Feldern große Frequenzbreiten z.B. für die Entkopplung anzuregen.[947] Diese Anpassungen erforderten spezifische technische Erfahrungen und elektronisches Know-how, das inzwischen mehr bei Bruker-Spectrospin zu finden war. Dort griffen die einzelnen Elemente des Instrumentalsystems besser ineinander.

Dabei nutzte man auch Research Technology wie den FFT-Algorithmus,[948] supraleitende Magnete oder Computer und Resultate der unterschiedlichen Akteure, wie der Lead User Seymour Lipsky, Chien Ho oder Rex Richards, der Mitarbeiter der DFG-Geschäftstelle, der Techniker der Zulieferfirma FabriTek und von Oxford Instruments, der Theoretiker Cooley und Tukey, nicht zuletzt natürlich auch der Varian Mitarbeiter und Wissenschaftler Richard Ernst und Weston Anderson. Bruker-Spectrospin führte alle diese Entwicklungen zusammen, koordinierte sie zu einem konkreten Instrumentalsystem, das mit zusätzlichen eigenen Ideen gebrauchs- und damit marktfähig gemacht wurde. Trotz dieser zentralen Rolle und obwohl auf wissenschaftlichen Konferenzen die neuen Verfahren vorgestellt wurden, traten Angestellte der Firma nie selbst als Wissenschaftler auf, sondern verstanden sich als technische Dienstleister für die Wissenschaftler und wurden von diesen auch so wahrgenommen. Es fiel daher dem Wissenschaftler Farrar in Anaheim wohl nicht ganz so schwer, ein wenig von der eigenen Redezeit an Keller abzugeben, denn er konnte sicher sein, nicht einen Konkurrenten, sondern einen Helfer zu unterstützen.

Die Konstellation der recht unterschiedlichen und normalerweise getrennt betrachteten Bereiche des naturwissenschaftlichen Forschungsinteresses, technischer Instrumentenentwicklung, allgemein- und firmenpolitischer Aktivität, mathematischer Theorie und des ökonomischen Marktes ermöglichten den entscheidenden Sprung in der NMR-Entwicklung und Anwendung. Über weltweite

947 Anet, "^{13}C NMR at High Magnetic Fields" (1974). Schnell kam aber auch die Idee auf, durch die Variation von zwei Messparametern eine Art Matrix zu bekommen, die trotz hoher Informationsdichte noch interpretierbar war.

948 Nach Shinn kann der Cooley-Tukey Algorithmus als ein generisches Instrument verstanden werden. Shinn, Research-Technology and Cultural Change. Instrumentation, Genericity, Transversality (2008), S.134.

Kontakte konnte Bruker-Spectrospin auch Wissen erhalten, das nicht aus dem Bereich der NMR stammte und dort völlig neu war. Dieses neue Wissen eröffnete dem Unternehmen einen Vorsprung gegenüber seinem nur mehr scheinbar übermächtigen Konkurrenten. Die Kombination der geschilderten, um 1970 stattfindenden Innovationsschritte bedeutete für Bruker den Durchbruch als Hersteller von Höchstleistungsspektrometern und legte den Grundstein für die später beherrschende Weltmarktposition dieses Instrumentenproduzenten, der sich über seine besser an die Entwicklung der NMR-Wissenschaft angepasste Strategie einen technischen Vorsprung von einigen Jahren erarbeitete. Treibende Kraft der Entwicklungen war nicht mehr der Versuch, im Stile der Research Technology ein grundlegend neues Instrument zu schaffen, sondern das aus der Wissenschaft kommende Bedürfnis, die Struktur immer größerer Moleküle mithilfe der NMR ermitteln zu können, d.h. das Mentale Chemische Strukturmodell auch im Bereich der großen Biomoleküle zu festigen und auszubauen. Es konnten zwar noch keine einschneidenden Veränderungen in der wissenschaftlichen Praxis erreicht werden, doch es war deutlich geworden, dass es theoretisch die Möglichkeit gab, allein mit der NMR die komplette Struktur eines in Lösung befindlichen Proteins, inklusive der als Tertiärstruktur bezeichneten Faltung der Proteinketten und den dynamischen Veränderungen zu ermitteln. Oleg Jardetzky, ein Pionier der biochemischen NMR, beschrieb die Zeit bis zum Anfang der 1970er Jahre so:[949]

> What we did was exploratory science. The essence of exploration is to try something, show that it can work by a prototype experiment and then go to the next question and do the same, rather than exploit the first finding to its fullest, as it is now commonly done.

Um diese Möglichkeiten der Methode wie angedeutet voll ausschöpfen und den klar definierten Bedürfnissen der Wissenschaftler-Kunden entsprechen zu können, mussten verschiedene Produkte von Research Technology in die chemische NMR eingebettet werden. Damit setzte sich das von den NMR-Wissenschaftlern benötigte Konzept des variablen, aufwändigeren Spezialisteninstrumentes durch. Die Funktion des Instrumentenherstellers ist dabei keinesfalls nur als passiv einzuschätzen, denn die neuen Instrumente zeigten einige in dieser Form nicht erwartete Eigenschaften und Möglichkeiten. Die Mitarbeiter des Instrumentenproduzenten suchten selbstständig nach Ideen, durch welche die Reichweite der NMR ausgedehnt werden konnte. Die Kombination einiger solcher

---

949 Jardetzky, "Simple Insights from the Beginnings of Magnetic Resonance in Molecular Biology" (1997), S.12. Vgl. dazu auch das Konzept des explorativen Experiments bei Friedrich Steinle: Steinle, Explorative Experimente. Ampère, Faraday und die Ursprünge der Elektrodynamik (2005).

Ideen führte zu einer modernen elektronischen Messkonsole, zu einem neuen, computerisierten Messverfahren und zu zuverlässigen Magneten mit extrem hoher Feldhomogenität und Feldstärke. Diese miteinander verbundenen Innovationen leiteten nicht nur den steilen Aufstieg von Bruker-Spectrospin ein, sondern hatten auch einen wesentlichen Anteil daran, dass sich die NMR als nun fest etabliertes wissenschaftliches Arbeitsgebiet in den 1970er Jahren in verschiedene Richtungen ausdehnen und mit dem Magnetic Resonance Imaging sogar eine neue Methode generieren konnte. Ähnlich wie ein Research Technologist besetzte der Instrumentenbauer Bruker-Spectrospin eine Funktion, die für Kommunikation und Konvergenz[950] innerhalb der NMR-Wissenschaft sorgte und so ein Gegengewicht zur Zersplitterung in einzelne, hoch spezialisierte Teilgebiete bildete.

950 Joerges, Shinn, "A Fresh Look at Instrumentation: An Introduction" (2001).

6. Expansion und Spezialisierung

Das Interesse der Chemiker für die Impulsspektroskopie wuchs schlagartig mit dem zunächst durch Bruker-Spectrospin zugänglich gemachten FT-Impulsverfahren. Die bis dahin in der Regel von Physikern verwendeten Impulsspektrometer wurden nun einerseits zur chemischen Analyse, das für die chemische NMR entwickelte FT-Verfahren andererseits auch für physikalisch orientierte Messungen benutzt.[951] Seit der Spin-Echo Publikation Erwin Hahns waren von Physikern zwar wichtige Impulssequenzen entwickelt worden,[952] aber die chemische Anwendung motivierte nun eine größere Gruppe von NMR-Wissenschaftlern dazu, intensiver an diesen Verfahren zu arbeiten. Sie suchten nach Möglichkeiten, die FT-Impulsspektroskopie den chemischen Bedürfnisse entsprechend auszubauen,[953] vor allem mussten die seit den 1950er Jahren in der CW-NMR entwickelten Doppelresonanzmethoden an die FT-NMR angepasst werden,[954] wobei die Entkopplungssequenzen zur einfacheren Spektreninterpretation zunächst im Zentrum des Interesses standen.[955] Eine Anpassung an das FT-Verfahren war aber z.B. auch bei der Messung von Stickstoffkernen notwendig, die so lange Relaxationszeiten haben, dass man ein Abklingen der FIDs nach jedem Impuls nicht abwarten konnte. Die Lösung war, das Spinsystem mit einer Sequenz von Impulsen immer wieder zwangsweise in den Ausgangszustand für die nächste Anregungssequenz zu versetzen. Eine Variante dieser Messanordnung wurde als DEFT (Driven Equilibrium Fourier-Transform) bekannt.[956]

NMR-Wissenschaftler erfanden also schnell eine Reihe neuer, chemisch orientierter FT-Messvarianten, was es auch für Experten schwer machte, den Überblick zu behalten. Im ersten Band des neuen Übersichtsjournals "Magnetic Resonance Review" wird 1972 festgestellt:[957]

---

951 Allerdings spricht in diesem Fall niemand von chemischen Instrumenten in der Physik.

952 Vgl. Carr, "Early Years of Free Precession Revisited" (1996), S.253-260.

953 Zu diesen neuen Variationsmöglichkeiten trugen auch Quadratur-Detektoren bei, mit denen gleichzeitig das Dispersions- und Absorptionssignal der Substanzen gemessen werden konnte. Schaefer, Stejskal, "Data Routing in Quadrature FT NMR" (1974); N.N., "Neue Zusatzeinheit für HX-Spektrometer" (1977), S.10.

954 Dalton, "Double Resonance" (1972), S.324-325.

955 Dalton, Dalton, "Double Resonance" (1973), S.362; Becker, "NMR at the NIH: Inception and Growth Over Four Decades" (1996), S.209-210.

956 Vgl. Becker, Farrar, Feretti, "Driven Equilibrium Fourier Transform Spectroscopy. A New Method for Nuclear Magnetic Resonance Signal Enhancement" (1969).

957 Poole, "Introductory Remarks" (1972), S.1.

> At the present time it is very difficult to keep abreast of the rapidly expanding magnetic resonance literature. A number of years ago the articles in the Annual Review of Physical Chemistry served this purpose. Now it seems desirable to have one publication, which surveys the literature in such a manner that workers in this field can rely upon it for their prime source material.

Wenig Anpassungsprobleme an das neue FT-Verfahren hatte die Impulsabteilung der Bruker-Physik AG in Rheinstetten, da deren Instrumente mit starken Sendern extrem breitbandig ausgelegt waren und eine variable, getaktete Elektronik hatten, was sich ideal für das FT-Verfahren eignete. Durch zusätzliches FT-Zubehör konnte daher ohne größere Änderungen des bestehenden Instrumentendesigns mit den neuen Spektrometerserien SXP (ab 1972) und CXP (ab 1976) auch hochaufgelöste, chemische NMR betrieben werden. Mehr noch, diese reinen Impulsspektrometer waren durch ihre messtechnische Flexibilität nun ideale Instrumente für NMR-Spezialisten in der hochauflösenden, strukturchemischen Analyse. Es konnten Frequenz, Amplitude, Phase, Dauer, Zahl und Abstand der Impulse variiert werden und computerisierte Impulsgeneratoren steuerten alle diese Parameter exakt reproduzierbar. Die automatisierende Elektronik erfasste dabei die Messdaten und führte die zur Interpretation notwendigen Berechnungen aus.[958]

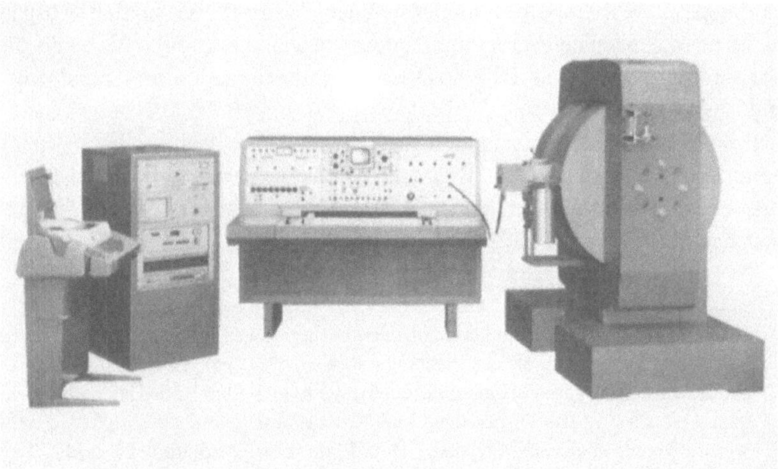

Abb. 64: Bruker SXP 4-100 (1972). Rechts der Elektromagnet. In der Mitte die Konsole mit Flachbettschreiber, links im Rack der Nicolet FT-Rechner, ganz links ein Fernschreiber als Eingabegerät und Plotter.

958 Geiger, Holz, "Automation and Control in High Power Pulsed NMR" (1980), S.698 und S.702-703.

Auch Physiker wie Raymond Andrew, der ab 1964 an der University of Nottingham arbeitete, verwendeten das neue FT-Verfahren und Andrews Gruppe erhielt das erste nach Großbritannien gelieferte Bruker SXP 4-100 MHz-Spektrometer.[959] Bereits 1958 hatte er an der University of Wales entdeckt, dass die breiten NMR-Signale von Festkörpern bei Erwärmung schmäler werden, entgegen der auf den Dipol-Dipol Wechselwirkungen beruhenden theoretischen Erwartung. Er versuchte eine an die neue Beobachtung angepasste Theorie zu prüfen, indem er durch schnelle Rotation der Festkörperprobe die Molekülbewegung beim Erhitzen simulierte.[960] Dabei fand er, dass auch eine sehr schnelle Rotation der Probe die breiten NMR-Banden von Festkörpern schmäler machen kann.[961] Der Unterschied zu der bei Flüssigkeiten verwendeten Methode[962] lag in der Rotationsgeschwindigkeit und dem exakten Winkel von 54° 44' zwischen Drehachse und Magnetfeld, bei dem auch die Rotationsseitenbanden verschwinden und ein optimales Spektrum erhalten wird.[963] Parallel zu Andrew fanden auch Irving Lowe und Richard Norberg in St. Louis dieses Rotationsverfahren.[964]

Als Andrew das Ergebnis 1960 auf dem A.M.P.E.R.E. Kolloquium in Pisa vorstellte, bezeichnete es der niederländische NMR-Pionier Cornelis Gorter als 'magisch' und prägte die Bezeichnung Magic Angle Spinning (MAS).[965] Prinzipiell zeichnete sich damit ein Weg zur hoch aufgelösten Festkörper-NMR ab, aber obwohl die Gruppe von Andrew das MAS verfeinerte und die ersten isolierten Spin-Spin Kopplungen in Festkörpern messen konnte, waren geeignete Instrumente in den 1960er Jahren noch nicht verfügbar und das Verfahren

959 Andrew, "Spinning the Spins: A Lifetime in NMR" (1996), S.184.

960 Das Instrument kann hier als verkörperlichtes Theorem der Dipol-Dipol Wechselwirkungen verstanden werden. Bachelard, Les Intuitions Atomistiques, Essai de Classification (1933). Vgl. dazu Gooday, "Instrument as Embodied Theory" (2000). Eine vergleichbare Funktion nahm das NMR-Spektrometer bei Hans Primas ein, vgl. Kap. 4.

961 Andrew, "Spinning the Spins: A Lifetime in NMR" (1996), S.183.

962 Vgl. Kap. 3.

963 Andrew, Bradbury, Eades, "Nuclear Magnetic Resonance Spectra from a Crystal rotated at High Speed" (1958); dies., "Removal of Dipolar Broadening of Nuclear Magnetic Resonance Spectra of Solids by Specimen Rotation" (1959).

964 Lowe, "Free Induction Decays of Rotating Solids" (1959). Lowe war Student von Richard E. Norberg, der seinerseits Schüler von Charles Slichter in Urbana war. Vgl. Slichter, Interview geführt von Babak Ashrafi am 26. März 2005, Niels Bohr Library & Archives. Einer der Doktorväter Lowes war der Purcell-Schüler George Pake.

965 Andrew, "Spinning the Spins: A Lifetime in NMR" (1996), S.183.

wegen technischer Schwierigkeiten[966] keine Standardmethode. Die hohen Rotationsgeschwindigkeiten von etwa 10.000 bis 15.000 Umdrehungen pro Minute erreichte Andrew mit heliumgespeisten Gasturbinen.[967] Hier wurde ein universales Instrument, die Ultrazentrifuge, in den neuen, spezifischen Kontext der Festkörper-NMR eingebettet. Jesse Beams (1898-1977), Experte für Ultrazentrifugen, Professor an der Universität Virginia und bereits als paradigmatisches Beispiel für einen Research Technologist identifiziert,[968] besuchte das Laboratorium von Andrew, um diese neue Variante seines generischen Instrumentes zu begutachten und äußerte seine Anerkennung.[969] Andrew arbeitete mit dem MAS im Modus der Research Technology und gab damit der NMR neue Anregungen, die aber erst nach einiger Zeit technischer Standard wurden. Er begann dann in Nottingham, dem allgemeinen Trend folgend, größere Biomoleküle zu untersuchen. Das Science Research Council finanzierte zu diesem Zweck das oben genannte Bruker SXP Impulsspektrometer, denn obwohl er als früher NMR-Spezialist Erfahrung mit dem Bau von NMR-Impulsspektrometern hatte, zeigte sich auch bei Andrew die zunehmende soziale Ausdifferenzierung der NMR-Gemeinschaft: "The days when we designed and made our own spectrometers and magnets were now largely at an end."[970]

Parallel zu den Arbeiten in Nottingham entwickelte John Waughs Gruppe am MIT in den USA, zu der zeitweise auch Ulrich Häberlen gehörte,[971] spezielle Multipulssequenzen mit denen ebenfalls hoch aufgelöste Festkörper-NMR möglich werden sollten. Durch die Kombination mit dem MAS war man dann seit Beginn der 1970er Jahre in der Lage, routinemäßig solche hochaufgelösten, chemisch-analytischen Festkörperspektren zu fahren und sie auch analog zu den

---

966 Andrew, Bradbury, Eades, "Nuclear Magnetic Resonance Spectra from a Crystal rotated at High Speed" (1958); Lowe, "Free Induction Decays of Rotating Solids" (1959); Waugh, "NMR Spectroscopy in solids. A Historical Perspective" (1993), S.729A.

967 Die Schallgeschwindigkeit in Helium ist höher als die in Luft, damit wurden Probleme mit der Schallmauer vermieden.

968 Joerges, Shinn, "A Fresh Look at Instrumentation. An Introduction" (2001), S.1-2; Shinn, "Research-technology Instrumentation: The Place of Chemistry" (2002), S.96-99.

969 Andrew, "Spinning the Spins: A Lifetime in NMR" (1996), S.184.

970 Ders., ebd., S.184.

971 Eines der Ergebnisse war ein nach den Erfindern Waugh, Huber und Häberlen WAHUHA genannter Impulszyklus zur schärferen Darstellung der Signale. Der 1934 geborene Physiker Häberlen promovierte 1966 in Stuttgart, war dann PostDoc und Assistent bei John Waugh am MIT. Ab 1967 in der Abteilung von Karl-Hermann Hausser am MPI für medizinische Forschung in Heidelberg wechselte er 1969 als Professor für Physik an die Universität Heidelberg.

in Lösung aufgenommenen auszuwerten.[972] Die seit den 1950er Jahren methodisch auseinanderlaufenden Richtungen der physikalischen Festkörper-NMR und der chemischen Flüssigkeits-NMR konvergierten damit wieder.[973] Ähnliche Entwicklungen in Richtung leistungsfähiger FT-Festkörperspektrometer wurden auch am CalTech und in der DDR gemacht.[974] Dass John Waugh Anfang der 1970er Jahre Berater von Bruker-Spectrospin wurde[975] unterstreicht, wie eng dieses Unternehmen in die Entwicklung der Neuerungen integriert war und wie es die Wissensbestände unterschiedlicher Gruppen aufgriff und zusammenführte. Daneben leistete Bruker-Spectrospin aber auch eigenständige Konstruktionsarbeit, durch die das Festkörper FT-Verfahren verfeinert wurde. Die Entwicklung in der Elektronik führte zu immer besseren und stabileren Bauelementen für die Steuerung und Auswertung der komplexen Impulssequenzen.

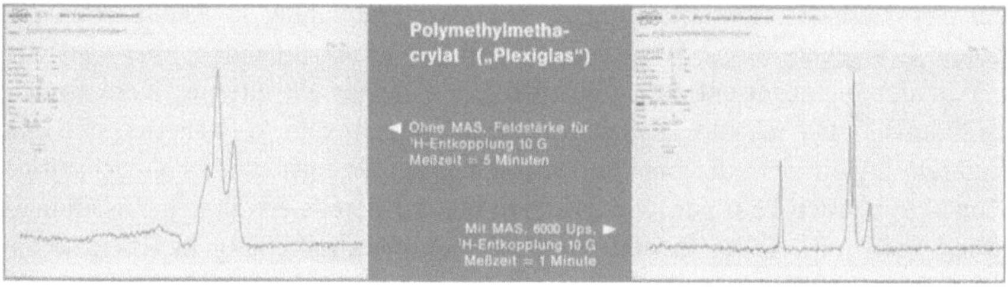

Abb. 65: Hochaufgelöste ^{13}C Festkörperspektroskopie von Plexiglas mit einem Bruker CXP-180 (1978). Links ohne, rechts mit MAS. Die entscheidend verbesserte Auflösung ist deutlich zu erkennen.

Kommerzielle Firmen bauten immer bessere Mixer, Breitbandverstärker und Frequenzgeneratoren.[976] Mithilfe der variablen Messelektronik konnten dann die NMR-Benutzer ihre eigenen Vorstellungen verwirklichen und neue Experimente mit speziellen Anregungsimpulssequenzen durchführen. Gerade dieses Arbeitsgebiet zeigte sich in den 1970er Jahren als besonders innovativ. 1978 konnte Bruker-Spectrospin dann für die CXP-Impulsspektrometer einen

---

972 McKay, Schaefer, Stejskal, "High-Resolution, Slow-Spinning Magic-Angle Carbon-13 NMR" (1977).

973 Waugh, "NMR Spectroscopy in solids. A Historical Perspective" (1993), S.727A; Häberlen, Huber, Waugh, "Approach to High-Resolution nmr in Solids" (1968).

974 Waugh, "NMR Spectroscopy in Solids. A Historical Perspective" (1993), S.728A.

975 Bruker stellte auch Frank Anets ehemaligen Mitarbeiter Craig Bradley ein. Reinhardt, Shifting and Rearranging (2006), S.234, Anm.

976 Der erste für die NMR-geeignete Mixer wurde von Hewlett-Packard Mitte der 1960er Jahre für 500$ verkauft. Der Preis fiel schnell auf 10$. Waugh, "NMR Spectroscopy in Solids. A Historical Perspective" (1993), S.728A.

MAS-Zusatz anbieten, der hochaufgelöste Festkörperspektren produzierte, welche kaum mehr von Flüssigkeitsspektren unterschieden werden konnten.[977]

6.1. Konkurrenz belebt die NMR

Die Instrumentenentwicklung vereinte nun zwar nicht plötzlich alle Schattierungen von Chemikern und Physikern, sorgte aber doch für ein gewisses instrumentelles Gegengewicht gegen die zunehmende fachliche Ausdifferenzierung der NMR in einzelne Spezialgebiete, so dass sie trotz der ab 1970 schnell wachsenden methodischen Vielfalt und Themenbreite ein kohärentes Arbeitsgebiet blieb. Am deutlichsten ist das vielleicht am Unternehmen Bruker-Spectrospin selbst zu sehen. Seit 1965 war die Spectrospin AG in Zürich die Bruker-Abteilung für hochauflösende chemische NMR gewesen und nicht nur räumlich von der physikalisch orientierten Impulsspektrometerabteilung in Rheinstetten getrennt. Ein gegenseitiger Wissensaustausch war zwar vorhanden, aber weit von maximaler Intensität entfernt, teilweise gab es sogar ein internes Konkurrenzverhältnis.[978] Die neuen FT-Spektrometer der Spectrospin AG näherten sich nun in ihrem Layout dem der Impulsspektrometer aus Rheinstetten an. Gegenseitige Kontakte wurden häufiger, wie es schon bei der bereits erwähnten Zusammenarbeit von Toni Keller in den USA mit der Impulsabteilung in Rheinstetten deutlich wurde. Die von der Bruker AG schon 1965 in der Impulsspektrometrie eingeführten Frequenzsynthesizer ermöglichten eine für die FT notwendige Frequenzmodulation bei konstanter Phase. Hier war das spezifisch in der Bruker-Physik AG vorhandene elektronische Wissen von Vorteil und die Arbeit in der Spektrometerentwicklung der beiden NMR-Sparten näherte sich in den 1970er Jahren so weit an, dass die Festkörperspektrometer zunehmend keine eigenständige instrumententechnische Arbeitsrichtung mehr darstellten, sondern als Spezialausgaben der hochauflösenden Spektrometer angesehen werden konnten. Die Bruker-Impulsabteilung wurde damit langsam ein Teil der umsatzstärkeren Abteilung für hochauflösende NMR.[979]

Aber nicht nur bei Bruker-Spectrospin gab es in den 1970ern gravierende Veränderungen. Angetrieben durch den scharfen Konkurrenzkampf der nun gegenüber Varian nicht mehr so chancenlosen anderen NMR-Anbieter verlief die Entwicklung der FT-NMR rasant. Zur Verbreitung der Instrumente trug bei, dass die Minicomputer immer leistungsfähiger wurden und durch die Umstellung von Ferritkernen auf Halbleitertechnik die Speichermedien eine ähnliche

977 Vgl. N.N., "Hochauflösung am Festkörper. NMR bei Rotation der Probe unter dem magischen Winkel" (1978).

978 Keller, Interview geführt am 18. und 19. August 2004.

979 Holz, Knüttel, Interview geführt am 13. Juli 2004.

Tendenz zeigten. Verbunden damit wurden speziell für die spektroskopischen Anwendungen eine Reihe effizient arbeitender FFT-Algorithmen erfunden, welche die Variabilität der Methode vergrößerten und neue Programmiermöglichkeiten eröffneten.[980] Zudem setzte sich die mit dem HFX eingeführte modulare Bauweise allgemein durch, bei der ein Kunde ein Basismodell kaufen und es seinen Bedürfnissen wie auch seinem Budget entsprechend bis zum Spitzenmodell ausbauen konnte. Der Unterschied zu Varians "Living Instrument" war dabei, dass ein aufgerüstetes Instrument mit dem ab Werk gelieferten Spitzenmodell identisch war.

Varian Associates hatte 1970 sein XL-100 Spektrometer vorgestellt, ein CW-Spitzenspektrometer, das verglichen mit dem Bruker-HFX allerdings nicht so einfach an die FT-Impulsmessung angepasst werden konnte.[981] Daher hatte das Management mit der Umrüstung gezögert, es setzte zunächst noch auf die herausragenden Qualitäten als CW-Gerät. Mit dem XL-100 wurde z.B. der heteronukleare Lock am Deuteriumsignal eingeführt. Obwohl Deuterium kein intensives und scharfes Signal gibt, setzte sich die Methode durch, da das Instrument zuverlässig arbeitete und der Deuteriumkern in den üblicherweise in der Protonen-NMR benutzten, deuterierten Lösungsmitteln quasi automatisch vorhanden ist. Auch die Art, wie die Frequenzmodulierung im Synthesizer dieses Instruments gelöst wurde, setzte sich durch.[982] Die Varian-Mitarbeiter hatten also ihre technischen Fähigkeiten und ihr Know-how nicht verloren. Trotzdem war die Varian Firmenleitung bald gezwungen, eine aufwändige Umrüstung auf das FT-Verfahren zu veranlassen. Ein Vorfall auf der 12. ENC Konferenz 1971 an der University of Gainesville in Florida verdeutlicht die harte Konkurrenzsituation, welche durch die in der Wirtschafts- und Energiekrise der USA schrumpfenden Förderetats noch verschärft wurde,[983] und auf die das Varian Management nicht adäquat reagiert hatte.

Die Universität Gainesville hatte ein XL-100 bei Varian bestellt, doch die Installation des mit dem noch nicht ausgereiften FT-Zusatz ausgerüsteten Instruments machte Schwierigkeiten und verzögerte sich, weil einige Teile der Radiofrequenzschaltkreise, des Entkopplers und des Probenkopfes nicht geliefert wurden. Als Varian erfuhr, dass die ENC-Konferenz in Gainesville stattfinden

980 Farrar, "Pulsed and Fourier Transform Spectroscopy" in: International Science Communications Inc. (Hg.), Laboratory Instrumentation, Spectroscopy (1974), S.136 und S.141.

981 Waugh, "NMR Spectroscopy in solids. A Historical Perspective" (1993), S.726A.

982 Shaw, "Recent Advances in Experimental Techniques in High Resolution Nuclear Magnetic Resonance Spectroscopy" (1974), S.692.

983 Stine, "Scientific Instrumentation as an Element of U.S. Science Policy: National Science Foundation Support of Chemistry Instrumentation" (1992), S.248-255.

sollte, wurde mit Hochdruck gearbeitet. Das Unternehmen schickte die fehlenden Teile inklusive eines Entwicklungsingenieurs für den Ein- und Aufbau. Eine Woche vor Konferenzbeginn kamen die letzten Bauelemente per Luftfracht an. Das Engagement zahlte sich aus, denn Varian-Mitarbeiter konnten im Gegensatz zu denen von Bruker ihr FT-Instrument in Aktion vorstellen.[984] Auf der Konferenz stand die FT-NMR im Mittelpunkt des Interesses und auch die neue Generation supraleitender Magnete kündigte sich schon an. Die Instrumentenhersteller Varian, Bruker, JEOL und NMR Specialties traten als Sponsoren auf, wichtiger war aber, dass eine Sektion speziell für die Präsentation neuer, hochauflösender Spektrometer vorgesehen war. Teilnehmer von der University of Utah, der University of Wisconsin und der General Electric Company berichteten von ihren Erfahrungen mit dem Varian XL-100, Wissenschaftler von der Shell Development Company und von der Emory University über Bruker HFX-Systeme und ein Teilnehmer von der Northern Texas State University trug über ein JEOL PS-100 vor. Hier wurden in ungewöhnlich direkter Verknüpfung von kommerziellem Instrumentenbau und akademischer Forschung in öffentlichen Vorträgen die Leistungen der angebotenen Instrumente beurteilt. Der Druck auf den Marktführer Varian war enorm, denn der Bruker-Mitarbeiter Christian Tanzer stellte das neue, gerade mit Oxford Instruments entwickelte, supraleitende 270 MHZ-Spektrometer vor und Bruker hatte einen Teil der Reisekosten von Rex Richards übernommen, der ebenfalls auftrat, um über seine Erfahrungen mit supraleitenden Spektrometern vorzutragen.[985]

Zahlen belegen die gefährdete Stellung Varians. 1971 betrug das Volumen des weltweiten NMR-Marktes ungefähr 25 Mio. $, von denen noch etwa 40 % in den USA ausgegeben wurden. Während Varian vor 1967 fast das Monopol hatte, traten Anfang der 70er Jahre die Konkurrenten Bruker-Spectrospin, JEOL und Perkin-Elmer/England so erfolgreich auf, dass sich in den USA das Export-Import Verhältnis bei der NMR-Ausrüstung von 10 im Jahr 1966 zu 1.5 im Jahr 1972 verringert hatte.[986] Die Preisspanne der Spektrometer bewegte sich 1971 zwischen 21.000$ für ein Varian T 60 mit Permanentmagnet und 160.000$ für ein supraleitendes Varian HR-220. Bruker bot seine Instrumente im gehobenen Preissegment zwischen 44.000$ und 88.000$ an. Etwa zwei Drittel der 1972 insgesamt verfügbaren Instrumente arbeiteten bereits mit dem für die FT gut

984 Brey, "12th ENC – Gainesville" (1971).

985 N.N., "12th Experimental NMR Conference , University of Florida, Gainesville, Florida. February 17-20, 1971. General Information and Schedule" (1971).

986 National Research Council, Physics Survey Committee (Hg.), Physics in Perspective, Bd. 2 (1973), S.1108.

geeigneten Frequenzsweep.[987] Der harte Wettbewerb schlug sich in der Fachliteratur nieder, wo kritische Tests der erhältlichen FT-NMR-Instrumente erschienen.[988] Varian setzte trotz vieler Mitbewerber seine Strategie weiter fort und konzentrierte sich wie JEOL[989] oder Perkin-Elmer auch im FT-Bereich auf Routineinstrumente. Diese waren zwar einfacher zu produzieren, strategisch hatte das Verhalten aber den gravierenden Nachteil, dass gerade dieses Segment besonders umkämpft war.

Zunächst noch als CW-Instrument konstruiert, hatte das 1972 vorgestellte Perkin-Elmer R-32 (90 MHz, Permanentmagnet) einen internen Lock, ein neues System zur variablen Temperatursteuerung und bot als dreikanaliges Gerät Doppelresonanzmöglichkeiten für Entkopplung, Spin-Tickling und INDOR. Ab 1975 war ein Fourier-Transformationszusatz erhältlich, der mit einem Nicolet-Rechner arbeitete und auch für das R-12B (60 MHz, Permanentmagnet) einsetzbar war. Im selben Jahr brachte die Firma das R-26 (60 MHz, Permanentmagnet) heraus, das ab Werk im FT-Modus arbeitete[990] und ein erstes preisgünstiges ^{13}C Routinegerät war.[991] Von 1976 an baute Perkin-Elmer sogar ein R-34 genanntes, relativ günstiges, supraleitendes NMR-Spektrometer (220 MHz), das aber nur in wenigen Exemplaren ausschließlich in Großbritannien verkauft wurde, und 1978 stellte man mit dem R-600 ein 60 MHz-FT-Standardgerät vor, das mit computerisierten Messsteuerung und Datenverarbeitung verschiedene Arten von NMR-Verfahren auf Knopfdruck ermöglichte. In den Werbeschriften betonte Perkin-Elmer immer wieder neben der Stabilität die einfache Bedienbarkeit und den günstigen Preis ihrer NMR-Spektrometer, die überwiegend als Routine- und teilweise sogar als Lehrgeräte angeboten wurden. Das den Erfolgen des Unternehmens in der IR entlehnte Konzept der preisgünstigen Standardinstrumente ging aber in diesem Fall nicht auf und 1979 zog sich Perkin-Elmer aus der NMR zurück.[992]

---

987 Rabenstein, "Nuclear Magnetic Resonance Spectroscopy" (1972), Table 7.2., S.258-259.

988 Traficante, "^{13}C FT NMR on a Bruker-Digilab System" (1974); Krugh, "^{13}C FT NMR on a JEOL-Nicolet System" (1974); Whipple, "^{13}C FT NMR on Bruker Instruments" (1974); Ian C.P. Smith, "^{13}C FT NMR on a Varian System" (1974).

989 JEOL bot ab 1973 ein Impuls-FT Spektrometer an, das bereits voll computerisiert war, Spezialität der japanischen Firma wurde die digitalisierte Messung. Vgl. dazu Kap. 5.

990 Allerdings war das Instrument zunächst nur mit einem analogen Rechner ausgestattet.

991 Die für die Kohlenstoffmessung notwendige Empfindlichkeit wurde durch ungewöhnlich große Probenröhrchen mit 10 mm Durchmesser erreicht.

992 N.N., "NMR Spectroscopy: The Year of Pulsed Fourier Transform" (1975); Smith, "More on Effortless FT NMR" (1979); Becker, Fisk, Khetrapal, "The Development of NMR" (1996), S.52-53.

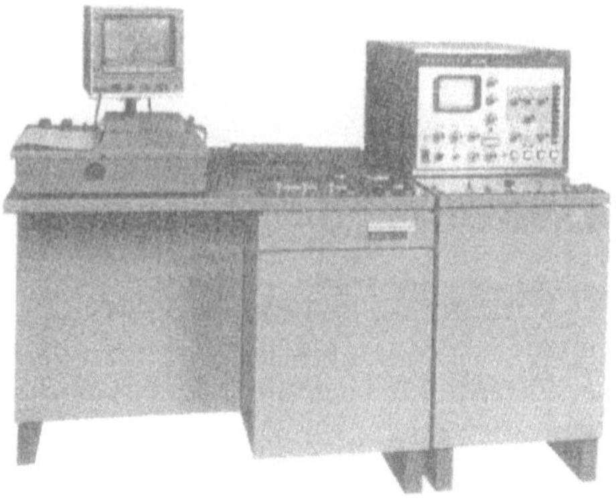

Abb. 66: Perkin-Elmer R-26 von 1975.

Dagegen betonte JEOL in seiner Angebotspalette zunehmend die computerisierten FT-Spitzeninstrumente mit supraleitenden Magneten und überlebte als NMR-Hersteller.[993] Im Gegensatz zu Varian forcierte auch Bruker-Spectrospin schon seit 1971 konstant die Entwicklung von Spitzenmodellen mit supraleitenden Magneten und FT-Technik. James Shoolery, Repräsentant des großen Konkurrenten Varian Associates, brachte die durch Bruker-Spectrospin angeführte Entwicklung auf den Punkt:[994]

> Combining the three great advances of the 1960s in a single instrument, the WH-270 offered chemists more problem-solving capability than ever before. Combining improvements in dewar design with a state-of-the-art minicomputer, this FT-NMR instrument offered practical solutions to problems that had been holding up progress. Its immediate success alerted chemists all over the world to the power of NMR to solve structural problems quickly and elegantly and launched NMR into the frenzied development and amazing accomplishments of the next twenty-five years.

Die Kombination von FT-NMR, supraleitendem Magneten und Computerisierung brachte Bruker Entwicklungsvorsprung und Prestige. Dabei bewährte sich wieder die modular aufgebaute Elektronik, denn kein anderer Hersteller konnte zu dieser Zeit sein Angebot so genau auf die Bedürfnisse eines spezifischen

993 Um 1980 waren die Produzenten hochauflösender FT-Spektrometer Bruker, Varian, Cameca (Frankreich), JEOL und Nicolet. Geiger, Holz, "Automation and Control in High Power Pulsed NMR" (1980). Der massiv protegierte französische Staatsbetrieb Cameca blieb erfolglos und bald übernahm Bruker-Spectrospin den französischen Markt.

994 Shoolery, "The Development of Experimental and Analytical High Resolution NMR" (1995), S.45.

Wissenschaftler-Kunden abstimmen. Als Routineinstrumente wurden die einfachsten Ausstattungsvarianten angeboten. So stellte Bruker-Spectrospin 1972 das WH-90 (90 MHz, Elektromagnet) als nun ausschließlich mit dem FT-Verfahren arbeitendes "NMR Workhorse"[995] auf der Pittsburgh Conference vor.

Abb. 67: *Bruker-Spectrospin WH-90 als Titelbild der Firmenzeitschrift von 1973.*

Eine Voraussetzung für das Wegfallen der CW-Möglichkeit war, dass Toni Keller das technisch schwierige Problem der homonuklearen Breitbandentkopplung[996] gelöst hatte. Die FT-NMR dominierte nun alle Bereiche der hochauflösenden NMR.[997] Bruker-Spectrospin bot aufbauend auf der Basis des WH-90

995 N.N., "WH 90" (1973), S.3.

996 Ernst, Primas, "Nuclear Magnetic Resonance with Stochastic High-Frequency Fields" (1963), vgl. dazu Kap 4.

997 Keller, "The Development of the First Multinuclear Fourier NMR Spectrometers" (1996).

Standardserien bis hin zu Spitzenmodellen mit hoher Feldstärke und weitgehend variabler Steuerelektronik an. Ab 1972 machten die WH-Instrumente (60, 90, 180, 270, 360, später auch 400 MHz) den Anfang. Schnell folgten weitere Modellserien, so ab 1973 die einfacher ausgelegten WP-Instrumente. Hochauflösende, als reine Impulsspektrometer konstruierte Instrumente gehörten mit der oben erwähnten SXP/CXP-Serie in das Programm und deckten den Bereich der Festkörper- und besonders variablen Forschungsspektrometer ab.

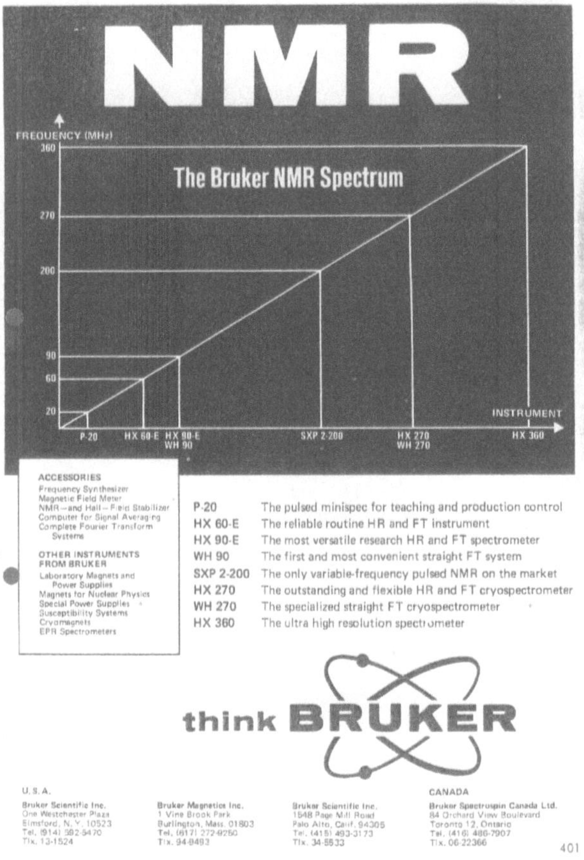

Abb. 68: *In der Bruker Werbung, hier von 1974, wurde die Bandbreite des Angebots für jeden Zweck herausgestellt. Wie üblich wurde auch hier die Magnetfeldstärke als plakatives Hauptkriterium verwendet, obwohl diese allein noch keine hinreichende Information über die Qualität und die Verwendung als Routine- oder Forschungsgerät geben kann.*

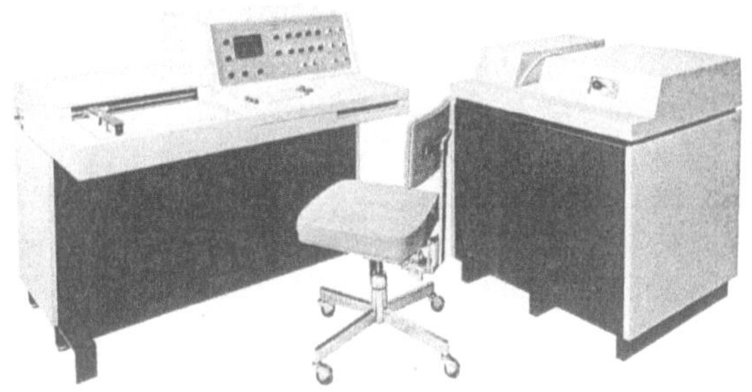

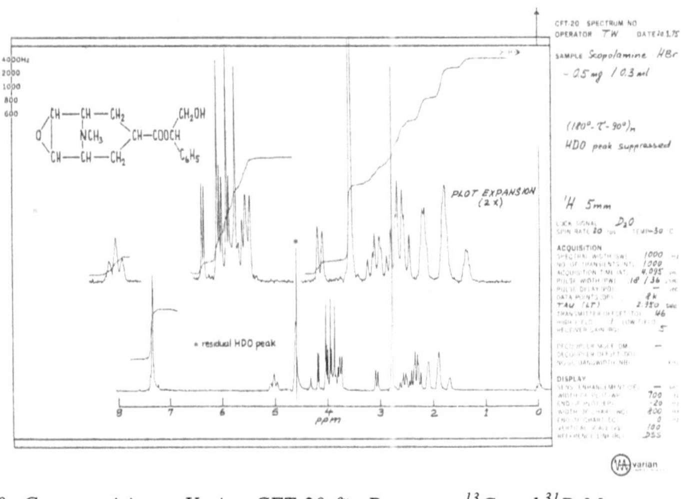

Abb. 69/70: Computerisiertes Varian CFT-20 für Protonen, ^{13}C und ^{31}P Messungen (oben), ca. 1976. Auch eine Reihe von Impulssequenzen für Doppelresonanzverfahren waren nun möglich, wie z.B. die Unterdrückung von Lösungsmittelsignalen, Spin-Entkopplung, kinetische Beobachtungen, quantitative NOE-Bestimmung und Sättigungsexperimente mit Messung von Relaxationszeiten. Das CFT-20 hatte bis zu 16 kB Speicher und eine Aufrüstungsoption durch ein externes Diskettenlaufwerk. Darunter ein Spektrenbeispiel (Scopolamin) mit über die Datenaufbereitung entferntem Lösungsmittelsignal (Wasser). Die oberhalb der Signale verlaufende Linie repräseniert das Resultat der automatischen Integration, welche quantitative Abschätzungen erlaubt, da die Fläche unter den Signalen der Menge der aktiven Kerne entspricht.

Varians Modellstrategie wirkte dagegen relativ uneinheitlich. 1971 hatte man das neue Forschungsinstrument XL-100 recht mühsam auf den FT-Betrieb umgestellt[998] und dann neben der Protonen- und ^{13}C-Messung auch Messmöglichkeiten für andere Kerne integriert. Die supraleitenden Instrumente wurden ebenfalls so weit als möglich flexibler gemacht. 1972 stellte man mit dem neu konstruierten CFT-20 das erste Routine-^{13}C-Instrument vor, in das verspätet die Erfahrungen des mit John D. Roberts gebauten Prototypen DFS-60 (Digital Frequence Sweep, 60 MHz) einflossen, der zunächst nicht in die Serie übernommen worden war. Die wenig innovationsfreudige Haltung Varians führte dazu, dass Roberts das Angebot des Bruker-Mitarbeiters Christian Tanzer[999] annahm und mit Bruker das DFS weiter entwickelte. Die Flexibilität Bruker-Spectrospins überzeugte, wogegen Varian 1972 ein neues Projekt für ein supraleitendes ^{13}C-Spektrometer mit der Begründung ablehnte, man könne sich nicht mit Spezialitäten verzetteln. Bruker-Spectrospin erhielt den Zuschlag und aus dem Projekt, mit dem Varian einen langjährigen, fest assoziierten Lead User verlor, ging das supraleitende Bruker WH-180 Spektrometer hervor.[1000]

Laukien war selbst an der Supraleitertechnik interessiert,[1001] und versuchte neben der Kooperation mit Oxford Instruments eine eigene Magnetproduktion und -entwicklung in den USA aufzubauen. Dabei war es von Vorteil, dass Varian aus dem Supraleitergeschäft ausgestiegen war und Bruker Magnion kaufen

998 George Levy, der damals für General Electric arbeitete und das erste mit FT-Zusatz ausgerüstete XL-100 erhielt, berichtet es dauerte Monate bis das zunächst als CW-Gerät arbeitende Instrument auf FT umgestellt werden konnte. Levy, "Recollections: Computers in the Early Days of ^{13}C NMR and 25 Years of Growth in NMR Computing" (1996), S.454.

999 Tanzer hatte im Dezember 1966 in Organischer Chemie an der University of Adelaide promoviert. Tanzer, High Resolution Nuclear Magnetic Resonance and Ultraviolet Spectra Studies of some Heterocyclic Compounds, (1966).

1000 Zum genaueren Ablauf vgl. Reinhardt, Shifting and Rearranging (2006), S.226-238. 1976 beriet der DFG Apparateausschuss über die Finanzierung eines ersten solchen, damals 785.000 DM teuren WH-180 in der Bundesrepublik. Protokoll über die 23. Sitzung des Apparateausschusses der Deutschen Forschungsgemeinschaft am 28./29. Juni 1976 in Karlsruhe. S.8-9. DFG-Az. 401/5/76. Ordner Apparateausschusssitzungen 1-25. DFG Geschäftsstelle, Bonn.

1001 So soll von ihm die Idee stammen, supraleitende Filamente in Drähte aus leitendem Material wie Kupfer, Silber, oder Bronze einzubetten. Hausser, "The Scientific and Technical Accomplishments of Günther Laukien (Address to the joint ISMAR-AMPERE Conference, Delft, 1980 at the occasion of the awarding of the ISMAR Prize in Industrial Development)" (1982), S.10. Das geschah nach einer Methode, die schon William Wollaston im frühen 19. Jahrhundert für die Herstellung besonders feiner Platindrähte verwendete. In einem Stab aus Metall, hier Bronze, wurden in der Länge nach Bohrungen eingebracht, in die Stäbe aus supraleitender Legierung eingesteckt wurden. Dann zog man das ganze Paket zu einem feinen Draht aus.

konnte, den in Burlington angesiedelten Magnetzulieferer Varians.[1002] Dort startete die Produktion bereits 1971,[1003] 1974 wurde sie an den neuen Spectrospin Hauptsitz in Fällanden bei Zürich verlegt.[1004]

Abb. 71: Das neue Spectrospin-Gebäude in Fällanden bei Zürich, 1974.

Dem Engagement lag Laukiens Produktionsstrategie zugrunde, alle wichtigen Komponenten der Instrumentalsysteme selbst herzustellen oder zumindest herstellen zu können und damit von externen Anbietern unabhängig zu sein.[1005] Das führte zu einer für ein relativ kleines Unternehmen erstaunlichen Produktionstiefe, die Vor- und Nachteile hatte. Zu den selbst hergestellten Komponenten gehörten Oszilloskope, die mit Fernsehbildröhren arbeiteten und weitere Zusatzgeräte wie Flachbettschreiber. Diese großflächigen Schreiber wurden eigens für die NMR-Spektrometer konstruiert und patentiert.[1006] Sie waren in die

1002 Wood, Magnetic Venture: the Story of Oxford Instruments (2001), S.89.

1003 Wehrli, "A Glance at Bruker USA" (1979). 1978 begann Bruker USA auch Computer herzustellen. Die amerikanische Bruker Hauptniederlassung war in ein größeres Gebäude nach Manning Park/Mass. gezogen, wo auch ein gut ausgestattetes Applikationslabor eingerichtet war. Daneben gab es noch drei in den USA verteilte Zweigstellen.

1004 Neues Wissen verließ das Unternehmen durch die Tendenz der US-amerikanischen Mitarbeiter, sich bei erfolgreichen Entwicklungen selbständig zu machen, oder an eine Universität zu gehen. In Zürich standen die Mitarbeiter treuer zum Unternehmen. Keller, Interview geführt am 18. und 19. August 2004.

1005 Holz, Knüttel, Interview geführt am 13. Juli 2004; Keller, Interview geführt am 18. und 19. August 2004.

1006 Bruker Physik AG, Koordinatenschreiber. Erfinder: Günther Laukien. Deutsche Offenlegungsschrift Nr. 2247455.

Spektrometer eingebaut, aber auch gesondert erhältlich und boten zwar keine herausragenden Vorteile gegenüber bestehenden Modellen anderer Firmen, bildeten aber einen Teil der Identität der Bruker-Spectrospin Geräte.

Abb. 72: Innenansicht eines Produktionsraumes bei Spectrospin in Fällanden, 1974.

Hochwertige, großformatige Spektrendarstellungen gaben den Ergebnissen und damit auch den Spektrometern eine besondere Wertigkeit. Das wurde im Prinzip schon früher von Varian erkannt, denn dort war man schon um 1960 zu speziellen Einzelblattschreibern gewechselt.[1007] Bruker-Spectrospin übernahm, wie vieles Andere, auch dieses Konzept von Varian, legte es dann aber prägnanter aus: die Spektrenblätter bei Bruker waren noch ein wenig größer und repräsentativer.

Bei den technisch extrem aufwändigen supraleitenden Magneten war das Autarkieprinzip natürlich nicht so einfach zu verwirklichen. Bruker-Spectrospin blieb zunächst Großkunde von Oxford Instruments. Laukien versuchte neben der eigenen Magnetentwicklung eine bereits bewährte Methode: Er machte seit 1970 wiederholt Angebote an Oxford Instruments, zumindest die Magnetproduktion dieses Unternehmens zu kaufen und analog der Trüb-Täuber Abteilung in die Bruker-Gruppe einzugliedern.

1007 Vgl. Kap.3.

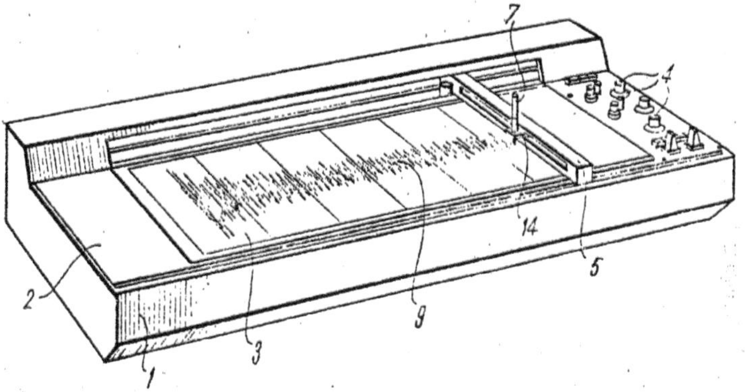

Abb. 73: Koordinatenschreiber aus dem Bruker-Patent von 1972.

Damit wäre durch exklusives Know-how und Tacit Knowledge die führende Position des Unternehmens im Bereich der NMR-Spitzenspektrometer auf längere Sicht monopolartig gesichert gewesen. Das Angebot war aussichtsreich, denn bei Oxford Instruments gab es organisatorische Schwierigkeiten wegen des durch den Erfolg der NMR-Instrumente ausgelösten Betriebswachstums. Als noch dazu 1976 der Liefervertrag mit dem Großkunden Bruker-Spectrospin auslief, kam es zu einer Krise bei Oxford Instruments, da potente Abnehmer fehlten.[1008]

Doch die in ihrer Philosophie ganz ähnlich wie Laukien orientierte Firmenleitung um Martin Wood entschied sich bewußt und auch gegen manches gute ökonomische Argument – dagegen mit einer emotional und patriotisch gefärbten Komponente – für die Eigenständigkeit.[1009] Die Angebote Laukiens wurden als ein wenig aufdringlich empfunden, da sie mit der unterschwelligen Drohung einer Bruker-eigenen Magnetfertigung verknüpft waren. Der erfolgsgewohnte Laukien konnte sich hier nicht durchsetzen, Oxford Instruments begann ganz im

1008 Wood, Magnetic Venture: the Story of Oxford Instruments (2001), S.91.

1009 Dies., ebd., S.90-95. Ganz ähnlich setzte sich auch Laukien gegen die Übernahmeversuche größerer Konzerne zur Wehr. So hatte IBM unter Cecil Webb in den 1970er Jahren von Bruker-Spectrospin eine größere Anzahl NMR-Standardspektrometer produzieren lassen und 10-15 IBM Mitarbeiter frequentierten die Bruker Geschäftsräume. Der Computerhersteller wollte ähnlich wie später Nicolet in die Instrumentenherstellung einsteigen und hielt ein Viertel der Bruker Aktien. Letztlich wurde die 1977 versuchte, konkrete Übernahme durch die Bruker-Aktionäre, allen voran Laukien, abgeblockt und ein neues IBM Management stoppte die Versuche. 1982 wurden die IBM Anteile zurückgekauft. Holz, Knüttel, Interview geführt am 13. Juli 2004.

Gegenteil eigene NMR-Spektrometer für die nun auf eine Zahl von weltweit etwa 2.000 angewachsene Gruppe der NMR-Spektrometerbesitzer zu konstruieren. Außerdem lag inzwischen ein staatlich finanzierter Entwicklungsauftrag der Oxford Enzyme Group für einen neuartigen 470 MHz-Magneten vor. Als die Ergebnisse dieser Projekte 1977 langsam Gestalt annahmen, kamen auch wieder Aufträge für den damals konkurrenzlosen Magneten von den Firmen JEOL,[1010] Varian, Nicolet und Bruker. Die ab 1978 sehr gute Auftragslage ersparte dann Oxford Instruments das Risiko einer eigenen Spektrometerproduktion. Mit den wartungsarmen neuen Magneten verzehnfachte sich um 1980 der Markt für supraleitende NMR-Spektrometer und überflügelte im Volumen denjenigen für Instrumente mit Eisenmagneten. Das Feldstärkerennen ging weiter und Oxford Instruments konnte 1979 den ersten 500 MHz-Magneten des Unternehmens vorstellen.[1011] Zum Ende der 1970er Jahre vehement einsetzenden kommerziellen Erfolg der supraleitenden NMR-Spektrometer trug bei, dass Varian 1978 mit dem XL-200 wieder in das Geschäft mit diesen Instrumententypen einstieg,[1012] und über die eigene Werbung den Verkauf ankurbelte.

Der Wettbewerb sorgte auch dafür, dass sich der Preis der NMR-Spektrometer gegenüber der CW-Zeit nicht erhöhte. Preisgünstigere Instrumente ohne supraleitenden Magneten kosteten 1974 inklusive Rechner knapp 50.000$. Damit waren Instrumente mit deutlich gesteigerter Empfindlichkeit einem größeren Kreis an Wissenschaftlern zugänglich, was die ^{13}C-Spektroskopie großer Moleküle bei Chemikern und Biologen erst richtig populär machte.[1013] Zudem war der Zeitgewinn durch das FT-Verfahren bei Spektren mit großer Frequenzbreite, wie sie bei der ^{13}C-Messung vorlagen, besonders signifikant. So lenkten die Vorteile der FT-Messung das Interesse weiter auf die ^{13}C-Messung und verstärkten damit den Trend in Richtung auf die biologische Anwendung der NMR, denn das Kohlenstoffgerüst war der Schlüssel zur Struktur der Biomoleküle. Im Spitzensegment erleichterte die hohe Auflösung supraleitender Magneten diese Arbeiten.

1010 JEOL hatte 1980 mit dem FX-200 ein erstes multikernfähiges, supraleitendes Spektrometer mit Oxford Instruments Magnet im Angebot.

1011 Richards, Interview geführt im März 1988 von Max Blythe, Interview 2, S.3 und S.19-22; Wood, Magnetic Venture: the Story of Oxford Instruments (2001), S.89-96.

1012 In den späteren Varian-nahen Darstellungen wird die zögerliche Haltung der Firma zu den supraleitenden Magneten nicht angesprochen und die Feldstärke der Magneten besonders betont. Vgl. Martin Packard, "The Varian Story", Vortragsmanuskript 1980, S.13-14. Vgl. dazu Kap. 3 Fig. 28.

1013 Komoroski, Levy, "Fourier Transform Nuclear Magnetic Resonance Spectroscopy" (1974), S.293-294.

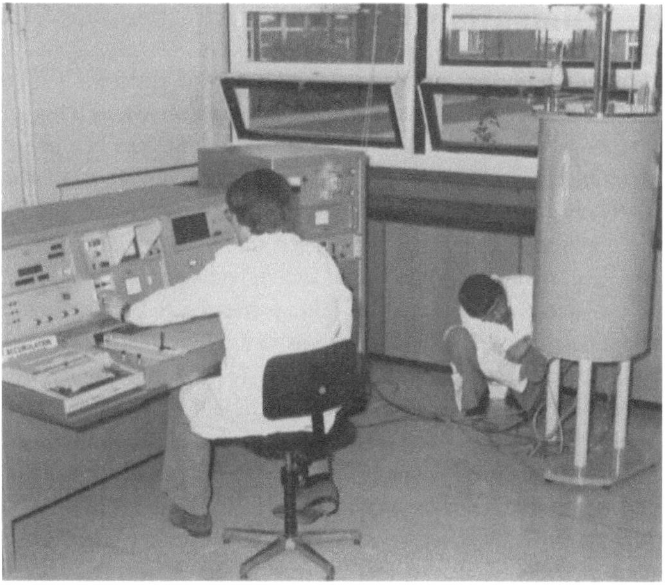

Abb. 74: Installation des ersten Bruker WH-360 in Großbritannien 1979. Das Spektrometer hatte einen Protonen- und Kohlenstoff-Messkanal, war mit dem ASPECT 2000 (im Rack in der Mitte) ausgestattet, der auch die variable Temperatureinheit steuerte. Rechts der Dewar des Kryomagneten. Das Spektrometer stand im "Shell's Biosciences Laboratory" in Sittingbourne, Kent. Shell erlaubte die Besichtigung des Instrumentes durch Wissenschaftler aus Universitäten und anderen Forschungseinrichtungen.

Der Preis der supraleitenden Magnete hatte sich durch die Serienfertigung 1973-1974 halbiert und auch die Helium-Kühlanlagen wurden leistungsfähiger und billiger.[1014] Die neuen Möglichkeiten förderten wiederum die Tendenz, komplexe, biologisch wirksame Verbindungen mit dem chemischen Strukturmodell zu beschreiben, denn die chemische Struktur der gelösten Biomoleküle wurde durch die NMR zugänglich gemacht. Die ^{13}C-Spektroskopie wurde Standardverfahren der Strukturaufklärung und erweiterte den Arbeitsbereich der NMR in Richtung größerer organischer Moleküle.[1015] Instrumentenentwicklung und neue NMR-Methoden trugen daher einerseits zum Boom der Biowissenschaften bei und profitierten andererseits auch von diesem, da sie ihr Arbeitsgebiet über die traditionellen Grenzen der Chemie hinaus ausdehnen konnten.

1014 Thomas C. Farrar, "Pulsed and Fourier Transform Spectroscopy" (1974).
1015 Richard H. Cox, "NMR of other Nuclei" (1972), S.272.

6.2. Neue Dimensionen

Die Autarkiebestrebungen Laukiens betrafen auch die für das FT-Verfahren so entscheidende Computertechnik. Diese nimmt eine Sonderstellung ein, da sie die Voraussetzung dafür schuf, der NMR neue Dimensionen in einer auch wörtlichen Bedeutung zu erschließen,[1016] was der wohl wichtigste methodische Fortschritt der 1970er Jahre war. 1972 begann Bruker-Spectrospin damit, sich von der engen Kooperation mit Nicolet zu lösen und eigene Computer zu entwikkeln.[1017] Das Unternehmen folgte damit den Interessen der NMR-Spezialisten, mit denen es in engem Kontakt stand. So wurde bei Seymour Lipsky in Yale auch nach der Lieferung der FT-HFX Ausrüstung weiter mit den Variationsmöglichkeiten des FT-Systems experimentiert. 1971 stattete man dort ein hochauflösendes Bruker HFX-3-Spektrometer mit einem IBM 1800 Computer von 24 kB Arbeitsspeicher für den FT-Betrieb aus, das damit Kohlenstoff-, Phosphor- und Wasserstoff-Messungen 100 Mal schneller ausführen konnte und eine 10-20fache Empfindlichkeit bei vergleichbarer Messzeit hatte.[1018] An dem Projekt wird wieder die inzwischen internationale Struktur der NMR-Gemeinschaft deutlich, denn in dieser Zeit war Dieter Ziessow, der Schüler und spätere Nachfolger Ernst Lipperts am Berliner Iwan-Stranski-Institut, bei Lipsky an der University School of Medicine in Yale und arbeitete an der Optimierung der Computerausrüstung von NMR-Spektrometern.[1019] Computer ermöglichten durch ihre Programmierbarkeit eine flexible und exakte automatische Steuerung der Instrumente. Viele der Programme wurden von den Wissenschaftlern geschrieben, welche die Messungen planten und gegenseitig Programme für die Datenerfassung, Datenbearbeitung und auch Spektrensimulation austauschten.[1020]

Bei der Bruker AG wurde daher eine Computerabteilung eingerichtet, die aber nicht sonderlich groß war, weil die fertig zugelieferten Komponenten nur

---

1016 Vgl. die Einschätzung Richard Ernsts in Reinhardt, Shifting and Rearranging (2006), S.323.

1017 Bruker Medical GmbH (Hg.), Schlaglichter Schnappschüsse aus der BRUKER-Historie (1999), S.2.

1018 Anderson, Cushley, Lipsky, "IBM 1800 Based System for FFT-NMR", Abstract zur 12. ENC Konferenz (1971).

1019 Lipsky, Ziessow, "Nuclear Magnetic Resonance Fourier Spectroscopy with Pulse and Stochastic Excitation Controlled by an IBM 1800 computer" (1972). Bruker arbeitete auch später eng mit Ziessow und Lippert vom Iwan-Stranski Institut der TU Berlin zusammen, siehe unten.

1020 Lusebrink, Swalen, Ziessow, "Computer Applications in Magnetic Resonance" (1973), S.165-167. Ziessow war wieder am Iwan-Stranski-Institut der TU Berlin, seine Coautoren arbeiteten am Forschungslabor für International Business Machines San Jose/Cal.

in geeigneter Form kombiniert werden mussten. Eine Investition, die vom Unternehmen finanziell getragen werden konnte. Neben den Hardwareingenieuren gab es Softwareexperten, welche für das Unix-Betriebssystem, die Impulsprogramme und Auswertungsalgorithmen verantwortlich waren. Das Design des noch von Nicolet gelieferten FT-Rechners BNC-12 wurde zum mit 24 bit Worten arbeitenden ASPECT 2000 weiterentwickelt, der nun auch mit einem Floppy-Disc-Laufwerk zur Speichererweiterung kombiniert werden konnte und ab 1977 von Bruker-Spectrospin produziert wurde.[1021] Die Rechner erwiesen sich zunächst als vorteilhaft, denn sie waren über Ethernet-Schnittstellen besonders auf die schnelle Datenübertragung zwischen Computer und Messelektronik ausgerichtet. Bruker nahm damit aktiv an der Computerentwicklung in der NMR teil. ASPECT-Benutzer konnten sich ab 1979 bei der Association of Bruker Aspect Computer Users (ABACUS) anmelden. Diese vom Instrumentenhersteller organisierte Gruppe unterhielt eine Mailingliste und schickte den Mitgliedern regelmäßig einen zweiteiligen Katalog mit Computerprogrammen zu. Der erste Teil enthielt die von Bruker bereitgestellte Software, der zweite von den Benutzern eingesandte Programme, die ebenfalls auf Anfrage allen Mitgliedern gegen eine kleine Liefergebühr auf Lochstreifen oder Diskette zugänglich gemacht wurden.[1022] Die Zeit der integrierten ASPECT Spektrenrechner endete, als in den 1980er Jahren mit dem Personal Computer ein neues, universell einsetzbares Rechnersystem in allen Laboratorien zur Verfügung stand, das Rechenleistung und Speicherplatz zu konkurrenzlos günstigen Preisen der Großserie anbot und die Bruker-Kunden daher mit den teuren und weniger universell einsetzbaren integrierten Spektrenrechnern unzufrieden wurden. Seitdem werden NMR-Spektrometer und auch andere Instrumente mit geeigneten Schnittstellen für das über PC vernetzte Messlabor angeboten, das universale Instrumentalsystem des digitalen Zeitalters.

In den 1970er Jahren war so etwas aber noch nicht absehbar, die programmierbare CPU (Central Processig Unit) wurde mit den FT-Spektrometern wie dem Varian CFT-20, dem Bruker WH-270 oder dem Perkin-Elmer R-26 zunächst einmal zu einem festen und wesentlichen Bestandteil des Spektrometers, der alle wichtigen Funktionen steuern konnte und damit zur Flexibilität der wissenschaftlichen NMR beitrug. Während die komplizierte technische Hardware der Instrumente nur noch von einer schrumpfenden Minderheit von wissenschaftlichen Bastlern nach eigenen Vorstellungen verändert werden konnte, bot

---

1021 N.N., "Bruker Data System Aspect 2000" (1977); Hull, "Aspect 2000 Anwendungsbericht Nr. 1, CW-Methoden – FT-Anwendungen. INDOR- und NOE- Differenz-Spektroskopie: Wertvolles Hilfsmittel zur ^{1}H-NMR-Analyse" (1978).

1022 N.N., "Association of Bruker Aspect Computer Users" (1979).

die Programmierung der Software NMR-Wissenschaftlern die Chance, an der Instrumentenentwicklung teilzuhaben. So passten sie die Spektrometer immer wieder an neue wissenschaftliche Fragestellungen an und trugen damit zur ständigen Variation der Methode bei.[1023] Programmierbare Computer schufen eine neue Art Arbeit am Instrument die nicht mehr mit dem Lötkolben, sondern mit dem Keybord durchgeführt wurde. Das einflussreichste Produkt dieser, durch die modernen Computer erst ermöglichten[1024] wissenschaftlichen Tätigkeit war die Entwicklung mehrdimensionaler NMR-Verfahren,[1025] die 1991 mit dem Nobelpreis für Richard Ernst, mit etwas Verspätung auch dem für Kurt Wüthrich im Jahr 2002, von der breiteren Wissenschaftlergemeinschaft eine demonstrative Anerkennung erhielt, was die NMR in der wissenschaftlichen Wertschätzung weiter aufsteigen ließ. Die Entstehungsgeschichte dieser Verfahren ist daher schon mehrmals erzählt worden und ihrer weit über den Untersuchungszeitraum hinausreichenden Bedeutung kann hier nicht umfassend nachgegangen werden. Da sie aber eng mit der Instrumentenentwicklung und der wissenschaftlichen Karriere der NMR insgesamt verbunden sind, folgen hier die Grundzüge ihrer frühen Entwicklung.

Basis der mehrdimensionalen NMR war die Vielzahl von Impulssequenzen, die Wissenschaftler wie E. Hahn, Ch. Slichter, R. Ernst, W. Anderson, A. Pines, J. Waugh, W. Warren und P. Lauterbur entworfen hatten. Flexible Impulsgeneratoren, die computergesteuert alle möglichen Impulsformen und –sequenzen produzieren konnten, gaben den NMR-Wissenschaftlern in den 1970er Jahren das Werkzeug in die Hand, um neue Verfahren praktisch durchführen zu können. Mit Entkopplungsverfahren wurden die bei großen Molekülen kaum entwirrbaren Datenmengen zugunsten der Auflösung und Einfachheit der Spektren erheblich reduziert. Damit verlor man aber auch einen großen Teil der für die Strukturermittlung wichtigen spektralen Information. Ziel blieb dennoch die komplette Strukturaufklärung großer Moleküle mit NMR und nicht nur die Identifizierung spezifischer Elemente von Biomolekülen, wie es bereits seit den Anfängen der NMR in den 1950er Jahren gemacht wurde. Eine komplette spektroskopische Strukturaufklärung war zwar mit der Röntgenstrukturanalyse schon länger möglich, doch die NMR hatte zwei entscheidende Vorteile: es

1023 Holz, Knüttel, Interview geführt am 13. Juli 2004.

1024 Vgl. die Einschätzung in Busby, Gadian, Hoult, Radda, Richards, Seeley, "Observation of Tissue Metabolites Using 31P Nuclear Magnetic Resonance" (1974) und Richards, "Magnetic Moments in NMR" (1996), S.36.

1025 Anderson, "Fourier Transform Spectroscopy" (1996), S.2129.

konnten auch nicht kristallisierbare Substanzen untersucht werden[1026] und, noch viel wichtiger, die Biomoleküle wurden sozusagen in ihrer natürlichen Umgebung beobachtet, d.h. in wässriger Lösung. Die Anzahl der NMR-Untersuchungen von Biomolekülen stieg daher mit den verbesserten und vielfältiger einsetzbaren Instrumenten erheblich an:[1027]

> In the two year period from January 1, 1971, to December 31, 1972, a large number of nuclear magnetic resonance studies of amino acids, peptides, and proteins have been published. However, the need for a review of this field is not merely based on this quantity. The time has past when such studies could be considered rare curiosities by biochemists or interesting examples of the range of the technique by nmr spectroscopists. There is a genuine need to interpret the increasingly valuable results of such studies to both sets of specialists.

Da sich die NMR-Wissenschaftler durch die Programmierung der Messelektronik als Instrumenten- und Methodenentwickler betätigen konnten, entsprach die Idee, durch die Variation von zwei Messparametern eine Art Matrix zu generieren, die trotz der hohen Informationsdichte komplexer Spektren noch interpretierbar war, genau der allgemeinen NMR-Entwicklungslinie.[1028] Jean Jeener, Professor an der Université Libre de Bruxelles, stellte auf der 1971 veranstalteten A.M.P.E.R.E. International Summer School in Basko Polje, Slowenien, eine Methode vor, mit zwei getrennten Impulsen ein zweidimensionales NMR-Experiment durchzuführen.[1029] Thomas Baumann, Doktorand bei Richard Ernst, nahm die Information mit nach Zürich.

1968 war Richard Ernst in die Heimat zurückgekehrt, obwohl Weston Anderson von Varian Associates ihn ungern gehen ließ und er an der ETH Zürich zunächst weder eine gesicherte Dauerstellung, noch feste Mitarbeiter hatte. In Zürich sollte er Servicemessungen mit einem neuen, supraleitenden Varian HR-220 übernehmen,[1030] da Hans Primas kein Interesse an solchen Aufgaben hatte.

1026 Hausser, "The Scientific and Technical Accomplishments of Gunther Laukien (Address to the joint ISMAR-AMPERE Conference, Delft, 1980 at the occasion of the awarding of the ISMAR Prize in Industrial Development)" (1982), S.9.

1027 Cohen, Hayes, McNeel, "Nuclear Nagnetic Resonance of Amino Acids, Peptides, and Proteins" (1974), S.1.

1028 Vgl. Waugh, "NMR Spectroscopy in solids. A Historical Perspective" (1993), S.726A.

1029 Jeener, Ampere International Summer School, Basko Polje, Yugoslawien 1971 (nicht publiziert).

1030 Die Bedeutung des NMR-Zentrums in Zürich ist daran zu ersehen, dass es zu dieser Zeit supraleitende Varian Instrumente in Europa nur am Freiburger Forschungszentrum für makromolekulare Chemie, bei ICI in Runcorn/GB, bei Bayer/Leverkusen und im BASF-Labor Werner Brügels in Ludwigshafen gab. Reinhardt, Shifting and Rearranging (2006), S.327-328. D.h., dass drei der fünf Instrumente in der Oberrheinregion betrieben wurden.

Ernst baute darüber hinaus eine eigene Arbeitsgruppe auf, entwickelte neue NMR-Messverfahren und habilitierte sich bei Primas mit Arbeiten zur computerisierten NMR. Zusätzlich hatte er einen Beratervertrag bei Varian, wo man vor allem an den von Ernst entwickelten stochastischen Verfahren interessiert war, was später auch zu einem Patent führte.[1031] Obwohl für das Züricher HR-220 ein optimaler Betreuer mit Beratervertrag bei Varian bereitstand und die europäische Zentrale des Herstellers vor Ort war, gab es fortgesetzte Probleme mit dem instabilen Instrument. Das stellte eine große Belastung dar, denn die Forschungsprogramme Ernsts und des Biochemikers Kurt Wüthrich[1032] waren darauf ausgelegt, die Möglichkeiten des Instrumentes voll zu nutzen und Strukturen großer Moleküle zu untersuchen. Wüthrich war seit 1969 an der ETH und setzte dort seine in den USA bei Robert G. Shulman mit dem HR-220 begonnenen Untersuchungen zur Struktur von Biomolekülen fort. Zunächst arbeitete er an Hämoproteinen,[1033] beschäftigte sich seit Mitte der 1970er Jahre aber auch mit der strukturellen Dynamik anderer Biomoleküle.[1034] Anspruchsvolle und ambitionierte Wissenschaftler wie Wüthrich, dessen Gruppe der Hauptnutzer

1031 Varian Associates, Magnetic Resonance Spectrometer Employing Stochastic Resonance by a Pseudorandom Binary Sequence and Time-Share Modulation. Erfinder: Weston E. Anderson, Richard R. Ernst. US Pat. Nr. 3786341.

1032 Kurt Wüthrich, geb. 1938, studierte 1957-1964 an den Universitäten Bern und Basel Chemie, Physik und Sport, erhielt auch das Schweizer Sportlehrerdiplom, wechselte dann aber zur Chemie und promovierte in diesem Fach. Kurt Wüthrich, Einfluß verschiedener Liganden auf den Mechanismus der Kupfer(II)-katalysierten Autoxydation von o-Phenylendiamin, Basel: Univ. Diss. 1964. In Basel konnte er ein ESR Spektrometer benutzen und sammelte damit erste Erfahrungen im Bereich der magnetischen Resonanzmethoden. Dann ging Wüthrich in die USA, war bis 1967 PostDoc in Berkeley, anschließend arbeitete er in Murray Hill/N.Y. in den Bell Telephone Laboratories. Dort wurde von Robert G. Shulman (zu Shulman vgl. Kap. 5) ein supraleitendes Varian HR-220 NMR-Spektrometer angeschafft und Wüthrich hatte die Aufgabe, das Instrument zu betreuen. 1969 kehrte er in die Schweiz zurück wo seine weitere Karriere am Institut der Molekularbiologie und Biophysik der ETH Zürich verlief. Er habilitierte sich dort mit den in den Bell Laboratories durchgeführten Arbeiten 1970 zum Privatdozenten. Kurt Wüthrich, Structural Bonding 8, 1970, 53. Er wurde außerord. Professor und 1980 ord. Professor an der ETH. Wüthrich zählt mit seiner Kombination von instrumententechnischem und biochemischem Wissen zu den bedeutendsten Biochemikern des ausgehenden 20. Jahrhunderts, ist Mitglied vieler in- und ausländischer Gesellschaften und Mitherausgeber einer Reihe von Zeitschriften. Wüthrich, "NMR Structures of Biological Macromolecules" (1996); ders., "Curriculum Vitae – Kurt Wüthrich" (2009).

1033 Wüthrich, "Structural Studies of Hemes and Hemoproteins by Nuclear Magnetic Resonance Spectroscopy," (1970).

1034 Wüthrich, NMR in Biological Research: Peptides and Proteins (1976).

des HR-220 wurde, konnte die Leistung der NMR-Analytik mit dem HR-220 nicht zufrieden stellen. So sah sich Richard Ernst isoliert, verunsichert und unter Druck gesetzt, was zum psychischen Zusammenbruch führte.[1035] Nach einer Erholungspause konnte er sich mehr auf die eigenen Interessen konzentrieren. Die Situation verbesserte sich weiter, als 1975 ein multikernfähiges Bruker-Spectrospin HXS-360 Spektrometer angeschafft wurde. Wüthrichs Arbeitsgruppe, die eng mit der Spectrospin AG kooperierte, betreute das Instrument, was Richard Ernst von den Serviceaufgaben weitgehend entlastete.[1036]

Die besseren Bedingungen und eine nun gesicherte Position an der ETH ermöglichten es Ernst, seine Fähigkeiten als Methodenentwickler[1037] auszuspielen und seine herausragende Wissenschaftlerkarriere fortzusetzen.[1038] Er arbeitete die Idee der zweidimensionalen NMR mit Zustimmung Jeeners zu einem praktikablen Verfahren aus. 1974 gelangen die ersten Experimente,[1039] die auf einer von Ernst, Wüthrich und Joachim Seelig organisierten Konferenz[1040] über die magnetische Resonanz in biologischen Systemen am 16. bis 21. September desselben Jahres in Kandersteg/Schweiz präsentiert wurden. 1976 publizierte die NMR-Arbeitsgemeinschaft an der ETH Zürich mit der Korrelationsspektroskopie (COSY) die erste Variante der zweidimensionalen FT-NMR-Spektrometrie.[1041] Sie wurde 1977 für Varian patentiert.[1042] Insbesondere wegen dieses

---

1035 Reinhardt, Shifting and Rearranging (2006), S.327-330.

1036 Wüthrich, "NMR Structures of Biological Macromolecules" (1996), S.712-713; Ernst, "The Success Story of Fourier Transformation in NMR" (1996), S.299.

1037 In Anlehnung an den bei Reinhardt verwendeten Begriff "Method Maker".

1038 Ernst hielt Varian Associates noch bemerkenswert lange die Treue und löste erst 1978 den Beratervertrag. Dann wurde er wissenschaftlicher Berater und Mitglied des Verwaltungsrates bei Bruker-Spectrospin, das ja auch ein Schweizer Unternehmen war. Bruker Medical GmbH (Hg.), Schlaglichter Schnappschüsse aus der BRUKER-Historie (1999), S.5. Er gab patriotische Motive dafür an, wichtiger noch dürfte es aber gewesen sein, dass die um die Entwicklung von Spitzeninstrumenten bemühte Strategie von Günther Laukien dem Methodenentwickler Ernst deutlich bessere Möglichkeiten bot als die auf Standardinstrumente ausgerichtete Firmenpolitik von Varian Associates. Vgl. Reinhardt, Shifting and Rearranging (2006), S.337.

1039 Ernst, Autobiographie (1992), S.68; Ernst, "The Success Story of Fourier Transformation in NMR" (1996), S.297.

1040 VIth International Conference on Magnetic Resonance in Biological Systems.

1041 Anderson, Ernst, Freeman, "Line Profiles in Nuclear Magnetic Double Resonance" (1967); Ernst, "The Success Story of Fourier Transformation in NMR" (1996), S.298. Richard Ernst hielt auch einen Vortrag auf der ENC in der Sektion "Excitation Techniques II". Vgl. N.N., "Program 17th ENC. Pittsburgh, 25-29 April, 1976. Mellon Institute Building, Carnegie-Mellon University" und Richard R. Ernst, "Two-Dimensional Spectroscopy, Applications to ^{13}C and ^{1}H-Resonance" (1976). Für eine mathematisch spektakulären Schritts, der das Aussehen der Molekülspektren und der Molekülstrukturen veränderte und als Meilenstein der NMR betrachtet wird,[1043] erhielt Richard Ernst im Jahr 1991 den Nobelpreis.

Grundidee der 2D-Verfahren ist es, durch Kombination zweier NMR-Experimente die Informationen im Spektrum besser lesbar zu machen, in etwa analog zu einem zweidimensional entwickelten Dünnschichtchromatogramm. Dabei werden zwei Impulssequenzen kombiniert, indem zunächst angeregt wird (Preparation) und dann nach einer Wartezeit (Evolution), in der das Spinsystem reagieren kann, noch einmal mit der zweiten Sequenz eingestrahlt wird (Mixing). Abschließend wird die Reaktion des Spinsystems registriert (Detection).

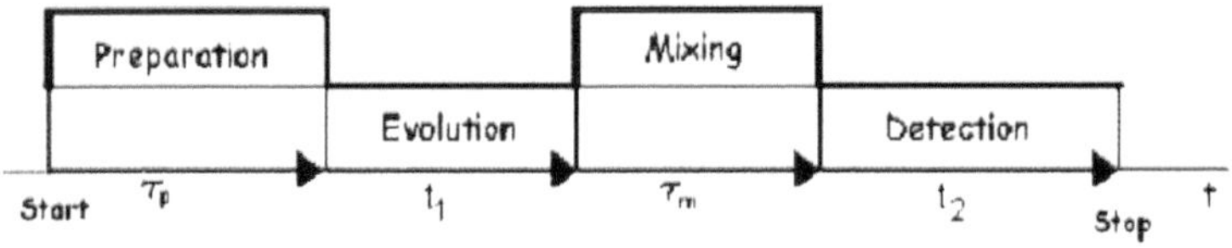

Abb. 75: Generelles Ablaufschema einer 2D-NMR-Messung.

Die Länge von t_1 entspricht nach Fourier-Transformation der Sweepfrequenz, im Verlauf der Messung wird also normalerweise t_1 stückweise verändert. Der zweiten Impulsanregung in der Mischphase folgt die Detektionszeit t_2. Damit können t_1, t_2, sowie die Impulsdauer, -phase, -intensität und -sequenz der beiden Pulsphasen je nach Experiment variiert werden. Delayphasen (Evolution und Detektion) können wiederum durch spezielle experimentelle Bedingungen wie Entkopplung oder Probenspin beeinflusst werden. Das Verfahren verändert in einer Serie von Messungen systematisch zwei Variablen, dadurch entsteht eine zweidimensionale Datenmatrix. Werden mehr als zwei Messparameter verändert, können auch höher dimensionale Spektren erhalten werden. Diese grobe Beschreibung umfasst bereits eine derart vielfältige Zahl von Messvarianten, dass schon im ersten Standardlehrbuch der 2D-NMR bemerkt wird: [1044]

---

detaillierte Beschreibung der frühen Varianten vgl. Aue, Bartholdi, Ernst, "Two-Dimensional Spectroscopy. Application to Nuclear Magnetic Resonance" (1976).

1042 Varian Associates, Two Dimensional Gyromagnetic Resonance Spectroscopy. Erfinder: Richard R. Ernst. US Pat. Nr. 4045723.

1043 Feeney, "Development of High Resolution NMR Spectroscopy as a Structural Tool" (1992), S.213.

1044 Bodenhausen, Ernst, Wokaun, Principles of Nuclear Magnetic Resonance in One and Two Dimensions (1990), S.283.

> Since the first proposal in 1971 and the first experimental realization in 1974 an astonishing number of powerful 2D techniques have been invented, tested, and applied to problems in physics, chemistry, biology, and medicine.

Durch die Kombination zweier Messverfahren vervielfältigten sich die Möglichkeiten, mit denen spezifische Strukturuntersuchungen gemacht werden können. Als Beispiel soll hier die nach den Kopplungen (J) aufgelöste zweidimensionale NMR kurz erklärt werden.[1045]

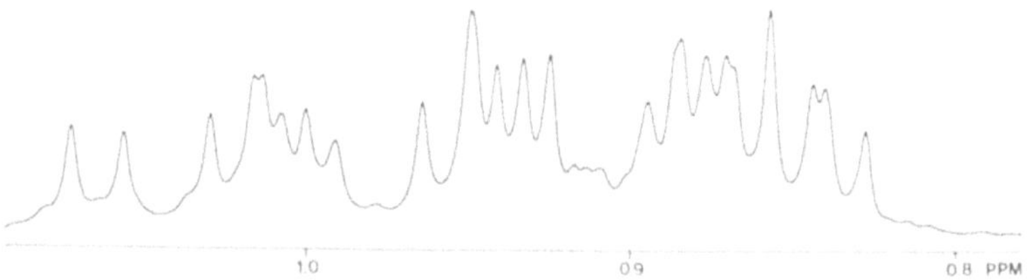

Abb. 76: Ein nicht entkoppeltes, eindimensionales 400 MHz Protonenspektrum (1979) des Peptids AW27-400.

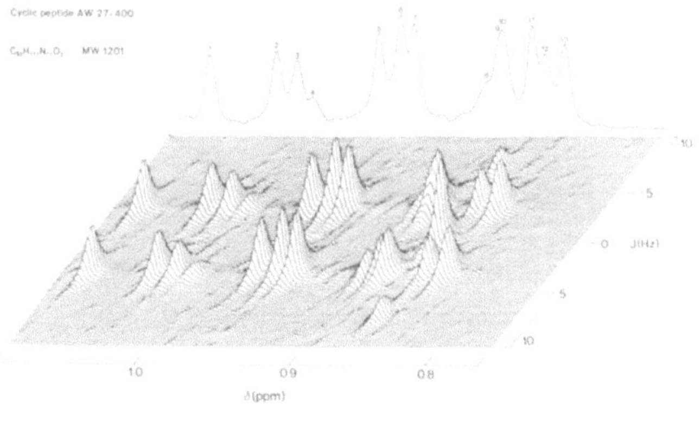

Abb. 77: J-aufgelöstes 2 D-^{1}H NMR-Spektrum (1979) von AW27-400 (400 MHz) als Stackplot, oben die Projektion auf das breitbandentkoppelte, eindimensionale Protonenspektrum.

Im eindimensionalen NMR-Protonenspektrum des Peptids AW27-400 mit einem Molekulargewicht von 1201 überlappen sich im Verschiebungsbereich von 0.8 bis 1.1 ppm insgesamt 13 Signale verschiedener Methylgruppen. Eine

1045 Bartholdi (Spectrospin AG), "ASPECT 2000 Anwendungsbericht Nr. 2: 2 D-J-Resolved Spectroscopy" (1979), 2-4.

genaue Zuordnung der Signale ist auch bei hoher Magnetfeldstärke nicht möglich. Im zweidimensionalen, J-aufgelösten Spektrum lassen sich dagegen die 13 Multipletts mühelos identifizieren. Entlang der x-Achse mit der Delta-Skala ist der homonuklear breitbandentkoppelte[1046] Spektrenabschnitt von 0.8 bis 1.1 ppm erkennbar. In der y-Achse sind die jeweils den Hauptsignalen 1-13 zugehörigen Kopplungen zu sehen; also die Dubletts und Tripletts, die durch die Breitbandentkopplung in der x-Achse unterdrückt wurden. Die y-Achse hat daher die Einheit Hertz, mit der die Kopplungskonstanten gemessen werden. Das zweidimensionale Bild entsteht durch eine Impulsfolge, bei der auf einen 90° Impuls ein 180° Impuls folgt, im Prinzip Hahns altes Spin-Echo Experiment.[1047]

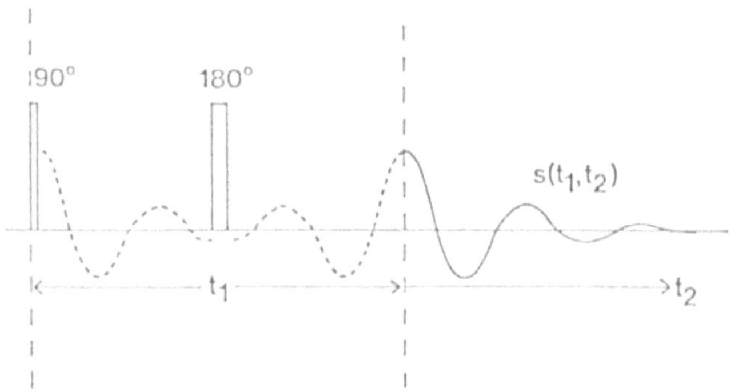

Abb. 78: Impulssequenz zur J-aufgelösten 2 D-NMR.

t_1 ist hier die Zeit bis zum ersten Spin-Echo, die durch die sukzessive Verschiebung des 180° Impulses variiert wird. Jede dieser Messungen mit einer bestimmten Zeit t_1 liefert bei konstantem t_2 nach der FT von s (t_1, t_2) eine Art Zeile des oben gezeigten zweidimensionalen Spektrums, wobei aber als Resultat ein mehr oder weniger verzerrtes, eindimensionales Spektrum entsteht. Die Verzerrungen sind von den Kopplungskonstanten abhängig, daher wird nun in einer zweiten FT spaltenweise transformiert, als Resultat ergeben sich nach kleineren Justierungen in der y-Achse die zu den einzelnen Signalen gehörigen Kopplungen, die im zweidimensionalen Spektrum dargestellt sind. Ein ausreichender Datenspeicher, hinreichend schnelle Rechner und exakt gesteuerte Impulssequenzen sind die Voraussetzungen für die mehrdimensionale NMR. Messungen von Biomolekülen mit einigen Kilodalton benötigten um 1980 zwar noch eine

1046 Im Hintergrund lief also noch ein Doppelresonanzexperiment.

1047 Schon hier gibt es Varianten, so können auch mehrere, äquidistante 180° Impulse eingesetzt werden, was das Resultat nicht wesentlich verändert.

ganze Nacht, die FT-Datenauswertung noch einmal einige Stunden, aber die Signale solcher Moleküle konnten nun interpretiert werden. Die zweidimensionale Messung öffnete der NMR endgültig den Weg in die Biologie.

Besonders interessant war die kopplungsaufgelöste Variante bei sich überlappenden Multipletts komplexer Moleküle. In der COSY wird dagegen zweimal nach der chemischen Verschiebung transformiert, d.h. die Projektion auf die x- wie auch auf die y-Achse ergibt das normale, eindimensionale Spektrum, ebenso wie die Diagonale. Der Vorteil der zweidimensionalen Darstellung liegt hier darin, dass die miteinander koppelnden Signale der Diagonale mit rechtwinkligen graphischen Korrelationen über die außerhalb der Diagonalen befindlichen, sogenannten Kreuzpeaks eindeutig zugeordnet werden können. Dabei zeigen sich skalare Kopplungen über die kovalenten Bindungen, also das Gerüst der Primärstruktur. Obwohl diese Form der zweidimensionalen NMR bereits 1971 von Jean Jeener vorgeschlagen wurde, setzte die breite analytische Verwendung erst zehn Jahre später durch die Vermittlung von Ad Bax und Ray Freeman ein.[1048]

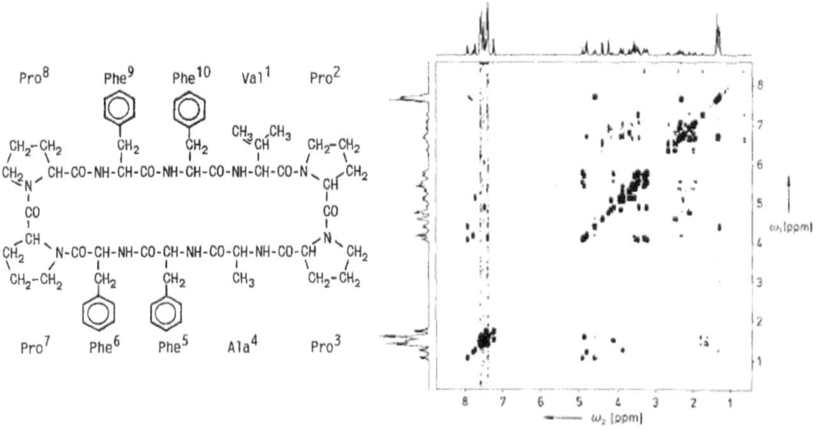

Abb. 79/80: Links die Strukturformel des zyklischen Decapeptids Antamid, dessen eindimensionale NMR-Spektren keine klare Beschreibung zulassen. Rechts das 2 D-NMR COSY Spektrum des Antamids. Die rechtwinkligen Zuordnungen der koppelnden Signale über die Kreuzpeaks ermöglichen die systematische Bestimmung der Primärstruktur.

1048 Bax, Freeman, "Investigation of Complex Networks of Spin-Spin Coupling by Two-Dimensional NMR" (1981).

Die NMR-Wissenschaftler mussten sich erst an neue Darstellungskonventionen gewöhnen und einen Blick für die neuen Spektren entwickeln, der sie Interpretationsstrukturen auch bei komplexen Spektren erkennen ließ. Es musste sozusagen ein Gestalt-Switch von der räumlichen Spektrendarstellung zur chemischen Struktur stattfinden. Da die räumlich-perspektivische Darstellung, der sogenannte Stackplot, die exakte optische Zuordnung der Signale erschwert, hat sich die landkartenähnliche Darstellung als Contour Plot durchgesetzt, sozusagen der Blick direkt von oben auf die Höhenlinien. Es ist leicht einzusehen, dass solche topographischen Darstellungen die Beherrschung hoher Datendichten ermöglichten. Beim hier abgebildeten Beispiel sind durch das zweidimensionale Mess- und Auswerteverfahren zwei Protonenspektren einer komplexen biochemischen Verbindung kombiniert. Die Diagonale stellt dabei das eindimensionale Spektrum der Verbindung dar, wie es sich auch durch die eingetragenen Projektionen auf die x- und y-Achse ergibt. Über eine Zuordnung durch die Kreuzpeaks lassen sich trotz der verwirrenden Menge an Signalen die meisten der einzelnen skalaren Kopplungen identifizieren. Diese über zwei bis drei kovalente Bindungen stattfindenden Wechselwirkungen ergeben in ihrer Kombination die Struktur der Kohlenstoffketten, wie sie durch die chemische Strukturformel symbolisiert wird. Diese Information wäre aus dem eindimensionalen Spektrum nicht herauszulesen. Weitere wertvolle Strukturinformationen ergab die zweidimensionale ^{13}C Spektroskopie, z.B. die entsprechende Kombination des Protonen- mit dem Kohlenstoffspektrum.[1049] Die gezeigten relativ einfachen Beispiele lassen bereits erahnen, dass zur Interpretation komplexerer Spektren Erfahrung und Spezialwissen notwendig sind, die in der Domäne der NMR-Wissenschaftler erworben und abgesichert werden mussten. Anlässlich der Nobelpreisverleihung an Richard Ernst wurde festgestellt:[1050]

> Hopelessly muddled and hard-to-interpret spectra can be spread out and thereby simplify the analysis – much as a two-dimensional map of a landscape would be superior to a mere silhouette. 2 D NMR makes it possible to find out which specific atoms in a molecule are closely linked by chemical bonds or which atoms are near each other in space, or which atoms take part in chemical exchange reactions and much more.

Aber nicht nur die Interpretationsmöglichkeiten verbesserten sich. Durch die Kombinationsmöglichkeit verschiedener Impulssequenzen eröffneten derartige neue NMR-Verfahren Wege zu einer großen Zahl bis dahin nicht möglicher,

1049 Ernst, Kumar, Müller, "Two-Dimensional Carbon-13 Spectroscopy" (1975); Freeman, Morris, "Experimental Chemical Shift Correlation Maps in Nuclear Magnetic Resonance Spectroscopy" (1978).

1050 Forsén, "The Nobel Prize in Chemistry" (1992), S.22.

spezifischer Experimente, bei denen auch dynamische, zeitabhängige Prozesse beobachtbar wurden, die bei kinetischen Untersuchungen oder der Aufkläung von Metabolismen wichtig sind. Solche Experimente generierten neues Wissen und dehnten den Arbeitsbereich der NMR weiter aus, insbesondere auf die immer intensiver bearbeiteten Gebiete der Molukular- oder Strukturbiologie und Physiologie. Viele Kopplungssignale mutierten so vom durch Breitbandentkopplung zu verhindernden Störfaktor zum Hilfsmittel bei der Strukturermittlung.[1051] Das sich weiter ausdehnende Feld an Möglichkeiten der NMR, auf dem Wissenschaftler kreativ tätig werden konnte, war der Hauptgrund für den von Henk Zandvoort[1052] aufgrund von Literaturrecherchen konstatierten intrinsischen und extrinsischen Erfolg der Methode, d.h. der Grund, warum die NMR sich als Teil der Naturwissenschaft weiter ausdehnte und neue Forschungsprojekte generierte, welche ihre auf dem Mentalen Strukturchemischen Modell beruhenden Arbeitsweisen auf angrenzende Wissensbereiche übertragen konnten.

In Verbindung mit der Gruppe in Zürich arbeiteten auch eine Reihe anderer NMR-Wissenschaftler daran, die Möglichkeiten der mehrdimensionalen NMR auszuloten. John Waugh übertrug das mehrdimensionale Verfahren auf die Festkörper-NMR, der Ernst-Schüler Geoffrey Bodenhausen machte als Mitarbeiter Ray Freemans in Oxford die ersten mehrdimensionalen Heterokernexperimente.[1053] An der Universität Delft hatte der Physiker Toon Mehlkopf ein variables, supraleitendes NMR-Forschungsspektrometer konstruiert, an dem sein Student Ad Bax 1977 die Experimente Ernsts nachvollziehen konnte und auch die Arbeitsgruppen von Ernst und Wüthrich besuchte. Ray Freeman[1054] war auf die Gruppe in Delft aufmerksam geworden und an einem Spektrometerexperten interessiert, so kam Bax nach Oxford. Bei Freeman entwickelte er parallel zur Gruppe von Richard Ernst die 1980 vorgestellte 2D-Variante INADEQUATE, bei der ^{13}C Kopplungen bestimmt werden. Das von Freeman erfundene Akronym für "Incredible Natural Abundance Double Quantum Transfer Experiment" trug wesentlich dazu bei, dass die Variante aus Oxford bekannter als die aus Zürich wurde.[1055] Die besondere Vorliebe für außergewöhnliche und gerne auch witzige Akronyme ist Ausdruck dafür, wie wichtig den NMR-Wissenschaftlern

---

1051 Einen kurzen Überblick über die ersten Versuche dazu gibt Bodenhausen, Freeman, Turner, "Two-Dimensional J Spectroscopy: Proton-Coupled Carbon-13 NMR" (1976).

1052 Zandvoort, Models of Scientific Development and the Case of Nuclear Magnetic Resonance (1986).

1053 Ernst, Autobiographie (1992), S.68; Ernst, "The Success Story of Fourier Transformation in NMR" (1996), S.302.

1054 Freeman war Schüler von Rex Richards in Oxford gewesen, arbeitete dann in Paris und kam mit dem Firmeneigenen PostDoc Programm zu Varian nach Palo Alto.

1055 Bax, "NMR of Ethanol and Interferon-c" (1996), S.202-203.

die Kreativität war, mit der sie an Impulssequenzen herumspielten und laufend neue Varianten entwickelten. Freude an den vielfältigen Gestaltungsmöglichkeiten der zweidimensionalen NMR war eine wesentliche Triebkraft für die Methodenentwicklung. Richard Ernst bemerkte "We felt at this moment more like graphic artists and playboys than scientists."[1056] Für einen Abschnitt über die ersten Entwicklungen in der mehrdimensionalen FT-NMR wählte er die Überschrift "Playing with a New Toy".[1057] Die Kreativität der NMR-Gemeinschaft produzierte unzählige weitere Akronyme, vor allem für zweidimensionale Verfahrensvarianten: HOHAHA, WAHUHA, COSY, SECSY, FOCSY, WALTZ, SIMPLE, SPOTS, bis hin zu DRAMA, HORROR, DANTE und INFERNO. Diese auch unter experimentellen Kernphysikern verbreitete Sitte zeigte nach außen hin ein unkonventionelles, dynamisches Arbeitsgebiet an, das der NMR-Gemeinschaft viele junge und ambitionierte Mitglieder einwarb. Beständig wurde neues Wissen produziert und die Wissenschaftler der NMR-Gemeinschaft fühlten sich wie "little Max in Paradise who does not know which fruit to pick and eat first."[1058] Die Konstruktion und Anpassung mehrdimensionaler Messmethoden an spezifische Forschungsfragen war Aufgabe für Spezialisten, die einerseits die notwendigen abstrakt-mathematischen Werkzeuge beherrschten, andererseits die instrumentellen Möglichkeiten hatten und drittens fachlich interessante Fragestellungen erkannten, die mit dem neu entwickelten Verfahren bearbeitet werden konnten. Das 'Paradies' war ein durch NMR-spezifische Kenntnisse abgegrenzter Arbeitsbereich. Obwohl Messsequenzen später zu standardisierten, technischen Dingen werden konnten, war ihre Herstellung eindeutig Teil der wissenschaftlichen Tätigkeit. Die Akronyme mit denen die Verfahren bezeichnet werden, drücken auch die Individualität dieser nicht standardisierbaren Arbeit aus.

Durch solche Messverfahren konnte der mangelhafte 'Weitblick' ausgeglichen werden, neben der geringen Empfindlichkeit ein zweiter Nachteil der klassischen NMR bei der Strukturermittlung großer Moleküle. Da skalare Kopplungen sich nur über wenige kovalente Bindungen entlang der Kohlenstoffkette erstrecken, konnte die Primärstruktur zwar aus den NMR-Informationen rekonstruiert werden, die Form und Faltung größerer Verbindungen, also ihre Sekundär- und Tertiärstruktur, aus denen sich dann das Aussehen des Moleküls ergibt, waren aber nicht direkt bestimmbar, sondern mussten – evtl. mithilfe zusätzlicher Konformationsexperimente zur Sekundärstruktur – auf der Grundlage der

1056 Ernst, "The Success Story of Fourier Transformation in NMR" (1996), S.298.

1057 Ders., ebd., S.298.

1058 Ders., ebd., S.299. Der Bericht belegt den durch die vielen neuen Akronyme angezeigten Boom an innovativen Verfahren, den die zweidimensionale NMR auslöste.

Primärstruktur konstruiert werden. Hier brachte die 1979 von Anil Kumar an der ETH Zürich vorgestellte Nuclear Overhauser Enhancement and Exchance Spectroscopy (NOESY)[1059] eine entscheidende Verbesserung der Möglichkeiten Mit ihr werden nicht die skalaren Wechselwirkungen entlang der Primärstruktur, sondern auch die über den freien Raum wirkenden Dipol-Dipol Kopplungen bestimmt, die bis zu einem Kernabstand von etwa 5 Å auftreten.

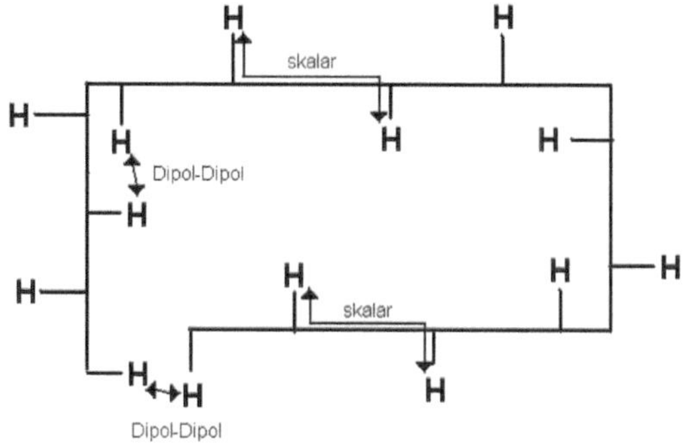

Abb. 81: *Schematische Darstellung eines größeren Moleküls. Die Doppelpfeile symbolisieren skalare, in der COSY sichtbare Spin-Wechselwirkungen und die in der NOESY sichtbaren Dipol-Dipol Wechselwirkungen. Die Informationen aus den Dipol-Dipol Wechselwirkungen sind für die Bestimmung der Biegungen und der ringförmigen Gesamterscheinung des Moleküls, also der Tertiärstruktur, entscheidend.*

Solche NMR-Signale waren schon lange bekannt und in Festkörpern wurde das Phänomen mit dem sogenannten Pake-Dublett erstmals 1948 durch George Pake in Harvard gemessen.[1060] In der NOESY werden aber analog zur COSY die dipolaren Kopplungen durch Kreuzpeaks systematisch zuordenbar. Damit

1059 Ernst, Kumar, Wüthrich, "A Two-dimensional Nuclear Overhauser Enhancement (2D NOE) Experiment for the Elucidation of Complete Proton-Proton Cross-Relaxation Networks in Biological Macromolecules " (1980); Ernst, "The Success Story of Fourier Transformation in NMR" (1996), S.299.

1060 Pake, "Nuclear Resonance Absorption in Hydrated Crystals: Fine Structure of the Proton Line" (1948). Pake (1924-2004) wechselte 1952 als Chairman an das Physikdepartment der Washington University in St. Louis, 1956-1962 ging er als Professor für Physik nach Stanford. Dann kehrte er nach St. Louis zurück, wurde daneben aber auch 1970 Gründungspräsident des Palo Alto Research Centers (PARC), ein sogenannter "Think Tank", in dem Computertechnologien wie Ethernet oder Laserdruck vorbereitet wurden.

konnten nun erstmals auch direkte NMR-Daten zur Sekundär- und Tertiärstruktur ermittelt werden, die entscheidend sind für Aussehen und Reaktivität der Biomoleküle.[1061] Skalare und dipolare Kopplungen wurden dann ab Anfang der 1980er Jahre mit der Total Correlation Spectroscopy (TOCSY)[1062] gleichzeitig bestimmt.

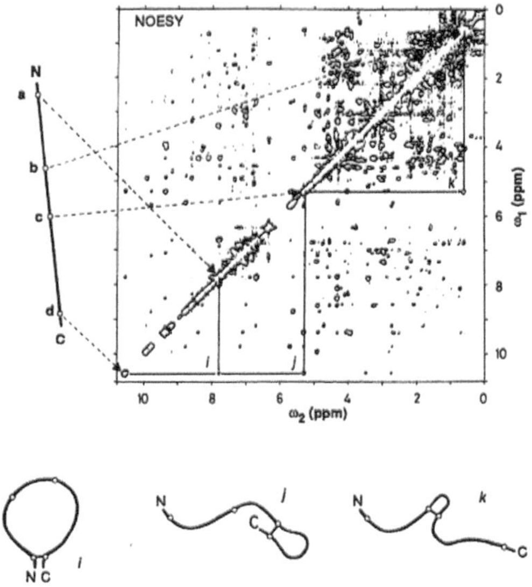

Abb. 82: *500 MHz Protonen-NOESY Spektrum (1989) eines Proteins (Basic Pancreatic Trypsin Inhibitor, hier skizziert als Linie mit den Endpunkten N und C) mit angedeuteten Kreuzpeak-Korrelationen. Die drei darunter abgebildeten Strukturen des Proteins N-C sind durch die Kreuzpeaks im Spektrum belegt.*

Diese Verfahren waren wirksame Instrumente zur Bestimmung der dynamischen Sekundär- und Tertiärstrukturen größerer Moleküle mit NMR, da hier nicht nur auf wenige Nachbaratome beschränkte, kleinräumige Abschnitte der Primärstruktur im Blick lagen, sondern die durch Faltungen angenäherten Atome weit auseinander liegender Abschnitte. Der nächste wesentliche Schritt der Methodenentwicklung war, die in den Spektren enthaltenen spektroskopischen Informationen zu interpretieren und damit in Wissen über die Struktur großer

1061 Bachmann, Ernst, Jeener, Meier, "Investigation of Exchange Processes by Two-Dimensional NMR Spectroscopy" (1979). Die Stärke der Kopplung ist hier von der räumlichen Entfernung zweier Kerne abhängig, meist zweier Protonen.

1062 Braunschweiler, Ernst, "Coherence Transfer by Isotropic Mixing: Application to Proton Correlation Spectroscopy" (1983).

Moleküle umzuwandeln. Mit den entsprechenden computergestützten Auswertemethoden, wozu auch geometrische Algorithmen und grafische Molekülmodelle gehörten,[1063] konnte die NMR die Struktur vieler Proteine aufklären, die dann Basis für technische Arbeiten im Bereich des Proteindesigns wurde. Mit Struktur sind hier nicht nur bestimmte Aminosäuresequenzen gemeint, die allein noch keine hinreichende Aussage geben können, sondern auch die räumliche Faltung in Abhängigkeit von der Umgebung.

Seit 1976 kooperierten an der ETH Zürich die Arbeitsgruppen Kurt Wüthrichs und Richard Ernsts, wobei die Entwicklung und Anwendung der 2D-NMR Schnittmenge der Interessengebiete war. Die Fähigkeiten des an den Messvarianten arbeitenden Richard Ernst und des Biochemikers Kurt Wüthrich, welcher durch seine Interpretationsverfahren die experimentellen Möglichkeiten erst anwendbar machte,[1064] ergänzten sich komplementär und die von beiden Gruppen in ihrer über 10 Jahre währenden Kooperation geschaffenen Ergebnisse waren bahnbrechend für die Strukturaufklärung der Proteine mittels NMR. Zunächst wurde das Programm von der ETH Zürich gefördert, dann von der Spectrospin AG und der Schweizer Kommission zur Förderung der wissenschaftlichen Forschung.[1065] So unterstützten Staat und Instrumentenbauer die von akademischen Methodenentwicklern geleistete Arbeit. Es gelang unter der Leitung von Kurt Wüthrich 1981-1982 erstmals, die Primärstruktur von Proteinen allein durch NMR vollständig aufzuklären und einige Fehler der über verschiedene Abbaureaktionen nasschemisch ermittelten Aminosäurensequenzen zu korrigieren. Zu dieser Zeit begann die gesamte Arbeitsgruppe Wüthrichs die 2D-NMR als Standardmethode zu nutzen:[1066] Das in den 1950er Jahren nur als vage Option erkennbare, aber stetig verfolgte Ziel war erreicht, mit der NMR auch Biomoleküle analysieren zu können.

Wüthrich unternahm diese Versuche zur kompletten Strukturaufklärung mit NMR, weil eine molekulare Struktur den Biochemikern leichter vermittelbar war und Anerkennung fand, als spezifisch spektrometrische Daten, die nur Spezialisten wahrnahmen. Doch als er die Struktur des Enzyms BUSI vorstellte,

---

1063 Wüthrich war daher auch an der Gründung eines 'Zentrums für interaktives Rechnen' beteiligt, das seine Gruppe ab 1977 nutzen konnte. Wüthrich, "Protein Structure Determination in Solution by Nuclear Magnetic Resonance Spectroscopy" (1989), S.46-49; Wüthrich, "NMR Structures of Biological Macromolecules" (1996), S.713 und S.715-716.

1064 Vgl. Wüthrich, "Protein Structure Determination in Solution by Nuclear Magnetic Resonance Spectroscopy" (1989); Wüthrich, NMR of Proteins and Nucleic Acids (1986).

1065 Ernst, Autobiographie (1992), S.69; Ernst, "The Success Story of Fourier Transformation in NMR" (1996), S.299-301.

1066 Wüthrich, "NMR Structures of Biological Macromolecules" (1996), S.713 und S.717.

mussten erst einige Widerstände überwunden und der Methode Anerkennung verschafft werden. Dies geschah, indem die bis dahin nicht geklärte Struktur des Proteins Tendamistat 1984-1985 parallel in einer Röntgenstrukturgruppe und bei Wüthrich durch NMR bestimmt wurde, womit die neue spektroskopische Methode Glaubwürdigkeit durch den Abgleich mit einer etablierten erhielt. Klassische nasschemische Experimente waren dagegen für die Absicherung schon nicht mehr notwendig.[1067]

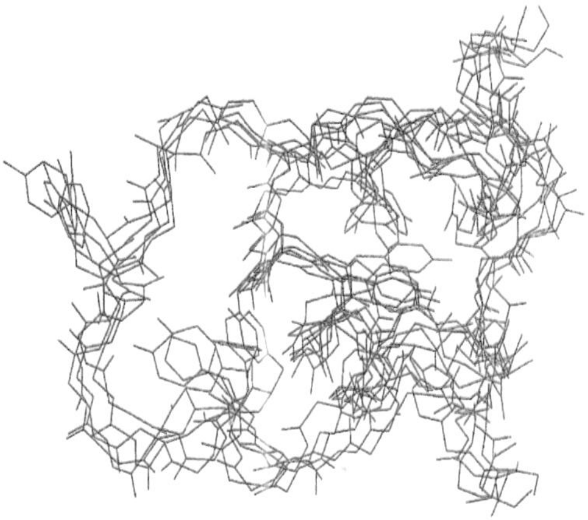

Abb. 83: *Kohlenstoffgerüst des Bull Seminal Proteinase Inhibitor (BUSI) Enzyms, einer der ersten Proteinstrukturen, die in Lösung vollständig mit NMR-Methoden ermittelt wurden.*

Erst die Kombination der neuen Instrumente mit den zweidimensionalen Verfahren, wie auch die der instrumenten- und anwendungsorientierten Methodenmacher[1068] Richard Ernst und Kurt Wüthrich ermöglichten es, die Struktur von Proteinen zu ermitteln. Damit wurde Anfang der 1980er Jahre der Nachweis erbracht, dass die NMR ein aussichtsreicher Weg ist, das Mentale Chemische Strukturmodell auf die gesamte Biologie und Physiologie zu übertragen und damit Lebensprozesse auf die zeitlichen Veränderungen chemischer Molekülstrukturen reduzieren zu können. Obwohl die mit NMR betriebene Strukturbiologie zunächst nur zögerlich akzeptiert wurde, wurden Lebensprozesse damit auf längere Sicht zu Vorgängen gemacht, die mit den adäquaten, chemischen Methoden zu untersuchen sind. Biologie und Physiologie wurden auch wegen

1067 Ders., ebd., S.713 und S.715-717.

1068 Richard Ernst bezeichnete sich selbst als "NMR toolmaker". Ernst, "Nuclear Magnetic Resonance Fourier Transform Spectroscopy" (1992), S.70.

der NMR zu Wissenschaften der Dynamik von Molekülen in Lösung.[1069] Die NMR lehnte sich nicht mehr wie in den frühen 1950er Jahren zur Stabilisierung an das chemische Strukturmodell an, sondern stütze es nun ihrerseits, indem sie es in die Lebenswissenschaften transportierte, und generierte damit Spezialgebiete wie Proteonomics und Metabonomics. Die Prophezeiungen von Linus Pauling wurden ziemlich exakt in die Tat umgesetzt:[1070]

> We may, I believe, anticipate that the chemist of the future who is interested in the structure of proteins, nucleic acids, polysaccharides, and other complex substances with high molecular weight will come to rely upon a new structural chemistry, involving precise geometrical relationships among the atoms in the molecules and the rigorous application of the new structural principles, and that great progress will be made, through this technique, in the attack, by chemical methods, on the problems of biology and medicine.

Objektiviert durch instrumentelle Analysenmethoden konnte die Molekularisierung[1071] der Lebenswissenschaften weiter vorangetrieben werden. Die NMR und andere instrumentelle Methoden gaben der sich immer wieder verändernden Bedeutung von 'Molekül'[1072] als Repräsentation des Mentalen Strukturchemischen Modells Stabilität und operative Möglichkeiten. Mit der NMR veränderte sich die Chemie, aber sie wurde nicht physikalischer, sondern chemische Modellvorstellungen machten im Gegenteil die Biologie und Teile der Medizin chemischer.

6.3. Die Verbreitung der Instrumentalsysteme

Die NMR wie auch Bruker-Spectrospin scheinen in den 1970er Jahren eine einzige Erfolgsgeschichte zu präsentieren. Dieser Erfolg stand aber nicht alleine, sondern war mit der Entwicklung anderer instrumenteller Methoden gekoppelt. Bruker-Spectrospin verfolgte ab den 1970er Jahren die Strategie großer Instrumentenhersteller und weitete den Arbeitsbereich der Unternehmensgruppe auf verschiedene Messmethoden aus. Während die schon von Beginn an betriebene Elektronenspinresonanz instrumententechnisch noch als mit der NMR verwandt betrachtet werden kann, begann sich das Unternehmen nun auch in der IR-, der

1069 Die Möglichkeit mit der NMR dynamische Prozesse zu beobachten wurde schon lange bei Konformationsmessungen mit variabler Temperatur genutzt. Reinhardt, Shifting and Rearranging (2006), S.240.

1070 Pauling, "Modern Structural Chemistry. Nobel Lecture, December 11, 1954" (1999), S.436-437.

1071 Laszlo, Molecular Correlates of Biological Concepts (1986).

1072 Vgl. Chadarevian, Kamminga (Hg.), Molecularizing Biology and Medicine: New Practices and Alliances 1910s – 1970s (1998).

Massenspektrometrie,[1073] inklusive Hochfeld Ionen-Cyclotronresonanz,[1074] und der Flüssigkeitschromatographie zu engagieren.[1075] Diese modernen Analyseninstrumente ergänzten den Stammbereich NMR und boten Kombinationsmöglichkeiten, um die Wirksamkeit und Reichweite der Methoden synergetisch zu steigern. Es entstanden standardisierte Kombinationen verschiedener Messmethoden, wie z.B. Infrarotdetektoren für die chromatographischen Verfahren.

Abb. 84: *"Better run a GC-MS on that batch right away... before NASA finds out!" – die Kombination moderner chemischer Instrumente 1972 scherzhaft mit einer ausgesprochen traditionellen Institution vereint.*

1073 Zu diesem Bereich zählt die bei Bruker ab 1979 vorangetriebene Ionen Cyclotron Resonanz (ICR), mit der u.a. Endel Lipmaa in Tallinn die Masse von Neutrinos exakt bestimmte, wobei er Bruker Equipment benutzte. 1980 begann dann mit dem Kauf der Franzens Analytik GmbH auch der Bau von Quadrupol- und Time-of-Flight Massenspektrometer.

1074 Die Entwicklung begann 1979. Bruker AG (Hg.), Firmengeschichte, Prospekt, (2000), S.4.

1075 Neben den Massenspektrometern erfolgte auch der Einstieg in den Bau von Flüssigkeitschromatographen 1980 mit der Gründung der Bruker-Franzen Analytik GmbH in Bremen durch Fusion mit der Dr. Franzen Analysentechnik GmbH. Bruker Medical GmbH (Hg.), Schlaglichter Schnappschüsse aus der BRUKER-Historie (1999), S.3.

Als erfolgreichste dieser Instrumentenkombinationen galt die Verbindung von Gaschromatographie und Massenspektrometrie (GC-MS).[1076] In den 1980er Jahren entwickelte Bruker in einem militärisch finanzierten Projekt ein derartiges System zur Giftgasaufklärung für den Spürpanzer 'Fuchs'. Die Kombination GC-MS wurde zu einem Symbol der Leistungsfähigkeit moderner Analytik, da mit ihr Spuren von Verbindungen genau identifiziert und im Millionstelbereich quantifiziert werden konnten. In selbstbewusster, scherzhafter Übertreibung unterstellt der oben gezeigte Cartoon aus einem Instrumentenhandbuch, dass sich sogar als durchweg konservativ und traditionell angesehene Kreise der Gesellschaft dieses hochmodernen Instrumentariums ganz selbstverständlich bedienten. Mit den neu angebotenen Instrumenten belieferte man bei Bruker-Spectrospin aber trotz der oben gezeigten Karikatur den gewohnten, größtenteils akademisch orientierten Kundenkreis von Naturwissenschaftlern.

Die Hardware der Messgeräte war über generische Instrumente wie den FT-Algorithmus miteinander verbunden. Das FT-Verfahren in der IR-Spektroskopie[1077] ist zwar mit dem in der NMR nicht direkt zu vergleichen, weil Ersteres eine Umwandlung von der räumlichen in die Energiedomäne beinhaltet, während bei der NMR in der Zeitdomäne gemessen und dann in die Energiedomäne umgerechnet wird,[1078] dennoch gab es konkrete Verbindungen, z.B. waren auch die frühen FT-IR Spektrometer mit FabriTek CATs ausgestattet. Tom Dunn, treibende Kraft hinter der Vermarktung der ersten computergesteuerten FT-IR Spektrometer, die eine neue IR-Ära einleiteten, produzierte ab 1969 in der Dunn Analytical Instruments Division[1079] das erste kommerzielle, auf dem Michelson Interferometer beruhende FT-IR Spektrometer FTS-14.[1080] Es verfügte über einen FabriTek/Nicolet 1070 Rechner mit einem PDP-8, später einen Nicolet 1080 als FT-Einheit. 1970 änderte die Dunn Analytical Division ihren Namen

1076 Bei Bruker-Spectrospin wurde dem Trend folgend ein NMR-Spektrometer mit Durchflussprobenkopf für die Kopplung mit einer Chromatographiesäule entwickelt. Spectrospin AG, Spinresonanz-Spektrometer. Erfinder: Günther Laukien, Toni Keller, Werner Tschopp. Deutsche Auslegeschrift Nr. 2759457.

1077 Zur Entwicklung und Ausdehnung der FT-IR Gemeinschaft siehe Shinn, Research-Technology and Cultural Change. Instrumentation, Genericity, Transversality (2008), S.139-149.

1078 Reinhardt, Shifting and Rearranging (2006), S.314. Eine methodische Trennung ist durch physikalische Eigenschaften festgelegt. Die Wellenlängen sind bei der NMR so groß, dass ein NMR-Interferometer eine enorme, nicht praktikable Größe hätte, die Relaxationszeiten in der IR sind so kurz, dass sie keine zeitabhängige Beobachtung und Manipulation zulassen. Vgl. Ahn, "A Comparison of FTNMR and FTIR Techniques" (1989).

1079 Eine Abteilung der Block Engineering.

1080 Block, Dunn, "A New Instrument for Fourier Transform Spectroscopy" (1974).

in Digilab und beherrschte in der ersten Hälfte der 1970er Jahre den Markt für FT-IR Instrumente. Die Bruker-Physik AG hatte ab 1971 zeitweise den Digilab Vertrieb in Europa übernommen und es gab Planungen, gemeinsam IR-Spektrometer zu bauen, die aber nicht umgesetzt wurden.[1081] Mit der ausgereifteren Konstruktion des Model 7199 und besserem Computer verdrängte Nicolet Digilab und wurde ab 1977 der führende FT-IR Hersteller. Nicolet gründete in der Nähe von Palo Alto die Nicolet Technology, die mit dem NT-150 (150 MHz) auch in den Markt der supraleitenden NMR-Spektrometer einstieg.[1082] Das Unternehmen kaufte daneben Patentrechte an einem Massenspektrometer und das 1976 vorgestellte FTMS-1000 Modell arbeitete mit einem dem NT-150 sehr ähnlichen FT-System. Als Nachfolgemodell kam das FTMS-2000 Massenspektrometer mit supraleitendem Oxford Instruments Magneten heraus.[1083] Die Querverbindungen im Instrumentenbau sind hier recht klar ersichtlich.

Bruker konstruierte nach der gescheiterten Kooperation mit Digilab eigene IR-Spektrometer. Bertold Knüttel war der erste Leiter der neuen IR-Abteilung, die letztlich mit der Gruppe um den Physiker Ludwig Genzel am MPI für Festkörperforschung in Stuttgart,[1084] vor allem aber mit dessen Schüler Jürgen Gast,[1085] ein eigenes FT-IR Spektrometer auf den Markt brachte, das ab 1974 angebotene IFS 100. Die hier kurz angeschnittene Geschichte der frühen kommerziellen FT-IR-Spektrofotometer unterstreicht, wie die im wissenschaftlichen Instrumentenbau aktiven Unternehmen ständig neue Kontakte aufbauten, um sich Arbeits- und Marktbereiche zu erschließen und damit einerseits dem wissenschaftlichen Bedarf an solchen Instrumenten folgten, andererseits aber auch

---

1081 Bruker Medical GmbH (Hg.), Schlaglichter Schnappschüsse aus der BRUKER-Historie (1999), S.2.

1082 Zur Geschichte der frühen FT-IR vgl. auch Griffiths, "Strong-Men, Connes-Men, and Block-Busters or How Mertz Raised the Hertz" (1992). Digilab wurde 1978 von Bio-Rad gekauft, 2001 aber wieder als Digilab, LLC ausgegliedert, die 2004 von Varian geschluckt wurde.

1083 Die Nicolet Massenspektrometer waren nicht sonderlich erfolgreich, die Produktion wurde 1988 eingestellt.

1084 Genzel (1922-2003), Pionier der FTIR (Genzel-Interferometer), studierte Physik in Frankfurt, 1960-1970 Professor für Festkörperphysik an der Universität Freiburg, 1970-1990 Direktor des Max-Planck Instituts für Festkörperforschung in Stuttgart. Ab 1972 wurde bei Genzel ein IR Interferometer konstruiert. Button, Wiltse, Infrared and Millimeter Waves: Instrumentation (1979), S.210.

1085 Gast wurde Mitarbeiter bei Bruker und später Geschäftsführer der Bruker Optics GmbH in Ettlingen, der mit IR- und Raman-Spektroskopie befassten Branche der Bruker Gruppe. Holz, Knüttel, Interview geführt am 13. Juli 2004; Post, "Chronik der Medizintechnik" in: Bruker Medical GmbH (Hg.), Schlaglichter Schnappschüsse aus der BRUKER-Historie (1999), S.6.

eine verbindende Funktion ausfüllten, die für eine gewisse Konvergenz und Kompatibilität in der Instrumentenentwicklung sorgte. Auf diesem Weg konnten erfolgreiche Instrumentalsysteme wie die NMR-Geräte auch andere Instrumententypen beeinflussen.

Trotz des fortgesetzten Erfolges der Bruker-Spectrospin NMR-Spektrometer wurden auch Grenzen des Wachstums deutlich. Günther Laukien nahm 1968 einen Ruf als ord. Professor für Elektronik an der gerade neu eingerichteten Ruhr-Universität in Bochum an. Es wurde ihm ausdrücklich zugesichert, sein Unternehmen weiter leiten zu können, noch 1960 hatten ja in Karlsruhe akademische Widerstände gegen die privatwirtschaftliche Tätigkeit Laukiens seinen weitgehenden Rückzug aus dem akademischen Betrieb bewirkt. Da mit der Ruhr-Universität als Strukturmaßnahme für eine krisenbedrohte Industrieregion neue Wege der Verknüpfung von Industrie und Wissenschaft gesucht wurden, kann diese Professur nicht als typisch gewertet werden, zeigt aber doch die neue wissenschaftspolitische Tendenz.

Abb. 85: Preisträger Günther Laukien (rechts) und der Laudator Karl-Hermann Hausser bei der Übergabe des ISMAR Preises am 25. August 1980, verliehen für "his distinguished contributions to the industrial development of magnetic resonance instrumentation that has given tremendous impetus to magnetic resonance and its applications at universities, research institutes and to industry."

Laukien selbst konstatierte 1980, als er den ISMAR Preis für industrielle Instrumentenentwicklung erhielt, in seiner Preisrede eine Annäherung der ökonomischen und wissenschaftlichen Systeme und forderte dazu auf, diese weiter zu forcieren und zu erleichtern. In Bezug auf die deutsche Entwicklung kam er zu dem Schluss:[1086]

1086 Laukien, Preisrede zur Verleihung des ISMAR (International Society of Magnetic Resonance) Award in Industrial Development am 25. August 1980, Typoskipt. Bruker BioSpin, Rheinstetten, S.3.

> In former years I admired our American colleagues for keeping the interplay between industrial and academic entities obviously more lively. Over the years in my opinion this has slightly deteriorated, whereas it has improved a bit in other countries.

Die Mehrfachbelastung von Professur und Management einer immer internationaler und vielfältiger werdenden Unternehmensgruppe überstieg aber bald Laukiens physische Kräfte, nach einem Herzinfarkt gab er 1971 die Professur in Bochum auf[1087] und entschied sich wiederum für die Leitung seines Unternehmens[1088] – vorbehaltlich seiner professoralen Rechte.

Die 1970er Jahre zeigten nicht nur die Grenzen der Belastbarkeit des Unternehmensgründers, sondern auch die des durchweg so erfolgreich erscheinenden Unternehmenskonzepts der engen Anbindung an die naturwissenschaftliche Forschung. Während im Bereich der chemischen NMR die Bedürfnisse der Wissenschaftler bei Bruker-Spectrospin im Vordergrund standen und insbesondere Toni Keller, Werner Tschopp und Günther Laukien eine Reihe von technischen Verbesserungen für die Firma patentierten, kam eine Neigung Laukiens zur Research Technology in den Versuchen zur Geltung, seinem Unternehmen völlig neue Arbeitsbereiche zu erschließen. Dabei gab es Hindernisse, die nicht so einfach überwunden werden konnten, was an drei Beispielen aus der Geschichte der Firma Bruker-Spectrospin gezeigt werden kann: dem U-Boot Bau, der Automatisierung der NMR und der Medizintechnik. Analog zu den neuen instrumentenanalytischen Bereichen Infrarot- und Massenspektrometrie wurden auch für die Unternehmenszweige Meeres- und Medizintechnik eigene Gesellschaften eingerichtet, die weitgehend autonom agierten. Daher blieb die NMR-Abteilung, der Firmenphilosophie entsprechend, eine überschaubare Unternehmensstruktur.

Da der U-Bootbau der Bruker Meerestechnik den Rahmen der NMR sprengt soll er nur kurz erwähnt werden, weil Laukien dort im Stil eines Research Technologist versuchte, wissenschaftliche Erkenntnisse und Verfahren in den Bau von Forschungs-U-Booten einzubetten. Anreiz dazu bot die eigene Ausbildung als U-Boot Ingenieur und Fördermittel des von der Bundesregierung gestarteten Meeresschelfprojektes. Die vielen, teilweise an Jules Verne erinnernden Patente

---

1087 Holz, Knüttel, Interview geführt am 13. Juli 2004. Gesundheitlich angeschlagen verstarb Laukien bereits 1997 und die Bruker Analytik GmbH, wie sein NMR-Unternehmen damals hieß, setzte ihm ein Denkmal indem es 1999 einen mit 20.000$ dotierten Günther Laukien-Preis stiftete, der jährlich im Rahmen der ENC vergeben wird. Ausgezeichnet werden bahnbrechende und zukunftsweisende Entwicklungen auf dem Gebiet der experimentellen NMR.

1088 Hausser, "The Scientific and Technical Accomplishments of Gunther Laukien (Address to the joint ISMAR-AMPERE Conference, Delft, 1980 at the occasion of the awarding of the ISMAR Prize in Industrial Development)" (1982), S.10.

Laukiens auf dem Gebiet der U-Boot Technik belegen die kreative Gestaltung solcher Gefährte.

Abb. 86: Erprobungsfahrt des ersten Bruker U-Bootes "Mermaid" 1972 auf Malta. Mitglied der Crew war der österreichische Tauchpionier Hans Hass (Mitte).

Aber der Sprung in die völlig neue Produktkategorie gelang nicht auf Dauer. Die 1978 gegründete, in Karlsruhe Rheinhafen ansässige Bruker Meerestechnik AG[1089] konnte sich nicht auf dem Markt kommerzieller Klein U-Boote, z.B. zur Wartung von Bohrinseln, etablieren und beendete in den 1990er Jahren diese abenteuerlich anmutenden Projekte.

Wieder im Rahmen des hier untersuchten Themas liegen die Versuche, die NMR im rein technischen Bereich der industriellen Produktkontrolle zu etablieren. So patentierte Laukien ein Verfahren, mit Hilfe der NMR Saaten automatisch nach ihrem Ölgehalt zu sortieren.[1090] Bis in die Serienfertigung schaffte es eine ähnliche industrielle NMR-Anwendung. Auf Anregung des NMR-Experten

1089 Auf das große Gelände der früheren Firma Eitel zog 1979 auch der Magnetbau. Bruker Medical GmbH (Hg.), Schlaglichter Schnappschüsse aus der BRUKER-Historie (1999), S.3.

1090 Der patentierte Apparat bestand aus NMR-Detektor, Mikrowaage, Zuführ- und Sortiereinrichtung. Vgl. Laukien, Verfahren und Vorrichtung zur zerstörungsfreien Pflanzensamen-Prüfung mittels magnetischer Kernresonanz. Erfinder und Inhaber: Günther Laukien. Schweizer Pat.-Nr. 448590. (US Pat.-Nr. 3530372, erteilt am 22. September 1970).

Karel van Putte,[1091] einem leitenden Mitarbeiter im Forschungslabor Vlaardingen der Firma Unilever, entwickelte Bertold Knüttel bei der Bruker-Physik AG ein kleines, einfaches NMR-Impulsspektrometer, das bei industriellen Routineuntersuchungen auf Knopfdruck in kürzester Zeit den Öl- bzw. Wassergehalt einer Probe ermittelte und diesen Wert mit einem Ausdruck belegte.[1092]

Abb. 87: *Das für das Titelblatt der Firmenzeitschrift 1980 werbewirksam in Szene gesetzte Minispec p20. Oben sieht man das Probenröhrchen, unten den Ausgabeschlitz des Druckerstreifens. Das Instrument funktionierte mit vier Knöpfen, die Blende über den Einstellungsknöpfen unten war im Routinebetrieb zugeklappt.*

Das 1973 vorgestellte Minispec p20i (Protonen, 20 MHz, Impuls)[1093] war eine Fortsetzung des A-60 Konzept ins Extreme, ein technisches Werkzeug

---

1091 Vgl. z.B. den Enden, Putte, "Pulse NMR as a Quick Method for the Determination of the Solid Fat Content in Partially Crystallized Fats" (1973).

1092 Bruker Medical GmbH (Hg.), Schlaglichter Schnappschüsse aus der BRUKER-Historie (1999), S.2

1093 Es gab auch Geräte für andere Feldstärken und ein Minispec, dass auf Frequenzen bis 100 Mhz stufenlos einstellbar war.

dessen Konsole auf jeden Labortisch passte und auch angelerntes Laborpersonal kaum vor Bedienungsprobleme stellte. Um den Einsatz noch rationeller zu gestalten, war es – vermutlich als erstes NMR-Seriengerät – ab 1975 mit einem automatischen Probenwechsler für 96 Proben erhältlich.[1094] Es wurde z.B. für die schnelle Kontrolle des Wassergehalts von Margarine verwendet.[1095] In einer Reihe von Artikeln, die in der Bruker Firmenzeitschrift und als Sonderdruck in den "Minispec Application Notes" erschien, wurde über die Anwendungsmöglichkeiten in der Produktkontrolle berichtet.[1096] Das Instrument war durchaus erfolgreich, wurde weltweit verkauft und erhielt sogar 1980 einen Preis des "Industrial Research & Development Magazine" als eines der herausragendsten technischen Produkte des Jahres.

Trotz dieses Achtungserfolges passte das Minispec nicht in die auf wissenschaftliche Instrumente ausgerichtete NMR-Produktpalette Bruker-Spectrospins. Weder die Konstruktionsmerkmale noch der Kundenkreis waren an die Spitzenspektrometer anschlussfähig. Daher wurde das Instrument nie voll in das Programm des Herstellers integriert und blieb ein Nebenprodukt. Es passte nicht zum Kundenkreis und zur Kombination von Wissenschaft und Technik, auf die sich das Unternehmen spezialisiert hatte. Wie spezifisch das System der NMR-Wissenschaft war, an welches Bruker-Spectrospin angepasst wurde, zeigte sich bei den automatischen Probenwechslern. Schon Richard Ernst war gegen Ende seiner Zeit bei Varian Associates damit beauftragt gewesen, ein Sytem aus Messeinrichtung und Computer zu entwickeln das eine automatisierte und rationalisierte Datenaufnahme, -reduktion und -bewertung ermöglichte,[1097] wobei hier der Einsatz der von ihnen etwas abfällig als "busy boxes" bezeichneten Computer zunächst auf den Widerstand der NMR-Wissenschaftler gestoßen

---

1094 N.N., "Automatischer Probenwechsler für Minispec p20i" (1976).

1095 Putte, "Pulse NMR as a Routine Method in the Fat and Margarine Industry I" (1974); Putte, "Pulse NMR as a Routine Method in the Fat and Margarine Industry II" (1975). Der gesetzlich vorgeschriebene Maximalgehalt an billigem Wasser sollte optimal genutzt werden.

1096 In diesem technischen Bereich traten neben auswärtigen Wissenschaftlern auch Bruker Mitarbeiter als Autoren auf. McCarten (Bruker-Physik AG), "Fettanalyse an Ausgangsstoffen zur Margarineherstellung" (1973); Pooter (Dow Chemical, Niederlande), "Pulsed NMR as a Routine Method for the Determination of the Hydrogen Content of Hydrocarbons" (1977); Weisser (Universität Karlsruhe), "NMR Spectroscopy in the Food Industry," Bruker Report 8/1 (1978), 9-12.

1097 Ernst, "On-Line NMR Data Processing by Means of Small Scale Computers", Vortrag am Donnerstag, den 2. März 1967 auf der 8. ENC (1967).

war.[1098] Technisch konnte der Messvorgang bereits um 1970 durch die Computer weitgehend automatisiert werden.[1099]

Nach vorangegangenen Anregungen von Wissenschaftlern wie Robert Kosfeld, Karl Hermann Hausser und dem Chemiker Heinz Staab wurde 1969 unter Leitung Haussers und von Otto Mohr, 1968-1973 Präsident der Fraunhofer-Gesellschaft und damals auch Vizepräsident der DFG, eine Besprechungsgruppe zur Automatisierung physikalisch-chemischer Grossmessgeräte gegründet. Die in der ersten Sitzung festgelegten Projektgruppen waren: 1) Massenspektrometer, Leiter Prof. Snatzke, Bonn; 2) Roentgendiffraktometer, Leiter Prof. Hahn, Aachen; 3) Hochauflösende Kernresonanzspektrometer, Leiter Dr. Kosfeld, Aachen; 4) Impuls-Kernresonanzspektrometer, Leiter Prof. Hausser, Heidelberg; 5) Optische Spektrometrie, Leiter Prof. Lippert, Berlin.[1100] In den vier 1969-1970 stattfindenden Sitzungen diskutierten die Physiker, Chemiker und Computerfachleute der Besprechungsgruppe auch intensiv über die Frage, ob kleine Einzelrechner für jedes Gerät oder große Zentralrechner vorteilhafter wären. Die Gruppe hatte zu dieser Zeit 35 Mitglieder, 25 aus Universitäten, 8 aus staatlich und privat finanzierten Forschungseinrichtungen[1101] und zwei von der BASF.[1102] Die Impuls-NMR-Projektgruppe bestand im Grunde genommen nur

1098 Reinhardt, Shifting and Rearranging (2006), S.324.

1099 Laukien, Verfahren und Vorrichtung zur Aufnahme von Spektren. Erfinder: Günther Laukien. Deutsche Offenlegungsschrift Nr. 1806615; Laukien, Vorrichtung zur automatischen Aufnahme von Spektren. Erfinder: Günther Laukien. Deutsche Offenlegungsschrift Nr. 2017138. In einem Handbuch zur Automatisierung im Labor von 1974 wurde das Bruker-Spectrospin HFX mit Nicolet 1080 Rechner bei der FT-Messung als Beispiel für den Computereinsatz abgebildet. Cooper, "The Computer and Signal Averager in the Laboratory.Criteria for Decisions" (1974), S.13.

1100 Vorlage zur Sitzung des Hauptausschusses der Deutschen Forschungsgemeinschaft am 7. Mai 1971 – Punkt 3) der Tagesordnung: Verschiedenes, Bericht über die Arbeit auf dem Gebiet der Automatisierung physikalisch-chemischer Grossmessgeräte, S.2. Aktenordner Hauptausschusssitzungen. Bonn, DFG-Geschäftsstelle. Später wurde eine sechste Projektgruppe zu Photoelektronen-Spektrometer und eine siebte zur Automatisierung in der klinischen Chemie gegründet. Lippert wurde auch Leiter der vom DFG Apparateausschuss eingesetzten Projektgruppe Fourierspektroskopie. Kartei Apparateausschuss, Blatt 4, DFG Az. 401/9/72. DFG-Geschäftsstelle Bonn.

1101 Fraunhofer-Gesellschaft, Max-Planck-Gesellschaft, Gesellschaft für Kernforschung, DECHEMA und Chemisches Staatsinstitut Hamburg.

1102 Verzeichnis der Wissenschaftler aus der Gruppe "Automatisierung physikalischer Analytischer Meßeinrichtungen". DFG Az. 403/2/69. Anlage der Vorlage zur Sitzung des Hauptausschusses der Deutschen Forschungsgemeinschaft am 7. Mai 1971 – Punkt 3) der Tagesordnung: Verschiedenes, Bericht über die Arbeit auf dem Gebiet der Automatisierung physikalisch-chemischer Grossmessgeräte. Aktenordner Hauptausschusssitzungen. Bonn, DFG-Geschäftsstelle.

aus Hausser und Gerhard Hertz, die auch ansonsten eng zusammenarbeiteten, daher fanden keine offiziellen Sitzungen statt. In der Projektgruppe für die hochauflösende NMR legten Kosfeld, Lippert sowie Gerhard Bergmann, Professor für Analytische Chemie in Bochum,[1103] einen Plan vor, nach dem ihre Arbeitsgruppen zusammen mit der Bruker-Physik AG an der Verbesserung der Automatisierung und Rechnerkopplung arbeiten wollten.[1104] Im Projekt sollten von Bruker-Spectrospin drei vollautomatische Prototypen gebaut werden.

Ende 1970 legte Laukien einen gegenüber dem ersten Angebot von 1969 durch einen leistungfähigeren Computer modifizierten Vorschlag der Spectrospin AG vor. Es ging um zwei Standardspektrometer HFC 60 S (60 MHz) für Protonenresonanz und ^{13}C Messungen, die je 266.000 DM kosten sollten. Dazu kamen noch zwei je 255.750 DM teure, neu entwickelte Ergänzungseinheiten zur Automatisierung, die auch einen neuen automatischen Probenwechsler beinhalteten, und zwei Nicolet FT-1085 20 k Computer mit 20 Bit Wortlänge für je 175.200 DM. Insgesamt beliefen sich die Kosten inklusive aller Rabatte auf 1.471.450 DM, die bereits bei Auftragserteilung voll gezahlt werden sollten. Die Lieferfrist für die neue Probenwechslereinheit betrug ein Jahr, für die Spektrometer und Computer 6-9 Monate. Das Arrangement ähnelte also sehr den schon beim HFX erfolgreich umgesetzten Konditionen.[1105] Ende Januar 1971 wurden daraufhin zwei Instrumente mit Computer, aber ohne Probenwechslereinheit, für rund 932.000 DM auf Vorschlag des Apparatereferenten Herwart von der Decken von der DFG Beschaffungsstelle unter den Instrumentennummern 286/99/71 bzw. 286/100/71 vorausbestellt und bezahlt.[1106] Günther Laukien, bei dem die Fäden zusammenliefen, wies darauf hin, dass der Bochumer Professor Bergmann einen Antrag auf das dritte automatisierte Spektrometer eingereicht habe. Weiterhin hätten ihn alle drei Gruppen darüber informiert, dass sie nun doch die teurere Variante mit einem stärkeren 90 MHz Magneten

1103 Dort war in dieser Zeit Günther Laukien Professor für Elektronik.

1104 Vorlage zur Sitzung des Hauptausschusses der Deutschen Forschungsgemeinschaft am 7. Mai 1971 – Punkt 3) der Tagesordnung: Verschiedenes, Bericht über die Arbeit auf dem Gebiet der Automatisierung physikalisch-chemischer Grossmessgeräte. Aktenordner Hauptausschusssitzungen. Bonn, DFG-Geschäftsstelle.

1105 Günther Laukien an Rudolf Sudbrack (von der zentralen Beschaffungsstelle der DFG), 30.11.1970. Und beigelegtes Angebot, Spectrospin AG an DFG. 30.11.1970. 402/Heft 17, BArch B 227, Film Nr. 51 FC7536N.

1106 Vermerk, Betreff: Lagergeräte, hier Kerninduktions-Spektrometer HFC 60 S der Firma Bruker Physik. 05.01.1971. DFG Az. 402/1/71; Bestellung 2 HFC 60 S und 2 Bruker FT 1085, Abschrift. Zentrale Beschaffungsstelle, gez. Kreter und Sudbrack, an Bruker-Physik AG. 20.01.1971. DFG Az. 402/1/71; Auftragsbestätigung Spectrospin AG an zentrale Beschaffungsstelle. 05.02.1971; Kassenvermerk, gez. Bretschneider. 11.02.1971. DFG Az. 402/1/71. 402/Heft 17, BArch B 227, Film Nr. 51 FC7536N.

bevorzugen würden.[1107] Dann reiste Dieter Ziessow[1108] von Berlin nach Karlsruhe, wo er intensiv mit verschiedenen Bruker-Angestellten diskutierte. Im Ergebnis wurden letztlich die von der DFG avisierten automatischen Probenwechsler nie geliefert, die Vollautomatisierung also schon im Versuchsstadium abgebrochen und auf der Ebene der optimierten Computerkopplung gehalten. In einem Schreiben an die zentrale Beschaffungsstelle der DFG bemerkte Laukien zu dem Vorfall:[1109]

> Ich möchte nicht verhehlen, dass diese Umdisposition vom ursprünglichen Konzept des automatisierten Spektrometers zu dem jetzigen Gerät für Bruker in finanzieller Hinsicht wegen der inzwischen erfolgten Ausgaben in Hinblick auf das automatisierte Spektrometer recht nachteilig ist.

Ernst Lippert bekam als einziger der drei beteiligten Wissenschaftler ein Spektrometer geliefert. Die Bestellung für Kosfeld wurde wie angedeutet in einen Auftrag für ein HFX 90 mit FT-Zusatz gewandelt, dieses Instrument mit der Nummer 286/100/71 war das im vorherigen Kapitel angesprochene Spektrometer, dass letztlich Harald Günther an der Universität Köln geliefert wurde.[1110]

Die Investitionen von Bruker-Spectrospin in den Vollautomaten zahlten sich nicht aus, da die NMR-Wissenschaftler diese Entwicklung als Bedrohung sahen und ihren gerade etablierenden Arbeitsbereich nicht durch technische Rationalisierung schmälern lassen wollten, zumal die Chemie gerade in einer Krise steckte.[1111] Die Interessen der Wissenschaftler waren auch hier der eindeutig bestimmende Faktor der NMR-Entwicklung, denn die Konstruktion von automatischen Probenwechslern für hochauflösende NMR-Spektrometer wurde nicht wegen technischer oder finanzieller Probleme eingestellt. Erst 1981

1107 Günther Laukien, Bruker-Physik AG an Rudolf Sudbrack/zentrale Beschaffungsstelle der DFG. 05.02.1971. 402/Heft 17, BArch B 227, Film Nr. 51 FC7536N.

1108 Ziessow war ein Experte für die Anwendung von Computen in der NMR. Er war bei Seymour Lipsky gewesen, siehe oben, und arbeitete später u.a. an stochastischen Verfahren. Blümich, Ziessow, "Nonlinear Noise Analysis in Nuclear Magnetic Resonance Spectroscopy. 1D, 2D, and 3D Spectra" (1983).

1109 Günther Laukien, Bruker-Physik AG an Rudolf Sudbrack/zentrale Beschaffungsstelle der DFG. 11.11.1971. 402/Heft 17, BArch B 227, Film Nr. 51 FC7536N.

1110 Angebot Nr. 3113/II v. 18.5.71 an Herrn Doz. Dr. H. Günther, Institut f. Organische Chemie d. Uni. Köln. Zentrale Beschaffungsstelle der DFG an Bruker-Physik AG, gez. Kreter, Abschrift. 14.12.1971; Angebot v. 5.11.71 Nr. 3217/I an Herrn Dr. H. Günther, Institut f. Organische Chemie Universität Köln. Zentrale Beschaffungsstelle der DFG an Bruker-Physik AG, gez. Kreter, Abschrift. 4.1.1972; Vermerk DFG Az. 402/1/71. 10.02.1972. Zuordnung der Belastung aus der Vorausbestellung zu den Konten Gu 76/11 (Günther) und Li 11/25 (Lippert) und Vermerk gez. Kreter und Müller-Daehn, DFG Az. 402/1/71. 29.03.1972. 402/Heft 17, BArch B 227, Film Nr. 51 FC7536N.

1111 Keller, Interview geführt am 18. und 19. August 2004.

bot Bruker wieder mit Unterstützung der DFG erneut einen automatischen Probenwechsler, mit modernisierter Elektronik, für Forschungsspektrometer an.[1112] Das über Stefan Berger in Marburg eingeführte Instrument wurde nun akzeptiert und im Verlauf der 1980er Jahre waren Probenwechsler so verbreitet, dass praktisch kein anspruchsvolles NMR-Spektrometer für Universitäten mehr ohne diesen Zusatz gekauft wurde. Die Nachfrage aus der Chemie, Biochemie und Biologie nach Servicemessungen an die NMR-Wissenschaftler war derart gestiegen, dass die Probenwechsler nun nicht mehr als Gefahr, sondern als willkommene Arbeitsentlastung gesehen wurden.[1113]

Noch größere Schwierigkeiten als mit der Automatisierung hatte das Unternehmen Bruker-Spectrospin bei dem Versuch, mit der magnetischen Resonanz in der Medizintechnik Fuß zu fassen. Trotz verschiedener Experimente war in der Frühzeit der NMR eine spektroskopische Untersuchung chemischer Vorgänge im Körperinneren noch nicht möglich. Auch hier brachte die Kombination des FT-Verfahrens mit supraleitenden Magneten die Wende. Das bereits beschriebene,[1114] bei Rex Richards in Oxford gebaute supraleitende 320 MHz-Spektrometer wurde für die weniger Ansprüche an die Homogenität des Magnetfeldes stellenden, hochaufgelösten Phosphormessungen benutzt, was für die Biologie interessante Ergebnisse brachte.[1115] 1974 konnte am lebenden Gewebe der über Phosphorverbindungen ablaufende, Energie liefernde Stoffwechsel im tierischen Muskel untersucht werden, was als die erste NMR-spektroskopische Untersuchung in der Medizin betrachtet wird, kurz MRS (Magnetic Resonance Spectroscopy) genannt.[1116] Die MRS-Instrumente unterschieden sich nicht wesentlich von herkömmlichen NMR-Spektrometern, allerdings waren die Probenräume für lebende Objekte größer gestaltet. Es konnten Metabolismen wie die Oxidation von Ethanol zu Essigsäure in den Mitochondrien beobachtet werden, da das Signal der Alkoholprotonen verschwindet und im Gegenzug das Signal

---

1112 Bruker Medical GmbH (Hg.), Schlaglichter Schnappschüsse aus der BRUKER-Historie (1999), S.3; Keller, Interview geführt am 18. und 19. August 2004.

1113 Holz, Knüttel, Interview geführt am 13. Juli 2004.

1114 Vgl. Kap. 5.

1115 Richards, "Development of NMR in Oxford" (1996), S.583-584.

1116 Busby, Gadian, Hoult, Radda, Richards, Seeley, "Observation of Tissue Metabolites Using ^{31}P Nuclear Magnetic Resonance" (1974); Radda, "The Use of NMR Spectroscopy for the Understanding of Disease," (1986); Richards, "Magnetic Moments in NMR" (1996) S.35. Zur Gruppe in Oxford, die an der biologischen in vivo NMR arbeitete gehörten u.a. George K. Radda, David Hoult und David G. Gadian. Die NMR-Wissenschaftler standen in engem Kontakt, so hielt Richards 1974 an der ETH Zürich einen Vortrag, der den Ernst-Schüler Bodenhausen dazu bewegte, nach Oxford zu wechseln. Bodenhausen, "Traveling through the World of Magnetic Resonance in the 1970s" (1996), S.232.

der Säureprotonen erscheint.[1117] Hier bot sich die Möglichkeit, die Modellvorstellungen der Chemie auf die medizinische Forschung und auch Praxis zu übertragen. Doch schienen diese disziplinären Grenzen nicht so einfach überwindbar zu sein, denn der breite Erfolg ließ auf sich warten. Die magnetische Resonanz erfuhr dann in der medizinischen Praxis mit einem Verfahren den Durchbruch, das besser auf die Wahrnehmungskonventionen der Mediziner abgestimmt war, welche sich durch die Traditionen der Anatomie und Roentgenologie etabliert hatten. 1971 hatte der ^{13}C NMR-Pionier Paul C. Lauterbur, der 1952/53 in einem Seminar des NMR-Pioniers Herbert Gutowsky in die hochaufgelöste NMR eingeführt worden war,[1118] an der Universität Stony Brook/N.Y. die erste Idee zu einer computergesteuerten NMR zweidimensionaler Schnittbilder wasserstoffhaltiger Objekte. Inspiriert wurde er durch Versuche, die bei seinem Unternehmen[1119] NMR Specialties mit dem Verfahren Raymond Damadians zur Tumorerkennung[1120] gemacht wurden.[1121] In der Roentgenologie waren vergleichbare Versuche zur Bilddarstellung bereits so weit fortgeschritten, dass in England EMI 1972 den weltweit ersten Computertomographen installieren konnte.[1122] Lauterbur stellte dann in einem Nature-Artikel vom März 1973 seine Zeugmatographie als erstes NMR-Imaging Verfahren vor.[1123]

1117 Jones, Knight, Shaw, "Life Begins at 50" (1996), S.38.

1118 Mattson, Simon, Pioneers of NMR (1996), S.706-709.

1119 Vgl. Kap.4.

1120 Damadian, "Tumor Detection by Nuclear Magnetic Resonance" (1971). Damadians Interesse war medizinisch-analytisch und nicht primär auf ein bildgebendes Verfahren gerichtet. Dennoch führten seine Arbeiten zum ersten MRI Scanner, er muss also zu den Erfindern der Methode gerechnet werden, obwohl er eher isoliert arbeitete und nicht der NMR-Gemeinschaft angehörte.

1121 Mattson, Simon, Pioneers of NMR (1996), S.673-674 und S.712-715.

1122 Hounsfield, "Computerised Transverse Axial Scanning (Tomography); Part I. Description of the System" (1973). Der enorme finanzielle Erfolg einer bei EMI unter Vertrag stehenden Band namens Beatles ermöglichte es der Firma, auch in riskantere Forschungsprojekte zu investieren. Godfrey Hounsfield, der schon 1979 den Nobelpreis für Medizin erhielt, konnte daher 1967 sein neues Arbeitsgebiet frei wählen: die computergestützte Darstellung des Körpers mit Röntgenstrahlung. Rogers, "'My Word, What Is That?': Hounsfield and the Triumph of Clinical Research" (2003). Die Computertomographie ist als bildgebendes Verfahren der Hauptkonkurrent der MRI in der klinischen Medizin. Die MRI ist aber vor allem bei der Darstellung weicher Gewebeteile überlegen.

1123 Lauterbur, "Image Formation by Induced Local Interactions – Examples Employing Nuclear Magnetic-Resonance" (1973). Von Griech. Zeugma für "das Zusammengehörige".

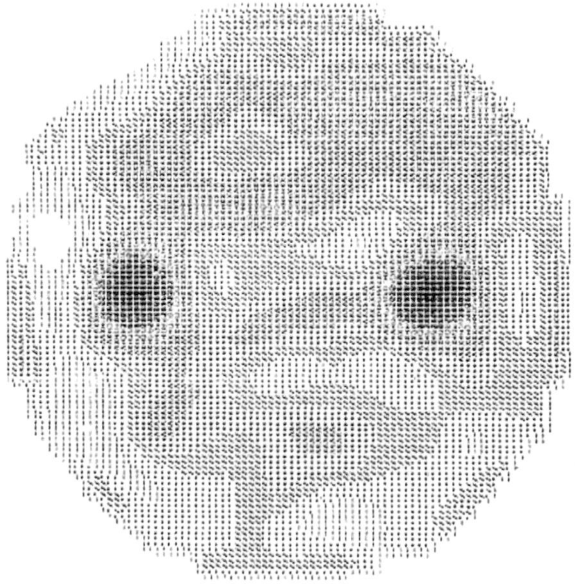

Abb. 88: *Lauterburs ^1H NMR-Zeugmatogramm von zwei mit Wasser gefüllten 1 mm Kapillaren in einer mit einer Mischung aus D_2O und H_2O gefüllten 4.2 mm Röhre, 1974. Das wohl erste publizierte NMR-tomographische Bild.*

Bei dem Verfahren wurde über die Shimspulen ein Magnetfeldgradient mit wechselnder radialer Richtung im Probenraum angelegt, der die einzelnen Projektionen dreidimensional zuordenbar machte. Diese Signale der eindimensionalen Schnitte durch den Messraum wurden wie bei der CT mit dem Computer in räumliche Repräsentationen umgerechnet. Leistungsfähige Computer waren die entscheidende Voraussetzung, um protonenhaltige Gegenstände abzubilden, z.B. das 1974 von Lauterbur präsentierte Bild des Brustkorbes einer Maus.[1124] Seinen NMR-Kollegen stellte Lauterbur das Rückprojektionsverfahren schon im Januar 1974 auf der fünften ISMAR Konferenz in Bombay/Mumbai vor. Die ursprünglich als Kurzbeitrag geplante Präsentation wurde wegen ihrer Bedeutung als Plenarvortrag gehalten.[1125] Lauterburs Versuche stießen besonders in Großbritannien auf Resonanz. Raymond Andrew, William Moore und Waldo Hinshaw hörten den Vortrag und brachten die Idee nach Nottingham, wo der US-Amerikaner Hinshaw eine Variante entwickelte, bei der nacheinander die

1124 Lauterbur, "Magnetic Resonance Zeugmatography" (1974), S.156.

1125 Govil, "Nuclear Magnetic Resonance in India: A Historical Sketch" (1996), S.344.

einzelnen Punkte im Raum gescant wurden.[1126] In Nottingham führte parallel zu Andrew auch die stärker an der medizinischen Anwendung ausgerichtete Gruppe um Peter Mansfield ein solches Forschungsprogramm mit einer wieder etwas anderen Technik durch[1127] und berichtete noch 1974 über ihr bildgebendes Verfahren.[1128] Auf dem A.M.P.E.R.E. Kolloquium in Nottingham im September 1974 konnte auch die Gruppe um Andrew bereits mit ihrem Bruker SXP-Spektrometer produzierte Schnittbilder einer Frühlingszwiebel präsentieren.

Bei einem im Frühjahr 1974 gehaltenen Vortrag Lauterburs auf der ENC in Raleigh, North Carolina, erfuhr auch Richard Ernst Einzelheiten zur Zeugmatographie.[1129] Zurück in Zürich entwickelte er in seiner Arbeitsgruppe mit Anil Kumar und Dieter Welti auf der Basis der zweidimensionalen NMR schnell ein weiteres, alternatives Imaging Verfahren,[1130] bei dem analog zur 2D-FT NMR während der Evolutions- und Detektionsphase orthogonal zueinander ausgerichtete Magnetfeldgradienten eingesetzt wurden. Ernst publizierte dieses Vorgehen 1975 und patentierte es 1977 für Varian.[1131] Eine NMR-Imaging Gruppe an der Universität Aberdeen folgte dem Verfahren Richard Ernsts und erfand die Spin-warp Technik.[1132] Dieses Verfahren setzte sich dann in den klinischen

---

1126 Hinshaw, "Spin Mapping: the Application of Moving Gradients to NMR" (1974), 87-88; ders., "Image Formation by Nuclear Magnetic Resonance: the Sensitive-Point Method" (1976).

1127 Mansfield, "Multi-Planar Image-Formation Using NMR Spin Echoes" (1977), L55-L8; Andrew, "Spinning the Spins: A Lifetime in NMR" (1996), S.185.

1128 Garroway, Grannell, Mansfield, "Image Formation in NMR by a Selective Irradiative Process," (1974); Mansfield, Maudsley, "Line Scan Proton Spin Imaging in Biological Structures by NMR" (1976).

1129 Lauterbur und Mitarbeiter stellten die Zeugmatographie in der sechsten Sektion, "Biochemical Applications", vor. Dulcy, Feiler, House, Lai, Lauterbur (Vortragender), Porretto, "Zeugmatography--Spatial Resolution of NMR Signals," Abstracts 15th Experimental NMR Conference (1974). In der gleichen Sektion trug auch Bill Hull vor, der erste Leiter des 1975 eingerichteten Bruker Applikationslabors. Richard Ernst redete in einer anderen Sektion über "The Nonequivalence of Fourier Spectroscopy and of Slow Passage."

1130 Ernst, Autobiographie (1992), S.68; Ernst, "The Success Story of Fourier Transformation in NMR" (1996), S.297; Bodenhausen, "Traveling throuh the World of Magnetic Resonance in the 1970s" (1996), S.232.

1131 Ernst, Kumar, Welti, "NMR Fourier Zeugmatography" (1975). Varian Associates, Gyromagnetic Resonance Fourier Transform Zeugmatography. Erfinder: Richard R. Ernst. US Pat. Nr. 4070611.

1132 Goll, Hutchison, Mallard, "In-vivo Imaging of Body Structures Using Proton Resonance" (1974); Edelstein, Hutchison, Mallard, "Spin-Warp NMR Imaging and Applications to Human Whole-body Imaging" (1980); Mallard, "Magnetic Resonance Imaging - the Aberdeen Perspective on Developments in the Early Years" (2006).

Anwendungen der 1980er Jahre allgemein durch. Die hier aufgeführten MRI Variationen beziehen sich auf die Art, wie die dreidimensionalen Darstellungen aus den Messwerten gewonnen werden. Lauterbur verwendete für die räumliche Darstellung Polarkoordinaten, Ernst cartesische, und Mansfield ein System aus übereinander liegenden Abtastschichten (Echo-Planar Imaging, EPI).[1133] Gemessen wurden einerseits die Konzentration der reagierenden Kerne (zumeist Protonen), andererseits die Relaxationszeiten, die stark von der Dichte und Zähigkeit des untersuchten Gewebes abhängen. Die Darstellungen sind kontrastreicher als bei den Röntgenverfahren und es sind keine schädlichen Nebenwirkungen der Radiowellen und Magnetfelder bekannt. Das Potenzial der MRI für die Medizin war abzusehen, daher flossen Fördermittel zur weiteren Entwicklung. 1976 fand in Nottingham der erste internationale Kongress über das nun Magnetic Resonance Imaging (MRI)[1134] genannte Verfahren mit etwa 25 Teilnehmern statt.

Das britische Unternehmen Electric and Musical Industries (EMI), begann 1974 damit, einen Ganzkörperscanner mit Eisenmagneten zu entwickeln (diese Sparte von EMI wurde später von Picker übernommen)[1135] und der US-amerikanische MRI-Pionier Raymond Damadian hatte bereits früher mit der Konstruktion eines solchen Apparates begonnen. Ab 1977 lieferte Damadians nun mit einem supraleitenden Magneten ausgerüsteter, weltweit erster Ganzkörperscanner[1136] Bilder und noch im selben Jahr die Querschnittdarstellung eines menschlichen Brustkorbes.[1137] 1980 konnte Damadians Firma FONAR auch den ersten kommerziell erhältlichen Ganzkörperscanner vorstellen, der aus Kostengründen mit einem Permanentmagnetsystem, später mit einem Elektromagneten arbeitete.[1138] Philips und Siemens als Hersteller von Roentgengeräten begannen die MRI Entwicklung erst ab 1977, Technicare als Teil von Johnson & Johnson um

1133 Morris, "Present and Future Applications of NMR to Medicine and Materials Science" (1992), S.222.

1134 "Nuclear" wurde aus Imagegründen im medizinischen Bereich weggelassen, auch wenn der Begriff hier nicht mit Radioaktivität in Verbindung steht.

1135 Später von Marconi, dann von Philips gekauft.

1136 Der Apparat kam 1986 an die Smithsonian Institution in Washington D.C. und wird von ihr ausgestellt.

1137 Damadian, Goldsmith, Minkoff, "NMR in Cancer: XVI. Fonar Image of the Live Human Body" (1977). Der Mediziner Damadian publizierte 1971, dass der Unterschied von gesundem und Tumorgewebe im NMR zu erkennen sei. Sein später entwickeltes Imagingverfahren nannte er Field Focussung Nuclear Magnetic Resonance (FONAR), dabei wurden nacheinander bestimmte Raumsegmente gescant. Mit seiner Idee eines NMR-Tumorscanners sah er sich als Erfinder der MRI, wurde aber von den Peers der NMR-Gemeinschaft nicht in dieser Rolle anerkannt.

1138 Mattson, Simon, Pioneers of NMR (1996), S.677-685.

1978 und andere Hersteller von Roentgenausrüstung wie General Electric, Hitachi, Shimazdu und Toshiba folgten. Vor allem die Bilder aus Nottingham[1139] überzeugten große Medizintechnikunternehmen davon, in die Entwicklung von medizinischen MRI-Scannern zu investieren. Akademische Forschungslaboratorien kooperierten mit diesen Unternehmen[1140] und schnell gab es eine Fülle an MRI-Bildern zu sehen. Die Unternehmen arbeiteten bei der Scanner-Entwicklung mit Kliniken und Krankenhäusern zusammen, um das Verfahren zu testen und unter den Medizinern bekannt zu machen. An den MRI-Forschungsgruppen waren also in der Regel NMR-Wissenschaftler, großindustrielle Unternehmen und praktische Mediziner der Krankenhäuser beteiligt. Von der Mehrzahl dieser Unternehmen unterschieden sich die FONAR des Mediziners und NMR-Außenseiters Raymond V. Damadian[1141] und die im Jahr 1975 gegründete Bruker Medizintechnik GmbH, die sich als ein kleineres, auf dem medizinischen Markt noch nicht fest etabliertes Unternehmen aufgrund ihres herausragenden technischen NMR-Wissens in den Bereich der medizinischen Großgeräte wagte.[1142]

Die Bruker Medizintechnik baute Defibrillatoren und EKG-Geräte[1143] bis hin zum Intensivmedizinplatz. Es war also naheliegend, sich auch auf den sich gerade erst abzeichnenden klinischen MRI-Markt vorzubereiten,[1144] zumal die meisten frühen MRI-Versuche mit Bruker SXP- oder CXP-Impulsspektrometern gemacht wurden, deren Konsolen nur leicht modifiziert werden mussten, insbesondere mit einem großen Bildschirm.[1145] Wieder ergänzte staatliche Förderung das Projekt; die Initiative ging dabei nicht von den Medizinern oder Regierungsstellen aus, sondern von Bruker selbst, wo wie gesehen die genaue

---

1139 Eine bei Andrew aufgenommene Zitrone wurde 1977 Titelbild einer Nature-Ausgabe.

1140 Picker kooperierte mit Andrew in Nottingham, Waldo Hinshaw wurde abgeworben und arbeitete wie Mallard mit Technicare. General Electric kaufte den Australier Paul Bottomley ein, einen Mitarbeiter Raymond Andrews, und William Edelstein, einen US-Amerikaner aus der Gruppe Mallards in Aberdeen.

1141 Zu Damadian vgl. Mattson, Simon, Pioneers of NMR (1996), S.611-698. Die Autoren sind dort auffällig bemüht, die Verdienste Damadians um die NMR herauszustellen. Damadian verstand es, trotz seiner vielen anderen Preise, als eine Art Verschwörung, dass Lauterbur, Mansfield und Ernst mit Nobelpreisen ausgezeichnet wurden, er aber nicht, was zu heftigen Auseinandersetzungen in der Öffentlichkeit führte. Z.B. schaltete Damadian eine seitenlange diesbezügliche Anzeige in der New York Times.

1142 Zur frühen MRI-Entwicklung vgl. Blume, Insight and Industry: on the Dynamics of Technological Change in Medicine (1992), S.190-224.

1143 Bruker Physik AG, Gerät zur Untersuchung der Herzimpulsfrequenz. Erfinder: Günther Laukien. Deutsche Offenlegungsschrift Nr. 2352692.

1144 Bruker Medical GmbH (Hg.), Schlaglichter Schnappschüsse aus der BRUKER-Historie (1999), S.3.

1145 N.N., "An Exciting New Technique: NMR Tomography" (1981), S.4.

Beobachtung internationaler Entwicklungen im Bereich der NMR-Verfahren bereits Tradition hatte.[1146] Das Drängen des leitenden Angestellten der Bruker Medizintechnik und Impulsspektroskopieexperten Bertold Knüttel zeigte 1978 Wirkung,[1147] als ein von Friedrich Unz[1148] am Bundesministerium für Forschung und Technologie (BMFT) organisierter Förderschwerpunkt MRI innerhalb des Programmes "Forschung und Entwicklung im Dienste der Gesundheit" eingerichtet wurde.[1149] Die Politik stieg in den internationalen Wettlauf um das MRI als Zukunftsmarkt im Hochtechnologiebereich ein, wobei von einem bundesdeutschen Gerätebedarf von 175 bis 450 Einheiten ausgegangen wurde, bei einem Stückpreis zwischen 2 und 4 Mio. DM.[1150] Daher wollte auch die Bundesrepublik Deutschland erfolgreiche Mitbewerber stellen.[1151]

In der ersten Phase dieses Programmes, die von 1978-1981 lief, war die Bruker Medizintechnik der einzige geförderte Teilnehmer und die Fördersumme betrug 1.45 Mio. DM. Ziel war es, funktionstüchtige Instrumente für die Darstellung von Organen und Körperteilen, später auch Ganzkörpergeräte zu entwickeln.[1152] So begann die Bruker Medizintechnik AG mit der Konstruktion von MRI-Scannern.[1153] Zunächst wurde ein 0.7 T Elektromagnet mit 7 cm Probenraum, dann auch ein supraleitender Magnet mit 2.0 T Feldstärke und 10 cm Probenraum gebaut. Beide konnten mit angepasster Konsole und Software aus der NMR-Technik Schnittbilder kleinerer Objekte wie Zitronen und Paprikas, von Kleinlebewesen, oder sogar einer Hand darstellen. Ein entsprechender Zusatz

---

1146 Piontek, Unz, "Das Konzept zur Förderung der Kernspintomographie im Rahmen des Programms 'Forschung und Entwicklung im Dienste der Gesundheit'" (1984) [zweiter Bericht, Stand: Mai 1984], S.9.

1147 Holz, Knüttel, Interview geführt am 13. Juli 2004.

1148 Unz war zuvor am Kernforschungszentrum Jülich. Holz, Knüttel, Interview geführt am 13. Juli 2004.

1149 Knüttel, "NMR-Systeme für den Routine- und Forschungseinsatz in der Medizin und Biomedizin" (1984) [zweiter Bericht, Stand: Mai 1984], S.151.

1150 Ostheimer, "Begleituntersuchungen zur klinischen Testphase der Kernspintomographie mit Analyse der Einsatzmöglichkeiten neuentwickelter Geräte (Wirksamkeitsanalyse). Zielsetzung des Vorhabens, bisherige Ergebnisse, Perspektiven zukünftiger Bemühungen" (1984) [zweiter Bericht, Stand: Mai 1984], S.88-89.

1151 Liebisch, König, Ostheimer, "Anwendungschancen der Kernspintomographie in der Bundesrepublik Deutschland. Fakten, Probleme, Perspektiven (1983) [erster Bericht, Stand: Februar 1983]; Piontek, Unz, "Das Konzept zur Förderung der Kernspintomographie im Rahmen des Programms 'Forschung und Entwicklung im Dienste der Gesundheit'" (1984) [zweiter Bericht, Stand: Mai 1984], S.5-8.

1152 Dies., ebd., S.9-11.

1153 Bruker Medical GmbH (Hg.), Schlaglichter Schnappschüsse aus der BRUKER-Historie (1999), S.3.

zum CXP-200 war bereits 1981 erhältlich.[1154] Im selben Jahr konnte Bruker einen funktionierenden Prototypen zur Ganzkörper-MRI in Betrieb nehmen, der mit Kupferluftspulen bei etwa 0.14 Tesla (ca. 6 MHz) arbeitete und ein Rückprojektionsverfahren ähnlich dem der Computertomographie verwendete.

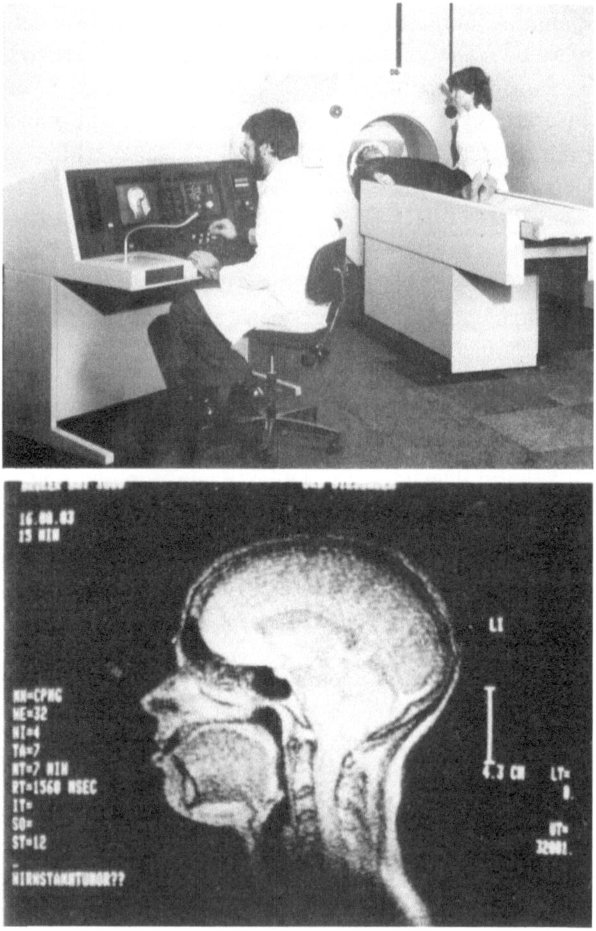

Abb. 89/90: Oben ein Bruker MRI-Ganzkörperscanner mit eisenabgeschirmter Kupferluftspule von ca. 0.2 Tesla Feldstärke, wie er 1982 in Wiesbaden erstmals in einer Klinik installiert wurde. Unten ein medianer Sagittalschnitt eines Kopfes, der mit einem solchen Apparat unter Verwendung der Carr-Purcell-Meiboom-Gill-Sequenz (Spin-Echo Verfahren) dargestellt wurde.

1154 N.N., "An Exciting New Technique: NMR Tomography" (1981), S.5.

Während der zweiten Phase des Förderprogrammes von 1981-1984[1155] sollten in der medizinischen Diagnostik einsetzbare Scanner entwickelt und die klinischen Anwendungsmöglichkeiten der Methode ausgelotet werden. Nun wurde auch Siemens, als ein im medizintechnischen Bereich etablierter Hersteller, neben Bruker gefördert. Beide Firmen bauten MRI-Ganzkörpergeräte und das mit erheblichen Resourcen ausgestattete Großunternehmen Siemens holte schnell auf. Es konnte ebenso wie Bruker 1982 ein Gerät mit resistiven Spulen an einer Klinik aufstellen – Bruker in Wiesbaden[1156] und Siemens in Hannover.[1157]

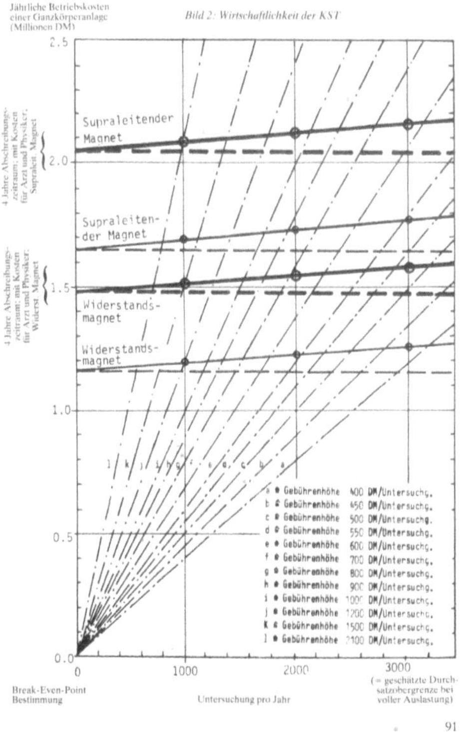

Abb. 91: Darstellung zur Rentabilitätsberechnung von MRI-Scannern, 1984.

1155 Piontek, Unz, "Das Konzept zur Förderung der Kernspintomographie im Rahmen des Programms 'Forschung und Entwicklung im Dienste der Gesundheit'" (1984) [zweiter Bericht, Stand: Mai 1984], S.10-12.

1156 Bielke, Meves, Pfannenstiel, "Klinische Erprobung und Abklärung der diagnostischen Möglichkeit der Kernspintomographie" (1984) [zweiter Bericht, Stand: Mai 1984].

1157 Hundeshagen, Schwarzrock, Tiffe, "NMR-Tomographie. Klinische Studie" (1984) [zweiter Bericht, Stand: Mai 1984].

Aber nicht nur massive Anstrengungen im technischen Bereich brachten Siemens voran, das Unternehmen konnte auch seine Erfahrungen mit dem angestrebten Kundenkreis der Mediziner in Klinik und Praxis nutzen, sowie die genaue Kenntnis des spezifischen Vertriebs- und Finanzierungssystems in der Medizintechnik, bei dem z.B. auch die Krankenkassen eine wichtige Rolle spielen. Im Förderschwerpunkt wurde die Industrieanlagen-Betriebsgesellschaft in München-Ottobrunn damit beauftragt, die Einsatzmöglichkeiten zu analysieren. Der große Unterschied der technischen MRI-Systeme zu den Spitzenspektrometern für NMR-Wissenschaftler lag nicht in der Bauweise, sondern in der Form wie sie geplant, gebaut, vermarktet und eingesetzt wurden. So wurden schon bei der Konzeption der Geräte die jährlichen Kosten für ein MRI Instrument von Experten der Industrieanlagen-Betriebsgesellschaft abgeschätzt, gegen die erwartete Arbeitsleistung aufgerechnet und minutiös aufgetragen. Der nach einer solchen Berechnung ermittelte Preis einer Einzeluntersuchung sollte vom Betrag erstattet werden können, den die Krankenkassen nach der Gebührenordnung dafür aufwenden durften. Im Fall des frühen MRI war die Methode zu neu, so dass es noch keine feste Gebührenregelung gab, also auch dieser Wert von den Experten abgeschätzt wurde.

Ein derartiges Vorgehen war weit von den Überlegungen bei der Konstruktion eines neuen NMR-Spitzenspektrometers entfernt, bei der solche minutiösen Rentabilitätsrechnungen keine entscheidende Rolle spielten und Faktoren wie täglicher Messdurchsatz oder Gebührenordnungen wenig Sinn ergaben. Auch wenn Bruker in der dritten Phase von 1982-1987 wie Siemens einen mit einem supraleitenden Magneten ausgestatteten Ganzkörperscanner baute,[1158] wurde der NMR-Instrumentenhersteller vom bereits lange im medizinischen Sektor etablierten Großunternehmen aus dem klinischen MRI verdrängt, wo sehr hohe Stückzahlen bald große Gewinne brachten. Bruker konnte sich mit seinen bei sehr hohen Feldstärken arbeitenden Scannern für kleinere Versuchsobjekte nur in der Nische der Forschungsgeräte erfolgreich etablieren und konzentrierte sich nun besonders auf die Entwicklung von Instrumenten zur MRS,[1159] die aber ökonomisch nicht so interessant waren, weil sie nur von einem kleinen Kreis von Spezialisten zumeist für biomedizinische Forschungszwecken verwendet wurden und damit keine dem MRI vergleichbare Verbreitung in der Medizin

1158 1983 startete die Produktion der supraleitenden MRI Magneten bei Bruker. Bruker AG (Hg.), Firmengeschichte, Prospekt (2000), S.4.

1159 Post, "Chronik der Medizintechnik" in: Bruker Medical GmbH (Hg.), Schlaglichter Schnappschüsse aus der BRUKER-Historie (1999), S.6.

erfuhren.[1160] Letztlich konnte sich Bruker nur auf dem medizinischen Forschungssektor etablieren, wo der Abnehmerkreis aus Wissenschaftlern bestand, deren Interessen und Arbeitsweisen denen der NMR-Kunden des Unternehmens ähnelten, auf deren Bedürfnisse die Struktur und die Kontakte des Unternehmens abgestimmt worden waren. Trotz des technischen Vorsprungs gelang der Einstieg in den klinischen Markt nicht.

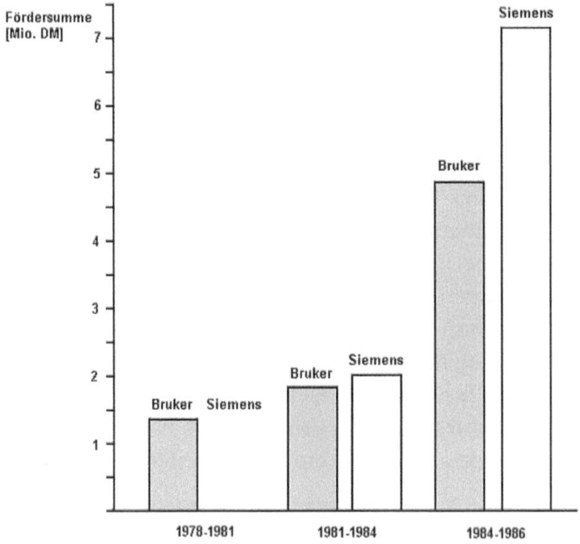

Abb. 92: Förderung der Firmen Bruker und Siemens im Förderschwerpunkt MRI des BMFT-Programms 'Forschung und Entwicklung im Dienste der Gesundheit".[1161]

Das Imaging wurde zwar im Wesentlichen durch die NMR-Wissenschaftler erfunden, aber nur eine kleine Minderheit beschäftigte sich im Stil der Research Technology in verschiedenen Gruppen mit der erfolgreichen Einbettung der Methode in die klinische Medizin. Obwohl zumeist an Universitäten tätig, arbeiteten sie mit Industrieunternehmen der Medizintechnik zusammen und nutzten staatliche Förderprogramme. Die Bruker Medizintechnik beteiligte sich früh

1160 Piontek, Unz, "Das Konzept zur Förderung der Kernspintomographie im Rahmen des Programms "Forschung und Entwicklung im Dienste der Gesundheit" (1984) [zweiter Bericht, Stand: Mai 1984], S.11-13.

1161 Daten nach Piontek, Unz, "Das Konzept zur Förderung der Kernspintomographie im Rahmen des Programms "Forschung und Entwicklung im Dienste der Gesundheit" (1984) [zweiter Bericht, Stand: Mai 1984], S.11.

daran, die Instrumente zu stabilisieren und ihre Resultate so darzustellen, dass klinische Mediziner und ihre Patenten sie als anatomisch 'realistische' Bilder des Körperinneren interpretieren konnten. Nicht nur der Kundenkreis und die Hersteller des MRI unterschieden sich wesentlich von denen der NMR, die Methode wurde in der klinischen Medizin im Gegensatz zur MRS völlig von der chemischen Strukturvorstellung gelöst. Hier wurde sie in ihrer Verwendung der Roentgenaufnahme oder der Computertomographie gleichgesetzt, um sich im medizinischen Bereich etablieren zu können, ähnlich wie in den 1950er Jahren die NMR an das mentale Strukturmodell der Chemie angepasst worden war, um sich in der Chemie verbreiten zu können. Das Verhältnis von MRI zu NMR entspricht also in etwa dem der medizinischen Roentgenaufnahme oder Computertomographie zur Röntgenstrukturanalyse. Mit dem Erfolg in der Medizin verließ die MRI endgültig den Arbeits- und Wissensbereich der chemischen NMR. Der Instrumentenhersteller Bruker hatte sich aber so erfolgreich an die Rolle des Dienstleisters im Milieu der NMR angepasst, dass er auf dem von anderen Gruppen und Normen bestimmten Markt der medizinischen Großgeräte nicht reussieren konnte. Die kurze Erfahrung mit Defibrillatoren und ähnlicher Medizintechnik reichte nicht aus, um sich in die Medizin einzulocken. Die Kombination aus sozialen, ontologischen und funktionalen Grenzen setzte der verbindenden Eigenschaft der Instrumente einen Widerstand entgegen, der hier nicht überwunden werden konnte. Das MRI kann eher als Werkzeug oder technisches Verfahren definiert werden, während die NMR weiterhin auch selbst ein Forschungsobjekt blieb.

Der Instrumentenhersteller Bruker-Spectrospin war fest in die wissenschaftlich-technische NMR-Gemeinschaft eingebettet, was bedeutete, dass er auch an die sozialen Werte und Normen dieser Gemeinschaft gebunden war und ihnen gehorchen musste. Sobald diese übertreten wurden, oder die Firma in Bereiche außerhalb des Arbeitsgebietes der NMR-Wissenschaftler vordrang, entstanden Schwierigkeiten. Daher ist die Geschichte des Unternehmens nicht die glatte Erfolgsgeschichte eines mächtigen Instrumentenproduzenten, sondern ein beständiger Abgleich mit den Bedürfnissen der NMR-Wissenschaftler. Sobald NMR-Entwicklungen des Instrumentenherstellers diesen Bedürfnissen nicht entsprachen, blieben sie erfolglos.

6.4. Spezialisierung in disziplinähnlicher Struktur

Ende der 1960er Jahre waren elektronische Instrumente nicht nur unabdingbare Werkzeuge der chemischen Forschung geworden, viele der neuen instrumentellen Methoden standen an der Schwelle zum Status eines eigenständigen wissenschaftlichen Arbeitsfeldes mit eigenen Konferenzen, Komitees, Gesellschaften und Lehrstühlen (auch wenn diese nominell unter klassischen Subdisziplinen wie Physikalische oder Theoretische Chemie eingeordnet wurden). Neu gegründete Zeitschriften dienten als Plattform für den Austausch der sich um die Instrumente bildenden, internationalen Forschungsgemeinschaften. So erschien ab 1968 die "Chemical Instrumentation",[1162] unter deren 25 Herausgebern neben 16 US-Amerikanern auch Wissenschaftler aus Israel, Großbritannien, den Niederlanden, Westdeutschland, Japan und Belgien vertreten waren. Institutionell waren die Herausgeber angebunden an Universitäten (10), den staatlichen oder staatlich geförderten Laboratorien (12; u.a. Brookhaven National Laboratory, Argonne National Laboratory und Oak Ridge National Laboratory/US Energieministerium) und den Forschungslaboratorien der Großindustrie (3; Bell, RCA, Xerox). Die chemisch-biochemische Orientierung spiegelt den allgemeinen Trend: ab 1977 erschien das Journal unter dem Titel "Chemical, Biomedical and Environmental Instrumentation." Es hatte sich eine Wissensdomäne der chemischen Instrumentierung gebildet, die auch die Bereiche Biologie – inklusive Ökologie – und Physiologie umfasste:[1163]

> Modern instruments today have begun to play more than a supporting role to the various practitioners of chemistry. Indeed, a distinct science of chemical instrumentation has grown up and influenced the development of virtually every area of chemistry, both fundamental and applied. Perhaps the most remarkable aspect of this new science is its breadth, engendered by the continuous cross-fertilization between itself and the wide spectrum of chemical disciplines, which it serves. Chemical Instrumentation is being launched to fill the acute and universally recognized need for a publication covering all facets of this genuinely broad new field. Our journal will serve as a forum for the entire domain of chemical instrumentation, from an interdisciplinary viewpoint; it is intended to address itself in equal measure to chemists, biochemists, biologists, engineers, and all others concerned with modern experimental techniques in chemistry.

Dabei wurde die Eigenständigkeit der neuen chemischen Methoden besonders herausgestellt:

> (2) emphasis should be placed upon instruments, instrument systems, and techniques primarily of chemical and biochemical interest, rather than upon physics-oriented problems; and (3) experimental results should be reported and interpreted only to the extent required for evaluation of the instrument or technique under discussion.

Die Bedeutung der Elektronik soll hier nochmals betont werden, welche die materielle und technische Grundlage dieser neuen Wissensdomäne bildete. Eine

---

1162 Natürlich zählte die NMR zu den vom ersten Heft an in der Zeitschrift vertretenen Methoden. Shimokawa, Sohma, "Instrumentation and Measurement of Nuclear Magnetic Triple Resonance Including ^{14}N Resonance" (1968).

1163 Auerbach, "Introduction" (1968).

Schlüsselstellung, die der programmatische Vordenker der Instrumentenrevolution Ralph H. Müller schon seit den 1940er Jahren für sie propagiert hatte.[1164] Müller sah dieses bevorzugte Gebiet der Research Technology im Bereich der Instrumente in Gefahr, denn die Zahl der Naturwissenschaftler, die sich mit elektronischen Instrumenten beschäftigten, schwand seiner Meinung nach:[1165]

> The invention of new instruments is rapidly passing into the hands of instrument companies and their research staffs. I believe the process is irreversible because the incentive, interest, and enthusiasm in research circles to do this is waning. [...] In the early days, instruments and techniques bore names of eminent scientists, mostly academic. One spoke of Wheatstone's bridge; the Maxwell, Schering, or Wien bridge; the Compton electrometer; Fleming's valve; Michelson's interferometer; and a hundred others. Today the investigator uses instruments bearing the names of Beckman, Perkin-Elmer, Hewlett-Packard, Varian, Leeds and Nothrup, Brown, and several hundred others. This makes good sense. No one in his own mind would wire up his own pH meter these days, but what is significant is the comparative lack of interest in developing new approaches as part of the research.

Eine Beobachtung, die völlig mit der zunehmenden Ausdifferenzierung der Rollen von Wissenschaftlern und Instrumentenherstellern in der NMR kompatibel ist und sie in einen das 20. Jahrhundert überschreitenden, wissenschaftshistorischen Prozess einbindet. Müller warnte davor, dass das immer noch geringe akademische Prestige der Instrumentenentwicklung zum Ende akademischer Instrumentenforschung führe und die Naturwissenschaftler damit zunehmend von computerisierten, technischen Instrumentalsystemen[1166] abhängig, ja beherrscht werden würden:[1167]

> Even now, he [the scientist] is in danger of being technologically obsolete, because elaborate instrumentation, coupled with computer interpretation, can bypass him completely. The automated system can even flash a red light if he puts the wrong sample in the hopper.

Computerisierte Instrumente, welche die Aufgaben der Wissenschaftler übernähmen, die selbst immer weniger fähig wären diese Instrumente zu durchschauen, bedrohten für Müller die Instrumentierung als wissenschaftlich fruchtbaren Bereich. Das System bestünde dann, so meinte er, nur noch aus technischer Reproduktion. Die Argumentation gleicht damit derjenigen, mit der deutsche NMR-Wissenschaftler in etwa zur gleichen Zeit die Vollautomatisierung

1164 Müller, "Chemical Instrumentation" (1968), S.4. Zu Müller vgl. Baird, "Analytical Chemistry and the 'Big' Scientific Instrumentation Revolution" (1993), S.279-283.

1165 Müller, "Chemical Instrumentation" (1968), S.4.

1166 Gemeint sind technische Dinge im Sinne von 'Black Boxes'. Rheinberger, Experimentalsysteme und epistemische Dinge (2006), S.30.

1167 Müller, "Chemical Instrumentation" (1968), S.4.

ihrer NMR-Spektrometer ablehnten. Ex post muss diese Einschätzung als Fehlurteil bezeichnet werden, zumindest was die NMR betrifft. Im Gegenteil, hier trugen die Möglichkeiten der Softwareentwicklung wesentlich dazu bei, die Methode wissenschaftlich innovativ zu halten und akademischen Wissenschaftlern neue Wege bei der Gestaltung der Methode zu eröffnen. Harald Günther verkündete 1973 selbstbewusst:[1168]

> So ist die NMR-Spektroskopie heute für alle Zweige der Naturwissenschaften – sei es in der Biologie, der Chemie, oder auch der Physik – ein unentbehrliches Hilfsmittel.

Doch der Anspruch, den die NMR-Wissenschaftler für ihr Arbeitsgebiet einforderten, ging weit über den Status eines Hilfsmittels für verschiedene Disziplinen hinaus, was an ihren sozialen Aktivitäten in der Bundesrepublik Deutschland abschließend deutlich gemacht werden soll.

In der Bundesrepublik wurde um 1970 die staatliche Förderung von wissenschaftlichen Instrumenten grundlegend umgestaltet, was den steigenden Status dieser Forschungsresourcen widerspiegelt. Sparmaßnahmen bei der Hochschulfinanzierung durch Bund und Länder im Jahr 1968 führten zu einem verstärkten Antragsaufkommen bei der DFG, die damit noch größere Bedeutung für die Instrumentenbeschaffung hatte.[1169] Ihre Apparateexperten drängten immer wieder auf einen fest institutionalisierten Apparateausschuss, da die nur auf Zeit angesetzten Großgeräteaktionen die Versorgung nicht sichern konnten.

Mit dem in Kraft Treten des sogenannten Hochschulbau-Förderungsgesetzes (HschulBG, häufig auch HBFG)[1170] hatten sie schließlich Erfolg. Ab 1970 ersetzte die je zur Hälfte vom Bund und den zuständigen Ländern geleistete Finanzierung im Rahmen dieses Gesetzes die Großgeräteaktionen. Um eine Versorgung sicherzustellen wurden Großinstrumente als Teil der Hochschulgebäude aufgefasst (§3 Nrn. 3 und 4). Das hatte den Vorteil, dass der Bund trotz der Hoheitsrechte der Länder in der Lage war zusätzliche Mittel für die Wissenschaft bereitzustellen und die Verteilung zentral über das ganze Land hinweg reguliert wurde. Die Förderung über das HschulBG erfolgte formal auf Empfehlung des Wissenschaftsrates, der aber die Beurteilung ganz der DFG überließ. D.h. die Gelder konnten erst ausgeschüttet werden, wenn der jeweilige Antrag

1168 Günther, NMR-Spektroskopie. Eine Einführung, (1973), S.5.

1169 Deutsche oder ausländische Geräte? Denkschrift des ehemaligen (bis 1. Oktober 1968) Betreuers des Referats Allgemeine Ingenieurswissenschaften inkl. Bauingenieurswesen, Bergbau- und Hüttenwesen, Architektur an der DFG Zentralverwaltung Heitz, [1969]. Abschnitt C, Punkt 20. BArch B 227, Film Nr. 51 FC7536N, 402,4.

1170 Gesetz über die Gemeinschaftsaufgabe Ausbau und Neubau von Hochschulen, HSchulBG. 1. September 1969. BGBl. I S.1556. 2007 im Zuge der Föderalismusreform außer Kraft gesetzt.

technisch durch die Experten der DFG-Geschäftsstelle und wissenschaftlich von den DFG-Gutachtern mit positivem Ergebnis geprüft und im Hauptausschuss gebilligt worden war. Offizielle Kriterien waren die wissenschaftliche Qualität des Antrages, die wissenschaftliche Qualität des Antragstellers und die Originalität der Fragestellung.[1171]

Die Mitglieder des 1971 installierten Apparateausschusses[1172] wurden vom DFG-Hauptausschuss auf Zeit bestimmt, konnten bei Bedarf aber eigenständig beratende Sachverständige als nichtständige Mitglieder hinzuziehen und Arbeitsgruppen aus selbst ausgewählten Fachleuten für die Begutachtungen bilden. Großgeräteanträge, auch für NMR-Spektrometer, mussten von diesem Ausschuss begutachtet werden und machten einen Großteil seines Arbeitspensums aus. Unter den ersten Ausschussmitgliedern waren mit Karl Hermann Hausser und Ernst Lippert[1173] auch zwei Wissenschaftler mit engsten Beziehungen zur NMR – und zu Bruker-Spectrospin. Der Ausschuss war sehr aktiv und traf sich in der Zeit von 1971-1977 27 Mal,[1174] also mehr als drei Mal pro Jahr. Er bestand aus Physikern, Chemikern, Physiologen, Medizinern und Materialwissenschaftlern, die Unterausschüsse oder Projektgruppen wurden nicht nach traditionellen akademischen Disziplinen, sondern nach instrumentellen Methoden zusammengestellt. Das entsprach der Organisation der Gruppe für das Apparatewesen an der DFG-Geschäftsstelle, die den Apparateausschuss in technischen Fragen beriet. Wieder bildeten die Instrumente hier eine Brücke zwischen den Disziplinen, denn mit ihrer Benutzung waren Vertreter unterschiedlicher Fachgebiete mit ähnlichen Problemen und Aufgaben konfrontiert und definierten gemeinsam wissenschaftliches Prestige und methodische Standards.[1175] Insgesamt wurden laut DFG-Unterlagen 1972-1980 an den Universitäten 91 NMR-Spektrometer über das HBFG finanziert, die im Einzelpreis in der Größenordnung zwischen 100.000 und 500.000 DM lagen. Organiker, Analytische Chemiker

1171 Herwart von der Decken an Dipl.-Witsch.-Ing. Lebershausen, TU Darmstadt. 21.8.1974. DFG-Az. 402/8/74. 402/Heft 18, BArch B 227, Film Nr. 51 FC7536N.

1172 12 Professoren wurden dem Hauptausschuss als Mitglieder vorgeschlagen und von diesem bestätigt. Vorlage zur Sitzung des Hauptausschusses der Deutschen Forschungsgemeinschaft am 7. Mai 1971 – Punkt 3) der Tagesordnung: Verschiedenes, Betr.: Einsetzung eines Apparateausschusses des Hauptausschusses. Aktenordner Hauptausschusssitzungen. DFG-Geschäftsstelle; Protokoll der 2. Sitzung des Apparateausschusses vom 8. Oktober 1971, 10,15 Uhr in Bonn-Bad Godesberg, Beilage "Adressen Apparateausschuss. DFG-Az. 401/8/71.

1173 Deutsche Forschungsgemeinschaft (Hg.), Jahresbericht, Bd. 1: Tätigkeitsbericht (1971), S.163-164 und S.219.

1174 Kartei Apparateausschuss, Blatt 2 bis Blatt 8. DFG-Geschäftsstelle Bonn.

1175 Vgl. Reinhardt, Steinhauser, "Formierung einer wissenschaftlich-technischen Gemeinschaft. NMR-Spektroskopie in der Bundesrepublik Deutschland" (2008), S.88-90.

und Biochemiker stellten die größte Empfängergruppe, aber auch Anorganiker waren stark vertreten. Die Verteilung nach Instrumentenherstellern zeigt, dass Bruker in der BRD bereits in den 1970er Jahren die Position des mit Abstand führenden NMR-Spektrometerherstellers erringen konnte, denn 6 dieser Spektrometer kamen von JEOL, 14 von Varian und 71 von Bruker-Spectrospin.[1176]

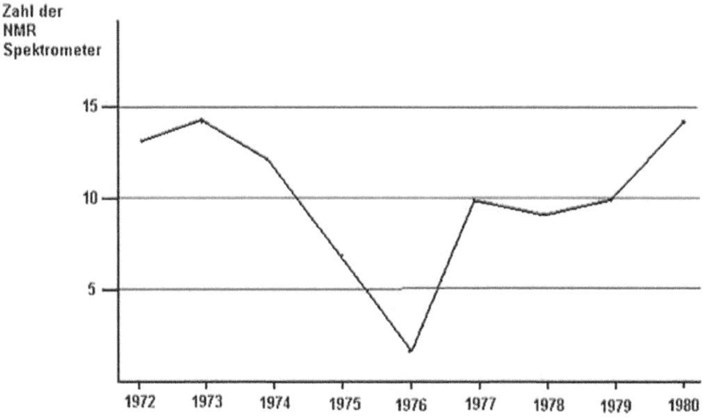

Abb. 93: Die Zahl der durch das HBFG finanzierten NMR-Spektrometer an Universitäten. Im Durchschnitt lag sie bei 10 Spektrometern im Jahr, der Einbruch in der Mitte des Jahrzehnts kann wirtschaftliche Gründe haben, oder eine gewisse Sättigung mit den neuen FT-Instrumententypen widerspiegeln. Er zeigt jedenfalls, wie wenig kalkulierbar der Bedarf für die Instrumentenhersteller war, obwohl er zentral geregelt wurde. Daten aus der WGI-Mastertabelle, Gerätegruppe 1740. DFG-Geschäftsstelle, Gruppe für das Apparatewesen. Stand 29.06.2007. Mit Dank an Peter Arends für die Daten.

NMR-Wissenschaftler und Instrumentenbauer betrieben aktiv Lobbyarbeit für ihre Methode und auch die Instrumentenhersteller pflegten die Beziehungen zum Apparateausschuss, der 1976 in Karlsruhe neben dem Großunternehmen Siemens, Bereich Mess- und Prozesstechnik-Analysenmesstechnik, auch die Bruker-Physik AG besuchte. Selbstverständlich betrieb Bruker bei dieser Gelegenheit Werbung in eigener Sache und stellte seine Spektrometer vor. Kritische Stimmen an der Nähe des Ausschusses und einzelner Mitglieder zur Industrie zeigten einerseits, dass immer noch auf eine Trennung zwischen dem akademischen und dem ökonomischen Bereich geachtet wurde, andererseits aber diese

1176 DFG-Geschäftsstelle, Gruppe für das Apparatewesen. WGI-Mastertabelle, Gerätegruppe 1740. Stand 29.06.2007. Mit Dank für die Daten an Peter Arends, DFG-Geschäftsstelle, Gruppe Apparatewesen.

in der Praxis nicht strikt einzuhalten war und gerade über die Organe der Forschungsförderung gegenseitig Einfluss genommen wurde.[1177]

Daneben spielte auch die Wissenschaftspolitik eine Rolle. 1975 wurde die seit einigen Jahren bestehende, 6.000 Posten umfassende Kartei der DFG-Apparategruppe für Großgeräte digitalisiert.[1178] Als Instrument der Forschungsplanung sollte sie nun ausgebaut werden, denn der Sektor der Gerätebeschaffung wuchs beständig:[1179]

> Die zunehmende Vielfalt von wissenschaftlichen Apparaten, die Probleme bei der Begutachtung von beantragten Großgeräten und die knapper werdenden Mittel zwingen die DFG in zunehmendem Maße, bei ihren Entscheidungen und Empfehlungen die Geräte-Infrastruktur der einzelnen Organisationseinheiten der Hochschulen mit zu berücksichtigen. Das gilt nicht nur für die Förderungsverfahren der DFG, sondern auch für die Empfehlungen, welche die DFG dem Wissenschaftsrat zur Beschaffung von Großgeräten im Rahmen des Hochschulbauförderungsgesetzes (HBFG) gibt. Die optimale Geräteausstattung eines Hochschulbereiches läßt es notwendig erscheinen, den Typ neuer Geräte nicht nur nach den Erfordernissen eines in naher Zukunft beabsichtigten Forschungsvorhabens auszusuchen, sondern u.a. auch nach dem Gesichtspunkt einer sinnvollen Ergänzung der vorhandenen meßtechnischen Möglichkeiten.

Es waren also entgegen aller formalen Festlegungen nicht nur die wissenschaftliche Güte der einzelnen Anträge für die Bewilligung entscheidend, sondern auch wissenschaftspolitische Strukturkriterien. Das war zwar nie offizieller Förderungsgrund, dennoch hatten Standorte einen Vorteil, an denen noch kein vergleichbares Instrument verfügbar war. Zur besseren Planung versuchte die DFG-Geschäftsstelle die Großgerätedatei durch Angaben auch über Instrumente außerhalb des Hochschulbereichs auszubauen, um einen Überblick über die geografische Verteilung der Ausstattung zu gewinnen, und ab Mitte der 1970er Jahre wurden auch von anderen Organisationen finanzierte Universitätsinstrumente aufgenommen. Darüber hinaus sammelte man Erfahrungsberichte der Benutzer über einzelne Instrumententypen, ihre Leistungsfähigkeit, den Service, die Reparaturanfälligkeit und die Bedienbarkeit. Ergänzt durch eine Sammlung von Firmenprospekten half diese Dokumentation nicht nur bei internen Begutachtungen von Instrumenten, sondern wurde auch den Wissenschaftlern selbst

---

1177 Protokoll der 23. Sitzung des Apparateausschusses. 13. September 1976. DFG Az 401/5/76. Aktenordner Apparateausschusssitzungen 1-25. DFG-Geschäftsstelle, Bonn. Vgl. Reinhardt, Steinhauser, "Formierung einer wissenschaftlich-technischen Gemeinschaft. NMR-Spektroskopie in der Bundesrepublik Deutschland" (2008), S.90-91.

1178 A. Küllmer (DFG Zentralverwaltung) an das Rektorat der Universität Stuttgart, 28. April 1975. DFG-Az. 402/7/75, BArch B 227, Film Nr. 51 FC7536N, 402, Heft 18.

1179 Rundschreiben des Präsidenten der DFG an die akademischen Forschungsinstitute. 4.11.1975. DFG-Az. 402,1/1/75. 402,1, BArch B 227, Film Nr. 51 FC7536N.

als Entscheidungshilfe zur Einsicht angeboten.[1180] Vor der Digitalisierung erstellte Peter Arends von der Gruppe für Apparatewesen an der DFG-Geschäftsstelle einen standardisierten Geräteschlüssel, der von vielen anderen Organisationen übernommen wurde. Da Förderorganisationen wie die DFG eine den Lead Usern vergleichbare beratende und lenkende Funktion einnahmen, also einerseits technische Angebote der Hersteller an die Wissenschaftler-Kunden vermittelten und andererseits über den Einkauf deren Interessen und auch eigene Ziele gegenüber den Instrumentenherstellern formulierten,[1181] waren vor allem im wissenschaftlichen Bereich tätige Unternehmen wie Bruker-Spectrospin auf gute Kontakte zu diesen Organisationen angewiesen, auch wenn sie selbst im Gegensatz zu Lead Usern keine Instrumente benutzten. Dennoch entwickelte die Gruppe für das Apparatewesen an der DFG-Geschäftsstelle eigene Initiativen, sie organisierte Rundgespräche und wurde aktiv, wenn die Experten bei einem Instrumententyp Nachholbedarf erkannten. Als einzige Abteilung der Geschäftsstelle verfasste sie qualitativ bewertende Stellungnahmen zu Anträgen der Wissenschaftler. Außerdem standen die Instrumentenexperten der DFG in Kontakt mit den Antragstellern, fragten bei unklaren Punkten persönlich nach und berieten[1182] – ganz im Gegensatz zu den wissenschaftlichen Fachgutachtern bei denen persönlicher Kontakt zu den Antragstellern strikt gemieden wurde. Diese Expertengruppe konnte daher nachhaltigen Einfluss auf die Instrumentenentwicklung ausüben.

Neben den Fördergremien gehörten auch weiterhin die Instrumentenhersteller wie Bruker-Spectrospin zum Netzwerk der NMR. Im 1975 gegründeten und von William E. Hull[1183] geleiteten Applikationslabor des Unternehmens wurde zwar auch NMR-Forschung betrieben, die Mitarbeiter traten aber im Gegensatz zur Situation bei Varian in der Frühzeit der NMR nie als Wissenschaftler in

---

1180 Rundschreiben des Präsidenten der DFG an die akademischen Forschungsinstitute. 4.11.1975. DFG-Az. 402,1/1/75. 402,1, BArch B 227, Film Nr. 51 FC7536N.

1181 Das systematische Vorgehen und die Beurteilung der DFG diente auch der Administration anderer Förderstellen und sogar der Instrumentenverwaltung größerer Forschungseinrichtungen und Unternehmen als Vorbild. G. Gambke (Stiftung Volkswagenwerk) an C.H. Schiel (DFG Generalsekretär), 1. Oktober 1973. DFG-Az. 402,1/1/74, BArch B 227, Film Nr. 51 FC7536N, 402,1.

1182 Persönliche Mitteilung Peter Arends, 29. Juni 2007, DFG-Geschäftsstelle Bonn, Gruppe für Apparatewesen.

1183 William E. Hull, Abschluß in Harvard, dann ab 1975 Leiter des Bruker-Spectrospin Applikationslabors in Rheinstetten, seit 1985 für NMR-Spektroskopie am Deutschen Krebsforschungszentrum in Heidelberg zuständig, ab 1987 Leiter der dort neu eingerichteten Abteilung für zentrale Spektroskopie. Linsmeier, "Die Herren der Moleküle. Wissenschaftler der Zentralen Spektroskopie analysieren die Zusammensetzung und Struktur von Molekülen" (2002), S.7 und S.10.

Konkurrenz zu den Kunden. Publikationen der Bruker-Mitarbeiter in wissenschaftlichen Zeitschriften wurden bewusst nicht forciert und beschränkten sich in der Regel auf die Co-Autorschaft bei einer von einem Kunden angestoßenen Arbeit, wenn es von diesem ausdrücklich erwünscht wurde.[1184] Die Publikationstätigkeit bei Bruker-Spectrospin konzentrierte sich auf das Verfassen der Firmenschriften, die häufig die Qualität einer wissenschaftlichen Veröffentlichung erreichten, aber nach akademischen Regeln keine wissenschaftliche Konkurrenz darstellten. Prospekte, technische Berichte und die Firmenzeitschrift "Bruker Report" informierten im Stile eines wissenschaftlichen Artikels am Beispiel der vom Unternehmen produzierten Instrumente über die neuesten Entwicklungen in der NMR, sie glichen damit dem "Technical Information Bulletin" der frühen Varian-Zeit. Die Qualität dieser Publikationen zeigt sich z.B. an einem von Manfred Holz verfassten Prospekt zu den Impusspektrometern der SXP-Serie. Dort wird zwar das Geräteangebot inklusive des Zubehörs für spezielle Bedürfnisse vorgestellt, fast die Hälfte des Prospektes behandelt aber generell die neuesten methodischen Entwicklungen in der Impulsspektrometrie. Auf einer Doppelseite werden dabei 18 unterschiedliche Impulssequenzen grafisch dargestellt und der zeitliche Verlauf wie auch die Form der Anregung und die Antwort der Spinsysteme erläutert.[1185] Im Prospektexemplar von Manfred Holz sind einige Streichungen vorgenommen und Veränderungen angedeutet. Daraus wird deutlich, dass der Abschnitt als Quelle für einen 1980 publizierten Übersichtsartikel[1186] gedient hat, denn die dort abgebildete Darstellung verschiedener Impulssequenzen folgt den im Prospekt angemerkten Veränderungen. Obwohl der Firmenprospekt nicht als wissenschaftliche Publikation gewertet wurde, war seine inhaltliche Qualität derart hoch, dass ein Teil davon in vereinfachter Form in einen wissenschaftlichen Übersichtsartikel integriert werden konnte,[1187] was darüber hinaus ein weiterer Beleg für die enge Verbindung zwischen dem Instrumentenhersteller Bruker-Spectrospin und der wissenschaftlichen NMR-Gemeinschaft ist.

In Bezug auf die Organisation der NMR-Gemeinschaft bildete Bruker-Spectrospin ein internationales Netz an Kunden- und Firmenbeziehungen aus, um damit die Entwicklung voranzutreiben. So eröffnete das Unternehmen weltweit Niederlassungen, 1976 auch eine in Japan, das für die NMR immer bedeutender

1184 Keller, Interview geführt am 18. und 19. August 2004.

1185 Bruker-Physik AG, Bruker Kernresonanz Impulsspektrometer. Frequenzvariable Hochleistungs-Multikern-Ausführung für gesamten Linienbereich. SXP 2-200, Prospekt (1974), S.4-5.

1186 Geiger, Holz, "Automation and Control in High Power Pulsed NMR" (1980).

1187 Dies., ebd., S.698, Figure 1. Die Quelle der Darstellung wird im Artikel nicht erwähnt, damit ist dieser Bezug nicht direkt erkennbar.

wurde.[1188] Die kommerziellen Aktivitäten der Firma, allen voran der direkte Service beim Kunden, stellten beständigen Kontakt mit den NMR-Wissenschaftlern her. In der Werbung wurde sogar die Bereitschaft herausgestellt, individuelle Sonderwünsche zu erfüllen:[1189]

> Durch den Ausbau unserer Produktionsanlagen können wir dem Wunsch nach Spezialanfertigungen und Sonderkonstruktionen auch auf angrenzenden Teilgebieten in verstärktem Maße nachkommen.

Ein wichtiger derartiger Kundenkontakt war der zu Heinrich Rüterjans.[1190] Toni Keller traf Rüterjans erstmals 1970, kurz nach seiner Rückkehr aus den USA. Rüterjans benötigte ein 90 MHZ-Spektrometer für die militärische Forschung im vom Bundesverteidigungsministerium gegründeten Fraunhofer-Institut für Molekularbiologie und Angewandte Ökologie in Grafschaft bei Aachen,[1191] das 1959-1968 Institut für Aerobiologie hieß. Solche Berührungspunkte der NMR zur bundesdeutschen militärischen Forschung sind aufgrund der Geheimhaltung nicht in ihrer vollen Bedeutung sichtbar und vor allem im Kontext der Fraunhoferinstitute, ähnlich wie auch bei Meckes Institut für Elektrowerkstoffe in Freiburg i.Br., nur zu erahnen. Weil Rüterjans ein sehr empfindliches Instrument

---

1188 Bruker Medical GmbH (Hg.), Schlaglichter Schnappschüsse aus der BRUKER-Historie (1999), S.3.

1189 N.N., "Bruker – damals – heute – künftig",Werbeannonce (1971).

1190 Heinrich (Heinz) Rüterjans (*1936) war Schüler von Ewald Wicke in Münster, wo Gerhard Hertz an der NMR von Elektrolytlösungen gearbeitet hatte. Anschließend an die NMR-Arbeiten wurden die Eigenschaften dieser Systeme auch mit Präzisionskalometrie und IR -Spektrometrie untersucht, die Experimente ab 1965 dem generellen Interesse der Zeit folgend dann auch auf Biopolymere ausgedehnt, womit Theodor Ackermann und Rüterjans ein eigenes Forschungsgebiet aufbauten. Franck, "Ewald Wicke zum 65. Geburtstag" (1979), S.754. Zunächst Professor für Physikalische Chemie und gleichzeitig am Institut für Aerobiologie der Fraunhofer-Gesellschaft (später für Molekularbiologie und Angewandte Ökologie) in Grafschaft, wurde Rüterjans in Münster 1979 zum ord. Professor für physikalische Biochemie und Pharmazie berufen. 1978 hatte er die erste Arbeit über Isotopenmarkierung an Nukleotiden publiziert. 1980 folgte er einem Ruf als ord. Professor für Biophysikalische Chemie an die Universität in Frankfurt/M., wo er 2003 emeritierte In Frankfurt errichtete er in Kooperation mit Hoechst zusammen mit seinem Kollegen Christian Griesinger ein NMR-Zentrum als eine von drei derartigen europäischen Großforschungseinrichtungen ein, an dem das weltweit erste 800 MHz Spektrometer (Bruker) und das dritte weltweit aufgebaute 900 MHz Spektrometer (Bruker) arbeiten. Rüterjans, "Auf die Struktur kommt es an" (2002), 73-79; Johann-Wolfgang-Goethe Universität Frankfurt/M., Pressemitteilung vom 7. Mai 2003.

1191 Das Institut arbeitet eng mit der RWTH Aachen zusammen, was im NMR-Bereich räumlich und inhaltlich eine Kooperation mit Robert Kosfeld nahelegt.

benötigte, schlug Keller eines der brandneuen, auf das Impuls-FT-Verfahren umgerüsteten Geräte vor. In Grafschaft interessierte man sich für Phosphorspektren[1192] und Keller installierte dort das erste FT-HFX in Deutschland. Nach rein chemisch bedingten Schwierigkeiten mit Komplexierungen der Probenverbindung nahm Keller bei diesem Kunden die weltweit ersten ^{31}P FT-Messungen vor. Das blieb nicht nur eine Episode, Rüterjans war auch später an den Universitäten Münster und in Frankfurt/M. ein wichtiger Kunde, so erhielt er in Münster das erste reine FT 270 MHz-Spektrometer in Deutschland und später am europäischen Messzentrum an der Universität Frankfurt frühe 500 und 600 MHz Systeme.[1193]

Verkaufsmessen waren ebenfalls Teil der Kommunikation innerhalb der NMR, denn dort wurden nicht nur fertige Produkte vorgestellt, sondern Beziehungen gepflegt und geknüpft. Darüber hinaus organisierte Bruker-Spectrospin, wieder dem Beispiel Varians folgend, Workshops und Tagungen. So fand 1974 in Zürich ein von der Spectrospin AG organisierter Computerkurs mit dem von Nicolet gelieferten Bruker Rechner B-NC 12 statt und anschließend ein von 70 Teilnehmern besuchtes Seminar zur NMR-Spektroskopie. Neben Spectrospin-Mitarbeitern trugen dort auch Wissenschaftler aus Universitäten vor, so z.B. Rüterjans. Zur Veranstaltung gehörten praktische Übungen an Bruker WP-60 und WH-90 FT-Spektrometern.[1194] Im Juli 1975 gab es dann in Zürich einen Lehrgang über ^{13}C Spektroskopie mit 40 Teilnehmern, der von George Levy von der Florida State University abgehaltenen wurde.[1195] Ähnliche Firmenseminare fanden auch in Karlsruhe, der inzwischen in Billerica/Mass. liegenden US-amerikanischen Niederlassung, sowie in Wissembourg statt.[1196] In den 1970er

---

1192 Phosphor ist natürlich als Teil des biologischen Energieversorgungsprozesses ein wichtiges Element bei der Beobachtung physiologischer Prozesse, andererseits aber auch im Kontext der Analytik und Toxikologie chemischer Kampfstoffe von großem Interesse. Der Verdacht ergibt sich aus dem "Fall" Petras. Der Mikrobiologe Ehrenfried Petras, ein Mitarbeiter des Fraunhofer-Instituts für Aerobiologie, lief 1968 in die DDR über und warf der Fraunhofer-Gesellschaft die Vorbereitung eines ABC-Krieges vor. Das Verteidigungsministerium gab daraufhin zu, an Schutzmaßnahmen arbeiten zu lassen, was international gestattet sei. N.N., "Mikrobiologe bittet DDR um Asyl", Frankfurter Allgemeine Zeitung (1968), S.1; Fraunhofer-Gesellschaft (Hg.), 60 Jahre Fraunhofer-Gesellschaft (2009), S.13; Johannsen, Kirschner, Das Institut für Aerobiologie der Fraunhofer-Gesellschaft und die Verteidigungsforschung in den 1960er Jahren (2006).

1193 Keller, Entwurf eines offenen Briefs an Heinz Rüterjans. Privatbesitz Toni Keller.

1194 N.N., "Computerkurs/NMR-Seminar der Spectrospin AG in Zürich" (1974).

1195 N.N., "Bruker-Spectrospin Seminar 1975" (1975).

1196 N.N., "Ausstellungen und Konferenzen 1977 mit Bruker-Beteiligung" (1977); N.N., "Ausstellungen und Tagungen" (1979); N.N., "Bruker weltweit" (1979); N.N., "5th Bruker NMR Seminar" (1980); N.N., "Bruker NMR Users' Conference in the United

Jahren lag dabei der Schwerpunkt auf der Popularisierung der supraleitenden Spektrometer. Es sollten deren Möglichkeiten zur Untersuchung synthetischer und natürlicher Polymere, von Nukleinsäuren, Proteinen und supra-molekularen Systemen gezeigt werden. Diese Aktivitäten hatten eine beträchtliche geographische Reichweite: am 10.-22. März konnte ein Bruker Supercon Seminar an der Akademie der Wissenschaften in Moskau, am 22.-30. März ein Bruker Supercon Seminar an der Academy of Science in Washington D.C. besucht werden.[1197] Die Brückenfunktion[1198] des Unternehmens zeigte sich gerade in den Kontakten über den Eisernen Vorhang hinweg, die ökonomisch weniger rentabel waren,[1199] aber der internationalen NMR-Gemeinschaft zugute kamen.

Die NMR-Gemeinschaft bildete mit Tagungen, Gesellschaften und den dazu gehörigen Zeitschriften zunehmend klassische Formen akademisch-disziplinärer Selbstorganisation aus. 1965 wurde die International Society of Magnetic Resonance (ISMAR) gegründet, die sich als informelle Gemeinschaft alle drei Jahre auf ihren Symposien traf,[1200] wobei die chemische Anwendung der NMR das Hauptanliegen war. Auf dem von den Instrumentenherstellern Varian, Bruker und JEOL geförderten vierten vom 24. bis 31. August 1971 in Israel mit 370

States" (1980); N.N., "Bruker Participation at Exhibitions and Conferences during 1980/81" (1980).

1197 N.N., "Ausstellungen und Tagungen 1978 mit Bruker-Beteiligung" (1978).

1198 Als der Prager Frühling 1968 unter dem militärischen Druck des Warschauer Paktes zusammenbrach wählten vier tschechische NMR-Experten aus dem NMR-Zentrum Brünn, wo der Instrumentenhersteller Tesla und ein akademisches Forschungsinstitut beheimatet waren, die ihnen bereits bekannte Firma Bruker-Spectrospin als neuen Arbeitgeber und trugen als gut ausgebildete Mitarbeiter zum weiteren Erfolg bei. Keller, Interview geführt am 18. und 19. August 2004.

1199 Mit Ausnahme der UdSSR, die wegen der staatlich zentralisierten Organisation ein einfach zu überschauender Markt war und wohin eine Reihe von Instrumenten geliefert wurde. Ein wichtiger Kunde in der Sowjetunion war Endel Lippmaa in Tallinn. Holz, Knüttel, Interview geführt am 13. Juli 2004. Lipmaa wurde 1930 in Tartu geboren und besuchte die Technische Universität in Tallinn, wo er 1956 zum Dr. Ing., 1969 zum Dr. rer. nat. in Physik und Mathematik promovierte. Ab 1971 war er Professor für chemische Physik in Tallinn. Günter Engelhardt am Zentralinstitut für Physikalische Chemie der Deutschen Akademie der Wissenschaften in Berlin-Adlershof arbeitete seit den 1960er Jahren mit Endel Lipmaa am Akademieinstitut für Chemische und Biologische Physik in Tallinn zusammen und begann 1977 eine Kooperation bei der die Gruppen erste systematische Untersuchungen zur hochaufgelösten Festkörper ^{13}C-NMR-Spektroskopie durchführten. Sie arbeiteten mit MAS, Kreuzpolarisation und dipolarer Entkopplung, Verfahren die in den 1970er Jahren in Gebrauch kamen. Koller, "Scientific Biography of Dr. Günter Engelhardt" (1997), ix-xi.

1200 Tokio 1965, São Paolo 1968, Melbourne 1969, Rehovot/Jerusalem 1971, Bombay/Mumbai 1974 , Banff/Kanada 1977, Delft 1980.

Teilnehmern stattfindenden Treffen wurde 25 Jahre nach den ersten erfolgreichen Versuchen von Purcell und Bloch eine formale Satzung verabschiedet.[1201] Ab 1979 gab die Gesellschaft das vierteljährlich erscheinende "Bulletin of Magnetic Resonance" heraus, 1983 wurde die Organisation durch eine neue Satzung gefestigt, die eine Rotation der Offiziellen unter einem Präsidenten einführte. Der Brite Raymond Andrew war bis 1986 erster Präsident, was auch ein Ausdruck der zunehmenden Bedeutung der Europäer in der NMR war.[1202] Die europäische Zusammenarbeit im Colloque A.M.P.E.R.E. wurde intensiver, denn zusätzlich zum traditionellen Kolloquium war 1968 eine Untergruppe zur Hertzschen Optik und Dielektrik gegründet worden, ab 1969 wurden Sommerschulen und seit 1970 kleinere, informelle Kolloquien zu Spezialthemen abgehalten. FT, Computereinsatz und supraleitende Magneten boten genügend Diskussionsstoff. Ein Bericht über das 20. Colloque A.M.P.E.R.E. von 1978 in Tallinn/UdSSR zeigt erneut die gewachsene Bedeutung der europäischen NMR-Wissenschaftler. Dort wurde das nächste A.M.P.E.R.E. Treffen angekündigt, das in Delft gemeinsam mit dem 7. ISMAR Kongreß durchgeführt wurde.[1203]

In der Bundesrepublik Deutschland gab es seit den 1960er Jahren die bereits erwähnten Kolloquien bei Robert Kosfeld in Aachen, die von Ekkehard Fluck, der seit 1962 einen Lehrstuhl für Anorganische Chemie in Stuttgart innehatte, mitorganisiert wurden.[1204] Zu Beginn der 1970er Jahre – in der Zeit des einsetzenden NMR-Booms – folgten verschiedene regional organisierte, regelmäßige NMR-Treffen. Zu den wichtigsten und dauerhaftesten gehörte das von Horst Friebolin[1205] in Heidelberg. Friebolin hatte 1972 aus Freiburg kommend

---

1201 Fiat, "Preface" (1972).

1202 Andrew, "Spinning the Spins: A Lifetime in NMR" (1996), S.185. Andrew war bereits 1974-1980 Präsident von A.M.P.E.R.E. gewesen. Alle wichtigen NMR-Wissenschaftler wurden Mitglied der ISMAR, viele waren oder sind auch Funktionäre z.B. R. Andrew, G.J. Béné, F. Bloch, R. Ernst, R. Freeman, H. Gutowsky, K.H. Hausser, O. Jardetzky, J. Jeener, P. Lauterbur, E. Lipmaa, A. Lösche, H. Pfeifer, R. Richards und J.D. Roberts.

1203 Andrew, "Report on XX Congress AMPERE, Tallinn, USSR, 21-26 August 1978" (1979).

1204 Zusammen mit Baseler Professor Peter Diehl gaben die beiden auch ab 1969 die beim Springer Verlag erscheinende Reihe 'NMR, Basic Principles and Progress' heraus.

1205 Horst Friebolin (*1933), Chemiker, promovierte 1963 bei R. Mecke an der Universität Freiburg/Br. 1963-1968 am Institut für Elektrowerkstoffe der Fraunhofer-Gesellschaft, Freiburg, 1968-1970 am Institut für Makromolekulare Chemie der Universität Freiburg/Br., 1970-1971 Mitarbeiter der BASF, Ludwigshafen. Friebolin habilitierte sich 1971 und arbeitete seit 1972 am Organisch-Chemischen Institut der Universität Heidelberg wo er 1974 zum Professor ernannt wurde, 1998 emeritiert. Er schrieb ein "Der Friebolin" genanntes, weit verbreitetes, auch ins Englische übersetztes Lehrbuch zur an der Universität Heidelberg einen Arbeitskreis zur organisch-chemischen NMR eingerichtet. Gleichzeitig begann er damit Treffen zu organisieren, auf denen sich Vertreter von akademischer Forschung (auch Studenten), von Industrie und Instrumentenherstellern in Vorträgen und Gesprächen über Methoden und instrumentelle Neuerungen in der organisch-chemischen NMR austauschten. Zentral waren praktische Fragen wie der Computereinsatz zur Datenverarbeitung oder Methoden zur Strukturbestimmung. Die Teilnehmer waren hauptsächlich Chemiker aus dem Raum Baden-Württemberg und Südhessen. Diese informellen Treffen und ihre noch zwangloseren, privat bei Friebolin stattfindenden Nachsitzungen trugen zur Festigung der NMR-Wissenschaftlergemeinschaft bei.[1206]

Gegen Ende der 1970er Jahre konnte dann eine an die etablierte disziplinäre Struktur angepasste, dauerhaftere Organisationsform der wissenschaftlichen NMR-Gemeinschaft (West)Deutschlands gegründet werden.[1207] 1974 initiierte Ernest Lustig[1208] einen nationalen "NMR Club". Nach seinem Vorschlag sollten sich dort nicht nur NMR-Benutzer, sondern auch Instrumentenhersteller austauschen. Das erste Treffen mit 25 NMR-Wissenschaftlern aus Hochschulen, Forschungsinstituten und der chemischen Industrie fand im November 1974 in Frankfurt am Main statt und wurde von Horst Kessler, damals Professor an der Universität Frankfurt,[1209] organisiert. Weitere aktive Mitglieder dieser Diskussionsgruppe waren Horst Friebolin und Albrecht Mannschreck aus der Heidelberger NMR-Gruppe der 1969 einem Ruf an die Universität Regensburg gefolgt war. Da die informellen Treffen von keiner akademischen Gesellschaft getragen wurden, wurde die Finanzierung alljährlich bei der DFG beantragt, was keine

NMR-Spektroskopie. Friebolin, Ein- und zwei-dimensionale NMR-Spektroskopie (1988).

1206 1998 fand das 66. und letzte von Friebolin geleitete Treffen statt. Siehl, MARS online, 1998. http://fgmr.chemie.uni-hamburg.de/mars/mars.htm#994, Zugriff am 14.04.2004; Holz, Knüttel, Interview geführt am 13. Juli 2004.

1207 Für eine genauere Beschreibung der Gründung der GDCh Fachgruppe Magnetische Resonanzspektroskopie vgl. Reinhardt, Steinhauser, "Formierung einer wissenschaftlich-technischen Gemeinschaft. NMR-Spektroskopie in der Bundesrepublik Deutschland" (2008), S.91-95.

1208 Lustig (ca. 1921-1990) der 1938 aus Deutschland flüchten musste, kam erst 1972 wieder nach Deutschland zurück und war von den früher ausgebildeten Strukturen der anglo-amerikanischen NMR-Gemeinschaft geprägt.

1209 In Tübingen, wo er studierte und 1966 promovierte, wurde mit der Habilitation 1969 zum "Nachweis innermolekularer Beweglichkeit durch NMR Spektroskopie" die NMR Kesslers (*1940) Spezialgebiet. Er sieht in seinen NMR-Arbeiten den wesentlichen Grund dafür, dass er schon mit 30 einen Lehrstuhl in Frankfurt bekam. Kessler, "Molecular Mobility by NMR" (1991).

längerfristige Lösung sein konnte. Ort des fünften Treffens, bei dem die Teilnehmerzahl auf etwa 65 angewachsen war, war 1978 das Kloster Ettal bei München. Es wurde von Gerhard Binsch organisiert, Professor an der LMU München und NMR-Spezialist Rolf Huisgens am Organisch-Chemischen Institut.

Das erste Mal wurden dort, wie schon von Lustig vorgeschlagen, auch Vertreter der Instrumentenhersteller eingeladen; es kamen mit Toni Keller, William Hull und Stanislaw Sýkora drei Bruker-Spectrospin Mitarbeiter.[1210] Das Treffen war aber noch aus einem anderen Grund von Bedeutung. Die NMR-Wissenschaftler hatten im Vorfeld gegen erhebliche Widerstände aus der GDCh (Gesellschaft Deutscher Chemiker) Fachgruppe für Analytische Chemie bei der GDCh die Möglichkeit durchgesetzt, eine eigene Fachgruppe für magnetische Resonanz zu gründen. Der in der GDCh für eine instrumentelle Methode einzigartige Status zeigt das besondere Ansehen, das die NMR über ihre wissenschaftliche und technische Entwicklung erreicht hatte. Sie stand damit neben, nicht innerhalb der Subdisziplinen Analytische, Organische, oder Anorganische Chemie. Die Mehrheit der chemisch interessierten Teilnehmer des Ettaler Treffens beschloss daraufhin am 12. September 1978 die vorbereitete eigene Fachgruppe Magnetische Resonanzspektroskopie bei der GDCh zu gründen. Damit wurden allerdings einige Mitglieder der NMR-Gemeinschaft ausgeschlossen, wie z.B. Gerhard Hertz, der sich als Physiker verstand und nicht in die GDCh eintrat. Doch die gesicherte Finanzierung, die relative Autonomie als Fachgruppe und die institutionelle Verankerung im Kanon der naturwissenschaftlich anerkannten Arbeitsgebiete hob offenbar diesen Nachteil auf. Zudem hatte sich die Fachgruppe ausdrücklich zur Aufgabe gemacht Kontakte zur Physik, Biologie und anderen Disziplinen zu pflegen.[1211] Seit 1978 finden jährliche nationale NMR-Treffen unter dem Dach der GDCh statt. Die feste Organisationsform bot die Möglichkeit, sich an internationalen Assoziationen zu beteiligen.[1212] Nach Horst Kessler, ab 1978 erster Vorsitzender der GDCH Fachgruppe Magnetische Resonanzspektroskopie, führten Dieter Ziessow 1984-1985 und Robert Kosfeld 1985-1990 den Vorsitz in der Fachgruppe. Beide waren, wie beschrieben, unter den vier ersten Kunden der Bruker HFX-Spektrometer zur chemischen Analyse – instrumentelle und institutionelle Entwicklungen waren eng miteinander verzahnt und sollten daher nicht getrennt voneinander betrachtet werden.

1210 Kessler, Vorläufige Teilnehmerliste der NMR Diskussionstagung in Ettal, 11. bis 13.9. 1978. Unterlagen Horst Kessler. Xerokopie bei Carsten Reinhardt.

1211 Vgl. Reinhardt, Steinhauser, "Formierung einer wissenschaftlich-technischen Gemeinschaft. NMR-Spektroskopie in der Bundesrepublik Deutschland" (2008), S.93-94.

1212 Günther, "From Organic Chemistry to NMR – a Personal Experience of Magnetisation Transfer" (1996).

Abb. 94: *Einige der etwa 65 Teilnehmer an der NMR-Diskussionstagung in Ettal vom 11. bis 13. September 1978l. 1 Manfred Holz (Uni Karlsruhe), 2 Horst Kessler (Professor Universität Frankfurt/M.), 3 Wolfgang Bremser (BASF, Ludwigshafen),*[1213] *4 Hanspeter Sauter (Ciba Geigy, Basel), 5 Karl-Heinz Pook (Boehringer*

1213 Wolfgang Bremser war zuvor ab 1970 Laborleiter (NMR, IEE) in der Zentrale der Varian GmbH in Darmstadt. Um den Service wieder ein wenig zu verbessern hatte Varian 1970 seine deutsche Vertretung in zwei Gesellschaften aufgeteilt, nachdem die für die Massenspektrometrie zuständige Varian MAT GmbH in Bremen gegründet worden

Ingelheim), 6 Reinhard Benn (MPI für Kohlenforschung Mühlheim), 7 Dieter Leibfritz (Uni Bremen), 8 Hans Fritz (Ciba Geigy, Basel), 9 Detlev Wendisch (Bayer, Leverkusen), 10 Hans-Ullrich Siehl (Universität des Saarlandes), 11 Ludger Ernst (Gesellschaft für Biotechnologische Forschung, Stöckheim), 12 William Hull (Bruker-Physik, Leiter des Bruker NMR-Applikationslabors), 13 Stefan Berger (Unversitäti Marburg), 14 Torbjörn Drakenberg (Universität Lund), 15 Gerhard Binsch (Prof. LMU München), 16 Toni Keller (Bruker-Physik), 17 Siegmar Braun (TH Darmstadt), 18 Joachim Buddrus (Institut für Spektrochemie, Dortmund), 19 Friedrich Cavagna (Hoechst, Frankfurt), 20 Albrecht Mannschreck (Unversitäti Regensburg), 21 Frank H. Köhler (TU München), 22 Gerhard Hägele (Prof. Universität Düsseldorf).

Die traditionellen disziplinären Strukturen wurden durch die NMR nicht aufgelöst, vielmehr gelang es den NMR-Wissenschaftlern sich in und neben diesen Strukturen zu etablieren. Dabei umfasst die Fachgruppe alle Methoden der magnetischen Resonanzspektroskopie, also auch von der Physik bestimmte Bereiche wie die ESR und die Quadrupolspektroskopie. Trotz aller Nähe zur Chemie blieb damit die Eigenständigkeit der Methode gegenüber der klassischen Disziplin Chemie erhalten. Die NMR-Wissenschaftler verweigerten sich den Übernameversuchen durch die analytische Chemie und betonten die allgemeine Verwendbarkeit ihrer Methode sowie ihr theoretisches Interesse. Dadurch blieben die NMR-Spektrometer wissenschaftliche Instrumente, d.h. sie blieben offen für neue Anwendungen und Anwendergruppen in der Wissenschaft.

Die neuen Darstellungs- und Interpretationswege verstärkten den Status der NMR als eine besondere Methode, die gleichzeitig Forschungsobjekt und Werkzeug ist und trugen mehr zur Flexibilität und Verbreitung der NMR bei, als die so prestigereichen und publikumswirksam präsentierten starken Magnetfelder. Als Folge veränderte sich die NMR fortwährend, was sich auch in der Lehre niederschlug. Horst Friebolin bemerkte dazu 1988 in der Neuauflage seines verbreiteten Lehrbuches:[1214]

> Dieses Buch ist weder eine überarbeitete noch eine erweiterte Auflage des 1974 von mir herausgegebenen Taschenbuches 'NMR-Spektroskopie – Eine Einführung mit Übungsbeispielen'; vielmehr zwangen mich die Entwicklungen bei den Impulsverfahren, der ^{13}C-NMR-Spektroskopie und besonders der zweidimensionalen NMR-Spektroskopie, ein neues Buch zu schreiben.

---

war. Varian GmbH (Hg.), Neues von Varian, Darmstadt, März 1970. Deutsches Museum München, Depotverwaltung, Zubehör zu Inv.-Nr. 1984-255 (Varian HA-100). Bei der BASF entwickelte Bremser u.a. NMR-Datenbanken.

1214 Friebolin, Ein- und zweidimensionale NMR-Spektroskopie (1988), S.VII.

Auch Wissenschaftshistoriker haben den in den 1970er Jahren stattfindenden grundlegenden Wandel in der NMR wahrgenommen.[1215] Damit gibt es eine Reihe von Zeichen dafür, dass innerhalb der NMR im Zeitraum von 1970 bis 1980 eine Revolution stattgefunden hat. In einem komplexen, aus Komponenten verschiedener Wissensbereiche entwickelten Messverfahren verwandelte das Instrumentalsystem NMR die immer größere Bandbreite der eingesetzten Substanzproben in chemische Strukturen. Teams spezialisierter Techniker und Wissenschaftler, die neben der eigenen Forschung Servicemessungen durchführten, bedienten die aufwändigen Geräte. Der Spezialisierung auf der Betreiberseite stand eine Generalisierung des Mentalen Modells der Organischen Chemie gegenüber. Zu den Mitgliedern der NMR-Gemeinschaft gehörten seit den 1970er Jahren neben Chemikern häufig auch Biologen, Pharmazeuten und Mediziner, wobei allerdings die Mehrzahl der in der Klinik tätigen praktischen Ärzte der NMR wie auch dem chemischen Erklärungsmodell erheblichen Widerstand entgegensetzten, wie die Geschichte der MRI zeigt.

In der ersten Ausgabe des "Bulletin of Magnetic Resonance" der ISMAR beschrieb der Vorsitzende einleitend seine Gesellschaft und den damaligen Stand der NMR:[1216]

> The main purposes of the Society are to promote scientific interaction and the diffusion of knowledge among researchers in the fields of nuclear magnetic resonance, electron spin resonance, nuclear quadrupole resonance, and related areas and in the application of their studies to physics, chemistry, and biology. The great breadth of interest represented by the members of the Society, the rapid development of both methodology and applications for our research, and the tremendous impetus given by this work to other fields of inquiry combine to underscore the interdisciplinary character of the magnetic resonance field and the need to exchange findings among scientists. These factors are especially important in the field of nuclear magnetic resonance (nmr) where the work ranges from development of sophisticated methodology and applications such as image formation techniques, to the most routine uses such as chemical analysis. Researchers in magnetic resonance face a very great challenge, creating and monitoring a complex and evolving methodology, as well as an increasingly broad range of applications for their work.

Auch der wissenschaftliche Inhalt des ersten Bandes des "Bulletin of Magnetic Resonance" sagt etwas über die Entwicklung der NMR um 1980 aus. Der Eröffnungsbeitrag ist ein ausführlicher Übersichtsartikel über die 2D-NMR, gefolgt

1215 Morris, Travis, "The Rôle of Physical Instrumentation in Structural Organic Chemistry" (1997), S.734.

1216 Fiat, "Introduction" (1979), S.2.

von je einem Artikel über NMR in der medizinischen Diagnostik und in der Untersuchung von Enzymen.[1217]

1217 Freeman, Morris, "Two-Dimensional Fourier Transformation in NMR" (1979); Hollis, "Nuclear Magnetic Resonance Studies of Cancer and Heart Disease" (1979); Cohn, Nageswara Rao, "31P NMR Studies of Enzymatic Reactions" (1979).

7. Die Formierung eines neuen Wissensgebietes

Die Geschichte der NMR von 1945 bis 1980 beschreibt den Aufbau eines Wissensgebietes, das sich auf der Basis einer neuen, instrumentellen Methode in einer dynamischen Entwicklung als bedeutender Teil der modernen Naturwissenschaften etablieren konnte. Bereits den beteiligten Akteuren war die historische Dimension der NMR bewusst, aber gerade langfristige und internationale Zusammenhänge fehlen in den bisherigen historischen Darstellungen der NMR. Diese waren vor allem geprägt durch die Erinnerungen beteiligter Wissenschaftler, wobei das 50jährige Jubiläum der Methode 1995-1996 einen zusätzlichen, wichtigen Impuls gab. Die entspechenden Festveranstaltungen waren im klassischen Modus solcher Jubelfeiern gehalten, der zum Erscheinungsbild einer akademischen Institution gehört, und geben bereits einen Hinweis auf den hohen wissenschaftlichen Status der NMR. Am Vormittag des 10. Dezember 1995 fand in Harvard eine Sitzung statt, auf der Robert Pound, Nicolaas Bloembergen, Erwin Hahn, David McCall, Edward Purcell, Norman Ramsey und Henry Torrey ihre Erinnerungen vortrugen. Nach dieser Erledigung der repräsentativen Pflicht widmeten die Wissenschaftler den Nachmittag der aktuellen "Forschungsfront" im Stil einer NMR-Fachkonferenz. Auf der ebenfalls 1995 in Sydney stattfindenden 12. ISMAR-Konferenz trugen Martin Packard und Robert Pound über die NMR-Geschichte vor. Auch das 1996 in Canterbury stattfindende 28. Colloque A.M.P.E.R.E. wurde in dieser Art mit vier historisch orientierten Vorträgen von Yves Servant, Robert Pound, Jack Powles und Brebis Bleaney eröffnet. Selbstverständlich wurde auch in Stanford eine ähnliche Feier veranstaltet. Auf dieser eintägigen, als wissenschaftliche Fachsitzung angekündigten Veranstaltung war wieder der Vormittag eher historisch geprägten Vorträgen gewidmet. Es sprachen u.a. Richard Ernst, Ray Freeman, Erwin Hahn, Oleg Jardetzky, Martin Packard und Henry Taube. Die abendliche Festsitzung versprach ein Bankett und eine explizit historische Sektion, bei der vor allem die altgedienten Varian-Mitarbeiter (Varian war Hauptsponsor) Weston Anderson, James Arnold, Bob Codrington, James Shoolery und Harry Weaver (später bei Hewlett-Packard) das Vortragsprogramm bestritten.[1218]

Bei den wenigen von Historikern durchgeführten Untersuchungen über die NMR, allen voran der von Christopher Lécuyer und Timothy Lenoir,[1219] standen fast ausschließlich die frühe NMR-Entwicklung und das Unternehmen Varian

1218 Bleaney, "Jubilees of Radio-frequency Spectroscopy" (1997), S.322-324.

1219 Lécuyer, Lenoir, "Instrument Makers and Discipline Builders" (1995).

Associates im Zentrum der Darstellung. So gibt der erste, historisch angelegte Band der 1996 im Zuge des 50-jährigen Methodenjubiläums erschienenen "Encyclopedia of NMR" den bisher besten Überblick über die Vielfalt und Internationalität der Methode,[1220] wo zwar US-amerikanische Aspekte weitgehend überwiegen, aber auch bedeutende internationale Vertreter der jüngeren Entwicklung der NMR zu Wort kommen. Die Beiträge sind von den Wissenschaftlern als Zeitzeugen verfasst, was die Authentizität der Eindrücke garantiert, aber über die persönliche Erfahrungswelt der Beteiligten hinausgehende historische Zusammenhänge und Ursachen nicht so leicht erkennen lässt. Den wissenschaftshistorischen Arbeiten zur NMR bietet sich daher immer noch ein breites Betätigungsfeld, das allerdings wegen der komplizierten fachlichen Zusammenhänge und der weltweit verstreuten NMR-Gemeinschaft eine gewisse Herausforderung darstellt.

Andererseits kann eine weiter gespannte Geschichte der NMR als einem Arbeitsgebiet, das häufig paradigmatisch für die technische Ausrichtung, Präsentationsform, epistemologische Orientierung und veränderte Organisation von gegenwärtiger Naturwissenschaft angeführt wird, zum Wissen über die konkreten Zusammenhänge der modernen Naturwissenschaften beitragen, die in der Literatur zum Innovationssystem von Wissenschaft und Technik der Gegenwart bereits wiederholt in sehr allgemeiner Form behandelt wurden. Aber detailliertere Untersuchungen sind unbedingt notwendig, folgt man der Ansicht des NMR-Wissenschaftlers Charles Slichter, der die Komplexität der so nicht vorhersehbaren NMR-Entwicklung betont und Gründe angibt, sich mit der Geschichte der NMR zu beschäftigen:[1221]

> The story of nmr is a good case in point. It illustrates what a complex process takes place in the creation of new science and technology. My own belief is that anyone who is responsible for some piece of the scientific enterprise – scientists, administrator, member of Congress, business executive, or ordinary citizen (since citizens bear the ultimate responsibility) – would benefit from learning about case histories. Nothing brings home the complexity and reality of the process of scientific and technical advance better than the historical approach. Nor is there any better method to heighten the awareness and appreciation of science and technology.

Ein ähnliches Bewusstsein findet sich auch in Äußerungen deutscher Mitglieder der NMR-Gemeinschaft, obwohl dort das historische Geschehen um die NMR im Vergleich zu den USA bisher weitgehend vernachlässigt wurde. So nutzte

---

1220 Grant, Harris (Hg.), Encyclopedia of Nuclear Magnetic Resonance, Bd. 1 (1996).

1221 Slichter, "The Golden Anniversary of Nuclear Magnetic Resonance. NMR – Fifty Years of Surprises" (1998), S.552. (vorgetragen am 27. April 1996).

Günther Laukien seine ISMAR-Preisrede im Jahr 1980 für einen kurzen, allgemeinen Rückblick und stellte fest:[1222]

> Our field of magnetic resonance was, historically seen, a consequence and part of early Quantum physics of atoms and molecules and is therefore nearly 80 years old. We all know that a new era was born with the fundamental contributions in particular of Felix Bloch and E.M. Purcell and their teams between 1945 and 1950. We may therefore say that our today's activities started 30 years ago. They surely have grown out of their teenage years and could – in their present dynamic phase – be compared with the "roaring twenties" of this country in art and science and in social environment.

Diese Ansätze einer historischen Analyse der NMR-Entwicklung, in denen auf soziale und sogar kulturelle Aspekte verwiesen wird, sollen hier in einem letzten, zusammenfassenden Kapitel ergänzt und ausgedehnt werden.

7.1. Grundzüge der historischen Entwicklung

Die NMR entstand im Kontext der akademischen Kernphysik in den 1930er Jahren als ein Teil der experimentellen Untersuchungen zur Stabilisierung der neuen, quantenphysikalischen Basistheorie. Experimentaltechniken der Molekül- und Mikrowellenspektroskopie wurden zunächst vorwiegend in Europa eingesetzt. Das Wissen um das von Physikern wie Otto Stern oder Cornelis Gorter aufgebaute Experimentalsystem kam mit Mitarbeitern in die USA, die wie Isidor Rabi bei Forschungsaufenthalten in Europa mit den neuen Versuchen vertraut gemacht wurden oder wie Felix Bloch wegen der Rassenideologie der Nationalsozialisten emigrierten. Ziel der Versuche blieb es auch in den USA, möglichst genaue Messdaten für die Berechnung kernmagnetischer Momente von Atomkernen und Atomkernteilchen zu gewinnen und diese Naturkonstanten für weitere magnetische Präzisionsmessungen zu nutzen. Bis 1945 war es allerdings nicht gelungen, das NMR-Experiment an kondensierter Materie durchzuführen, aber die Kriegsanstrengungen der Alliierten im Bereich elektronischer Radarausrüstung schufen entscheidende Voraussetzungen für die Entwicklung der ersten NMR-Spektrometer, mit denen auch Feststoffe und Flüssigkeiten untersucht werden konnten.

Als aus strategischen Gründen die anglo-amerikanische Radarforschung in den Nordosten der USA verlagert wurde, um dort mit gebündelten Ressourcen die technische Entwicklung weiter voranzutreiben, entstanden Zentren für die Mikrowellentechnik, an denen eine Reihe Physiker, Ingenieure und Research

1222 Laukien, Preisrede zur Verleihung des ISMAR (International Society of Magnetic Resonance) Award in Industrial Development am 25. August 1980. Typoskipt, S.6.

Technologists wie William Hansen beschäftigt waren, die Erfahrungen im Gebrauch elektronischer Ausrüstung sammelten, aber auch in gegenseitigem Kontakt neue wissenschaftliche Forschungskonzepte entwickelten. Das dort erworbene elektronische Know-how war unabdingbar für die Konstruktion der ersten NMR-Spektrometer.[1223] Fast alle der am Beginn der NMR an diesen neuen Instrumenten arbeitenden Techniker und Wissenschaftler hatten im Verlauf des Krieges in den Radiation Laboratories gearbeitet. Zusätzlich unterstützten auch die materiellen Kriegsrelikte in Form von billig zur Verfügung stehender, weil nach Kriegsende nicht mehr benötigter elektronischer Komponenten aus Militärbeständen den Bau der neuen NMR-Spektrometer. Als eine der Folgen des Zweiten Weltkrieges entwickelte sich daher – trotz vereinzelter Versuche in Europa wie in Oxford und Leipzig – die USA zum Zentrum und Schauplatz der ersten Jahre der NMR an kondensierten Phasen. Physikalische Fragestellungen bestimmten die Experimente, die mit selbst gebauten Instrumenten betrieben wurden, bei denen Komponenten der Radio- und Radartechnik individuell dem experimentellen Bedarf angepasst wurden. Edward Purcells Gruppe in Harvard und Felix Blochs Gruppe in Stanford, denen unabhängig voneinander an der Jahreswende 1945/46 die ersten NMR-Experimente an kondensierter Materie gelangen, profitierten in diesem Sinne in mehrfacher Hinsicht von den Kriegsaktivitäten. Die Motivation beider Gruppen zum Bau eines NMR-Spektrometers war unterschiedlich. Purcell war an der direkten Untersuchung quantenmechanisch zu interpretierender Zustände von Atomkernen interessiert, während Felix Bloch nach einer relativ einfachen – und preiswerten –, aber dennoch genauen Methode zur Ermittlung von Magnetfeldern der Atomkerne suchte. Die verschiedenen Fragestellungen schlugen sich trotz aller Ähnlichkeiten in unterschiedlichen Versuchsaufbauten nieder. Bloch in Stanford entwickelte, unterstützt von William Hansen, ein mit getrennter Sender- und Empfängerspule arbeitendes Induktionsmessverfahren, während bei Purcell in Harvard das Resonanzverhalten einer Spule zu den elektromagnetischen Schwingungen der angeregten Atomkerne beobachtet wurde. Die jeweilige Namensgebung als Kerninduktion bzw. Kernspinresonanz spiegelte die unterschiedlichen Konzepte wider. Auch die theoretischen Erklärungen der Versuche, die bei Purcell quantenmechanisch, bei Bloch klassisch gehalten waren, waren auf den jeweiligen Zweck der Messung abgestimmt. Im gegenseitigen Austausch musste daher zunächst die Identität des von beiden Gruppen gemessenen Phänomens festgestellt werden. Das gelang schnell, da sich die Physiker Bloch und Purcell auf das

1223 Auch andere spektroskopische Methoden profitierten von diesem Know-how. Forman, "Swords to Ploughshares: Breaking New Ground with Radar Hardware and Technique in Physical Research after World War II" (1995).

gleiche quantentheoretische Wissenskorpus bezogen und – obwohl sie sich vorher nie ausgetauscht hatten – in der gleichen, in den USA durch Rabi verkörperten Forschungstradition der NMR standen. Nach der ersten Definition des Phänomens durch zwei verschiedene Messvarianten wurden Forschungsprogramme aufgelegt, um die Möglichkeiten der neuen Instrumente auszuloten. Die Gruppe Blochs konzentrierte sich wie beabsichtigt auf die Präzisionsmessung kernmagnetischer Momente, während bei Purcell die genaueren Zusammenhänge zwischen den Signalen und dem Aufbau der Atome im Vordergrund standen.

Nach Peter Galison enden Experimente, sobald der Physiker das Signal eindeutig vom Hintergrundrauschen getrennt hat,[1224] doch hier eröffnete die Übertragung auf andere Disziplinen oder Arbeitsgebiete der NMR völlig neue experimentelle Möglichkeiten. Schon seit dem Beginn der 1950er Jahre wurde die neue Methode aus dem physikalischen Kontext herausgelöst und in die Chemie eingebettet. Drei Faktoren spielten eine entscheidende Rolle. Explorative Experimente mit den stetig verbesserten neuen Instrumentalsystemen in Harvard, Stanford und anderen frühen NMR-Zentren zeigten die Abhängigkeit der NMR-Signale von der chemischen Umgebung der Atomkerne. Diese so nicht beabsichtigten und für die Physiker eher störenden Ergebnisse boten die Möglichkeit, mit der NMR die chemische Zusammensetzung und Struktur insbesondere organischer Moleküle zu analysieren.

Neben diesem materiellen Grund waren aber vor allem die gezielten Aktivitäten der NMR-Forscher von entscheidender Bedeutung für die weitere Entwicklung der Methode. Es bildete sich schnell eine kleine Gruppe von Molekülspektroskopikern und Chemikern, wie Herbert S. Gutowsky oder James Shoolery, die nicht an physikalischen, sondern chemischen Fragestellungen interessiert waren, vor allem an der räumlichen Gestalt der Moleküle und ihrer Veränderung im Verlauf chemischer Reaktionen. Eine wichtige Rolle spielte dabei die Infrarotspektroskopie, denn sie war das Arbeitsgebiet, in dem die ersten chemisch orientierten NMR-Wissenschaftler in den USA und in Europa Spezialwissen in der Spektroskopie mit elektronischen Instrumenten gesammelt hatten.

Zusätzlich gab das Engagement und Interesse des Research Technologists Russell H. Varian einen entscheidenden Impuls. Er erkannte im von Bloch und Purcell erfundenen Apparat ein generisches Instrument und hatte als Erster schon 1946 die Verwendung der NMR zu chemisch-analytischen Zwecken ernsthaft in Erwägung gezogen. Die von Varian mit Gleichgesinnten gegründete Instrumentenfirma Varian Associates wurde zum Zentrum der Instrumentenentwicklung in der NMR, welche mit dem Verkauf der ersten kommerziellen

1224 Galison, How Experiments End (1987).

NMR-Spektrometer für die chemische Analyse 1952 weitgehend aus dem durch die Teilchenphysik geprägten Entstehungskontext herausgelöst und in die Praxis der Organischen Chemie eingebettet wurde. Dieser Vorgang bildete eine Grundlage für die Ausbildung der auf die NMR bezogenen, internationalen wissenschaftlich-technischen Gemeinschaft, die NMR-Werkzeuge für die Chemie bereitstellte. Nach der unverhofften Entdeckung des analytisch-chemischen Potenzials der NMR im Zuge kernphysikalischer Forschung wurde sie nun als chemische Methode stabilisiert. Das gilt für die theoretisch gültige Beschreibung von Phänomenen der chemischen Verschiebung und Spin-Spin Kopplung, für die technische Konstruktion der Instrumente, welche immer besser reproduzier- und interpretierbare Signale lieferten, sowie für die verwendeten Interpretationsregeln, Referenzspektren, Tabellen, Maßeinheiten, Referenzsubstanzen, Lösungsmittel und sonstigen Messkonventionen.

Es erfolgte eine Domestikation[1225] der Methode durch gezielte Adaption an das bereits existierende strukturchemische Modell der Organischen Chemie. Daher konnte Robert Burns Woodward 1956 feststellen, die NMR bedeute einen großen Schritt vorwärts für die Chemie, sie würde ein alltägliches analytisches Werkzeug vergleichbar der IR-Spektroskopie werden und ansonsten chemisch nichts weiter verändern als den Modus Operandi.[1226] Diese Sichtweise machte die Methode zum reinen Hilfsmittel, das den ontologischen und personellen Bestand der Chemie nicht gefährdet, und förderte so die Popularisierung der Methode bei den organischen Chemikern. Immer mehr Chemiker lernten jedenfalls in Lehrbüchern und Seminaren die nun auf ihre Erwartungen zugeschnittene NMR kennen. Einfacher zu bedienende Instrumentenmodelle ermöglichten den nicht nur auf wenige Spezialisten beschränkten, breiteren Gebrauch. Als erster kommerzieller Hersteller von NMR-Spektrometern spielte die Firma Varian in allen Bereichen eine wesentliche Rolle und war ein wichtiger Faktor bei der gezielten Verbreitung und Stabilisierung der NMR im chemischen Kontext. Die Motivation der NMR-Spezialisten als Methodenmacher speiste sich aus dem Interesse, ein völlig neues, funktionierendes Messverfahren zu kreieren, aus der Neugier, die Möglichkeiten dieser Methode auszuloten, und aus der Option, sie ökonomisch oder akademisch gewinnbringend einsetzen zu können. Unterstützt wurde das Bemühen durch die großzügige Förderpolitik in den USA, die es auch akademischen Wissenschaftlern zunehmend ermöglichte, teure NMR-Instrumente anzuschaffen. Der Erfolg der Kriegsprojekte hatte in der politischen Vorstellung das Denken verankert, dass naturwissenschaftliche

1225 Vgl. Reinhardt, Shifting and Rearranging (2006), S.21.

1226 Slater, "Instruments and Rules: R.B. Woodward and the Tools of Twentieth-Century Organic Chemistry" (2002), S.14-15.

Forschung automatisch zu technischem Fortschritt und damit zu größerer politischer Macht führen würde, was in den Veröffentlichungen Vannevar Bushs ein Sprachrohr bekam[1227] und im Kontext des Kalten Krieges viele Ressourcen in die Finanzierung naturwissenschaftlicher Projekte lenkte.

Mit Angestellten wie Martin Packard, Emery Rogers und James Shoolery verfügte Varian Associates über führende Experten innerhalb der hochauflösenden NMR. Diese Wissenschaftler und Research Technologists bildeten ein synergetisches Verhältnis zu den akademischen Spezialisten aus,[1228] von denen sie eher als Kollegen betrachtet wurden. Zusammen überzeugten sie die Mehrzahl der Chemiker von den Möglichkeiten, welche die NMR für die Aufklärung der Strukturen und Strukturveränderungen von Molekülen, d.h. für das zentrale Forschungsprogramm der modernen Organischen Chemie bot. Sie verbesserten die Instrumente so weit, dass im Verlauf der 1950er Jahre exakt reproduzierbare, konstante Messergebnisse dargestellt werden konnten. In enger Zusammenarbeit übersetzte die kleine Gruppe NMR-Forscher innerhalb und außerhalb von Varian Associates kontinuierlich erworbenes, experimentelles Wissen in immer komplexere Instrumentalsysteme. Diese dynamisch wachsenden, "lebenden" Instrumente waren aufwändig und teuer, setzten und stabilisierten aber die für die chemische Analytik adäquaten Standards. Dabei gab es eine besonders enge Zusammenarbeit zwischen Varian Associates und der Arbeitsgruppe Felix Blochs in Stanford, obwohl dieser in seinen wissenschaftlichen Interessen wenig Berührungspunkte mit der chemischen Analyse hatte. Dennoch wurde gemeinsam ein Instrumententyp entwickelt, der in seinen Eigenschaften genau auf die qualitative, chemisch-analytische Verwendung der NMR abgestimmt war und daher mit dem für physikalische Anwendungen nicht sonderlich interessanten Continuous Wave (CW) Verfahren arbeitete, bei dem das Spektrum durch die langsame, kontinuierliche Modulation der Anregungsenergie abgefahren und aufgezeichnet wird. Die Stabilität des Signals, die Nachweisempfindlichkeit, die spektrale Auflösung und damit der Anwendungsbereich der NMR-Spektrometer wurden stetig vergrößert.

Aber nicht nur die Technik der NMR wurde an die chemischen Bedürfnisse angepasst, es mussten auch geeignete und für die Chemiker handhabbare Interpretationsverfahren entwickelt werden. Auch hier arbeiteten die Angestellten von Varian und die kleine Gruppe der akademischen NMR-Molekülspektroskopiker Hand in Hand. Der Instrumentenbauer spielte durch seine Broschüren und

1227 Vgl. Dorn, McClellan III, Science and Technology in World History: an Introduction (1999), S.362 und 367-368.

1228 Shinn, "New Sources of Radical Innovation: Research-technologies, Transversality, and Distributed Learning in a Post-Industrial Order" (2005), S.755.

Publikationen, durch die von ihm veranstalteten Seminare, durch die Tätigkeit seines Applikationslabors und sogar durch seine Werbung eine zentrale Rolle in Forschung und Lehre der frühen chemischen NMR. Als Resultat dieser am Vorbild der Infrarotspektroskopie orientierten, hauptsächlich auf die USA konzentrierten Bemühungen war die NMR Ende der 1950er Jahre eine stabile, durch standardisierte, an der chemischen Molekülstruktur orientierte Mess- und Interpretationsverfahren objektivierte analytisch-chemische Methode geworden.

Die weite Verbreitung in der chemisch-analytischen Laborpraxis setzte auf der Grundlage dieser Vorarbeiten mit dem Varian A-60 ein, einem einfach zu bedienenden, durch Regelelektronik weitgehend technisch stabilisierten Spektrometer, das zu einem relativ günstigen Preis erhältlich war. Dessen Erfolg trug dazu bei, dass in den 1960er Jahren ein Methodenwechsel innerhalb der organisch-chemischen Strukturbestimmung stattfand, weg von den klassischen, 'nassen' Reaktionen der Chemiker, hin zu den Daten elektronischer Instrumente. Immer weiter ausgebaute semi-empirische Interpretationsregeln dienten dazu, NMR-Signale bestimmten Strukturelementen organischer Moleküle zuzuordnen und so in die gewohnten Modellvorstellungen der organischen Chemiker zu übersetzen. Hunderte von A-60-Spektrometern wurden weltweit verkauft und gaben vielen Wissenschaftlern die Möglichkeit, selbst mit der NMR zu arbeiten. Die standarisierte Ausrüstung reduzierte die praktischen Kenntnisse, welche zur Durchführung zumindest einfacher Messungen notwendig waren, und eliminierte technische Schwierigkeiten bei der Anwendung durch die Chemiker. Gerade die einfach zu bedienenden, relativ günstigen Instrumente wurden daher als Schlüssel zur weiten Verbreitung der NMR-Spektroskopie in der chemischen Praxis angesehen. Als Vorbild diente wieder die Infrarot-Spektroskopie, die schon früher durch einfache, in jedem Labor vorhandene Standardgeräte ein unabdingbares Grundelement anorganisch- und organisch-chemischer Forschung geworden war.

Mit dem A-60 gelang Varian die Einführung des Feld-Frequenz-Locks als weltweiter Standard. Die Messergebnisse waren damit so stabil, dass auch im alltäglichen Gebrauch vorgedrucktes Spektrenpapier problemlos verwendet werden konnte. Doch der versuchte 'Lock-in' dieses Instrumententyps in der chemischen NMR misslang auf lange Sicht. Mit 'Lock-in' wird in diesem Zusammenhang ein Phänomen bezeichnet, bei dem als Standard weit verbreitete technische Systeme, z.B. Betriebssysteme oder Keyboards von Computern, über soziale Netzwerke und Lerneffekte so stark etabliert sind, dass sie auch von technisch überlegenen Konkurrenten nicht verdrängt werden können.[1229] Ein

1229 Vgl. z.B. David, "Clio and the Economics of QWERTY" (1985); Arthur, "Competing Technologies, Increasing Returns, and Lock-In by Historical Events" (1989).

derartiger 'Lock-in' des A-60 hätte also eine dominante Technik geschaffen, die das – trotz einiger Versuche der neuen Hersteller von NMR-Instrumenten in England, der Schweiz, Deutschland und Japan – bis in die 1960er Jahre bestehende Monopol des Produzenten Varian auch bei der sich wandelnden NMR-Gemeinschaft gesichert hätte. Die durch das A-60 verkörperte Strategie der industriell normierten NMR war aber nicht sonderlich attraktiv für die NMR-Wissenschaftler. Sie machte die Methode zwar leicht zugänglich und auch problemlos anwendbar, doch gerade für die NMR-Spezialisten, welche die Methodenentwicklung zusammen mit Varian betrieben hatten, ergaben sich daraus existenzielle Probleme. Hier lag ein Grund für die Schwierigkeiten Varians im Bereich der NMR: Die Firmenleitung hatte den Kontakt zu den epistemischen Interessen der Wissenschaftler verloren, d.h. ihre Instrumententechnik war zwar immer noch herausragend, aber am Bedarf der Spezialisten vorbei entwickelt. Pierre Laszlo, selbst an der Entwicklung der Methode beteiligt, drückte die Befürchtung der NMR-Wissenschaftler so aus:[1230]

> What is the rôle of the scientist using an instrument? If he or she is passive, a slave to the instrument merely recording data as a routine and 'stamp collecting', then this is a contribution to the passing of this particular instrument. Its future extinction, in favour of an altogether different type, will bring about restructuring of knowledge, a redefinition of disciplinary boundaries, a redistribution in the division of labour and a revised curriculum for the education and training of young scientists.

Während sie bis dahin in Kooperation mit dem Instrumentenhersteller die NMR gestaltet hatten, machte ein derartiges, als 'Black Box' konzipiertes Instrument die NMR-Wissenschaftler vom Hersteller abhängig, der so nicht nur das Aussehen des Instruments, sondern auch die experimentelle Praxis bestimmte. Das Problem wurde verschärft, indem das Varian Management gleichzeitig die Innovation der variablen Spitzeninstrumente verlangsamte, an denen die NMR-Wissenschaftler besonders interessiert waren. Obwohl Varian weiter mit den NMR-Lead Usern kooperierte und in seiner Entwicklungsabteilung einige führende NMR-Wissenschaftler beschäftigte, die viele Erfindungen machten, welche eine variabler einsetzbare NMR versprachen, verlangsamte sich die Innovationsgeschwindigkeit der Serieninstrumente. Eine schnelle Innovationsrate war kommerziell problematisch, denn ständige Nachbesserungen waren der Mehrheit der Benutzer nur schwer zu verkaufen, wie die Versuche unter dem Schlagwort des 'Lebenden Instruments' zeigten. Die Strategie eines preisgünstigen, in großen Mengen hergestellten Standardinstrumentes versprach größeren Schutz gegen die sich am Ende der 1950er Jahre erstmals ankündigende Konkurrenz anderer

1230 Laszlo, "Tools, Instruments, and Concepts: The Influence of the Second Chemical Revolution" (2002), S.185.

Hersteller als riskante Neuentwicklungen.[1231] Doch NMR-Wissenschaftler hatten nicht nur Interesse daran, ihre Methode als Standardwerkzeug zu etablieren. Da dies bereits weitgehend erreicht war, versuchten sie nun auch den Anwendungsbereich weiter auszudehnen. Generelle Tendenz war, die Struktur immer größerer Moleküle abbilden zu können:[1232]

> As a matter of fact, the general direction of NMR has been to work with samples of increasing complexity. Initially, we started working with very simple molecules, water and ethyl alcohol. Then gradually as skills developed, we moved to larger molecules, to biological molecules, and then to total organisms.

Da sich Varian auf die konfektionierten Masseninstrumente konzentrierte, sah sich die immer noch kleine, aber international wachsende Gruppe NMR-Spezialisten gedrängt, Forschungsinstrumente wieder selbst nach den eigenen Vorstellungen zusammenzubauen. Ein schwieriges Unterfangen, denn die NMR-Geräte waren sehr komplex geworden und bei den chemischen Anwendern gab es keine den Physikern vergleichbare Tradition des Eigenbaus elektronischer Apparate. Daher mussten viele NMR-Wissenschaftler ihre Forschungen den kommerziellen Geräten anpassen, wenn die Hersteller nicht flexible, den wechselnden Bedürfnissen weitgehend entsprechende Instrumente zur Verfügung stellten. Selbst Lead User mit guten Beziehungen nach Palo Alto wie John D. Roberts oder Richard Ernst bekamen die sinkende Innovationsbereitschaft von Varian zu spüren, ihre Vorteile schwanden mit der abnehmenden Menge der grundlegenden Instrumenteninnovationen, die von Varian verfolgt wurden. Aber auch die Minderheit von NMR-Wissenschaftlern, welche in der Lage war ihre Instrumente selbst zu bauen, stand vor dem Problem, die hohen Ausgaben für den aufwändigen Eigenbau rechtfertigen zu müssen. Die Schwierigkeiten der Wissenschaftler entstanden also nicht nur daraus, dass Mitglieder des Varian Applikationslabors wie James Shoolery nun als Konkurrenten mit unfairen Vorteilen gesehen wurden – die von der Firmenpolitik Varians ausgelöste Bedrohung des Forschungsgebietes durch den sogenannten "Varian-Stil" der NMR war viel grundlegender.

In der BRD und der Schweiz hatte die Bildung einer regionalen NMR-Gemeinschaft ähnlich wie in anderen europäischen Ländern kriegsbedingt etwas später eingesetzt. Aber auch dort begannen zunächst Physiker damit, sich mit

1231 Der Wandel der Unternehmensstrategie war von einem Wechsel der Besitzverhältnisse begleitet. Ab 1955 waren Aktien von Varian Associates auch für Investoren außerhalb der Firma erhältlich, 1959 wurden sie erstmals an der New Yorker Börse gehandelt. Varian, Russell and Sigurd Varian. The Inventor and the Pilot (1983), S.256. Das Interesse der Aktionäre lag in einem traditionell ökonomisch orientierten, Gewinn steigernden und Risiko minimierenden Management.

1232 Packard, Interview geführt am 7. und 12. Dezember 1989 von Sharon Mercer, S.11.

NMR zu beschäftigen und die bereits verbreitete IR-Spektroskopie bereitete die Chemiker darauf vor, die NMR als weitere instrumentelle Methode akzeptieren zu können. Dabei bildete sich in der Oberrhein-Neckar Gegend ein regionales Entwicklungszentrum mit den NMR-Schwerpunkten in Zürich, Basel, Freiburg i. Br., Karlsruhe, Stuttgart, Mainz und Heidelberg. Ende der 1950er Jahre begannen sich so auch in Europa kleinere NMR-Gemeinschaften zu formieren, wie in den USA unterstützt durch staatliche Förderinstitutionen, welche den Wissenschaftlern die Ressourcen zum Kauf und Betrieb der aufwändigen Instrumente zur Verfügung stellten. Im Gegensatz zu den USA spielte in der BRD das Militär keine besondere Rolle als Geldgeber, die Hauptlast trug die DFG, bei der schon um 1950 erste Versuche einsetzten, die Verwendung spektroskopischer Großgeräte gezielt zu unterstützen.

Nachdem die Bruker-Physik AG 1960 in Karlsruhe auf Initiative des Professors für Experimentalphysik und frühen NMR-Experten Günther Laukien gegründet worden war, konzentrierte man sich dort zunächst auf die Entwicklung von NMR-Impulsspektrometern, die im Gegensatz zu den inzwischen in die Chemie eingebetteten CW-Spektrometern vor allem von Physikern verwendet wurden. In diesem kleinen und wenig lukrativen Marktsegment gab es keine Konkurrenzfirmen, die vergleichbare Instrumente anboten. Laukien konnte daher einerseits als Experimentalphysiker seine eigenen Erfahrungen und Kontakte mit der NMR einbringen, andererseits eine Marktlücke nutzen, um im Geschäft mit NMR-Spektrometern Fuß zu fassen. Allerdings plante er schon bald, in den lukrativeren Markt mit den chemisch verwendeten CW-Spektrometern einzusteigen. Die technischen Schwierigkeiten konnten aber erst mithilfe des Großteils an der ETH Zürich durch den Research Technologist Hans Primas entstandenen Know-hows der Schweizer Spectrospin AG überwunden werden, die de facto die CW-Abteilung Brukers wurde, als sie Laukien 1965 durch eine Art Firmenfusion dem deutschen Hersteller angliederte.

Der Markt der chemischen NMR war lukrativ, weil in den 1960er Jahren gerade der werbewirksame Einsatz des A-60 weltweit eine Vergrößerung der Gemeinschaft der chemisch interessierten NMR-Wissenschaftler mit sich brachte. Die Zahl der Spezialisten, und damit auch die Zahl der unterschiedlichen Forschungsthemen nahm zu, es bildeten sich auch außerhalb der USA – zunächst in Europa und Japan – NMR-Zentren, die sich der Weiterentwicklung der Methode widmeten. Somit stiegen die Ansprüche an die Variabilität der Instrumente und der Grad der Unzufriedenheit mit der nach der Art des A-60 auf Großkonfektion ausgelegten Varian-Firmenpolitik. Der Trend zur Strukturbestimmung immer größerer Moleküle erforderte z.B. die Fähigkeit der Instrumente, Heterokerne wie Phosphor, Stickstoff und vor allem Kohlenstoff in guter Auflösung und Empfindlichkeit messen zu können. Dabei war es notwendig, die Interpretation der komplexer werdenden Spektren durch Mehrfachresonanzverfahren zu vereinfachen, wobei diese Verfahren sogar in der Lage waren, die Empfindlichkeit der Messung weiter zu steigern. Genau solchen Bedürfnissen entsprach die Firmenstrategie Bruker-Spectrospins, die sich in den Eigenschaften des ersten CW-Instruments des Unternehmens, dem HFX, materialisierte. Dieses Instrument ist somit dem A-60 in seiner historischen Bedeutung durchaus gleichzusetzen. In Zusammenarbeit mit Kunden aus dem akademischen Bereich und mithilfe staatlicher Förderung zur Entwicklung wissenschaftlicher Instrumente, die auch in der Wissenschaftspolitik der Bundesrepublik Deutschland, dem Vorbild und Konkurrenten USA entsprechend, als erfolgversprechende Zukunftsinvestition gesehen wurden, gelang es Bruker-Spectrospin 1965-1967 dieses konkurrenzfähige NMR-Spektrometer zu entwickeln. Mit ihm gelang bereits der Sprung in den maßgeblichen amerikanischen Markt – der Heimat des wesentlich größeren Marktführers Varian.

Bruker-Spectrospin stand in engem, wechselseitigem Kontakt zu den NMR-Wissenschaftlern, das Unternehmen war klein, flexibel, ging hohe Risiken ein, um die Methode weiterzuentwickeln und wurde dabei von der DFG durch Aufträge zu Sonderkonditionen unterstützt. Ähnlich wie Varian in seiner frühen, durch den Mitbegründer Russell Varian geprägten Phase, spielten bei Bruker die instrumententechnischen Ziele die entscheidende Rolle. Während Varian seine Bilanz in der NMR-Entwicklungsphase durch Gewinne aus dem vor allem durch das Militär geförderten Radarröhrengeschäft hatte ausgleichen können, war Bruker besonders auf die Vorfinanzierung durch die staatliche Förderorganisation angewiesen. Die DFG zeichnete zudem eine starke Multiplikatorwirkung aus, da sie über das Apparatereferat mit sehr vielen an der Instrumentierung interessierten Akteuren in Kontakt stand und als staatlich finanzierte, unabhängige Beratungsinstanz großes Vertrauen genoss. Daher war die DFG für Bruker nicht nur als Geldgeber entscheidend, sondern konnte für die Firma auch den Markt der anspruchsvollen NMR-Spektrometer öffnen. Neben den gut funktionierenden, bedarfsgerecht und innovativ konstruierten Instrumenten war das über das Apparatereferat der DFG vermittelte Vertrauen in die Firma ein wertvoller Verkaufsfaktor, denn mit den ersten Bruker CW-Instrumenten wurde nicht auf konkrete Bestellungen reagiert, sondern gezielt Wissenschafts- und Wirtschaftspolitik betrieben.

Die Vorschüsse der DFG zur Entwicklung des HFX waren zeitlich eng begrenzt, daher war Bruker-Spectrospin auf schnellen, kommerziellen Erfolg angewiesen. Auch wenn betriebswirtschaftliche Überlegungen und Marketing nicht die Hauptrolle bei der Instrumentenentwicklung spielten, waren sie dennoch von Beginn an ein wichtiger Aspekt der Spektrometerentwicklung bei Bruker-Spectrospin, da sich das Unternehmen im Gegensatz zu Varian in einem bereits etablierten Markt erst positionieren musste. Die Bereiche Ökonomie, Staat und Wissenschaft flossen dabei nicht gänzlich ineinander, sondern waren über die Instrumente selbst, aber auch über die Förderinstitution DFG mit ihren Gremien und Angestellten eng miteinander gekoppelt. Wirtschaftspolitische Aspekte wurden vonseiten der DFG gerne in ausweichenden Formulierungen heruntergespielt wie z.B., man wolle "die experimentellen Wissenschaften vor den Folgen eines Rückschritts in der einheimischen Instrumentenfabrikation [...] bewahren."[1233] Im Hintergrund stand aber letztlich das lineare Modell mit der Überzeugung dass naturwissenschaftliche Leistung eng mit dem technischen und ökonomischen Erfolg und so auch mit dem gesellschaftlichen Fortschritt verbunden wäre.[1234] Die DFG-Instrumentenspezialisten spielten daher beim Aufbau der erfolgreichen deutschschweizer NMR-Geräteproduktion eine wichtige Rolle. Zudem konnten sich erst mithilfe staatlich finanzierter Instrumentenförderung die an den Universitäten arbeitenden NMR-Wissenschaftler als größte Kundengruppe die teuren Spektrometer leisten, was es Bruker ermöglichte, eine hinreichende Zahl an Verkäufen zu tätigen. Aber die Rolle der Förderorganisation ist noch aktiver zu verstehen, denn sie hatte über die Instrumentenauswahl der Fachgutachter und der Angestellten im Apparatereferat, die beratend tätig waren, auch eine forschungslenkende Funktion, die bisher in wissenschaftshistorischen Arbeiten zu wenig beachtet wurde. Die Vorstellungen des einzelnen Wissenschaftlers waren im Instrumentenbereich nicht das einzige Maß der Dinge. Dem zentralen Einkauf und der Leihgabenverwaltung der DFG kam eine erhebliche Autorität gegenüber Herstellern und Kunden zu. Es bestanden vielfältige Kontakte zu Wissenschaft, Industrie und Behörden, sodass diese Abteilung durch die weitgehend unverbindliche Beratertätigkeit einen deutlich über ihre direkten Entscheidungsbefugnisse[1235] hinausgehenden Einfluss auf das System der modernen Naturwissenschaften ausübte.[1236] Herauszuheben ist dabei, dass Auftraggeber und Instrumentenproduzent die Verkaufsmodalitäten trotz der recht hohen Beträge und Risiken erstaunlich flexibel an die jeweiligen

---

1233 Deutsche oder ausländische Geräte? Denkschrift des ehemaligen (bis 1. Oktober 1968) Betreuers des Referats Allgemeine Ingenieurswissenschaften inkl. Bauingenieurswesen, Bergbau- und Hüttenwesen, Architektur an der DFG-Zentralverwaltung Heitz, [1969]. Abschnitt F, Punkt 4. BArch B 227, Film Nr. 51 FC7536N, 402,4.

1234 Vgl. ebd.

1235 Das Apparatereferat durfte Entscheidungen, die kleinere Geldsummen betrafen, selbst fällen, um unnötigen Verwaltungsaufwand zu vermeiden.

1236 Deutsche oder ausländische Geräte? Denkschrift des ehemaligen (bis 1. Oktober 1968) Betreuers des Referats Allgemeine Ingenieurswissenschaften inkl. Bauingenieurswesen, Bergbau- und Hüttenwesen, Architektur an der DFG-Zentralverwaltung Heitz, [1969]. Abschnitt C, Punkt 26-41. BArch B 227, Film Nr. 51 FC7536N, 402,4.

Bedürfnisse der Beteiligten – seien es Hersteller, Förderorganisation oder Wissenschaftler – anpassten.

Die Marketingstrategie Günther Laukiens war es, besonders auf die Bedürfnisse der NMR-Spezialisten einzugehen und über schnellen und umfassenden Service die Kontakte zu den Wissenschaftler-Kunden intensiv zu pflegen. Daneben nahm das Unternehmen auch weitere, bereits von Varian genutzte Kommunikationswege wahr: Bruker-Mitarbeiter waren auf Messen und Tagungen zu finden, die Firma organisierte Seminare und trug über fachlich anspruchsvolle Firmenschriften ebenso zur Verbreitung von neuem NMR-Wissen bei wie durch ein eigenes Applikationslabor, das den Wissenschaftler-Kunden bei schwierigen Messproblemen Hilfestellung anbot. Die Bedürfnisse der Wissenschaftler wurden weiterhin vor allem durch das Ziel der Strukturaufklärung großer Biomoleküle generiert, so blieb die Steigerung von Auflösung sowie Empfindlichkeit und die Variabilität der Spektrometer von herausragender Bedeutung. Entsprechend der Firmenstrategie engagierte sich Bruker-Spectrospin stark bei den neuen Techniken, die diese Eigenschaften verbessern konnten, wie den supraleitenden Magneten oder der iterativen Messung nach dem Impulsverfahren mit einer anschließenden computerisierten Fourier-Transformation. Die FT-Messung verwandelte die Metrologie der NMR entscheidend. Während in der frühen chemischen NMR ein langsamer Scan über die Anregungsfrequenzen der Kernspins erfolgte, wurde nun mit einer Reihe von intensiven Impulsen das gesamte untersuchte Frequenzband auf einmal angeregt und es entstand mit dem aus den verschiedenen Eigenfrequenzen zusammengesetzten FID-Signal ein neuartiger Satz spektroskopischer Rohdaten. Diese wurden digital gespeichert und daraus per Computer das konventionelle, energieabhängige Spektrum errechnet. Bereits bekannte Verfahren wie die Spin-Entkopplung mussten mithilfe neuer Software an die FT-Messung angepasst werden. Gerade die Softwareprogrammierung gab den NMR-Wissenschaftlern die Möglichkeit, trotz der immer komplexeren Instrumententechnik weiterhin aktiv an der Methodenentwicklung teilzunehmen und die NMR kontinuierlich an ihre wechselnden Bedürfnisse anzupassen. So blieb die NMR ein flexibles Forschungsgebiet, das neue Ideen und damit neues Wissen generierte.

Was die Variabilität der Instrumente als ein wissenschaftliches Grundbedürfnis betrifft, so gaben vor allem Messungen anderer Kerne als des zunächst als Standard verwendeten Wasserstoffs, insbesondere des Kohlenstoffs, zusätzliche Informationen zur Strukturaufklärung größerer Moleküle. Gerade diese Multikernfähigkeit war von Beginn an einer der größten Vorteile der Bruker-Spectrospin-Instrumente. Als Anfang der 1970er Jahre ein heftiger Konkurrenzkampf um den Markt der Standard-NMR-Instrumente tobte, blieb Bruker-Spectrospin mit seinen für die Forschung gebauten Spitzenspektrometern weitgehend unbehelligt, und als ein neues Instrumentalsystem den weiteren Weg der NMR bestimmte, sicherte die Firmenstrategie eine unangefochtene Führungsposition unter den NMR-Instrumentenproduzenten. 1969-1971 revolutionierte dieser neue Instrumententyp die NMR, der verschiedene Verfahren zusammenführte. Die Kombination von supraleitendem Magneten, Multikernausrüstung, Impulsverfahren, computerisierter Messsteuerung und Datenverarbeitung mit Fourier-Transformation stellte bereits den bis heute bestimmenden NMR-Spektrometertyp dar. Die führende Rolle Bruker-Spectrospins lag nicht in der Erfindung vieler Einzelkomponenten, sondern in der bedarfsgerechten Kombination dieser Module des Instrumentalsystems. Anders als erwartet überstieg auch die ökonomische Bedeutung der anspruchsvollen Instrumente schnell die der einfacheren, immer noch mit Eisenmagneten ausgerüsteten Standardgeräte. Einerseits steigerte den Absatz der Spitzeninstrumente die Tendenz, die NMR-Messungen erfahrenen und mit technisch besseren Instrumenten arbeitenden Spezialisten zu überlassen, andererseits verbesserte der Wechsel zum Impulsverfahren und vor allem die zunehmende Verwendung von Computern zur Datenerhebung und -verarbeitung die Flexibilität und die Messgeschwindigkeit der Instrumente entscheidend, was ebenfalls den Trend unterstützte, Auftragsmessungen durchführen zu lassen. Während also eine stärkere soziale Ausdifferenzierung der NMR in Spezialisten, Standardbenutzer und Kunden einsetzte, wurden die Instrumente anspruchsvoller und universeller, wie das in Kap. 6 erwähnte Beispiel der Festkörperspektroskopie zeigt, die durch die Instrumentenentwicklung wieder näher an den Mainstream der Flüssigkeits-NMR herangeführt wurde.

Das generelle Erscheinungsbild der in der chemischen Praxis verwendeten Spektren änderte sich durch die bisher aufgeführten Variationen nicht. Ein über die gewohnte Spektrendarstellung hinausgehender Entwicklungssprung am Ende des betrachteten Zeitraums ging auf die in den 1960er und 1970er Jahren entwickelten Mehrfachresonanzverfahren zurück. Prinzipiell wurde dabei die Probe während des Messvorganges durch zusätzlich eingestrahlte elektromagnetische Wellen angeregt. Die Spektren konnten so zur besseren Interpretation vielfältig manipuliert werden, ihr Erscheinungsbild und die Übersetzungsregeln wurden damit variiert. In der Summe dieser Entwicklungen bestand Ende der 1960er Jahre die begründete Aussicht, in Zukunft allein mit der NMR Molekülstrukturen großer Biomoleküle zu konstruieren. Mit zunehmender Größe der untersuchten Moleküle wurden aber die spektroskopischen Datensätze immer umfangreicher. Hier stellten die Computer einen wichtigen Baustein des Instrumentalsystems, denn computerisierte FT-Verfahren erlaubten die exakte Variation der Impulssequenzen für die Mehrfachanregung und die produzierten Datenmengen wären ohne Computereinsatz nicht zu beherrschen gewesen. Die

Spektren größerer Moleküle konnten dennoch wegen der hohen Informationsdichte und der Signalüberlagerungen nicht so einfach gelesen und in eine chemische Struktur übersetzt werden, daher musste die erhaltende Informationsmenge z.B. durch Spinentkopplung gezielt reduziert werden, um für die Wissenschaftler interpretierbare Aufzeichnungen zu schaffen. In den 1970er Jahren wurden dann neuartige, mehrdimensionale Spektrendarstellungen erfunden, die den zuvor in Kauf genommenen Informationsverlust vermieden, weil sie auch bei hoher Datendichte für die Wissenschaftler "lesbar" blieben, d.h. in chemische Strukturen übersetzt werden konnten. Diese mehrdimensionalen Verfahren nutzten die bereits vorhandenen, seit dem Ende der 1960er Jahre eingeführten Hardwarekomponenten des NMR-Instrumentalssystems, daher konnten die bereits existierenden Instrumente allein durch veränderte Software an die mehrdimensionale NMR angepasst werden. Leistungsfähige Computersysteme übersetzten die großen Datenmengen in Strukturformeln, was um 1980 die alleine mit NMR durchgeführte Strukturaufklärung großer Moleküle ermöglichte.

Die Veränderungen der 1970er Jahre zeigen, dass sich die NMR-Zentren international ausbreiteten und insbesondere europäische NMR-Wissenschaftler seit den späten 1960er Jahren wesentlichen Anteil an der Methodenentwicklung hatten. So kehrten Richard Ernst wie auch Kurt Wüthrich aus den USA nach Zürich in die Schweiz zurück und bauten dort ein in der mehrdimensionalen NMR führendes Forschungszentrum auf. Ebenso fanden wesentliche Entwicklungen des Magnetic Resonance Imaging, einer Variante der mehrdimensionalen NMR, in Großbritannien und der Schweiz statt. Der Aufstieg Bruker-Spectrospins und anderer NMR-Instrumentenhersteller trug erheblich zur weltweiten Vernetzung der NMR bei und international ausgelegte Gesellschaften wie z.B. A.M.P.E.R.E. oder ISMAR mit den von ihnen organisierten Tagungen spiegelten die zunehmende Internationalisierung wieder. NMR-Wissenschaftler hatten ihren Arbeitsbereich in doppelter Hinsicht ausgedehnt, einerseits geografisch, andererseits auf die Wissensgebiete der Biologie und Physiologie. Während es mit dem Erfolg des A-60 in der ersten Hälfte der 1960er Jahre noch danach aussah, als hätte die NMR den mit der IR-Spektroskopie vergleichbaren Status eines stabilisierten Werkzeuges erreicht, begann Ende des Jahrzehnts die rasante technische und methodische Entwicklung, welche der NMR dauerhaft den Rang eines eigenständigen Forschungsgebietes sicherte. Damit war es zur in dieser Form nicht vorhersehbaren Wende der NMR-Entwicklung gekommen, die bereits James Shoolery beschrieben hat, wobei er auch einen Zusammenhang mit den Aktivitäten der Instrumentenhersteller andeutete:[1237]

1237 Shoolery, "The Development of Experimental and Analytical High Resolution NMR" (1995), S.38.

> The development of nuclear magnetic resonance spectrometers, in which Varian Associates played a primary, almost solitary, role for two decades, provides a notable example of successful transfer of academic insights to industry. As the technology matured, other companies joined Varian in a search for improvements. The dynamic industry that resulted has served the scientific community well.

7.2. Drei Phasen der NMR-Entwicklung

Die skizzierte Entwicklung der NMR 1945-1980 kann in drei Phasen eingeteilt werden. Während der Explorationsphase zwischen 1945 und 1952 wurden die Möglichkeiten der, zunächst in der Kernphysik eingesetzten, neuen Instrumente erkundet und ihre Leistungsfähigkeit verbessert. Einerseits eröffneten unerwartete Messergebnisse Möglichkeiten im Bereich der chemischen Analytik, andererseits gab es Versuche, die NMR für ganz unterschiedliche Zwecke wie qualitative und quantitative chemische Analysen, geophysikalische Untersuchungen zur Erkundung von Rohstofflagerstätten, oder zur Ortung von U-Booten einzusetzen. Ein generisches NMR-Instrument und seine Optionen waren zentrale Elemente dieser von Research Technologists bestimmten Versuche, die NMR in verschiedene Kontexte einzubetten. Geografisches Zentrum der Bemühungen war ausschließlich die USA und die vom Research Technologist Russell Varian gegründete Firma Varian Associates kann in dieser Zeit aufgrund ihres auf die Instrumentenforschung konzentrierten Arbeitsstils, ihrer Zielsetzungen und der Interessen ihrer Mitarbeiter als eine Institution für Research Technology betrachtet werden. Die Wissenschaftler und Ingenieure Varians suchten ergebnisoffen, d.h. ohne den konkret wahrnehmbaren Bedürfnissen eines bereits existierenden Marktes folgen zu können, nach grundlegend neuen Instrumenten für ganz verschiedene Arbeitsbereiche.

Ab 1952 setzte dann in einer zweiten Phase die gezieltere Entwicklung ein, welche die NMR als chemisch-analytisches Instrument zu stabilisieren und nach dem Vorbild der Infrarotspektroskopie in der Chemie zu etablieren suchte. Die nun auch um die Kommerzialisierung ihrer chemischen Instrumente bemühten Mitarbeiter von Varian Associates und eine entstehende Gruppe von chemisch interessierten, akademischen NMR-Wissenschaftlern hatten komplementäre Interessen und arbeiteten synergetisch nicht nur an der Einbettung der NMR in den chemischen Kontext, sondern auch an der Konstruktion einer neuen, chemisch-analytischen Standardmethode. Dies war die Phase der Methodenmacher, die wissenschaftliche und technische Arbeitsweisen so eng miteinander verzahnte, dass die Aktivitäten des Instrumentenherstellers Varian kaum von denen eines akademischen Instituts zu unterscheiden waren – vielleicht mit der Ausnahme, dass Varian wohl mehr Geld und Arbeit investierte als akademische

Institutionen. Auch die besonders finanzkräftigen Forschungsinstitute der Industrie als frühe Kunden der ersten kommerziellen NMR-Spektrometer arbeiteten nach akademischen Kriterien und nicht ausschließlich gewinnorientiert. Da die Verbindungen der Instrumentenabteilung Varians zu den NMR-Wissenschaftlern insbesondere in Stanford so eng und die Firmenkultur so stark an akademischen Werten orientiert waren, kann kaum von einem ausdifferenzierten Hersteller-Kunden Verhältnis gesprochen werden. Die NMR wurde von den über Instrumentenmacher und staatliche sowie industrielle Forschungseinrichtungen verteilten NMR-Wissenschaftlern für die Chemie domestiziert, d.h. ihre technische Ausführung, ihre theoretischen Grundlagen und ihre praktische Durchführung an die Chemiker und das chemische Labor angepasst, aber auch die Chemiker und ihr Wissensbestand über Seminare, Artikel, Broschüren und auch Lehrbücher mit der Methode vereinbar gemacht. Die von den Methodenmachern betriebene, wechselseitige Anpassung von Methode und Benutzern führte dazu, dass um 1959 die NMR ein anerkanntes chemisch-analytisches Verfahren war. Damit wuchs die NMR-Spektrometerherstellung bei Varian Associates und näherte sich einer nach klassisch industriellen Maßstäben organisierten Güterproduktion. Russell Varian, dessen Ideale die Frühzeit des Unternehmens prägten, blieb aber weiter bei seinen wenig industriekapitalistisch anmutenden Überzeugungen:[1238]

> A worker cannot feel himself a vital or important part of a team if he has no knowledge of the subject of the team play or the importance of his contribution to it. If a worker has, for instance, been reduced to drilling holes in pieces of metal and neither knows nor cares what for, he has been degraded from a workman to an automaton and has been robbed of part of his birthright.

Aber mit der wachsenden NMR-Gemeinschaft wuchsen auch die Gewinnaussichten und die Instrumentenabteilung Varians wurde mehr und mehr zum Instrumentenproduzenten, der vor allem nach ökonomischen Kriterien arbeitete. 1955 überstiegen die Umsätze der Produktion erstmals erheblich die der Forschungs- und Beraterauftäge.[1239] Mit wachsender Unternehmensgröße und dem bedeutender werdenden kommerziellen Erfolg der NMR-Spektrometer galt Russell Varians Unternehmensphilosophie zunehmend als zu idealistisch und unrealistisch; sie wurde den klassischen Maximen der Industrieproduktion angepasst. Zwar gab es immer noch Research Technologists im Unternehmen, die an der NMR-Entwicklung arbeiteten, wie die Übertragung des FT-Verfahrens auf

1238 Editorial Russell Varians in der Varian Firmenzeitschrift, zitiert nach Varian, Russell and Sigurd Varian. The Inventor and the Pilot (1983), S.288.

1239 Lécuyer, Lenoir, "Instrument Makers and Discipline Builders" (1995), S.303 und S.307-308.

die NMR zeigt, dennoch hatten Ende der 1950er Jahre die Research Technologists ihre tragende Rolle verloren:[1240]

> One thing they [, Russell and Sigurd Varian,] didn't want was to have the company get too large, which was always their constant fear. In the early days, when we were doubling in size every year, they were very much concerned about that, and rightly so. They eventually lost control of the company. Their philosophy became unworkable when Varian became a large organization. It was really too bad, but there was no way around it.

Die Veränderungen werden auch daran deutlich, dass es zu ersten Meinungsverschiedenheiten in der engen Kooperation des Unternehmens mit den akademischen NMR-Wissenschaftlern kam, in denen sich ernsthafte Interessenkonflikte zeigten. Eine derartige Entwicklung scheint nicht untypisch für die im Laufe der Instrumentenrevolution des 20. Jahrhunderts gegründeten Instrumentenfirmen zu sein, so zeigt die Schilderung der frühen Geschichte von Baird Associates, dass sich durch das Unternehmenswachstum Kultur und Stil der Firma von einem "Laden" unternehmenslustiger Akademiker in ein modernes Produktionsunternehmen mit Niederlassungen in verschiedenen Ländern änderten, das viel konsequenter an ökonomischen Kriterien ausgerichtet war.[1241]

Um 1959 begann damit die dritte Phase der NMR, die in mehrfacher Hinsicht durch Expansion gekennzeichnet ist. Einerseits wurde mit dem in der Entwicklung befindlichen Standardspektrometer Varian A-60 die NMR weltweit in der chemischen Praxis verankert und der bis dahin vor allem auf die USA beschränkte NMR-Markt dehnte sich global aus, wurde umkämpfter. Die mit zunehmender Ökonomisierung oder Kommerzialisierung beschreibbare Entwicklung könnte als lineare Fortsetzung der Stabilisierungsphase betrachtet werden, wenn nicht zusätzlich eine durch das Interesse der NMR-Wissenschaftler vorangetriebene, methodische Expansion die Entwicklung bestimmt hätte, welche dafür sorgte, dass die NMR selbst immer wieder epistemische Dinge generieren, und so Objekt wissenschaftlicher Forschungsprogramme bleiben konnte. Anders als Methoden wie die Infrarot- oder Ultraviolettspektroskopie, die eine lange Stabilisierungsphase erlebten, gestattete es die schnell einsetzende Expansion in die an die organisch-chemische Analyse anschließenden Gebiete der Lebenswissenschaften der NMR ein eigenständiges, wissenschaftlich anerkanntes, disziplinähnliches Arbeitsgebiet auszubilden. Theoretische, experimentelle, instrumentelle und soziale Strukturen der Methode waren wechselseitig mit dieser Entwicklung verbunden, denn über die NMR wurden theoretische Vorstellung und experimentelle Methoden der klassischen Disziplinen Chemie, Biologie

---

1240 Kane, Interview geführt im November 1989 von Sharon Mercer, S.17.

1241 Baird, "Histories of Baird Associates" (2002), S.131, S.135-137 und S.145.

und Physiologie koordiniert und verknüpft. Diese weit über die Aufgaben eines technischen Werkzeuges hinausgehende Stellung machte die herausragende Qualität der NMR aus und bildete die Grundlage für ihr hohes wissenschaftliches Prestige. Die dafür notwendigen flexiblen Instrumente ermöglichten immer komplexere Messverfahren. Heterokernmessungen und Mehrfachresonanzverfahren legitimierten die teuren Instrumente, da sie neues Wissen über die räumliche Struktur immer größerer Moleküle aus den Bereichen der Biologie und Physiologie schufen. Supraleitende Magnete, FT-Verfahren, und eine digitalisierte Datenverarbeitung ermöglichten die Aufnahme und mehrdimensionale Darstellung von Spektren komplexer Biomoleküle, die nur mit den modernen instrumentellen Hilfsmitteln interpretierbar waren. NMR-Wissenschaftler konnten auf der Basis der nun stabilisierten Methode ein Expertensystem kodifizieren,[1242] das sie an die Bedürfnisse des stetig expandierenden Anwendungsgebietes anpassten, das aber auch andererseits Disziplinen und Subdisziplinen der Lebenswissenschaften durch die neuen instrumentellen Möglichkeiten veränderte, insbesondere durch die nach 1975 zunächst an Universitätslaboratorien durchgeführten mehrdimensionalen Experimente.[1243] Shinn beschreibt ähnliche Entwicklungen als ′Verdünnung′ von Research Technology.

Tab. 7: Drei-Phasen-Modell der NMR-Spektrometerentwicklung.

Phase	**Zeit-raum**	**Instrumen-tentyp**	**Dominanter Arbeitsmodus**	**Methoden-entwicklung**
Exploration	1945-1952	Generisch	Research Technology	grundlegende, ergebnisoffene Erfindungen
Konsolidie-rung	1952-1959	Stabil	Methodenma-cher	Übertragung, Domestikation, Einbettung
Expansion	ab 1959	Flexibel	Technik und Wissenschaft	Wissenserwerb, Aneignung

1242 Zur Bedeutung des Kodifizierens, das nicht nur als Aufzeichnen, sondern auch als eigener Bereich der Erzeugung von Expertenwissen verstanden ist, der durch eine stabile Umgebung vereinfacht wird, vgl. Cowan, "Expert Systems: Aspects of and Limitations to the Codifiability of Knowledge" (2001), S.1371.

1243 Vgl. z.B. Feeney, "Development of High Resolution NMR Spectroscopy as a Structural Tool" (1992), S.213 und Günther, NMR-Spektroskopie. Eine Einführung (1973), S.288.

Diese Phasen der NMR-Entwicklung zwischen staatlichen Institutionen und Industrie, zwischen akademischer Wissenschaft und kommerziellem Instrumentenbau lassen sich auch anhand der Karrieren einzelner NMR-Wissenschaftler beobachten. Harden M. McConnell (*1927) hatte z.B. am CalTech studiert und ging 1950 zwischenzeitlich mit einem Stipendium an die University of Chicago. Nach seiner Promotion 1951 am CalTech wechselte er zur Shell Development Company nach Emeryville/Ca., wo er die Chance hatte, ein NMR-Forschungsprogramm zur organisch-chemischen Analyse aufzubauen, durch das er einer der ersten CW-NMR-Kunden von Varian Associates wurde.[1244] McConnell begann molekulare Strukturen mit NMR zu untersuchen und interpretierte erstmals NMR-Spektren auf gruppentheoretischer Basis. 1956 engagierte ihn das von Linus Pauling geleitete Chemiedepartment am CalTech als Assistant Professor. 1959 wurde er dort Professor für Chemie, 1963 für Chemie und Physik. Er wechselte 1964 nach Stanford, auch weil dort durch die Nähe zu Varian exzellente NMR-Arbeitsbedingungen geboten wurden, denn er arbeitete ab 1963 zusammen mit Varian Associates an der supraleitenden NMR. Sein Forschungsinteresse wanderte dabei in den Bereich biologisch relevanter Verbindungen.[1245]

Nach dem hier interpretierend strukturierten chronologischen Verlauf der NMR-Entwicklung von 1945 bis 1980 sollen nun die Veränderungen und konstanten Elemente der NMR-Geschichte diskutiert werden.

7.3. Variablen und Konstanten der NMR-Geschichte

Wie im zweiten und dritten Kapitel gezeigt wurde, ist die treibende Kraft hinter der wissenschaftlichen Innovation der chemischen NMR mit dem Begriff 'Physiker' nur sehr unzureichend beschrieben. Das Konzept des Research Technologists definiert den innovativen Prozess genauer. Obwohl Physiker wie Felix Bloch eine wichtige Rolle in der NMR-Geschichte spielten und Elemente von Research Technology zeigten, war die entscheidende Person für die Übertragung der Instrumente und damit den Beginn der chemischen NMR Russell Varian, der nicht in das klassisch akademische Disziplinenraster passt.

Da die NMR-Projekte in der Regel durch staatliche, militärische, oder zivile Aufträge finanziert wurden, arbeiteten die Instrumentenmacher bei Varian in einem Zwischenbereich zwischen Ökonomie, Akademie und staatlichen Organisationen. Weiter stellte sich Varians Instrumentenabteilung die Konstruktion von Messsystemen als zentrale Aufgabe und Drittens bildete ein generisches Instrument, das 1946 patentierte NMR-Spektrometer, die Basis der verschiedenen NMR-Unternehmungen. Die Grundzüge von Research Technology finden sich

1244 Packard, Interview geführt am 7. und 12. Dezember 1989 von Sharon Mercer, S.40-41.
1245 Gaffney, Thomas, Griffith, "Harden McConnell: The Science Speaks for Itself" (1993).

nicht nur im Unternehmen Varian in dieser Zeit, sondern auch der Firmengründer Russell H. Varian und eine Reihe seiner Kollegen und Freunde lassen sich als Research Technologists charakterisieren. Russell Varian war überzeugt, seine Firma durch die Erfindung und Patentierung grundlegend neuer Instrumente und technischer Neuentwicklungen erfolgreich führen zu können.[1246] Die treibende Kraft der Instrumentenentwicklung war nicht der maximale Gewinn, denn die Instrumente wurden in so kleinen Stückzahlen verkauft, dass etwa zehn Jahre lang kein finanzieller Überschuss zu erwirtschaften war. Im Vordergrund stand das Interesse und der Spaß der Entwickler am kreativen Gestalten von neuen Instrumentalsystemen.

Nach der von Hans-Jörg Rheinberger vorgeschlagenen Unterscheidung von Technik als das bereits Bekannte, effizient stabilisierte Wissen und Wissenschaft als das Generieren von Differenz, von etwas Neuem, zwar Absehbaren aber gerade noch nicht Bekannten,[1247] bilden Technik und Wissenschaft zusammen als konstitutive Elemente den Arbeitsbereich von Research Technology. Das Disembedding und die Erfindung eines generischen Instrumentes kann als destabilisierendes Element verstanden werden, das die Voraussetzung dafür ist, neue Resultate zu erzeugen. Damit changierte die gerade entstehende instrumentelle Methode zwischen Wissenschaft und Technik: Sie blieb wissenschaftlich, solange sie sich veränderte und Veränderungen generierte und wurde umso technischer, je exakter sie auf einen Arbeitsbereich und ein Verfahren festgelegt war. Aus dieser Perspektive war die Funktion der Research Technology die differenzielle Reproduktion,[1248] sie erzeugte etwas Neues, schuf dabei aber auch Kohärenz, z.B. zwischen Quantenphysik, Molekülspektroskopie und Organischer Chemie. Eine solche Beschreibung zeigt interessante Parallelen zu einem in der Ökonomie schon lange bekannten Prinzip. Joseph Schumpeter stellte in seinen Untersuchungen zur Innovation in ökonomisch-technischen Systemen das Konzept der Kreativen Zerstörung vor.[1249] Bei ihm ist das zentrale innovative Element eine spezifische Art von Unternehmer, der nicht nur auf Gewinnmaximierung aus ist, sondern kreativ nach neuen Gewinnmöglichkeiten sucht. Dabei erschafft er neue Produkte, von denen er vermutet, dass Bedarf besteht. Mit dem Erfolg eines solchen neuen Produktes tritt das destruktive Element ein,

---

1246 Shoolery, "NMR Spectroscopy in the Beginning" (1983), S.733A.

1247 Rheinberger, Experiment, Differenz, Schrift. Anmerkungen zur Geschichte epistemischer Dinge (1992); Rheinberger, Experimentalsysteme und epistemische Dinge (2006), S.27-34.

1248 Ders., ebd., S.88-101.

1249 Schumpeter, Theorie der wirtschaftlichen Entwicklung. Eine Untersuchung über Unternehmergewinn, Kapital, Kredit, Zins und den Konjunkturzyklus (1993); ders., Capitalism, Socialism and Democracy (1975).

weil es andere Produkte vom Markt verdrängt. Das Konzept ist auf den Fall der NMR gut übertragbar, wobei die Research Technologists die Rolle kreativer Erfinder-Unternehmer ausfüllen. Sie führten eine neue analytische Methode in die Chemie ein und verbreiteten sie dort. Gleichzeitig zerstörten sie dadurch zum großen Teil das Arbeitsgebiet traditioneller analytischer Methoden wie der Gravimetrie oder der Gasometrie. Die Kreativität bezieht sich dabei nicht nur auf die Schaffung einer neuen Methode, mit der bekannte Fragestellungen leichter oder besser bearbeitet werden konnten, denn mit den durch die NMR gewonnenen Daten wurde eine Fülle von theoretischen Modifikationen und Verfeinerungen erreicht, die selbst wieder Ursprung neuer Fragen und Arbeitsbereiche waren.

Research Technology blieb aber nicht das bestimmende Element der NMR. Mit der erfolgreichen Einbettung in die Chemie und der stärkeren Orientierung auf chemische Anwendungen trat die generische Ausrichtung der Instrumente zurück. Dieser Wandel wird besonders an den Veränderungen bei Varian Associates deutlich. Dort verloren die Research Technologists der ersten Jahre an Einfluss, da die inzwischen gewachsene NMR-Abteilung ein professionelles, ökonomisch orientiertes Management erforderte. Eine informelle, von den Ingenieuren, Technikern und Wissenschaftlern mit Ad Hoc-Entscheidungen geführte Betriebsorganisation war bei der gewachsenen Anzahl an Mitarbeitern nicht mehr praktikabel. Zudem fand Ende der 1950er Jahre ein Generationswechsel in der Betriebsleitung statt, der das Arbeitsklima merklich veränderte und seine Ursache nicht nur im Unfalltod von Russell und Sigurd Varian hatte:[1250]

> No matter what anybody says today, I don't think there's hardly a vestige of the original concepts that Russ and Sig wanted to be part of the company. Things developed to the point where both Russ and Sig were disillusioned with the company. All they got out of it was a personal estate and some stock. They eventually lost interest in the company. I think that happened before they died.

Nach Rheinbergers Konzept von Wissenschaft als im Gegensatz zur Technik weitgehend ergebnisoffener Tätigkeit ist die Flexibilität das Hauptmerkmal eines wissenschaftlichen Instruments und trennt es vom technischen Werkzeug. Derartiges Werkzeug wird zwar durchaus in wissenschaftlichen Experimentalsystemen eingesetzt, allerdings nur als eine Art genau definierter Operator, der präzise funktionieren muss, aber sonst nicht weiter interessant ist und kein wissenschaftliches Prestige genießt. Standardinstrumente in der IR- und UV-Spektroskopie erreichten in den 1950er Jahren schnell diesen Status und verbreiteten die jeweilige Methode als technisches Hilfsmittel der Chemie. In dieser Form trug das Varian A-60 mit allen begleitend unternommenen Marketingprojekten

1250 Kane, Interview geführt im November 1989 von Sharon Mercer, S.23.

zur Verbreitung der NMR bei. Das im Modus einer 'Black Box' arbeitende Gerät nahm dem Benutzer einen großen Teil der Verantwortung ab, entzog ihm aber auch partiell die Kontrolle. Nach den Vorstellungen von Varian sollte die industriell standardisierte Messung und nicht die an der Methode orientierte Forschung den weiteren Weg der NMR bestimmen. Nicht zuletzt wegen des Verkaufserfolgs des A-60 erschien diese Strategie durchaus als aussichtsreich.

Doch die NMR trat entgegen der Erwartung in eine neue, an anderen Kriterien orientierte Entwicklungsphase ein, denn die NMR-Wissenschaftler wollten keine Standard-, sondern flexible Forschungsinstrumente. Der Widerstand der Wissenschaftler, die den wissenschaftlichen Status ihres Arbeitsgebiet erhalten wollten, gegen die Technisierung der NMR war beträchtlich, zumal die Zahl der NMR-Wissenschaftler, die Vielfalt und das Prestige der Methode wuchsen. Hier liegt einer der Gründe des Erfolges von Bruker-Spectrospin, denn das Unternehmen versuchte gerade zu der Zeit mit einer der neuen, expansiven NMR-Phase angepassten Strategie im Markt der chemischen NMR Fuß zu fassen, in der sich die Entscheidung des Varian-Managements als unangemessen abzeichnete, das hohe ökonomische Risiko zu meiden und die neuen, in der eigenen Forschungsabteilung entwickelten radikalen Neuerungen nicht oder nur zögerlich in die Instrumentenproduktion zu übernehmen.[1251] Die Entwickler bei Bruker-Spectrospin suchten gerade solche Ansätze und die Firma nahm das Risiko auf sich, in Zusammenarbeit mit anderen Unternehmen und NMR-Wissenschaftlern generische Instrumente wie den Computer, den Algorithmus der Fourier-Transformation, oder die neuen Supraleiter vollständig in die NMR einzubetten.

Das Basiswissen über die chemische NMR bei Bruker-Spectrospin kam aus der Schweiz, wo Ende der 1950er Jahre in Zürich ein europäischer NMR-Knotenpunkt entstanden war. Der Physikprofessor Heinrich Günthard baute an der ETH Zürich ein Zentrum für moderne elektronische Messmethoden in den Naturwissenschaften auf und der Chemiker, Physiker und Research Technologist Hans Primas hatte dort CW-NMR-Spektrometer konstruiert, die von einer kleinen NMR-Abteilung des elektrotechnischen Unternehmens Trüb & Täuber Cie. in Kleinserieninstrumente umgesetzt wurden. Analog zu Varian Associates und der Universität Stanford wurden hier NMR-Spektrometer in enger Zusammenarbeit von akademischer Einrichtung und privatwirtschaftlichem Instrumentenbauer konstruiert. Im Gegensatz zur Situation bei Varian ging in Zürich die Initiative zum Bau der NMR-Spektrometer aber von der Hochschule aus, da dort der Research Technologist Primas arbeitete. Das unterstreicht die Bedeutung der Research Technology bei der Entwicklung der ersten NMR-Spektrometer,

1251 Waugh, "NMR Spectroscopy in Solids. A Historical Perspective" (1993), S.726A.

unabhängig vom Ort und von der Institution. Es gibt bei allen Unterschieden auch erstaunliche Ähnlichkeiten zwischen Russell Varian und Hans Primas. Ihr Ausbildungsgang entsprach nicht der akademischen Norm und sie arbeiteten an der Konstruktion neuer Messgeräte, wobei der ökonomische Aspekt nicht im Vordergrund stand. Die Karriere der beiden hätte sich wohl noch stärker geähnelt, wenn Russell Varians Versuche Erfolg gehabt hätten, sich im Physik Department der Universität Stanford zu etablieren, die wie die ETH Zürich starke Verbindungen zu technischen Bereichen pflegte.

Das kreative technische Interesse war Teil der Firmenphilosophie bei Bruker-Spectrospin, und unter diesem Aspekt ähnelte man der frühen Instrumentenabteilung von Varian Associates. Der Fall der FT-NMR zeigt, dass obwohl die Erfindung bei Varian gemacht wurde, Bruker-Spectrospin deutlich mehr Bereitschaft an den Tag legte, auf die Bedürfnisse der NMR-Wissenschaftler einzugehen. Die Angestellten und das Management erwiesen sich als flexibel genug, die neuen technischen Möglichkeiten zu erkennen, geeignete Kooperationspartner zu finden und die Idee in die Serienfertigung umzusetzen. Bei den supraleitenden Magneten zeigt sich beispielhaft die Situation. Die Research Technology der Supraleiter wurde den Bedürfnissen der Wissenschaftler nach höherer Auflösung und Empfindlichkeit folgend in die chemische NMR eingebettet. Neben Ähnlichkeiten gibt es auch grundlegende Unterschiede in der frühen Entwicklung bei Varian und Bruker-Spectrospin. Bruker trat in einen existierenden Markt für die chemische NMR ein, denn es gab eine wachsende internationale Gruppe von Wissenschaftlern, die sich auf die chemische NMR spezialisiert hatte. Entsprechende Institutionen wie Konferenzen, Lehrbücher oder Journale waren bereits vorhanden, genauso eine etablierte Praxis bei der Durchführung und Interpretation der Methode. Der Entwicklungsbedarf war abschätzbar und wurde artikuliert. Daher ging Bruker-Spectrospin viel stärker auf die Bedürfnisse der NMR-Wissenschaftler ein, als Varian das in der Anfangsphase tat und tun konnte. Laukien zeichnete nicht nur wissenschaftliches und technisches Verständnis aus, sondern auch unternehmerisches Interesse und Organisationstalent.[1252]

Im Bereich der chemischen NMR versuchte die Firma die Wissenschaftler zu unterstützen, ihre Methode in neue Arbeitsbereiche auszudehnen, zielte aber nicht auf völlig neue Anwendungsgebiete. Wegen der staatlichen Förderung war der Preis der NMR-Spektrometer kein Hauptkriterium, so baute Bruker-Spectrospin zwar teure, aber flexible wissenschaftliche Instrumente. Hier liegt

1252 Hausser, "The Scientific and Technical Accomplishments of Gunther Laukien (Address to the joint ISMAR-AMPERE Conference, Delft, 1980 at the occasion of the awarding of the ISMAR Prize in Industrial Development)" (1982), S.9.

ein wichtiger Unterschied zur Research Technology denn mit dieser Flexibilität ist nicht die potenzielle Universalität eines generischen Instrumentes gemeint, sondern die Möglichkeiten, ein konkretes Instrument in einem konkreten Kontext – im vorliegenden Fall die chemische Strukturanalyse – an immer neue Fragestellungen anzupassen. Generische Instrumente können ganz unterschiedliche Wissensgebiete verbinden, flexible Instrumente können dabei helfen, existierende Wissensgebiete weiter auszudehnen. So ist das Bruker HFX ein flexibles, der FFT-Algorithmus dagegen ein generisches Instrument.

Während sich die Philosophie der Instrumentenabteilung Varians Ende der 1950er Jahre von einem Ort für Research Technology zu einem nach ökonomischen Prämissen agierenden Industrieunternehmen wandelte, lag die Arbeitsweise bei Bruker-Spectrospin zwischen diesen beiden Polen. Instrumentenhersteller wie Laukien arbeiteten primär zielgerichtet und marktorientiert, dennoch lassen sich auch Züge von Research Technology erkennen – im Falle Laukiens die Bereitschaft, neue technische Lösungen in das NMR-Instrumentalsystem einzubetten und die Freude an der kreativen Übertragung technischer Lösungen auf neue Gebiete, wie die – zumindest vorläufig – gescheiterten Versuche mit den NMR-Probenwechslern, im U-Boot Bau und mit MRI belegen. Unter Laukiens Leitung war Bruker-Spectrospin daher auch bereit ökonomische Risiken einzugehen, um grundlegende, aber bedarfsorientierte Neuerungen einzuführen. Mit der zunehmenden Ausdifferenzierung der NMR verließen die Instrumentenbauer weitgehend das Gebiet der Research Technology und übernahmen die Rolle technisch orientierter Produzenten. Akademische NMR-Wissenschaftler waren die wichtigste Kundengruppe, die – hier trifft die Analyse Erich v. Hippels zu – viele Innovationen in die Methode einbrachte, vor allem im Bereich der Computersoftware. Diese Entwicklung war begleitet von sozialen Veränderungen. Research Technologists spielten in der ersten Phase eine entscheidende Rolle und hatten in der Instrumentenabteilung der Firma Varian Associates eine eigene Institution, die als Zentrum der weltweiten Ausbreitung und Popularisierung der chemischen NMR betrachtet werden kann. Als um 1959 die Methode fest in der Chemie eingebettet war, bestimmte die klassische Rollenverteilung von Naturwissenschaftler und Techniker die weitere Entwicklung. Der mit der Zeit geringer werdende Einfluss der Research Technologists entspricht der bereits im Konzept Terry Shinns festgestellten Tendenz dieser Gruppe, etablierte Gebiete auf der Suche nach grundlegenden Neuerungen wieder zu verlassen. Allerdings blieb der Einfluss von Research Technology gerade bei den grundlegenden Innovationen, die aus anderen Bereichen in die NMR eingeführt wurden. Der Erfolg des A-60 erwies sich als zweischneidig für Varian Associates, da er letztlich das Management des Unternehmens von der Marketingstrategie überzeugte, NMR-Instrumente als industrielle Massenprodukte zu entwickeln und zu verkaufen. Aber die selbstbewusster werdenden NMR-Wissenschaftler akzeptierten nun weder die Einmischung des Herstellers in wissenschaftliche Inhalte noch das Eingrenzen ihrer methodischen Wahlmöglichkeiten durch die Normierungen und Standardisierungen der Massenproduktion. Das Muster für die NMR-Spektrometerproduktion wurde nicht das Großserienauto, sondern eher der Rennwagen. Daher verlor Varian Associates einen großen Teil seines in den Anfängen erworbenen Prestiges in der NMR.

Von den vielen ab Ende der 1950er Jahre auftretenden Konkurrenten fand Bruker-Spectrospin den besten Kompromiss zwischen radikaler Innovation und standardisierter Serienproduktion, zwischen Research Technology und technisch orientierter Planung. Das Unternehmen war auf die Entwicklung von Spitzengeräten ausgerichtet und ähnlich wie in den frühen Zeiten bei Varian war der Unternehmensstil durch flache Hierarchien und schnelle, unbürokratische Entscheidungen geprägt. Die produzierten Instrumente der Firma waren flexibel, um den breit gestreuten Erwartungen der Kunden zu entsprechen, und wurden durch guten, direkten Service an die individuellen Wünsche angepasst. Die NMR-Wissenschaftler sahen kommerzielle Instrumentenmacher in der Rolle einer technischen Institution, die ihnen geeignete Forschungswerkzeuge zur Verfügung stellte, ohne sich in das Wissenschaftssystem einzumischen. Da nicht zuletzt die Wissenschaftler dafür sorgten, dass die staatlichen Forschungsgelder weiterhin in ausreichendem Umfang flossen, spielte der Preis der Instrumente eine untergeordnete Rolle. Auch wenn Varian mit dem A-60 und seinen Nachfolgern den Markt für die Standardinstrumente beherrschte, folgte ab ca. 1980 der Verkaufserfolg auch bei den Routinegeräten dem wissenschaftlichen Prestige der Spitzeninstrumente und Bruker wurde weltweiter Marktführer.

Die NMR hatte zwar durch die Einbettung in die Chemie den Status einer Research Technology verloren, wurde aber nun ihrerseits ein besonders aufnahmebereites Arbeitsgebiet für das Einbetten neuer generischer Instrumente, was im Sinne der NMR-Wissenschaftler dazu beitrug, den wissenschaftlichen Status der NMR-Instrumente zu erhalten. Instrumentenexperten und -berater der Förderorganisationen wie der langjährige Apparatereferent der DFG Herwart von der Decken waren zwar keine Research Technologists, gehörten aber zum Mechanismus, der die NMR flexibel hielt. In der Regel hatten die als Berater der Förderorganisationen tätigen Personen eine ingenieurswissenschaftliche Ausbildung, wurden aber ständig mit wissenschaftlichen Fragestellungen unterschiedlichster Disziplinen konfrontiert. Im Gegensatz zu den Fachgutachtern wurde die wachsende Zahl der Apparateexperten nicht nach Disziplinen, sondern vielmehr nach bestimmten Instrumentengruppen eingeordnet, z.B. als Experten für magnetische Resonanzverfahren, Massenspektrometrie, chromatografische Verfahren etc. Sie hatten die vermittelnde Funktion zwischen Wissenschaftlern,

Geldgebern und Instrumentenherstellern, und arbeiteten wie Research Technologists im interstitiellen Bereich. Dabei ermittelten sie nicht nur den Instrumentenbedarf und planten die geografische Verteilung der Spektrometer, sie förderten auch neue Messmethoden, vergaben konkrete Aufträge zur Herstellung von Prototypen, und regten so methodisch-instrumentelle Grundlagenforschung bis hin zu Neuentwicklungen an.[1253]

Während sich Rolle und Motivation der Instrumentenhersteller im Verlauf der NMR-Geschichte wandelten, blieb das wissenschaftliche Ziel der Methode seit ihrer Einführung in die Chemie weitgehend konstant und bestimmte die Entwicklungsrichtung der Instrumente nach größerer Empfindlichkeit und Auflösung. Theoretischer Hintergrund der chemischen NMR war und blieb das Mentale Strukturchemische Modell. In der Organischen Chemie bedeutet "Theorie" Generalisierungen oder Regeln, die Strukturen mit chemisch oder physikalisch ermittelten Eigenschaften verbinden. Die NMR-Spektrometer wurden wie viele andere moderne elektronische Instrumente so konstruiert und ihre Daten so interpretiert, dass sie das strukturchemische Modell unterstützen und verfeinern konnten.[1254] Zudem wurden durch die Instrumente die Analysen, bzw. Strukturaufklärung schneller und billiger, da sie mit weniger Arbeitsaufwand erreichbar waren, und im Fall gelöster Biomoleküle eröffneten die neuen NMR-Instrumente erstmals die Möglichkeit, das molekulare Strukturmodell konkret anzuwenden. Inzwischen ist unter Chemiehistorikern und Wissenschaftsphilosophen die Ansicht verbreitet, dass sich mit den modernen Instrumenten der ontologische Status der chemischen Struktur so weit verändert habe, dass ein noch Ende des 19. Jahrhunderts bestehender Unterschied zwischen realer Substanz und molekularem Modell völlig aufgehoben wurde.[1255] Bis auf die meist wenig aufwändige Probenvorbereitung verschwand die Materialität der Substanz aus der Analyse. Die Doppelhelix steht nicht mehr nur für die DNS, sie ist das wissenschaftliche Objekt selbst, zumindest in der Praxis der Chemiker und

1253 Deutsche oder ausländische Geräte? Denkschrift des ehemaligen (bis 1. Oktober 1968) Betreuers des Referats Allgemeine Ingenieurswissenschaften inkl. Bauingenieurswesen, Bergbau- und Hüttenwesen, Architektur an der DFG-Zentralverwaltung Heitz, [1969]. Abschnitt D, Punkt 2. BArch B 227, Film Nr. 51 FC7536N, 402,4.

1254 Slater, "Instruments and Rules: R.B. Woodward and the Tools of Twentieth-Century Organic Chemistry" (2002), S.26-27.

1255 Schummer, "The Impact of Instrumentation on Chemical Species Identity from Chemical Substances to Molecular Species" (2002), S.204; Slater, "Instruments and Rules: R.B. Woodward and the Tools of Twentieth-Century Organic Chemistry" (2002), S.27; Laszlo, "Chemical Analysis as Dematerialization" (1998).

Biochemiker. Die grundlegende Bedeutung der Struktur wurde bis in die populäre Literatur hinein propagiert:[1256]

> Was ist das? Lautet die erste Frage des Chemikers.
> Welche Elemente?
> Mengenverhältnis?
> Empirische Formel? –
> Seit Liebigs Elementaranalyse machte die Lösung dieser Fragen keine Schwierigkeiten mehr.
> Aber Kekulé hatte den Schlüssel zur Konstitution der Moleküle gefunden.
> Also:
> Wie waren die Atome der gefundenen Elemente im Molekül gelagert? Wie gebunden? Und an was?
> Die Strukturformel?
> Auf sie kam es an.
> Sie war und blieb das Problem.

Die Molekülvorstellung wurde lange vor der Quantenphysik in der Chemie durch eine eigene Formelschreibweise und auch durch materielle Modelle aus Kugeln und Stäben repräsentiert und verfestigte epistemische Dinge wie 'Molekül' und 'Atom' zu wissenschaftlichen, organisch-chemischen Tatsachen. Molekülstrukturen wurden zum Kernelement der chemischen Forschung, vor allem bei der Syntheseplanung; und erfolgreiche Synthesen neuer oder als Naturstoff bekannter Verbindungen stabilisierten wiederum das Modell, das fortlaufend an die Erfahrungen und theoretischen Vorstellungen angeglichen wurde. Spektrometrische Verfahren und insbesondere die NMR boten immer umfassendere Zuordnungsmöglichkeiten zwischen Substanz und molekularer Struktur, und bauten das Mentale Strukturmodell der Chemie weiter aus. Die Atomkerne, welche die Chemiker in der NMR verwendeten, unterschieden sich erheblich von den isolierten Atomkernen der Physiker, denn sie waren primär Teile von Molekülen. Mit der Wanderung von der Denkgemeinschaft der Atomphysik zur Chemie wurde die NMR umgestaltet, der Denkstil der Chemie veränderte sich dabei aber kaum, er wurde vielmehr weiter stabilisiert. Die quantenphysikalische Theorie spielte in der chemischen NMR eher die Rolle einer etwas entfernten Hintergrundlegitimierung der empirischen Zuordnungsregeln zwischen Signalen und bestimmten molekularen Strukturelementen. Das NMR-Spektrum des Ethanols wird nicht ohne Grund als Schlüssel zur chemischen NMR beschrieben. Mit seiner direkten Entsprechung von chemischer Struktur und Spektrum wurde es zum Symbol für die Möglichkeit, mit der NMR das strukturchemische Modell zu stützen und damit die NMR zu einer chemischen Methode zu machen. Das Mentale Modell der Strukturchemie diente dabei als theoretische Klammer,

---

1256 K.A. Schenzinger, Bei I.G. Farben (1958), S.79.

die es den Chemikern ermöglichte die Methode ohne grundlegende Umstellungen anzunehmen. Wichtige Orte, an denen die neue Methode bestätigt und gefestigt wurde und das chemische NMR-Wissen kursierte, waren die NMR-Seminare bei Varian Associates, aber auch das "Technical Information Bulletin" und andere Werbeschriften. Zu den Kontaktstellen gehörten ebenfalls das Applikationslabor, Instrumentenmessen, Beraterverträge und Forschungsaufenthalte bei Varian. Es galt, die Möglichkeiten der NMR bei Chemikern bekannt zu machen und den praktischen Gebrauch anzukurbeln, indem eine entsprechende Infrastruktur aufgebaut wurde, die nicht nur geeignete und verfügbare Instrumente umfasste, sondern auch standardisierte Messverfahren, Interpretationsregeln, Lehrmittel und Kommunikationsplattformen. Die Interessen bei Varian gingen in der Stabilisierungsphase noch Hand in Hand mit denen der akademischen NMR-Wissenschaftler. Varian wollte einen Markt für seine Produkte schaffen, die akademischen Wissenschaftler zielten darauf ab, das Prestige ihrer Methode und damit ihre eigene akademische Stellung zu verbessern.

Motor der NMR-Entwicklung waren nicht die großen theoretischen Durchbrüche, sondern kontinuierliche instrumentelle und experimentelle Arbeit. Die Optionen der chemischen Verschiebung und der Spin-Spin-Kopplung für den experimentellen Beleg der auf dem Mentalen Strukturchemischen Modell beruhenden klassisch-chemischen Vorstellungen lenkten die Konstruktion neuer Instrumente und praktikabler Interpretationsregeln. Als die NMR um 1959 als chemische Methode etabliert war, sollte die möglichst direkte Korrelation zwischen gemessenen Signalen und der chemischen Struktur der untersuchten Verbindung auch auf die sehr komplex zusammengesetzten Substanzen der Lebenswissenschaften ausgedehnt und die Tatsache genutzt werden, dass die NMR im Gegensatz zur dort bereits angewandten Röntgenstrukturanalyse nicht auf bestimmte Aggregatszustände und auf reine oder gereinigte Stoffe beschränkt war. Während die Organische Chemie durch die NMR kaum physikalischer wurde, gelang es mit Hilfe der NMR, das Mentale Strukturchemische Modell auf die Biologie und Teile der Medizin auszudehnen – die Biologie und die Medizin wurden chemischer. Der im Zusammenhang mit der modernen chemischen Instrumentierung häufig zitierte Westheimer Report von 1964 macht zu diesen Expansionsversuchen der chemischen Theorie eine programmatische Aussage:[1257]

> Through the development and refinement of concepts concerning molecules and their functions, chemistry provides a common resource for experimental science, comparable with the language of scientific thought provided by mathematics.

1257 National Academy of Sciences, (Hg.), Chemistry: Opportunities and Needs (1965), S.1.

Die genaue Beschreibung komplexer, biologisch relevanter Moleküle mit quantenphysikalischen Theorien war nicht möglich, dagegen gelang die Verbindung mit dem flexibleren Mentalen Strukturchemischen Modell und die NMR spielte dabei eine entscheidende Rolle. Nun bedienten Teams spezialisierter Techniker und Wissenschaftler die aufwändigen Geräte, die neben der eigenen Forschung Servicemessungen ausführten. Zu den Benutzern der Serviceeinrichtungen gehörten neben Chemikern häufig auch Biologen, Pharmazeuten und Mediziner. Die durch NMR und andere spektroskopische Verfahren objektivierten, auf dem organisch-chemischen Strukturmodell basierenden Bilder prägten das Verständnis materieller Objekte. Der Spezialisierung auf der Betreiberseite stand die Generalisierung des Mentalen Modells der Organischen Chemie gegenüber.

Nicht zuletzt mittels der Röntgenstrukturanalyse war die "molekulare Sichtweise des Lebens" bereits seit den 1930er Jahren vorangetrieben worden, wobei neben naturwissenschaftlichen Forschungsprogrammen politische Vorstellungen eine bemerkenswerte Rolle spielten. Vor allem die Rockefeller Foundation stellte weltweit die notwendigen ökonomischen Ressourcen zur Verfügung und förderte massiv diese Forschungsrichtung. So prägte schon 1938 Warren Weaver, der Direktor der naturwissenschaftlichen Abteilung dieser Stiftung, die Bezeichnung Molekularbiologie. Insbesondere durch den Methodentransfer aus Physik, Mathematik, Chemie, Genetik, Mikrobiologie und anderen Disziplinen wurde ein ganzes Forschungsgebiet gestaltet und disziplinär neu verortet. Die Molekularisierung[1258] oder der chemische Reduktionismus auf das molekulare Mentale Modell der Chemie wurde der dominante Trend in der Biologie und den Lebenswissenschaften. Die Experimentalsysteme dieser neuen Biologie arbeiteten mit Modellorganismen oder aus Organismen isolierten Modellsubstanzen und "nassen" Trennverfahren. Aber elektronische Instrumente[1259] spielten eine prägende Rolle. Lily E. Kay erwähnt in ihrer Beschreibung der Revolution in der Biologie Elektronenmikroskope, Ultrazentrifugen, Szintillationsmesser,

1258 Inken Rebentrost, Das Labor in der Box: Technikentwicklung und Unternehmensgründung in der frühen deutschen Biotechnologie (2006), S.30-42, S.285-286.

1259 Die hier verwendete Bezeichnung 'elektronische' Instrumente oder Spektrometer wurde bewusst den üblichen 'physikalischen' Instrumenten vorgezogen, denn der Ausdruck 'physikalische' Instrumente erscheint nach der Untersuchung der Geschichte der NMR-Spektroskopie als irreführend. 'Physikalisch' bezieht sich darauf, dass die meisten dieser elektronischen Instrumente von Physikern erfunden wurden, deren Forschungstradition den Eigenbau experimenteller Ausrüstung wie z.B. geeigneter Messinstrumente einschloss. Auch im Fall der NMR wurden die Spektrometer von den Physikern Bloch und Purcell erfunden, dennoch kann daraus nicht automatisch abgeleitet werden, die Instrumente würden vor allem im physikalischen Kontext verwendet; so wurde die NMR in der Chemie, Biochemie und Biologie viel wichtiger als in der Physik.

Spektrometer, etc. Ähnlich wie in der Chemie veränderten die aufwändigen Instrumente die soziale Struktur biologischer Forschung und auch hier kooperierten Akademiker, Techniker und Angestellte von Förderorganisationen. Die Möglichkeiten der Instrumente beeinflussten Fragestellungen der Wissenschaftler und Kay spricht in diesem Zusammenhang von durch komplexe politisch-soziale Beziehungsgeflechte "gelenkter Autonomie" der Naturwissenschaftler. Dabei wandelte sich die Biologie im Gegensatz zur Chemie grundlegend, die revolutionären Veränderungen betrafen nicht nur Forschungspraxis, Methoden und soziale Forschungsstrukturen, sondern auch theoretische Überzeugungen, die akademische Ordnung und das Selbstverständnis der Biologen.[1260]

Die NMR-Wissenschaftler griffen diesen wissenschaftliches Prestige versprechenden Trend auf und schufen neue Instrumentalsysteme, die in der Lage waren, die Struktur immer komplexerer biologischer Moleküle darzustellen. Da sich die Molekularbiologie seit den 1950er Jahren zunehmend auf makromolekulare Proteine konzentrierte,[1261] eröffnete sie der Methode einerseits ein Forschungsgebiet, dass als zukunftsträchtig galt und umfangreiche Ressourcen versprach, andererseits verstärkten die durch die NMR erhaltenen Ergebnisse und Interpretation die Tendenzen in Biologie und Physiologie, Lebensvorgänge anhand molekularer Strukturen zu interpretieren. So unterstützte die NMR bereits vorhandene Bestrebungen und trug wie Ultrazentrifuge oder chromatografische Verfahren zur Biotechnologischen Revolution bei, indem sie die Struktur der durch die instrumentellen Trennungsverfahren isolierten und "nass" über verschiedene Reaktionen und Trennverfahren identifizierten molekularen Elemente, insbesondere Enzyme und Proteine, objektivierte.[1262] Zusätzlich eröffneten die NMR-Untersuchungen die Möglichkeit, komplexe Strukturen in Lösung, also in der Dynamik ihrer natürlichen Umgebung, räumlich darzustellen. Das war ein wichtiges Angebot, denn die klassische, schon bei der DNS angewandte Methode der Röntgenstrukturanalyse war dazu ungeeignet. Hans Primas bezeichnete die generelle Entwicklung als molekularen Reduktionismus, er warnte zugleich vor der Eigendynamik solcher wissenschaftlichen Trends:[1263]

> Solche inflatorischen Faszinationen sind natürlich nicht auf die physikalischen Wissenschaften beschränkt. Der molekulare Reduktionismus wurde in den letzten Jahrzehnten mit außerordentlichem Erfolg auf Biologie und Medizin ausgedehnt. Es

---

1260 Vgl. dazu Kay, The Molecular Vision of Life (1993), S.3-11 und S.16-18.

1261 Kay bezeichnet den Chemiker Linus Pauling als einen der Gründerväter der Molekularbiologie. Dies., ebd., S.12. Paulings Strukturprogramm dehnte sich sozusagen vom Valenzelektron bis zur Mikrobe aus.

1262 Rebentrost, Das Labor in der Box: Technikentwicklung und Unternehmensgründung in der frühen deutschen Biotechnologie (2006), S.43-52.

1263 Primas, "Die Wirklichkeit des Symbols in den exakten Wissenschaften" (2001), S.8.

scheint unvermeidlich zu sein, dass großartige Erfolge auch besessen und blind machen und damit die Gefahr einer Inflation heraufbeschwören.

Die Geschichte der NMR kann darauf hinweisen, dass die Fakten, die zu einem derart faszinierenden Arbeitsgebiet führten, alles andere als auf der Hand lagen, sondern zum großen Teil das Resultat der gezielten Aktivitäten verschiedener sozialer Gruppen waren.

Das Mentale Strukturchemische Modell bildete dabei bis in die Gegenwart hinein durch alle methodischen Variationen den Interpretationsrahmen, der die Entwicklungsrichtung der NMR vorgab. Gleichzeitig definierte es die Grenzen der NMR-Entwicklung. Diese Grenzen werden durch die Schwierigkeiten sichtbar, welche die Bruker Medizintechnik bei der Kommerzialisierung der MRI-Scanner in der klinischen Medizin hatte. Sie zeigen deutlich, wie sehr sich Bruker-Spectrospin an den spezifischen Kontext der strukturchemisch verwendeten NMR angepasst hatte. Das Unternehmen hatte durch sein Know-how einen erheblichen Wissensvorsprung gegenüber vielen Mitbewerbern, die an MRI Instrumenten arbeiteten, und bis zur Herstellung der ersten Prototypen von Ganzkörperscannern für den klinischen Bedarf konnte man eine Spitzenposition in Deutschland halten. Doch trotz aller technischen Ähnlichkeiten zur NMR waren die ökonomischen Regeln bei der Planung und Finanzierung, die aus klinischen Medizinern bestehende Gruppe der Kunden mit ihren auf Autopsie und Röntgenaufnahme beruhenden Bildtraditionen und das Marketing innerhalb der hoch regulierten Gesundheitssysteme der verschiedenen Länder zu weit von den in der chemischen NMR liegenden Erfahrungen, dem Wissensspektrum und dem sozialen Umfeld des Unternehmens entfernt, um erfolgreich tätig zu sein. In der Gesundheitstechnik aktive Großunternehmen wie General Electric und Siemens überholten und verdrängten schnell den mittelständischen Hersteller wissenschaftlicher Instrumente. Es blieb nur der kleine Markt der Forschungsscanner, der eher dem gewohnten, naturwissenschaftlichen Arbeitsgebiet von Bruker-Spectrospin entsprach.

NMR-Spektrometer haben wie alle wissenschaftlichen Instrumente unterschiedliche Funktionen. Das Phänomen wird durch sie erst 'real', im Sinne von experimentell beobachtbar und manipulierbar. Gleichzeitig vermessen NMR-Spektrometer das von ihnen bereitgestellte Phänomen möglichst exakt und liefern in die strukturchemische Theorie integrierbare Daten. NMR-Signale symbolisieren und festigen aber auch die chemische Struktur von Molekülen als epistemisches Ding und Basis der stofflichen Veränderungen in der Natur. Neue Zugriffsmöglichkeiten auf "molekulare Objekte" unterstützten die Tendenz der Chemiker, statt mit Substanzen und deren direkt wahrnehmbaren Eigenschaften mit modellhaften Repräsentationen und deren systematischen Verknüpfungen umzugehen.[1264] Allerdings waren die entstehenden Zuordnungen nicht zufällig, sondern über die Messung mit Substanzeigenschaften abgeglichen. Die Spektrometer produzierten nicht nur beschriebenes Papier,[1265] sie prägten langfristig und umfassend die Vorstellung der Wissenschaftler vom Aufbau der materiellen Welt, vor deren Hintergrund neue Fakten erkannt und eingeordnet wurden.

7.4. Die NMR als disziplinähnliche Struktur

Die Besonderheit der NMR-Entwicklung gegenüber anderen modernen instrumentellen Methoden in der Chemie liegt am hohen Grad der Autonomie ihrer wissenschaftlichen Gemeinschaft. Im Gegensatz zu anderen Methoden wie IR-, UV-, Massenspektrometrie, AAS, oder Chromatografie erreichte sie den Status eines eigenständigen Forschungsgebietes, wie die Einrichtung einer Fachgruppe bei der GDCh andeutet. Auch die zahlreichen, eigens für die NMR gegründeten Institutionen und Veranstaltungen sind Ausdruck dieser Stellung. Das Wissensnetzwerk der NMR vergrößerte sich im Zusammenspiel neuer Verfahren, neuer Arbeitsgebiete und einer größeren Anzahl an Wissenschaftlern, was zu wachsendem Prestige und besseren Förderaussichten führte. Die Ausbildung einer solchen disziplinähnlichen Struktur mit einem Auf- und Umbau von weltweiten Verknüpfungen begann Ende der 1950er Jahre. Ökonomisch orientierte Marketingstrategen bei Varian Associates nahmen diese Veränderung nicht richtig wahr und hier lag ein struktureller Grund für die Probleme des Herstellers in der NMR und für den Erfolg von Bruker-Spectrospin.

Das Netzwerk der NMR wuchs und veränderte sich und damit auch die Position des Instrumentenherstellers. Wie dargelegt war Varian in den 1950er Jahren ein zentraler Knotenpunkt der Methode. In einem geschlossenen Wissensnetzwerk mit starken wechselseitigen Verbindungen war die Kontrolle und Normierung dieser Gruppe möglich und nach der strukturellen Netzwerktheorie Ronald S. Burts[1266] auch angelegt. Damit konnten die zahlreichen, zu Beginn der NMR um 1950 entstandenen, neuen Ideen stabilisiert werden, und die Position des Instrumentenherstellers Varian im Netzwerk der NMR war der Stabilisierungsphase der Methode angepasst. Firmen in solchen zentralen Clustern tendieren nach Burt dazu, sich auf die in diesen lokalen oder regionalen Zentren vorhandenen, stabilen Informationen zu verlassen, da der Aufwand und damit die Kosten für den Wissenserwerb mit der geografischen Entfernung steigen.

1264 Laszlo, "Chemical Analysis as Dematerialization" (1998).

1265 Latour, Woolgar, Laboratory Life: the Construction of Scientific Facts (1979), S.50.

1266 Ronald S. Burt, Toward a Structural Theory of Action. Network Models of Social Structure, Perception and Action (1982); ders., Brokerage and Closure. An Introduction to Social Capital (2005).

Aber die sich weltweit ausdehnende NMR war seit den 1960er Jahren nicht mehr aus einer zentralen Position heraus zu kontrollieren.

Bruker-Spectrospin als Teil eines der neuen, kleineren NMR-Zentren in der Schweiz und im Südwesten Deutschlands war von Beginn an gezwungen, in weiter gespannte Verbindungen zu investieren, das Unternehmen selbst war ja schon in zwei verschiedenen Ländern beheimatet. Die Struktur eines ausgedehnten Netzwerkes, bei dem viele verschiedene Cluster miteinander verbrückt sind, fördert die Ausdehnung von Wissen, indem möglichst viele neue Informationen gesammelt und integriert werden. Die zentralen Akteure solcher großen Netzwerke haben sogenannte Brokerpositionen inne.[1267] Sie zeichnen sich dadurch aus, dass sie über viele, weit in die unterschiedlichsten Bereiche gestreute Beziehungen verfügen, also Brücken zwischen den einzelnen Wissensclustern bilden und damit wertvolle, weil neue Informationen sammeln und verteilen. Im Prinzip erfüllen sie eine ähnlich verbindende Funktion wie der Research Technologist, nur innerhalb eines kleineren, enger verzahnten Wissensbereichs. Derartige dezentrale Netzwerke produzieren verschiedene Meinungen, Praktiken, Bedürfnisse und Alternativen, ihre Wertehierarchie ist nicht primär auf die Absicherung, sondern auf die Ausdehnung von Wissen ausgelegt. Die Geschichte der Firma Bruker-Spectrospin zeigt, dass sie mit ihrer Strategie als Wissensbroker in der Lage war, Varian Associates zu überflügeln, was von der Ausgangslage her nicht zu erwarten war. Das Unternehmen war nicht in den USA als dem größten Zentrum der NMR-Gemeinschaft beheimatet und zunächst auch vom ökonomischen, technischen und wissenschaftlichen Potential her dem amerikanischen Unternehmen unterlegen. Die Anfangsjahre konnte es nur mit massiver, spezifisch auf seine Bedürfnisse abgestellter Hilfe der Instrumentenexperten in der staatlichen Förderorganisation überstehen. In der Brokerstrategie Laukiens lag aber der entscheidende Vorteil, den Burt so formuliert:[1268]

> People whose networks bridge the structural holes between groups have an advantage in detecting and developing rewarding opportunities. Information arbitrage is their advantage. They are able to see early, see more broadly, and translate information across groups. Like over-the-horizon radar in an airplane, or an MRI in a medical procedure, brokerage across the structural holes between groups provides a vision of options otherwise unseen.

Damit hatte Bruker-Spectrospin ein gut funktionierendes, weit gespanntes Informationsnetzwerk, das die internationale NMR-Gemeinschaft überwachen, aber nicht kontrollieren konnte und wollte. Die zeitlich begrenzten Kooperationen mit FabriTek und Oxford Instruments, verbunden mit Arbeitsgruppen von

1267 Burt, "Structural Holes and Good Ideas" (2004), S.354.
1268 Ders., ebd., S.354.

Rex Richards, Tom Dunn oder Seymour Lipsky, zeigen diese weite Streuung der Kontakte; natürlich auch die Bereitschaft, solche einzugehen und zu nutzen. Dabei war die flexiblere Struktur eines kleineren Unternehmens besonders hilfreich. Wesentlicher Teil der Strategie war es, gerade im Bereich variabler Spitzeninstrumente mit den NMR-Wissenschaftlern engen Kontakt zu halten, da dort besonders häufig neues Wissen entstand – und gerade auf den Erwerb neuen Wissens war die NMR nun ausgelegt. Bruker-Spectrospins Firmenstrategie als dienstleistender Wissensvermittler aufzutreten, nicht als Vorreiter der NMR-Wissenschaftler, war also ein Resultat des dezentral verzweigten Wissensnetzwerks der nun etablierten, wissenschaftlichen NMR. Die mit der Hilfe Bruker-Spectrospins in der Phase von 1967 bis 1972 wissenschaftlich flexibel gehaltenen Instrumente ermöglichten nicht nur die Ausdehnung der Methode, sondern führten auch zu einer weiteren organisatorischen Ausdifferenzierung.

Während einfachere NMR-Routinegeräte als Nachfolger des A-60 auf Instituts- oder gar Lehrstuhlebene zugänglich waren, erforderte die Finanzierung der neuen, für die Forschung verwendeten Spitzeninstrumentensysteme mit supraleitendem Magneten, aufwändiger und variabler Messtechnik und entsprechender Computerausstattung ein größeres Investitionsvolumen. Moderne High-End-NMR-Geräte erreichten zwar nicht ganz die Bereiche von Big Science, in denen Instrumente wie Teilchenbeschleuniger oder Forschungssatelliten angesiedelt sind, sie wurden aber so aufwändig, dass heute eigens auf ihre Bedürfnisse zugeschnittene Gebäude errichtet werden. NMR-Forschungsspektrometer bewegen sich damit in einer finanziellen und organisatorischen Größenordnung, die zwischen der Big Science nationaler und internationaler Projekte und der Ausstattung auf Laborebene liegt, und die gerade noch vom einzelnen Wissenschaftler überblickt und betrieben werden kann. Solche Spektrometer werden gemeinschaftlich angeschafft und genutzt. Die Chemiker mussten also gemeinsam personelle und ökonomische Ressourcen für die NMR-Spezialisten bereitstellen. Schon bei den Förderanträgen in den 1960er Jahren wurde vonseiten der DFG Wert darauf gelegt, dass möglichst viele Wissenschaftler das Instrument für ihre Forschungsprojekte benutzten und dass die gleichmäßige geografische Verteilung der Instrumente einen flächendeckenden Zugang zum Messservice erlaubte. Die Instrumente forderten also einen hohen Grad an gegenseitiger Kooperation und bewirkten daher nicht nur eine architektonische, sondern auch eine soziale Veränderung der Umwelt des organischen Chemikers und eine stärkere Spezialisierung und disziplinähnliche Ausdifferenzierung der NMR-Wissenschaftler. Deren Arbeitsbereich galt zunehmend als eigenständiges Forschungsgebiet, dessen Vertreter Servicemessungen für ihre Kollegen anstellten und damit einen festen Platz in jedem größeren chemischen Institut hatten. Dieser eng mit der Instrumentenentwicklung verbundene Prozess hat in der NMR viel ausgeprägter eingesetzt als in den anderen neuen instrumentellen Methoden der Chemie.

Im Gegensatz zur Infrarot- oder Ultraviolettspektroskopie bildete die NMR daher eine wissenschaftlich-technische Gemeinschaft aus, die ungefähr den Status einer klassischen naturwissenschaftlichen Disziplin erreichte. Es entstanden Lehrstühle für NMR, eine Reihe von NMR-Fachzeitschriften, Fachvereinigungen, Workshops, Kongresse, Fachgremien in öffentlichen Einrichtungen, Lehrbücher und ein gemeinsamer Fundus an Vorstellungen, die sich in einer eigenen Fachsprache ausdrückten (man denke z.B. an die Spektrendarstellungen oder die teilweise kuriosen Akronyme). In Konferenzen zur magnetischen Kernresonanz treffen sich Physiker, Chemiker, Biochemiker, Molekularbiologen und Biologen und kommunizieren im intensiven, für nicht-NMR-Physiker, -Chemiker, -Biochemiker, -Molekularbiologen und -Biologen kaum nachzuvollziehendem Fachgespräch. Hier werden Disziplingrenzen aufgelöst, andererseits aber wird auch wieder Differenz aufgebaut.

Den Kern dieser Infrastruktur stellten weiterhin die Instrumente selbst dar, die im ständigen Gebrauch die chemische Praxis mitbestimmten und für Kommunikation zwischen Wissenschaftlern, Technikern, sowie Industrie- und Regierungsvertretern sorgten. Durch die Verbindung wissenschaftlicher Ideen mit dem apparativen Know-how der Instrumentenhersteller gelang es immer wieder neue, überraschende Erkenntnisse und Instrumente zu produzieren, was den wissenschaftlichen Status der Methode erhöhte, ihren Einflussbereich vergrößerte, ihr staatliche Förderung einbrachte, und so wiederum den Gewinn der Instrumentenhersteller sicherte. Auch das Interesse der NMR-Wissenschaftler war ein existenzielles, denn ihre eigene Karriere war mit der Wissenschaftlichkeit ihrer Methode und ihrer Instrumentalsysteme verbunden. Ihre Aktivitäten in Akademie, staatlichen Gremien und der Industrie waren außerordentlich erfolgreich und sind der Hauptgrund dafür, dass heute die NMR als eine der mächtigsten wissenschaftlichen analytischen Methoden gilt. Die NMR blieb epistemologisch und heuristisch interessant als ein besonders aktiver Bereich der Wissensproduktion, der auch neue Impulse für andere wissenschaftliche Gebiete gab. Dies wurde bereits von Henk Zandvoort als extrinsischer Erfolg eines Forschungsprogrammes beschrieben, für den er die NMR als Beispiel wählte,[1269] und auch Richard Ernst strich das in seiner Nobelpreisrede besonders heraus:[1270]

1269 Zandvoort, Models of Scientific Development and the Case of Nuclear Magnetic Resonance (1986).

1270 Ernst, "Nuclear Magnetic Resonance Fourier Transform Spectroscopy" (1992), S.108-109.

> I am not aware of any other field of science outside of magnetic resonance that offers so much freedom and opportunities for a creative mind to invent and explore new experimental schemes that can be fruitfully applied in a variety of disciplines. NMR is intellectually attractive because the observed phenomena can be understood based on a sound theory, and almost all conceits can also be tested by easy experiments. At the same time, the practical importance of NMR is enormous and can justify many of the playful activities of an addicted spectroscopist.

Obwohl die NMR keine klassische Disziplin darstellt, ist ihr Status in der Forschung mit demjenigen einer solchen Disziplin durchaus vergleichbar und überlappt die formal voll institutionalisierten Bereichen Chemie, Physik und Biologie. Auch wenn die Versuche auf erhebliche Schwierigkeiten stießen, arbeiten NMR-Wissenschaftler und Instrumentenbauer weiter daran, ihr Instrumentalsystem und ihre Denkmodelle auf die Medizin zu übertragen. Vielleicht ist die NMR also Vorbote einer neuen, stärker an den instrumentellen Methoden orientierten Disziplinenlandschaft, in der die alten disziplinären Ordnungen der Naturwissenschaften und der Medizin grundlegend modifiziert werden – das wäre der logische Endpunkt der Instrumentenrevolution. Die überraschenden Wenden und Verzweigungen der NMR-Geschichte lehren aber auch, wie leicht solche linearen Vorhersagen in dynamischen Wissenssystemen über den Haufen geworfen werden können. Deutlich konkreter präsentiert sich die durch die NMR und andere instrumentelle Methoden unterstützte Ausdehnung des Mentalen Strukturchemischen Modells. Auch in populären Darstellungen tritt, sobald über die grundlegenden Eigenschaften des Lebens geredet wird, fast zwangsläufig das eine oder andere Bild eines Biomoleküls als Repräsentant grundlegender Lebensvorgänge auf. Durch einen Umbau der räumlichen Anordnung der Teile dieser Moleküle nahegelegte Veränderungsmöglichkeiten beschäftigen wissenschaftliche Forschungsprogramme, aber auch politische Entscheidungsträger. Die Entwicklung der NMR-Instrumente und ihrer Methode sind Teil des Wissenskorpus, welches unser Bild von der Funktionsweise des Lebens bestimmt und über dessen Optionen immer wieder in staatlich einberufenen Ethikkommissionen diskutiert wird. Auch wenn sie dort nicht mehr erwähnt werden, trugen William Hansen, Russell Varian, das HR-30, James Shoolery, Varian Associates, NSF- und DFG-Mitarbeiter, das A-60, Hans Primas, Trüb-Täuber, Günther Laukien, Toni Keller, das HFX, Richard Ernst, Bruker-Spectrospin, Oxford Instruments, Rex Richards, das HFX-270, Nicolet, DEC, Paul Lauterbur und viele andere Mitglieder des NMR-Netzwerkes zu den Argumenten dieser Diskussion bei.

8. Quellen- und Literaturverzeichnis

8.1 Nicht gedruckte Quellen

Anderson, D.R./Cushley, R.J./Lipsky, S.R., "IBM 1800 Based System for FFT-NMR," Abstract zur 12. ENC Konferenz an der University of Florida, Gainesville, 17.-20. Februar 1971, Session A-1. http://www.enc-conference.org/files/enc 1971.pdf, Zugriff am 18. November 2008.

Anonym, "The Life of Professor Fuchun Yu. Biography of a great physicist and co-discoverer of NMR chemical shifts" in Stanislav Sýkora (Hg.), Stan's Library, http://www.ebyte.it/library/hist/YuFuchunBio.html, Zugriff am 3. Mai 2008. DOI: 10.3247/SL3Nmr09.002

Archiv des Deutschen Museums München, Gerlach Nachlass. NL 080/027,2 und NL 080/131-01.

Becker, Ted, "2nd ENC-1961 Pittsburgh," http://www.enc-conference.org/files/enc 1961.pdf, Zugriff am 18. November 2008.

Beckman Instruments Inc., Beckman Model DK-2 Ratio-Recording Spectrophotometer (Bulletin 377), Fullerton/Ca.: Selbstverlag (Prospekt), 1956, S.6. Deutsches Museum München, Firmenschriften, Beckman Instruments.

Béné, Georges Jean, "Les Premieres Decennies du Groupement AMPERE – Souvenirs," 2005, S.1-34, http://www.ampere.ethz.ch/Premieres_decennies_1.pdf, Zugriff am 17. November 2008.

Brey, Wallace, "12th ENC – Gainesville," http://www.enc-conference.org/files/enc 1971.pdf, Zugriff am 18. November 2008.

Bruker AG, Curriculum Vita Günther Laukien. Typoskript, Bruker BioSpin, Rheinstetten.

Bundesarchiv Koblenz B 227, Film Nr. 50 FC7535N, Film Nr. 39 FC7524N, Film Nr. 51 FC7536N, Film Nr. 59 FC7544N, Film Nr. 81 FC7566N.

Chodorow, Marvin, Interview, geführt am 27. November 1984 von A. Michael McMahon, IEEE History Center, Rutgers University, New Brunswick, N.J., USA.

Damerow, Peter/Hyman, Malcolm D./Renn, Jürgen/Valleriani, Matteo, Weight, Motion and Force: Conceptual Structural Changes in Ancient Knowledge as a Result of its Transmission, Berlin: Max-Planck-Institut für Wissenschaftsgeschichte, Preprint 320, 2006, S.3-27. http://www.mpiwg-berlin.mpg.de/en/forschung/Preprints/P320.PDF, Zugriff am 29.10.2007.

Deutsches Museum München, Depot, Inv.-Nr. 1984-255 (Varian HA-100).

DFG-Geschäftsstelle, Bonn. Aktenordner Hauptausschusssitzungen, Allgemein.

DFG-Geschäftsstelle, Bonn. Apparateförderakten, Beihilfenkarten.

DFG-Geschäftsstelle, Bonn. Kartei Apparateausschuss.

DFG-Geschäftsstelle, Bonn. Ordner Apparateausschusssitzungen 1-25.

DFG-Geschäftsstelle, Bonn, Gruppe für das Apparatewesen. WGI-Mastertabelle, Gerätegruppe 1740. Stand 29.06.2007.

Dulcy, C.S./Feiler, M.A./House, W.V./Lai, C.M./Lauterbur, P.C. (Vortragender)/Porretto, F.W., "Zeugmatography--Spatial Resolution of NMR Signals" in: Abstracts 15th Experimental NMR Conference, North Carolina State University. Raleigh/N.C. April 28 to May 1, 1974." http://www.enc-conference.org/files/enc 1974.pdf, Zugriff am 18. November 2008.

Ernst, Richard R., "Sensivity Improvement by Fourier Transform Techniques," Abstract. http://www.enc-conference.org/files/enc 1965.pdf, Zugriff am 18. November 2008.

Ernst, Richard R., "On-Line NMR Data Processing by Means of Small-Scale Computers," Abstract zur 8. ENC Konferenz am Mellon Institute in Pittsburgh/Penn., 1.-4. März 1967, Session A-2. http://www.enc-conference.org/files/enc 1967.pdf, Zugriff am 18. November 2008.

Ernst, Richard R., "Magnetic Resonance with Stochastic Excitation," Abstract zur 11. ENC Konferenz am Mellon Institute in Pittsburgh/Penn., 11.-24. April 1970, Session A-1. http://www.enc-conference.org/files/enc 1970-.pdf, Zugriff am 18. November 2008.

Ernst, Richard R., "Two-Dimensional Spectroscopy, Applications to ^{13}C and ^{1}H-Resonance" in: "17th Experimental NMR Conference. Carnegie-Mellon University Pittsburgh, Pa. 25 -29 April 1976," nicht paginiert. http://-www.enc-conference.org/files/enc 1976.pdf, Zugriff am 18. November 2008.

Ettinger, R., "New Developments in High Resolution Superconducting NMR," Abstract zur 10. ENC Konferenz am Mellon Institute in Pittsburgh/Penn., 27. Februar-1. März 1969, Session A-1. http://www.enc-conference.org-/files/enc 1969.pdf, Zugriff am 18. November 2008.

Fellgett, Peter Berners, Theory of Infra-Red Sensitivities and its Application to Investigations of Stellar Radiation in the Near Infra-Red, Cambridge/UK: Univ. Diss. (nicht publiziert), 1951.

Ginzton, Edward L., Interview, geführt am 26. November 1984 von A. Michael McMahon, IEEE History Center, Rutgers University, New Brunswick, N.J., USA.

Grutzner, John B., "^{13}C NMR on the XL-100-15," Abstract zur 12. ENC Konferenz an der University of Florida, Gainesville, 17.-20. Februar 1971, Session A-1. http://www.enc-conference.org/files/enc 1971.pdf, Zugriff am 18. November 2008.

Holz, Manfred, Kernmagnetische Impulsspektrometrie mit quarzstabilisierten Meßzeiten – zur Messung langer Relaxationszeiten an Benzol und Benzolderivaten, Karlsruhe: Diplomarbeit TH Karlsruhe, 1965.

Holz, Manfred/Knüttel, Bertold, Interview geführt am 13. Juli 2004 von Thomas Steinhauser.

Jeener, Jean, Ampere International Summer School, Basko Polje, Yugoslawien 1971 (nicht publiziert).

Johann-Wolfgang-Goethe Universität Frankfurt/M., Pressemitteilung vom 7. Mai 2003.

Kaiser, Reinhold, "Noise Stimulated NMR Spectrum," Abstract zur 11. ENC Konferenz am Mellon Institute in Pittsburgh/Penn., 11.-24. April 1970, Session A-1. http://www.enc-conference.org/files/enc 1970.pdf, Zugriff am 18. November 2008.

Kane, Ralph W., Interview, geführt im November 1989 von Sharon Mercer, Oral History Associates, Inc., Palo Alto: Varian Associates, Inc. Oral History Project, 1992.

Kane, Ralph W., Memo von H. Myrl Stearns, 1.Mai 1958. Department of Special Collections, Stanford University Libraries, Varian, Varian Associates, Box 2 Folder 14.

Keller, Toni, Curriculum Vitae of Tony Werner Keller, undatiert, 4 S. Privatbesitz Toni Keller.

Keller, Toni, Entwurf eines offenen Briefs an Heinz Rüterjans. Privatbesitz Toni Keller.

Keller, Toni, Interview geführt am 18. und 19. August 2004 von Thomas Steinhauser.

Kessler, Horst, Vorläufige Teilnehmerliste der NMR Diskussionstagung in Ettal, 11. bis 13.9. 1978. Unterlagen Horst Kessler. Xerokopie Carsten Reinhardt.

Laukien, Günther, Preisrede zur Verleihung des ISMAR (International Society of Magnetic Resonance) Award in Industrial Development am 25. August 1980. Typoskript. Bruker BioSpin, Rheinstetten.

N.N., "12th Experimental NMR Conference, University of Florida, Gainesville, Florida. February 17-20, 1971. General Information and Schedule," http://www.enc-conference.org/files/enc 1971.pdf, Zugriff am 18. November 2008.

N.N., "Program 17th ENC. Pittsburgh, 25-29 April, 1976. Mellon Institute Building, Carnegie-Mellon University". http://www.enc-conference.org/files/enc 1974.pdf, Zugriff am 18. November 2008.

Oregon State University. Library. Ava Helen and Linus Pauling Papers.

Packard, Martin, "The Varian Story," Vortragsmanuskript für die Pittsburgh Conference of Analytical Chemistry, 1980, S.11. Stanford University Archives, Special Collections, Varian, Varian Associates Papers, Box 4, Folder 23.

Packard, Martin, Interview, geführt am 7. und 12. Dezember 1989 von Sharon Mercer, Oral History Associates, Inc., Palo Alto: Varian Associates, Inc. Oral History Project, 1992.

Primas, Hans, "A New, Universal, High-homogeneity Magnet for Zero to Twenty-five Kilogauss, and Its Precise Stabilization" (Vortragsmanuskript auf der 5th Experimental NMR Conference 26.-29. Februar 1964, Mellon Institute, Pittsburgh/Pa.), http://www.enc-conference.org/files/enc 1964-.pdf, Zugriff am 18. November 2008.

Primas, Hans, "Die Wirklichkeit des Symbols in den exakten Wissenschaften," Vortrag 2001 in der Reihe Kunst als Wissenschaft | Wissenschaft als Kunst http://www.kunst-als-wissenschaft.de/multimedia/Primas-Text.pdf, S.8. Zugriff am 23. April 2009.

Proctor, Warren G., Reminiscences of the Early Days of Nuclear Magnetic Resonance at Stanford University, ca. 1967. Hg. und transkribiert von Stanislav Sýkora, 2005. DOI: 10.3247/SL1Nmr05.002. Zugriff am 19. Juni 2008.

Proctor, Warren G. an Emery Rogers, 27. März 1958 und 7. April 1958. Department of Special Collections, Stanford University Libraries, Varian, Varian Associates, Box 2 Folder 14.

Richards, Rex E., "High-Field NMR at Oxford," Abstract zur 12. ENC Konferenz an der University of Florida, Gainesville, 17.-20. Februar 1971, Session A-1. http://www.enc-conference.org/files/enc 1971.pdf, Zugriff am 18. November 2008.

Richards, Rex E., "NMR at High Fields," Abstract zur 14. ENC Konferenz an der University of Colorado, Boulder, 15.-18. April 1973, Session I. http://www.enc-conference.org/files/enc 1973.pdf, Zugriff am 18. November 2008.

Richards, Sir Rex, Interview geführt am 4. Dezember 1987 von Max Blythe, The Royal College of Physicians and Oxford Brookes University, Medical Sciences Video Archive MSVA 030 Interview 1.

Richards, Sir Rex, Interview geführt im März 1988 von Max Blythe, The Royal College of Physicians and Oxford Brookes University, Medical Sciences Video Archive MSVA 036 Interview 2.

Richgels, Jeff, The Capital Times, Web Edition. 23. September 2004. http://-www.madison.com/tct/business/index.php?ntid=10692&ntpid=6. Zugriff am Dienstag den 13. Oktober 2004.

Servant, Yves, "The Scientific Career of René Freymann (1909-1995)," http://-www.ampere.ethz.ch/history.htm#1957-1996, Zugriff am 26. Mai 2008.
Siehl, Hans-Ullrich, MARS online, 1998. http://fgmr.chemie.uni-hamburg.de-/mars/mars.htm#994, Zugriff am 14.04.2004.
Slichter, Charles, Interview mit Babak Ashrafi am 26. März 2005, Niels Bohr Library & Archives, American Institute of Physics, College Park/MD. www.aip.org/history/ohilist/30248.html, Zugriff am 24.10.2008.
States, David M., "Karl H. Hausser Introduced Magnetic Resonance Techniques for Physico-chemical Analysis to Germany". http://sun0.mpimf-heidelberg.mpg.de/History/Haus-serJr.html, Zugriff am 17. Oktober 2007.
Trüb, Täuber & Co. AG, Referenzliste der Kerninduktionspektrographen und Elektronenresonanzspektrographen, 3. März 1961. Typoskript, Bruker BioSpin.
Wüthrich, Kurt, "Curriculum Vitae – Kurt Wüthrich," http://www.scripps.edu/-mb/wuthrich/people/kw/cv.html, Zugriff am 17. März 2009.

8.2. Patente, Graue Literatur

Bartholdi, Enrico (Spectrospin AG), "ASPECT 2000 Anwendungsbericht Nr. 2: 2 D-J-Resolved Spectroscopy," Bruker Report 9/2 (1979), 2-4.
Bielke, G./Meves, M./Pfannenstiel, P., "Klinische Erprobung und Abklärung der diagnostischen Möglichkeit der Kernspintomographie," in: Bundesminister für Forschung und Technologie (Hg.), Kernspintomographie (1984) [zweiter Bericht, Stand: Mai 1984], S.67-82.
Bloch, Felix, Line Narrowing Gyromagnetic Apparatus. US Pat. Nr.: 2960649. Eingereicht am 18. Juni 1954. Erteilt am 15. November 1960.
Bloch, Felix/Hansen, William W., Method and Means for Chemical Analysis by Nuclear Inductions. US Pat. Nr. 2561489. Beantragt am 23. Dezember 1946. Erteilt am 24. Juli 1951.
Bodenseewerk Perkin Elmer & Co GmbH (Hg.), Perkin-Elmer Analysengeräte (Prospekt), Überlingen: Selbstverlag, 1967. Archiv Deutsches Museum München, Firmenschriften, Perkin-Elmer.
Bruker AG (Hg.), Bruker AG, Fällanden: Selbstverlag (Prospekt), 2000.
Bruker AG (Hg.), Firmengeschichte, Fällanden: Selbstverlag (Prospekt), 2000.
Bruker BioSpin AG, Digital Filter for NMR and MRI Applications. Erfinder: Pietro Lendi, Werner Tschopp. US Pat. Nr. 2005/0225324 A1. Eingereicht am 11. März 2005. Erteilt am 13. Oktober 2005.
Bruker Medical GmbH (Hg.), Schlaglichter Schnappschüsse aus der BRUKER-Historie, gesammelt und zusammengestellt für Herrn Dipl. Phys. Bertold Knüttel, Ettlingen: Selbstverlag, 1999. Privatbesitz Bertold Knüttel.

Bruker-Physik AG, Bruker Kernresonanz Impulsspektrometer. Frequenzvariable Hochleistungs-Multikern-Ausführung für gesamten Linienbereich. SXP 2-200, Karlsruhe-Forchheim: Selbstverlag (Prospekt), ca. 1974.

Bruker-Physik AG, Spinresonanzgenerator. Erfinder: Bertold Knüttel, Günther Laukien. Deutsche Offenlegungsschrift Nr. 2323773. Eingereicht am 11. Mai 1973. Publiziert am 28. November 1974.

Bruker Physik AG, Gerät zur Untersuchung der Herzimpulsfrequenz. Erfinder: Günther Laukien. Deutsche Offenlegungsschrift Nr. 2352692. Eingereicht am 20. Oktober 1973. Veröffentlicht am 24. April 1975.

Bruker-Physik AG, Bruker Report 3/1 (1973).

Bruker-Physik AG, Bruker Report 10/2 (1980).

Bruker Physik AG, Koordinatenschreiber. Erfinder: Günther Laukien. Deutsche Offenlegungsschrift Nr. 2247455. Eingereicht am 27. September 1972. Veröffentlicht am 18. April 1974.

Bundesminister für Forschung und Technologie (Hg.), Kernspintomographie. Ein Förderschwerpunkt im Rahmen des Programms der Bundesregierung zur Förderung von Forschung und Entwicklung im Dienste der Gesundheit. Bericht über Stand und Ergebnisse von Forschungs- und Entwicklungsvorhaben des Bundesministers für Forschung und Technologie (Redaktion Friedrich Unz), Bonn: Bundesminister für Forschung u. Technologie, Öffentlichkeitsarbeit, 1984 [zweiter Bericht, Stand: Mai 1984].

Committee for the Survey on Chemistry (Hg.), Chemistry Opportunities and Needs, Washington D.C.: National Academy of Sciences National Research Council, 1965 (2. Aufl. 1966).

Deutsche Forschungsgemeinschaft (Hg.), Bericht der Deutschen Forschungsgemeinschaft über ihre Tätigkeit vom 1. April 1952 bis zum 31. März 1953, Bad Godesberg: DFG, 1953.

Deutsche Forschungsgemeinschaft (Hg.), Bericht der Deutschen Forschungsgemeinschaft über ihre Tätigkeit vom 1. April 1956 bis zum 31. März 1957, Bad Godesberg: DFG, 1957.

Deutsche Forschungsgemeinschaft (Hg.), Mitteilungen, Bad Godesberg: Selbstverlag, 1965, Heft 1.

Deutsche Forschungsgemeinschaft (Hg.), Bericht der Deutschen Forschungsgemeinschaft über ihre Tätigkeit, Bad Godesberg: Selbstverlag, 1968.

Deutsche Forschungsgemeinschaft (Hg.), Jahresbericht, Bd. 1: Tätigkeitsbericht, Bad Godesberg: Selbstverlag, 1971.

DIGITAL Equipment Corporation (Hg.), pdp 10, Maynard/Mass.: Selbstverlag (Prospekt), 1967.

GSF – Forschungszentrum für Umwelt und Gesundheit, "Vater der Ökologischen Chemie wurde 80 Jahre alt," Pressemitteilung vom 22. Dezember

2003, Redaktion Heinz-Jörg Haury. http://www.umweltchemie-gdch.de-/personalia.htm#korte, Zugriff am 22.04.2004.

Günther, Harald, 20 Jahre GDCH-Fachgruppe Magnetische Resonanzspektroskopie, http://fgmr.chemie.uni-hamburg.de/mars/marsnon.htm, Zugriff am 22. November 2006.

Hull, William E., "Aspect 2000 Anwendungsbericht Nr. 1, CW-Methoden – FT-Anwendungen. INDOR- und NOE- Differenz-Spektroskopie: Wertvolles Hilfsmittel zur ^{1}H-NMR-Analyse," Bruker Report 8/1 (1978), 4-5.

Hundeshagen, H./Schwarzrock, R./Tiffe, H.W., "NMR-Tomographie. Klinische Studie" in: Bundesminister für Forschung und Technologie (Hg.), Kernspintomographie (1984) [zweiter Bericht, Stand: Mai 1984], S.21-65.

IBM, Spin Echo Technique and Apparatus. Erfinder: Erwin L. Hahn. US Pat.-Nr. 2705790. Eingereicht am 18. Januar 1954. Patent erteilt am 5. April 1955.

I.G.-Farbenindustrie AG, Spektrophotometer. Erfinder: Erwin Lehrer. Dt. Reichspat. Nr. 747362. Patentiert am 11 Januar 1942. Patenterteilung bekannt gemacht am 3. Februar 1944.

Jancke, Harald, "Zum Tode von Reiner Radeglia," http://fgmr.chemie.uni-hamburg.de/aktuell/radeglia-nachruf.htm, Zugriff am 21. April 2004.

Knüttel, Bertold, "NMR-Systeme für den Routine- und Forschungseinsatz in der Medizin und Biomedizin," in: Bundesminister für Forschung und Technologie (Hg.), Kernspintomographie (1984) [zweiter Bericht, Stand: Mai 1984], S.151-165.

Ladbury, Roger, "A Mini-History of Bruker UK Limited" in: Bruker Medical GmbH (Hg.), Schlaglichter Schnappschüsse aus der BRUKER-Historie (1999), [nicht paginiert].

Laukien, Günther, Verfahren und Gerät zum Messen und Steuern magnetischer Felder und zur Werkstoffprüfung. Deut. Pat-Nr. 949357. Patentiert am 22. September 1954. Erteilt am 30. August 1956.

Laukien, Günther, Hochfrequenzimpulsspektrometer. Erfinder: Günther Laukien. Deutsche Auslegeschrift Nr. 1648849. Eingereicht am 2. November 1967. Ausgelegt am 21. März 1974.

Laukien, Günther, Verfahren und Vorrichtung zur Aufnahme von Spektren. Erfinder: Günther Laukien. Deutsche Offenlegungsschrift Nr. 1806615. Eingereicht am 2. November 1968. Publiziert am 4. Juni 1970.

Laukien, Günther, Verfahren und Vorrichtung zur zerstörungsfreien Pflanzensamen-Prüfung mittels magnetischer Kernresonanz. Erfinder: Günther Laukien. Schweizer Pat.-Nr. 448590. Beantragt am 3. März 1967. Veröffentlicht am 11. April 1968.

Laukien, Günther, Verfahren und Vorrichtung zur Aufnahme von Spektren. Erfinder: Günther Laukien. Deutsche Offenlegungsschrift Nr. 1806615. Eingereicht am 2. November 1968. Veröffentlicht am 4. Juni 1970.

Laukien, Günther, Vorrichtung zur automatischen Aufnahme von Spektren. Erfinder: Günther Laukien. Deutsche Offenlegungsschrift Nr. 2017138. Eingereicht am 10. April 1970. Veröffentlicht am 21. Oktober 1971.

Liebisch, G./König, D./Ostheimer, E., "Anwendungschancen der Kernspintomographie in der Bundesrepublik Deutschland. Fakten, Probleme, Perspektiven" in: Bundesminister für Forschung und Technologie (Hg.), Kernspintomographie. Ein Förderschwerpunkt im Rahmen des Programms der Bundesregierung zur Förderung von Forschung und Entwicklung im Dienste der Gesundheit; Bericht über Stand und Ergebnisse von Forschungs- und Entwicklungsvorhaben des Bundesministers für Forschung und Technologie (Redaktion Friedrich Unz), Bonn: Bundesminister für Forschung u. Technologie, Öffentlichkeitsarbeit, 1983 [erster Bericht, Stand: Februar 1983], S.21-35.

McCarten, John, "Fettanalyse an Ausgangsstoffen zur Margarineherstellung," Bruker Report 3/2 (1973), 5-6.

Mnemotron Corporation, Computer of Average Response Transients. Erfinder: Manfred E. Clynes. US Pat. Nr. 3087487. Eingereicht am 17. Mai 1961. Erteilt am 30. April 1963.

National Research Council, Physics Survey Committee (Hg.), Physics in Perspective, Bd. 2, Teil B: The Interfaces, Washington D.C.: National Academy of Science, 1973.

National Research Development Corporation, NMR Spectroscopy. Erfinder: Thomas Adrian Frenkiel, Malcolm Harris Levitt. Britisches Patent Nr. 2101334A. Eingereicht am 17. Juni 1982. Erteilt am 12. Januar 1983.

National Science Foundation, 6th Annual Report for the Fiscal Year Ended June 30, Washington D.C.: NSF, 1956.

Nicolet Instrument Corporation (Hg.), Nicolet 1080 Series Data Acquisition and Processing System. Description and Specifications, Madison/Wisconsin: Selbstverlag (Manual), 1972. Deutsches Museum München, Depot, Inv.-Nr. 1984-255 (Varian HA-100).

NMR Specialties Inc. (Hg.), Heteronuclear Spin Decoupling, Technical Information Bulletin R-1, New Kensington/Pa.: Selbstverlag, 1966.

N.N., "Results of 4th OCEANS Questionnaire on the A-60," S.3, http://www.enc-conference.org/files/enc 1963.pdf, Zugriff am 18. November 2008.

N.N., "Aus dem Jahresbericht 1964," Mitteilungen der Deutschen Forschungsgemeinschaft 3 (1965), 23-30.

N.N., "Aus dem Jahresbericht 1965," Mitteilungen der Deutschen Forschungsgemeinschaft 3 (1966), 23-34.
N.N., "Aus dem Jahresbericht 1966" Mitteilungen der Deutschen Forschungsgemeinschaft 3 (1967), 36-48.
N.N., "Hochauflösung, große Moleküle – schwächere Konzentrationen werden meßtechnisch zugänglich," Bruker Report 1 (Dezember 1971), 2.
N.N., "Bruker – damals – heute – künftig" (Werbeannonce), Bruker Report 1 (Dezember 1971), 4.
N.N., "WH 90," Bruker Report 3/1 (1973), S.2-3.
N.N., "Die Spectrospin AG," Bruker Report 2/4 (1972), S.2-3.
N.N., "Mermaid taucht im Mittelmeer," Bruker Report 2/5 (1972), S.2.
N.N., "Impulsspektrometer mit neuartigem Hochleistungsverstärker," Bruker Report 2/6 (1972), 2-3.
N.N., "Computerkurs/NMR-Seminar der Spectrospin AG in Zürich," Bruker Report 4/1 (1974), 8.
N.N., "Bruker-Spectrospin Seminar 1975," Bruker Report 5/1 (1975), 19.
N.N., "NMR Spectroscopy: The Year of Pulsed Fourier Transform," [Perkin-Elmer] Instrument News 25 (1975), 14.
N.N., "Automatischer Probenwechsler für Minispec p20i," Bruker Report 6/2 (1976), 6.
N.N., "Erweiterte Produktionsstätten der Bruker-Physik AG, Karlsruhe," Bruker Report 6/2 (1976), S.15.
N.N., "Ausstellungen und Konferenzen 1977 mit Bruker-Beteiligung," Bruker Report 7/1 (1977), 27.
N.N., "Bruker Data System Aspect 2000," Bruker Report 7/1 (1977), 4-5.
N.N., "Neue Zusatzeinheit für HX-Spektrometer," Bruker Report 7/1 (1977), 10.
N.N., "Ausstellungen und Tagungen 1978 mit Bruker-Beteiligung," Bruker Report 8/1 (1978), 19.
N.N., "Hochauflösung am Festkörper. NMR bei Rotation der Probe unter dem magischen Winkel," Bruker Report 8/1 (1978), 14-15.
N.N., "Ausstellungen und Tagungen," Bruker Report 9/1 (1979), 19.
N.N., "Bruker weltweit," Bruker Report 9/2 (1979), 30.
N.N., "Association of Bruker Aspect Computer Users," Bruker Report 9/3 (1979), 26.
N.N., "5th Bruker NMR Seminar," Bruker Report 10/1 (1980), 27.
N.N., "Bruker NMR Users' Conference in the United States," Bruker Report 10/2 (1980), 25.
N.N., "Bruker Participation at Exhibitions and Conferences during 1980/81," Bruker Report 10/1 (1980), 27.

N.N., "ISMAR-Prize Awarded to Professor G.R. Laukien, Cofounder and President of Bruker," Bruker Report 10/2 (1980), 24-25.

N.N., "An Exciting New Technique: NMR Tomography," Bruker Report 11/1 (1981), 2-5.

Organisation for Economic Co-operation and Development, Directorate for Scientific Affairs (Hg.), Gaps in technology: scientific instruments (Report presented for information at the Third Ministerial Meeting on Science of OECD Countries; 11th and 12th March 1968), Paris: O.E.C.D. 1968.

Ostheimer, E., "Begleituntersuchungen zur klinischen Testphase der Kernspintomographie mit Analyse der Einsatzmöglichkeiten neuentwickelter Geräte (Wirksamkeitsanalyse). Zielsetzung des Vorhabens, bisherige Ergebnisse, Perspektiven zukünftiger Bemühungen" in: Bundesminister für Forschung und Technologie (Hg.), Kernspintomographie (1984) [zweiter Bericht, Stand: Mai 1984], S.83-101.

Piontek, P./Unz, F., "Das Konzept zur Förderung der Kernspintomographie im Rahmen des Programms "Forschung und Entwicklung im Dienste der Gesundheit" in: Bundesminister für Forschung und Technologie (Hg.), Kernspintomographie (1984) [zweiter Bericht, Stand: Mai 1984], S.5-14.

Pooter, M. de, "Pulsed NMR as a Routine Method for the Determination of the Hydrogen Content of Hydrocarbons," Bruker Report 7/1 (1977), 13-16.

Post, Hans, "Chronik der Medizintechnik" in: Bruker Medical GmbH (Hg.), Schlaglichter Schnappschüsse aus der BRUKER-Historie, gesammelt und zusammengestellt für Herrn Dipl. Phys. Bertold Knüttel, Ettlingen: Selbstverlag, 1999, S.1-6.

Putte, Karel van, "Pulse NMR as a Routine Method in the Fat and Margarine Industry I," Bruker Report 4/1 (1974), S.5-6.

Putte, Karel van, "Pulse NMR as a Routine Method in the Fat and Margarine Industry II," Bruker Report 5/1 (1975), 9-12.

Ricks, Sharon, "NDDK Installs New Spectrometer". NIH Record. http://www.nih.gov/news/NIH-Record/10_22_96/story07.htm, Zugriff am 12. August 1998.

Ritchey, William M., "1st ENC – 1960 Cleveland," http://www.enc-conference.org/files/enc 1960.pdf, Zugriff am 18. November 2008.

Smith, H.F., "More on Effortless FT NMR," [Perkin-Elmer] Instrument News 29 (1979), S.17.

Spectrospin AG, Verfahren zur Erzeugung eines linearen Frequenzvorschubs bei Kernrsonanzspektrographen und Vorrichtung zur Durchführung dieses Verfahrens. Erfinder: Toni Keller, Werner Tschopp. Schweizer Patent Nr. 482190. Eingereicht am 21. September 1967. Erteilt am 15. Januar 1970.

Spectrospin AG, Vorrichtung zur Erzeugung eines Magnetfeldes mittels einer oder mehreren Spulen und zur Konstanthaltung des erzeugten Magnetfeldes. Erfinder: Werner Tschopp. Schweizer Patent Nr. 540528. Eingereicht am 13. Oktober 1970. Erteilt am 15. August 1973.

Spectrospin AG, Verfahren zur Fourieranalyse von Interferenzsignalen. Erfinder: Günther Laukien, Toni Keller, Werner Tschopp. Deutsche Offenlegungsschrift Nr. 1956331. Eingereicht am 8. November 1969. Publiziert am 27. Mai 1971.

Spectrospin AG, Vorrichtung zur Erzeugung einer frequenzstabilen HF-Schwingung. Erfinder: Werner Tschopp. Inhaber: Spectrospin AG. Schweizer Patent Nr. 523628. Eingericht am 14. Juli 1971. Erteilt am 31. Mai 1972.

Spectrospin AG, Vorrichtung zur Erzeugung eines Magnetfeldes mittels einer oder mehrerer Spulen und zur Konstanthaltung des erzeugten Magnetfeldes. Erfinder: Werner Tschopp. Schweizer Pat. Nr. 540528. Angemeldet am 13. Oktober 1973. Erteilt am 15. August 1973.

Spectrospin AG, Spinresonanz-Spektrometer. Erfinder: Günther Laukien, Toni Keller, Werner Tschopp. Deutsche Auslegeschrift Nr. 2759457. Eingereicht am 18. November 1977. Veröffentlicht am 10. April 1980.

Spectrospin AG, Spinresonanz-Spektrometer mit einem an Leitungen angeordneten Probengefäß. Erfinder: Toni Keller, Günther Laukien, Werner Tschopp. Schweizer Pat. Nr. 635198. Angemeldet am 17. November 1978. Erteilt am 15. März 1983.

Standard Oil Development Company, Apparatus for Geophysical Exploration. Erfinder: Russell H. Varian. US Pat.-Nr. 1951716. Eingereicht am 22. Januar 1930. Patent erteilt am 20. März 1934.

Technical Measurement Corporation, Annonce, Science (AAAS) 150 (1965), S.677.

Trüb, Täuber & Co. AG., Magnetfeldstabilisator. Erfinder: Hans Heinrich Günthard und Hans Primas. Schweizer Pat.-Nr. 348561. Beantragt am 12. Juni 1957. Veröffentlicht am 14. Oktober 1960 (US Pat.-Nr. 2979641, erteilt am 11. April 1961).

Trüb, Täuber & Co. AG., Verfahren und Vorrichtung zur Aufnahme von hochaufgelösten Kerninduktionsspektren. Erfinder: Johann Jaroslav Primas. Schweizer Pat.-Nr. 376291. Beantragt am 5. November 1959. Veröffentlicht am 15. Mai 1964 (Deutsche Auslegeschrift Nr. 1271429, ausgelegt am 27. Juni 1968).

Trüb, Täuber & Co. AG., Vorrichtung zur Erzeugung eines statischen, homogenen magnetischen Feldes. Erfinder: Johann Jaroslav Primas. Schweizer

Pat.-Nr. 384715. Beantragt am 2. Mai 1960. Veröffentlicht am 26. Februar 1965 (US Pat.-Nr. 3105176, erteilt am 24. September 1964).

Trüb, Täuber & Co. AG., Vorrichtung zur Aufnahme von Kerninduktionsspektren nach der Resonanzmethode. Erfinder: Hans Heinrich Günthard und Hans Primas. Schweizer Pat.-Nr. 347655. Beantragt am 15. Juli 1960. Veröffentlicht am 31. August 1960 (US Pat.-Nr. 3034039, erteilt am 8. Mai 1962).

Trüb, Täuber & Co. AG., Magnetanordnung zur Erzeugung von Magnetfeldern veränderbarer Feldstärke mit konstanter geometrischer Konfiguration. Erfinder: Hans Primas. Schweizer Pat.-Nr. 393535. Beantragt am 26. September 1961. Veröffentlicht am 15. November 1965 (US Pat.-Nr. 3197678, erteilt am 27. Juli 1965).

Wehrli, Fritz W., "A Glance at Bruker USA," Bruker Report 9/3 (1979), 37-39.

Weisser, H., "NMR Spectroscopy in the Food Industry," Bruker Report 8/1 (1978), 9-12.

Varian, Russell H., Gyromagnetic Resonance and Apparatus. US Pat-Nr. 3109138. Eingereicht am 29. August 1956. Patentiert am 29. Oktober 1963.

Varian Associates, Method and Means for Correlating Nuclear Properties of Atoms and Magnetic Fields. Erfinder: Russell H. Varian. US Pat.-Nr.2561490. Beantragt am 21. Oktober 1948. Erteilt am 12. Juli 1951.

Varian Associates, Apparatus and Method for Identifying Substances. Erfinder: Russell H. Varian. US Pat-Nr. 3395337. Eingereicht am 3. Januar 1952. Patentiert am 30. Juli 1968.

Varian Associates (Hg.), "A New Kind of Spectroscopy: High Resolution n.m.r.," Technical Information from the Radio-Frequency Spectroscopy Laboratories of Varian Associates, 1 Nr. 1, Palo Alto: Varian Associates, Juli 1953.

Varian Associates, Electromagnet with Adjustable Air Gap. Erfinder: Ralph W. Kane, Forrest A. Nelson, Emery H. Rogers. US Pat-Nr. 3150295. Eingereicht am 19. März 1954. Patentiert am 22. September 1964.

Varian Associates, Gradiometer. Erfinder: Russell H. Varian. US Pat-Nr. 2929018. Eingereicht am 11. Mai 1954. Patentiert am 15. März 1960.

Varian Associates, Gyromagnetic Resonance Method and Apparatus. Erfinder: Felix Bloch, Martin E. Packard und James N. Shoolery. US Pat-Nr. 3068399. Eingereicht am 7. September 1954. Patentiert am 11. Dezember 1962.

Varian Associates (Hg.), "Standardization of High Resolution n.m.r.," Spectra Technical Information from the Radio-Frequency Spectroscopy Laboratories of Varian Associates, 1 Nr. 2, Palo Alto: Varian Associates, [1954].

Varian Associates (Hg.), "Important New Spinning Technique Improves n.m.r. Resolution," Technical Information from the Radio-Spectroscopy Laboratories of Varian Associates 1 Nr. 3, Palo Alto: Varian Associates, 1955.
Varian Associates, Ground Liquid Prospecting Method and Apparatus. Erfinder: Russell H. Varian. US Pat-Nr. 3019383. Eingereicht am 2. Februar 1956. Patentiert am 30. Januar 1962.
Varian Associates, Magnetoabsorption Fluxmeter and Gradiometer. Erfinder: William E. Bell. US Pat-Nr. 2975360. Eingereicht am 5. Juli 1956. Patentiert am 14. März 1961.
Varian Associates, Gyromagnetic Resonance Methods and Apparatus. Erfinder: Russell H. Varian. Inhaber: Varian Associates. US Pat. Nr. 3287629. Eingereicht am 29. August 1956. Erteilt am 22. November 1966.
Varian Associates (Hg.), "N.M.R. Chemical Shifts in Oxygen and Nitrogen Compounds," Technical Information from the Radio-Frequency Spectroscopy Laboratories of Varian Associates 1 Nr. 4, Palo Alto: Varian Associates, 1956.
Varian Associates, Instrumental Division (Hg.), Five Years of NMR, Palo Alto: Selbstverlag, 1959.
Varian Associates, Nuclear Induction Fluxmeter and Magnet Control Apparatus. Erfinder: B.V. Fowler. US Pat-Nr. 3081428. Eingereicht am 5. Dezember 1960. Patentiert am 12. März 1963.
Varian Associates (Hg.), A-60 Analytical NMR Spectrometer System, Palo Alto: Selbstverlag (Prospekt), [1961].
Varian Associates, Instrument Division (Hg.), HR-100, HR-60, DP-60 High Resolution and Dual Purpose NMR Spectrometer Systems, Preisliste, 1. April 1962.
Varian Associates, "A-60 Analytical NMR Spectrometer System," Preisliste 1. April 1962.
Varian Associates (Hg.), NMR/EPR Instrument Memo 4, Palo Alto: Selbstverlag, 1963.
Varian Associates (Hg.), NMR/EPR Instrument Memo 5, Palo Alto: Selbstverlag, 1964.
Varian Associates Analytical Instruments Division (Hg.), Technical Information Bulletin, Palo Alto: Selbstverlag, Sommer 1965.
Varian Associates, Impulse Resonance Spectrometer Including a Time Averaging Computer and Fourier Analyzer. Erfinder: Weston A. Anderson, Richard Ernst. US Pat. Nr. 3475680. Eingereicht am 26. Mai 1965. Erteilt am 28. Oktober 1968.

Varian Associates Instrument Division (Hg.), Model C-1024 Averaging Computer (Manual), Palo Alto: Selbstverlag, [1967]. Deutsches Museum München, Depot, Inv.-Nr. 1984-255 (Varian HA-100).

Varian Associates Instrument Group (Hg.), SpectroSystem 100/200 ... for Laboratory Automation, Palo Alto: Varian Associates, [1968]. Deutsches Museum München, Depotverwaltung, Zubehör zu Inv.-Nr. 1984-255 (Varian HA-100).

Varian Associates, Noise Excited Resonance Apparatus. Erfinder: Richard Ernst. US Pat. Nr. 3711764. Eingereicht am 28. Mai 1970. Erteilt am 16. Januar 1973.

Varian Associates, Magnetic Resonance Spectrometer Employing Stochastic Resonance by a Pseudorandom Binary Sequence and Time-Share Modulation. Erfinder: Weston A. Anderson, Richard R. Ernst. US Pat. Nr. 3786341. Eingereicht am 26 Oktober 1972. Erteilt am 15. Januar 1974.

Varian Associates, Two Dimensional Gyromagnetic Resonance Spectroscopy. Erfinder: Richard R. Ernst. US Pat. Nr. 4045723. Eingereicht am 15. Dezember 1975. Erteilt am 30. August 1977.

Varian Associates, The Expanded CFT-20. Multinuclear Versatility at Low Cost (Prospekt), Palo Alto: Selbstverlag (Prospekt), ca. 1976.

Varian Associates, Gyromagnetic Resonance Fourier Transform Zeugmatography. Erfinder: Richard R. Ernst. US Pat. Nr. 4070611. Beantragt am 13. April 1977. Erteilt am 24. Januar 1978.

Wiener, Norbert, "Response of a Nonlinear Device to Noise," MIT Radiation Laboratory Report V-186, 6. April 1942.

8.3. NMR-Fachliteratur

Abragam, Anatole, The Principles of Nuclear Magnetism, Oxford: Clarendon Press, 1961.

Abragam, Anatole, "The Overhauser Effect," Proceedings of the Royal Society of London, A Mathematical and Physical Sciences 283 (1965), S.458.

Abragam, Anatole/Proctor, Warren G., "Experiments on Spin Temperature," Physical Review 106 (1957), 160-161.

Abragam, Anatole/Proctor, Warren G., "Spin Temperature," Physical Review 109 (1958), 1441-1458.

Ahn, Myong-Ku, "A Comparison of FTNMR and FTIR Techniques," Journal of Chemical Education 66 (1989), 802-804.

Alvarez, Luis W./Bloch, Felix, "A Quantitative Determination of the Neutron Moment in Absolute Nuclear Magnetons" Physical Review, 57 (1940), 111-122.

Anderson, Weston A., "Nuclear Magnetic Resonance Spectra of Some Hydrocarbons," Physical Review 102 (1956), 151-167.

Anderson, Weston A., "Applications of Modulation Techniques to High Resolution Nuclear Magnetic Resonance Spectrometers," Review of Scientific Instruments 33 (1962), 1160-1166.

Anderson, Weston A./Arnold, James T., "A Line-Narrowing Experiment," Physical Review 94 (1954), 497-498.

Anderson, Weston A./Ernst, Richard R., "Sensivity Enhancement in Magnetic Resonance II. Investigations of Intermediate Passage Conditions," Review of Scientific Instruments 36 (1965), 1696-1706.

Anderson, Weston A./Ernst, Richard R., "Application of Fourier Transform Spectroscopy to Magnetic Resonance," Review of Scientific Instruments 37 (1966), 93-102.

Anderson, Weston A./Ernst, Richard R./Freeman, Ray, "Line Profiles in Nuclear Magnetic Double Resonance," Journal of Chemical Physics 46 (1967), 1125-1138.

Anderson, Weston A./Freeman, Ray, "Use of Weak Perturbing Radio-Frequency Fields in Nuclear Magnetic Resonance," Journal of Chemical Physics 37 (1962), 2053-2073.

Anderson, Weston A./Freeman, Ray, "Nuclear Magnetic Double Resonance. Transmission of Modulation Information through the Nuclear Spin-Spin Coupling," Journal of Chemical Physics 42 (1965), 1199-1229.

Andrew, Raymond E., Nuclear Magnetic Resonance, Cambridge: Cambridge University Press, 1955.

Andrew, Raymond E., " Report on XX Congress AMPERE, Tallinn, USSR, 21-26 August 1978," Bulletin of Magnetic Resonance 1/1 (1979), 61.

Andrew, Raymond E./Bradbury, Arnold/Eades, Robert G., "Nuclear Magnetic Resonance Spectra from a Crystal Rotated at High Speed," Nature 182 (1958), 1659.

Andrew, Raymond E./Bradbury, Arnold/Eades, Robert G., "Removal of Dipolar Broadening of Nuclear Magnetic Resonance Spectra of Solids by Specimen Rotation," Nature 183 (1959), 1802-1803.

Anet, Frank A.L., "^{13}C NMR at High Magnetic Fields" in: George C. Levy (Hg.), Topics in ^{13}C NMR Spectroscopy, Wiley Interscience, Bd. 1, New York u.a.: Wiley, 1974, S.209-229.

Anet, Frank/Bourn, Anthony, "Nuclear Magnetic Resonance Spectral Assignments from Nuclear Overhauser Effects," Journal of the American Chemical Society 87 (1965), 5250-5251.

Ankel, Theo/Brügel, Werner/Krückeberg, Fritz, "Die Kernresonanzspektren der Vinylgruppe," Zeitschrift für Elektrochemie, 64 (1960) 1121-1155.

Arndt, Rolf/Ernst, Richard/Primas, Hans, "Die Konstruktion von Kernresonanzspektrographen hoher Auflösung," Zeitschrift für Instrumentenkunde 67 (1959), 293-300.

Arndt, Rolf/Ernst, Richard/Primas, Hans, "Die Konstruktion von Kernresonanzspektrographen hoher Auflösung, Teil Ib," Zeitschrift für Instrumentenkunde 68 (1959), 8-13.

Arndt, Rolf/Ernst, Richard/Primas, Hans, "Die Konstruktion von Kernresonanzspektrographen hoher Auflösung, Teil II," Zeitschrift für Instrumentenkunde 68 (1959), 21-29.

Arndt, Rolf/Ernst, Richard R./Primas, Hans, "Group Contributions to the Chemical Shift in Proton Magnetic Resonance of Organic Compounds" in: Anna Mangini (Hg.), Advances in Molecular Spectroscopy (Proceedings of the International Meeting of Molecular Spectroscopy, Bologna 1959), Oxford: Pergamon Press, 1962, 1246-1252.

Arnold, James T., The Magnetic Resonances of Protons in Ethyl Alcohol, Palo Alto: Diss. Stanford University, 1954.

Arnold, James T., "Magnetic Resonances of Protons in Ethyl Alcohol," Physical Review 102 (1956), 136-150.

Arnold, James T./Dharmatti, Shrinvas S./Packard, Martin E., "Chemical Effects on Nuclear Induction Signals from Organic Compounds," Journal of Chemical Physics 19 (1951), 507.

Aue, Walter P./Bartholdi, Enrico/Ernst, Richard R., "Two-Dimensional Spectroscopy. Application to Nuclear Magnetic Resonance," Journal of Chemical Physics 64 (1976), 2229-2246.

Auerbach, Clemens, "Introduction," Chemical Instrumentation, a Journal of Experimental Techniques in Chemistry and Biochemistry 1 (1968), 1.

Bachmann, P./Ernst, R.R./Jeener, J./Meier, B.H. "Investigation of Exchange Processes by Two-Dimensional NMR Spectroscopy," Journal of Chemical Physics, 71 (1979), 4546-4553.

Baker, Wilbur L., "Models Illustrating Types of Orbitals and Bonding," Journal of Chemical Education 38 (1961), 606.

Banwell, C.N./Primas, Hans, "On the Analysis of High-Resolution Nuclear Magnetic Resonance Spectra. I. Methods of Calculation," Molecular Physics 6 (1963), 225-256.

Bax, Adriaan/Freeman, Ray, "Investigation of Complex Networks of Spin-Spin Coupling by Two-Dimensional NMR," Journal of Magnetic Resonance 44 (1981), 542-561.

Becker, Edwin D./Farrar, Thomas C./Feretti, James A., "Driven Equilibrium Fourier Transform Spectroscopy. A New Method for Nuclear Magnetic

Resonance Signal Enhancement," Journal of the American Chemical Society 91 (1969), 7784-7785.

Bernstein, Harold J./Pople, John A./Schneider, William G., "The Analysis of Nuclear Magnetic Resonance Spectra: I. Systems of Two and Three Nuclei," Canadian Journal of Chemistry 35 (1957), 67-83.

Bernstein, Harold J./Pople, John A./Schneider, William G., High-resolution Nuclear Magnetic Resonance, New York: McGraw-Hill, 1959.

Bhacca, Norman S./Johnson, LeRoy F./Shoolery, James N. et al., High Resolution NMR Spectra Catalogue, Palo Alto: Varian Associates, 1962 (Bd. 1) und 1963 (Bd. 2).

Bhar, Baidya Nath/Lindström, Gunnar/Odeblad, Eric, "Proton Magnetic Resonance of Human Red Blood Cells in Heavy-water Exchange Experiments," Archives of Biochemistry and Biophysics 63 (1956), 221-225.

Bloch, Felix, "Nuclear Induction," Physical Review 70 (1946), 460-474.

Bloch, Felix, "The Principle of Nuclear Induction," Science 118 (1953), 425-430.

Bloch, Felix, "Line- Narrowing by Macroscopic Motion," Physical Review 94 (1954), 496-497.

Bloch, Felix/Garber, David H., "Nuclear Induction Proton Signals below Noise Level from Gases at One Atmosphere" in: "Minutes of the Meeting at the University of Washington, at Seattle, Washington June 27-29, 1949," Physical Review 76 (1949), 584-593, hier S.585.

Bloch, F./Graves, A.C./Packard, M., Spence, R.W., "Spin and Magnetic Moment of Tritium," Physical Review 71 (1947), 373.

Bloch, F./Graves, A.C./Packard, M./Spence, R.W., "Relative Moments of H^1 and H^3," Physical Review 71 (1947), 551.

Bloch, F./Hansen, W.W./Packard, M.E., "Nuclear Induction," Physical Review 69 (1946), 127.

Bloch, F./Hansen, W.W./Packard, M.E., "The Nuclear Induction Experiment," Physical Review 70 (1946), 474-485.

Bloch, Felix/Levinthal, Elliott C./Packard, Martin E., "Relative Nuclear Moments of H^1 and H^2," Physical Review 72 (1947), 1125-1126.

Bloch, F./Rabi, I.I., "Atoms in Variable Magnetic Fields," Rev. Mod. Phys. 17 (1945), 237-244.

Block, Myron J./Dunn, Thomas, "A New Instrument for Fourier Transform Spectroscopy" in: International Science Communications Inc. (Hg.), Laboratory Instrumentation, Spectroscopy (1974), S.163-168.

Bloembergen, Nicolaas/Pound, Robert V./Purcell, Edward M., "Relaxation Effects in Nuclear Magnetic Resonance Absorption," Physical Review 73 (1948), 679-712.

Bloom, Arnold L./Shoolery, James N., "Effects of Perturbating Radiofrequency Fields on Nuclear Spin Coupling," Pys. Rev. 97 (1955), 1261-1265.

Blumberg, William E./Eisinger, Josef/Shulman, Robert G., "Relaxation Enhancement by Paramagnetic Ion Binding in Deoxyribonucleic Acid Solutions," Nature 192 (1961), 963-964.

Blümich, B./Ziessow, D., "Nonlinear Noise Analysis in Nuclear Magnetic Resonance Spectroscopy. 1D, 2D, and 3D Spectra," Journal of Chemical Physics 78 (1983), 1059-1076.

Bodenhausen, Geoffrey/Ernst, Richard R./Wokaun, Alexander, Principles of Nuclear Magnetic Resonance in One and Two Dimensions (International Series of Monographs on Chemistry 14), Reprint, Oxford: Oxford University Press, 1990 (Orig. Oxford: Clarendon Press, 1987).

Bodenhausen, G./Freeman, R./Turner, D.L., "Two-dimensional J spectroscopy: Proton-coupled carbon-13 NMR," Journal of Chemical Physics 65 (1976), 839-840.

Bothner-By, Aksel/Castellano, Salvatore, "Analysis of NMR Spectra by Least Squares," J. Chem. Phys. 41 (1964), 3863-3869.

Branson, Herman R./Corey, Robert B./Pauling, Linus Carl, "The Structure of Proteins: Two Hydrogen-Bonded Helical Configurations of the Polypeptide Chain," Proceedings of the National Academy of Sciences of the United States of America 37 (1951), 205-210.

Braunschweiler, Lukas/Ernst, Richard R., "Coherence Transfer by Isotropic Mixing: Application to Proton Correlation Spectroscopy," Journal of Magnetic Resonance 53 (1983), 521-528.

Broer, L.F.J./Gorter, C.J., "Negative Result of an Attempt to Observe Nuclear Magnetic Resonance in Solids," Physica 9 (1942), 591-596.

Brügel, Werner, Physik und Technik der Ultrarotstrahlung, Hannover: Curt R. Vincents, 1951.

Brügel, Werner, Einführung in die Ultrarotspektroskopie, Darmstadt: Steinkopff, 1954 (2. Aufl. 1957).

Brügel, Werner, "The Theory of the Electronic Spectra of Organic Molecules. Von J. N. Murrell. Methuen & Co., Ltd., London; John Wiley & Sons, Inc., New York 1963." (Rezension), Angewandte Chemie 77 (1965), 227.

Brügel, Werner, Kernresonanz-Spektrum und chemische Konstitution, die spektralen Kernresonanzparameter von Verbindungen mit analysiertem Spektrum, Darmstadt: Steinkopff, 1967.

Busby, Stephen J.W./Gadian, David G./Hoult, David I./Radda, George K./Richards, Rex E./Seeley, P.J., "Observation of Tissue Metabolites Using ^{31}P Nuclear Magnetic Resonance," Nature 252 (1974), 285-287.

Button, Kenneth J./Wiltse, James C., Infrared and Millimeter Waves: Instrumentation, Bd. 2, New York und London: Academic Press, 1979.

Carr, Herman Y./Purcell, Edward M., "Effects of Diffusion on Free Precession in Nuclear Magnetic Resonance Experiments," Physical Review 94 (1954), 630-638.

Chamberlain, N.F., "Determining Molecular Structure by Nuclear Magnetic Resonance of Hydrogen," Analytical Chemistry 31 (1959), 56-77.

Cohen, Jack S./Hayes, Melvin B./McNeel, Mildred L., "Nuclear Magnetic Resonance of Amino Acids, Peptides, and Proteins," Magnetic Resonance Review 3 (1974), 1-62.

Cohn, Mildred/Leigh, John S., "Magnetic Resonance Investigations of Ternary Complexes of Enzyme-Metal-Substrate," Nature 193 (1962), 1037-1040.

Cohn, Mildred/Kowalsky, Arthur, "Application of Nuclear Magnetic Resonance in Biochemistry," Annual Review of Biochemistry 33 (1964), 481-518.

Cohn, Mildred/Nageswara Rao, B. D., "^{31}P NMR Studies of Enzymatic Reactions," Bulletin of Magnetic Resonance 1/1 (1979), 37-60.

Cooley, James W./Tukey, John W., "An Algorithm for the Machine Calculation of Complex Fourier Series," Mathematics of Computation 19 (1965), 297-301.

Cooper, James. W., "The Computer and Signal Averager in the Laboratory. Criteria for Decisions" in: International Science Communications Inc. (Hg.), Laboratory Instrumentation, Spectroscopy (1974), S.10-17.

Cox, Richard H., "NMR of other Nuclei," Magnetic Resonance Review 1 (1972), 271-300.

Criegee, Rudolf/Schröder, Gerhard, "Ein Derivat des Cyclobutadiens," Liebigs Annalen der Chemie 623 (1959), 1-8.

Curtin, David Y./Fuson, Reynold C./Shriner, Ralph L., The Systematic Identification of Organic Compounds. A Laboratory Manual, 5. Aufl., New York u.a.: John Wiley & Sons, 1964.

Dailey, B.P./Shoolery, J.N., "The Electron Withdrawal Power of Substituent Groups," Journal of the American Chemical Society 77 (1955), 3977-3981.

Dalton, Larry R., "Double Resonance," Magnetic Resonance Review 1 (1972), 301-331.

Dalton, Larry R./Dalton, Lauraine A., "Double Resonance," Magnetic Resonance Review 2 (1973), 361-397.

Damadian, Raymond, "Tumor Detection by Nuclear Magnetic Resonance," Science 171 (1971), 1151-1153.

Damadian, Raymond/Goldsmith, Michael/Minkoff, Lawrence, "NMR in Cancer: XVI. Fonar Image of the Live Human Body," Physiological Chemistry and Physics 9 (1977), 97-100.

den Enden, J. van/Putte, K. van, "Pulse NMR as a Quick Method for the Determination of the Solid Fat Content in Partially Crystallized Fats," Journal of Physics E: Scientific Instruments 6 (1973), 901-912.

Dickinson, Walter C., "Dependence of the ^{19}F Nuclear Resonance Position on Chemical Compound," Physical Review 77 (1950), 736-737.

Diehl, P./Kellerhals, P.M./Lustig, E., Computer Assistance in the Analysis of High Resolution NMR Spectra, New York u.a.: Springer, 1972.

Dischler, Bernhard, "Systematik und Analyse von NMR-Spektren," Angewandte Chemie 78 (1966), 653-663, hier S.663.

Edelstein, William/Hutchison, Jim/Mallard, John, "Spin-warp NMR Imaging and Applications to Human Whole-body Imaging," Physics in Medicine and Biology 25 (1980), 751-756.

Ernst, Richard R., I. Kernresonanz-Spektroskopie mit stochastischen Hochfrequenzfeldern. II. Zur Konstruktion eines optimalen Kernresonanz-Messkopfes, Zürich: Juris Verlag (Diss. ETH Zürich), 1962.

Ernst, Richard R., "Sensitivity Enhancement in Magnetic Resonance I. Analysis of the Method of Time Averaging," Review of Scientific Instruments 36 (1965), 1689-1695.

Ernst, Richard R., "Nuclear Magnetic Double Resonance with an Incoherent Radio-Frequency Field," Journal of Chemical Physics 45 (1966), 3845-3861.

Ernst, Richard R., "Magnetic Resonance with Stochastic Excitation," Journal of Magnetic Resonance 3 (1970), 10-27.

Ernst, Richard R./Kumar, Anil/Müller, Luciano, "Two-Dimensional Carbon-13 Spectroscopy," Journal of Chemical Physics 63 (1975), 5490-5491.

Ernst, Richard R./Kumar, Anil/Welti, Dieter, "NMR Fourier Zeugmatography," Journal of Magnetic Resonance 18 (1975), 69-83.

Ernst, Richard R./Kumar, Anil/Wüthrich, Kurt, "A Two-dimensional Nuclear Overhauser Enhancement (2D NOE) Experiment for the Elucidation of Complete Proton-Proton Cross-Relaxation Networks in Biological Macromolecules," Biochemical and Biophysical Research Communications 95 (1980), 1-6.

Ernst, Richard R./Primas, Hans, "High Resolution N.M.R.-Instrumentation: Recent Advances and Prospects," Discussions of the Faraday Society 34 (1962), 43-51.

Ernst, Richard R./Primas, Hans, "Nuclear Magnetic Resonance with Stochastic High-Frequency Fields," Helvetica Physica Acta 36 (1963), 583-601.

Estermann, I./Stern, O., "Über die magnetische Ablenkung von Wasserstoffmolekülen und das magnetische Moment des Protons II.," Zeitschrift für Physik 85 (1933), 17-24.

Farrar, Thomas C., "Pulsed and Fourier Transform Spectroscopy" in: International Science Communications Inc. (Hg.), Laboratory Instrumentation, Spectroscopy (1974), S.136-141.

Fehér, George, "Method of Polarizing Nuclei in Paramagnetic Substances," Physical Review 103 (1956), 500-501.

Fiat, Daniel, "Preface," Pure and Applied Chemistry 32 (1972), i-ii.

Ford, Richard A./Gordon, Arnold J., The Chemist's Companion. A Handbook of Practical Data, Techniques, and Refernces, New York u.a.: John Wiley & Sons, 1972.

Freeman, Ray/Frenkiel, Thomas A./Levitt, Malcolm H., "Broadband Heteronuclear Decoupling," Journal of Magnetic Resonance 47 (1982), 328-330.

Freeman, Ray/Morris, Gareth A., "Experimental Chemical Shift Correlation Maps in Nuclear Magnetic Resonance Spectroscopy," Journal of the Chemical Society. Chemical Communications (1978), 684-686.

Freeman, Ray/Morris, Gareth A., "Two-Dimensional Fourier Transformation in NMR," Bulletin of Magnetic Resonance 1/1 (1979), 5-26.

Freeman, Ray/Levitt, Malcolm H., "Composite Pulse Decoupling," Journal of Magnetic Resonance 43 (1981), 502-507.

Frei, Karl/Günthard, Hans Heinrich/Primas, Hans, "Protonenresonanzspektren einfacher zyklischer Äther und Ketone I," Helvetica Chimica Acta (1958), 35-38.

Friebolin, Horst, Ein- und zwei-dimensionale NMR-Spektroskopie, Weinheim: VCH-Verlag, 1988 (2. Aufl. 1992, 3. Aufl. 1999, 4. vollst., überarb. Aufl. 2006).

Friebolin, Horst/Kabuß, Siegfried/Lüttringhaus, Alfred/Mecke, Reinhard, "Konformative Beweglichkeit flexibler Ringsysteme. Untersuchungen mit Hilfe der Protonenresonanz-Spektroskopie: IV. Mitteilung: Ungesättigte Siebenringe," Tetrahedron Letters (1964), 1929.

Frisch, R./Stern, O., "Über die magnetische Ablenkung von Wasserstoffmolekülen und das magnetische Moment des Protons I.," Zeitschrift für Physik 85 (1933), 4-16.

Garroway, Allan Nathan/Grannell, Peter Kevin/Mansfield, Peter, "Image Formation in NMR by a Selective Irradiative Process," Journal of Physics C: Solid State Physics 7 (1974), L457-462.

Geiger, A./Holz, M., "Automation and Control in High Power Pulsed NMR," Journal of Physics E: Scientific Instrumentation 13 (1980), 697-707.

Gensler, Annelies/Meissner, Ute E./Staab, Heinz A., "Cyclooctadeca [cdefg] phenanthren ("[18]Annuleno[edejg]phenanthren")," Angewandte Chemie 85 (1973), 957.

Gensler, Annelies/Meissner, Ute E./Staab, Heinz A., "Benzo[14]annulen," Angewandte Chemie 88 (1976), 374.

Gerlach, Walther/Stern, Otto, "Über die Richtungsquantelung im Magnetfeld," Ann. Phys. 74 (1924), 673-699.

Gerthsen, Christian/Kneser, Hans O., Physik: ein Lehrbuch zum Gebrauch neben Vorlesungen, bearb. und erg. von Hans O. Kneser, 6. Aufl., Berlin u.a.: Springer, 1960.

Ginsburg, A./Lipman, A./Navon, G., "An Improved, Low Cost, Spin-Echo Attachment to Varian HA-I00 High Resolution NMR Spectrometer," Journal of Physics E: Scientific Instruments 3 (1970), 699-701.

Glemser, Oskar, "Binding of Water in some Hydroxides and Hydrous Oxides," Nature 183 (1959), 943-944.

Godfrey, John C., "Accurate Molecular Models," Journal of Chemical Education 36 (1959), 140-143.

Gölz, Erich/Mahl, Hans, Elektronenmikroskopie, Leipzig: VEB Bibliographisches Institut, 1951.

Golay, Marcel, "Multislit Spectrometry and its Application to the Panoramic Display of Infrared Spectra," Journal of the Optical Society of America 41 (1951), 468-472.

Golay, Marcel, "Field Homogenizing Coils for Nuclear Spin Resonance Instrumentation," Review of Scientific Instruments 29 (1958), 313-315.

Goll, C.C./Hutchison, Jim/Mallard, John R., "In-vivo Imaging of Body Structures Using Proton Resonance" in: 18th Congress A.M.P.E.R.E. (Hg.), Magnetic Resonance and Related Phenomena 18, Nottingham 9-14 September 1974, Amsterdam und Oxford: North-Holland Publishing Company, 1974, S.283-284.

Gorter, Cornelis J., "Negative Results of an Attempt to Detect Nuclear Magnetic Spins," Physica 3 (1936), 995-998.

Gouw, Tan Hok (Hg.), Guide to Modern Methods of Instrumental Analysis, New York u.a.: Wiley-Interscience, 1972.

Günthard, Hans Heinrich/Primas, Hans, "Ein Kernresonanzspektrograph mit hoher Auflösung. Teil II: Beschreibung der Apparatur," Helvetica Physica Acta 30 (1957), 315-330.

Günthard, Hans Heinrich/Primas, Hans, "Field Stabilizer for High-Resolution Nuclear Magnetic Resonance," The Review of Scientific Instruments 28 (1957), 510-514.

Günthard, Hans Heinrich/Primas, Hans, "Herstellung sehr hoher axialsymmetrischer Magnetfelder," Helvetica Physica Acta 30 (1957), 331-346.
Günther, Harald/Keller, Toni, "Anwendungen der ^{13}C-Resonanz-Spektroskopie, I. Die Fourier-Transform-Spektren von Cycloheptatrienen und Norcaradienen," Chemische Berichte 103 (1970), 3231-3241.
Günther, Harald, NMR-Spektroskopie. Eine Einführung, 146 Abbildungen, 42 Tabellen, 40 Aufgaben mit Lösungen, Stuttgart: Thieme Verlag, 1973.
Gutowsky, Herbert S., "Chemical Aspects of Nuclear Magnetic Resonance," Journal of Magnetic Resonance 17 (1975), 281-294.
Gutowsky, Herbert S., "Nuclear Magnetic Resonance," Annual Reviews in Physical Chemistry 5 (1954), 333-356.
Gutowsky, Herbert S./Hoffmann, Charles J., "Chemical Shifts in the Magnetic Resonance of F^{19}," Physical Review 80 (1950), 110-111.
Gutowsky, Herbert S./McCall, David W./Slichter, Charles P., "Coupling among Nuclear Magnetic Dipoles in Molecules," Physical Review 84 (1951), 589-590.
Gutowsky, Herbert S./McClure, Robert E., "Magnetic Shielding of the Proton Resonance in H_2, H_2O, and Mineral Oil," Physical Review 81 (1951), 276-277.
Gutowsky, Herbert S./Leon H. Meyer/McClure, Robert E., "Apparatus for Nuclear Magnetic Resonance," Review of Scientific Instruments 24 (1953), 644-652.
Gutowsky, Herbert S./Meyer, Leon H./Saika, Apollo, "Electron Distributions in Molecules III. The Proton Magnetic Spectra of Simple Organic Groups," Journal of the American Chemical Society 75 (1953), 4567-4573.
Häberlen, Ulrich/Huber, L.M./Waugh, John S., "Approach to High-Resolution nmr in Solids," Physical Review Letters 20 (1968), 180-182.
Hahn, Erwin L., "An Accurate Nuclear Magnetic Resonance Method for Measuring Spin-Lattice Relaxation Times," Physical Review 76 (1949), 145-146.
Hahn, Erwin L., "Nuclear Induction Due to Free Larmor Precession," Physical Review 77 (1950), 297-298.
Hahn, Erwin L., "Spin Echoes," Physical Review 80 (1950), 580-594.
Hahn, Erwin L.,"Free Nuclear Induction," Physics Today 6 (1953), 4-9.
Hahn, Erwin L./Maxwell, Donald E., "Chemical Shift and Field Independent Frequency Modulation of Spin Echo Envelope," Physical Review 84 (1951), 1246-1247.
Hahn, Erwin L./Maxwell, Donald E., "Spin Echo Measurements of Nuclear Spin Coupling in Molecules," Physical Review 88 (1952), 1070-1084.

Halliday, J.D./Hill, H.D.W./Richards, R.E., "A Nuclear Magnetic Resonance Spectrometer Using a Superconducting Magnet," Journal of Physics E Scientific Instruments 2 (1969), 29-32.

Hausser, Karl H., "Elektronen- und Kernresonanz als Methode der Molekelforschung," Angewandte Chemie 68 (1956), 729-746.

Hausser, Rolf/Laukien, Günther, "Messung und Deutung der Temperaturabhängigkeit der kernmagnetischen Protonenrelaxation in wäßrigen Lösungen von Ionen der I. Gruppe der Übergangselemente," Zeitschrift für Physik 153 (1959), 394-411.

Heitler, Walter/London, Fritz, "Wechselwirkung neutraler Atome und homöopolare Bindung nach der Quantenmechanik," Zeitschrift für Physik 44 (1927), 455-472.

Hertz, Hermann Gerhard/Spalthoff, Werner, "Über die chemische Verschiebung der Protonenresonanzen des Wassers in Elektrolytlösungen," Zeitschrift für Elektrochemie 63 (1959), 1096-1110.

Hill, H.D.W./Richards, R.E., "Limits of Measurement in Magnetic Resonance," Journal of Physics E Scientific Instruments 1 (1968), 977-983.

Hinshaw, Waldo S., "Spin Mapping: the Application of Moving Gradients to NMR," Physics Letters A 48 (1974), 87-88.

Hinshaw, Waldo S., "Image Formation by Nuclear Magnetic Resonance: the Sensitive-point Method," Journal of Applied Physics 8 (1976), 3709-3721.

Hofmann, August Wilhelm, "On the Combining Power of Atoms," Proceedings of the Royal Institution, 4 (1862-66), 401-430.

Hollis, Donald P., "Nuclear Magnetic Resonance Studies of Cancer and Heart Disease," Bulletin of Magnetic Resonance 1/1 (1979), 27-36.

Holm, Charles H., "Observation of Chemical Shielding and Spin Coupling of C^{13} Nuclei in Various Compounds by NMR," Journal of Chemical Physics 26 (1957), 707.

Holz, Manfred, Magnetische Relaxation von Ionenkernen und hydrophobe Hydratation, Karlsruhe: Univ. Diss., 1973.

Hounsfield, Godfrey N., "Computerised Transverse Axial Scanning (Tomography); Part I. Description of System," British Journal of Radiology 46 (1973), 1016-1022.

Illers, Karl-Heinz/Kosfeld, Robert, "Untersuchungen der magnetischen Kernresonanzabsorption und des dynamisch-mechanischen Verhaltens von 6,12-polyamid," Die Makromolekulare Chemie 42 (1960), 44-51.

Ingold, C.K., Structure and Mechanism in Organic Chemistry, Ithaka/N.Y.: Cornell University Press 1953.

International Science Communications Inc. (Hg.), Laboratory Instrumentation, Spectroscopy, Series I, Bd. 2, Greens Farm/Conn.: Selbstverlag, 1974.

Jackman, Lloyd M., Application of NMR Spectroscopy in Organic Chemistry, New York: Pergamon Press, 1959.

Jackson, Jasper A./Lemons, Joe F./Taube, Henry, "Nuclear Magnetic Resonance Studies on Hydration of Cations," Journal of Chemical Physics 32 (1960), 553-555.

Jardetzky, Oleg, "Simple Insights from the Beginnings of Magnetic Resonance in Molecular Biology" in: John L. Markely, Stanley J. Opella (Hg.), Biological NMR Spectroscopy, New York u.a.: Oxford University Press, 1997, S.3-15.

Knight, Walter D., "Nuclear Magnetic Resonance Shift in Metals," Physical Review 76 (1949), 1259-1260.

Komoroski, Richard A./Levy, George C., "Fourier Transform Nuclear Magnetic Resonance Spectroscopy," Magnetic Resonance Review 3 (1974), 289-324.

Kopfermann, Hans, Kernmomente (Physik und Chemie und ihre Anwendungen in Einzeldarstellungen 4), Leipzig: Akad. Verl.-Ges., 1940.

Kosfeld, Robert, "Ein einfacher Transistoroszillator zur Beobachtung magnetischer Kernresonanzen," Zeitschrift für Instrumentenkunde 68 (1960), 114-115.

Kosfeld, Robert, "The 6th Coloquium on NMR Spectroscopy in Aachen," Organic Magnetic Resonance 1 (1969), 279-280.

Krugh, T.R., "^{13}C FT on a JEOL-Nicolet System" in: International Science Communications Inc. (Hg.), Laboratory Instrumentation, Spectroscopy (1974), S.143-145.

Kusch, P., Millman, S./Rabi, I.I./Zacharias, J.R., "A New Method of Measuring Nuclear Magnetic Moment," Physical Review, 53 (1938), 318.

Kusch, P./Millman, S./Rabi, I.I./Zacharias, J.R., "The Molecular Beam Magnetic Resonance Method for Measuring Nuclear Magnetic Moments: The Magnetic Moments of $_3Li^6$, $_3Li^7$, and $_9F^{19}$," Physical Review 55 (1939), 526-530.

Laszlo, Pierre, Molecular Correlates of Biological Concepts (Comprehensive Biochemistry 34A Sect. 6: A history of biochemistry), Amsterdam: Elsevir Science, 1986.

Laukien, Günther, Freie Präzessionen kernmagnetischer Momente, Stuttgart: Diss. Technische Hochschule Stuttgart, 1955.

Laukien, Günther, "Instationäre Präzessionsbewegung paramagnetischer Kerne," Zeitschrift für Physik 145 (1956), 456-468.

Laukien, Günther, "Kernmagnetische Hochfrequenz-Spektroskopie" in: Siegfried Flügge (Hg.), Handbuch der Physik, Bd. 38. (Äussere Eigenschaften der Atomkerne), Berlin: Springer, 1958, S.120-376.

Laukien, Günther/Noack, Friedrich, "Ein Vergleich der magnetischen Wechselwirkung von Protonen und Deuteronen," Zeitschrift für Physik 159 (1960), 311-332.

Lauterbur, Paul C., "C^{13} Nuclear Magnetic Resonance Spectra," Journal of Chemical Physics 26 (1957), 217-218.

Lauterbur, Paul C., "Image Formation by Induced Local Interactions – Examples Employing Nuclear Magnetic-Resonance," Nature 242 (1973), 190-191.

Lauterbur, Paul C., "Magnetic Resonance Zeugmatography," Pure and Applied Chemistry 40 (1974), 149-157.

Leane, John B./Richards, Rex E./Schaefer, Theodore P., "High-Resolution Nuclear Resonance Apparatus," Journal of Scientific Instruments 36 (1959), 230-233.

Lindström, Gunnar, "An Experimental Investigation of the Nuclear Magnetic Moments of D2 and H1," Physical Review 78 (1950), 817-818.

Lippert, Ernst, Ultraspektroskopische Absorptionsmessungen über den Einfluß der Molekülstruktur auf die CH-Bindung, Diss. Albert-Ludwigs-Universität Freiburg i. Br., 1951.

Lipsky, Seymour R./Ziessow, Dieter, "Nuclear Magnetic Resonance Fourier Spectroscopy with Pulse and Stochastic Excitation Controlled by an IBM 1800 Computer," Journal of Physics E Scientific Instruments 5 (1972), 437-441.

Lösche, Artur, Kerninduktion, Berlin: Deutscher Verlag der Wissenschaften, 1957.

Lösche, Artur/Schütz, Wilhelm (Hg.), Hochfrequenzspektroskopie: Tagung der Physikalischen Gesellschaft in der Deutschen Demokratischen Republik vom 31. März-2. April 1960 in Leipzig, Berlin: Akademie-Verlag, 1961.

Lowe, Irving J., "Free Induction Decays of Rotating Solids," Physical Review Letters 2 (1959), 285-287.

Lowe, Irving J./Norberg, Richard E., "Free-Induction Decays in Solids," Physical Review 107 (1957), 46-61.

Lusebrink, T.R./Swalen, J.D./Ziessow, D., "Computer Applications in Magnetic Resonance," Magnetic Resonance Review 2 (1973), 165-184.

Mansfield, Peter, "Multi-Planar Image-Formation Using NMR Spin Echoes," Journal of Physics C. Solid State Physics 10 (1977), L55-L58.

Mansfield, Peter/Maudsley, Alexander A., "Line Scan Proton Spin Imaging in Biological Structures by NMR," Physics in Medicine and Biology 21 (1976), 847-852.

Marshall, H.L./Weaver Jr., Harry E., "Application of the Garrett Method to Calculation of Coil Geometries for Generating Homogeneous Magnetic Fields in Superconducting Solenoids," J. Appl. Physics 34 (1963), 3175-3178.

McKay, R.A./Schaefer, J./Stejskal, E.O., "High-Resolution, Slow-Spinning Magic-Angle Carbon-13 NMR," Journal of Magnetic Resonance 25 (1977), 569-573.

Mecke, Reinhard, "Einführung In die Ultrarotspektroskopie, von W. Brügel. Verlag Dr. Dietrich Steinkopff, Darmstadt. 1954." (Rezension), Angewandte Chemie 67 (1955), 116.

Müller, Ralph H., "Chemical Instrumentation," Chemical Instrumentation, a Journal of Experimental Techniques in Chemistry and Biochemistry 1 (1968), 3-6.

Müller-Herold, Ulrich/Primas, Hans, Elementare Quantenchemie, Stuttgart: Teubner, 1984.

N.N., "Proceedings of the American Physical Society," Physical Review 69 (1946), 674-702.

N.N., "Kurse über KMR," Nachrichten aus Chemie und Technik 13 (1965), 334.

N.N., "3. Kolloquium über Kernresonanzspektroskopie," Nachrichten aus Chemie und Technik 14 (1966), 56.

N.N., "Pacific Conference on Chemistry and Spectroscopy," Chemical Instrumentation, a Journal of Experimental Techniques in Chemistry and Biochemistry 1 (1968), 397-398.

N.N., "Oxford Instrument Company's New High Resolution Spectrometer for Study of Enzymes at Oxford University," Organic Magnetic Resonance 2 (1970), 632.

N.N., "New Cryomagnetic System from Oxford Instruments," Organic Magnetic Resonance 6 (1974), 230.

Nelson, Forrest A./Weaver, Harry E., "Nuclear Magnetic Resonance Spectroscopy in Superconducting Magnetic Fields," Science 146 (9 October 1964), 223-232.

Organic Magnetic Resonance 2 (1970), Spektrensupplement.

Overhauser, Albert W., "Polarization of Nuclei in Metals," Physical Review 92 (1953), 411-415.

Packard, Martin, "A Proton-Controlled Magnetic Field Regulator," Review of Scientific Instruments 19 (1948), 435-439.

Packard, Martin, "A Proton-Controlled Magnetic Field Regulator," Review of Scientific Instruments 19 (1948), 435-439.

Pake, George E., "Nuclear Resonance Absorption in Hydrated Crystals: Fine Structure of the Proton Line," Journal of Chemical Physics 16 (1948), 327.

Pake, George E., "Fundamentals of Nuclear Magnetic Resonance Absorption I," American Journal of Physics 18 (1950), 438-452.

Pake, George E., "Fundamentals of Nuclear Magnetic Resonance Absorption II," American Journal of Physics 18 (1950), 473-486.

Pake, George E., "Magnetic Resonance," Scientific American 199/8 (1958), 58-66.

Pauli, Wolfgang, "Zur Frage der theoretischen Deutung der Satelliten einiger Spektrallinien und ihrer Beeinflussung durch magnetische Felder," Die Naturwissenschaften 12 (1924), 741-743.

Pauling, Linus, The Nature of the Chemical Bond and the Structure of Molecules and Crystals: An Introduction to Modern Structural Chemistry, Ithaca, N.Y. und London: Cornell und Oxford University Press, 1939.

Pauling, Linus, "Modern structural chemistry. Nobel Lecture, December 11, 1954" in: [Nobel Foundation], Nobel Lectures, Chemistry 1942-1962, Amsterdam: Elsevier Publishing Company, 1964, S.429-437

Pauling, Linus, Chemie – eine Einführung, übers. von F. Helfferich, 8. deutsche Aufl., Weinheim/Bergstraße: Verlag Chemie, 1969.

Poole, Charles P., "Introductory Remarks," Magnetic Resonance Review 1 (1972), 1-2.

Pound, Robert V./Purcell, Edward M./Torrey, Henry C., "Resonance Absorption by Nuclear Magnetic Moments in a Solid," Physical Review 69 (1946), 37-38.

Primas, Hans, "Ein Kernresonanzspektrograph mit hoher Auflösung. Teil I: Theorie der Liniendeformation in der hochauflösenden Kernresonanzspektrometrie," Helvetica Physica Acta 30 (1957), 297-314.

Primas, Hans, "Ein Modulationsverfahren für die Kernresonanzspektroskopie mit hoher Auflösung," Helvetica Physica Acta 31 (1958), 17-24.

Primas, Hans, "Anwendungen der magnetischen Kernresonanz in der Chemie," Chimia 13 (1959), 15-23.

Primas, Hans, "A New Method for Analysing Spectra in High Resolution N.M.R. Spectroscopy," Spectrochimica Acta 14 (1959), 17-23.

Primas, Hans, "Über quantenmechanische Systeme mit einem stochastischen Hamiltonoperator," Helvetica Physica Acta 34 (1961), 36-57.

Primas, Hans, Chemistry, Quantum Mechanics and Reductionism, Berlin: Springer, 1981.

Proctor, Warren G., "On the Magnetic Moments of Tl^{203}, Tl^{205}, Sn^{115}, Sn^{117}, Sn^{119}, Cd^{111}, Cd^{113}, and Pb^{207}," Physical Review 79 (1950), 35-44.

Proctor, Warren G., "Chemical Analysis by Means of Nuclear Magnetic Resonance," Zeitschrift für analytische Chemie 164 (1958), 127-134.

Proctor, Warren G./Yu, Fu Chun, "The Dependence of a Nuclear Magnetic Resonance Frequency upon Chemical Compound," Physical Review 77 (1950), 717.

Proctor, Warren G./Yu, Fu Chun, "On the Nuclear Magnetic Moments of Several Stable Isotopes," Physical Review 81 (1951), 20-30.

Purcell, Edward M., "Research in Nuclear Magnetism," Science 118 (1953), 431-436.

Purcell, Edward M./Ramsey, Norman F., "Interactions between Nuclear Spins in Molecules," Physical Review 85 (1952), 143-145.

Rabenstein, Dallas L., "Nuclear Magnetic Resonance Spectroscopy" in: Tan Hok Gouw (Hg.), Guide to Modern Methods of Instrumental Analysis, New York u.a.: Wiley-Interscience, 1972, S.231-178.

Radda, George K., "The Use of NMR Spectroscopy for the Understanding of Disease," Science 233 (1986), 640-645.

Ramsey, Norman F., Nuclear Moments, Wiley: New York, 1953.

Reilly, C.A., "Nuclear Magnetic Resonance Spectrometry," Analytical Chemistry 30 (1958), 839-848.

Roberts, John D., Nuclear Magnetic Resonance: Applications to Organic Chemistry, New York: Mc Graw-Hill, 1959.

Roberts, John D., "Nuclear Magnetic Resonance Spectroscopy," Journal of Chemical Education 37 (1961), 581-584.

Roberts, John D., An Introduction to the Analysis of Spin-Spin Splitting in High-Resolution Nuclear Magnetic Resonance Spectra, New York: W.A. Benjamin, 1962.

Rollin, Bernard V., "Nuclear Magnetic Resonance and Spin Lattice Equilibrium," Nature 158 (1946), 669-670.

Royden, Virginia, "Measurement of the Spin and Gyromagnetic Ratio of C^{13} by the Collapse of Spin-Spin Splitting," Physical Review 96 (1954), 543-544.

Ruthardt, Konrad/Seith, Wolfgang, Chemische Spektralanalyse: eine Anleitung zur Erlernung und Ausführung von Emissions-Spektralanalysen, 5. Aufl., Berlin: Springer, 1938.

Schaefer, Jacob/Stejskal, Edward O., "Data Routing in Quadrature FT NMR" Journal of Magnetic Resonance 13 (1974), 249-251.

Scheler, Gerhard, Aufbau und Erprobung eines hochauflösenden Kernresonanzspektrometers, Jena: Univ. Diss., 1961.

Seel, F., "Chemie der salpetrigen Säure und ihrer Derivate in flüssigem Fluorwasserstoff," Angewandte Chemie 77 (1965), 689-695.

[Shapiro, Barry], "Preface," Nuclear Magnetic Resonance Abstracts and Index 1 (1968), S.V.

Shaw, Derek, "Recent Advances in Experimental Techniques in High Resolution Nuclear Magnetic Resonance Spectroscopy," Journal of Physics E, Scientific Instruments 7 (1974), 689-697.

Sheppard, Norman, "Applications of High-Resolution Nuclear-Magnetic-Resonance Spectroscopy to Organic Chemistry," Chimia 14 (1960), 145-158.

Shimokawa, Shigezo/Sohma, Junkichi, "Instrumentation and Measurement of Nuclear Magnetic Triple Resonance Including ^{14}N Resonance," Chemical Instrumentation, a journal of experimental techniques in chemistry and biochemistry 1 (1968), 33-46.

Shoolery, James N., "Correlation of Proton Magnetic Resonance Chemical Shifts with Electronegativities of Substituents," Journal of Chemical Physics 21 (1953), 1899-1900.

Shoolery, James N., "Nuclear Magnetic Resonance Spectroscopy," Analytical Chemistry 26 (1954), 1400-1403.

Smith, Ian C.P., "^{13}C FT NMR on a Varian System" in: International Science Communications Inc. (Hg.), Laboratory Instrumentation, Spectroscopy (1974), S.148-153.

Staab, Heinz A., Einführung in die theoretische organische Chemie (mit einem Geleitwort von Richard Kuhn), Weinheim/Bergstr.: Verlag Chemie, 1959.

Strehlow, Hans, Magnetische Kernresonanz und chemische Struktur (Fortschritte der physikalischen Chemie 7), Darmstadt: Steinkopff, 1962.

Strong, Charles L., "The Amateur Scientist. How Amateurs Can Build a Simple Magnetic-Resonance Spectrometer," Scientific American 200/4 (1959), 171-172.

Strong, Charles L., The Scientific American Book of Projects for the Amateur Scientist: Experiments and Constructions, Challenges and Divisions, New York: Simon and Schuster, 1960.

Tanzer, Christian I., High Resolution Nuclear Magnetic Resonance and Ultraviolet Spectra Studies of some Heterocyclic Compounds, Adelaide: University of Adelaide, Dept. of Organic Chemistry (Diss.), 1966.

Tavs, Peter, "Perhydro-1,4-oxaphosphorine," Angewandte Chemie 81 (1969), 742.

Thurn, Helmut, "Charakterisierung thermischer Übergangsbereiche in Hochpolymeren mit Hilfe von magnetischen Kernresonanzversuchen," Angewandte Chemie 69 (1957), 271.

Traficante, Daniel D., "^{13}C FT NMR on a Bruker-Digilab System" in: International Science Communications Inc. (Hg.), Laboratory Instrumentation, Spectroscopy (1974), S.141-143.

Van Dyke Tiers, G., "Reliable Proton Nuclear Resonance Shielding Values by 'Internal Referencing' with Tetramethyl-silane," Journal of Physical Chemistry 62 (1958), 1151-1152.

Waugh, John S., "Nuclear Dipole-Dipole Interactions," Annals of the New York Academy of Sciences 70 (1980), 900-926.

Wegmann, Lienhard, "Über eine Methode zur Messung sehr kleiner Änderungen elektrischer Kapazitäten und Phasenwinkel im Gebiete der Ton- und Niederfrequenz" (zugl.: Univ. Diss. Zürich, 1947), Helvetica Physica Acta 20 (1947), 405-440.

Wegmann, Lienhard, "Ein neues Trüb, Täuber-Elektronenmikroskop" in: Instruments and Measurements Conference (Hg.), Transactions of the Instruments and Measurements Conference, Stockholm 1952, Stockholm: Svenska Teknologföreningen, 1953, S.73-83.

Wegmann, Lienhard, "Der apparative Aufbau eines Kerninduktionsspektrometers," Chimia 13 (1959), 24-30.

Wegmann, Lienhard, "Ein Kerninduktionsspektrograph hoher Auflösung für die chemische Forschung" in: DECHEMA (Hg.), Forschung und Entwicklung auf dem Gebiete des chemischen Apparatewesens in Einzelabhandlungen (DECHEMA-Monographien 35), Frankfurt/M.: Verlag Chemie GmbH, 1959, S.84-95.

Wertz, J.E., "Nuclear And Electronic Spin Magnetic Resonance," Chemical Review 55 (1955), 829-955.

Whipple, Earl B., "^{13}C FT NMR on Bruker Instruments" in: International Science Communications Inc. (Hg.), Laboratory Instrumentation, Spectroscopy (1974), S.145-148.

Wiener, Norbert, Non Linear Problems in Random Theory, New York: Wiley, 1958.

Woodward, R. B., "Synthesis" in: A. Todd (Hg.), Perspectives in organic chemistry, New York: Interscience Publishers, Inc., 1956, S.155-184.

Wüthrich, Kurt, "Structural Studies of Hemes and Hemoproteins by Nuclear Magnetic Resonance Spectroscopy," Structure and Bonding 8 (1970), 53-121.

Wüthrich, Kurt, NMR in Biological Research: Peptides and Proteins, Amsterdam u.a.: North-Holland, 1976.

Wüthrich, Kurt, "Protein Structure Determination in Solution by Nuclear Magnetic Resonance Spectroscopy," Science 243 (1989), 45-50.

Wüthrich, Kurt, NMR of Proteins and Nucleic Acids, New York: Wiley Interscience, 1986.

Zavoisky, E., "Paramagnetic Relaxation of Liquid Solutions for Perpendicular Fields," Journal of Physics, Academy of Sciences of the USSR, 9 (1945), 211-216.

8.4. Historiographische Literatur

Abragam, Anatole, Reflections of a Physicist, Oxford: Clarendon Press, 1986.

Ackermann, R., "The New Experimentalism," British Journal for the Philosophy of Science 40 (1989), 185-190.

Anderson, Weston A., "Early NMR Experiences and Experiments" in: D.M. Grant, R.K. Harris (Hg.), Encyclopedia of Nuclear Magnetic Resonance, Bd. 1 (1996), S.168-176.

Anderson, Weston A., "Fourier Transform Spectroscopy" in: D.M. Grant, R.K. Harris (Hg.), Encyclopedia of Nuclear Magnetic Resonance, Bd. 1 (1996), S.2126-2136.

Andrew, E. Raymond, "Spinning the Spins: A Lifetime in NMR" in: D.M. Grant, R.K. Harris (Hg.), Encyclopedia of Nuclear Magnetic Resonance, Bd. 1 (1996), S.180-187.

Arnold, James T., "Early Perceptions in Nuclear Magnetic Resonance (NMR)" in: D.M. Grant, R.K. Harris (Hg.), Encyclopedia of Nuclear Magnetic Resonance, Bd. 1 (1996), S.192-198.

Arthur, Brian W., "Competing Technologies, Increasing Returns, and Lock-In by Historical Events," Economic Journal, 99 (1989), 116-131.

Arunan, E., "Herbert Sander Gutowsky – An obituary," Current Science 78 (2000), 749-750.

Atmanspacher, Harald/Primas, Hans/Wertenschlag-Birkhäuser, Eva (Hg.), Der Pauli-Jung Dialog und seine Bedeutung für die moderne Wissenschaft, Berlin: Springer, 1995.

Atterling, Hugo, "Karl Manne Georg Siegbahn. 3 December 1886 - 24 September 1978," Biographical Memoirs of Fellows of the Royal Society 37 (1991), S.429-444.

Bachelard, Gaston, Les Intuitions Atomistiques, Essai de Classification, Paris: Vrin, 1933.

Bachelard, Gaston, L'activité Rationaliste de la Physique Contemporaine, Paris: Presses Universitaires de France, 1951.

Baird, Davis, "Analytical Chemistry and the 'Big' Scientific Instrumentation Revolution," Annals of Science 50 (1993), 267-290.

Baird, Davis, "Histories of Baird Associates" in: P. Morris (Hg.), From Classical to Modern Chemistry (2002), S.129-148.

Bauder, Alfred/Primas, Hans, "Hans Heinrich Günthard," Historisches Lexikon der Schweiz (2006), http://hls-dhs-dss.ch/index.php, Zugriff am 14.11.2007.

Bax, Adriaan, "NMR of Ethanol and Interferon-c" in: D.M. Grant, R.K. Harris (Hg.), Encyclopedia of Nuclear Magnetic Resonance, Bd. 1 (1996), S.202-207, hier S.202-203.

Becker, Edwin D., "NMR at the NIH: Inception and Growth Over Four Decades" in: D.M. Grant, R.K. Harris (Hg.), Encyclopedia of Nuclear Magnetic Resonance, Bd. 1 (1996), S.207-210.

Becker, Edwin T./Fisk, Cherie L./Khetrapal, Chunny L., "The Development of NMR" in: D.M. Grant, R.K. Harris (Hg.), Encyclopedia of Nuclear Magnetic Resonance, Bd. 1 (1996), S.1-157.

Beilstein-Inst. für Literatur d. Organ. Chemie (Hg.), Einhundert Jahre Beilsteins Handbuch der organischen Chemie, Frankfurt/M.: Beilstein-Inst. für Literatur d. Organ. Chemie, 1981.

Bell, C. Gordon/Mudge, J. Craig/McNamara, John E., Computer Engineering: A DEC View of Hardware Systems Design, Bedford/Mass.: DIGITAL Equipment Corporation, 1978.

Béné, Georges Jean, "René Freymann et la Création du Groupement AMPERE," Bulletin AMPERE 179/180 (1995), 18-22.

Blättler, Eduard, Von der Lehranstalt zur Fachhochschule, 125 Jahre Technikum Winterthur 1874-1999, Winterthur: Züricher Hochschule Winterthur, 1999.

Bleaney, Brebis, "Jubilees of Radio-frequency Spectroscopy," Notes Rec. Royal Society of London 51/2 (1997), 317-326.

Bloch, Felix, "Opening Lecture" (Fourth International Symposium on Magnetic Resonance, Rehovot/Jerusalem, Israel, 24–31 August 1971), Pure Appl. Chem. 32 (1972), 1-8.

Bloch, Felix, "The principle of nuclear induction" (Nobelpreisvortrag 11. Dezember 1952) in: Gösta Ekspong (Hg.), Nobel Lectures in Physics, Bd. 3 1942-1962, Singapur und London: World Scientific, 1998, S.203-216.

Bloembergen, Nicolaas, "My Early Years in NMR 1946-1948" in: D.M. Grant, R.K. Harris (Hg.), Encyclopedia of Nuclear Magnetic Resonance, Bd. 1 (1996), S.220-225.

Bloom, Myer, "Personal Views of NMR History" in: D.M. Grant, R.K. Harris (Hg.), Encyclopedia of Nuclear Magnetic Resonance, Bd. 1 (1996), S.225-230.

Blume, Stuart S., Insight and Industry: on the Dynamics of Technological Change in Medicine, Cambridge/Mass.: MIT Press, 1992.

Bodenhausen, Geoffrey, "Traveling through the World of Magnetic Resonance in the 1970s" in: D.M. Grant, R.K. Harris (Hg.), Encyclopedia of Nuclear Magnetic Resonance, Bd. 1 (1996), S.231-233.

Brock, William H., The Fontana History of Chemistry, London: Fontana Press, 1992.

Brown, Herbert C., "Foundations of the Structural Theory," Journal of Chemical Education 36 (1959), 104-110.

Bud, Robert/Cozzens, Susan (Hg.), Invisible Connections, Instruments, Institutions and Science, Bellingham: SPIE Optical Engineering Press, 1992.

Burt, Ronald S., Toward a Structural Theory of Action. Network Models of Social Structure, Perception and Action, New York: Academic Press, 1982.

Burt, Ronald S., "Structural Holes and Good Ideas," American Journal of Sociology 110 (2004), 349-399.

Burt, Ronald S., Brokerage and Closure. An Introduction to Social Capital, New York: Oxford University Press, 2005.

Bush, Vannevar, Science – The Endless Frontier: A Report to the President on a Program for Postwar Scientific Research, Washington D.C.: National Science Foundation, 1960 [Reprint der Originalausgabe vom Juli 1945].

Capshew, James H./Rader, Karen A., "Big Science: Price to the Present" in: Arnold Thackray (Hg.), Science After '40, Osiris 7 (1992), 2-25.

Carr, Herman Y., "Early Years of Free Precession Revisited" in: D.M. Grant, R.K. Harris (Hg.), Encyclopedia of Nuclear Magnetic Resonance, Bd. 1 (1996), S.253-260.

Chadarevian, Soraya de/Kamminga, Harmke (Hg.), Molecularizing Biology and Medicine: New Practices and Alliances 1910s – 1970s, Amsterdam: Harwood Academic, 1998.

Christie, D.A./Tansey E.M., "Making the Human Body Transparent: The Impact of Nuclear Magnetic Resonance and Magnetic Resonance Imaging" in: D.A. Christie, L.A. Reynolds, E.M. Tansey, Wellcome Witnesses to Twentieth Century Medicine, Bd. 2, London: Wellcome Trust, 1998, S.1-74.

Clausen, Richard, Stand und Rückstand der Forschung in Deutschland in den Naturwissenschaften und den Ingenieurwissenschaften [auf Basis einer Umfrage der DFG], Wiesbaden: Steiner, 1964.

Cooley, James W., "The Origin and Publication of the FFT Paper" (This Week's Citation Classic), Current Contents 33 (1993), 8-9.

Cowan, Robin, "Expert Systems: Aspects of and Limitations to the Codifiability of Knowledge," Research Policy 30 (2001), 1355-1377.

Craik, Kenneth, The Nature of Explanation, Cambridge: Cambridge University Press, 1943.

Cramers, Karel, "Professor Dr. Marcel J. Golay (1902-1989)," Journal of High Resolution Chromatography 12 (1989), 269-273.

David, Paul A., "Clio and the Economics of QWERTY," American Economic Review 75 (1985), 332-337.

Deutsche Physikalische Gesellschaft (Hg.), Zukunftsmaschinen. Grundlagenforschung mit Großgeräten, Bad Honnef: DPG, [2003].

Dorn, Harold/McClellan III, James E., Science and Technology in World History: an Introduction, Baltimore/Md. u.a.: Johns Hopkins Univ. Press, 1999.

Driscoll, R.A./Hipple, J.A./Thomas, H.A., "Measurement of the Proton Moment," Physical Review 78 (1950), 787-790.

Duddeck, Helmut, "Günther Snatzke (1928-1992)," Liebigs Annalen der Chemie (1995), i-xiii.

E. Merck KG (Hg.), Den Spuren auf der Spur. Hundert Jahre Reagentien garantierter Reinheit, Darmstadt: Selbstverlag, 1988.

Emsley, J.W./Feeney, J./Sutcliffe, L.H., High Resolution NMR Spectroscopy, Bd. 1, London: Pergamon Press, 1966.

Ernst, Richard R., Autobiographie in: Tore Frängsmyr, Brigitta Lundeberg (Hg.), Les Prix Nobel, Stockholm: Almquvist & Wiksell International, 1992, S.64-69.

Ernst, Richard R., "Nuclear Magnetic Resonance Fourier Transform Spectroscopy" in: Tore Frängsmyr, Brigitta Lundberg (Hg.), Les Prix Nobel: The Nobel Prizes, Stockholm: Almqvist & Wiksell International, 1992, 70-115.

Ernst, Richard R., "Kernresonanz-Fourier-Transformations-Spektroskopie (Nobel-Vortrag)," Angewandte Chemie 104 (1992), 817-836.

Ernst, Richard R., "ENC, a Motor of Progress in NMR," Concepts in Magnetic Resonance (Part A) 6 (1994), 201-229.

Ernst, Richard R., "The Success Story of Fourier Transformation in NMR" in: D.M. Grant, R.K. Harris (Hg.), Encyclopedia of Nuclear Magnetic Resonance, Bd. 1 (1996), S.293-306.

Ernst, Richard R., "Hans Primas and Nuclear Magnetic Resonance" in: Anton Amann, Harald Atmanspacher, Ulrich Müller-Herold, On Quanta, Mind, and Matter, Hans Primas in Context (Fundamental Theories in Physics 102), Dordrecht u.a.: Kluwer Academic Publishers, 1999, S.9-38.

Ernst, Richard R., "Zürcher Beiträge zur 50-jährigen Entwicklung von Bruker," Angewandte Chemie 122 (2010), S.8488-8493.

Etzkowitz, H. (Hg.), "Triple Helix," Research Policy, Special Issue 29 (2000), 109-330.

Etzkowitz, H./Leydesdorff, L. (Hg.), Universities in the Global Knowledge Economy: A Triple Helix of University-Industry-Government Relations, London: Cassell, 1997.

Farach, Horacio A./Poole, Charles P., "Guide to the Magnetic Resonance Literature," Magnetic Resonance Review 1 (1972), 3-32.

Farrar, Thomas C., "Historical Reminiscences of some NMR Experiences" in: D.M. Grant, R.K. Harris (Hg.), Encyclopedia of Nuclear Magnetic Resonance, Bd. 1 (1996), S.306-308.

Feeney, James, "Development of High Resolution NMR Spectroscopy as a Structural Tool" in: R. Bud, S. Cozzens (Hg.), Invisible Connections. Instruments, Institutions and Science (1992), S.199-216.

Findig, F.W. (Pseud.), "Zur Constitution des Benzols," Berichte der durstigen Chemischen Gesellschaft. Unerhörter Jahrgang, Nr. 20, Berlin: Friedländer, 1886, 3535-3537. Vgl. B. Lepsius, "Festschrift zur Feier des 50jährigen Bestehens der Deutschen Chemischen Gesellschaft und des 100. Geburtstages ihres Begründers August Wilhelm von Hofmann," Berichte der Deutschen Chemischen Gesellschaft 51 (1918), Sonderheft.

Fleck, Ludwik, Entstehung und Entwicklung einer wissenschaftlichen Tatsache, hgg. von L. Schäfer und Th. Schnelle (Suhrkamp Taschenbuch Wissenschaft 312), Frankfurt/M.: Suhrkamp, 1980.

Forman, Paul, "'Swords into Plough-Shares': Breaking New Ground with Radar Hardware and Technique in Physical Research after World War II," Reviews of Modern Physics 67 (1995), 397-455.

Forman, Paul, "Molecular Beam Measurements of Nuclear Moments before Magnetic Resonance, Part I," Annals of Science 55 (1998), 111-160.

Forman, Paul, "Recent Science. Late-Modern and Post-Modern" in: Th. Söderqvist (Hg.), The Historiography of Contemporary Science and Technology, Amsterdam: Harwood Academic Publications, 1997, S.179-213.

Forsén, Sture, "The Nobel Price in Chemistry," Tore Frängsmyr, Brigitta Lundberg (Hg.), Les Prix Nobel. The Nobel Prizes. 1991, Stockholm: Almqvist & Wiksell International, 1992, S.21-23.

Francoeur, Eric, "Beyond Dematerialization and Inscription. Does the Materiality of Molecular Models Really Matter?," HYLE – International Journal for Philosophy of Chemistry 6 (2000), 63-84.

Franck, E.U., "Ewald Wicke zum 65. Geburtstag," Berichte der Bunsen-Gesellschaft (1979), 753-755.

Fraunhofer-Gesellschaft (Hg.), 60 Jahre Fraunhofer-Gesellschaft, München: Selbstverlag, 2009.

Freeman, Ray, "The Fourier Transform Revolution in NMR Spectroscopy," Analytical Chemistry 65 (1993), 743A-753A.

Friedrich, Bretislav/Hoffmann, Dieter/James, Jeremiah/Steinhauser, Thomas, Hundert Jahre an der Schnittstelle von Chemie und Physik. Das Fritz-Haber-Institut der Max-Planck-Gesellschaft zwischen 1911 und 2011, Berlin: De Gruyter, 2011.

Fuchs, Margot, "Isolde Hausser (7. 12. 1889-5. 10. 1951), Technische Physikerin und Wissenschaftlerin am Kaiser-Wilhelm-/Max-Planck-Institut für Medizinische Forschung, Heidelberg," Berichte zur Wissenschaftsgeschichte 17 (1994), 201-215.

Gaffney, Betty J./Griffith, O. Hayes/Thomas, David D., "Harden McConnell: The Science Speaks for Itself," Biophysical Journal 64 (1993), 573-576.

Galison, Peter Louis, How Experiments End, Chicago: University of Chicago Press, 1987.

Galison, Peter Louis, Image and Logic. A material Culture of Microphysics, Chicago: University of Chicago Press, 1997.

Galison, Peter Louis/Hevly, Bruce William (Hg.), Big Science. The Growth of Large-Scale Research, Stanford: Stanford University Press, 1992.

Galison, Peter/Hevly, Bruce/Lowen, Rebecca, "Controlling the Monster. Stanford and the Growth of Physics Research. 1935-1962" in: Peter Galison, Bruce Hevly (Hg.), Big Science. The Growth of Large Scale Research, Stanford: Stanford University Press, 1992, S.46-77.

Gavroglu, Kostas, "Bloch, Felix" in: Noretta Koertge (Hg.), New Dictionary of Scientific Biography, Bd. 1, Detroit u.a.: Gale Group, 2008, S.303-308.

Gerstein, M., "Purcell's Role in the Discovery of Nuclear Magnetic Resonance: Contingency versus Inevitability," Am. J. Phys. 62 (1994), 596-601.

Giannella, Eric/Lenoir, Timothy, "The Emergence and Diffusion of DNA Microarray Technology," Journal of Biomedical Discovery and Collaboration (2006) 1: 11; doi:10.1186/1747-5333-1-11.

Gibbons, M./Limoges, C./Nowotny, H./Schwartzman, S./Scott, P./Trow, M., The New Production of Knowledge. The Dynamics of Science and Research in Contemporary Societies, Beverly Hills, CA: Sage, 1994.

Gibbons, M./Nowotny, H./Scott, P., Rethinking Science: Knowledge in an Age of Uncertainty, Cambridge: Polity, 2001.

Ginzton, Edward L., "Invention of the Klystron" in: Varian Associates (Hg.), Varian Associates: An Early History, Palo Alto: Varian Associates, 1968, S.4-5.

Gooday, Graeme J.N., "Instrument as Embodied Theory" in: Arne Hessenbruch (Hg.), Reader's Guide to the History of Science, London und Chicago: Fitzroy Dearborn Publishers, 2000, S.376-378.

Gooding, D. (Hg.), The Uses of Experiment. Studies in the Natural Sciences, Cambridge: Cambridge University Press, 1989.

Gorter, Cornelis J., "Bad Luck in Attempts To Make Scientific Discoveries," Physics Today, 20 (1967), 76-81.

Govil, Girjesch, "Nuclear Magnetic Resonance in India: A Historical Sketch" in: D.M. Grant, R.K. Harris (Hg.), Encyclopedia of Nuclear Magnetic Resonance, Bd. 1 (1996), S.343-344.

Grant, David M./Harris, Robin K. (Hg.), Encyclopedia of Nuclear Magnetic Resonance, 8 Bde., Chichester: Wiley & Sons, 1996.

Grant, David M./Harris, Robin K. (Hg.), Encyclopedia of Nuclear Magnetic Resonance, Bd. 1 Historical Perspectives, Chichester u.a.: Wiley, 1996.

Griffiths, Peter R., "Strong-Men, Connes-Men, and Block-Busters or How Mertz Raised the Hertz," Analytical Chemistry 64 (1992), 868A-875A.

Gugerli, David/Kupper, Patrick/Speich, Daniel, Die Zukunftsmaschine. Konjunkturen der ETH Zürich 1855-2005, Zürich: Chronos-Verl., 2005.

Günthard, Hans Heinrich, "Eidgenössische Technische Hochschule Zürich. Zur Entwicklung der Physikalischen Chemie in den letzten 25 Jahren," Swiss Chem 3 (1981), 37-49.

Günther, Harald, "40 Jahre Kernresonanz – zum Jubiläum einer folgenreichen Entdeckung," Chemie in unserer Zeit 20 (1986), 173-177.

Günther, Harald, "From Organic Chemistry to NMR – a Personal Experience of Magnetisation Transfer" in: D.M. Grant, R.K. Harris (Hg.), Encyclopedia of Nuclear Magnetic Resonance, Bd. 1 (1996), 357-360.

Günther, Harald, "Editorial: Happy Birthday to You, Professor Roberts!," Magnetic Resonance in Chemistry 36 (1998), 1-2.

Günther, Harald, "25 Jahre GDCH-Fachgruppe Magnetische Resonanzspektroskopie," Nachrichten aus der Chemie 52 (2004), 200-201.

Gutfreund, H./Hofstadter, R./Chodorow, M./Rorschach, H.E./Schawlow, A.L. (Hg.), Felix Bloch and Twentieth Century Physics, Houston, TX.: William Marsh Rice University, 1980.

Hacking, Ian, Representing and Intervening. Introductory Topics in the Philosophy of Natural Science, Cambridge: Cambridge University Press, 1983.

Hankins, Th.L./van Helden, A. (Hg.), Instruments (Osiris 9, 2. Series), Philadelphia: University of Chicago Press, 1994.

Hausser, Karl Hermann, "The Scientific and Technical Accomplishments of Gunther Laukien (Address to the joint ISMAR-AMPERE Conference, Delft, 1980 at the occasion of the awarding of the ISMAR Prize in Industrial Development)," Bulletin of Magnetic Resonance 4 (1982), 9-11.

Hausser, Karl Hermann, "To the Memory of Günther Laukien," Russian Chemical Bulletin 46 (1997), 1366.

Heidelberger, M./Steinle, F. (Hg.), Experimental Essays – Versuche zum Experiment, Baden-Baden: Nomos, 1998.

Hennig, Jochen, "Design und Wirklichkeit. Falschfarben in Datenbildern der Naturwissenschaften," Kultur & Technik (2009/1), 22-26.

Hentschel, Klaus, "Historiographische Anmerkungen zum Verhältnis von Experiment, Instrumentation und Theorie" in: Meinel (Hg.), Instrument – Experiment. Historische Studien (2000), S.13-51.

Hertz, Hermann Gerhard, "This Week's Citation Classic," Current Contents, Physical, Chemical and Earth Sciences 28 (1988), 18.

Hippel, Eric v., The Dominant Role of Users in the Scientific Instrument Innovation Process (Alfred P. Sloan School of Management, working paper 764-75), Cambridge: Mass. Inst. of Technology, 1975.

Hippel, Eric v., The Sources of Innovation, Oxford: Oxford University Press, 1988.

Hoffmann, Dieter/Walker, Mark, Physiker zwischen Autonomie und Anpassung: Die Deutsche Physikalische Gesellschaft im Dritten Reich, Weinheim: Wiley-VCH, 2007, S.388-404.

Hoffmann, Roald/Laszlo, Pierre, "Representation in Chemistry," Angewandte Chemie Int. Engl. Edition (1991), 1-16.

Holmes, Kenneth C., "Karl Hermann Hausser" in: Generalverwaltung der Max-Planck-Gesellschaft (Hg.), Jahrbuch 2002, Göttingen: Vandenhoeck & Ruprecht, 2002, S.865-866.

Holtzmann Kevles, Bettyann, Naked to the Bone: Medical Imaging in the Twentieth Century, New Brunswick/N.Y.: Rutgers University Press, 1997.

Huisgen, Rolf, The Adventure Playground of Mechanisms and Novel Reactions, Washington D.C.: American Chemical Society, 1994.

Jackman, Lloyd M., "NMR in Organic Chemistry – the Fabulous Fifties" in: D.M. Grant, R.K. Harris (Hg.), Encyclopedia of Nuclear Magnetic Resonance, Bd. 1 (1996), S.397-398.

James, Jeremiah, Naturalizing the Chemical Bond: Discipline and Creativity in the Pauling Program, 1927-1942, Boston: Harvard University, 2008.

Jancke, Harald/Radeglia, Reiner, "The History of the NMR Laboratory in the former Central Institute for Physical Chemistry of the East German Academy of Sciences in Berlin" in: D.M. Grant, R.K. Harris (Hg.), Encyclopedia of Nuclear Magnetic Resonance, Bd. 1 (1996), S.562-564.

Joerges, Bernward/Shinn Terry (Hg.), Instrumentation between Science, State and Industry, Dordrecht: Kluwer, Academic Press, 2001.

Joerges, Bernward/Shinn, Terry, "A Fresh Look at Instrumentation: An Introduction" in: Dies. (Hg.), Instrumentation Between Science, State, and Industry (2001), 1-13.

Joerges, Bernward/Shinn, Terry, "Research-technology in Historical Perspective: an Attempt at Reconstruction" in: Dies. (Hg.), Instrumentation: Between Science, State, and Industry (2001), 241-247.

Joerges, Bernward/Shinn, Terry, "The Transverse Science and Technology Culture: Dynamics and Roles of Research-technology," Social Science Information 41, 2 (2002), 207-251.

Jones, Andrew P./Knight, Joanne M./Shaw, Ian C., "Life Begins at 50," Chemistry in Britain 32/6 (1996), 37-40.

Johannsen, Stefan/Kirschner, Stefan, Das Institut für Aerobiologie der Fraunhofer-Gesellschaft und die Verteidigungsforschung in den 1960er Jahren, Augsburg: Rauner, 2006.

Johnson-Laird, Philip N., Mental Models: Towards a Cognitive Science of Language, Inference, and Consciousness, Cambridge, Mass.: Cambridge University Press, 1983.

Johnston, Sean F., "In Search of Space: Fourier Spectroscopy, 1950-1970" in: B. Joerges, T. Shinn (Hg.), Instrumentation: Between Science, State and Industry, Kluwer Academic (2000), S.121-141.

Karlsson, Erik B./Siegbahn, Hans, "Introduction to Kai Siegbahn's Memorial Issue," Nuclear Instruments and Methods in Physics Research, Section A: Accelerators, Spectrometers, Detectors and Associated Equipment 601 (2009), S.1-7.

Kay, Lily E., The Molecular Vision of Life, Oxford und New York: Oxford University Press, 1993.

Keller, Toni, "The Development of the First Multinuclear Fourier NMR Spectrometers" in: D.M. Grant, R.K. Harris (Hg.), Encyclopedia of Nuclear Magnetic Resonance, Bd. 1 (1996), S.423-424.

Kessler, Horst, "Molecular Mobility by NMR," Current Contents 38 (1991), 10.

Klein, Ursula, "The Creative Power of Paper Tools in Early Nineteenthcentury Chemistry" in: Ursula Klein (Hg.), Tools and Modes of Representations in the Laboratory Sciences, Kluwer Academic Publishers, 2001, S.13-34.

Klein, Ursula, Experiments, Models, Paper Tools: Cultures of Organic Chemistry in the Nineteenth Century, Stanford: Stanford University Press, Stanford, 2003.

Knight, Walter D., "The Knight Shift" in: D.M. Grant, R.K. Harris (Hg.), Encyclopedia of Nuclear Magnetic Resonance, Bd. 1 (1996), S.431-434.

Köstler, Margot (Hg.), J.C. Poggendorffs biographisch-literarisches Handwörterbuch der exakten Naturwissenschaften, Bd. 8 Teil 3, Weinheim: Wiley, 2004, S.1817-1822.

Kohler, Robert E., "The Origins of G.N. Lewis's Theory of the Shared Bond," Historical Studies in the Physical Sciences 3 (1971), 343-376.

Kohler, Robert E., Partners in Science. Foundations and Natural Scientists 1900-1945, Chicago und London: The University of Chicago Press, 1991.

Kohout, Ladislav/Rothbart, Daniel, "Justifying Instrumental Techniques of Analytical Chemistry," Annals of the New York Academy of Science 988 (2003), 250-256.

Koller, Hubert, "Scientific Biography of Dr. Günter Engelhardt," Solid State Nuclear Magnetic Resonance 9 (1997), ix-xi.

Krige, John, "Felix Bloch and the Creation of a 'Scientific Spirit' at CERN," Historical Studies in the Physical and Biological Sciences 32 (2001), 57-69.

Krige, John/Pestre, Dominique (Hg.), Science in the Twentieth Century, Amsterdam: Harwood, 1997.

Laszlo, Pierre, "Chemical Analysis as Dematerialization," Hyle – International Journal for the Philosophy of Chemistry 4 (1998), 29-38.

Laszlo, Pierre, "Tools, Instruments, and Concepts: The Influence of the Second Chemical Revolution" in: P. Morris (Hg.), From Classical to Modern Chemistry (2002), S.171-187.

Latour, Bruno, Science in Action: How to Follow Scientists and Engineers through Society. Cambridge, Mass.: Harvard University Press, 1987.

Latour, Bruno/Woolgar, Steve, Laboratory Life: the Construction of Scientific Facts (Sage Library of Social Research 80), Beverly Hills: Sage Publications, 1979.

Laukien, Günther, "ISMAR Award Acceptance Speech," Bulletin of Magnetic Resonance 4/1 (1982), 12-14.

Laukien, Günther, "Hans Otto Kneser 80 Jahre," Physikalische Blätter 37 (1981), 274-275.

Lauterbur, Paul C., "Magnetic Resonance Zeugmatography," Pure and Applied Chemistry 40 (1974), 149-157.

Lawler, Ronald G., "Spectrometer, Nuclear Magnetic Resonance" in: Robert Bud, Deborah Jean Warner (Hg.), Instruments of Science. A Historical Encyclopedia, New York und London: Science Museum, National Museum of American History, Garland Publishing, 1998, S.556-558.

Lécuyer, Christopher/Lenoir, Timothy, "Instrument Makers and Discipline Builders: The Case of Nuclear Magnetic Resonance," Perspectives on Science 3 (1995), 276-345.

Levy, George C., "Recollections: Computers in the Early Days of ^{13}C NMR and 25 Years of Growth in NMR Computing" in: D.M. Grant, R.K. Harris (Hg.), Encyclopedia of Nuclear Magnetic Resonance, Bd. 1 (1996), S.454-456.

Leydesdorff, Loet, "The Triple Helix: an Evolutionary Model of Innovations," Science Policy 29 (2000), 243-255.

Linsmeier, Klaus-Dieter ,"Die Herren der Moleküle. Wissenschaftler der Zentralen Spektroskopie analysieren die Zusammensetzung und Struktur von Molekülen," Einblick, Zeitschrift des Deutschen Krebsforschungszentrums (3/2002), 7-11.

Lösche, Artur, "The Beginnings of NMR in Leipzig" in: D.M. Grant, R.K. Harris (Hg.), Encyclopedia of Nuclear Magnetic Resonance, Bd. 1 (1996), S.456-457.

Lukens, Rob, "50 Chemical Laboratory Instruments that Changed the World," Chemical Heritage 22/3 (2004), 29; http://www.chemheritage.org/exhibits/50instruments.htm, Zugriff am 03.09.2007.

Lundvall, Bengt-Åke (Hg.), National Systems of Innovation: Towards a Theory of Innovation and Interactive Learning, London: Pinter Publishers, 1992.

Lüttke, Wolfgang/Nonnenmacher, Axel, "Reinhard Mecke (1895-1969): Scientific Work and Personality," Journal of Molecular Structure 347 (1995), 1-17.

Maas, H., "An Instrument Can Make a Science: Jevons's Balancing Acts in Economics," History of Political Economy 33, Annual Supplement (2001), 277-302.

Mallard, John R., "Magnetic Resonance Imaging – the Aberdeen Perspective on Developments in the Early Years," Physics in Medicine and Biology 51 (2006), R45-R60.

Martini, Fritz (Hg.), Die Technische Hochschule Stuttgart, 1954: Bericht zum 125jährigen Bestehen, Stuttgart: Technische Hochschule, 1954.

Mattson, James Anderson/Simon, Merrill, Pioneers of NMR and Magnetic Resonance in Medicine, Ramat Gan: Bar-Ilan University Press (erschienen in den USA bei Dean Books Co., Jericho/N.Y.), 1996.

Meinel, Christoph, Die Chemie an der Universität Marburg, Marburg: Elwert, 1978.

Meinel, Christoph (Hg.), Instrument – Experiment. Historische Studien. Berlin: GNT-Verlag, 2000.

Michel, D., "Artur Lösche," Bulletin Groupement Information Mutuelles A.M.P.E.R.E. 178 (1995), 2-3.

Miller, Foil A., "The Infrastructure of IR Spectrometry: Reminiscences of Pioneers and Early Commercial IR Instruments," Analytical Chemistry 64 (1992), 824A-831A.

Mody, Cyrus, "Corporations, Universities, and Instrumental Communities. Commercializing Probe Microscopy, 1981-1996" Technology and Culture 47 (2006), 56-80.

Morris, Peter J.T., "Present and Future Applications of NMR to Medicine and Materials Science" in: R. Bud, S. Cozzens (Hg.), Invisible Connections, Instruments, Institutions and Science (1992), S.217-233.
Morris, Peter J.T. (Hg.), From Classical to Modern Chemistry: The Instrumental Revolution, Cambridge: The Royal Society of Chemistry, 2002.
Morris, Peter J.T./Travis, Anthony S., "The Rôle of Physical Instrumentation in Structural Organic Chemistry" in: J. Krige, D. Pestre (Hg.), Science in the Twentieth Century (1997), S.715-739.
Morris, Peter J.T./Travis, Anthony S., "The Rôle of Instrumentation in Structural Organic Chemistry in the Twentieth Century" in: P. Morris (Hg.), From Classical to Modern Chemistry (2002), S.57-84.
Morris, Peter J.T./Travis, Anthony S./Reinhardt, Carsten, "Research Fields and Boundaries in Twentieth-Century Organic Chemistry" in: Carsten Reinhardt (Hg.), Chemical Sciences in the 20th Century. Bridging Boundaries, Weinheim u.a.: Wiley-VCH, 2001, S.14-42.
Mühlethaler, Kurt, "The Beginning of Electron Microscopy in Zürich" in: John R. Günter (Hg.), History of Electron Microscopy in Switzerland, Basel: Birkhäuser, 1990, S.59-82.
Nesper, Reinhard, "Die chemische Symbolik" in: Bettina Heintz, Jörg Huber (Hg.), Mit dem Auge denken. Strategien der Sichtbarmachung in wissenschaftlichen und virtuellen Welten, Wien und New York: Springer Verlag, 2001, S.173-185.
Neufeld, Michael, The Rocket and the Reich: Peenemunde and the Coming of the Ballistic Missile Era, Harvard: University Press, 1996.
N.N., "Internationale Tagung der Europäischen Molekülspektroskopiker am 9. bis 13. Juli in Freiburg," Angewandte Chemie 69 (1957), 644-650.
N.N., "Achema 1958," Nachrichten aus Chemie und Technik (1958), 337.
N.N., "Zur Lage der Chemie II," Nachrichten aus Chemie und Technik (1958), 80-81.
N.N., "Mikrobiologe bittet DDR um Asyl," Frankfurter Allgemeine Zeitung vom Montag, den 25. November 1968, S.1.
N.N., "Martin Schmeißer," Nachrichten aus Chemie und Technik 20 (1972), 481-482.
N.N., "Rückblick," Bunsen-Magazin 2 (2000), S.145.
Nye, Mary Jo, From Chemical Philosophy to Theoretical Chemistry: Dynamics of Matter and Dynamics of Disciplines, 1800-1950, Berkeley: University of California Press, 1993.
Orth, Karin, "Das Förderprofil der Deutschen Forschungsgemeinschaft 1949 bis 1969," Berichte zur Wissenschaftsgeschichte 27 (2004), 261-283.

Packard, Martin E., "Felix Bloch. Reminiscences of a Graduate Student," Bulletin of Magnetic Resonance 7 (1985), 90-93.

Packard, Martin E., "Nuclear Induction at Stanford and the Transition to Varian" in: D.M. Grant, R.K. Harris (Hg.), Encyclopedia of Nuclear Magnetic Resonance, Bd. 1 (1996), S.516-525.

Pauling, Linus, "Modern Structural Chemistry. Nobel Lecture, December 11, 1954" in: Tore Frängsmyr, Sture Forsén (Hg.), Nobel Lectures. Chemistry, 1942-1962, Singapur u.a.: World Scientific, 1999, S.429-437.

Pfeifer, Harry "Hommage für Artur Lösche," Physikalische Blätter 51 (1995), 526.

Pfeifer, Harry, "A Short History of Nuclear Magnetic Resonance Spectroscopy and of its Early Years in Germany," Magnetic Resonance in Chemistry 37 (1999), 154-159.

Polanyi, Michael, Personal Knowledge. Towards a Post-Critical Philosophy, London: Routledge and Kegan Paul, 1958.

Polanyi, Michael, The Tacit Dimension, Garden City/NY: Doubleday, 1966.

Pound, Robert V., "Early Days in NMR" in: D.M. Grant, R.K. Harris (Hg.), Encyclopedia of Nuclear Magnetic Resonance, Bd. 1 (1996), S.541-546.

Proctor, Warren G., "When You and I were Young, Magnet" in: D.M. Grant, R.K. Harris (Hg.), Encyclopedia of Nuclear Magnetic Resonance, Bd. 1 (1996), S.548-551.

Rabkin, Yakov M., "Technological Innovation in Science. The Adoption of Infrared Spectroscopy by Chemists," Isis 78(1) (1987), 32-54.

Ragué Schleyer, Paul v. (Hg.), Encyclopedia of Computational Chemistry, Chichester u.a.: Wiley & Sons, 1998.

Ramberg, Peter J., Chemical Structure, Spatial Arrangement. The Early History of Stereochemistry 1874-1914, Burlington, Vt.: Ashgate, 2003.

Ramsey, Norman F., "Early History of Magnetic Resonance," Physics in Perspective 1 (1999), 123-135.

Rebentrost, Inken, Das Labor in der Box: Technikentwicklung und Unternehmensgründung in der frühen deutschen Biotechnologie (Schriftenreihe zur Zeitschrift für Unternehmensgeschichte 16), München: C.H. Beck (zugl. Diss. Regensburg 2005), 2006.

Reinhardt, Carsten, "Chemistry in a Physical Mode. Molecular Spectroscopy and the Emergence of NMR," Annals of Science 61 (2004), 1-32.

Reinhardt, Carsten, "Wissenstransfer durch Zentrenbildung. Physikalische Methoden in der Chemie und in den Biowissenschaften," Berichte zur Wissenschaftsgeschichte 29 (2006), 224-242.

Reinhardt, Carsten, "A Lead User of Instruments in Science," Isis (2006), 205-236.

Reinhardt, Carsten, Shifting and Rearranging. Physical Methods and the Transformation of Modern Chemistry, Sagamore Beach, MA: Science History Publications/USA, 2006.

Reinhardt, Carsten/Steinhauser, Thomas, "Formierung einer wissenschaftlich-technischen Gemeinschaft. NMR Spektroskopie in der Bundesrepublik Deutschland," N.T.M. 16 (2008), 73-101.

Renn, Jürgen, Auf den Schultern von Riesen und Zwergen. Einsteins unvollendete Revolution, Berlin: Wiley-VCH, 2006.

Rheinberger, Hans-Jörg, Experiment, Differenz, Schrift. Anmerkungen zur Geschichte epistemischer Dinge, Marburg: Basilisken-Presse, 1992.

Rheinberger, Hans-Jörg, "Putting Isotopes to Work: Liquid Scintillation Counters, 1950-1970" in: B. Joerges, T. Shinn, (Hg.), Instrumentation between Science, State and Industry (2001), S.143-174.

Rheinberger, Hans-Jörg, Epistemologie des Konkreten. Studien zur Geschichte der modernen Biologie (stw 1771), Frankfurt/M.: Suhrkamp, 2006.

Rheinberger, Hans-Jörg, Experimentalsysteme und epistemische Dinge. Eine Geschichte der Proteinsynthese im Reagenzglas (stw 1806), Frankfurt/M.: Suhrkamp, 2006.

Richards, Rex E., "Development of NMR in Oxford" in: D.M. Grant, R.K. Harris (Hg.), Encyclopedia of Nuclear Magnetic Resonance, Bd. 1 (1996), S.580-585.

Richards, Rex E., "Magnetic Moments in NMR," Chemistry in Britain 32/6 (1996), 33-36.

Rigden, John S., "The Birth of the Magnetic Resonance Method" in: Peter Achinstein, Owen Hannaway (Hg.), Observation, Experiment, and Hypothesis in Modern Physical Science, Cambridge, Mass.: MIT Press, 1985, S.205-237.

Rigden, John S., "Quantum States and Precession – The 2 Discoveries of NMR," Reviews of Modern Physics 58 (1986), 433-448.

Rigden, John S., "Isidor Isaac Rabi," Proceedings of the American Philosophical Society 144 (2000), 114-118.

Rigden, John S., "Purcell, Edward Mills" in: Noretta Koertge (Hg.), New Dictionary of Scientific Biography, Bd. 6, Detroit u.a.: Gale Group, 2008, S.178-181.

Roberts, Jody A., Instruments and Domains of Knowledge: The Case of Nuclear Magnetic Resonance Spectroscopy, 1956-1969, Blacksburg/Va.: Virginia Polytechnic Institute and State University, Master Thesis, 2002.

Roberts, John D., The Right Place at the Right Time, Washington D.C.: ACS Publication, 1990.

Robertson, Andrew Beaumont/Rothwell, Roy R., "The Contribution of Poor Communication to Innovative Failure," Aslib proceedings 27 (1975), 393-400.

Rocke, Alan J., The Quiet Revolution: Hermann Kolbe and the Science of Organic Chemistry, Berkeley: University of California Press, 1993.

Rocke, Alan J., Image and Reality: Kekulé, Kopp, and the Scientific Imagination, Chicago: University of Chicago Press, 2010.

Rogers, Lee F., "'My Word, What Is That?': Hounsfield and the Triumph of Clinical Research," American Journal of Roentgenology 180 (2003), 1501.

Rüterjans, Heinz, "Auf die Struktur kommt es an," Forschung Frankfurt 20/4 (2002), 73-79.

Schaffer, Simon, "Late Victorian Metrology and its Instrumentation: a Manufactory of Ohms" in R. Bud, S. Cozzens (Hg.), Invisible Connections, Instruments, Institutions and Science (1992), S.23-55.

Scheler, Gerhard, "50 Jahre magnetische Kernresonanz (NMR) am Physikalischen Institut der Universität Jena" in: Jenaer Jahrbuch zur Technik- und Industriegeschichte, Bd. 6, Jena: Glaux, 2004, S.89-128.

Schenzinger, K.A., Bei I.G. Farben, Roman, Gütersloh: Bertelsmann Lesering, 1958 (Lizenz München: Wilhelm Andermann Verlag).

Schummer, Joachim, "Zur Semiotik der chemischen Zeichensprache: Die Repräsentation dynamischer Verhältnisse mit statischen Mitteln" in: Peter Janich, Nikolaos Psarros (Hg.), Die Sprache der Chemie, Würzburg: Königshausen & Neumann, 1996, S.113-126.

Schummer, Joachim, "The Impact of Instrumentation on Chemical Species Identity from Chemical Substances to Molecular Species" in: P. Morris (Hg.), From Classical to Modern Chemistry (2002), S.188-211.

Schumpeter, Joseph A., Theorie der wirtschaftlichen Entwicklung. Eine Untersuchung über Unternehmergewinn, Kapital, Kredit, Zins und den Konjunkturzyklus, München: 1993 (erste Aufl. 1911).

Schumpeter, Joseph A., Capitalism, Socialism and Democracy, New York: Harper, 1975 (orig. 1942).

Schüring, Michael, Minervas verstoßene Kinder. Vertriebene Wissenschaftler und die Vergangenheitspolitik der Max-Planck-Gesellschaft (Geschichte der Kaiser-Wilhelm-Gesellschaft im Nationalsozialismus 13), Göttingen: Wallstein, 2006.

Sheppard, Norman, "The U.K.'s Contributions to IR Spectroscopic Instrumentation," Analytical Chemistry 64 (1992), 877A-883A.

Shinn, Terry, "The Triple Helix and New Production of Knowledge: Prepackaged Thinking on Science and Technology," Social Studies of Science 32 (2002), 599-614.

Shinn, Terry, "Research-technology Instrumentation: The Place of Chemistry" in: P. Morris (Hg.), From Classical to Modern Chemistry (2002), S.95-110.

Shinn, Terry, "New Sources of Radical Innovation: Research-technologies, Transversality, and Distributed Learning in a Post-Industrial Order," Social Science, Information sur les Sciences Sociales 44 (2005), 731-764.

Shinn, Terry, Research-Technology and Cultural Change. Instrumentation, Genericity, Transversality (GEMAS Studies in Social Analysis), Oxford: Bardwell Press, 2008.

Shoolery, James N., "NMR Spectroscopy in the Beginning," Analytical Chemistry 65 (1983), 731A-741A.

Shoolery, James N., "The Development of Experimental and Analytical High Resolution NMR," Progress in Nuclear Magnetic Spectroscopy 28 (1995) 37-52.

Slater, Leo B., "Instruments and Rules: R.B. Woodward and the Tools of Twentieth-century Organic Chemistry," Studies in the History and Philosophy of Science 33 (2002), 1-33.

Slichter, Charles P., "Early Days of Magnetic Resonance Studies of Solids" in: D.M. Grant, R.K. Harris (Hg.), Encyclopedia of Nuclear Magnetic Resonance, Bd. 1 (1996), S.642-649.

Slichter, Charles P., "The Golden Anniversary of Nuclear Magnetic Resonance. NMR – Fifty Years of Surprises," Proceedings of the American Philosophical Society 142 (1998), 533-551.

Siggia, Sidney, "Evolution of Problem-solving Techniques Using the Analytical Tool Kit," Journal of Chemical Education (1964), 329-330.

Steinle, Friedrich, Explorative Experimente. Ampère, Faraday und die Ursprünge der Elektrodynamik (Boethius, Bd. 50), Stuttgart: Franz Steiner Verlag, 2005.

Stine, Jeffrey K., "Scientific Instrumentation as an Element of U.S. Science Policy: National Science Foundation Support of Chemistry Instrumentation" in: R. Bud, S. Cozzens (Hg.), Invisible Connections, Instruments, Institutions and Science (1992), S.238-263.

Stranges, Anthony N., Electrons and Valence: Development of the Theory, 1900–1925, College Station, TX.: Texas A&M University Press, 1982.

Sutton, M.A., "Spectroscopy and the Chemists: A Neglected Opportunity?," Ambix 23 (1976), 16-26.

Tarbell, D.S., Tarbell, A.T., Essays on the History of Organic Chemistry in the United States, 1875-1955, Nashville/Tenn.: Folio Publishers, 1986.

Torrey, Henry C., "Precursive and Early Work on NMR" in: D.M. Grant, R.K. Harris (Hg.), Encyclopedia of Nuclear Magnetic Resonance, Bd. 1 (1996), S.666-669.

Travis, Anthony S., The Rainbow Makers. The Origins of the Synthetic Dyestuffs Industry in Western Europe, Bethlehem, Pa.: Lehigh University Press, 1993.

Trischler, Helmuth, "Das Fraunhofer-Institut für Angewandte Festkörperphysik im Kontext der bundesdeutschen Forschungs- und Innovationsgeschichte: Ein zeithistorischer Essay" in: Fraunhofer-Institut für Angewandte Festkörperphysik (Hg.), 50 Jahre Fraunhofer IAF. heller – schneller – stärker. Jubiläumsschrift, Freiburg i. Br.: Selbstverlag, 2007, S.29-66.

Varian Associates (Hg.), Varian Associates: An Early History, Palo Alto: Varian Associates, 1958.

[Varian Associates (Hg.)], NMR and EPR Spectroscopy: Papers Presented at Varian's Third Annual Workshop on Nuclear Magnetic Resonance and Electron Paramagnetic Resonance, New York u.a.: Pergamon Press, 1960.

Varian, Dorothy, Russell and Sigurd Varian. The Inventor and the Pilot, Palo Alto: Pacific Books, 1983.

Varian, Russell H., "The Founding of Varian Associates" in: Varian Associates (Hg.), Varian Associates: An Early History (1968), S.6-8.

Wagner, Carl, "Max-Planck-Institut für physikalische Chemie in Göttingen" in: Generalverwaltung der Max-Planck-Gesellschaft (Hg.), Jahrbuch der Max-Planck-Gesellschaft zur Förderung der Wissenschaften e.V., Teil II, Göttingen: Selbstverlag, 1961, S.225-229.

Waugh, John S., "NMR Spectroscopy in solids. A Historical Perspective," Analytical Chemistry 65 (1993), 725A-729A.

Weaver, Harry E., "Historical Comments on the Early Years of Superconducting NMR" in: D.M. Grant, R.K. Harris (Hg.), Encyclopedia of Nuclear Magnetic Resonance, Bd. 1 (1996), S.689-691.

Weingart, Peter, "Neue Formen der Wissensproduktion: Fakt, Fiktion und Mode," TA-Datenbank-Nachrichten 8 (1999), 48-57.

Wilson, E.B., "Molecular Spectroscopy," Annual Review of Physical Chemistry, 30 (1979), 1-27.

Woesner, Donald Edward, "The Early Days of NMR in the Southwest," Concepts in Magnetic Resonance 13 (2001), 77-102.

Wood, Audrey, Magnetic Venture: The Story of Oxford Instruments, Oxford: Oxford University Press, 2001.

Wüthrich, Kurt, "NMR Structures of Biological Macromolecules" in: D.M. Grant, R.K. Harris (Hg.), Encyclopedia of Nuclear Magnetic Resonance, Bd. 1 (1996), S.710-719.

Wüthrich, Kurt, "NMR-Untersuchungen von Struktur und Funktion biologischer Makromoleküle (Nobel-Vortrag)," Angewandte Chemie 115 (2003), 3463-3486.

Zandvoort, Henk, Models of Scientific Development and the Case of Nuclear Magnetic Resonance, Dordrecht: Reidel, 1986.

8.5. Abbildungsverzeichnis

Abb. 2: Norman F. Ramsey, "I.I. Rabi 1898-1988" in: National Academy of Sciences (Hg.), Biographical Memoirs of the National Academy of Sciences, Washington D.C.: National Academy of Sciences, 1993, 309-324, hier S.310.c

Abb. 3: P. Kusch, S. Millman, I. I. Rabi, J. R. Zacharias, "A New Method of Measuring Nuclear Magnetic Moment", Physical Review, 53 (1938), 318.

Abb. 4: Felix Bloch, William W. Hansen, Method and Means for Chemical Analysis by Nuclear Inductions. US Pat. Nr. 2561489. Beantragt am 23. Dezember 1946. Erteilt am 24. Juli 1951. S.2, Fig. 4. Auch in: F. Bloch, W.W. Hansen, M.E. Packard, "The Nuclear Induction Experiment", Physical Review 70 (1946), 474-485, hier S.479.

Abb. 5 und 6: F. Bloch, W.W. Hansen, M.E. Packard, "The Nuclear Induction Experiment", Physical Review 70 (1946), 474-485, hier S.481.

Abb. 10: A.W. Hofmann, "On the Combining Power of Atoms", Proceedings of the Royal Institution, 4 (1862-66), 401-430, hier S.426.

Abb. 12: Wilbur L. Baker, "Models Illustrating Types of Orbitals and Bonding", Journal of Chemical Education 38 (1961), 606.

Abb. 13: Oregon State University. Library. Ava Helen and Linus Pauling Papers.

Abb. 14: Dorothy Varian, Russell and Sigurd Varian. The Inventor and the Pilot, Palo Alto: Pacific Books, 1983, S.260.

Abb. 15: Standard Oil Development Company, Apparatus for Geophysical Exploration. Erfinder: Russell H. Varian. US Pat.-Nr. 1951716. Eingereicht am 22. Januar 1930. Patent erteilt am 20. März 1934, S.2.

Abb. 16: Felix Bloch, William W. Hansen, Method and Means for Chemical Analysis by Nuclear Inductions. US Pat. Nr. 2561489. Beantragt am 23. Dezember 1946. Erteilt am 24. Juli 1951. S.1, Fig. 3.

Abb. 17 und 18: Warren G. Proctor, "On the Magnetic Moments of Tl^{203}, Tl^{205}, Sn^{115}, Sn^{117}, Sn^{119}, Cd^{111}, Cd^{113}, and Pb^{207}", Physical Review 79 (1950), 35-44, hier S.37 und S.38.

Abb. 19: James T. Arnold, Shrinvas S. Dharmatti, Martin E. Packard, "Chemical Effects on Nuclear Induction Signals from Organic Compounds", Journal of Chemical Physics 19 (1951), 507, Fig. 1.

Abb. 20: Herbert S. Gutowsky, "Chemical Aspects of Nuclear Magnetic Resonance", Journal of Magnetic Resonance 17 (1975), 281-294, hier Fig. 5, S.291.

Abb. 21: Beckman Instruments Inc., Beckman Model DK-2 Ratio-Recording Spectrophotometer (Bulletin 377), Fullerton/Ca.: Selbstverlag (Prospekt), 1956, S.6. Deutsches Museum München, Firmenschriften, Beckman Instruments.

Abb. 22: Felix Bloch, Line Narrowing Gyromagnetic Apparatus. US Pat. Nr.: 2960649. Eingereicht am 18. Juni 1954. Erteilt am 15. November 1960, S.2.

Abb. 23: James N. Shoolery, "NMR Spectroscopy in the Beginning", Analytical Chemistry 65 (1983), 731A-741A, hier S.733A auch in James N. Shoolery; "The development of experimental and analytical high resolution NMR", Progress in Nuclear Magnetic Spectroscopy 28 (1995) 37-52, hier S.40.

Abb. 24: Richard A. Ford, Arnold J. Gordon, The Chemist's Companion. A Handbook of Practical Data, Techniques, and Refernces, New York u.a.: John Wiley & Sons, 1972, S.268.

Abb. 25: Varian Associates, Instrumental Division (Hg.), Five Years of NMR, Palo Alto: Selbstverlag, 1959, S.7.

Abb. 26: Varian Associates, Instrumental Division (Hg.), Five Years of NMR, Palo Alto: Selbstverlag, 1959, S.7.

Abb. 27: Varian Associates, Instrumental Division (Hg.), Five Years of NMR, Palo Alto: Selbstverlag, 1959, S.14.

Abb. 28: James Feeney, "Development of High Resolution NMR Spectroscopy as a Structural Tool" in: R. Bud, S. Cozzens (Hg.), Invisible Connections, Instruments, Institutions and Science (1992), S.199-216, S.210.

Abb. 30: Deutsches Museum München, Depot, Inv.-Nr. 1984-255 (Varian HA-100), eigenes Bild.

Abb. 31: Arnold L. Bloom, James N. Shoolery, "Effects of Perturbating Radiofrequency Fields on Nuclear Spin Coupling", Physical Review 97 (1955), 1261-1265, hier S.1264.

Abb. 32 und 33: Felix Bloch, Line Narrowing Gyromagnetic Apparatus. US Pat-Nr. 2960649. Eingereicht am 18. Juni 1954. Patentiert am 15. November 1960, Fig. 3, S.1 und Fig. 6, S.2.

Abb. 34: E. Merck KG (Hg.), Den Spuren auf der Spur. Hundert Jahre Reagentien garantierter Reinheit, Darmstadt: Selbstverlag, 1988, S.102.

Abb. 35: Deutsches Museum München, Depotverwaltung, Zubehör zu Inv.-Nr. 1984-255 (Varian HA-100).
Abb. 36: Varian Associates (Hg.), "Standardization of High Resolution n.m.r.", Spectra Technical Information from the Radio-Frequency Spectroscopy Laboratories of Varian Associates, 1 Nr. 2, Palo Alto: Varian Associates, [1954], S.1.
Abb. 37: Richard R. Ernst, "The Success Story of Fourier Transformation in NMR" in: D.M. Grant, R.K. Harris (Hg.), Encyclopedia of Nuclear Magnetic Resonance, Bd. 1 (1996), S.293-306, hier S.293, Fig.2.
Abb. 38: Rolf Arndt, Richard Ernst, Hans Primas, "Die Konstruktion von Kernresonanzspektrographen hoher Auflösung", Zeitschrift für Instrumentenkunde 67 (1959), 293-300, hier S.294, Bild 1.
Abb. 39: Erich Gölz, Hans Mahl, Elektronenmikroskopie, Leipzig: VEB Bibliographisches Institut, 1951, Abb. 5, am Ende, nicht paginiert.
Abb. 40: Rolf Arndt, Richard Ernst, Hans Primas, "Die Konstruktion von Kernresonanzspektrographen hoher Auflösung, Teil II", Zeitschrift für Instrumentenkunde 68 (1959), 21-29, hier S.22.
Abb. 41: Günther Laukien, Verfahren und Gerät zum Messen und Steuern magnetischer Felder und zur Werkstoffprüfung. Deut. Pat-Nr. 949357. Patentiert am 22. September 1954. Erteilt am 30. August 1956, S.6.
Abb. 42: N.N., "Erweiterte Produktionsstätten der Bruker-Physik AG, Karlsruhe," Bruker Report 6/2 (1976), S.15.
Abb. 43 und 44: Manfred Holz, Kernmagnetische Impulsspektrometrie mit quarzstabilisierten Meßzeiten – zur Messung langer Relaxationszeiten an Benzol und Benzolderivaten, Karlsruhe: Diplomarbeit TH Karlsruhe, 1965, S.18, Fig.7 und 8.
Abb. 46: Varian Associates Analytical Instruments Division (Hg.), Technical Information Bulletin, Palo Alto: Selbstverlag, Sommer 1965.
Abb. 47: Fritz-Haber-Institut der MPG, Verwaltung.
Abb. 48: Bruker AG (Hg.), Firmengeschichte, Fällanden: Selbstverlag (Prospekt), 2000, S.1.
Abb. 49 und Abb. 50: NMR Specialties Inc. (Hg.), Heteronuclear Spin Decoupling, Technical Information Bulletin R-1, New Kensington/Pa.: Selbstverlag, 1966, [S.5], Fig. 5 und [S.8], Fig.11.
Abb. 51: Annonce der Technical Measurement Corporation, Science (AAAS) 150 (1965), S.677.
Abb. 52: Varian Associates Instrument Division (Hg.), Model C-1024 Averaging Computer (Manual), Palo Alto: Selbstverlag, [1967], S.viii.

Abb. 53: Varian Associates, Gyromagnetic Resonance Methods and Apparatus. Erfinder: Russell H. Varian. US Pat. Nr. 3287629. Eingereicht am 29. August 1956. Erteilt am 22. November 1966. Blatt 3, Fig. 5.
Abb. 54 und 55: Thomas C. Farrar, "Pulsed and Fourier Transform Spectroscopy" in: International Science Communications Inc. (Hg.), Laboratory Instrumentation, Spectroscopy (1974), S.136-141, hier S.136-137, Fig. 1a und 1b.
Abb. 56: Richard R. Ernst, "The Success Story of Fourier Transformation in NMR" in: D.M. Grant, R.K. Harris (Hg.), Encyclopedia of Nuclear Magnetic Resonance, Bd. 1 (1996), 293-306, hier S.295, Fig.6.
Abb. 57: Weston A. Anderson, Richard R. Ernst, "Application of Fourier Transform Spectroscopy to Magnetic Resonance", Review of Scientific Instruments 37 (1966), 93-102, hier S.101, Fig. 7.
Abb. 58: Spectrospin AG, Verfahren zur Fourieranalyse von Interferenzsignalen. Erfinder: Günther Laukien, Toni Keller, Werner Tschopp. Deutsche Offenlegungschrift Nr. 1956331. Eingereicht am 8. November 1969. Publiziert am 27. Mai 1971.
Abb. 59: Ian C.P. Smith, "^{13}C FT NMR on a Varian System" in: International Science Communications Inc. (Hg.), Laboratory Instrumentation, Spectroscopy (1974), S.148-153, hier S.148, Fig. 1.
Abb. 60: Nicolet Instrument Corporation (Hg.), Nicolet 1080 Series Data Acquisition and Processing System. Description and Specifications, Madison/Wisconsin: Selbstverlag (Manual), 1972, [S.3], Fig. 1.
Abb. 61: Audrey Wood, Magnetic Venture: The Story of Oxford Instruments, Oxford: Oxford University Press, 2001, S.89.
Abb. 62: N.N., "New Cryomagnetic System from Oxford Instruments", Organic Magnetic Resonance 6/2 (1974), A11.
Abb. 63: Richard A. Komoroski, George C. Levy, "Fourier Transform Nuclear Magnetic Resonance Spectroscopy", Magnetic Resonance Review 3 (1974), 289-324, hier S.305.
Abb. 64: N.N., "Impulsspektrometer mit neuartigem Hochleistungsverstärker," Bruker Report 2/6 (1972), S.2-3, hier S.2.
Abb. 65: N.N., "Hochauflösung am Festkörper," Bruker Report 8/1 (1978), 14-15, hier S.15.
Abb. 66: N.N., "NMR Spectroscopy: The Year of Pulsed Fourier Transform", [Perkin-Elmer] Instrument News 25 (1975), S.14.
Abb. 67: Titelbild, Bruker Report 3/1 (1973), S.1.
Abb. 68: International Science Communications Inc. (Hg.), Laboratory Instrumentation, Spectroscopy (1974), S.136-141, hier S.401.

Abb. 69 und 70: Varian Associates, The expanded CFT-20. Multinuclear Versatility at Low Cost (Prospekt), Palo Alto: Selbstverlag (Prospekt), ca. 1976, S.1 und S.2.
Abb. 71 und 72: N.N., "Die Spectrospin AG," Bruker Report 2/4 (1972), S.2 und S.3.
Abb. 73: Bruker Physik AG, Koordinatenschreiber. Erfinder: Günther Laukien. Deutsche Offenlegungsschrift Nr. 2247455. Eingereicht am 27. September 1972. Veröffentlicht am 18. April 1974. S.21, Fig. 1.
Abb. 74: N.N., "Bruker weltweit," Bruker Report 9/1 (1979), 18.
Abb. 76: Enrico Bartholdi (Spectrospin AG), "ASPECT 2000 Anwendungsbericht Nr. 2: 2 D-J-Resolved Spectroscopy," Bruker Report 9/2 (1979), 2-4, hier S.2.
Abb. 77 und 78: Enrico Bartholdi (Spectrospin AG), "ASPECT 2000 Anwendungsbericht Nr. 2: 2 D-J-Resolved Spectroscopy," Bruker Report 9/2 (1979), 2-4, hier S.3.
Abb. 79 und 80: Richard R. Ernst, "Kernresonanz-Fourier-Transformations-Spektroskopie (Nobel-Vortrag)," Angewandte Chemie 104 (1992), 817-836, hier S.822.
Abb. 82: Kurt Wüthrich, "Protein Structure Determination in Solution by Nuclear Magnetic Resonance Spectroscopy," Science 243 (1989), 45-50, hier S.45, Fig. 1.
Abb. 83: Paul v. Ragué Schleyer (Hg.), Encyclopedia of Computational Chemistry, Chichester u.a.: Wiley & Sons, 1998, S.739.
Abb. 84: Tan Hok Gouw (Hg.), Guide to Modern Methods of Instrumental Analysis, New York u.a.: Wiley-Interscience, 1972, S.ix.
Abb. 85: N.N., "ISMAR-Prize Awarded to Professor G.R. Laukien, Cofounder and President of Bruker," Bruker Report 10/2 (1980), 24-25, hier S.24.
Abb. 86: N.N., "Mermaid taucht im Mittelmeer," Bruker Report 2/5 (1972), S.2.
Abb. 87: Titelbild, Bruker Report 10/2 (1980), S.1.
Abb. 88: Paul C. Lauterbur, "Magnetic Resonance Zeugmatography," Pure and Applied Chemistry 40 (1974), 149-157, hier S.152, Figure I.
Abb. 89: Bundesminister für Forschung und Technologie (Hg.), Kernspintomographie (1984) [zweiter Bericht, Stand: Mai 1984], S.4.
Abb. 90: G. Bielke, M. Meves, P. Pfannenstiel, "Klinische Erprobung und Abklärung der diagnostischen Möglichkeit der Kernspintomographie," in: Bundesminister für Forschung und Technologie (Hg.), Kernspintomographie (1984) [zweiter Bericht, Stand: Mai 1984], S.67-82, hier S.72.
Abb. 91: E. Ostheimer, "Begleituntersuchungen zur klinischen Testphase der Kernspintomographie mit Analyse der Einsatzmöglichkeiten neuentwickelter Geräte (Wirksamkeitsanalyse). Zielsetzung des Vorhabens,

bisherige Ergebnisse, Perspektiven zukünftiger Bemühungen" in: Bundesminister für Forschung und Technologie (Hg.), Kernspintomographie (1984) [zweiter Bericht, Stand: Mai 1984], S.83-101, hier S.91.

Abb. 94: Harald Günther, 20 Jahre GDCH-Fachgruppe Magnetische Resonanzspektroskopie, Abb.2. http://fgmr.chemie.uni-hamburg.de/mars/marsnon-.htm, Zugriff am 22.November 2006.

Index

Abragam, Anatole 141, 144

Academy of Science, Washington 355

ACHEMA 183, 206

AEI 230

Aeromedical Center Heidelberg 155

Aimé Cotton Laboratoire 249

Akademie der Wissenschaften, Moskau 355

Alpert, Daniel 70

American Chemical Society 103, 115, 264

American Physical Society 28, 91

A.M.P.E.R.E. 142, 151, 156, 194, 201, 287, 307, 336, 356, 363, 378

Anderson, Weston A. 75, 123-125, 134, 137, 175, 249-250, 252-257, 259, 282, 306-307, 363

Andrew, Edward Raymond 138, 140, 143, 287-288, 335-336, 356

Anet, Frank 240, 274

Arends, Peter 349, 351

Argonne National Laboratory 345

Army Chemical Center 104

Arnold, James T. 71, 75, 80, 83, 91, 96, 111, 121, 123, 125, 134, 137, 175-176, 223, 259, 363

Askania 153

Association of Bruker Aspect Computer Users 305

Atomic Energy Commission (AEC) 71, 75, 101, 237

Baeyer, Adolf v. 37

Baird Associates 243, 381

Balzers 190

Barton, Derek H.R. 46

BASF 160-161, 189-190, 271, 330, 359

Batelle Memorial Institute 104

Baumann, Thomas 307

Bax, Adriaan 313, 315

Bayer Leverkusen 360

Beams, Jesse 288

Becker, Erwin D. 154

Beckman 128, 230, 346

Behrens, Dieter 168

Beilstein, Friedrich Konrad 37

Bell Telephone Laboratories 106, 242, 308, 345

Béné, Georges 142-143, 188, 356

Benn, Reinhard 360

Berger, Stefan 333, 360

Bergmann, Gerhard 331

Bernstein, Harold J. 154

Binsch, Gerhard 358, 360

Bleaney, Brebis 363

Bloch, Felix 23-30, 33-35, 57-59, 61-67, 70-71, 75, 77, 79-81, 83, 91-92, 97, 100, 102-103, 123-126,

133-134, 137-139, 144, 150-151, 175, 177, 242, 245, 356, 365-367, 369, 383

Bloembergen, Nicolaas 86, 137-138, 363

Bock, Rudolf 209

Bodenhausen, Geoffrey 315, 333

Boehringer Ingelheim 359-360

Bohr, Niels 24, 30, 39

Born, Max 24

Bothner-By, Aksel 105, 237, 267, 274

Braun, Siegmar 360

Braunbek, Werner 191

Bredereck, Hellmut 166

Bremser, Wolfgang 271, 359

Brey, Wallace 223

British Petroleum (BP) 267

British Radiofrequency Group 140

Brock, William H. 38

Brookhaven National Laboratory 85, 345

Brown Instrument Company 346

Brügel, Werner 153, 160-162, 189, 271

Bruker, Bruker-Spectrospin 18, 133, 135, 156, 169, 190-191, 195-199, 202-211, 213-214, 217-229, 232-236, 241, 243, 257-259, 262, 264-269, 276-277, 279-280, 282-292, 294-296, 298-305, 309, 321, 323-329, 331-333, 336, 338-344, 348-349, 351-352, 354-355, 358, 360, 373-378, 386-389, 395-398, 400

Bruker, Emil 195

Bruker Meerestechnik 326-327

Bruker Medizintechnik 338-339, 343, 395

Buckel, Werner 200

Buddrus, Joachim 360

Bundesministerium für Forschung und Technologie (BMFT) 339, 343

Burt, Ronald S. 149, 396-397

Bush, Vannevar 100, 229, 369

Cahn, Robert Sidney 46

California Institute of Technology (CalTech) 111, 116, 123, 195, 274, 289, 383

Carr, Herman Y. 125, 340

Cavagna, Friedrich 360

Chemical Heritage Foundation 11

Chemical Society 140

Chemische Werke Hüls AG 188-189

Chien Ho 223, 259, 282

Chiordoglu, Grégoire 220, 222

Chodorov, Marvin 62, 74

Ciba Geigy 359-360

Clarendon Laboratory 139, 147, 273

Clausen, Richard 225

Codrington, Bob 363

Cohen, Bill 85

Cohn, Mildred 242

Colloquium Spectroscopicum Internationale 154

Compton, Arthur Holly und Karl Taylor 33, 346

Cooley, James W. 134, 260, 282

Corey, Robert B. 50

Craik, Kenneth 38

Crick, Harry C. 43

Criegee, Rudolf 216

Damadian, Raymond 334, 337-338

DECHEMA 159

Deutsche Forschungsgemeinschaft (DFG) 12, 156, 163-169, 189, 191, 204-211, 213, 215, 218, 221, 224-225, 228, 268, 282, 230-233, 330-333, 347-351, 357, 373-375, 389, 398, 400

Deutscher Forschungsrat 166-167

Dewar 271-272, 277-278, 294, 303

Dharmatti, Shrinvas S. 80-81, 83, 111

Dickinson, Walter 80

Diehl, Peter 159, 162, 356

Digilab 324

DIGITAL Equipment Corporation (DEC) 260, 400

Dirac, Paul 24, 254

Djerassi, Carl 272

Drakenberg, Torbjörn 360

Dunn Analytical Instruments Division 323

Dunn, Tom 323, 398

DuPont 103, 109, 271-272

Eichhoff, Hans-Joachim 208-210

Electric and Musical Industries (EMI) 334, 337

Emil-Barell-Stiftung 177

Engelhardt, Günter 152, 355

Englert, Gerhard 154, 161

Ernst, Ludger 360

Ernst, Richard R. 134, 143, 171-172, 179-182, 186, 248-249, 253-259, 261-262, 269, 282, 306-310, 314-316, 319-320, 329, 336-337, 363, 372, 378, 399-400

EURATOM Ispra 156, 189

European Recovery Program 165

Experimental Nuclear Magnetic Conference (ENC) 103-104, 128, 143, 256, 291, 336

FabriTek Inc. 225, 247-248, 255, 259-261, 263-266, 282, 323, 397

Fairchild Corporation 103

Faraday Society 171

Farrar, Thomas 264-266, 282

Farnsworth, Philo Taylor 59

Fehér, Franz 164, 207, 209

Fellgett, Peter Berners 250, 254

Fleck, Ludwik 13-14, 39-40

Fleming, John Ambrose 346

Fluck, Ekkehard 157, 159, 222, 267, 356

Fischer, Emil 37

FONAR 337-338

Forschung und Entwicklung im Dienste der Gesundheit 339, 343

Förster, Theodor 166

Foster, George 241

Fourier, Jean Baptiste Joseph 54, 134, 248-256, 259-260, 263, 268-269, 277, 280, 285, 293, 310, 376-377, 386

Fraunhofer-Institut für Elektrowerkstoffe 153-154, 161, 353, 356

Fraunhofer-Institut für Aerobiologie 353, 354

Fraunhofer-Institut für Molekularbiologie und Angewandte Ökologie 353

Freeman, Ray 143, 249, 258, 261, 313, 315, 363

Freymann, René 141, 143, 189

Friebolin, Horst 154, 161, 271, 356-357, 360

Fritz, Gerhard 225

Fritz, Hans 360

Galison, Peter 48, 367

Garber, David H. 71, 245

Gast, Jürgen 324

General Electric Company 103, 292, 338, 395

General Motors 103

Genzel, Ludwig 324

Gerlach, Walther 20-21

Gerthsen, Christian 194, 200

Gesellschaft Deutscher Chemiker (GDCh) 358, 396

Gesellschaft Deutscher Chemiker, Fachgruppe Analytische Chemie 358

Gesellschaft Deutscher Chemiker, Fachgruppe Magnetische Resonanzspektroskopie 358, 360, 396

Gesellschaft für Biotechnologische Forschung 360

Gill, David 340

Ginzton, Edward 61-62, 73-75

Glemser, Oskar 157, 188, 190, 207-208, 215, 219-220, 224, 235

Golay, Marcel 141, 176, 222, 275

Gordon Research Conference 103

Gorter, Cornelis Jacobus 22, 25-26, 137, 287, 365

Goubeau, Josef 166

Gränicher, Heini 142

Grande, Siegbert 234

Grant, David 123, 264

Günthard, Hans Heinrich 173-175, 179, 183, 188, 386

Günther, Harald 96, 162, 267-269, 332, 347

Gutowsky, Herbert S. 86-89, 91, 93-94, 100, 102, 113, 138-139, 141, 159, 264, 334, 367

Haase, Rolf 214

Häberlen, Ulrich 234, 288

Hägele, Gerhard 360

Hahn, Erwin L. 91-94, 156, 191, 195, 285, 306, 312, 363

Hahn, Theo 330

Hansen, William Webster 24, 26-28, 33, 35, 59-66, 69-70, 73, 75, 77, 79, 81, 177, 184, 366, 400

Harvey Wells Company 195

Hass, Hans 327

Hausser, Isolde 155

Hausser, Karl Hermann 143, 154-156, 161, 189, 192, 222, 225, 234, 325, 330-331, 348

Hausser, Wilhelm 155

Heisenberg, Werner 24, 150

Heitler, Walter 45

Heitz, Waldemar 230-232

Hertz, Gustav 234

Hertz, Hermann Gerhard 159, 199, 234, 331, 358

Hewlett-Packard 114, 230, 346, 363

Hieber, Walter 161

Hinshaw, Waldo 335, 338

Hippel, Eric v. 132-135, 169, 388

Hiss, Dieter 259

Hitachi 169, 230, 338

Hochschulbau-Förderungsgesetz (HBFG) 347-350

Hodgkin, Dorothy 139

Hoechst 161, 360

Hoffmann – La Roche und Cie. 177

Hofmann, August Wilhelm 37, 41

Holz, Manfred 199-200, 352, 359

Horner, Leopold 209

Huisgen, Rolf 358

Hull, William E. 351, 358, 360

Humble Oil 59, 109

Hyde, Jim 249

IBM 255, 260-261, 266, 301, 304

Ilberg, Waldemar 150

Industrieanlagen-Betriebsgesellschaft 342

Ingold, Christopher K. 46-47

Institut für Spektrochemie 360

International Society of Magnetic Resonance (ISMAR) 156, 325, 335, 355-356, 361, 363, 365, 378

IUPAC 137, 154

Jardetzky, Christine 104

Jardetzky, Oleg 104, 279, 283, 363

Jeener, Jean 307, 309, 313

Jenckel, Ernst 166

JEOL 141, 148-149, 152, 227, 230, 241, 265, 292-294, 302, 349, 355

Johnson & Johnson 337

Jung, Carl Gustav 179

Kane, Ralph 67, 75, 135, 144

Känzig, Werner 142

Kärger, Jörg 234

Kastler, Alfred 137, 142

Kay, Lily E. 393-394

Kekulé, August 37, 391

Keller, Toni 186-187, 189-190, 202-203, 223, 235, 257-259, 262-265, 267, 282, 290, 295, 326, 353-354, 358, 360, 400

Kern, Werner 209
Kessler, Horst 357-359
Kistiakowsky, George B. 86, 108
Kneser, Hans 192
Knight, Walter D. 85-87
Knüttel, Bertold 196-197, 199-200, 324, 328, 339
Köhler, Frank H. 360
Kohout, Ladislav 181
Koltun, Walter 50
Korte, Friedhelm 186, 188, 216
Kosfeld, Robert 158-159, 192, 214-215, 234, 267, 330-332, 356, 358
Kowalsky, Arthur 242
Kuhn, Richard 155-156
Kuhn, Thomas 14, 48-49
Kumar, Anil 317, 336
Larmor, Joseph 29-31, 66, 68, 81, 96, 99, 109, 117-119, 175, 239, 270, 276, 279
Laszlo, Pierre 371
Laukien, Günther 190-203, 206, 210-211, 214, 217, 220-228, 232-233, 235, 257, 276, 298-301, 304, 325-327, 331-332, 365, 373, 376, 387-388, 397, 400
Lauterbur, Paul 241-242, 264, 306, 334-337, 400
Lawrence Radiation Laboratory 70
Lécuyer, Christopher 363
Leeds and Nothrup 120, 346
Leibfritz, Dieter 360
Lenoir, Timothy 363
Levinthal, Elliott 71, 75
Levy, George 298, 354
Lewis, Gilbert Newton 45, 88
Lindström, Gunnar 80
Lippert, Ernst 212-213, 232, 304, 330-332, 348
Lipsky, Seymour 222-223, 233, 259, 282, 304, 398
Lockhart, Wayne 103-104
London, Fritz 45
Lorenz 232
Lösche, Artur 143, 150-151, 154, 192, 234-235
Lowe, Irving J. 251-252, 287
Lustig, Ernest 357-358
Magnion 195-196, 270, 298
Mahendroo, Prem P. 194, 196
Manning, Lawrence 26-27
Mannschreck, Albrecht 154, 357, 360
Mansfield, Peter 336-337
Mattauch, Josef 162
Maxwell, James Clerk 346
McCall, David 363
McConnell, Harden M. 383
McKinnon, Barry 277
Mecke, Reinhard 153-154, 161, 164, 213, 353
Mehlkopf, Toon 315

Meiboom, Saul 340
Meitner, Lise 28, 162
Mellon Institute 104-105, 223, 237, 274
Metropolitan-Vickers 146-147
Michel, Dieter 234
Michelson, Albert Abraham 323, 346
Midac 226
Mohr, Otto 330
Monsanto 157-158, 162, 235
Moore, William 335
Morris, Peter 48
Mößbauer, Rudolf 264
Max-Planck-Gesellschaft (MPG) 158, 167
MPI für biophysikalische Chemie 158
MPI für Chemie 157, 162
MPI für Festkörperforschung 324
MPI für Kohlenforschung 360
MPI für medizinische Forschung 154-156
Mullard 146-148
Mulliken, Robert 156
Müller, Ralph H. 346
Müller-Warmuth, Werner 157, 234
NASA 222, 322
National Academy of Science 163
National Bureau of Standards (NBS) 68, 264
National Institutes of Health (NIH) 50, 101, 104, 154, 242, 265, 279
National Research Council 92, 108
National Research Council of Canada 267
National Science Foundation (NSF) 50, 101, 107, 244, 400
Nicolet, Jean 248
Nicolet Instrument Corp. 248, 265, 268-269, 286, 293, 302, 304-305, 323-324, 331, 354, 400
Nicolet Technology 324
Niederländische Physikalische Gesellschaft 137
NMR Specialties 196, 240-241, 256, 292, 334
Norberg, Richard E. 251-252, 287
Notgemeinschaft Deutscher Wissenschaft 12, 164-165
Nuclear Magnetic Resonance Discussion Group 140
Oak Ridge National Laboratory 345
Odeblad, Eric 80
OECD 229-230
Oerlikon 175, 190
Oerlikon, Bührle und Co. 172, 175
Office of Naval Research (ONR) 62, 68, 71, 74-75, 88, 91, 101, 244
Overhauser, Albert 106, 240, 317
Oxford Enzyme Group 275, 277, 281, 302

Oxford Instruments Co. 274-280, 282, 292, 298, 300-302, 324, 397 400

Pacific Conference on Chemistry and Spectroscopy 264

Packard, Martin 26, 35, 70-71, 75, 77, 80-81, 83, 91, 108-111, 121, 125-126, 132, 134-136, 144, 245, 249, 270, 363, 369

Pake, George 86, 106, 317

Pauli, Wolfgang 20, 24, 175, 179

Pauling, Linus 44-47, 50, 84, 86, 88, 139, 321, 383, 394

Perkin-Elmer 109-110, 128, 141, 145-149, 153-154, 163, 170, 187, 222, 227, 230, 241, 275, 292-294, 305, 346

Pfeifer, Harry 150-151, 234

Philips 146, 157, 230, 337

Phillips Petroleum 109

Phillips, William D. 271

Physikalisch-Technische Reichsanstalt 12

Pines, Alex 306

Pittsburgh Conference (Pittcon) 103, 295

Poincaré, Henri 163

Pook, Karl-Heinz 359

Pound, Robert V. 34, 78, 85-86, 138-139, 141, 195, 363

Powles, Jack 363

Prelog, Vladimir 46, 173-174

Preston Technical Abstracts Company 106

Primas, Hans 5, 47, 171-188, 203, 211, 247, 249, 255, 258, 307-308, 373, 386-387, 394, 400

Proctor, Warren 71, 77-79, 87, 90, 114, 125, 141, 144, 249

Purcell, Edward M. 23-25, 28-30, 33-35, 47, 57-58, 61, 85-87, 92, 94, 102-103, 106, 125-126, 131, 137-141, 144-145, 147, 151, 340, 356, 363, 365-367

Putte, Karel van 328

Rabi, Isidor I. 20-22, 26, 28, 34-35, 69, 85, 150, 365, 367

Radeglia, Reiner 152

Radiation Laboratory MIT 23, 26, 33-34, 144

Radio Research Laboratory Harvard 33, 62

Raman, Chandrasekhara Venkata 16, 19, 43-44, 141, 189, 205, 324

Ramsey, Norman Foster 21, 68, 85, 87, 94, 137, 363

RCA 230, 345

Reinhardt, Carsten 44, 53, 86, 135

Renn, Jürgen 38-39

Rheinberger, Hans-Jörg 14, 384-385

Richards, Sir Rex Edwards 139-141, 146-148, 156, 162, 256, 273-278, 280, 282, 292, 315, 333, 398, 400

Roberts, John D. 105, 107, 116, 123, 131, 135, 236, 244-245, 298, 372

Robinson, Robert 46-47

Rocard, Yves 142
Rockefeller Foundation 393
Rogers, Emery 75, 114, 127, 134, 369
Rollin, Bernhard V. 138-139
Rothbart, David 181
Royal Society 139, 146
Royden, Virginia 112, 121
Rüterjans, Heinrich 353-354
Ružicka, Leopold 46, 173-174
Salisbury, Fred 72
Sauter, Hanspeter 359
Scheibe, Günther 188
Scheler, Gerhard 234
Schering, Harald 346
Schiel, Carl-Heinz 225, 233
Schildknecht, Hermann 224
Schmeißer, Martin 212, 215
Schneider, William G. 154
Schrödinger, Erwin 29, 45
Schumpeter, Joseph 384
Schwarzmann, Einhard 158, 162, 224
Schweizerische Chemische Gesellschaft 178
Schweizerischer Nationalfonds zur Förderung der Wissenschaften 177
Schweizer Kommission zur Förderung der wissenschaftlichen Forschung 319
Science Research Council 274, 276, 288
Seelig, Joachim 309
Seith, Wolfgang 153, 160, 163
Servant, Yves 363
Shapiro, Bernard 105, 106
Shell's Bioscience Laboratory 303
Shell Development Corporation 109, 121, 292, 383
Shell Grundlagenforschung GmbH 188, 216
Shell Oil Company 146
Sheppard, Norman 140
Shimazdu 338
Shinn, Terry 15, 53-56, 60, 179, 226-227, 282, 382, 388
Shoolery, James 100, 109-114, 116-117, 122, 127, 144-145, 182, 236, 244, 294, 363, 367, 369, 372, 378, 400
Shulman, Robert G. 242, 308
Siegbahn, Kai 80
Siegbahn, Karl Manne 80
Siehl, Hans-Ullrich 360
Siemens 128, 156, 230, 232, 337, 341-343, 349, 395
Slichter, Charles P. 87, 91, 93, 103, 106, 138, 252, 287, 306, 364
Smith, Ian 267
Smithsonian Museum 253, 337
Snatzke, Günther 214-218, 233, 330
Snow, Don 72

Society for Applied Spectroscopy 264

Speer, Julius 225

Sperry Gyroscope Corporation 33, 60-62, 72-75

Staab, Heinz 157, 330

Standard Oil 59, 103

Staub, Hans 174-175

Stern, Otto 20-21, 28, 160, 365

Stifterverband für die Deutsche Wissenschaft 169

Stranski, Iwan N. 213, 304

Straßmann, Fritz 208-209

Strehlow, Hans 117, 157-158, 163, 196, 235

Sudbrack, Rudolf 220-222, 225

Sutherland, Gordon B.B.M. 138, 146, 250

Sýkora, Stanislaw 358

Syntex 272-273

Syva 272

Tally Corporation 255

Tanzer, Christian 292, 298

Taube, Henry 108, 237, 363

Technical Measurement Corporation (TMC) 246-248, 255

Technicare 337-338

Technikum Winterthur 172-173

Telefunken 150, 155, 232

Terman, Frederick E., 34, 61-63, 201

Thompson, Harold Warris 138-139, 146, 250

Torrey, Henry C. 34, 86, 363

Toshiba 338

Travis, Anthony 48

Trüb, Täuber und Cie. 149-150, 169, 176, 182-187, 189-191, 202-203, 208-211, 216-217, 223- 224, 228, 258, 300, 386, 400

Tschesche, Rudolf 188-189, 212, 215-218

Tschopp, Werner 203, 259, 326

Tukey, John 134, 260, 282

UNESCO 137

Unilever 222, 328

Unz, Friedrich 339

US Navy 85, 91, 111

van't Hoff, Jacobus 37

Varian Associates 62-64, 67-69, 72-74, 75-76, 81, 83, 89, 93, 97-98, 100-104, 107-113, 116-137, 140-141, 143-145, 147-150, 154, 156-158, 161-162, 166, 169-172, 175-177, 182, 184-187, 189, 191, 195-197, 200-201, 204, 207-209, 212, 215-218, 220, 222, 223-225, 227-228, 230, 234-237, 240-241, 243-247, 249, 254-258, 261-262, 264, 266-267, 269-274, 276, 279-280, 282, 290-294, 297-300, 302, 305, 307-309, 315, 324, 329, 336, 346, 349, 351-352, 354-355, 359-360, 363, 367-374, 376, 379-381, 383-389, 392, 396-397, 400

Varian, Eric 60

Varian, George 58

Varian, Russell 58-61, 63-65, 67-69, 72-73, 75-77, 90, 93, 98, 109, 113, 121, 135, 137, 174, 179, 181-182, 193, 250-252, 254, 367, 374, 379-381, 383-385, 386-387, 392, 400

Varian, Sigurd 60-61, 74, 135, 381, 385

Verne, Jules 326

von der Decken, Herwart 206, 211, 217, 220, 225, 331, 389

Warren, Warren S. 306

Watson, James D. 43

Waugh, John Steward 103, 105, 111, 134, 143, 156, 162, 195, 288-289, 306, 315

Wazer, John R. van 223-224

Weaver, Harry E. 71, 81, 125, 134, 249, 270, 272, 363

Weaver, Warren 393

Wegmann, Lienhard 184

Welti, Dieter 336

Wendisch, Detlev 360

Westinghouse 70, 270

Westheimer Report 107-108, 243, 392

Wheatstone, Charles 346

Wien, Max 346

Wiener, Norbert 180-181

Williams, Van Zandt 146

Wissenschaftsrat 347, 350

Witt, Otto 40

Wood, Audrey 280

Wood, Martin 273-274, 280, 301

Woodward, Robert Burns 46, 368

Wooster Foundation for Experimental Biology 104

Wüthrich, Kurt 306, 308-309, 315, 319-320, 378

Xerox 104, 345

Yost, Don 103, 111, 244

Yu, Fuchun 71, 79, 87, 90

Zandvoort, Henk 315, 399

Zeeman, Pieter 29, 240

Zeil, Werner 190, 207, 209

Ziessow, Dieter 233, 304, 332, 358

Zuse 232

www.ingramcontent.com/pod-product-compliance
Ingram Content Group UK Ltd.
Pitfield, Milton Keynes, MK11 3LW, UK
UKHW041827290926
8980IPUK00002B/123

9 783631 607459